W0177269

Annibale Mottana
Rodolfo Crespi
Giuseppe Liborio

# Der große BLV Mineralienführer

Gesteine und Mineralien
in 576 Farbfotos

Zweite, überarbeitete Auflage

BLV Verlagsgesellschaft
München Wien Zürich

CIP-Kurztitelaufnahme der Deutschen Bibliothek

**Mottana, Annibale:**
Der große BLV Mineralienführer: Gesteine u. Mineralien in 576 Farbfotos / Annibale Mottana; Rodolfo Crespi; Giuseppe Liborio. [Aus d. Ital. übers. von Inge von Werden. Dt. Bearb.: Mineralien: Einf. Karl Ludwig Weiner. Bestimmungsteil Heinrich von Werden. Gesteine: Michael Olbrich]. – 2. überarb. Aufl. – München; Wien; Zürich: BLV Verlagsgesellschaft, 1982.
Einheitssacht.: Minerali e rocce ⟨dt.⟩
ISBN 3-405-12675-4

NE: Crespi, Rodolfo:; Liborio, Giuseppe:

---

Die auf dem Buchumschlag abgebildeten Mineralien und ihre Fundorte (Sammlung H. v. Werden, Gauting)

Vorderseite (von rechts nach links):
1. Bergkristall (Rheintal im Schiefergebirge)
2. Galenit (Gay bei Aachen)
3. oben: Calcit (Dollnstein Mfr.)
   Mitte: Malachit auf Baryt (St. Gertraudi bei Brixlegg)
   unten: Rhodonit (Dolomiten)

Rückseite (von rechts nach links):
1. und 2. Heller und dunkelgelber Baryt auf Fluorit (Wölsendorf Opf.)
3. Rubin im Zoisit (Kenia)

Aus dem Italienischen übersetzt von Inge von Werden

Deutsche Bearbeitung (1. Auflage):
Mineralien: Einführung Dr. Karl Ludwig Weiner
Bestimmungsteil Heinrich von Werden
Gesteine: Michael Olbrich

Titel der italienischen Originalausgabe:
»Minerali e rocce«
© 1977 Arnoldo Mondadori Editore S.p.A., Milano
Deutschsprachige Ausgabe:
© 1979 BLV Verlagsgesellschaft mbH, München, 1982

Alle Rechte der Vervielfältigung und Verbreitung einschließlich Film, Funk und Fernsehen sowie der Fotokopie und des auszugsweisen Nachdrucks vorbehalten

Satz: acomp, Lichtsatz Appl KG, Wemding
Druck und Bindung: Mondadori, Verona

Printed in Italy · ISBN 3-405-12675-4

# Inhalt

## Teil 1: Mineralien



## Teil 2: Gesteine

# Mineralien

Einführung

Einleitend zur Einführung des Mineralienteils sollen einige wichtige Begriffe definiert werden:

1. *Mineralien* sind einheitlich zusammengesetzte und ausreichend beständige Naturkörper, die im festen Aggregatzustand auftreten. Mineralien entstanden und entstehen auf natürliche Weise – ohne Zutun des Menschen – in und auf der Erde sowie im Kosmos (Meteoriten, Mond, Planeten usw.).
2. *Kristalle* sind feste Körper mit dreidimensional periodischer Anordnung ihrer Bausteine (Atome, Ionen, Moleküle) und mit definierter Nah- und Fernordnung.
3. *Amorphe Festkörper* – etwa die Gläser – sind feste Körper mit dreidimensional statistischer Nahordnung und fehlender Fernordnung.
4. *Gesteine* sind große, einheitliche, aus Mineralien zusammengesetzte Körper. Sie können aus einer oder mehreren Mineralarten bestehen, ihrem Aufbau nach homogen oder inhomogen sein.

*Mineralien* sind nach der ersten Definition Elemente oder Verbindungen im chemischen Sinne. Es ist nicht erforderlich, daß diese Verbindungen streng stöchiometrisch – also in festen Mengenverhältnissen ihrer Elemente – zusammengesetzt sind. Tatsächlich gibt es nur sehr wenige Mineralien mit stöchiometrischer Zusammensetzung (z. B. NaCl/Steinsalz, $SiO_2$/Quarz, $Al_2O_3$/Korund usw). Die meisten Mineralien sind – chemisch betrachtet – Mischungen zweier oder mehrerer Komponenten. Diese Reinkomponenten können stöchiometrisch gleich zusammengesetzt sein, also das gleiche Mengenverhältnis ihrer Bausteine zeigen (z. B. NaCl/Steinsalz, KCl/Sylvin). Die beiden Reinkomponenten können dann die gleiche Kristallstruktur, also gleiche Anordnung ihrer Bausteine im gleichen Kristallgitter besitzen. Sie bilden *Mischkristalle*. Häufig aber sind die Endglieder der Mischungen stöchiometrisch verschieden zusammengesetzt, wobei deren Strukturen gleich, ähnlich oder ungleich aufgebaut sein können. (Beispiele für ungleiche Stöchiometrie und gleiche Struktur sind die Feldspäte Na $[AlSi_3O_8]$ = Albit und Ca $[Al_2Si_2O_8]$ = Anorthit, für ungleiche Stöchiometrie und ungleiche Struktur $CaF_2$ = Flußspat und $YF_3$.) Im letzteren Falle entstehen Abweichungen der streng geordneten Kristallstruktur, »fehlgeordnete« Kristalle mit Baufehlern im Kristallgitter.
Die stoffliche Einheitlichkeit eines Minerals wird durch dessen einheitliche physikalische Eigenschaften erwirkt. Diese Einheitlichkeit braucht jedoch nicht gleichbedeutend mit einer völligen Homogenität zu sein. Mischkristalle beispielsweise können als Folge von Schwankungen und Veränderungen der Stoffzufuhr während ihres Wachstums zonar unterschiedlich zusammengesetzt sein. Das Ergebnis solcher Wachstumsvorgänge sind einheitliche, aber inhomogene Kristalle.
Mineralien können Ergebnisse einer Einstellung chemischer Gleichgewichte sein, doch ist dies nicht der Normalfall. Infolge ihrer starken Dynamik verlaufen viele chemische Reaktionen in der Natur gleichgewichtsfern. Derart können gleichzeitig nebeneinander Mineralien gebildet werden, die im Gleichgewichtsfalle nicht koexistieren

könnten, oder es entstehen gleichgewichtsfern instabile und metastabile Mineralien.
Im allgemeinen werden den Mineralien nur solche Stoffe zugerechnet, die in geologischen Zeiträumen beständig sind. Flüssigkeiten (mit Ausnahme des Quecksilbers) und Gase sind keine Mineralien, die Hydrosphäre und die Atmosphäre sind ebenfalls keine Themenkreise der Mineralogie. Das Mineralreich enthält, etwa in den Steinkohlen, Braunkohlen und bituminösen Anteilen vieler Sedimentgesteine, zahlreiche Stoffe organischer Entstehung. Von einigen wenigen Salzen organischer Säuren, Kohlenwasserstoffen und Harzen abgesehen, werden auch diese Stoffe im allgemeinen nicht zu den Mineralien gerechnet.
Im Sinne der zweiten Definition sind *Kristalle* dreidimensional periodisch aufgebaute Diskontinua. Die Bausteine der Kristallgitter (Atome, Ionen, Moleküle) besitzen Durchmesser von etwa $10^{-8}$ cm oder Å-Einheiten, ihre gegenseitigen Abstände liegen in der gleichen Größenordnung. Im einfachsten Falle haben diese Bausteine Kugelform – entsprechend der etwa kugelsymmetrischen Verteilung der Elektronen um den Atomkern. Gitterkräfte halten die Bausteine in ihrer gegenseitigen Lage. Zwischen ihnen ist leerer Raum. Folgen der periodischen Kristallstruktur sind bei vielen Mineralien die regelmäßige Kristallgestalt mit ebenen Kristallflächen, die Konstanz der Kantenwinkel zwischen diesen Flächen und die Anisotropie vieler physikalischer Eigenschaften (Ritzhärte, Wärmeleitung, optische Konstanten etc). Der kristalline Aufbau vieler Mineralien ist – besonders beim Fehlen von Kristallflächen – mit dem Auge nicht erkennbar. Er wurde durch optische Untersuchungen und durch Beugungsexperimente mit Röntgenstrahlen, Elektronen oder Neutronen nachgewiesen.
Neben den Mineralien mit kristallinem Aufbau gibt es – zwar in geringerer Menge – auch Stoffe anorganisch natürlicher Entstehung mit nichtkristallinem Aufbau. Solche *amorphen Festkörper* im Sinne der dritten Definition sind die natürlichen *Gläser*, wie z. B. die rasch erstarrten Silikatschmelzen, etwa Obsidian, welche den Gesteinen zugerechnet werden. Solche Gläser sind stofflich einheitlich, doch sind sie stets instabil und lassen – vielfach bereits nach geologisch kurzen Zeiträumen – Entglasungserscheinungen durch Ausscheidung von Mineralien mit kristallinem Aufbau erkennen.
Eine weitere, nicht kristalline Stoffklasse bilden anorganische Substanzen, welche in Gelform aus wässerigen Lösungen ausgeschieden werden. Auch diese Stoffe können einheitlich und homogen sein. Die *Gele* sind ebenfalls instabil und lagern sich durch Kristallisation innerhalb längerer oder kürzerer Zeiträume um, wobei ein kristallisiertes Mineral oder mehrere Mineralien entstehen. Entspricht die chemische Zusammensetzung eines Gels der eines Minerals, so muß auch das Gel den Mineralien zugerechnet werden, zerfällt ein Gel bei der Rekristallisation in mehrere Mineralien, wird das Gel nicht als einheitliches Mineral betrachtet.
*Gesteine* – im Sinne der vierten Definition – sind größere, aus Mineralien zusammengesetzte und diesen übergeordnete Baueinheiten der Erde und anderer Himmelskörper.

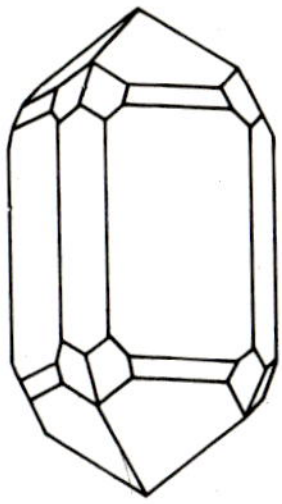

Zirkon-Kristall. Der Kristall stellt eine Kombination verschiedener einfacher kristallographischer Formen dar: Prismen, Dipyramiden usw. Man erkennt ebene Flächen, parallele Kanten und Ecken.

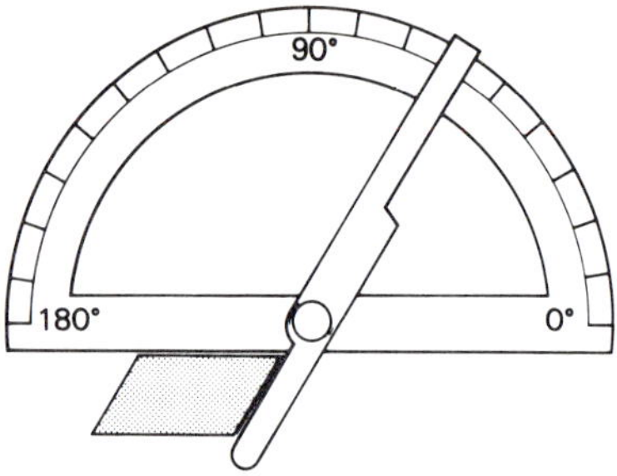


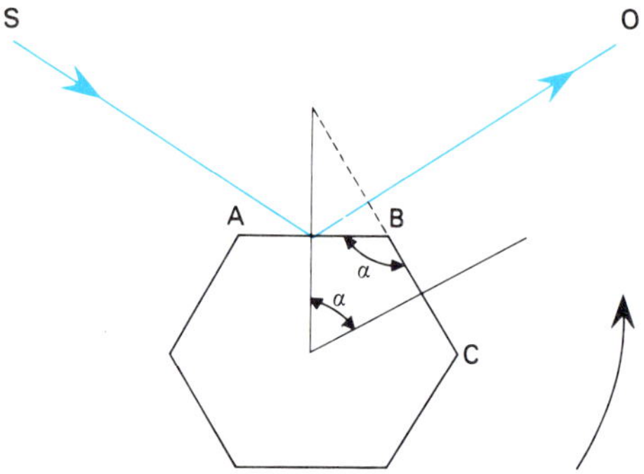


Oben: Anlegegoniometer zum Messen der Kantenwinkel an Kristallen. Die Messung erfolgt senkrecht zur Kristallkante.
Unten: Messung von Winkeln zwischen den Kristallflächen.
Die Darstellung zeigt – schematisiert – zwei Meßverfahren:

1. Anlegegoniometer: Der Winkel zwischen den Flächen $\overline{AB}$ und $\overline{BC}$ über die Kante gemessen ist $\alpha$.
2. Reflexionsgoniometer: An den Flächen wird der Lichtstrahl $\overline{SO}$ reflektiert, zuerst an $\overline{BC}$, sodann, nach Drehen des Kristalls, an $\overline{AB}$. Der Drehwinkel ist $\alpha'$. $\alpha$ und $\alpha'$ ergänzen sich zu 180°.

Die Meßgenauigkeit eines Anlegegoniometers liegt etwa bei ± 0,5°, jene des Reflexionsgoniometers im Bereich von Winkelminuten.

Gesteine sind oft unter räumlich und zeitlich veränderlichen Bedingungen entstanden, sie können daher von Ort zu Ort chemisch und mineralogisch veränderliche Zusammensetzungen aufweisen.
Nicht alle Mineralien, welche ein Gestein aufbauen, müssen einer *Paragenese* angehören, also in unmittelbarem zeitlichen Zusammenhang entstanden sein. Die Entstehung von Mineralien durch Festkörperreaktionen, aus Schmelzen oder Lösungen wird fast immer von Verschiebungen der chemischen Gleichgewichte verursacht und begleitet. Als Folge dieser Verschiebungen und nicht eingestellter chemischer Gleichgewichte gibt es in vielen Gesteinen einzelne Mineralien oder Mineralgesellschaften als *Relikte*, welche neben der das Gestein kennzeichnenden Paragenese gestatten, die Vorgänge der Gesteinsbildung historisch zu rekonstruieren.

## Symmetrie in der Kristallwelt

### Kristallmorphologie

Betrachten wir kristallisierte Mineralien, etwa Steinsalz ($NaCl$), Magnetit ($Fe_3O_4$) oder Bergkristall (Quarz/$SiO_2$), so fallen uns als erstes die ebenen Kristallflächen auf, welche mit geraden Kanten aufeinanderstoßen. Messungen der Winkel zwischen benachbarten Flächen (senkrecht zu den Kanten) beweisen – wie dies häufig bereits der Augen-

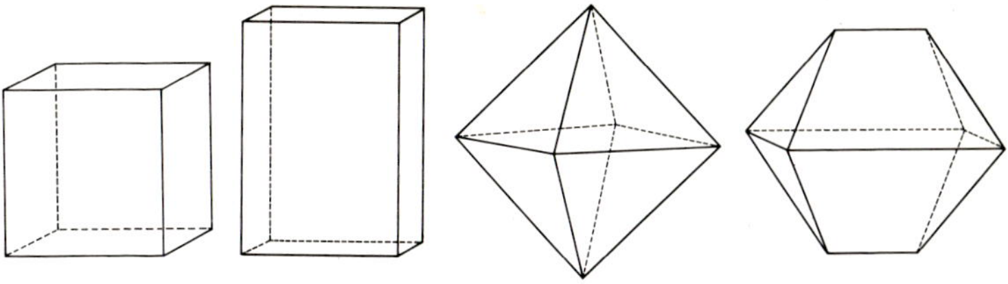

schein zeigt – die Konstanz dieser Kantenwinkel für Kristalle der gleichen Mineralart unabhängig davon, ob nun diese Kristalle eine völlig ebenmäßige Gestalt zeigen oder ob sie etwa verzerrt sind. Diese Gesetzmäßigkeit fand – am Quarz – Niels Stensen im Jahre 1669. Ein Vergleich verschiedener kristallisierter Mineralarten zeigt weiter, daß die Form der Kristalle offenbar charakteristisch für das jeweilige Mineral ist. Tatsächlich sind hier nur selten Verwechslungen möglich.

Das *Gesetz der Winkelkonstanz* (gleiche Kantenwinkel und damit Winkel zwischen den Flächennormalen bei kristallisierten Mineralien gleicher Zusammensetzung und bei Entstehung der Kristalle unter den gleichen Bedingungen) ist eine fundamentale Gesetzmäßigkeit der Kristallographie. Sie gilt völlig unabhängig von der Kristallgröße, von den kleinsten bis zu den größten Kristallen. Ihre Erklärung findet sie durch die Raumgitterstruktur der Kristalle. Verzerrungen beim Kristallwachstum können aber diese Gesetzmäßigkeit verschleiern, Winkelmessungen (mittels Anlegegoniometern an größeren, mit optischen Reflexionsgoniometern an kleinen Kristallen) führen in jedem Fall zur

Verzerrungen von Kristallen. Ungleichmäßige Stoffzufuhr beim Wachstum von Kristallen führt zu Verzerrungen mit scheinbar niedrigerer Symmetrie. Stets jedoch liegen die Flächen des unverzerrten und des verzerrten Kristalls parallel, verzerrte und unverzerrte Form weisen gleiche Winkel zwischen gleichartigen Flächen auf. Durch Winkelmessungen läßt sich die tatsächliche Kristallsymmetrie bestimmen.

Links: Würfel; rechts: Oktaeder mit einer der zahllosen möglichen Verzerrungen.

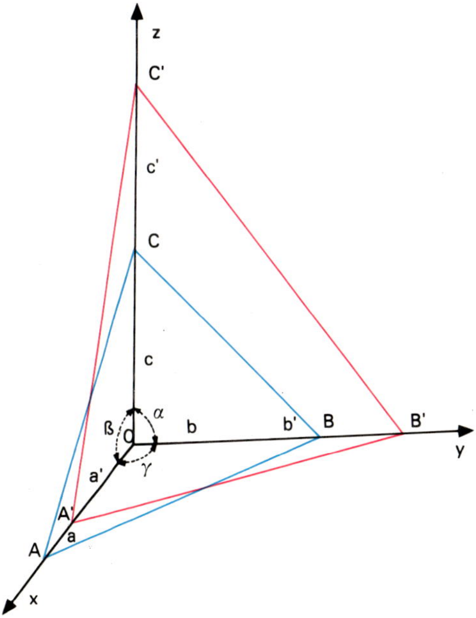


Kristallographisches Achsenkreuz mit den Achsen x, y z und den Winkeln α, β, γ zwischen diesen Achsen.

Die blau eingezeichnete Fläche mit den Achsenabschnitten
0A = a auf x - Achse,
0B = b auf y - Achse und
0C = c auf z - Achse
sei die Einheitsfläche mit den Miller'schen Indices (111). Um die Miller'schen Indices der zweiten, rot eingezeichneten Fläche zu erhalten, muß diese – mit sich selbst parallel – so lange verschoben werden, bis ihre Achsenabschnitte ganzzahlige Vielfache von jenen der Einheitsfläche werden. Dies gelinge – die Zeichnung ist vereinfacht – für 1 × a, 2 × b, 2 × c. Durch die Bildung der Kehrwerte erhalten wir $^1/_1$ $^1/_2$ $^1/_2$ oder $^2/_2$ $^1/_2$ $^1/_2$. Den Hauptnenner lassen wir weg und erhalten schließlich (2 1 1).

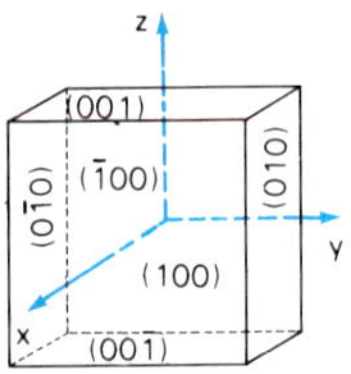


Miller'sche Indices der 6 Flächen der kristallographischen Form »Würfel«, Symbol {100}. Die Indices der Flächen sind: (100), ($\bar{1}$00), (010), (0$\bar{1}$0), (001), (00$\bar{1}$).

Bestätigung des Gesetzes von der Konstanz der Kantenwinkel. Jeder verzerrte Kristall läßt sich – über Winkelmessungen – auf ein unverzerrtes regelmäßiges Polyeder zurückführen. Eine weitere Gesetzmäßigkeit für die geometrische Kristallgestalt wurde von Christian S. Weiss, einem Berliner Mineralogen, im Jahre 1816 entdeckt. Um dieses *Rationalitätsgesetz* zu verstehen, müssen wir einige einfache geometrische Überlegungen anstellen.

Die Lage einer ebenen Fläche im Raum ist durch (mindestens) drei Punkte festgelegt. In der analytischen Geometrie bezieht man die Lage von Flächen auf ein Koordinatensystem mit drei Achsen. Eine Fläche ist über die Durchtrittspunkte dieser Koordinatenachsen und deren Entfernung zum Koordinatenursprungspunkt (= Schnittpunkt der drei Achsen) eindeutig festgelegt. Verläuft die Fläche parallel zu einer oder zwei Achsen, liegt der Schnittpunkt mit dieser oder diesen Achsen im Unendlichen ($\infty$). In der Geometrie stehen die Achsen des Koordinatensystems im allgemeinen rechtwinklig aufeinander; das ist jedoch keine Notwendigkeit, sondern nur eine Frage der Konvention.

In der Kristallographie kann es – aus Gründen der Kristallsymmetrie – erforderlich sein, schiefwinkelige Koordinatensysteme mit den Winkeln $\alpha$, $\beta$, $\gamma$ zu benutzen, das rechtwinkelige Koordinatensystem ist, wie wir sehen werden, nur eine von mehreren Möglichkeiten. Um die Lagen der Flächen eines Kristalls im Raum zu beschreiben, müssen wir den Ursprungspunkt des Koordinatensystems in den Kristallmittelpunkt legen. Alle Flächen werden dann – eventuell erst nach Vergrößerung – die Koordinatenachsen schneiden, es sei denn (s. o.), sie verlaufen mit einer oder zwei dieser Achsen parallel. Verschieben wir nun gedanklich die Flächen derart, daß ihre Achsenabschnitte auf der von links nach rechts verlaufenden Koordinatenachse gleich werden, so stellen wir fest, daß die Achsenabschnitte auf den beiden anderen Achsen (von vorn nach hinten und von oben nach unten) ganzzahlige Vielfache von Einheitslängen sind, welche für einzelne Kristallarten, in unserem Fall einzelne kristallisierte Mineralien, Konstanten darstellen. Wir können also diese Mineralarten durch ihre Achsenverhältnisse, ihre Flächen hingegen durch Angabe der ganzzahligen Vielfachen der Achsenabschnitte kennzeichnen. Diese Weiss'sche Koeffizienten-Schreibweise ist zwar anschaulich, hat sich jedoch nicht durchgesetzt. Von Kristallographen und Mineralogen wird zur Kennzeichnung von Flächen eine Notation benutzt, die aus den Weiss'schen Koeffizienten abgeleitet wird. Man bildet die Kehrwerte der Koeffizienten, sucht den gemeinsamen Hauptnenner und macht – durch Multiplikation mit diesem – die Kehrwerte zu ganzen Zahlen, *den Miller'schen Indices* (William H. Miller, 1839). Ein Beispiel soll dies verdeutlichen:

Schwefelkristalle – etwa aus Sizilien – lassen sich auf ein rechtwinkeliges Koordinatensystem beziehen. Ihr Achsenverhältnis ist $a:b:c = 0{,}831:1:1{,}903$. Dabei bezieht sich der erste Wert auf die x-Achse, der zweite auf die y- und der dritte auf die z-Achse. Die drei Achsenabschnitte kennzeichnen gleichzeitig die *Einheitsfläche* mit den Weiss'schen Koeffizienten $1 \times a$, $1 \times b$, $1 \times c$. Daneben gibt es an

Das Symmetriezentrum (C) liegt im Mittelpunkt des Kristalls. Zu jeder Fläche gibt es eine parallele Gegenfläche, zu jeder Kante eine Gegenkante, zu jeder Ecke (A) eine Gegenecke, jeweils im gleichen Abstand.

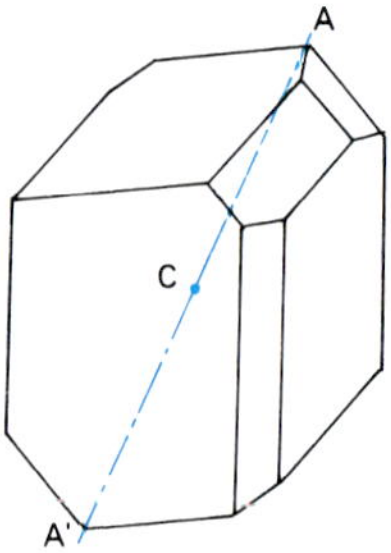

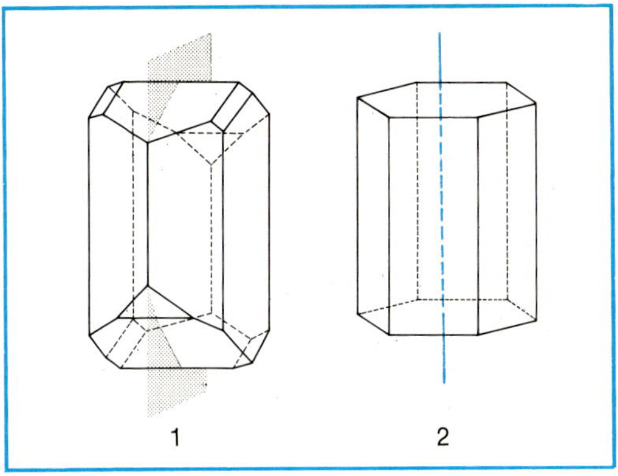

Die Symmetrieebene (1) teilt den Kristall in zwei gleiche Hälften, welche spiegelbildlich zu dieser Ebene angeordnet sind. Drehung um eine kristallographische Drehachse (2) überführt den Kristall in jeweils identische Stellungen. Das abgebildete hexagonale Prisma enthält eine 6-zählige Drehachse, Drehwinkel $6 \times 60° = 360°$.

Schwefelkristallen natürlich weitere Flächen, hier eine Auswahl:

| F | Achsen-abschnitte a:b:c | Weiss'sche Koeffizienten (linke Spalte) und deren reziproke Werte (rechte Spalte) – a, b und c werden weggelassen | | M (hkl) |
|---|---|---|---|---|
| o | 0,813 : 1 : 1,903 | 1a : 1 b : 1 c | 1/1 : 1/1 : 1/1 | (111) |
| c | ∞ : ∞ : 1,903 | ∞ a : ∞ b : 1 c | 1/∞ : 1/∞ : 1/1 | (001) |
| m | 0,813 : 1 : ∞ | 1a : 1 b : ∞ c | 1/1 : 1/1 : 1/∞ | (110) |
| p | 2,439 : 3 : 1,903 | 3a : 3 b : 1 c | 1/3 : 1/3 : 1/1 Haupt-nenner 1/3, also 1/3 : 1/3 : 3/3 | (113) |

Fläche F = Flächensymbol. M = Miller'sche Indices. o = Einheitsfläche.

Die so ermittelten Miller'schen Indices beziehen sich jeweils nur auf eine einzige Kristallfläche. Wie die Betrachtung eines Kristalls zeigt, existieren jedoch an diesem oft

Mögliche kristallographische Drehachsen. Abgebildet sind die Achsen:
$A_2$ 2-zählig (polar), Drehwinkel $2 \times 180°$, Symbol ⬮p
$A_3$ 3-zählig (bipolar), Drehwinkel $3 \times 120°$, Symbol ▲
$A_4$ 4-zählig (bipolar), Drehwinkel $4 \times 90°$, Symbol ■
$A_6$ 6-zählig (bipolar), Drehwinkel $6 \times 60°$, Symbol ⬢

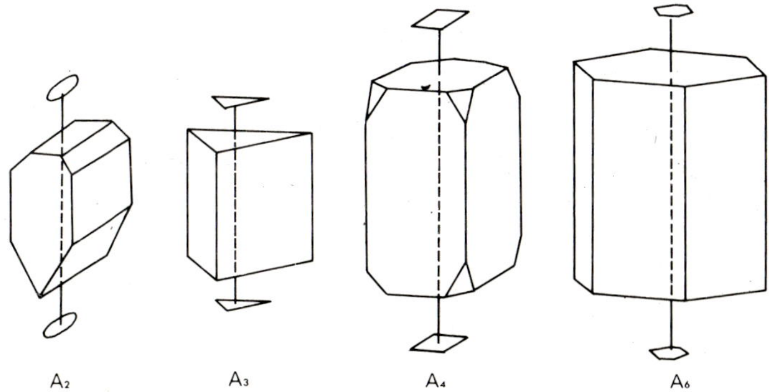

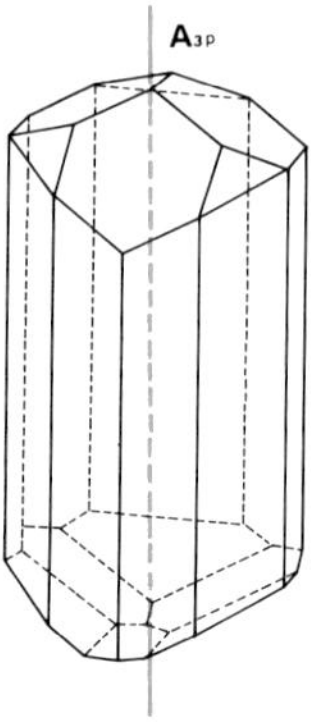


Polare 3-zählige Achse in einem Turmalinkristall. Erkennbar ist die unterschiedliche Ausbildung der unteren und der oberen Seite des Kristalls. Drehwinkel 3 × 120°, Symbol **▲p**.

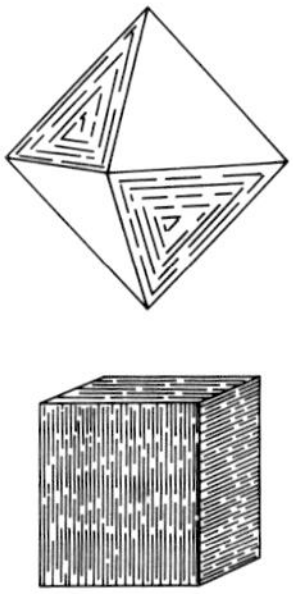

Aus der Flächenausbildung läßt sich an diesen Kristallen die wahre Kristallsymmetrie erkennen. Die Streifung, welche alternierend auf jeder zweiten Fläche eines Kristalls der Zinkblende auftritt, weist auf die kubisch-hexakistetraedrische Klasse. Der Kristall ist demnach kein Oktaeder, sondern eine Kombination eines positiven und eines negativen Tetraeders. Die Streifung des Würfels, typisch für Pyritkristalle, weist auf die kubisch-disdodekaedrische Klasse.

gleichartige Kristallflächen, etwa die 6 Flächen des Würfels, die 8 Flächen des Oktaeders usw. Diese unterscheiden sich hinsichtlich ihrer Lage zum Achsenkreuz etwa: vorn, hinten, oben, unten, rechts, links. Die Unterschiede können durch Vorzeichen der Weiss'schen Symbole und der Miller'schen Indices deutlich gemacht werden. Beispiele: die 6 Würfelflächen vorn (100), hinten $(\bar{1}00)$, rechts (010), links $(0\bar{1}0)$, oben (001), unten $(00\bar{1})$.
Wollen wir *eine* Fläche kennzeichnen, setzen wir ihre Miller'schen Indices, wie wir das bisher schon getan haben, in runde Klammern, wollen wir hingegen alle gleichwertigen Flächen, die sog. *kristallographische Form* bezeichnen, wählen wir die Indices einer Fläche mit positivem Vorzeichen und schreiben diese in geschweifte Klammern, also {100} für die kristallographische Form »Würfel« mit sechs Flächen. Ein weiteres Beispiel: Die rechte obere vordere Fläche eines Oktaeders besitzt die Miller'schen Indices (111). Die kristallographische Form »Oktaeder« – Symbol {111} weist 8 Flächen mit den Indices (111), $(\bar{1}\bar{1}\bar{1})$, $(\bar{1}11)$, $(1\bar{1}1)$, $(11\bar{1})$, $(\bar{1}1\bar{1})$, $(\bar{1}\bar{1}1)$, $(1\bar{1}\bar{1})$ auf. Wie die Beobachtung vieler natürlicher und synthetischer Kristalle zeigt, sind diese – von Verzerrungen durch ungleichmäßiges Wachstum einmal abgesehen – symmetrische Gebilde.
Zu Flächen gibt es Gegenflächen; Drehungen sind möglich, durch welche der Kristall in eine der Ausgangslage identische Position überführt wird usw. Ein Quarzkristall beispielsweise läßt sich – je nach seiner Aufstellung – durch Drehung um 120 oder 180° mit sich selbst zur Dekkung bringen. Die erste Operation kann dreimal, die zweite zweimal ausgeführt werden, ehe der Kristall seine Ausgangslage wieder erreicht. In der Kristallwelt gibt es 1-, 2-, 3-, 4- und 6-zählige *Drehachsen* mit Drehwinkeln von 360, 180, 120, 90 und 60°. 1-zählige Drehachsen mit Drehwinkeln von 360° sind – dies ist eine Selbstverständlichkeit – an jedem Ort eines Kristalls vorhanden, auch wenn dieser Kristall sonst keinerlei Symmetrie zeigt. Drehachsen sind zumeist *bipolar:* Richtung und Gegenrichtung des Kristalls sind gleich ausgebildet. Sie können *polar* sein: Der Kristall zeigt in beiden Richtungen der Achse verschiedene Ausbildung.
Viele Kristalle sind spiegelsymmetrisch aufgebaut und zeigen – in der Kombination mit Drehachsen oder auch ohne diese – eine oder mehrere *Symmetrieebenen.*
Schließlich können allseitig ebenmäßige Kristalle – ebenfalls in Verbindung mit Drehachsen und Symmetrieebenen oder auch ohne diese – ein *Symmetriezentrum* aufweisen: Fläche und Gegenfläche erscheinen dann jeweils nach Lage und Form an diesem Zentrum gespiegelt. Schließlich gibt es als weiteres selbständiges Symmetrieelement an Kristallen die *4-zählige Drehinversionsachse* als Kombination einer Drehachse (Drehwinkel 90°) mit einem Symmetriezentrum. Ein entsteht die Frage, wieviele Kombinationen der genannten 7 Symmetrieelemente (2-, 3-, 4-, 6-zählige Drehachsen, Symmetrieebene, Symmetriezentrum und 4-zählige Drehinversionsachse) möglich sind und ob alle diese Kombinationen in der Kristallwelt sämtlich auftreten können. I. F. C. Hessel bewies 1839 mathematisch, daß es nur 32 solcher Kombinationen von Symmetrieele-

menten geben kann. Aus allen dieser 32 *Kristallklassen* sind mittlerweile Mineralien bekannt.
Um nun die Lage der Symmetrieelemente in den Kristallen eindeutig zu kennzeichnen, faßt man bevorzugte Achsen der Symmetrie und damit bevorzugte Richtungen im Kristall als Koordinatenachsen auf. Man kann die 32 Kristallklassen derart auf sieben verschiedene Achsensysteme, nämlich das trikline, monokline, ortho-rhombische, tetragonale und kubische Achsenkreuz sowie das hexagonale und das trigonal-rhomboedrische Achsensystem beziehen. Man gelangt derart zu insgesamt 7 *Kristallsystemen*, deren jedes einige der 32 Kristallklassen enthält. Kristallsysteme und Kristallklassen sind auf Seite 16 bis 21 dargestellt. Die Übersicht enthält Koordination und Bezeichnung der Kristallsysteme, Bezeichnungen und Symmetrie-Elemente der Kristallklassen sowie die in diesen möglichen einfachen Kristallformen. Wie man bei Durchsicht der Tabelle erkennt, gibt es *geschlossene kristallographische Formen*, deren Flächen den Kristall völlig umgrenzen und *offene Formen*, welche diese ohne Hinzunahme weiterer Flächen (einer anderen Form) nicht vermögen.
Alle Formen des kubischen Kristallsystems sind geschlossene Formen, so Würfel, Oktaeder usw.; Prismen, Pyramiden, Doma, Pinakoid sind Beispiele für offene Formen. Natürlich können auch geschlossene mit offenen Formen kombiniert auftreten. Insgesamt gibt es 49 verschiedene kristallographische Formen, davon sind 19 offene, 30 geschlossene Formen. Eine kristallographische Form kann aus einer einzigen Fläche bestehen (das Pedion), sie kann bis zu 48 Flächen enthalten (das Hexakisoktaeder im kubischen System). Einfache kristallographische Formen können in mehreren Klassen des gleichen Kristallsystems auftreten. So finden sich Würfel und Rhombendodekaeder in allen kubischen Kristallklassen, tetragonale Prismen in allen Klassen des tetragonalen Systems etc. Sofern für einzelne Klassen spezifische kristallographische Formen fehlen, ist es oft nicht ohne weiteres möglich, die Kristallklasse zu bestimmen. In manchen Fällen gibt die Beschaffenheit der Flächen – Streifung, Glanz u. a. – Hinweise auf die wahre Kristallsymmetrie (wie etwa bei Pyrit, Zinkblende, Calcit). Daneben gibt es Methoden zur Bestimmung der Flächensymmetrie über Ätzversuche, Röntgenbeugungsexperimente, die dem Fachmann vorbehalten sind. In Kristallklassen ohne Symmetrieebenen und Symmetriezentren können sonst gleiche Formen in zueinander spiegelbildlicher Stellung auftreten, sie sind *enantiomorph*. Beispiel: positive und negative Tetraeder im kubischen System. Prismen und Pyramiden können zu den kristallographischen Achsen a und b im tetragonalen System und zu den Achsen a, b und c im trigonalen und hexagonalen System verschiedene Stellungen einnehmen. Gleiches gilt für Rhomboeder und Disphenoide. Die bisher bekannten rund 2600 Mineralien (100%) verteilen sich recht ungleichmäßig auf die möglichen Kristallsymmetrien, es sind:

| | | | |
|---|---|---|---|
| kubisch | etwa 12% | ortho- | |
| hexagonal | etwa 8% | rhombisch | etwa 22% |
| trigonal | etwa 9% | monoklin | etwa 32% |
| tetragonal | etwa 10% | triklin | etwa 7% |

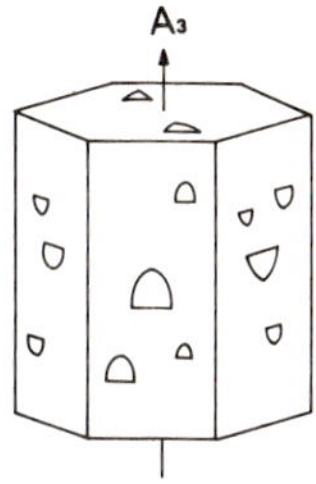


Calcitkristalle erscheinen – selten – in hexagonal-prismatischer Gestalt. Natürliche Korrosion der Prismenflächen läßt erkennen, daß das hexagonale Prisma aus zwei trigonalen Prismen besteht, der Kristall demnach in das trigonale Kristallsystem einzuordnen ist.

*Erklärung zu den Seiten 16 bis 21:*

| | |
|---|---|
| ⬢ | 6-zählige Drehachse |
| ⬢p | 6-zählige polare Drehachse |
| ■ | 4-zählige Drehachse |
| ■p | 4-zählige polare Drehachse |
| ◩ | 4-zählige Drehinversionsachse |
| ▲ | 3-zählige Drehachse |
| ▲p | 3-zählige polare Drehachse |
| ⬮⬮ | 2-zählige Drehachsen |
| ⬮p | 2-zählige polare Drehachse |
| m | Symmetrieebene |
| i | Symmetriezentrum |
| ○ | offene kristallographische Formen |
| ● | geschlossene kristallographische Formen |

**fettgedruckt:**
Spezialform des jeweiligen Kristallsystems

# Kristallsystem: trigonal

Achsenabschnitte: a = b ≠ c
Winkel: α = β = γ = 120° δ = 90°

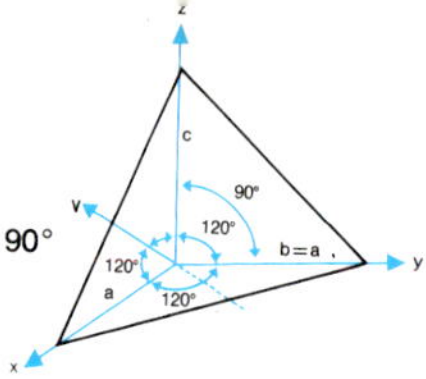


| Kristallklassen u. d. Symmetrieelemente | Formen: | Mineralien |
|---|---|---|
| **ditrigonal – skalenoedrisch**<br>**1 ▲, 3 ⬮, 3 m, i** | **Ditrigonale Skalenoeder ●**<br>Hexagonale Dipyramiden ●<br>Rhomboeder ●<br>Dihexagonales Prisma ○<br>Hexagonale Prismen ○<br>Basispinakoid ○<br>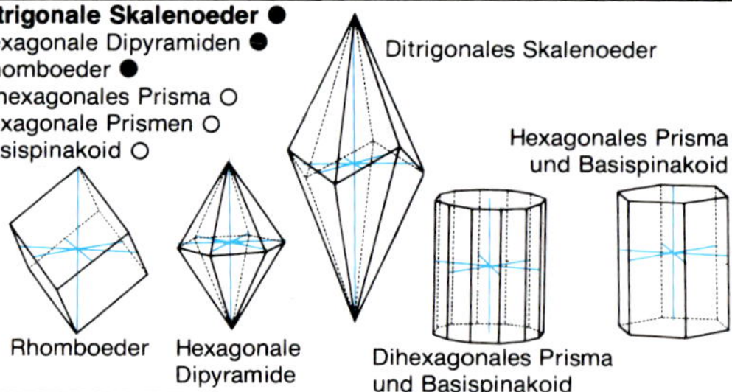 | Wismut<br>Korund<br>Hämatit<br>Brucit<br>Calcit<br>Siderit<br>Magnesit<br>Smithsonit |
| **ditrigonal – dipyramidal**<br>**1 ▲, 3 ⬮p, (1 + 3) m** | **Ditrigonale Dipyramiden ●**<br>Hexagonale Dipyramiden ●<br>Trigonale Dipyramiden ●<br>Ditrigonale Prismen ○<br>Hexagonales Prisma ○<br>Trigonale Prismen ○<br>Basispinakoid ○<br>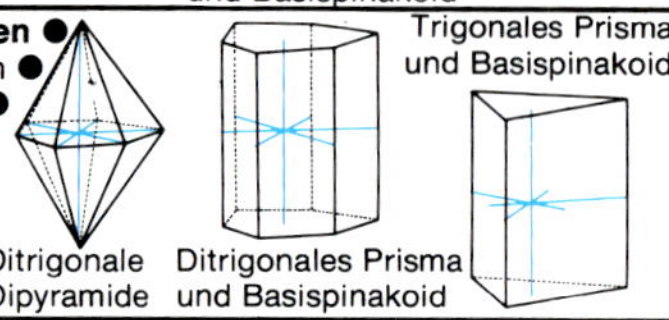 | Benitoit |
| **trigonal – dipyramidal**<br>**1 ▲, m** | **Trigonale Dipyramiden ●**<br>Trigonale Prismen ○<br>Basispinakoid ○<br>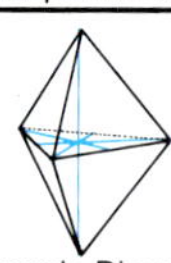 | |
| **ditrigonal – pyramidal**<br>**1 ▲p, 3 m** | **Ditrigonale Pyramiden ○**<br>Hexagonale Pyramiden ○<br>Trigonale Pyramiden ○<br>Ditrigonale Prismen ○<br>Hexagonales Prisma ○<br>Trigonale Prismen ○<br>Oberes und unteres Basispedion ○<br>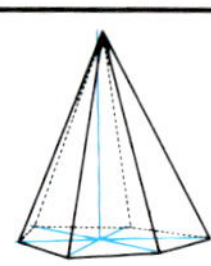 | Pyrargyrit<br>Proustit<br>Millerit<br>Turmalin |
| **trigonal – trapezoedrisch**<br>**1 ▲, 3 ⬮p** | **Trigonale Trapezoeder ●**<br>Trigonale Dipyramiden ●<br>Rhomboeder ●<br>Ditrigonale Prismen ○<br>Trigonale Prismen ○<br>Hexagonales Prisma ○<br>Basispinakoid ○<br>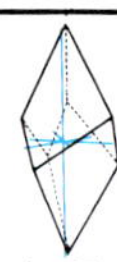 | Tiefquarz<br>Cinnabarit |
| **trigonal – rhomboedrisch**<br>**1 ▲, i** | **Rhomboeder ●**<br>Hexagonale Prismen ○<br>Basispinakoid ○<br>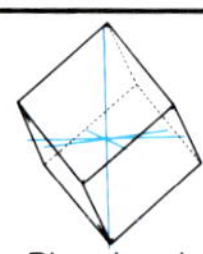 | Ilmenit<br>Dolomit<br>Phenakit<br>Willemit<br>Dioptas |
| **trigonal – pyramidal**<br>**1 ▲p** | **Trigonale Pyramiden ○**<br>Trigonale Prismen ○<br>Oberes und unteres Basispedion ○<br>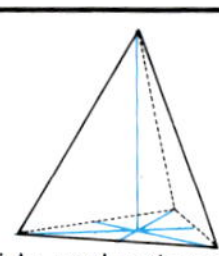 | Gratonit |

# Kristallsystem: tetragonal

Achsenabschnitte: a = b ≠ c
Winkel: $\alpha = \beta = \gamma = 90°$

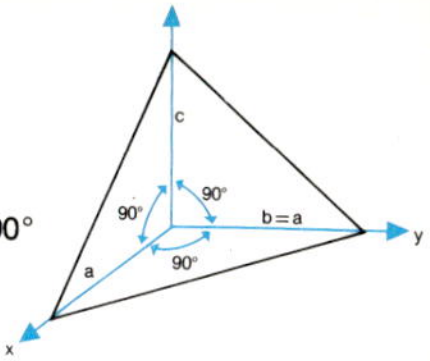


| **Kristallklassen** und deren Symmetrieelemente | Formen: | Mineralien: |
|---|---|---|
| **ditetragonal – dipyramidal**<br>**1 ■, (2 + 2) ⬮, (1 + 2 + 2) m, i** | **Ditetragonale Dipyramide ●**<br>Tetragonale Dipyramiden ●<br>Ditetragonales Prisma ○<br>Tetragonale Prismen ○<br>Basispinakoid ○<br>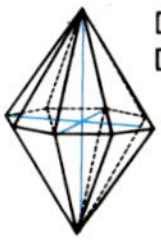<br>Ditetragonale Dipyramide<br>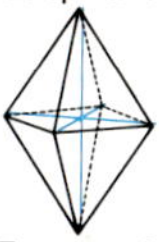<br>Tetragonale Dipyramide<br>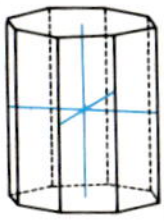<br>Ditetragonales Prisma und Basispinakoid<br>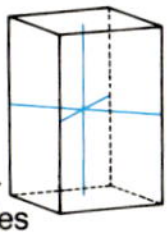<br>Tetragonales Prisma und Basispinakoid | Rutil<br>Kassiterit<br>Anatas<br>Zirkon<br>Vesuvian<br>Apophyllit |
| **tetragonal – dipyramidal**<br>**1 ■, m, i** | **Tetragonale Dipyramiden ●**<br>Tetragonale Prismen ○<br>Basispinakoid ○<br>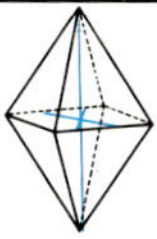<br>Tetragonale Dipyramide | Scheelit<br>Skapolith |
| **ditetragonal – pyramidal**<br>**1 ■p, (2 + 2) m** | **Ditetragonale Pyramiden ○**<br>Tetragonale Pyramiden ○<br>Ditetragonales Prisma ○<br>Tetragonale Prismen ○<br>Oberes und unteres Basispedion ○<br>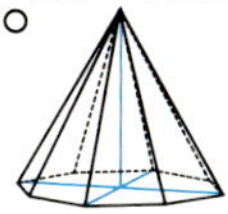<br>Ditetragonale Pyramide und unteres Basispedion | Diaboleit |
| **tetragonal – trapezoedrisch**<br>**1 ■, (2 + 2) ⬮** | **Tetragonale Trapezoeder ●**<br>Tetragonale Dipyramiden ●<br>Ditetragonales Prisma ○<br>Tetragonale Prismen ○<br>Basispinakoid ○<br>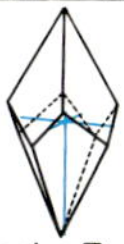<br>Tetragonales Trapezoeder | Tief-Cristobalit<br>Phosgenit |
| **tetragonal – skalenoedrisch**<br>**1 ◩, 2 ⬮, 2 m** | **Tetragonale Skalenoeder ●**<br>Tetragonale Dipyramiden ●<br>Tetragonale Disphenoide ●<br>Ditetragonales Prisma ○<br>Tetragonale Prismen ○<br>Basispinakoid ○<br>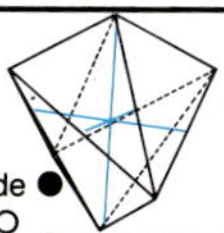<br>Tetragonales Skalenoeder<br>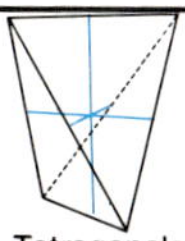<br>Tetragonales Disphenoid | Chalkopyrit<br>Stannit |
| **tetragonal – pyramidal**<br>**1 ■p** | **Tetragonale Pyramiden ○**<br>Tetragonale Prismen ○<br>Oberes und unteres Basispedion ○<br>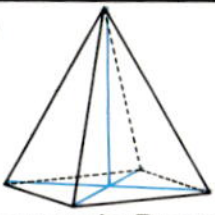<br>Tetragonale Pyramide und unteres Basispedion | Wulfenit |
| **tetragonal – disphenoidisch**<br>**1 ◩** | **Tetragonale Disphenoide ●**<br>Tetragonale Prismen ○<br>Basispinakoid ○<br>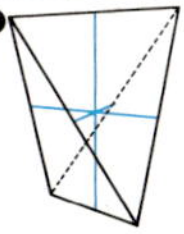<br>Tetragonales Disphenoid | Cahnit |

# Kristallsystem: orthorhombisch

Achsenabschnitte: $a \neq b \neq c$
Winkel: $\alpha = \beta = \gamma = 90°$

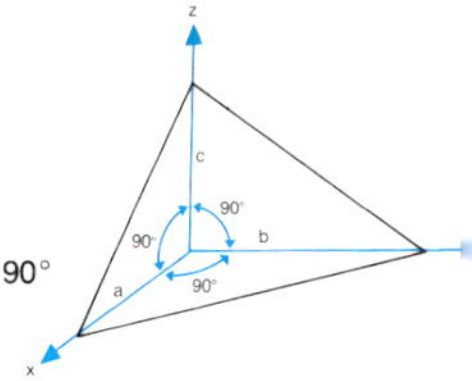


| **Kristallklassen** u. d. Symmetrieelemente | Formen: | Minerali |
|---|---|---|
| **rhombisch – dipyramidal (1 + 1 + 1) ⬮, (1 + 1 + 1) m, i** | **Rhombische Dipyramiden ●**<br>Rhombische Prismen ○<br>Pinakoide (Basis-P., seitliches und vorderes P.) ○<br>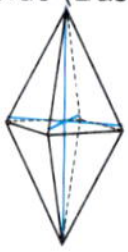<br>Rhombische Dipyramide<br>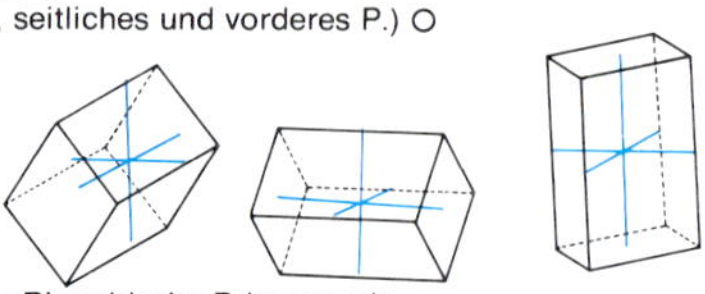<br>Rhombische Prismen mit vorderem P., seitlichem P., Basis-Pinakoid | rhombis Schwe<br>Antimon<br>Aragoni<br>Baryt<br>Coelesti<br>Olivin<br>Topas |
| **rhombisch – pyramidal 1 ⬮p, (1 + 1) m** | **Rhombische Pyramiden ○**<br>Rhombische Prismen ○<br>Domen ○<br>Oberes und unteres Basispedion ○<br>Pinakoide (seitliches und vorderes P.) ○<br>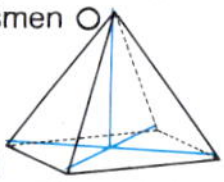<br>Rhombische Pyramide und unteres Basispedion<br>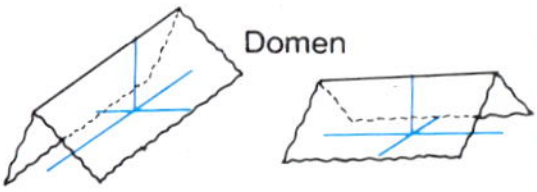<br>Domen | Dyskras<br>Hemi-morph<br>Prehnit |
| **rhombisch – disphenoidisch (1 + 1 + 1) ⬮** | **Rhombische Disphenoide ●**<br>Rhombische Prismen ○<br>Pinakoide (Basis-P., seitliches und vorderes P.) ○<br>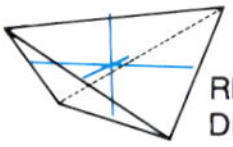<br>Rhombisches Disphenoid | Epsomi |

# Kristallsystem: monoklin

Achsenabschnitte: $a \neq b \neq c$
Winkel: $\alpha = \gamma = 90°$, $\beta \neq 90°$

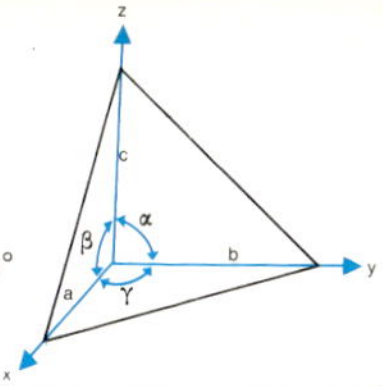


| ristallklassen u. d.<br>ymmetrieelemente | Formen: | Mineralien: |
|---|---|---|
| **nonoklin –<br>rismatisch<br>⬮, 1 m, i** | **Monokline Prismen** ○<br>Pinakoide (Basis-P., seitliches und vorderes P.) ○<br>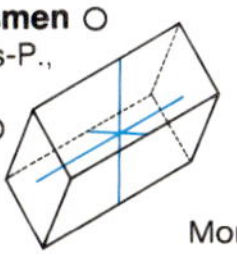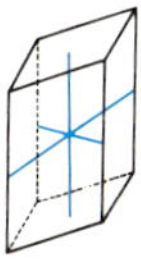<br>Monokline Prismen<br>mit vorderem Pinakoid und Basis-Pinakoid | Realgar<br>Auripigment<br>Azurit<br>Malachit<br>Gips<br>Wolframit<br>Monazit<br>Epidot<br>Pyroxene<br>Amphibole<br>Orthoklas |
| **nonoklin –<br>omatisch<br>m** | **Domen versch. Lage** ○<br>seitliches Pinakoid ○<br>Pedien (vorn u. hinten, oben u. unten) ○<br>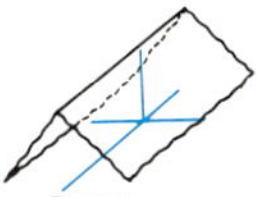<br>Doma | Hilgardit |
| **nonoklin –<br>phenoidisch<br>⬮p** | **Sphenoide versch. Lage** ○<br>Pinakoide versch. Lage ○<br>Pedien (rechts u. links) ○<br><br>Sphenoid | Mesolith |

# Kristallsystem: triklin

Achsenabschnitte: $a \neq b \neq c$
Winkel: $\alpha \neq \beta \neq \gamma \neq 90°$

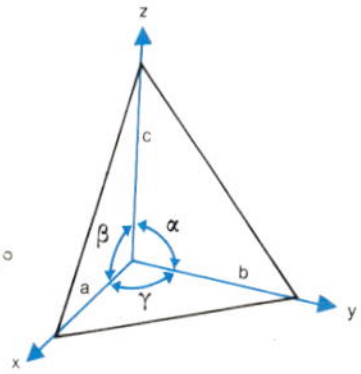


| ristallklassen u. d.<br>ymmetrieelemente | Formen: | Mineralien: |
|---|---|---|
| **riklin –<br>inakoidal** | **Pinakoide versch. Lage** ○<br>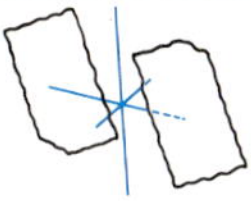<br>Pinakoid | Cyanit<br>Plagioklase<br>(Albit – Anorthit) |
| **riklin –<br>edial** | **Pedien versch. Lage** ●<br>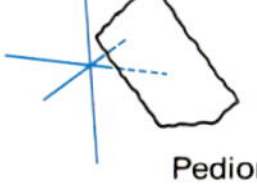<br>Pedion | Parahilgardit |

## Kristallstruktur

Dem sichtbaren symmetrischen Aufbau der Kristalle entspricht eine symmetrische Anordnung der Kristallbausteine im atomaren Bereich. Diese *Raumgitter-Struktur* der *Kristalle* (vermutet von J. Kepler 1611, Chr. Huygens 1678, R. J. Hauy und L. A. Seeber 1824) wurde durch *Beugungsexperimente* mit *Röntgenstrahlen* (M. v. Laue 1912) bestätigt. Die Wellenlängen der charakteristischen Röntgenstrahlung liegen in der Größenordnung von 1 Ångström-Einheit [Å] = $10^{-8}$ cm. Werden Kristalle von Strahlung dieser Wellenlänge getroffen, lassen sich Interferenzerscheinungen beobachten (ähnlich jenen, welche beim Durchgang des sichtbaren Lichts durch Kreuzgitter mit geeigneter Gitterkonstante entstehen). Die Abstände der Gitterbausteine von Kristallen – so konnte aus den Experimenten geschlossen werden – müssen somit von gleicher Größenordnung sein wie die Wellenlänge des Röntgenlichts. Aus diesen einfachen Beugungsexperimenten entwickelte sich die *Kristallstrukturforschung* mit Röntgenstrahlung, Elektronen und Neutronen. Lage, Verteilung und Intensität der Beugungsmaxima um einen Kristall sind die experimentellen Daten, aus denen sich die Symmetrie des Kristallgitters, die Anordnung der Gitterbausteine sowie deren Größe bestimmen lassen. Kristalle sind feste Körper mit dreidimensional periodischer Anordnung ihrer chemischen Bausteine. Diese Bausteine sind elektrisch neutrale Atome, Ionen mit positiven oder negativen Ladungen sowie Moleküle.

*Atome* und *Ionen* können in erster Näherung als Kugeln betrachtet werden. Aus dem Vergleich zahlreicher Kristallstrukturen, in denen die gleiche Atomart oder das gleiche Ion auftreten, läßt sich die Raumerfüllung dieser Gitterbausteine abschätzen und der Atom- oder Ionenradius berechnen. Die Atom- und Ionenradien liegen zwischen 0,2 und 2 Å-Einheiten. *Moleküle* zeigen unregelmäßige Formen auf und – in einigen Richtungen – größere Abmessungen. Für das Mineralreich wichtigster Gittertyp sind die *Ionengitter,* bei deren Aufbau Ionen positiver und negativer Ladung (Kationen und Anionen) wechseln. Ionengitter werden durch die elektrostatische Anziehung ihrer entge-

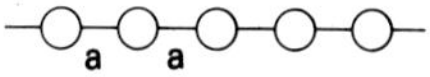


Zum Begriff Translation: Die Kreise stellen gleichartige Atome dar, die Atomreihe ist nach beiden Seiten beliebig fortzusetzen. Translation um den Betrag a führt die Atome ineinander über, die Reihe ist – nach Translation – von der Ausgangslage nicht unterscheidbar.

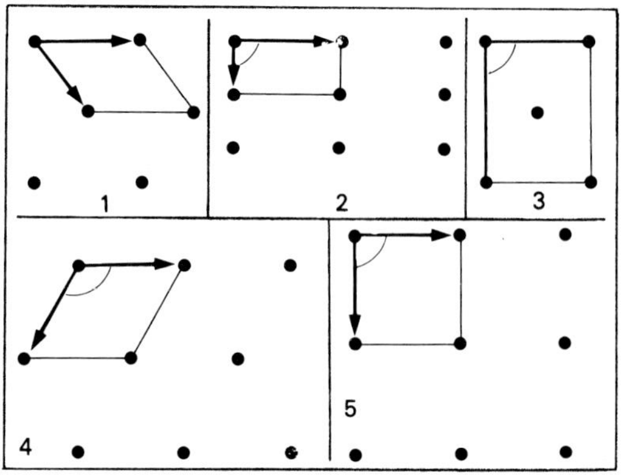


Es gibt mehrere Möglichkeiten der Anordnung gleichwertiger Gitterpunkte (Atome, Ionen, Moleküle) in einer Ebene, welche sich durch ihre Translationsperioden und die Winkel der durch Translation entstehenden Elementarbereiche unterscheiden.

1 Unterschiedliche Translationsbeträge, Winkel beliebig (ausgeschlossen sind Winkel von 30 und 60 bzw. 120°).

2, 3 Unterschiedliche Translationsbeträge mit Winkeln von 90°. Abb. 2 zeigt eine primitive, Abb. 3 eine zentrierte »Elementarmasche«.

4 Gleiche Translationsbeträge mit Winkeln von 60 bzw. 120°.

5 Gleiche Translationsbeträge mit Winkeln von 90°.

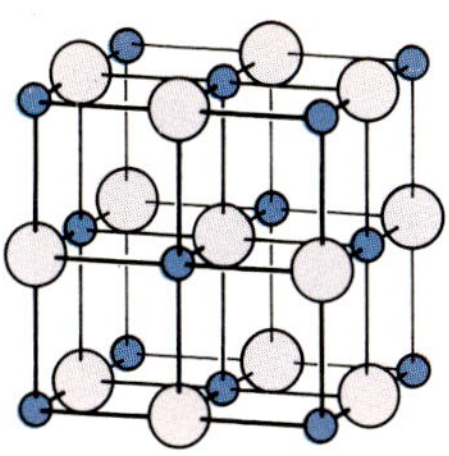

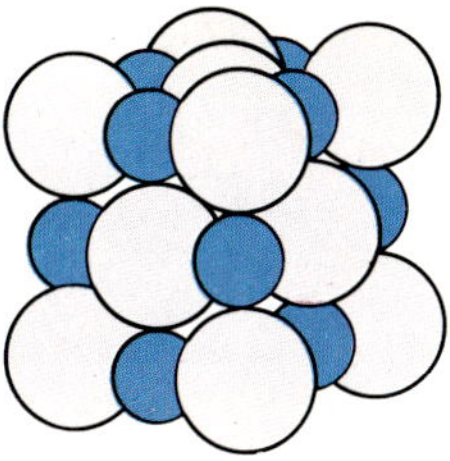

Elementarzelle der Kristallstruktur von Steinsalz, links in schematischer Darstellung, rechts mit der tatsächlichen Raumerfüllung. Die Kantenlänge der kubisch-flächenzentrierten Elementarzelle ist 5,64 Å. In der Zelle befinden sich 4 Formeleinheiten NaCl. Die Gitterpunkte sind alternierend mit $Na^+$-Ionen, Durchmesser 1,96 Å (blau) und $Cl^-$-Ionen, d = 3,62 Å (violett), besetzt.

gengesetzt geladenen Bausteine zusammengehalten, die Abstoßung der Ionen gleicher Ladung wirkt in entgegengesetzter Richtung. Zwischen Anziehung und Abstoßung herrscht bei diesem *heteropolaren Bindungstyp* ein Gleichgewicht. Der Begriff der chemischen Valenz muß für Ionenkristalle etwas modifiziert werden: Die chemische Bindung ist nicht linear gerichtet, es existiert vielmehr um jedes einzelne Ion ein dreidimensionales Valenzfeld mit verschiedenen Maxima in den Richtungen der jeweils nächsten Nachbarn entgegengesetzter Ladung. Im Steinsalz-NaCl-Gitter beispielsweise besitzt jedes $Na^+$-Ion als nächste Nachbarn 6 $Cl^-$-Ionen (oktaedrische Koordination mit der Koordinationszahl [6]). Dem entsprechen 6 gerichtete Teilvalenzen.

Unter den Mineralien mit Ionengittern stehen die Oxide nach Zahl und Bedeutung an erster Stelle. Die relativ großen Sauerstoffionen $O^{2-}$ (r = 1,32 Å) bilden dichte Anordnungen, im Idealfalle hexagonal oder kubisch dichteste *Kugelpackungen*. Die Kationen sind in die Lücken dieser Sauerstoffionenpackungen eingelagert und verzerren diese. Zwischen Kationen und nächst benachbarten $O^{2-}$-Ionen entstehen Komplexe mit besonders fester, teilweise homöopolarer Bindung. Diese *Anionen-Komplexe* besitzen große Bedeutung für den Aufbau der Mineralien. Mit zunehmender Größe des Kations steigt die Anzahl der nächsten $O^{2-}$-Ionen und damit die Größe des Komplexes. Wichtig für das Mineralreich sind die Komplexe $[SiO_4]^{4-}$, $[PO_4]^{3-}$, $[SO_4]^{2-}$ und $[CO_3]^{2-}$ (vgl. S. 25). Geringere Bedeutung für den Aufbau der Mineralien besitzen die Atomgitter, welche uns in den gediegenen Metallen und im Diamanten entgegentreten.

Die Atome sind in den Kristallgittern der Metalle nicht ionisiert. Die vom einzelnen Metallatom leicht ablösbaren Valenzelektronen sind als Elektronenwolke zwischen den positiven Atomrümpfen frei beweglich. Eine Folge hiervon ist die gute elektrische Leitfähigkeit der Metalle. Diese bilden – im Gegensatz zu den teilweise hoch komplizierten Strukturen der Kristalle mit heteropolarer Bindung – durchweg sehr einfache Kristallgitter.

Beim Diamanten herrschen streng gerichtete Bindungsverhältnisse. Jedes Kohlenstoffatom ist in Tetraederform von vier weiteren Kohlenstoffatomen umgeben. Die Valenzelektronen benachbarter Atome gehören den Elektronenschalen beider Atome an. Die Elektronen sind im Gitter fixiert. Diamant als typischer Vertreter der *homöopolaren Bindung* ist deshalb ein ausgezeichneter Isolator und besitzt trotz lockerer Packung hohe Härte.

*Folgende Seite:*

Die 14 Grundsymmetrien für die Elementarzellen aller möglichen Kristallstrukturen (Bravais-Gitter). Die Gitterlinien (Verbindungen der Gitterpunkte längs der Kanten) entsprechen den Richtungen der kristallographischen Achsen in den sieben Kristallsystemen.

# Die 14 einfachen Translationsgitter nach Bravais

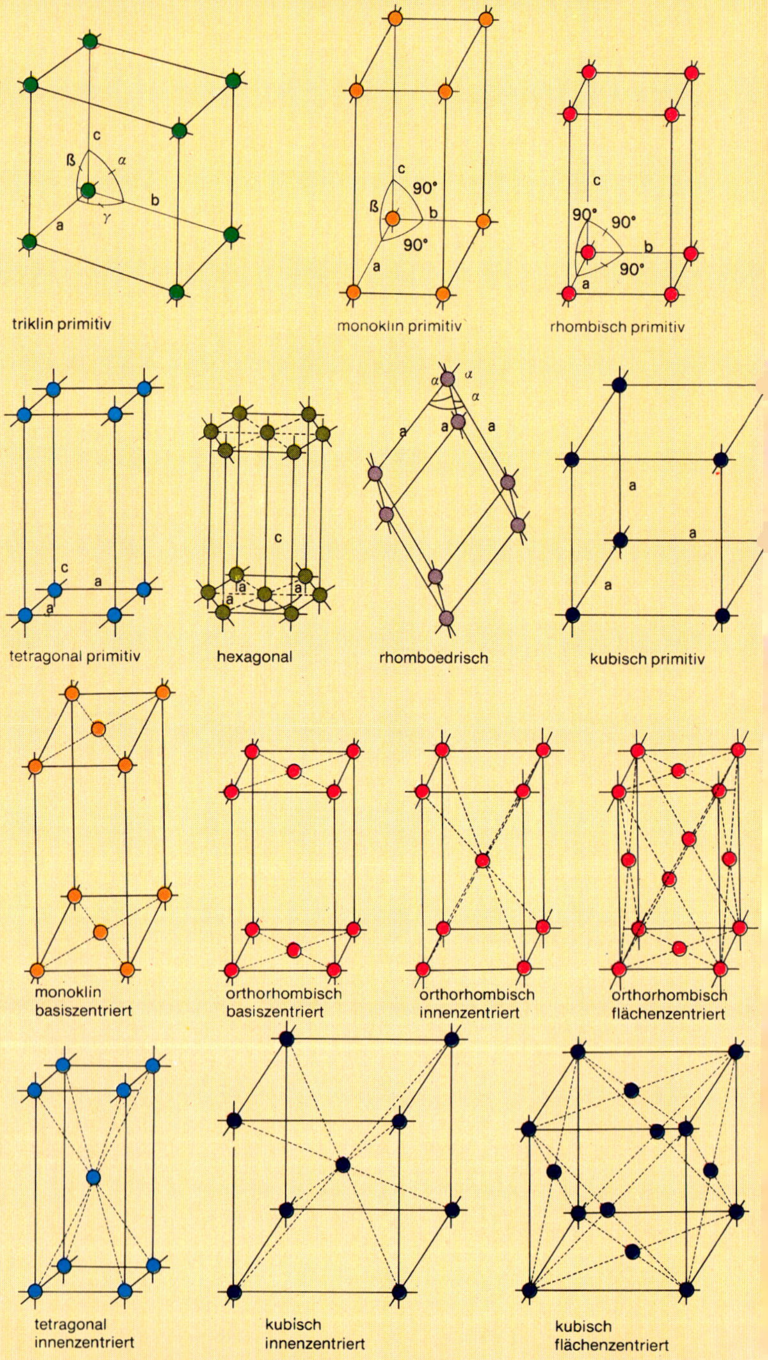

Manche Sulfide, beispielsweise die Sphalerit/ZnS, zeigen Übergänge zwischen Ionenbindung und homöopolarer Bindung.
*Molekülgitter* – in der organischen Chemie weit verbreitet – sind im Mineralbereich selten. In sich sehr fest (meist homöopolar) gebundene Atomgruppen (Moleküle) werden durch sehr schwache Restvalenzen in einem Gitterverband zusammengehalten. Das Vorliegen dieser *Van-der-Waals-Bindung* zeigt sich z. B. in großen Unterschieden zwischen den Abständen der Atome im Molekül zu den Abständen benachbarter Atome außerhalb des Moleküls. Die Folge sind geringe Härte und niedriger Schmelzpunkt. Typische Molekülgitter sind der rhombische Schwefel mit ringförmigen Molekülen $S_8$ und Realgar mit $As_4S_4$-Ringen. Übergänge zwischen einem Molekülgitter (mit sehr ausgedehnten schichtartigen Molekülen) und metallartiger Bindung zeigt der Graphit.
Die äußere Kristallsymmetrie – repräsentiert durch die bereits beschriebene Anordnung kristallographischer Formen in einer der 32 Kristallklassen – ist eine Abbildung der Struktursymmetrie des Kristalls. Kristallflächen entsprechen mit Gitterbausteinen (Atomen, Ionen, Molekülen) besetzten Ebenen im Kristallgitter, den *Netzebenen*. Großen, gut ausgebildeten Flächen entsprechen, sofern nur das Kristallwachstum ungestört verlief, dicht besetzte Netzebenen. Abnehmende Flächengröße entspricht abnehmender Netzebenenbesetzung. Die Indizierung einer Netzebene im Kristall ist identisch mit der Indizierung jener Kristallfläche, der diese parallel liegt. Die Existenz 2-, 3-, 4- und 6-zähliger Drehachsen in Kristallen und das Fehlen 5-zähliger Achsen sowie aller Zähligkeiten über 7 findet seine Erklärung in möglichen Drehsymmetrien von Kristallgittern. Nur Elementarzellen auf der Basis von Parallelogrammen, Rechtecken, gleichseitigen Dreiecken, Quadraten und regelmäßigen Sechsecken mit den »erlaubten« Drehsymmetrien erfüllen den Raum lückenlos. Aus dem gleichen Grunde erscheinen zwei der insgesamt 5 platonischen Körper (das reguläre Pentagondodekaeder – 12 regelmäßige Fünfecke als Flächen – und das reguläre Ikosaeder – 20 Dreiecke als Flächen, von denen jeweils 5 an einer Ecke zusammenstoßen –) nicht als kristallographische Formen.
Zahlreiche Strukturuntersuchungen zeigten, daß die äußere Kristallsymmetrie häufig nur ein vergröbertes Abbild der Symmetrie der Atomanordnung darstellt. Innerhalb der Kristallgitter existieren Gruppen verschiedenartiger Symmetrieelemente, die am Kristall nicht unterscheidbar sind. So können die Atome und Ionen im Kristall schraubenartig angeordnet sein. Zwar sind Schraubenachsen von Drehachsen morphologisch nicht unterscheidbar, da die – mit der Drehung verbundenen – Translationsbeträge (Schraubungskomponenten) nur atomare Größenordnung aufweisen, doch läßt sich ein unterschiedlicher Drehsinn von Schraubenachsen an der Kristallmorphologie und den physikalischen Eigenschaften der Kristalle erkennen. Bekanntestes Beispiel bilden die trigonal-trapezoedrischen Quarzkristalle mit ihren Rechts- und Linksformen. Zu den 2-, 3-, 4- und 6-zähligen *Drehachsen* treten insgesamt 11 mögliche *Schraubenachsen* mit unterschiedlichem Dreh-

1

2
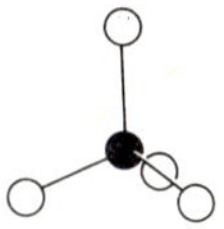

3
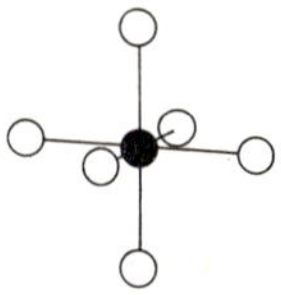

4
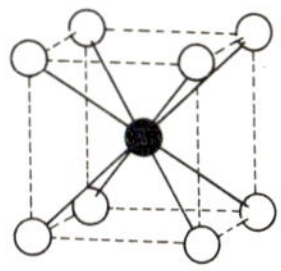

5
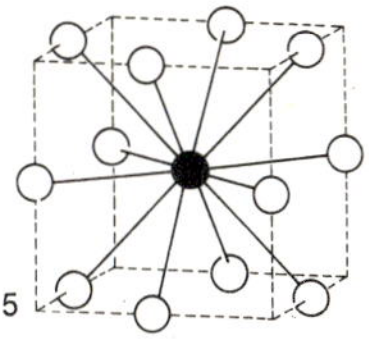

Koordinationspolyeder in Kristallstrukturen:
1 Koordinationszahl (KZ) 3, eben, gleichseitiges Dreieck. Beispiel: $(CO_3)^{2-}$ in den Carbonaten, etwa Kalkspat.
2 KZ 4, Tetraeder. Beispiele: $[SiO_4]^{4-}$ in allen Silikaten, $[PO_4]^{4-}$ in den Phosphaten, etwa Apatit.
3 KZ 6, Oktaeder. Beispiel: $Al^{3+}$ gegenüber Sauerstoff ($O^{2-}$) in zahlreichen Silikaten.
4 KZ 8, Würfel. Beispiele: $Na^+$, $Ca^{2+}$ gegenüber $O^{2-}$ in vielen Silikaten.
5 KZ 12, Kuboktaeder. Beispiel: $Ba^{2+}$ in Silikaten.

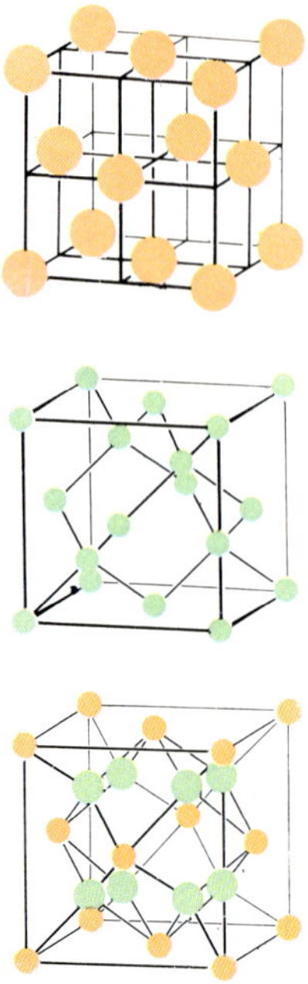

Elementarbereiche einiger einfacher kubischer Kristallstrukturen. Oben: Kupfer, Silber, Gold; Mitte: Diamant; unten: Flußspat.
Die drei Strukturen weisen unterschiedliche chemische Bindung auf: Kupfer = metallisch, Diamant = homöopolar, Flußspat = heteropolar.

sinn (Rechts- und Linksdrehung) und unterschiedlicher Schraubungskomponente. Auch mit der Spiegelung an einer Symmetrieebene kann eine Translation um den halben Betrag des Abstandes der Bausteine verbunden sein. *Spiegelebene* und *Gleitspiegelebene* sind ebenfalls morphologisch nicht unterscheidbar. Durch systematischen Ersatz der Drehachsen durch Schraubenachsen und der Symmetrieebenen durch Gleitspiegelebenen entstehen aus den 32 Kristallklassen insgesamt 230 verschiedene räumliche Symmetrien (*Raumgruppen*), die lange vor Entdeckung der Röntgenbeugung und Beginn der Strukturforschung mathematisch abgeleitet wurden (E. S. v. Fedorow, A. Schönflies 1890–91). Die Atomanordnung einer jeden Kristallstruktur hat ihre Entsprechung in einer solchen Raumgruppe. Die Koordinatenachsen der 7 Kristallsysteme haben ebenfalls ihre Entsprechung in der Kristallstruktur. Die Achsenrichtungen der Kristallmorphologie lassen sich auf die Struktur beziehen. Da Kristallgitter streng periodisch aufgebaut sind, muß sich jede Struktur durch *Translation* um definierte Längen in den Richtungen der kristallographischen Achsen mit sich selbst zur Deckung bringen lassen. Die jeweils kleinsten derartigen Identitätsabstände werden als *Gitterkonstanten* bezeichnet. Aus den drei Gitterkonstanten und den Winkelbeziehungen des kristallographischen Achsensystems folgen Größe und Gestalt der *Elementarzelle*. Diese muß die volle Symmetrie der Raumgruppe zeigen, welche der Kristallstruktur zugrunde liegt. Des weiteren müssen in der Elementarzelle die Bausteine der chemischen Formeleinheit mindestens einmal (oder in geradzähligen Vielfachen: 2, 4, 6, 8 etc.) vorhanden sein. Hierzu ein Beispiel:
*Pyrit* kristallisiert in der kubisch-disdodekaedrischen Klasse. Morphologisch erkennbar sind 3 ⬮, 4 ▲, 3 **m, i** (vgl. S. 16). Die kubische Elementarzelle enthält – bei einer Kantenlänge von 5,42 Å – 4 Formeleinheiten $FeS_2$. Die morphologisch erkennbaren 2-zähligen Drehachsen erweisen sich bei der Strukturuntersuchung als Sätze von Schraubenachsen, die Symmetrieebenen als Sätze von Gleitspiegelebenen usw. Die Frage nach der Anzahl möglicher Translationsgitter in den 7 kristallographischen Achsensystemen führt zu insgesamt 14 Möglichkeiten, welche ebenfalls lange vor dem Beginn der Strukturforschung bekannt waren (A. Bravais 1850). Diese 14 *Bravais-Gitter* bilden gewissermaßen den Rahmen der Strukturbeschreibung, welcher durch zusätzliche Angabe der Symmetrieelemente in der so umrissenen Elementarzelle ausgefüllt wird.
Die Bausteine des Kristalls können innerhalb der Elementarzelle auf Plätzen mit festen Gitterparametern liegen (auf Ecken, in Flächenmitten, auf der Mitte der Kanten etc.). Dies ist bei sehr vielen einfach aufgebauten Strukturen tatsächlich der Fall. In Kristallstrukturen mit komplizierterem Aufbau gibt es daneben Gitterbausteine mit Parametern, deren Freiheit lediglich durch die Symmetrie der Raumgruppe begrenzt wird.
Die Kristallstrukturen der Mineralien und die Art der chemischen Bindung ihrer Gitterbausteine sind z. T. recht kompliziert, sie wurden jedoch seit der Entdeckung der Röntgenstrahl-Interferenzen (1912) weitgehend aufgeklärt.

Zwischen Struktur, Bindungscharakter und den physikalischen Eigenschaften der Kristalle bestehen enge Beziehungen. Zahlreiche Eigenschaften der Mineralien, wie Härte, Spaltbarkeit, optische Erscheinungen, Piezoelektrizität etc. bleiben ohne Kenntnis der Kristallstrukturen unverstanden.

Zahlreiche chemische Verbindungen erscheinen nur in einem einzelnen, für die jeweilige Verbindung charakteristischen Kristallgitter.

Von vielen anderen Verbindungen jedoch gibt es mehrere Kristallarten unterschiedlicher Morphologie und Struktur. Man spricht dann von *Pólymorphie* (griech.: poly = viel, morphe = Gestalt). Die verschiedenen polymorphen Modifikationen unterscheiden sich häufig in ihren Bildungsbedingungen (Temperatur und Druck zum Zeitpunkt ihrer Entstehung), auch kann die Bildung bestimmter Kristallarten durch chemische Zusätze (in der Natur: Verunreinigungen) begünstigt werden. Die Erscheinung der Polymorphie ist im Mineralreich weit verbreitet. Beispiele sind

*Kohlenstoff:* Die Mineralien *Graphit,* hexagonal (gebildet bei tiefen Temperaturen und Drücken) und *Diamant,* kubisch (hoher Druck und hohe Temperatur). Beide Mineralien haben ganz unterschiedliche chemische Bindung, demzufolge unterschiedliche Eigenschaften.
Graphit: weich, schuppig, undurchsichtig, elektrischer Leiter;
Diamant: sehr hart, durchsichtig, Nichtleiter.

*$CaCO_3$: Calcit (Kalkspat),* trigonal; *Aragonit,* orthorhombisch. Beide Modifikationen kristallisieren aus wässerigen Lösungen, sie unterscheiden sich dabei in ihren Bildungsbedingungen nur wenig. Magnesiumionen ($Mg^{2+}$) in der Lösung begünstigen die Aragonit-Bildung.

*$SiO_2$:* Die Mineralien *Quarz* (Hochquarz, hexagonal, oberhalb 573 °C entstanden; Tiefquarz, trigonal, unterhalb 573 °), ferner *Cristobalit, Tridymit* und andere.

*$TiO_2$:* Die Mineralien *Rutil, Anatas* und *Brookit.*

*$Al_2SiO_5$:* Die Mineralien Cyanit, triklin (gebildet bei hohen Drücken und Temperaturen), *Sillimanit,* orthorhombisch (Mitteldruck-Hochtemperatur-Bildung), *Andalusit,* ebenfalls orthorhombisch (Tiefdruck-Tieftemperatur-Bildung).

Polymorphe Modifikationen von Mineralien können sich bei Änderung der Zustandsbedingungen (Abkühlen, Druckänderung) in andere, unter den neuen Bedingungen stabile Modifikationen umwandeln. Dabei ändert sich die Struktur, während die äußere Gestalt erhalten bleibt, es entstehen *Pseudomorphosen.* Beispiele:

1. Der Hochquarz vulkanischer Gesteine wandelt sich bei Unterschreitung von 573° in Tiefquarz um. Dabei ändert sich die Kristallstruktur geringfügig, die sehr typische hexagonal dipyramidale Kristalltracht des Hochquarzes bleibt erhalten.
2. Pseudomorphose von Limonit nach Pyrit. Eine Gruppe von Pyritkristallen wurde – am Ende ihres Wachstums – in Limonit umgewandelt. Dabei ging der Schwefel des Pyrits als Schwefelsäure in Lösung. Der Limonit bildet – pseudomorph – die Kristallform des Pyrits ab. Im Gegensatz zu dem oben beschriebenen Beispiel einer

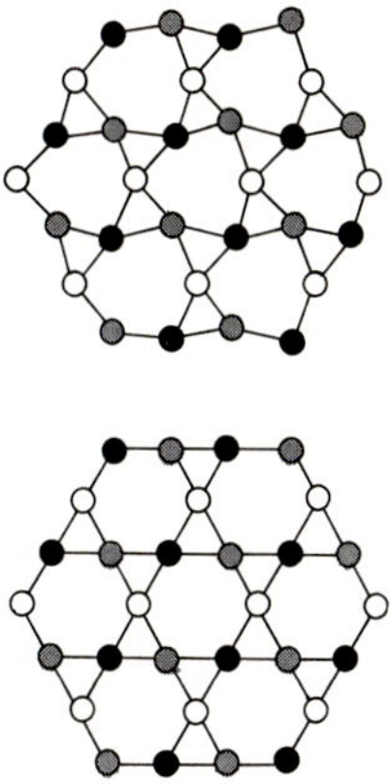

Ausschnitte aus der Kristallstruktur von Quarzkristallen, betrachtet aus der Richtung der kristallographischen c-Achse. Eingezeichnet sind allein die Silizium-Ionen, unterschiedliche Schraffuren kennzeichnen verschiedene Höhen über der Zeichenebene.
Oben: Tiefquarz mit einer trigonalen Symmetrie (3-zählige c-Achse), unten: Hochquarz mit hexagonaler Symmetrie (6-zählige c-Achse). Beide Strukturen wandeln sich bei 573 °C ineinander um, dies unter Erhaltung der Kristallmorphologie. Die Hoch-Tief-Umwandlung des Quarzes ist ein typisches Beispiel einer reversiblen Umwandlung. Sie erfolgt beim Erreichen der Umwandlungstemperatur spontan und ohne Verzögerung in beiden Richtungen.

Pseudomorphose von Limonit nach Pyrit.

Pseudomorphose von Tiefquarz nach Hochquarz als Folge einer polymorphen Umwandlung änderte sich hier nämlich die chemische Zusammensetzung. Auch bildet der Limonit nur die äußere Form der Pyritkristalle ab, ist aber selbst kein Einkristall, sondern ein polykristallines Aggregat.

3. Pseudomorphose von Malachit nach Azurit. Malachit und Azurit sind beide basische Kupferkarbonate sehr ähnlicher Zusammensetzung, welche in der Oxidationszone von Kupfer-Lagerstätten entstehen. Unter den Bedingungen der Erdoberfläche – und der Mineraliensammlungen – ist Azurit nicht stabil. Der tiefblaue Azurit wandelt sich pseudomorph in den grünen Malachit um. Die, hier radialstrahlige, Aggregatform des Azurits bleibt dabei erhalten.

Wie das erste Beispiel des Diamanten zeigt, können – bei hohen Temperaturen und Drücken gebildete Mineralien unter den Bedingungen der Erdoberfläche *metastabil* über beliebige Zeiträume beständig sein. Sind die Bildungsbedingungen von Mineralien oder die Umwandlungspunkte polymorpher Modifikationen bekannt, können diese – mit einiger Vorsicht – als *geologische Thermometer* und *Barometer* herangezogen werden.

Unter Polymorphie verstanden wir die Erscheinung, daß die gleiche chemische Verbindung in Form verschiedener Kristallarten erscheint. Umgekehrt können chemisch unterschiedliche Substanzen die gleichen Kristallstrukturen aufweisen. Diese *Isotypie* genannte Erscheinung ist im Mineralreich ebenfalls verbreitet, sie ist an einige Bedingungen geknüpft:

1. Gleiches Grundmuster in der chemischen Summenformel;

Pseudomorphose von Malachit nach Azurit.

2. gleiche oder ähnliche Kristallstruktur, in welcher
3. die einzelnen Gitterbausteine (Ionen, Atome) etwa gleiche Größe besitzen. Die Art der chemischen Bindung kann jedoch verschieden sein.

Isotype Verbindungen sind z. B. NaCl/Steinsalz, PbS/Galenit, MgO/Periklas – alle mit Steinsalzstruktur. In diesem Beispiel können sich die chemischen Elemente der drei Formeln nicht vertreten, Na läßt sich nicht durch Pb oder Mg, Cl nicht durch S oder O ersetzen, die Verbindungen sind nicht mischbar. Doch gibt es Fälle, in denen ein solcher Ersatz eines Gitterbausteins durch einen anderen ganz oder zum Teil möglich ist, ohne daß sich hierbei die Kristallstruktur ändert. Auch diese als *Isomorphie* bezeichnete Erscheinung findet sich im Mineralreich. Isomorphe Substanzen zeigen stets sehr ähnliche Kristallmorphologie: gleiche Formenentwicklung, ähnliche Kristalltracht, ähnlicher Habitus. Isomorphie hat, im Gegensatz zur Isotypie, gleichartige chemische Bindung, also eine enge chemische Verwandtschaft zur Voraussetzung. Isomorphie ist im Mineralreich weit verbreitet, sehr viele und weit verbreitete Mineralien sind Glieder von Mischkristallreihen. Hier nur wenige Beispiele:

*Olivin:* Es besteht – unter stetiger Änderung der physikalischen Eigenschaften (Gitterkonstanten, Dichte, Optik) lückenlose Mischbarkeit zwischen den beiden Endgliedern $Mg_2\,[SiO_4]$ = *Forsterit* und $Fe_2\,[SiO_4]$ = *Fayalith*. Magnesium und Eisen können einander bei allen Temperaturen und in allen Verhältnissen ersetzen.

*Feldspat, Plagioklase:* Es besteht bei hohen Temperaturen eine Mischbarkeit zwischen $Na[AlSi_3O_8]$ = *Albit* und $Ca\,[Al_2Si_2O_8]$ = *Anorthit,* ebenfalls unter stetiger Änderung der Eigenschaften. $Ca^{2+}$ ersetzt $Na^+$, der Ladungsausgleich erfolgt – simultan – durch Ersatz von $Si^{4+}$ durch $Al^{3+}$. Bei Temperatursenkung erfolgen *Entmischungen,* die Komponenten des Mischkristalls trennen sich wieder, dies im festen Zustande (z. B. im *Labradorit*).

*Orthoklas – Albit:* Bei Temperaturen oberhalb etwa 600 °C bis zum Schmelzpunkt besteht Mischbarkeit zwischen K $[AlSi_3O_8]$ = *Orthoklas* und Na $[AlSi_3O_8]$ = *Albit.* Darunter entmischen Orthoklas und Albit. Es entstehen – durch Ausscheidung im festen Zustande – charakteristische Entmischungsstrukturen, die *Perthite,* die sich beispielsweise im Kalifeldspat vieler Tiefengesteine beobachten lassen.

## Bestimmen von Mineralien

Mineralproben lassen sich aufgrund ihrer chemischen Zusammensetzung, also durch chemische Analyse, einer Mineralart zuordnen (»bestimmen«). Wegen ihres vielfältigen äußeren Erscheinungsbildes und ihrer unterschiedlichen Eigenschaften ist es jedoch in vielen Fällen möglich, Mineralien allein nach äußeren Kennzeichen zu bestimmen. Chemische Untersuchungen – oft nur qualitativer Art – sind dann nur noch in Zweifelsfällen erforderlich. Zum Mineralbestimmen nach äußeren Kennzeichen kann eine große Anzahl von Eigenschaften herangezogen werden, welche am Mineral teils unmittelbar sichtbar sind, teils mit sehr einfachen Methoden erfaßt werden können. Wichtiges Merkmal aller Mineralien ist ihre *Morphologie* als *Kristallmorphologie* an allen Mineralien, welche in Form von Kristallen erscheinen, als *Aggregatform* an solchen Mineralien, welche keine Kristallflächen zeigen. Hinzu treten physikalische Eigenschaften: Dichte, Härte, Spaltbarkeit, Bruch, Tenazität, Magnetisches Verhalten, Piezoelektrizität und Pyroelektrizität, Radioaktivität, ferner eine Fülle optischer Erscheinungen wie zum Beispiel Farbe, Glanz, Brechungsexponenten, Doppelbrechung, Pleochroismus oder Lumineszenz.

### Kristallmorphologie

Kristalle können eine einzige (geschlossene) kristallographische Form aufweisen, sie können mehrere offene und/oder geschlossene kristallographische Formen in Kombination zeigen. Weiterhin können die Flächen zahlreicher kristallographischer Formen unterschiedliche Neigung zu den kristallographischen Achsen, damit unterschiedliche Miller'sche Indices aufweisen. Derart entsteht innerhalb einer jeden Kristallklasse eine Fülle möglicher Flächenlagen. Hierzu ein freilich extremes Beispiel: Calcit kristallisiert in der ditrigonal skalenoedrischen Kristallklasse, in welcher neben hexagonalen und dihexagonalen Prismen, hexagonale Dipyramiden und dem Pinakoid zahlreiche Rhomboeder und Skalenoeder auftreten können. Bisher wurden an Calcit-Kristallen etwa 80 Rhomboeder verschiedener Indizierung und über 200 verschiedene Skalenoeder beobachtet. Über 1000 Flächenkombinationen sind beim Calcit bekannt. Zur Beschreibung der morphologischen

Verhältnisse an Kristallen sind die Begriffe *Tracht* (Kristalltracht) und *Habitus* von Nutzen. Unter *Tracht* versteht man die Summe der an einem Kristall auftretenden Formen. An Kristallen des kubischen Systems können beispielsweise Kombinationen von Würfel und Oktaeder beobachtet werden. Die Kristalltracht umfaßt in diesem Falle die Formen {100} und {111}. Unter *Habitus* wird die Gesamtgestalt eines Kristalls verstanden, wie sie durch die gegenseitigen Größenverhältnisse der einzelnen Formen bedingt ist. In unserem Beispiel kann der Kristall – beim Überwiegen der Form {100} – würfeligen Habitus oder – bei Vorherrschen der Form {111} – oktaedrischen Habitus besitzen. Ein tetragonaler Kristall, dessen Tracht durch ein tetragonales Prisma und das Basispinakoid bestimmt wird, kann tafeligen oder prismatischen Habitus aufweisen. Weitere Habitusarten können in diesem Beispiel je nach der Länge der Prismen unterschieden werden: kurz-, langprismatisch, nadelig etc. Die *Wachstumsformen der Kristalle* sind zum einen durch deren atomaren Aufbau bedingt – große, langsam wachsende Kristallflächen entsprechen dicht mit Gitterbausteinen besetzten Netzebenen –, zum anderen werden sie bestimmt durch vielfältige äußere Einflüsse: Druck und Temperatur im Bildungsraum, chemische Verunreinigungen, bei Wachstum aus Lösungen durch die Übersättigung usw.

Kristalle der gleichen Mineralart, unter verschiedenen Bildungsbedingungen und an verschiedenen Orten entstanden, zeigen daher oft sehr charakteristische – und teilweise fundortspezifische – Unterschiede in Tracht und Habitus.

So ist die Kristalltracht von Fluoritkristallen natürlicher Entstehung unabhängig von der Bildungstemperatur. Hohe Temperatur: Oktaeder, mittlere Temperatur: Rhombendodekaeder, niedrige Temperatur: Würfel.

Laboratoriumsuntersuchungen zeigten, daß Diamanten bei sehr hohen Drücken (über 60000 atm) in Form von Oktaedern, darunter in Würfelform kristallisieren.

Kristalle können feste, flüssige und gasförmige *Einschlüsse* enthalten. Feste Einschlüsse können schon existiert haben, bevor die sie später umhüllende Substanz auskristallisierte. Manche Kristallarten können auch ungefähr gleichzeitig entstanden sein, wobei die eine die andere umhüllte. Kristallographisch orientierte Einschlüsse (beispielsweise kleine Rutilnädelchen in Rubin) sind oft nachträglich durch Entmischung entstanden, weil die Löslichkeit des Gastminerals in der Wirtsubstanz bei niedriger Temperatur geringer ist. Flüssige Einschlüsse können durch unregelmäßiges, vor allem schnelles Kristallwachstum entstehen. Die meisten Flüssigkeiten in Kristallen enthalten eine Gasblase *(Libelle)*. Gas- und Flüssigkeitseinschlüsse in Kristallen können Hinweise auf die Bildungsbedingungen eines Kristalls geben.

In durchsichtigen Kristallen – insbesondere Quarz – werden Wachstumsstillstände als *Phantome* sichtbar.

*Kristalle* können im Gestein quasi »schwebend« gebildet sein, in diesem Falle sind sie zumeist allseitig von Flächen umgeben (z. B. Granat in Glimmerschiefern). Sie können in Spalten, Höhlungen, Drusen gebildet sein; in solchen Fäl-

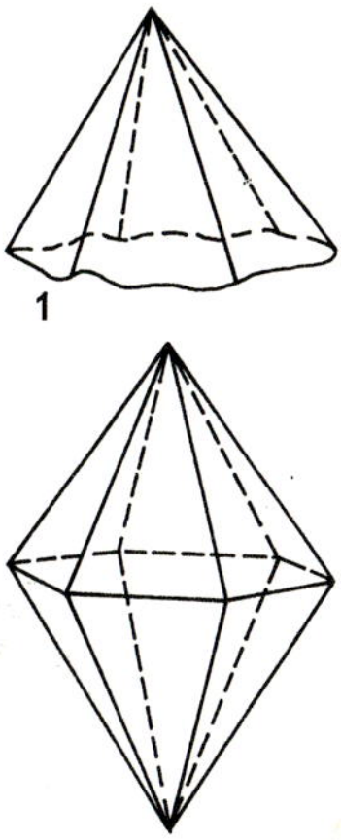

1

2

Hexagonale Pyramide (1) und hexagonale Dipyramide (2) als Beispiele für offene und geschlossene kristallographische Formen.

Zweidimensionales dendritisches Wachstum von Manganoxiden auf einer Spaltfläche eines Kalksteins (Solnhofen/ Bayern).

*Seite gegenüber:*

Zonares Wachstum eines Turmalinkristalls aus Madagaskar. Die einzelnen Wachstumszonen des – hier senkrecht zur c-Achse geschnittenen – Kristalls erscheinen in verschiedenen Farbtönen, Folge unterschiedlicher Zusammensetzung der Nährlösung während des Wachstums.

len sind sie einseitig auf deren Wänden aufgewachsen (z. B. Kristalle alpiner Kluftparagenesen).

*Kristalldrusen* enthalten Gruppen gesetzlos miteinander verwachsener Kristalle, welche frei in einem Hohlraum hineinwachsen (z. B. Amethystdrusen).

*Geoden* sind innen mit Kristallen ausgekleidete kugelige Hohlräume (z. B. Mandeln der Effusivgesteine). *Kristallskelette (Dendriten,* griech.: dendron = Baum) sind das Ergebnis bevorzugter Stoffzufuhr an Ecken und Kanten wachsender Kristalle in drei Dimensionen oder »zweidimensional« auf Kluft- und Spaltflächen. Oft sind die Produkte eines überhasteten Kristallwachstums beim Wachstum aus Lösungen typisch für starke Übersättigung.

*Kristalle mit gekrümmten Flächen* sind teils durch Druck entstanden (Gips), teils das Ergebnis von Verwachsungen mehrerer Individuen, deren Orientierung um kleine Beträge gleichsinnig variiert (gewundene Quarzkristalle aus alpinen Klüften.

*Kristalline Aggregate* bestehen aus zahlreichen Einzelkristallen, sie können beispielsweise
tafelig (Glimmer, Gips),
blätterig-schuppig (Molybdänit, Talk),
radialstrahlig (Antimonit, Vivianit),
faserig (Chrysotil),
skelettartig (ged. Wismut) sein.

Daneben gibt es *Aggregatformen,* an denen der kristalline Charakter des Minerals nicht deutlich wird:
glaskopfartig, nierig, traubig (wie Sphalerit, Hämatit), oolithisch, pulverig etc.

Bildungen dieser Art besitzen kein durchgehendes Kristallgitter, bestehen vielmehr aus zahllosen kleinen Kristalliten ohne gesetzmäßige Orientierung.

Die Flächen natürlicher Kristalle sind selten mathematisch eben, oft zeigen sie – für einzelne Mineralien charakteristi-

sche Streifung (z. B.: Pyrit), geringfügig verkippte Flächenbereiche (*Vicinalflächen*, lat. vicinus = Nachbar) oder Vertiefungen. Diese *Ätzgruben* sind Spuren der Korrosion durch aggressive Schmelzen oder Lösungen nach Bildung der Kristalle. Die *orientierte Verwachsung* zweier Kristallarten verschiedener Art (*Epitaxie*, griech. epi = auf, taxis = Anordnung) beruht auf Analogien der Struktur beider Partner in einer oder in zwei Richtungen ihres Raumgitters.

Auf einer bereits vorhandenen Kristallfläche des einen Partners (»Wirt«) bilden sich – orientierte – Keime des zweiten Epitaxie-Partners (»Gast«), die in der Folge zu sichtbaren Kristallen heranwachsen.

Im Mineralreich gibt es zahlreiche orientierte Verwachsungen. Beispiele: Staurolith (010) auf Cyanit (100), das älteste bekannte Beispiel dieser Art von Verwachsungen. Ferner Hämatit auf Ilmenit in allen Gitter-Richtungen, Hämatit auf Rutil, Rutil auf und in Quarz, Magnetit (001) auf Ilmenit (111), Calcit auf Dolomit, Augit auf Hornblende usw. Gleichartige Kristalle können miteinander derart verwach-

Skelettwachstum an einem Quarzkristall vom St. Gotthard/Schweiz. Bevorzugtes Wachstum der Kristallkanten; die Rhomboederflächen sind »trichterartig« eingetieft.

sen, daß sämtliche Kanten und Flächen der Einzelindividuen in paralleler Orientierung zusammenhängen. Beispiele solcher *Parallelverwachsungen* gibt es bei Oktaedern von Magnetit, bei Quarzkristallen (Szepterquarz), beim Markasit (Hahnenkämme), etc.

*Zwillinge* sind Verwachsungen zweier Individuen der gleichen Kristallart, welche sich durch eine der folgenden Symmetrie-Operationen ineinander überführen lassen:

1. durch Spiegelung an einer Ebene (Zwillingsebene) oder
2. durch Drehung um 180° um eine Achse (Zwillingsachse) oder (bei Kristallarten ohne Symmetrie-Zentrum)
3. durch Inversion = Spiegelung am Symmetriezentrum.

Zwillinge weisen gegenüber dem Einzelkristall eine Erhöhung der Symmetrie um eines (oder mehrere) der genannten Symmetrie-Elemente auf. Eine Ausnahme von dieser Regel bildet die dreizählige Achse im kubischen System, welche bei Zwillingen nach dem Spinellgesetz Zwillingsachse ist. Zwillingsebene und Zwillingsachse weisen im allgemeinen einfache Miller'sche Indices auf. Ein Charakteristikum vieler Zwillinge sind einspringende Winkel, die

Parallelverwachsung zahlreicher Quarzkristalle. Gleichartige Flächen und Kanten sind bei allen Kristallen streng parallel ausgerichtet.

Epitaxie von Rutil (schwarze, parallele Nadeln) auf den Basisflächen von Hämatitkristallen einer Eisenrose, Graubünden/Schweiz.

Beispiele von Zwillingskristallen

Durchdringungszwillinge:
1 Fluorit
2 Karlsbader Zwilling von Orthoklas

Berührungszwillinge:
3 Gips
4 Kassiterit (sog. ›Visiergraupe‹)

Polysynthetische Zwillinge:
5 Plagioklas

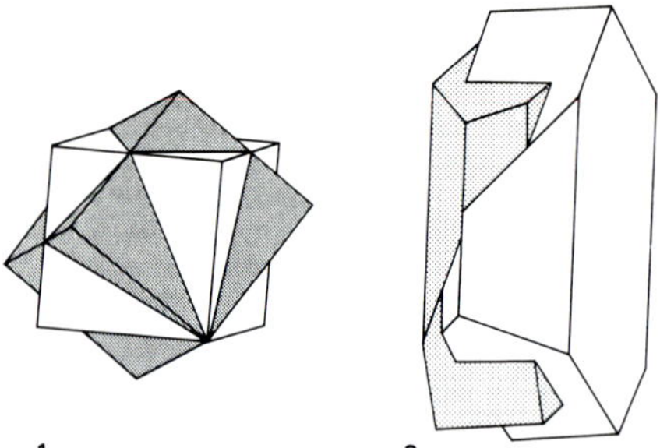

1 2

am Einzelkristall niemals auftreten können. Ein zusätzliches Kriterium bildet die – als Zwillingsnaht sichtbare Verwachsung beider Individuen. Mitunter sind Zwillinge auch durch charakteristische – unter definierten Winkeln verlaufende – Streifensysteme erkennbar. Man unterscheidet:

*Berührungszwillinge*, Kontaktzwillinge (Beispiele: Spinell, Galenit, Rutil)

*Durchwachsungszwillinge*, Penetrationszwillinge (Beispiele: Staurolith, Quarz, Cerussit)

*Ergänzungszwillinge* (Beispiele: Chrysoberyll, Calcit)
Die Verzwillingung kann sich wiederholen, es entstehen Drillinge, Vierlinge, Achtlinge etc.

*Polysynthetische Zwillinge* entstehen durch stetige Wiederholung des gleichen Zwillingsgesetzes (Beispiel: Plagioklase)

*Mimetische Verzwillingung:* Dadurch entstehen Zwillingsstöcke mit deutlich höherer Symmetrie als der Einzelkristall. (Beispiel: Aragonit)

*Wachstumszwillinge* entstehen aus zwei Kristallkeimen, welche zueinander symmetrisch liegen und voneinander unabhängig weiterwachsen. Bei der Zwillingsbildung wachsen also keine fertig ausgebildeten Kristallindividuen zusammen.

*Umwandlungszwillinge* entstehen bei der Umwandlung polymorpher Kristalle (Beispiel: Hochquarz → Tiefquarz).

*Gleitzwillinge* entstehen durch mechanische Beanspruchung von Kristallen (Beispiel: Calcit).

**Physikalische Eigenschaften**

Neben der Kristallmorphologie sind es vor allem die physikalischen Eigenschaften der Mineralien, welche zu deren Bestimmung herangezogen werden können.

Kristalle sind – von ihrem atomaren Aufbau her – anisotrope Körper, es ist zu erwarten, daß sich ihre physikalischen Eigenschaften in verschiedenen Richtungen unterscheiden. Dies ist tatsächlich der Fall, in vielen Kristallarten bestehen eindeutige Beziehungen zwischen Symmetrie, Gitterbau und Eigenschaften, so für die Spaltbarkeit, Ritzhärte, Lichtbrechung oder für das piezo- und pyroelektrische

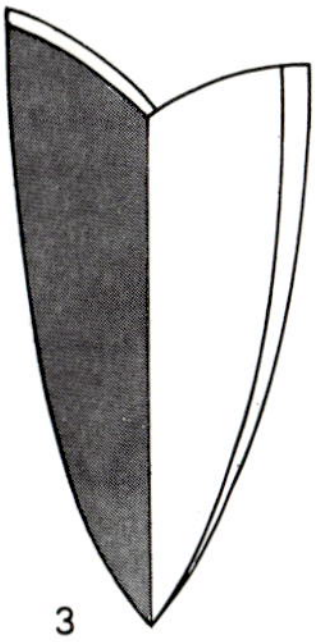

3

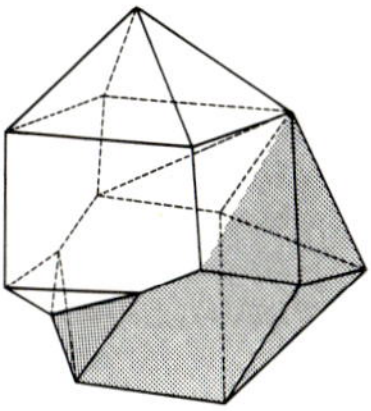

4

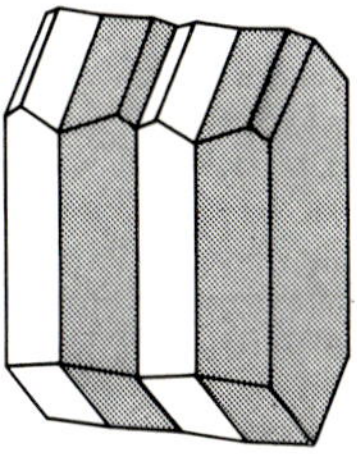

5

Verhalten. Bei der Beobachtung solcher Eigenschaften muß zur *Meßgröße* – etwa dem Brechungsexponenten – noch die kristallographische *Richtung* angegeben werden. Daneben gibt es an Mineralien Eigenschaften, welche völlig richtungsunabhängig sind, etwa (was selbstverständlich ist) die Dichte und bei vielen, keinesfalls allen Mineralien, die Farbe.

**Dichte** Die Dichte wird in [g · $cm^{-3}$] angegeben. Die Dichte von Wasser bei +4° C ist 1 [g · $cm^{-3}$]. Sämtliche Mineralien (mit Ausnahme von Eis) haben höhere Dichtewerte. Dichten können grob abgeschätzt werden, Handprobe gegen eine ungefähr gleich große Probe bekannter Dichte (Abstufung etwa: sehr leicht, z. B. Borax; leicht, z. B. Calcit; schwer, z. B. Baryt; sehr schwer, z. B. Scheelit; äußerst schwer, z. B. Uraninit). Zur genauen Messung bedarf es einer Analysen-Waage und einiger einfacher Hilfsmittel. Beispiele für Dichteangaben in Klammern: Schwefel (2,0), Graphit (2,23), Quarz (2,65), Diamant (3,52), Pyrit (5,0), Kassiterit (7,0), Wolframit (7,5), gediegenes Gold (19,28), ge-

Mimetischer Zwillingsstock aus 3 orthorhombischen Aragonitkristallen, welche sich so durchdringen, daß scheinbar 1 hexagonaler Kristall entsteht.

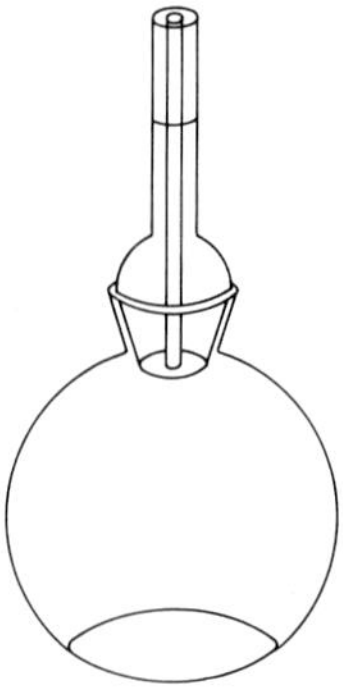

Oben: Pyknometer (kleine kalibrierte Glasflasche mit eingeschliffenem Stöpsel) zur exakten Dichtebestimmung kleiner Mineralproben.

diegenes Platin (19,0). Die Dichtewerte in Tabellen und Handbüchern beziehen sich zumeist auf Einkristalle. In anderen Aggregatformen (körnig, strahlig, faserig, oolithisch etc.) haben Mineralien oft abweichende, zumeist niedrigere Dichtewerte.

**Härte** Die Härte ist der Widerstand, welcher ein Festkörper (Glas, Kristall, Kristallaggregat) seiner mechanischen Beanspruchung entgegensetzt. Große Härteunterschiede sind für das Mineralreich typisch. Auf ihnen beruht die Eignung mancher Mineralien als Schleif- und Poliermittel (Quarz, Korund, Diamant). Der Grazer Mineraloge Friedrich Mohs stellte bereits 1812 eine empirische Skala für die *Ritzhärte* auf, die bis heute für die Härtebestimmung von Mineralien benutzt wird. Das Mineral mit niedrigerer Mohs-Härte wird von dem in der *Mohs'schen Härteskala* jeweils über ihm stehenden Mineral geritzt.

| Härte | Mineral | | | |
|---|---|---|---|---|
| 1 | Talk | $Mg_3[(OH)_2\vert Si_4O_{10}]$ | mit Fingernagel ritzbar (1–2) | leicht mit Messer ritzbar (1–3) |
| 2 | Gips | $Ca[SO_4]\cdot 2H_2O$ | | |
| 3 | Calcit | $CaCO_3$ | | |
| 4 | Fluorit | $CaF_2$ | noch mit Messer ritzbar (4–5) | |
| 5 | Apatit | $Ca_5[(F,Cl,OH)\vert(PO_4)_3]$ | | |
| 6 | Orthoklas | $K[AlSi_3O_8]$ | | ritzen Glas (6–10) |
| 7 | Quarz | $SiO_2$ | schlagen mit Stahl Funken (7–10) | |
| 8 | Topas | $Al_2[F_2\vert SiO_4]$ | | |
| 9 | Korund | $Al_2O_3$ | | |
| 10 | Diamant | C | | |

Die Ritzhärte mancher Mineralien ist stark richtungsabhängig. Bekanntestes Beispiel: Cyanit (in der Längsrichtung der Kristalle 4–4 1/2, quer dazu 6–7). Die Stufen der Härteskala sind nicht gleichwertig, und die Härtebestimmung nach Mohs ist nicht sehr exakt. Genauere Methode: das Sklerometer (griech. skleros = hart). Der zu prüfende Kristall wird unter einer belasteten Stahl- oder Diamantspitze vorbeibewegt. Das Belastungsgewicht, das gerade noch eine Ritzung erzeugt, gilt als Maß der Härte.

**Spaltbarkeit, Teilbarkeit, Bruch, Tenazität** Diese Begriffe kennzeichnen das Verhalten eines Minerals gegenüber mechanischer Beanspruchung. *Spaltbarkeit* ist die Eigenschaft vieler Kristalle, durch Einwirkung einer mechanischen Kraft parallel einer oder mehrerer Ebenen teilbar zu sein. Verschiedene Grade der Spaltbarkeit werden unterschieden:

Meßmethoden zur Dichtebestimmung:

Hydrostatische Dichtebestimmung (für größere Mineralproben): Bestimmt wird das Gewicht der Probe in der Luft (a), dann das Gewicht im Wasser (b). Die Dichte wird berechnet nach der Formel $D = a/(a-b)$.

Pyknometer-Methode (für kleinere Proben): Die Dichte ist hier $D = g/(p + g - q)$. g = Gewicht der Probe, q = Gewicht des Pyknometers + Probe, abzüglich des von dieser verdrängten Wassers.

Schwebemethode: Sie beruht auf Dichtemessungen einer schweren Lösung, in welcher die Probe gerade schwebt. Die Dichte der Lösung wird durch Mischung zweier Komponenten eingestellt, z. B. Bromoform ($d_{max} = 2{,}904$) + Benzol (als Verdünnung) Clerici-Lösung ($d_{max} = 4{,}2$) + Wasser (als Verdünnung) (Rückbestimmung der Dichte schwerer Lösungen mit dem Pyknometer oder mit der Mohr-Westphal'schen Waage).

Beispiele für unterschiedliche Spaltbarkeit.
Links: höchst vollkommene Spaltbarkeit des Glimmers (Muskovit); Spaltflächen: Basispinakoid {001}.
Unten: vollkommene Spaltbarkeit des Calcits: Spaltflächen: Grundrhomboeder $\{10\bar{1}1\}$.
Die Spaltbarkeit läßt sich aus dem Gitterbau der Kristalle verstehen. Einen Kristall zu spalten, bedeutet, ihn parallel bestimmter Netzebenen zu trennen. Die Güte der Spaltbarkeit ist ein Maß für die Stärke der Bindekräfte des Kristallgitters; sind diese Bindekräfte hoch, spaltet der Kristall schlecht, sind sie niedrig, spaltet er gut.

| | Beispiel | Spaltflächen |
|---|---|---|
| höchst vollkommen | Glimmer, z. B. Muskovit $K\ Al_2\ [(OH,F)_2AlSi_3O_{10}]$ | {001} |
| sehr vollkommen | Galenit PbS | {100} |
| | Calcit $CaCO_3$ | $\{10\bar{1}1\}$ |
| vollkommen | Sphalerit ZnS | {110} |
| | Fluorit $CaF_2$ | {111} |
| deutlich | Gips $Ca\ [SO_4] \cdot 2\ H_2O$ | $\{\bar{1}11\}$ |
| unvollkommen | Kassiterit $SnO_2$ | {100}, {110} |

Unterschiedliche *Teilbarkeit* kann durch Aufbau des Kristalls aus Zwillingslamellen, durch gesetzmäßige Verwachsungen mehrerer Mineralien usw. bedingt sein. Die Teilbarkeit ist keine feste Eigenschaft einer Kristallart.
Als *Bruch* wird das Verhalten von Kristallen und Kristallaggregaten beschrieben, wenn Spaltbarkeit oder Teilbarkeit

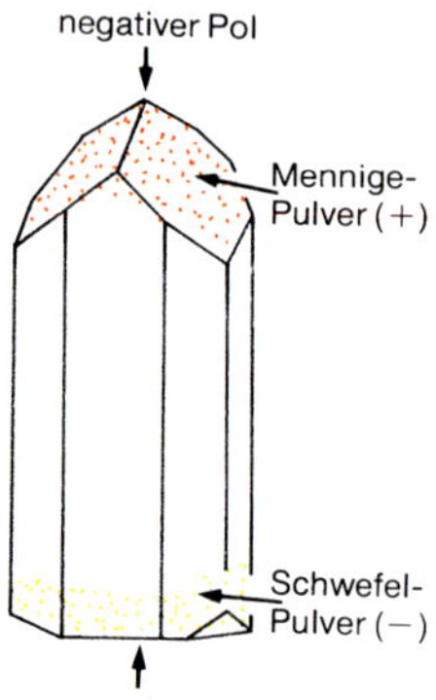


Pyroelektrizität. Ist nur möglich in Kristallen mit polarer Hauptachse – insgesamt also in 8 von 32 Kristallklassen – und in der monoklin-domatischen und der triklin-pedialen Kristallklasse. Beispiel: Ein Turmalinkristall zeigt – erwärmt – am oberen und unteren Ende unterschiedliche elektrische Ladungen. Diese sind leicht nachzuweisen, wenn der Kristall – an einem Seidenfaden (Isolator!) aufgehängt – in ein aufgewirbeltes Gemenge von gelbem Schwefel- und rotem Mennige-Pulver gebracht wird. Schwefel lädt sich durch Reibung negativ auf, wird also vom »positiven« Kristallende angezogen, bei der Mennige ist es umgekehrt: positive Aufladung und Haften am »negativen« Kristallende.

Piezoelektrizität. Piezoelektrisches Verhalten zeigen nur Kristalle mit polaren Achsen und fehlendem Symmetriezentrum. Der Piezoeffekt erreicht sein Maximum jeweils in Richtung dieser polaren Achsen. Insgesamt weisen von den 32 Kristallklassen 20 polare Haupt- und/oder Nebenachsen auf. In ihnen ist piezoelektrisches Verhalten theoretisch möglich Praktisch kann der Effekt nur an elektrisch nichtleitenden Kristallen nachgewiesen werden.

nicht zu beobachten sind. Der Bruch kann muschelig, uneben, splitterig usw. sein.

Unter dem Oberbegriff *Tenazität* werden Beobachtungen zusammengefaßt, welche sich anstellen lassen, wenn wir versuchen, ein Mineral mechanisch zu verformen:

*spröd (fragil)* Mineral zersplittert, Splitter fliegen weg. Leicht zu pulvern (Schwefel, Sphalerit).

*mild (tendil)* Zersplittert, Splitter bleiben liegen. Leicht zu pulvern (Galenit, Antimonit, Molybdänit).

*schneidbar (sectil)* Weicht Beanspruchung aus. Es entsteht kein Pulver, (ged. Bi, Silberglanz, Au, ged. Cu).

*geschmeidig (malleabel)* Mineral ist schmiedbar zu dünnen Blättchen (Silberglanz ged. Metalle Au, Cu, Ag, Pt).

*elastisch biegsam* Läßt sich biegen, Blättchen/Fasern kehren in Ausgangslage zurück (Glimmer, Asbest).

*unelastisch biegsam* (flexibel) Mineral läßt sich biegen, Blättchen oder Fasern kehren nicht in Ausgangslage zurück (Antimonit, Gips).

*zäh* weder zerschlag- noch verformbar (Nephrit).

**Elektrische Eigenschaften** Die *elektrische Leitfähigkeit* von Mineralien hängt ab von deren atomarem Aufbau, insbesondere von der Art der chemischen Bindung. Gute Leiter der Elektrizität sind die Metalle, weniger gut leiten die Halbmetalle und manche Sulfide. Die meisten Mineralien, insbesondere die Silikate, sind – zumindest bei Raumtemperatur – Isolatoren.

Unter pyroelektrischem Verhalten (*Pyroelektrizität;* griech. pyr = Feuer) versteht man das Auftreten entgegengesetzter elektrischer Ladungen an gegenüberliegenden Kristallseiten beim Erwärmen (vgl. Randspalte S. 40 oben).

Unter piezoelektrischem Verhalten (*Piezoelektrizität;* griech. piezein = drücken) versteht man das Auftreten entgegengesetzter elektrischer Ladungen an gegenüberliegenden Außenflächen eines Kristalls bei dessen mechanischer Beanspruchung wie Druck, Zug und Torsion (vgl. Randspalte S. 40 unten).

**Magnetismus** Auch magnetische Eigenschaften können Hinweise auf bestimmte Mineralarten geben.

**Radioaktivität** Sie kann beim Mineralbestimmen wichtige Hinweise auf Uran- und Thorium-Verbindungen liefern; vergleiche dazu die drei radioaktiven Zerfallsreihen in Randspalte S. 41 unten. Für Sammler ist Radioaktivität leicht nachweisbar:

1. durch Benutzung einfacher batteriebetriebener Nachweisgeräte für die $\beta$- und $\gamma$-Strahlung des radioaktiven Zerfalls, die $\alpha$-Strahlung kann – wegen ihrer geringen Reichweite – nur mit aufwendigeren Meßgeräten nachgewiesen werden. Benutzt werden meist einfache Geräte mit *Geiger-Müller-Zählrohren* und akustischer sowie optischer Anzeige (Mittelwertsmessung, »Ratemeter«).
2. durch sogenannte *Autoradiographien* (»Belichtung« fotografischer Schichten durch das radioaktive Mineral), durch 1. überholte Methode.

Auf die Gefährdungen durch das Aufbewahren radioaktiver Mineralien, insbesondere von größeren Mengen und in

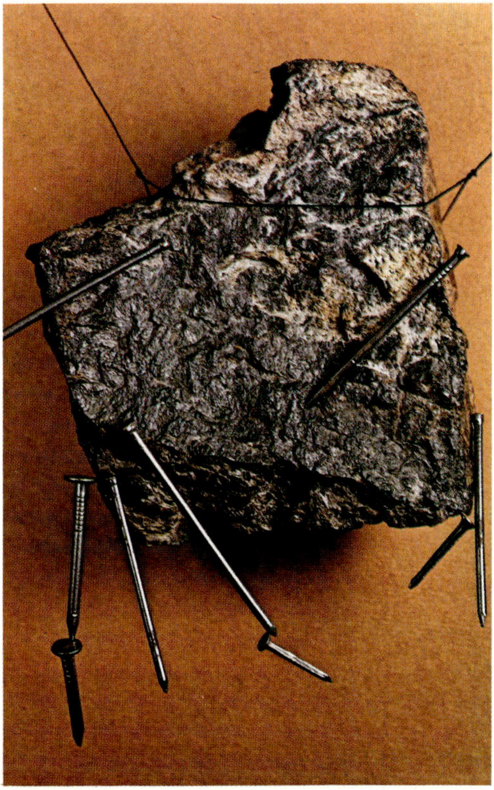

◁
Eine Magnetitstufe als natürlicher »Dauermagnet« zieht eiserne Nägel an.

bewohnten Räumen – sei hier ausdrücklich hingewiesen. Enthält ein Mineral größere Mengen radioaktiver Elemente (Uran, Thorium), so kann deren Strahlung das Kristallgitter weitgehend oder völlig zerstören. Anstelle der geordneten Kristallstruktur tritt ein ungeordneter glasartiger, *metamikter Zustand.* Die physikalischen Eigenschaften ändern sich, so verschwindet z. B. die Doppelbrechung (bei nichtkubischen Mineralien) und die Spaltbarkeit, die Härte und Durchsichtigkeit nehmen ab. Charakteristisch für diese *isotropisierten* Mineralien sind muscheliger Bruch und pechartiger Glanz. Die äußere Kristallform bleibt jedoch erhalten.

In isotropisierten Mineralien ist ein Teil der radioaktiven Zerfallsenergie gespeichert. Durch Zufuhr eines weiteren kleinen Energiebetrages (Erwärmen) kann diese gespeicherte Energie freigesetzt werden *(Thermolumineszenz).* Die isotropisierten Mineralien glühen auf, wobei sich der geordnete Zustand des Kristallgitters wieder herstellt. Kristallform, Struktur und physikalische Eigenschaften entsprechen einander wieder. Isotropisierung zeigen z. B. in hohem Maße: Thorit, Euxenit, Samarskit; häufig: Betafit, Gadolinit; selten: Zirkon, Columbit, Uraninit, Thorianit.

Magnetismus. Wie andere Festkörper können sich Mineralien gegenüber einem magnetischen Feld unterschiedlich verhalten

Diamagnetische Mineralien werden vom Feld starker Magneten abgestoßen. Beispiele: Kupfer, Silber, Gold, Calcit, Quarz, Fluorit.

Paramagnetische Mineralien werden in das Feld hineingezogen. Beispiele: in unterschiedlichem Maße viele Eisenmineralien, Rutil, Beryll, Dioptas.

Ferromagnetische Mineralien werden kräftig von Magneten angezogen. Beispiele: ged. Eisen, Magnetit, Pyrrhotin.

Drei natürliche radioaktive Zerfallsreihen:
1. die Uran-Zerfallsreihe, mit Ausgangsglied Uranisotop $^{238}U$
2. Thorium-Zerfallsreihe $^{233}Th$)
3. Aktinium-Zerfallsreihe $^{235}U$)

In allen drei Zerfallsreihen treten Alpha-Strahlen (Helium-Ionen, $He^{2+}$), Beta-Strahlen (Elektronen hoher Geschwindigkeit) und Gamma-Strahlen (durchdringende, kurzwellige Röntgenstrahlung) auf. Der Zerfall läuft über verschiedene instabile Zwischenstufen, welche ebenfalls radioaktive Elemente sind. Endprodukt ist ein stabiles, also nicht mehr radioaktives Element. Der Zerfall folgt einem einfachen Zeitgesetz, das erlaubt, jeder radioaktiven Atomart eine Halbwertzeit zuzuordnen, nach der jeweils nur noch die Hälfte der Atome vorhanden, die andere bereits umgewandelt ist. Für $^{238}U$ (Umwandlung durch Aussendung von Alpha-Teilchen in $^{234}Th$) z. B. ist die Halbwertszeit $4.5 \cdot 10^9$ Jahre, für $^{226}Ra$ ist sie 1622 Jahre.

1

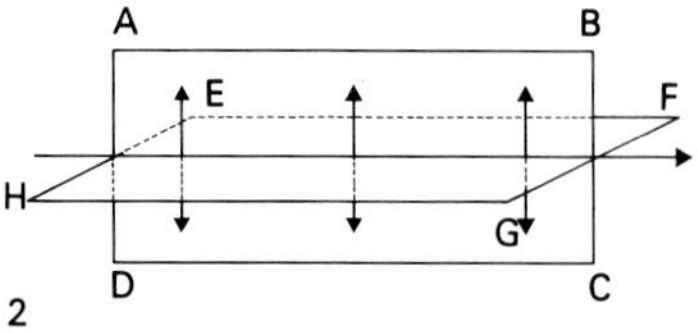


2

△
Licht ist eine elektromagnetische Wellenstrahlung. Die Schwingungen des elektrischen und magnetischen Feldvektors erfolgen transversal, senkrecht zur Fortpflanzungsrichtung des Lichts. Im nicht polarisierten Lichtstrahl sind alle Schwingungsrichtungen vorhanden (1), polarisiertes Licht schwingt nur in einer Ebene (ABDC in 2).

**Optische Eigenschaften** Die *Kristalloptik* beschäftigt sich mit dem Verhalten von Kristallen, insbesondere kristallisierten Mineralien, gegenüber dem Licht. Optische Erscheinungen sind z. B. Lichtbrechung, Doppelbrechung, Farbe, Glanz, Pleochroismus. Da die Wechselwirkungen des Lichtes mit Kristallen z. T. überaus spezifisch sind, ist die Kristalloptik ein wichtiges Hilfsmittel zum Identifizieren von Mineralien. Da alle nichtkubischen Kristallarten in mehr oder weniger starkem Maße die Eigenschaft der Doppelbrechung besitzen, liefern Lichtbrechung und Doppelbrechung wichtige Hinweise für die Mineraldiagnostik.

Lichtbrechung Ein Lichtstrahl wird beim Übergang aus einem optisch »dünneren« (Luft, Vakuum) in ein optisch »dichteres« Medium (Flüssigkeiten, Gläser, Kristalle) zum Einfallslot hin gebrochen. Je größer die optischen Unterschiede der beiden Stoffe sind, desto höher ist die Lichtbrechung. Das Maß dafür ist der Brechungsexponent = Brechungsindex, also das Verhältnis $n = \frac{\sin\alpha}{\sin\beta} = \frac{v_1}{v_2}$, worin $\alpha$ der Winkel zwischen dem Lichtstrahl und dem Einfallslot vor der Grenzfläche, $\beta$ der Winkel zwischen Strahl und Lot hinter der Grenzfläche, $v_1$ die Fortpflanzungsrichtung des Lichtes im ersten, $v_2$ im zweiten Medium bedeuten.

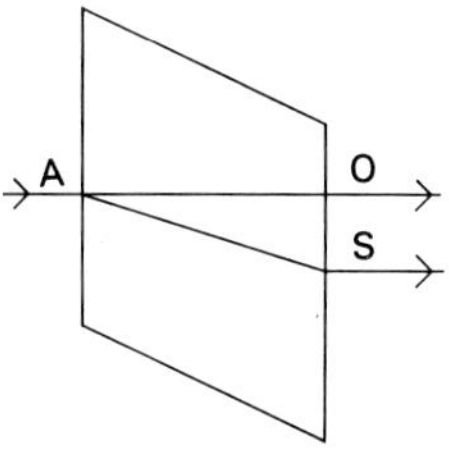


△
Doppelbrechung. In einem Calcit-Rhomboeder wird ein Lichtstrahl in zwei Teilstrahlen zerlegt. Beide schwingen nach Verlassen des Kristalls in Polarisationsebenen, welche aufeinander senkrecht stehen. Die Schwingungsrichtung des ordentlichen Strahles (AO im Kristall) liegt senkrecht zur Zeichnungsebene. Der außerordentliche Strahl (AS) schwingt in der Zeichnungsebene, er wird – im Gegensatz zum ordentlichen Strahl – abgelenkt. Bei Drehung des Kristalls um die Achse (AO) wandert der außerordentliche Strahl um den ordentlichen Strahl herum.

▷
Doppelbrechung in einem Calcitkristall. Das Schriftbild erscheint doppelt, »im Lichte« des ordentlichen und des außerordentlichen Strahls.

Kubische Kristalle und amorphe Stoffe (Flüssigkeiten, Gläser) haben – gegen das gleiche Medium, z. B. Luft gemessen – in allen Richtungen den gleichen Brechungsexponenten. Der Brechungsexponent ist abhängig von der Spektralfarbe (Wellenlänge) des Lichtes. Die folgenden Werte für n beziehen sich auf die gelbe Natrium-(D-)Linie bei 5890 Å. Beispiele: Wasser 1,33, Fluorit 1,43, Steinsalz 1,54, Sphalerit 2,49, Diamant 2,40.

Doppelbrechung Kristalle aller anderen Kristallsysteme zeigen die Erscheinung der Doppelbrechung. Ein in sie eintretender Lichtstrahl wird in zwei Teilstrahlen zerlegt, deren Brechungsindices sich – je nach Einstrahlrichtung – mehr oder weniger unterscheiden und deren Polarisationsebenen aufeinander senkrecht stehen.

Der ordentliche Strahl (o, mit dem Brechungsexponenten $n_o$) passiert den Kristall bei senkrechtem Auftreffen auf eine Kristallfläche geradlinig, der außerordentliche Strahl (e) wird abgelenkt. (Der Brechungsexponent des außerordentlichen Strahls ($n_e$) ist von der Einfallsrichtung abhängig.) Bei schrägem Einfall wird auch der ordentliche Strahl zum Einfallslot hin gebrochen, jedoch in einem vom ordentlichen Strahl verschiedenen Winkel. Die Stärke der Doppelbrechung ist abhängig von der Einfallsrichtung des Lichtes – bezogen auf das kristallographische Achsenkreuz der jeweiligen Kristallart. In jedem Kristall gibt es Richtungen mit der Doppelbrechung Null (sog. *optische Achsen*), $n_o$ und $n_e$ unterscheiden sich hier nicht. Angaben der Doppelbrechung in der Literatur beziehen sich auf die jeweils größten Differenzen von $n_o$ und $n_e$. Calcit ist eine stark doppelbrechende Substanz: aus $n_o = 1.6583$ und $n_e = 1.4865$ ergibt sich eine maximale Doppelbrechung von 0,17. Ein durch einen klaren Calcit-Kristall betrachteter Gegenstand erscheint doppelt (Doppelspat), einmal »im Licht« des ordentlichen, daneben »im Licht« des außerordentlichen Strahls. Die starke Doppelbrechung des Calcit ermöglichte erstmalig die Herstellung leistungsfähiger Bauelemente zur Herstellung und Analyse polarisierten Lichts (*Nicol'sches Prisma* als *Polarisator* und *Analysator* siehe S. 47), und damit den Bau des *Polarisationsmikroskops* zur kristalloptischen Mineraluntersuchung.

Der Zusammenhang zwischen Kristallsymmetrie, Brechungsindices und Doppelbrechung läßt sich durch einfache Raum-Modelle darstellen. Man unterscheidet:

*Strahlengeschwindigkeitsfläche:* Konstruktion über die unterschiedlichen Lichtgeschwindigkeiten des ordentlichen und außerordentlichen Strahls im Kristall, zweischalig, Geschwindigkeit des ordentlichen Strahls in allen Richtungen konstant, Geschwindigkeit des außerordentlichen Strahls richtungsabhängig.

*Indexfläche:* Konstruktion über die Brechungsindices des ordentlichen und des außerordentlichen Strahls im Kristall, zweischalig, Brechungsindex des ordentlichen Strahls ($n_o$) in allen Richtungen konstant, Brechungsindex des außerordentlichen Strahls ($n_e$) richtungsabhängig.

*Indikatrix:* Konstruktion aus den Brechungsindices für den ordentlichen und den außerordentlichen Strahl im Kristall, gestattet für jede beliebige Richtung durch den Kristall $n_o$ und $n_e$ sowie die Schwingungsrichtungen des ordentli-

Optische Indikatrix
*(Erläuterungen zu den untenstehenden Abbildungen siehe Randspalte Seite 44).*

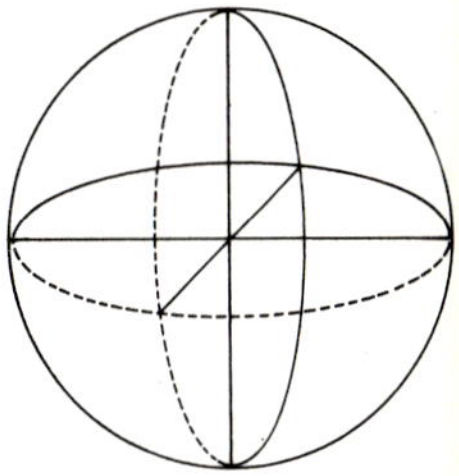

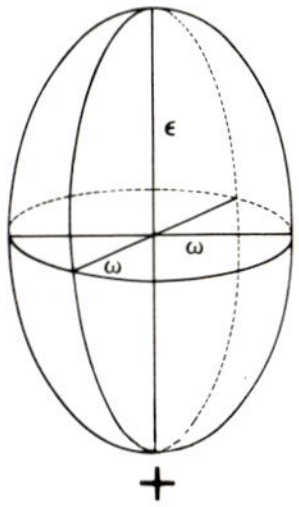


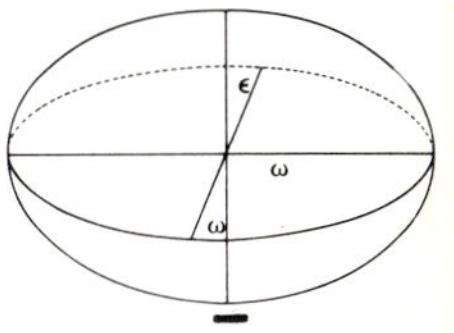


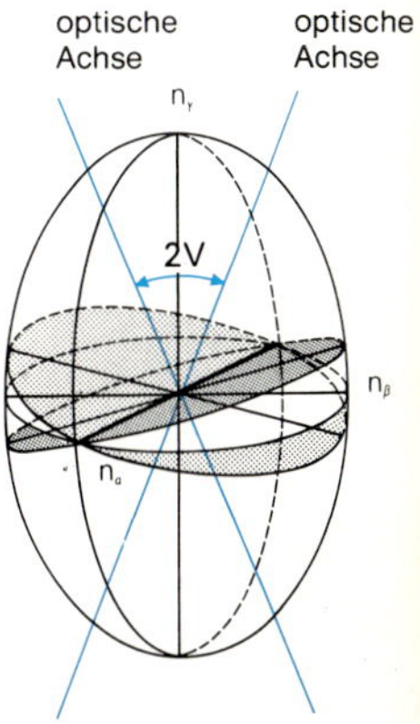

Optische Indikatrix. Die optische Bezugsfläche »Indikatrix« ist für Kristalle des kubischen Systems eine Kugel, in allen Richtungen gibt es für jede Wellenlänge des Lichts nur einen Brechungsexponenten. In tetragonalen, trigonalen und hexagonalen Kristallen ist die Indikatrix ein Rotationsellipsoid. Es gibt zwei Haupt-Brechungsindices (in der Abbildung $\omega$ und $\varepsilon$). W ist der Brechungsexponent des ordentlichen, E jener des außerordentlichen Strahles. Ist $\varepsilon > \omega$, wird der Kristall als optisch einachsig positiv, mit $\omega > \varepsilon$ als optisch einachsig negativ bezeichnet. Drehachse des Ellipsoids ist die optische Achse, in dieser Richtung zeigen die Kristalle keine Doppelbrechung. Im rhombischen, monoklinen und triklinen Kristallsystem ist die Indikatrix ein dreiachsiges Ellipsoid mit drei Hauptbrechungsindices (in der Abbildung $n_\alpha$, $n_\beta$, $n_\gamma$) und zwei optischen Achsen, welche sich unter einem, für das Mineral spezifischen Winkel 2V schneiden *(Abbildungen siehe Randspalte Seite 43).*

chen und des außerordentlichen Strahls abzulesen. Einschalig, wichtigste Hilfsfläche der Kristalloptik.
Für Kristalle des tetragonalen, trigonalen und hexagonalen Systems ist die Indikatrix ein Rotationsellipsoid, es gibt für jede Farbe des Lichts zwei Haupt-Brechungsindices.
Kristalle des ortho-rhombischen, des monoklinen und des triklinen Systems haben dreiachsige Ellipsoide als Indikatrix, hier existieren für jede Farbe des Lichts drei Hauptbrechungsindices. An tetragonalen, trigonalen und hexagonalen Kristallen tritt in einer Richtung keine Doppelbrechung auf ($n_o = n_e$), wir kennen solche Kristalle *optisch einachsig.*
Orthorhombische, monokline und trikline Kristalle besitzen zwei derartige Richtungen, sie heißen *optisch zweiachsig.* Ebenso wie die Brechungsindices und der (maximale) Betrag der Doppelbrechung sind auch die Winkel zwischen den beiden Achsen *(Achsenwinkel)* optisch zweiachsiger Kristalle kristalloptische Bestimmungskriterien.
Farbe Die Ursachen der Färbungen von Mineralien sind sehr vielfältig. In durchsichtigen oder durchscheinenden Mineralien ist Farbe die Folge der Absorption des Lichts, welches den Kristall durchdringt: Einige Wellenlängenbereiche fehlen oder erscheinen geschwächt.
*Eigenfarbe* (idiochromatisch; griech: idios = gleich, chroma = Farbe): Die Absorption kann eine Eigenschaft des ungestörten Kristallgitters und seiner Gitterbausteine sein.

| So führen: | zur: | Beispiele: |
|---|---|---|
| $Cr^{2+}$ -Ionen | Grünfärbung | Chromit, |
| $Co^{2+}$ -Ionen | Rotfärbung | Erythrin, |
| $Ni^{2+}$ -Ionen | Grünfärbung | Annabergit, |
| $Cu^{2+}$ -Ionen | Grün- und Blaufärbung | Malachit, Azurit |

*Fremdfarbe, Färbung* (allochromatisch; griech.: allos = anders): Die Absorption kann bewirkt werden durch den Einbau fremder »färbender« Ionen in ein Kristallgitter, dem diese Ionen selbst fehlen. So führt der Ersatz von $Al^{3+}$-Ionen im Korund durch $Cr^{3+}$ zur Rotfärbung (Rubin) und von $Al^{3+}$-Ionen im Orthoklas durch $Fe^{3+}$ zur Grünfärbung (Amazonit).
*Pigmentfarbe:* Einschlüsse feinst verteilter und nicht in das Kristallgitter eingelagerter Fremdstoffe (Pigmente) kann zu Färbungen von Mineralien führen. Hierbei wirken verschiedene optische Phänomene (Absorption, Streuung einzelner Wellenlängenbereiche des Lichts, Beugung) in komplizierter Weise zusammen. Z. B. Rosenquarz: Streuung an feinst verteilten Rutilnädelchen im Quarz; Sternsaphir und Sternrubin: Wechselwirkung mit orientiert im Korundgitter eingelagerten Rutilnädelchen.
*Bestrahlungs-Verfärbung:* Radioaktive Elemente (Uran, Thorium und deren Zerfallsprodukte) können Mineralien auf charakteristische Weise verfärben. Die Voraussetzung hierfür ist die Existenz von Baufehlern, welche in den Kristallgittern natürlicher Kristalle stets vorhanden sind. Ein solcher Baufehler kann an einem Ionenkristall zum Beispiel darin bestehen, daß ein negativ geladenes Ion in der Kristallstruktur fehlt und der dadurch freigewordene Raum durch ein Elektron eingenommen wird. Diese mit einem Elektron besetzte Anionen-Lücke (»Fehlstelle«) kann Licht

einer bestimmten Wellenlänge absorbieren. Sie wirkt als *Farbzentrum* (F-Zentrum). Sind zahlreiche gleichartige Baufehler in einem Kristall vorhanden, erscheint dieser gefärbt. Die Bildung von F-Zentren wird durch Verunreinigungen begünstigt, ferner durch Erwärmung und Verformung der Kristalle. Zur Erzeugung von Bestrahlungsverfärbungen genügen sehr geringe Gehalte radioaktiver Elemente. So reichen Urangehalte von wenigen Promille aus, um in einigen tausend Jahren Fluorit blau-violett zu verfärben (Fluorit vom Wölsendorf). Weitere Beispiele: Anhydrit, Coelestin, Baryt – sämtlich mit blauer Bestrahlungsverfärbung; Rauchquarz, Amethyst. Die Bestrahlungsverfärbung ist durch Erhitzen der Kristalle auf etwa 500 °C rückgängig zu machen, dabei verschwinden die Gitterstörungen unter Energieabgabe: Aufleuchten, sog. *Thermolumineszenz.* Bestrahlungsverfärbungen an Kristallen lassen sich auch im Laboratorium hervorrufen. So können mit der energiereichen Strahlung eines Zyklotrons farblose Diamanten verfärbt werden.

Asterismus. Sternförmige Lichtfigur in einem geschliffenen Enstatitkristall.

Als *undurchsichtig (opak)* gelten solche Kristalle, welche in sehr dünner Schicht bereits einen großen Teil des sichtbaren Spektrums absorbieren. Dies gilt für viele Erzmineralien. Der Farbeindruck opaker Stoffe hängt in komplizierter Weise von der Reflexion (und der Absorption) einzelner Wellenlängenbereiche des Lichts in der Oberfläche und – zusätzlich – von der Oberflächenbeschaffenheit ab. Die Farben, insbesondere jene opaker Mineralien, werden durch *Anlauffarben* überlagert. Die Anlauffarben sind weithin unabhängig von der Eigenfarbe des Minerals. Sie entstehen durch Beugung des Lichts in sehr dünnen Überzügen der Oberflächen (Oxidationsschichten und anderen Reaktionsprodukten). Beispiele: Magnetit mit $Fe_2O_3$-Überzügen, Cu-Sulfide, insbesondere Chalkosin, Chalkopyrit mit Überzügen von Covellin.

Opake Mineralien sind jedoch in dünner Schicht häufig durchscheinend und zeigen dann charakteristische Absorptionsfarben (z. B. tiefrot beim Hämatit, grün beim Covellin CuS). Im Gegensatz zur unmittelbar wahrnehmbaren Färbung eines Minerals mit ihren beschriebenen vielfältigen Ursachen ist die *Strichfarbe* (Pulverfarbe) eine recht charakteristische Eigenschaft eines jeden Minerals. Bei eigenfarbigen Mineralien stimmt die Strichfarbe in gewissen Schwankungsbereichen mit der Mineralfarbe überein. Bei fremdfarbigen Mineralien ist das nicht der Fall: Fluorit kann z. B. farblos, weiß, gelb, blau, grün, violett, rosa u. a. sein, seine Strichfarbe ist trotzdem immer weiß. Man erhält sie, indem man mit der Probe über eine unglasierte Porzellantafel, die *Strichtafel,* streicht und dadurch den sogenannten Strich erzeugt. Dabei ist zu beachten, daß möglichst am frischen Bruch geprüft wird, damit nicht Oxidationsprodukte eine falsche Farbe vortäuschen. Naturgemäß kann auf diese Weise von Mineralien mit Härten über 6 kein Strich erhalten werden. Sehr hilfreich ist oft der direkte Vergleich mit dem Strich eines bereits bestimmten Exemplars.

*Glanz* Mineralien, deren Oberfläche nicht eben, rauh oder matt ist, reflektieren das auffallende Licht, sie »glänzen«. Dieser Glanz kann recht verschiedenartigen Charak-

Fluoreszenz. Eine Erzstufe mit Scheelit (aus Traversella) im Tageslicht (oben) und im Licht einer UV-Lampe (unten).

ter haben. Metallischen oder Glasglanz kann man durch Vergleich mit Gegenständen des täglichen Lebens leicht erkennen; ebenso sind Begriffe wie *Seidenglanz* (faserige Mineralien), *Samtglanz* (feinste kurze Nädelchen) oder *Perlmutterglanz, fett-* oder *harzartiger Glanz* u. a. ohne weiteres verständlich. Schwieriger zu beschreiben sind Ausdrücke wie *Diamantglanz.* Man beobachtet Diamantglanz an Mineralien mit hoher Lichtbrechung. Schließlich findet man Bezeichnungen wie »metallischer Blendeglanz« (z. B. an eisenreichen Zinkblendekristallen/Sphalerit zu beobachten) oder »wässeriger Glasglanz«, die mit Worten kaum zu beschreiben sind. Der Glanz ist also eine recht subjektive Eigenschaft eines Minerals und seine Beschreibung sehr vom jeweiligen Betrachter abhängig.

*Pleochroismus* Griech. pleon = mehr, chroma = Farbe; also Mehrfarbigkeit. Die Lichtabsorption in Kristallen, welche nicht dem kubischen System angehören, ist mehr oder weniger stark richtungsabhängig. Dies gilt sowohl für den absorbierten Wellenlängenbereich (die Kristalle lassen nur einen Teil des im weißen Licht enthaltenen Wellenlängen-Spektrums hindurchtreten, erscheinen also gefärbt) wie auch für die Stärke der Absorbtion. Sind diese Unterschiede in bestimmten Richtungen erheblich, sprechen wir von Pleochroismus. Beim Beryll, Turmalin, Cordierit, Epidot oder Pennin ist der Pleochroismus unmittelbar zu erkennen. Er kann zur Identifizierung einzelner Mineralien beitragen und bei der Untersuchung von Edelsteinen nützlich sein (siehe Abbildungen Seite 48 und 49).

*Optische Aktivität* Durch den Gitterbau bedingte Eigenschaft mancher Kristalle, die Schwingungsebene polarisierten Lichts zu drehen. Ein gutes Beispiel für dieses Drehvermögen bilden Quarzkristalle, welche senkrecht zur optischen Achse (das ist die kristallographische c-Achse) zu Platten geschnitten wurden. Für gelbes Natrium-Licht (5859 Å) und 1 mm Plattendicke beträgt der Drehwinkel 21,7 °, bei Rechtsquarz erfolgt die Drehung im Uhrzeigersinn, bei Linksquarzen entgegengesetzt.

*Lumineszenz* Lat. lumen = Licht. Unter diesem Oberbegriff werden Leuchterscheinungen an Kristallen verstanden, welche weit unterhalb jener Temperatur auftreten, bei welcher der Kristall bei dunkler Rotglut beginnt, Licht auszusenden. Manche Mineralien, etwa Fluorit, leuchten im Dunkel mehr oder weniger intensiv, wenn sie energiereicher Strahlung, z. B. ultraviolettem Licht oder der Strahlung einer Röntgenröhre, ausgesetzt werden, sie zeigen *Fluoreszenz*. Die Leuchterscheinung beginnt mit der Bestrahlung und erlischt mit dem Ausschalten der Strahlenquelle. Fluoritkristalle (z. B. von Durham und Cumberland/England) leuchten sogar bei Tageslicht infolge des UV-Anteils im Sonnenlicht. Ursache der Fluoreszenz ist die Zufuhr von Strahlungsenergie in das Kristallgitter. Das eingestrahlte UV-Licht überführt Elektronen der Gitterbausteine (Atome, Ionen) in energiereichere Zustände. Bei der Rückkehr dieser Elektronen in den Ausgangszustand wird die zuvor aufgenommene Strahlung in Form von Licht wieder abgegeben. Das Fluoreszenzlicht hat dabei stets eine größere Wellenlänge als die anregende Strahlung (Regel von Stokes). Von den zahlreichen fluoreszierenden Mineralien seien – neben Fluorit – genannt: Calcit und Willemit von Franklin/New Yersey, Scheelit, zahlreiche sekundäre Uranmineralien.

Als *Phosphoreszenz* werden Leuchterscheinungen bezeichnet, welche mit oder nach der Anregung auftreten und nach deren Verschwinden mehr oder weniger lange anhalten.

Als *Thermolumineszenz* schließlich wird das Aufleuchten mancher Mineralien beim Erhitzen bezeichnet. Ursache der im Mineralreich relativ verbreiteten, jedoch nur bei wenigen Mineralien, z. B. beim Fluorit, deutlich wahrnehmbaren Leuchterscheinung ist eine Speicherung von Energie aus dem radioaktiven Zerfall von Uran und Thorium im Kristallgitter. Durch Erwärmung wird der in langen Zeiten

Mineralogisches Polarisationsmikroskop.
1 Okular
2 Hilfslinse zur Beobachtung der Interferenzbilder von Kristallen im konvergenten polarisierten Licht (Bertrand-Linse)
3 Analysator
4 Objektiv
5 Drehtisch
6 Kondensor
7 Polarisator
8 Beleuchtungsspiegel

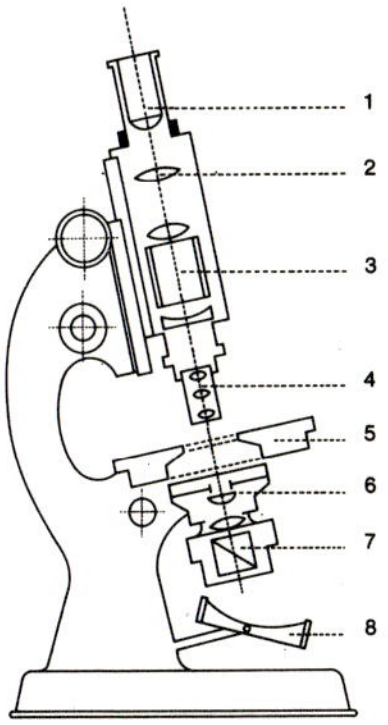


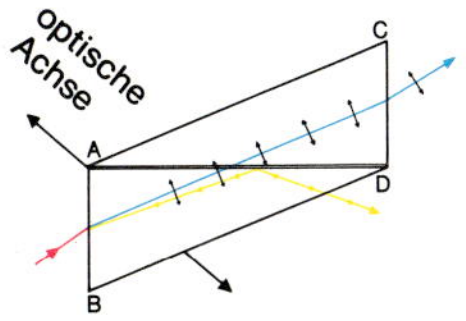


Polarisatoren und Analysatoren mineralogischer Polarisationsmikroskope sind häufig Nicol'sche Prismen: in geeigneter Weise geschnitten und mit Kanadabalsam wieder verkittete, durchsichtige Calcitkristalle. Der außerordentliche Strahl (vgl. Abb. auf Seite 42) durchdringt das Nicol'sche Prisma nur wenig abgelenkt (blau in obiger Zeichnung), während der (in der Zeichnung gelbe) ordentliche Strahl an der Grenzfläche Kristall-Kanadabalsam reflektiert wird und das Nicol'sche Prisma seitlich verläßt.

Pleochroismus. Unterschiedliche Absorption verschiedener Spektralbereiche des Lichts in verschiedenen kristallographischen Richtungen. Glaukophan-Kristalle in einem Eklogit (aus Piemont): Pleochroismus gelb – blau – blauviolett (Fotos von links nach rechts).

gespeicherte Energiebetrag auf einmal freigesetzt, wobei der Kristall aufleuchtet.

Beobachtungen der *Fluoreszenz* können zum Mineralbestimmen, etwa an sekundären Uranmineralien, herangezogen werden. Benötigt wird hierzu eine UV-Lampe, zweckmäßig mit zwei Wellenlängenbereichen (kurz- und langwelliges UV) sowie einem Blaufilter, welcher das sichtbare Licht der Lampe zurückhält.

*Optische Effekte* Gelegentlich lassen sich weitere Wechselwirkungen des Lichts mit Kristallen beobachten, die z. T. den besonderen Reiz von Schmucksteinen bewirken. Als *Schiller* wird die Eigentümlichkeit mancher Kristalle bezeichnet, unter bestimmten Blickrichtungen einen eigentümlichen Glanz zu zeigen. Beispiel: orientiert eingelagerte Ilmeniteinschlüsse im Hypersthen. Nicht orientierte Einschlüsse hoch reflektierender Mineralien führen zum *Aventurisieren.* Beispiele: roter Aventurin ist Feldspat oder Quarz mit rot erscheinenden Blättchen noch unbekannter Natur, grüner Aventurin ist Quarz mit eingelagerten grünen Glimmerplättchen. Entmischungen führen zum *Labradorisieren* mancher Feldspäte (Labradorit); *Opaleszenz* zeigen manche Opale, Quarze und Feldspäte. Als *Asterismus* werden sternförmige Lichtfiguren bezeichnet, welche z. B. an geeignet geschliffenen Saphiren und Rubinen erscheinen. Asterismus ist hier eine Folge der orientierten Einlagerung winziger Rutilkristalle (siehe Abbildung Seite 45).

<u>Optische Untersuchungsmethoden</u> Manche optische Beobachtungen an Kristallen (Farbe, Glanz, eine grobe Abschätzung der Lichtbrechung, starker Pleochroismus) lassen sich – an nicht zu kleinen Mineralstufen – mit dem unbewaffneten Auge ausführen. In vielen Fällen sind Beobachtungen ohne stärkere Vergrößerung jedoch nicht möglich. Daher sind Lupen und Stereomikroskope wichtige Werkzeuge des Mineralogen.

Die *Lupe* – zur Beobachtung kleiner Mineralstufen im Gelände und zum Beurteilen von Edelsteinen – sollte eine zehnfache Gesamtvergrößerung besitzen, sie sollte aplanatisch und wenn möglich achromatisch sein.

Das *Stereomikroskop* sollte eine 20- bis 30-fache Gesamtvergrößerung aufweisen. Es dient der Betrachtung kleiner Mineralstufen *(Micromounts)*. Für größere Stufen und zu präparativen Arbeiten ist es zweckmäßig, das Stereomikroskop mit einem Schwenkarm, einer Neige-Vorrichtung und einer Beleuchtung auszustatten.

Das *Polarisationsmikroskop* dient der Untersuchung von Mineralien im durchfallenden polarisierten Licht. Das Mikroskop enthält zwischen Lichtquelle und Präparat einen *Polarisator* zur Herstellung polarisierten Lichtes, zwischen Objektiv und Okular einen *Analysator* zur Messung der Schwingungsebene des Lichts nach dem Präparatdurchgang (siehe Abbildung S. 47). Polarisatoren und Analysatoren sind entweder Nicol'sche Prismen oder bestehen – in

Interferenzerscheinungen an Kristallen im konvergenten polarisierten Licht, sog. Achsenbilder, von Dünnschliffen zweier Kristalle:
1 Optisch einachsig, betrachtet in Richtung der optischen Achse,
2 optisch zweiachsig, in Richtung der Winkelhabierenden der beiden optischen Achsen gesehen.

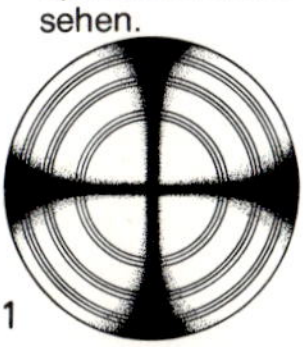

1

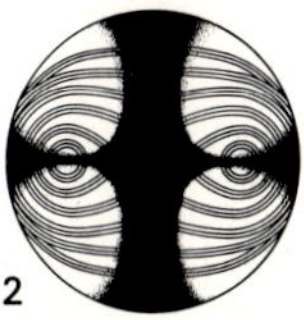

2

modernen Instrumenten – aus organischen Polarisationsfolien. Der Untersuchung zugänglich sind Körnerpräparate und Dünnschliffe von Mineralien und Gesteinen. *Dünnschliffe* sind planparallele Plättchen des Untersuchungsobjekts mit einigen $^{1}/_{100}$ mm Dicke, aufgekittet auf einem Objektträger und bedeckt mit einem Deckglas. Die *Dünnschliffmikroskopie* ist ein wichtiges Untersuchungsverfahren der Mineralogie und der Gesteinskunde. Im Dünnschliff lassen sich Mineralien aufgrund ihrer kristallografischen Eigenschaften (Isotropie, Anisotropie, Höhe und Charakter der Doppelbrechung usw.) bestimmen. Gesteine können mit Hilfe der Dünnschliffmikroskopie qualitativ und quantitativ auf Mineralbestand und Gefüge untersucht werden. Des weiteren lassen sich unter dem Polarisationsmikroskop kristallographische Messungen ausführen (z. B. Flächen- und Spaltwinkel bestimmen), Einschlüsse in Mineralien identifizieren usw.
Die *Durchlichtmikroskopie* versagt bei solchen Mineralien, welche bereits in dünner Schicht opak erscheinen. Hier müssen Methoden der Auflichtmikroskopie herangezogen werden.
Beim *Auflichtmikroskop* (Metallmikroskop, Erzmikroskop) wird die Mineralprobe – ein sorgfältig polierter Anschliff – von oben her durch besondere Beleuchtungseinrichtungen (Opak-Illuminator) beleuchtet. Erze und Gangarten werden nach Kristallform, Spaltrissen, Farbe, Reflexionsvermögen, Brechungsindex usw. bestimmt.
Das *Edelsteinmikroskop* ist ein Polarisationsmikroskop mit horizontalem Tubus. Es enthält anstelle des Objekttisches eine bewegliche Halterung für den Stein, an welchem kristalloptische Beobachtungen vorgenommen werden sollen. Der Stein findet sich in einer Küvette, welche mit einer Flüssigkeit gefüllt ist, deren Brechungsindex jenen des Steins näherungsweise gleicht. Mit dem Edelsteinmikroskop lassen sich beobachten bzw. bestimmen: Farbe, Doppelbrechung, Pleochroismus, Brechungsindices in Bezug auf die Immersionsflüssigkeit, Einschlüsse.

**Röntgenbeugung** Neben optischen Untersuchungsverfahren wird – zumal in komplizierteren Fällen – die *Röntgenbeugungsanalyse* zum Mineralbestimmen herangezogen. Auf Seite 22 wurde erwähnt, daß sich durch Wechselwirkung von Röntgenlicht geeigneter Wellenlänge mit Kristallen Interferenzerscheinungen beobachten lassen. Dies gelingt sowohl an größeren Kristallen wie an Kristallpulvern. Die Abstände im Kristallgitter auftretender Netzebenen (Netzebenenabstände, d-Werte) ergeben sich nach der *Bragg'schen Gleichung*: $n \cdot \lambda = 2\,d \cdot \sin\Theta$, worin n ganzzahlig, $\lambda$ die Röntgenwellenlänge und $\Theta$ der Beugungswinkel (Glanzwinkel) ist. $\Theta$ liegt zwischen 0 und 90 °. Die Netzebenenabstände d haben die Dimension von Å-Einheiten oder deren Bruchteilen. Von jeder kristallinen Substanz läßt sich ein Satz von d-Werten experimentell bestimmen (und auch berechnen), welcher zu deren Identifizierung benutzt werden kann, gewissermaßen ein »Steckbrief« jeder kristallinen Substanz.
Hilfsmittel bei der Identifizierung ist die *ASTM-Kartei*. (ASTM bedeutet: American Society for Testing Materials,

Abb. S. 50
Interferenzfarben an einer Gipsplatte, beobachtet im Polarisationsmikroskop bei gekreuzten Nicol'schen Prismen.

Herausgeber der fortlaufend ergänzten Kartei). Die Kartei enthält Netzebenenabstände (d-Werte) und Intensitäten der zu den Netzebenen-Scharen erzeugten Röntgeninterferenzen praktisch aller Mineralien (sowie vieler weiterer synthetischer anorganischer und organischer Verbindungen). Durch sinnreiche Register ist es in kurzer Zeit möglich, unbekannte Substanzen aufgrund ihrer Beugungsdiagramme zu identifizieren.

Zur Bestimmung von Mineralien sind vor allem jene Beugungsverfahren geeignet, bei denen die Probe in Pulverform vorliegt und zwar für:

1. kleinste Probemengen (Milligramm) das *Debye-Scherrer-Verfahren* mit Filmregistrierung;
2. etwas größere Probemengen das *Guinier-Verfahren,* ein Pulververfahren mit nur einer Wellenlänge und höchster Auflösung, ebenfalls mit Filmregistrierung;
3. größere Probemengen (Gramm) das *Pulverdiffraktometer* mit Zählrohrregistrierung, Standard-Verfahren von Forschungs- und Industrielaboratorien. Die Röntgenbeugungsanalyse von Mineralien bleibt im allgemeinen dem Fachmann vorbehalten. Auf die Gefahren beim Umgang mit Röntgenquellen sei hingewiesen; die Geräte sind genehmigungspflichtig.

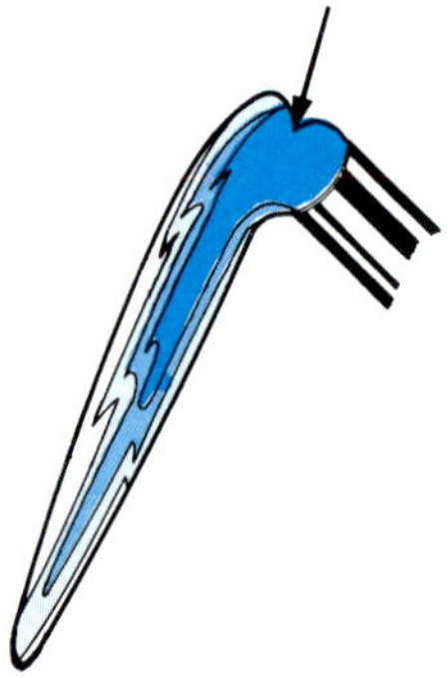

Querschnitt durch eine Gas- oder Spiritusflamme, welche mit einem Lötrohr von rechts oben angeblasen wird (Pfeil). Probe wird auf einem Stück Holzkohle von links unten gegen die Flamme geführt. Je nach Art des Anblasens der Flamme und Lage der Probe lassen sich mit diesen Oxidationsreaktionen (Sauerstoffüberschuß) und Reduktionsreaktionen (Sauerstoffmangel) ausführen.

**Chemische Analyse**

In der Mineralogie, welche sich ja mit natürlichen anorganischen Stoffen beschäftigt, finden alle Verfahren der anorganischen chemischen Analytik Anwendung. Neben *qualitativen Analysenverfahren* (Lötrohr, naßchemische Reaktionen, spektroskopische Beobachtungen) stehen Verfahren der *quantitativen Analytik.* Man unterscheidet hier zwischen Verfahren, welche unabhängig von Eichproben sind und solchen, welche Eichproben benötigen. *Eichprobenunabhängig* ist die klassische *naßchemische Analyse,* insbesondere der konventionelle Analysengang der Silikatanalyse, bei welchem im allgemeinen die Gehalte von $SiO_2$, $Al_2O_3$, $Fe_2O_3$, FeO, MnO, $TiO_2$, MgO, CaO, $Na_2O$, $K_2O$, $P_2O_5$, $H_2O$ bestimmt werden. Ergänzend können bestimmt werden: $CO_2$, C, $S^{2-}$, $SO_3$, $F^-$, $Cl^-$ etc. Für die naßchemische Vollanalyse eines Minerals werden Gramm-Mengen benötigt, der Zeitaufwand ist erheblich, gute Ergebnisse erfordern viel Erfahrung des Analytikers.

Daneben stehen in der Praxis zahlreiche – *eichprobenabhängige* – physikalische Analysen-Verfahren, welche in z. T. kürzester Zeit ihre Ergebnisse liefern: *Kolorimetrie, Spektralfotometrie* (Absorption element-spezifischer und konzentrationsabhängiger Farben von Lösungen, *Elektrochemie* (Leitfähigkeit von Lösungen, Polarographie). Weite Verbreitung besitzen spektrochemische Methoden, z. B. die Flammen-Emissions-, Flammen-Absorptions- und Fluoreszenz-Analyse. Die Proben müssen in gelöster Form vorliegen. An Mineralien werden zumeist nur die Alkalien mit Hilfe der Flammen-Emissions-Spektroskopie bestimmt. Durch Flammen-Absorptionsverfahren *(Atomabsorption, AAS)* läßt sich die Analyse von Mineralien wesentlich beschleunigen, dies ohne Verlust an Genauigkeit. Die Nachweisgrenzen liegen – insbesondere bei der AAS – deutlich unter jenen der naßchemischen Analyse. Viele

Elemente lassen sich im ppm-Bereich und darunter quantitativ bestimmen (1 ppm = 1 part per million, also 1 Gewichtsanteil bezogen auf $10^6$ solcher Anteile oder 1 g/t). Dies ist insbesondere wichtig für Untersuchungen aus dem Bereich der *Geochemie,* welche die Verteilung chemischer Elemente auf der Erde untersucht, wobei – neben hoher Nachweisempfindlichkeit (Spurenelemente!) – der Zeitbedarf wichtig ist, da hier sehr viele Analysen durchgeführt werden müssen. Neben den genannten Methoden, welche mit gelösten Proben arbeiten, finden bei der Mineralanalyse zunehmend analytische Verfahren Anwendung, bei denen die Probe in Pulverform vorliegt. Beispiele sind die optische *Emissionsspektroskopie (OS),* die *Röntgenfluoreszenzanalyse (RFA)* – und für Analysen in sehr kleinen Bereichen die *Elektronenmikrosonde (EMS).* Zur Bestimmung auch kleinster Mengen fast aller chemischer Elemente bietet sich die *Neutronenaktivierungsanalyse* an.
Weitere Hinweise auf die chemische Zusammensetzung von Mineralien liefern die *Röntgenbeugungsanalyse* (Identität der d-Werte mit einem Mineral bekannter chemischer Zusammensetzung), die *Differentialthermoanalyse* und die *Thermowaage* (Bestimmung von Art und Menge flüchtiger Bestandteile – etwa $H_2O$, $CO_2$ etc. – in einem Mineral beim Erhitzen). Alle Methoden der quantitativen Mineralanalyse bleiben dem Fachmann vorbehalten, welcher – neben seiner Erfahrung – über die erforderlichen, z. T. sehr aufwendigen Apparaturen verfügt. *Qualitative Analysen* lassen sich hingegen – mit geringem technischen Aufwand – durchführen und liefern bei einiger Übung aufschlußreiche Ergebnisse. Im wesentlichen werden hier Methoden der klassischen *Lötrohrprobierkunde* benutzt. Diese geht zurück auf die »Probierkunde« der mittelalterlichen Hüttenleute. Die Methode wurde im vergangenen Jahrhundert und zu Beginn des 19. Jahrhunderts insbesondere durch Plattner (1835), Kolbeck und andere vervollkommnet.
Unter der Bezeichnung Lötrohrprobierkunde werden Oxidations- und Reduktionsreaktionen in der Flamme eines Paraffin- oder Gasbrenners bezeichnet, welche mit dem Lötrohr auf die Mineralprobe gerichtet wird, die sich ihrerseits auf einem Holzkohlestück als Träger befindet. Sulfide werden zu Oxiden abgeröstet, Oxide – eventuell unter Zugabe von Soda – zum Metall reduziert. Leicht schmelzbare Metalle bilden dabei Kügelchen, schwer schmelzbare bilden Metallflitter. Leicht flüchtige Metalle verdampfen und schlagen sich außerhalb der heißen Flammenzone auf der Holzkohle als zum Teil gefärbte Oxidbeschläge nieder. Aus Art und Farbe der Oxide können Rückschlüsse auf die vorliegenden Elemente gezogen werden. Reduzierte Metalle können zum Teil mit Hilfe mikrochemischer Nachweise bestimmt werden. Metalloxide geben, mit Phosphorsalzen oder Borax geschmolzen, Gläser von zum Teil typischer Farbe. Oxidierende oder reduzierende Bedingungen beim Erschmelzen dieser Gläser oder deren Beobachtung im heißen oder kalten Zustand ermöglichen weitere Unterscheidungen.
Weitere, zum Teil elementspezifische Beobachtungen, sind beim Erhitzen von Mineralien in einem einseitig offenen Kölbchen oder einem beidseitig offenen Glührohr

möglich (Kristallwasser, Niederschläge, Geruch). Die Lötrohrprobierkunde ist eine im wesentlichen »trockene« Analysenmethode – im Gegensatz zur »nassen« chemischen Analyse im Reagenzglas.
Längere Zeit fast vergessen erlebt dieser »klassische« Zweig der Mineralanalytik derzeit eine gewisse Renaissance. Die Ausrüstung ist – abgesehen von einigen nicht unbedingt erforderlichen Platingeräten – billig; die benötigten Probemengen sind klein. Früher eine ausgeprägte Feldmethode (der Prospektor führte seine Lötrohrausrüstung im Mahagoni-Holzkasten mit sich), wird die Lötrohrprobierkunde heute überwiegend im Laboratorium als Vorprobe zu weiteren chemischen Bestimmungen herangezogen. Für den Mineraliensammler stellt eine Verbindung zwischen Lötrohrprobierkunde und einigen mikrochemischen Reaktionen die ideale »Analytik« dar.

## Die Einteilung des Mineralreichs

An der Zusammensetzung der Mineralien sind sämtliche chemischen Elemente – wenn auch in ganz verschiedenen Mengenverhältnissen – beteiligt. Mineralanalysen zeigten, daß alle Mineralien sich chemisch zu wenigen Gruppen ordnen lassen. Neben die Elemente treten Sulfide, Halogenverbindungen und Sauerstoffverbindungen der verschiedensten Art. Man erkannte, daß dieses Prinzip nicht nur für die Belange der Mineralchemie zweckmäßig war, sondern auch die physikalisch-chemischen, kristallstrukturellen und physikalischen Eigenschaften der Mineralien sinnvoll gliederte. Auch für die Einteilung der Mineralien nach der Art ihrer natürlichen Entstehung ist diese Einteilung sinnvoll. Man benutzt deshalb für die Ordnung der Mineralien heute ausschließlich diese *chemische Gliederung.* Dabei erwies es sich als zweckmäßig, die Sauerstoffverbindungen noch weiter zu unterteilen. Es entwickelte sich das folgende System:

I. Elemente (angeschlossen: Legierungen, Carbide, Nitride und Phosphide)
II. Sulfide (angeschlossen: Selenide, Telluride, Arsenide, Bismutide, Antimonide)
III. Halogenide
IV. Oxide und Hydroxide
V. Carbonate (angeschlossen: Borate und Nitrate)
VI. Sulfate (angeschlossen: Tellurate, Chromate, Molybdate und Wolframate)
VII. Phosphate (Arsenate, Vanadate)
VIII. Silikate
IX. Organische Verbindungen

Die Mineralien der Klassen I. bis III. enthalten keinen Sauerstoff, während die Klassen IV. bis VIII. Mineralien enthalten, die wesentlich durch Sauerstoff bestimmt werden. Innerhalb der Klassen wird im allgemeinen nach chemischen Gesichtspunkten untergliedert. Dabei entstehen – unter weitgehendem Austausch einzelner Elemente gegeneinander – Mineralgruppen mit gleicher oder sehr ähn-

licher Kristallstruktur. Unter den Sauerstoffverbindungen erscheinen bestimmte Anionen-Gruppen als häufig wiederkehrende Bauelemente. Beispiele: die ebene Baugruppe $[CO_3]^{2-}$ in den Carbonaten, das $[SO_4]^{2-}$-Tetraeder der Sulfate und das $[PO_4]^{3-}$-Tetraeder.
Die Klasse der *Silikate* läßt sich ausschließlich nach den Bauprinzipien der Silikatstrukturen ordnen. Bausteine aller Silikatstrukturen sind $[SiO_4]^{4-}$-Tetraeder, die – unter Ladungsausgleich – durch verschiedenste Kationen, z. B. $K^+$, $Na^+$, $Ca^{2+}$, $Mg^{2+}$, $Fe^{2+}$, $Al^{3+}$, $Fe^{3+}$ etc. – zu größeren Einheiten zusammentreten können. Folgende Untergruppen werden unterschieden (siehe auch S. 56/57):

a) räumlich voneinander getrennte einzelne $[SiO_4]^{4-}$-Tetraeder: *Inselsilikate.* Beispiel: Olivin $(Mg,Fe)_2[SiO_4]$.

b) räumlich getrennte begrenzte Gruppen aus mehreren, miteinander verbundenen $[SiO_4]^{4-}$-Tetraedern: *Gruppensilikate.* Beispiel: Thortveitit $(Sc,Y)_2[Si_2O_7]$.

c) ringförmige, räumlich getrennte Gruppen aus 3, 4, 6 und 12 miteinander verknüpften $[SiO_4]^{4-}$-Tetraedern: *Ringsilikate.* Beispiele: Ringe aus drei Tetraedern: Benitoit $BaTi[Si_3O_9]$; Ringe aus vier Tetraedern: Ekanit $K(Ca,Na)_2Th[Si_8O_{20}]$; Ringe aus sechs Tetraedern: Beryll $Al_2Be_3[Si_6O_{18}]$.

d) zu Einfach- oder Doppelketten verknüpfte $[SiO_4]^{4-}$-Tetraeder: *Ketten- und Bandsilikate.* Beispiele: Pyroxene und Amphibole. Einfachketten: Diopsid $CaMg[Si_2O_6]$; Doppelketten: Tremolit $Ca_2Mg_5[(OH,F)|Si_4O_{11}]_2$.

e) zu ebenen Netzen verknüpfte $[SiO_4]^{4-}$-Tetraeder: *Blattsilikate.* Beispiele: die Glimmer, wie etwa Muskovit $KAl_2[(OH,F)_2AlSi_3O_{10}]$.

f) zu räumlichen Fachwerken verbundene $[SiO_4]^{4-}$-Tetraeder: *Gerüstsilikate.* Beispiele: die Feldspäte, etwa Orthoklas $K[AlSi_3O_8]$.

Durch geeignete Schreibweise kann, wie diese Beispiele zeigen, in einer chemischen Formel nicht nur die Bruttozusammensetzung dargestellt werden, es sind darüber hinaus Informationen auch über die geometrische Anordnung und Koordination der Bausteine in der Kristallstruktur möglich.
Bekannt sind heute etwa 2600 Mineralien, jährlich werden bis 50 neue – größtenteils sehr seltene – Spezies beschrieben.

Die vollständige kristallchemische Gliederung des Mineralreichs ist in den Mineralogischen Tabellen von H. Strunz, 6. Auflage, Leipzig 1977 dargestellt.
Betrachten wir die relativen *Häufigkeiten der Mineralien* in der uns zugänglichen *Erdkruste,* so ergibt sich folgendes Bild. Im $SiO_2$-reichen *Sial* überwiegen Mineralien mit den Elementen Silicium und Aluminium, wie Quarz, Feldspäte, Glimmer. Es folgen die Hornblenden und (mit nur etwa

Die Mineralien verteilen sich ihrer *Zahl* nach sehr ungleichmäßig auf die einzelnen Mineralgruppen:
I. Elemente 2,5%
II. Sulfide etc. 15,6%
III. Halogenide 5,4%
IV. Oxide und Hydroxide 13,8%
V. Carbonate etc. 8,0%
VI. Sulfate etc. 12,0%
VII. Phosphate etc. 16,5%
VIII. Silikate 26,2%
IX. Organische Substanzen

Grundprinzipien von Silikatstrukturen, Verknüpfungen von $[SiO_4]^{4-}$-Baugruppen.

Bei den Inselsilikaten liegen die tetraederförmigen Baugruppen isoliert in der Kristallstruktur, verknüpft durch Kationen, zum Beispiel $Mg^{2+}$, $Fe^{2+}$ im Olivin.

Bei den Gruppensilikaten gibt es Gruppen von zwei Tetraedern $[Si_2$-RR $O_7]^{6-}$ als Inseln. Beispiel: Thortveitit $(Sc,Y)_2[Si_2O_7]$.

Die Ringsilikate enthalten Ringe aus 3, 4 oder 6 Tetraedern. Beispiele: 3-Ringe im Benitoit BaTi $[Si_3O_9]$, 6-Ringe im Beryll $Al_2Be_3[Si_6O_{18}]$.

Die Kettensilikate enthalten eindimensional endlose Ketten und Bänder aus $[SiO_4]^{4-}$-Tetraedern. Beispiele: Ketten in den Pyroxenen, Bänder in den Amphibolen.

Die Blattsilikate enthalten zweidimensionale Netze aus $[SiO_4]^{4-}$-Tetraedern. Beispiele sind die Glimmer und Tonmineralien.

Die Gerüstsilikate enthalten dreidimensionale Fachwerke von $[SiO_4]^{4-}$-Tetraedern. Beispiele sind die Feldspäte und die Feldspatvertreter.
In den Gerüstsilikaten ist gesetzmäßig ein Teil der $Si^{4+}$-Ionen im Innern der Tetraeder gegen $Al^{3+}$-Ionen ausgetauscht. Auch in den Schichtsilikaten kann ein solcher Austausch stattfinden, aus $[SiO_4]^{4-}$ wird $[AlO_4]^{5-}$

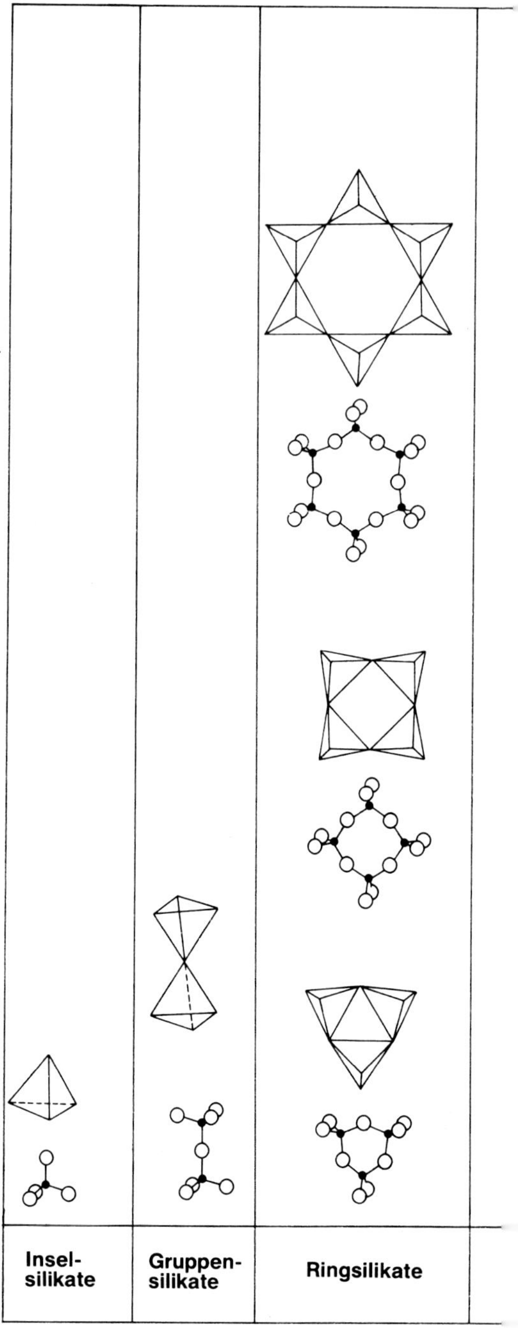

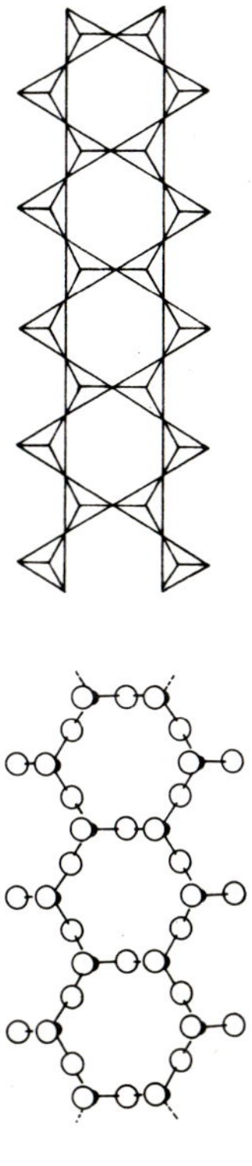

**Kettensilikate**

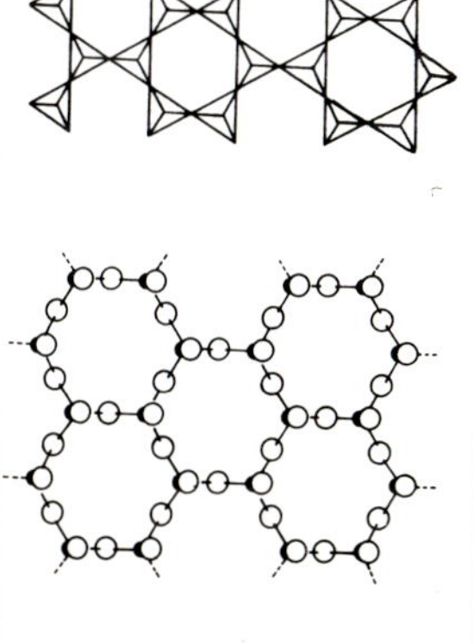

**Blattsilikate**

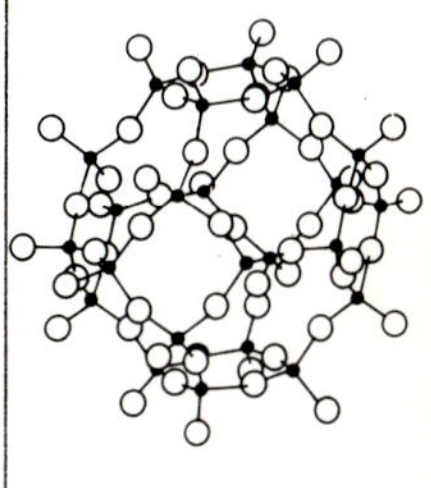

**Gerüstsilikate**

1 Volumenprozent) Oxide, wie Magnetit $Fe_3O_4$ und Ilmenit $FeTiO_3$. Alle weiteren, auch wirtschaftlich wichtige oder von Sammlern geschätzte Mineralien treten demgegenüber an Menge völlig zurück.

Im $SiO_2$-ärmeren *Sima* treten vor allem Mineralien mit den Elementen Silicium und Magnesium, wie Olivin, Augite und die basischen Plagioklase auf.

Im $SiO_2$-armen *oberen Erdmantel* mit ultrabasischer Zusammensetzung überwiegen Olivin, Pyroxen, Granat und Spinell.

Im *unteren Erdmantel* dürften die Silikate zunehmend in einfache – bei hohem Druck stabile – Oxide zerfallen sein. Der *Erdkern* dürfte aus Eisen-Nickel-Legierungen mit geringen Mengen von Sulfiden bestehen.

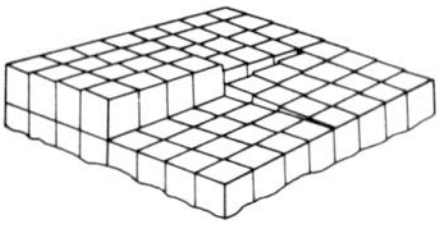

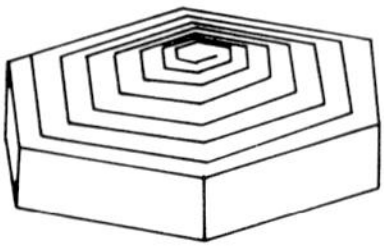

Kristallwachstum als Folge von Gitterstörungen. Eine Schraubenversetzung – die obere Abbildung zeigt sie im Modell einer Kristallstruktur – sorgt für sehr günstige Wachstumsbedingungen. Bei der Anlage von Gitterbausteinen (Atomen, Ionen) wandert die Wachstumsstufe rasch um eine Achse in der Kristallmitte (Schraubenachse, Versetzungslinie). Schraubenversetzungen sind die Ursache der Wachstumsspiralen – schematisch in der unteren Abbildung – welche sich gelegentlich auf Kristallflächen beobachten lassen.

## Das Entstehen von Mineralien

Mineralien entstehen aus Lösungen, Schmelzen, durch Umwandlung im festen Zustande, seltener aus der Dampfphase.

Die überwiegende Zahl aller Mineralien erscheint *kristallin,* sei es in Form ebenflächig begrenzter Kristalle mit deutlich erkennbarer Kristallsymmetrie, sei es in Form polykristalliner Aggregate. Manche Mineralien zeigen ihren kristallinen Charakter erst im Verlaufe kristallographischer und physikalischer Untersuchungen. Damit in einem der genannten Medien (Gas oder Dampf, Lösung oder Schmelze, Festkörper) Kristalle wachsen können, bedarf es ganz bestimmter physikalisch-chemischer Voraussetzungen; so müssen Dämpfe und Lösungen übersättigt, Schmelzen unterkühlt sein. Sind diese Voraussetzungen gegeben, bilden sich zunächst *Kristallkeime.* Ein Keim ist ein submikroskopisch kleines Gebilde, dessen Bausteine (Atome, Ionen, Moleküle) bereits zur Kristallstruktur des entsprechenden Minerals geordnet sind – dies, obschon der Kristallkeim nur wenige Elementarzellen der Struktur enthält. Zur Bildung des Kristallkeims wird ein kleiner Energiebetrag (Keimbildungsarbeit) benötigt. Hat der Keim eine gewisse kritische Größe erreicht, erfolgt die Anlagerung weiterer Bausteine unter Energiegewinn. Der wachsende Kristall gibt an seine Umgebung Energie ab, welche als Kristallisationswärme erscheint. Es entstehen zahlreiche Kristallflächen, welche mit unterschiedlicher Geschwindigkeit weiterwachsen. Die Art dieser Flächen (Lage zu den kristallographischen Achsen, Indices) ist abhängig vom inneren Aufbau des Kristalls (Struktur, Bindungsverhältnisse), desgleichen die Wachstumsgeschwindigkeit. Langsam wachsende Flächen beherrschen schließlich die Kristalltracht, rasch wachsende Flächen verschwinden. Tracht und Habitus wachsender Kristalle werden zusätzlich durch physikalische Einflüsse (Druck, Temperatur) und die chemische Zusammensetzung des Nährmediums bestimmt. Auch die Wachstumsgeschwindigkeit beeinflußt stark die Ausbildung der Kristalle. Hohe Übersättigung einer Nährlösung oder starke Unterkühlung seiner Schmelze führen zur Bildung von *Kristallskeletten,* das Flächenwachstum tritt zugunsten des Wachstums von Ecken und Kanten zurück. Auch Störungen des Kristallgitters (Versetzungen) führen zu Wachstumsanomalien.

Die Vielgestalt der Kristalle im Mineralreich ist demnach eine Folge zahlreicher Einflüsse. Kristalltracht und Habitus können Hinweise auf die Bildungsbedingungen von Mineralien geben. In Laborexperimenten lassen sich die natürlichen Bildungsbedingungen von Mineralien nicht immer simulieren. Dies gilt besonders für die Wachstumsgeschwindigkeit. So wachsen Quarzkristalle in alpinen Klüften sehr langsam innerhalb geologischer Zeiträume; Gipskristalle in Salzseen von Trockengebieten hingegen können innerhalb weniger Tage zu beträchtlicher Größe wachsen.

Mineralien erscheinen selten allein, häufig entstanden in örtlichem und zeitlichem Zusammenhang mehrere Mineralien. Unter einer *Paragenese* versteht man eine Mineralgesellschaft, die am gleichen Ort und zu gleicher Zeit (bzw. in unmittelbarer zeitlicher Abfolge) entstand. Mineralparagenesen können als Gesteine sehr große, als nutzbare Erz-Lagerstätten große Räume erfüllen. Sie können aber auch sehr kleine Volumina einnehmen. Die Mineralparagenese eines Blasenhohlraumes aus einem vulkanischen Ergußgestein erfüllt häufig nicht mehr als den Raum eines Kubikzentimeters. Der Bildungszeitraum einer Mineralparagenese kann kurz sein (beispielsweise während der Erstarrung von Lavaergüssen). Sie kann sich aber auch – das ist die Regel – über lange Zeiträume erstrecken.

Fast jede kleine *Minerallagerstätte* entstand in enger Verbindung mit oder durch Stoffzufuhr aus einem Gestein. So ist es sinnvoll, *Gesteine und Minerallagerstätten* nach übergeordneten genetischen Gesichtspunkten zu gliedern. Die relative Konzentration der Elemente kann bereits in den Gesteinen von den geochemischen Durchschnittswerten (Tabelle S. 595) abweichen. Die Anreicherung einzelner Elemente durch geochemische Konzentrationsvorgänge verschiedenster Art in den Minerallagerstätten ist noch wesentlich schärfer und ausgeprägter.

Im allgemeinen stehen Anreicherungsgrad und absoluter Lagerstätteninhalt in umgekehrtem Verhältnis zueinander. Die Natur benötigt zur Anreicherung einzelner Elemente in Lagerstätten bis zu mehreren Millionen Jahren. Zur Bildung von Buntmetall-Lagerstätten ist es z. B. notwendig, daß eine Granitschmelze innerhalb der Gesteinshülle bis in die Nähe der Erdoberfläche aufsteigt und daß aus dieser Schmelze einzelne Erzgänge gefüllt werden. Im allgemeinen dringen Granitschmelzen nur während und kurz nach der Entstehung von Faltengebirgen nach oben. Ein vollständiger Zyklus der Orogenese (bestehend aus Abtragung vorhandener Gebirge, Ablagerung der Sedimente in einem Geosynklinaltrog und Auffaltung dieser Sedimentschichten zu neuen Gebirgen) dauert – größenordnungsmäßig – viele Millionen Jahre. Gegenüber den etwa 4 Milliarden Jahren der Erdgeschichte ist die Dauer dieser Orogen-Zyklen nicht unerheblich. Produkte solcher Anreicherungsvorgänge, die sich während der ganzen Erdgeschichte nicht beliebig oft abspielten, wurden und werden vom Menschen in wenigen Jahrhunderten verbraucht. Da der Abbau einer Minerallagerstätte irreversibel ist und die

Zeugnisse der geologischen Anreicherungsvorgänge zerstört, ist es dringend erforderlich, während des Aufschlusses durch den Bergbau jede Lagerstätte wissenschaftlich auf das Genaueste zu untersuchen.
Innerhalb der Erdkruste werden – nach ihrer Entstehung – *magmatische, sedimentäre und metamorphe Gesteine* unterschieden. Entsprechend unterscheidet man *unter den Mineralien magmatische, sedimentäre und metamorphe Bildungen.* Während im Zusammenhang mit der Bildung magmatischer und sedimentärer Gesteine nutzbare Minerallagerstätten entstehen können, werden im metamorphen Bereich vorhandene Gesteine und Lagerstätten meist nur umgebildet. Die während metamorpher Vorgänge neu entstehenden Lagerstätten sind nach Zahl und Größe unbedeutend. Im magmatischen Bereich überwiegt die Stoffanreicherung, im metamorphen Bereich die Stoffzerstreuung. Im sedimentären Bereich treten Anreicherung und Stoffzerstreuung nebeneinander.

## Mineraliensammeln

Mineralien und Kristalle können systematisch gesammelt werden. Gelegentlich werden nur einzelne Mineralien gesammelt, wobei allen Variationen in Farbe, Form, der Art der Anordnung nachgegangen werden kann. Beliebte Objekte sind hier Quarz, Calcit, Fluorit und Pyrit. Neben Mineralien können auch Gesteine und Fossilien gesammelt werden. Hier bestehen alle Übergänge zu rein geologischen Sammlung. Besonders in Bergbaugebieten entstanden und entstehen Sammlungen von Erzen und Gangarten einzelner Lagerstätten oder ganzer Lagerstättenbezirke. Diese Art mineralogischer Sammlungen ist oft für die Wissenschaft wertvoll.
Das Material kann auf dreierlei Weise erworben werden:
1. Durch Besuch von Mineralfundpunkten im Gelände und in Bergbaubetrieben. Wichtig ist eine gute Vorbereitung solcher Sammelfahrten (Studien geologischer Karten, Führerliteratur) und die geeignete *Ausrüstung* (Bergschuhe, Schutzhelm, evtl. Schutzbrille, Geologenhammer mit flacher Schneide, Handfäustel, Meißel, Lupe, Packmaterial, insbesondere für empfindliche Mineralien, Etiketten). Beim Sammeln auf Privatgrund muß in jedem Falle die Erlaubnis des Grundeigentümers eingeholt werden. Flurschäden und »Raffgier« haben vielerorts dazu geführt, daß Mineraliensammler ungern gesehene Gäste sind. In einigen Ländern ist für das Mineraliensammeln eine Lizenz erforderlich, anderswo bestehen strikte Sammelverbote. Unkenntnis schützt hier nicht vor Strafe. Zum Mineraliensammeln im Hochgebirge gehört alpine Erfahrung und Ausrüstung. *Eigenfunde* müssen gereinigt, präpariert und bestimmt werden. Die Art der *Reinigung* (Druckluft, Wasser, Salzsäure zum Auflösen von Karbonaten, evtl. weitere Chemikalien) und die hierbei benutzten Werkzeuge (Bürste, grobe und feine Pinsel) richten sich nach der Beschaffenheit der Stufen. Beim Arbeiten mit Säuren ist große Vorsicht geboten (Schutzbrille, Lüftung!). Die *Präparation* wird sich oft darauf beschränken, ein Zuviel an Nebengestein

zu entfernen, hierzu dienen kleine Meißel und Hämmer, oder eine Gesteinsquetsche (»Trimmer«), z. B. ein Schraubstock mit keilförmigen Backen. (Vorsicht vor herumfliegenden Gesteinssplittern!) Zum *Mineralbestimmen* benötigen wir unbedingt eine zuverlässige Bestimmungstabelle, Lupe, Härteskala, Strichtafel, Dauermagnet; zweckmäßig ist eine Lötrohrausrüstung. Wichtig ist eine Vergleichssammlung (das brauchen keine Prachtstufen zu sein!) der wichtigsten Mineralien.

2. Durch Kauf des Sammlungsmaterials im Mineralienhandel oder bei Kristallsammlern (»Strahlern«). Der Mineralienhandel besteht in Westdeutschland aus wenigen alten und einer großen Zahl jüngerer Firmen, deren Handelsbeziehungen mitunter über die ganze Welt reichen. Ein gewisses Zentrum bildet hier Idar-Oberstein mit seinen Edelsteinschleifereien und Handelsverbindungen vor allem nach Südamerika. Es gibt eine große Anzahl von Mineralienbörsen, welche von zahlreichen Händlern beschickt werden (Frühjahr, Herbst).
3. Durch Tausch mit anderen Sammlern. In Westdeutschland besteht in der Vereinigung der Freunde der Mineralogie und Geologie (VFMG) ein Zusammenschluß von Sammlern mit Ortsvereinen, die regelmäßig Vortrags- und Tauschabende veranstalten.

Die Art der *Einrichtung einer Mineraliensammlung* ist eine Frage des persönlichen Geschmacks und der verfügbaren Mittel. Das Sammlungsmaterial wird meist etikettiert in Schubladenschränken untergebracht, Kristallstufen werden in verglasten Regalen aufgestellt. Sammlungsetiketten sollten den Mineralnamen, evtl. die chemische Formel, stets jedoch den Fundort, bei eingetauschten Stufen auch den Namen des Vorbesitzers enthalten. Daneben können weitere Angaben, etwa über Ausbildung des Minerals, die Paragenese usw., stehen. Die Anordnung folgt der kristallchemischen Systematik, genetischen Beziehungen oder – bei Kristallsammlungen – der Einteilung in Kristallsysteme und Kristallklassen. Auch eine rein geographische Gliederung der Mineralien nach Fundorten ist möglich. Auch können z. B. Erze nach dem Metallinhalt geordnet werden. Über Register (Mineral, Fundort) in Heft- oder Karteiform ist es leicht möglich, eine Stufe rasch wiederzufinden; das ist wichtig, insbesondere bei großen Sammlungen. Viele Mineralien sind ausgesprochen selten, so daß es völlig unmöglich ist, von ihnen große »Schaustufen« zu erhalten. Bei anderen – häufigeren – Mineralien sind die Preise für gute Stufen bereits sehr hoch. Zudem bieten moderne Wohnungen selten Raum, eine systematische Mineraliensammlung aus größeren Stufen aufzustellen. Diese Gründe sprechen für das Sammeln von Kleinstufen (im Streichholzschachtel-Format und weit darunter, sog. *Micromounts*. Die kleinen Stufen zeigen erst unter der Lupe, besser dem Binokular, ihre volle Schönheit. Bei der gleichen Kristallart sind kleine Kristalle oft vollkommener ausgebildet als größere, die Farben oft leuchtender usw. Micromounts werden in kleinen, durchsichtigen, staubdicht verschließbaren Kunststoffbehältern fest »montiert«, zur Betrachtung wird nur der Deckel abgenommen.

# Mineralien

## Bildteil mit Beschreibungen

### Erklärung der Symbole

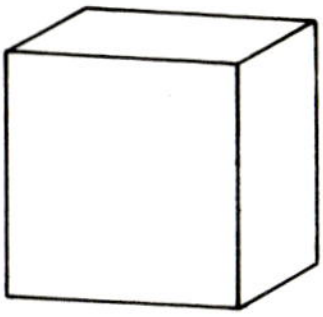

**Charakteristische Kristallform**

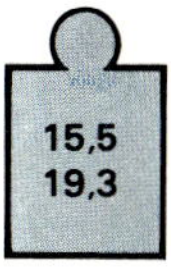


**Dichte**
(eventuelle Schwankungen der Dichte von . . . bis . . .)

**Häufigkeit**

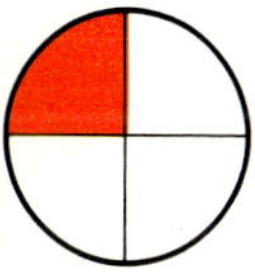

sehr selten

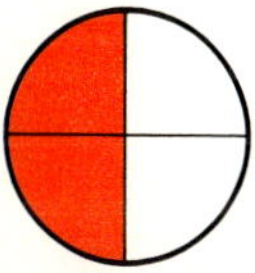

selten

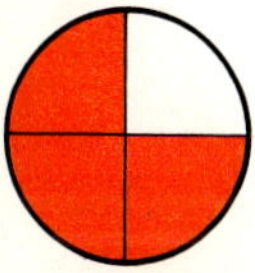

häufig

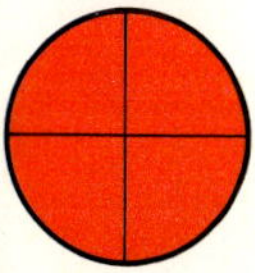

sehr häufig

## 1 KUPFER

I – Elemente
Cu

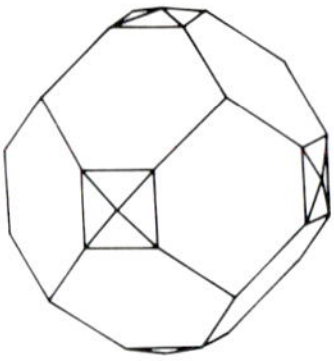

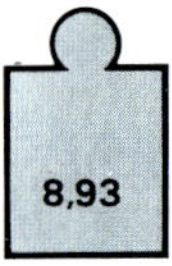


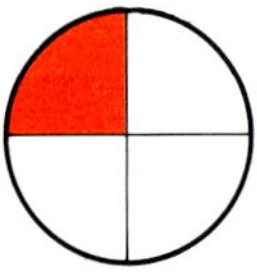

**System** Kubisch
**Aussehen** Selten in Form von kubischen oder oktaedrischen Kristallen, meist in Form von Zwillingen, oft in kompakten Klumpen, aber auch in dendritischen und faserigen Aggregaten. Frische Flächen zeigen die charakteristische kupferrote Farbe, häufig mit schwärzlichem oder schillerndem Belag oder einer grünlichen Malachitschicht bedeckt. Gelegentlich pseudomorph nach Calcit, Aragonit oder Cuprit.
**Eigenschaften** Härte $2\frac{1}{2}$–3, sehr schwer, dehnbar, geschmeidig, keine Spaltbarkeit, Bruch muschelig; undurchsichtig mit Metallglanz; in feinsten Blättchen durchsichtig mit schwachem, grünlichem Lichtschimmer. Sehr guter Wärme- und Elektrizitätsleiter; in Salpetersäure leicht löslich, bei Zugabe von reichlich Ammoniak färbt sich die Lösung blau; schmilzt bei 1082 °C.
**Entstehung und Vorkommen** Typisches Mineral, das sich durch chemische Vorgänge unter reduzierenden Bedingungen in Oxidationszonen von Schwefel-Lagerstätten, die an ultrabasische Gesteine gebunden sind, gebildet hat. Auch in Hohlräumen von Basalten und Konglomeraten bisweilen in großen Mengen. Häufig in stillgelegten Kupfergruben auf eisernen Gegenständen, die periodisch von kupfersulfathaltigem Wasser überspült werden, und in alten Stollenhölzern unter Verdrängung der Holzfaser.
**Fundorte** Die schönsten Kupferkristalle (bis zu 3 cm) findet man auf der Halbinsel Keweenaw (Oberer See/USA), wo auch Klumpen bis zu 420 t und Legierungen von Kupfer und Silber, sog. ›Half breeds‹ entdeckt wurden. Schöne Kristalle aus gediegenem Kupfer findet man in Deutschland (Siegerland), in USA (Bisbee, Arizona und Franklin, New Jersey), und in Schweden (Långban). Dendriten oder Klumpen kommen in vielen Lagerstätten in der UdSSR, in Sambia und Chile vor. Weitere Fundstätten für Kupfer in Deutschland: Mansfeld, Zwickau, Erzgebirge (DDR), Siegerland, Reichenbach. In Italien hat man Kupfer in Montecatini im Val di Cecina (Pisa) und bei Impruneta (Florenz) gefunden.
**Verwendung** Gediegenes Kupfer kommt nur selten in so großen Mengen vor, daß sich der industrielle Abbau lohnt. Vor der Eisenzeit war Kupfer für den Menschen immer von großer Bedeutung (Bronzezeit). Wird vor allem in der Elektrotechnik (Elektrokabel und -drähte) und für Legierungen (Messing, Bronze und eine neuartige Legierung bestehend aus 3% Beryllium und Kupfer, die sich als besonders widerstandsfähig gegen Schwingungen erwiesen hat) gebraucht.

Gediegenes Kupfer (ca. x 1). New Mexico, USA.

Gediegenes Kupfer mit Malachit ▷ (ca. x 1,5). Oberer See, USA.

Dendritisches gediegenes Kupfer (ca. x 1). Oberer See, USA.

# 2 SILBER

I – Elemente
Ag

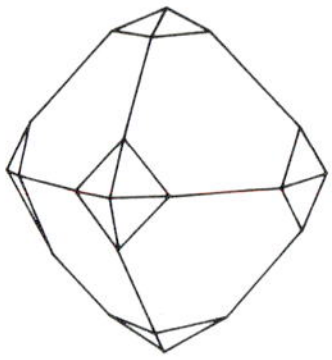

**System** Kubisch
**Aussehen** Kleine kubische oder oktaedrische Kristalle sehr selten mit (meist abgestuften) durch Fließbewegung verzerrten Flächen. Kompakte Klumpen, dendritische oder faserige Aggregate von weißgrauer, bläulicher Farbe. Bei den dendritischen Aggregaten können die einzelnen Zweige im rechten Winkel zueinander stehen; auch sternförmige Aggregate sind bekannt.

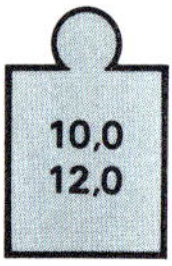


**Eigenschaften** Härte $2\frac{1}{2}$–3, sehr schwer, dehnbar und geschmeidig; undurchsichtig mit starkem Metallglanz, allerdings fast immer mit schwärzlicher Anlauffarbe. Schmelzpunkt niedrig (960 °C); in Salpetersäure löslich; Schwefelwasserstoff färbt Silber schwarzbraun. Bester Wärme- und Elektrizitätsleiter.

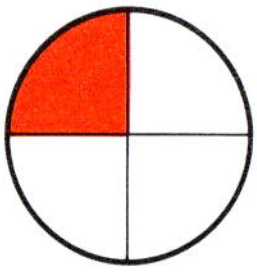

**Entstehung und Vorkommen** Bildet sich durch Reduktion von silberhaltigen Schwefel-Verbindungen im unteren Teil des ›Eisernen Huts‹ von Blei-Zink-Erzlagerstätten. Kommt manchmal auch primär in hydrothermalen Ganglagerstätten vor, bei niedriger Temperatur zusammen mit Calcit, bei hoher Temperatur gemeinsam mit Schwefelverbindungen, Nikkel und Kobalt und zusammen mit Uraninit. Oft auch in Begleitung von Kupfer.
**Fundorte** Die schönsten dendritischen und faserigen Kristalle stammen aus Kongsberg (Norwegen). Sehr bekannt sind auch die Vorkommen von Freiberg (Sachsen) und S. Luis Potosi (Mexiko). Zahlreiche, jedoch nicht sehr schöne Kristalle wurden in Chañarcillo (Bolivien), Cobalt (Ontario, Kanada), Broken Hill (Australien) und in den ›Red Beds‹ des Colorado (USA) gefunden. Größere Klumpen entdeckte man in Aspen (USA), der größte wog 380 kg. Bekannt sind auch die Lagerstätten von Sardinien (Sarrabus). Die Erzgänge im Schwarzwald sind heute erschöpft.
**Verwendung.** Silber wird in der Photoindustrie, in der Chemie, für Schmuckwaren und wegen seiner hohen Leitfähigkeit in der Elektrotechnik verwendet. In manchen Ländern benutzt man es noch zur Prägung von Münzen in Legierungen.

Gediegenes Silber in Calcit (ca. x 1). Kongsberg, Norwegen.

Silber und Kupfer, gediegen (ca. x 1,5). Mexiko.

# 3 GOLD

I – Elemente
Au

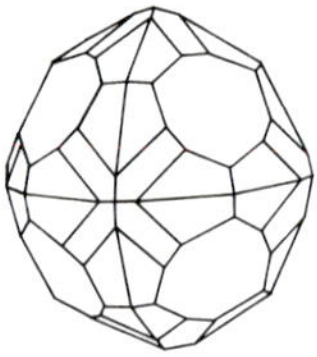

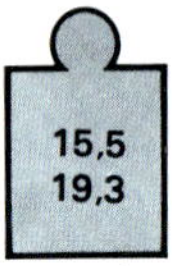


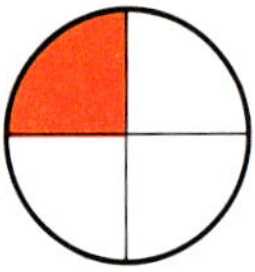

**System** Kubisch
**Aussehen** Äußerst selten Kristalle oktaedrischer, kubischer oder rhombododekaedrischer Form, gewöhnlich in winzigen, unregelmäßigen Körnchen, in Blättchen und Schüppchen in Quarz oder anderen Gesteinen verteilt; Dendriten selten. Kompakte und abgerundete Klumpen in Seifen, sog. *Nuggets*. Farbe je nach Beimengungen mehr oder weniger intensiv gelb.
**Eigenschaften** Härte $2^1/_2$–3, äußerst schwer, dehn- und schmiedbar; undurchsichtig mit starkem Metallglanz; feinste Blättchen sind grünlich durchschimmernd. Schmelzpunkt bei 1061 °C; ausgezeichneter Wärme- und Elektrizitätsleiter. Wird von Säuren (ausgenommen Königswasser) nicht angegriffen. Dadurch und durch sein spezifisches Gewicht unterscheidet sich Gold vom gelben Schwefel und von Biotitblättchen (Katzengold), die häufig in Sanden zu finden sind, in denen Gold zusammen mit Pyrit, Arsenopyrit, Pyrrhotin, Tellur und Goldseleniden vorkommt. Auch in vulkanischen Gesteinen und Tuffen zusammen mit Chalcedon und Manganerzen. Beträchtliche Mengen entstanden bei der Zersetzung von goldhaltiger Lava.
**Entstehung und Vorkommen** Primär in hydrothermalen Quarz-Lagerstätten, die sich bei hoher Temperatur in Eruptivgesteinen gebildet haben. Häufig in Verbindung mit Silber *(Elektrum)*, seltener mit Palladium *(Porpezit)* oder *Rhodium* (Rhodiumgold). Gold wird hauptsächlich in sedimentären Lagerstätten gefunden, wie z. B. in Flußsanden *(Seifen)*, oder auch fossil in Konglomeraten neben anderen schweren Mineralien. Auch in Schüppchen in der Zementationszone von Ablagerungen von Schwefel, Seleniden und Telluriden, die sich bei hohen Temperaturen unter hydrothermalen Bedingungen gebildet haben (z. B. goldhaltiger Pyrit).
**Fundorte** Bedeutsam vor allem die Vorkommen am Witwatersrand (Südafrika), Mother Lode (Kalifornien/USA), Yukon (Alaska/USA), Porcupine (Kanada), in Ungarn und in der UdSSR. Die besten Stücke stammen von dort oder aus wirtschaftlich unbedeutenden Fundgebieten. In Deutschland im Fichtelgebirge und am Oberrhein, in den Alpen früher in den Hohen Tauern (Rauris, Gastein/Österreich). In Italien findet man Gold u. a. in Pestarena (Valle Anzasca); bescheidene Vorkommen gibt es am Monte Rosa (goldhaltiger Arsenopyrit), in Sanden des Flusses Tessin, der Dora Baltea und der Sesia.
**Verwendung** Gold ist Rohstoff für Münzen, es ist Währungsreserve und wird in der Schmuckwarenindustrie, in der Zahntechnik und zur Herstellung von wissenschaftlichen und elektronischen Instrumenten verwendet.

Gediegenes Gold in Blättern (ca. x 2). Vöröspatak, Ungarn.

Goldklumpen mit Quarz ▷ (ca. x 2). Ural, UdSSR.

Klumpen aus gediegenem Gold (ca. x 2). Alaska, USA.

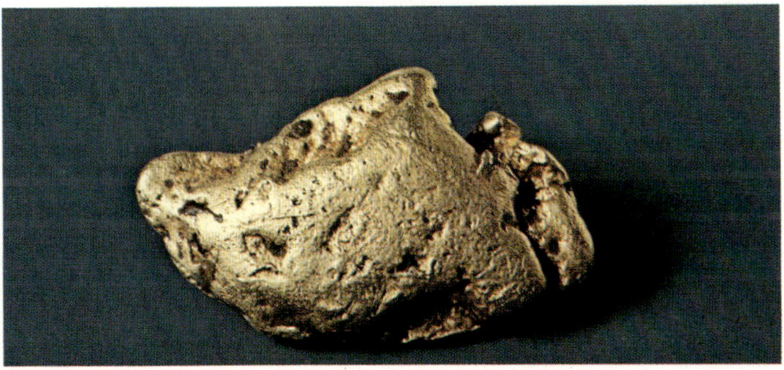

# 4 QUECKSILBER

I – Elemente
Hg

**System** Trigonal (ab −39 °C)

**Aussehen** Es ist das einzige Mineral, das bei Zimmertemperatur flüssig ist; man findet es in Form von winzigen Tröpfchen oder Imprägnationen von silberweißer Farbe auf Cinnabarit.

**Eigenschaften** Sehr schweres und flüssiges Metall, verdampft bei niedriger Temperatur (350 °C) und nimmt bei −39 °C feste Form an; Metallglanz. Ausgezeichneter Wärme- und Elektrizitätsleiter.

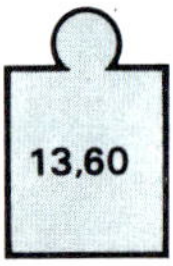


**Entstehung und Vorkommen** In Reduktionszonen von Cinnabarit-Lagerstätten, in bituminösem Kalkgestein, in Vulkangebieten und in der Nähe heißer Quellen; sehr selten in sackartigen Ansammlungen von mehreren Litern.

**Fundorte** Wird selten in Idria (Jugoslawien), Almaden (Spanien und in einigen Minen in Amerika (Terlingua, Texas/USA) gefunden; gelegentlich auch in Geoden (S. José, Kalifornien/USA). Fundorte sind in Deutschland Moschellandsberg (Rheinland-Pfalz), in Italien in Quarzlinsen in Levigliano bei Lucca.

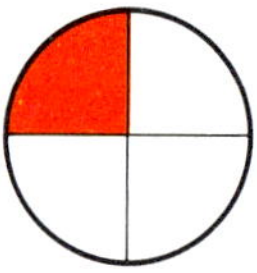

**Verwendung** Früher zur Gewinnung von Gold und Silber durch Amalgamation; zur Fabrikation von Explosivstoffen; in der Elektrotechnik zur Herstellung von Gleichrichtern, in physikalischen Apparaten und in der Pharmaindustrie (Kalomel).

# 5 EISENNICKEL

I – Elemente
(Fe, Ni)

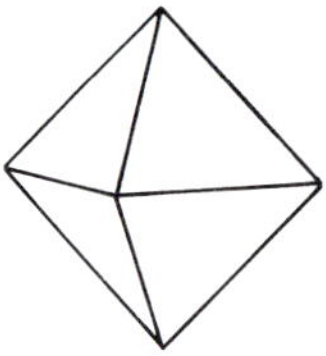

**System** Kubisch

**Aussehen** Große, graue bis schwärzliche Klumpen, in Blättchen oder in Ansammlungen von winzigen Körnchen in anderen Mineralien, aber nie in ausgeprägten Kristallen.

**Eigenschaften** Die Härte des Eisens (4–5) nimmt mit dem Gehalt an Nickel zu; sehr schwer; undurchsichtig mit Metallglanz; schmiedbar; nicht schmelzbar, aber in starker Säure löslich.

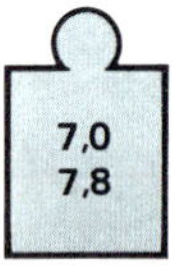


**Entstehung und Vorkommen** Bildet sich terrestrisch durch Reduktion von Eisenoxiden in Basalten, im Kontakt mit kohlehaltigem Gestein. Häufig in Meteoriten; in ihnen regelmäßige Anordnungen von nickelarmen (Kamacit, dunkel) und nickelreichen Mischungen (Taenit, hell); bei der Ätzung einer polierten Fläche zeigen sich die sog. Widmannstättenschen Figuren (Foto).

**Fundorte** Nickelarmes (2–3%), terrestrisches Eisen kommt in Ovifak (Insel Disko/Grönland) vor, wo sich sogar der Abbau lohnt. Eisenhaltige Meteoriten sind häufig, jene vom Cañon Diablo (Arizona/USA) am bedeutendsten.

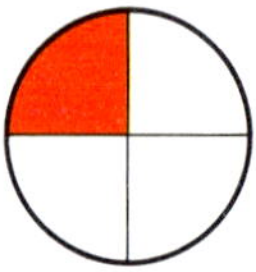

**Verwendung** Wäre bestes Material für die Eisenindustrie, kommt jedoch zu selten vor.

Gediegenes Quecksilber (ca. x 2). Idrija, Jugoslawien.

Eisennickel-Meteorit (ca. x 1). Arizona, USA.

# 6 PLATIN

I – Elemente
Pt

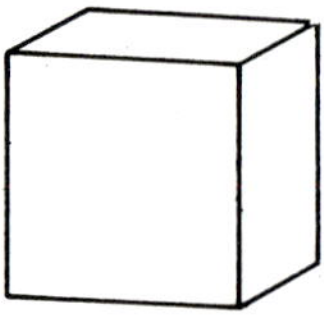

**System** Kubisch
**Aussehen** Selten findet man kubische, schlecht geformte Kristalle, Körnchen, Blättchen und noch seltener Klümpchen. Farbe silbergrau.
**Eigenschaften** Härte 4–4 1/2, äußerst schwer, dehnbar und geschmeidig; nicht spaltbar; undurchsichtig mit Metallglanz. Schmilzt bei 1775 °C und wird von Säuren nicht angegriffen (Ausnahme Königswasser!). Ist bei geringem Eisengehalt schwach magnetisch. Guter Wärme- und Elektrizitätsleiter.

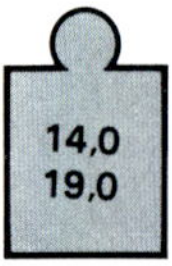


**Entstehung und Vorkommen** Primär in basischen und ultrabasischen Gesteinen (Dunit und Serpentin); Anreicherung in fossilen und rezenten, fluvialen oder marinen *Seifen*.
**Fundorte** Häufig in Flüssen im Ural (UdSSR), besonders in den Lagerstätten von Perm. Primäre Ablagerungen in Sudbury (Kanada), im Bushveld-Massiv (Südafrika), in den USA, Kolumbien und Peru.

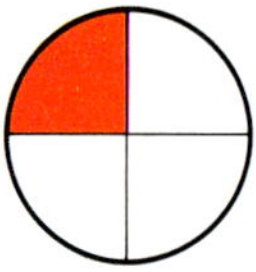

**Verwendung** Bildet eine der Grundlagen des Geldsystems und wird besonders in der Schmuckindustrie, in mechanischen und elektrischen Präzisionsinstrumenten und Laborapparaten gebraucht. Findet auch als Katalysator Anwendung.

---

# 7 ARSEN Scherbenkobalt

I – Elemente
As

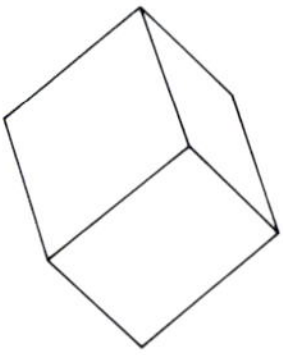

**System** Trigonal
**Aussehen** Selten pseudokubische Kristalle, gewöhnlich in gerundeten, schaligen Massen mit lagenförmigem Aufbau; schwarz mit weißlichem Belag.
**Eigenschaften** Härte 3–4, schwer, leicht spaltbar; undurchsichtig, aber matter Glanz; Pulver grau oder zinnweiß. Schmilzt nicht, verflüchtigt sich jedoch bei niedriger Temperatur (450 °C), wobei sich weiße, stark nach Knoblauch riechende Dämpfe bilden.

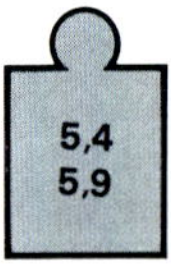


**Entstehung und Vorkommen** In hydrothermalen Gängen vergesellschaftet mit Silber-, Nickel- und Kobalt-Erzen; diese Vorkommen sind wahrscheinlich durch Reduktion entstanden. Gelegentlich auch in metamorphem Dolomitgestein.
**Fundorte** In großen Mengen in Gikos (Sibirien/UdSSR), Krusten und kleine Gänge im Harz, Erzgebirge und Schwarzwald, außerdem im Elsaß (Frankreich), in Rumänien, Přibram (CSSR) sowie in Alpe Stabiello oberhalb Sondrio und in Brosso bei Ivrea (Italien).

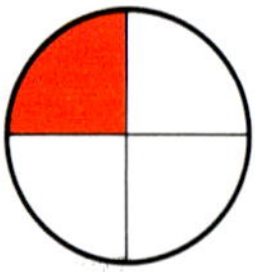

**Verwendung** Ohne wirtschaftliche Bedeutung. Das technisch genutzte Metall wird aus Arsenopyrit gewonnen.

Platinklumpen (ca. x 3). Sibirien, UdSSR.

Gediegenes Arsen (ca. x 1). Sondalo (Sondrio), Italien.

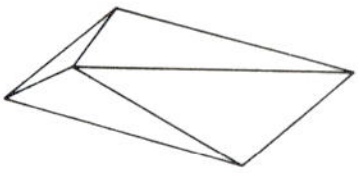

## 8 ANTIMON

I – Elemente
Sb

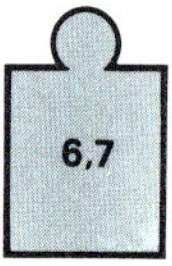


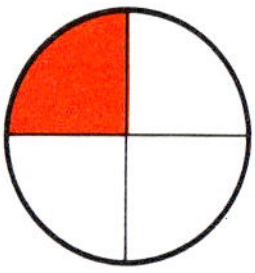

**System** Trigonal
**Aussehen** Kommt meistens in Form von körnigen Krusten oder strahligen Knötchen silberweißer Farbe vor. Blättchenartige Aggregate sind selten.
**Eigenschaften** Härte $3–3\frac{1}{2}$, sehr schwer, Spaltbarkeit vollkommen; undurchsichtig mit starkem Metallglanz. Schmelztemperatur niedrig (630 °C), verbrennt an der Luft unter Bildung von weißem Rauch. Färbt die Flamme grünlich-blau und erweist sich als unlöslich.
**Entstehung und Vorkommen** In hydrothermalen Gängen als Reduktionsprodukt von Schwefelarsen-, Schwefel-Antimon- und besonders von Silber-Verbindungen.
**Fundorte** Kleine Mengen kommen in Sarawak (Borneo), Sala (Schweden), St. Andreasberg (Harz), bei Coimbra (Portugal), New Brunswick (Kanada), in Kalifornien (USA), bei Como und auf Sardinien (Italien) vor.
**Verwendung** Das Mineral ist nur für Wissenschaft und Sammler interessant; das technisch genutzte Metall wird aus Antimonit gewonnen.

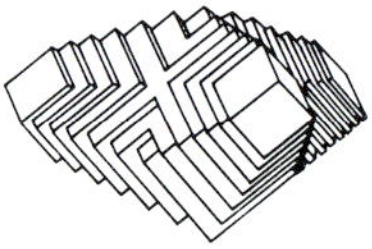

## 9 WISMUT

I – Elemente
Bi

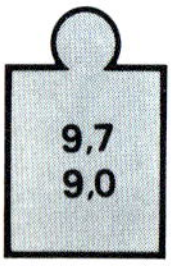


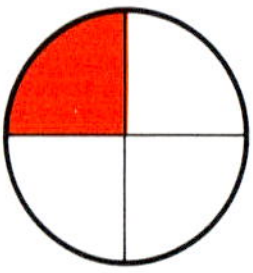

**System** Trigonal
**Aussehen** Kristalle selten und nicht schön ausgebildet; fast stets in tafeligen, dendritischen oder skelettartigen Aggregaten. Die silberrosa Farbe ist meist mit schillernder Patina bedeckt.
**Eigenschaften** Härte $2–2\frac{1}{2}$, sehr schwer, vollkommen spaltbar, spröde; undurchsichtig mit starkem Metallglanz. Schmilzt bei sehr niedriger Temperatur (270 °C); in Salpetersäure leicht löslich unter Bildung eines weißen Niederschlags, der sich nach Verdünnung der Lösung zeigt. Starke diamagnetische Eigenschaften.
**Entstehung und Vorkommen** In hydrothermalen Gängen vergesellschaftet mit Schwefelverbindungen mit Nickel, Kobalt, Silber, Zinn und Uran.
**Fundorte** Besonders reichhaltige Lagerstätten befinden sich in Oruro und Tasna (Bolivien), in den Galenit-Lagerstätten im Erzgebirge (Schneeberg, Annaberg, Joachimsthal), Kongsberg (Norwegen), Ontario (Kanada), außerdem in Altenberg (Sachsen) und Wittichen (Schwarzwald). In Italien ist das Mineral selten (Perda Majori/Sardinien).
**Verwendung** Für Legierungen mit niedrigem Schmelzpunkt, in der Medizin und in der kosmetischen Industrie.

Gediegenes Antimon (ca. x 1,5). Borneo.

Gediegenes Wismut (ca. x 1,5). Queensland, Australien.

# 10 GRAPHIT

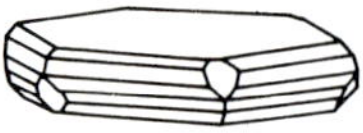

I – Elemente
C

**System** Hexagonal
**Aussehen** Blättrige oder tafelige Aggregate, Kristalle selten, schwarz, undurchsichtig, manchmal hexagonal und mit dichten Streifen besetzt.
**Eigenschaften** Härte 1–2, fühlt sich fettig an, sehr leicht, vollkommen spaltbar; undurchsichtig mit Metallglanz; Pulver schwarzgrau. Nicht schmelzbar und unlöslich. Ausgezeichnete elektrische Leitfähigkeit. Die polytype rhomboedrische Form kommt in der Natur selten vor.

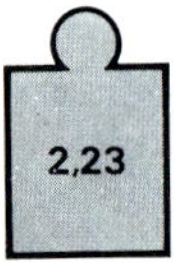


**Entstehung und Vorkommen** In Gesteinen mit starker Metamorphose als Endprodukt der Inkohlung von organischen Substanzen. Eventuell auch primär in Pegmatiten und hydrothermalen Gängen.
**Fundorte** Große Vorkommen in Sri Lanka, auf Madagaskar, in der Sowjetunion, Südkorea, Mexiko und in der Tschechoslowakei. Kleine hexagonale Kristalle findet man in Sterling Hill (New Jersey, USA) in einer Marmorart. In Deutschland in Kropfmühl bei Passau. Außerdem in der Steiermark (Österreich). In Italien gibt es Graphit in abbauwürdigen Mengen im Val Chisone, in kleinen Mengen im Val Bormida (Piemont) und in Kalabrien.

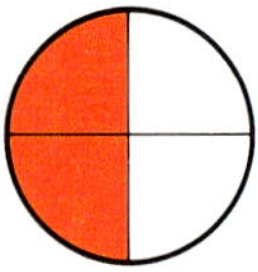

**Verwendung** In der Reaktortechnik, in der Keramik, für Elektroden und Schmelztiegel, als Schmiermittel, zu Bleistiften und Farben.

# 11 DIAMANT

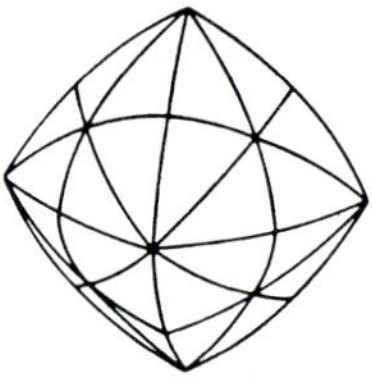

I – Elemente
C

**System** Kubisch
**Aussehen** Kristalle meist oktaedrisch, abgerundet, farblos, gelblich, braun, grün, schwarz. Mikrokristalline, schwärzliche Aggregate (Varietät ›Carbonado‹); zuweilen rund mit faserig-strahliger Struktur (Varietät ›Bort‹, *Bortkugeln*).
**Eigenschaften** Härte 10; härtestes Mineral der Erde; schwer, spröde mit vollkommener Spaltbarkeit; durchsichtig mit Diamantglanz; besitzt starkes Dispersionsvermögen. Unlöslich, nicht schmelzbar; nur schwer zu verbrennen, wobei Kohlensäure frei wird. Zeigt bei ultravioletter Bestrahlung Lumineszenz.

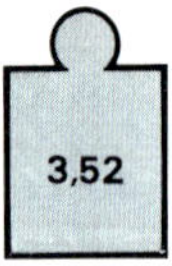


**Entstehung und Vorkommen** In sehr basischem Gestein, vor allem in der Tuffbreccie des Kimberlit und in den sedimentären Ablagerungen des Muttergesteins (Seifen).
**Fundorte** Sehr schöne Kristalle im Kimberlit Südafrikas und in Jakutien (Ostsibirien/UdSSR); Seifen in Indien, Brasilien (Minas Gerais) und Ghana. Kleinkörnige Aggregate in Brasilien, Venezuela, Kongo usw.

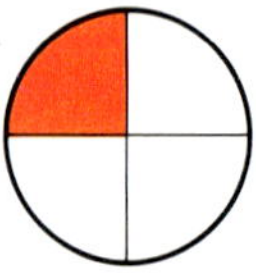

**Verwendung** Die berühmten, wertvollen Steine sind große, farblose oder schön gefärbte Varietäten; in der Industrie dient er als ausgezeichnetes Schleifmittel, für Schneide- und Bohrgeräte bester Qualität.

Graphit (ca. x 1,5). Val Chisone (Turin), Italien.

Oktaedrischer Diamant in Kimberlit (ca. x 2); oben Diamant (ca. x 10). Südafrika.

# 12 SCHWEFEL

I – Elemente
α-S

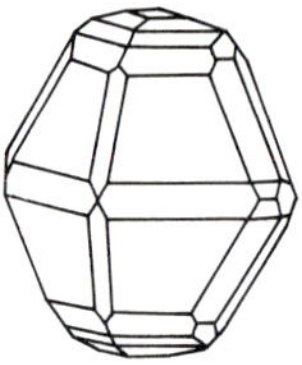

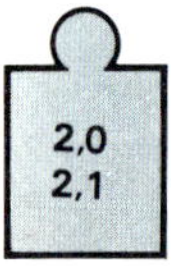


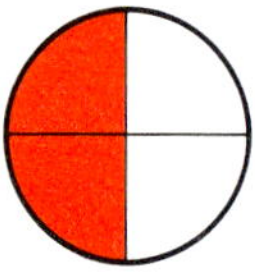

**System** Rhombisch
**Aussehen** Häufig schöne Kristalle in Form von Doppelpyramiden, körnige Aggregate, Imprägnationen und Krusten mit charakteristischer zitronengelber Farbe. Bei Verunreinigung wechselt die Farbe zu Braun und schließlich zu Schwarz.
**Eigenschaften** Härte 2, sehr leicht, spröde, fast keine Spaltbarkeit; durchsichtig bis durchscheinend mit Harzglanz bis Fettglanz je nach Bitumengehalt. Schmilzt schon bei sehr niedrigen Temperaturen (119 °C) und verbrennt bei 275 °C unter Bildung von giftiger schwefliger Säure. Schlechter Wärmeleiter, aber schon durch Handwärme können Risse entstehen und Kristalle zerspringen. Schwefel lädt sich durch Reibung elektrisch auf.
**Entstehung und Vorkommen** Bildet sich sedimentär durch Oxidation vulkanischer Dämpfe und in Erdöl-Lagerstätten oder aufgrund der Dissoziation von Sulfaten (besonders Gips) durch bestimmte Bakterien. Im mittleren Stadium der Dissoziation kommt es wahrscheinlich zur Bildung von Schwefelwasserstoff, der dann zu eigentlichem Schwefel oxidiert. Ablagerungen dieser Art sind besonders in Texas und Louisiana (USA) verbreitet; man findet sie dort in Form von großen Krusten auf den unter undurchlässigen, tonigen Schichten lagernden Salzdomen. Bedeutend sind auch die Vorkommen in den gips- und schwefelführenden Formationen am Rande der Apenninen, besonders in Sizilien und in der Romagna (Italien). Winzige Kristalle auch auf Sulfiden wie z. B. Galenit, Antimonit und Pyrit. Die polymorphe, monokline Form (β–S) erweist sich bei einer Temperatur zwischen 95 °C und 119 °C als stabil und bildet sich durch Sublimation von Schwefelwasserstoff in vulkanischen Dämpfen (Solfataren).
**Fundorte** Die schönsten α-Schwefelkristalle stammen aus Agrigent und Caltanisetta (Sizilien/Italien) oder Perticara (Romagna/Italien). β-Schwefelkristalle findet man auf den Phlegräischen Feldern (Italien) und in anderen Gebieten mit noch tätigem Vulkanismus. In Deutschland bei Staßfurt (DDR) zusammen mit Zechsteinsalzvorkommen.
**Verwendung** Schwefel gewinnt man heute meist aus Pyrit oder als Nebenprodukt in der Erdölindustrie (Entschwefelung von Kohlenwasserstoffen); er wird zur Produktion von Schwefelsäure, beim Vulkanisieren von Gummi und in der Herstellung von Schießpulver, Pflanzenschutzmitteln und Dünger verwendet. Früher war Italien Hauptproduzent von Schwefel, ist aber zwischenzeitlich von den USA überholt worden (seit 1900). In den USA werden die Salzdome mit stark erhitztem Wasser durchspült, der Schwefel verflüssigt und hochgepreßt. Auch Japan und Indonesien haben einen, allerdings bescheidenen, Anteil an der Schwefelproduktion.

Druse mit Schwefelkristallen (ca. x 1). Sizilien, Italien.

Schwefelkristalle mit Coelestin (ca. x 1). ▷ Sizilien, Italien.

Schwefelkristall (ca. x 1). Belisio (Marche), Italien.

## 13 CHALKOSIN Kupferglanz

II – Sulfide
$Cu_2S$

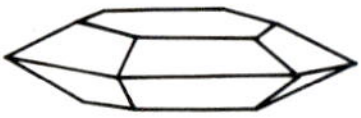

**System** Rhombisch
**Aussehen** Tafelige und gestreifte Kristalle selten; meist in körnigen, bleigrauen, an der Oberfläche schwärzlich und grün anlaufenden Aggregaten.
**Eigenschaften** Härte 2 1/2–3, sehr schwer, mit muscheligem Bruch; undurchsichtig mit Metallglanz; Pulver glänzend bleigrau. Leicht schmelzbar, in Salpetersäure löslich; färbt die Flamme unter Bildung von Schwefeldioxid grün.
**Entstehung und Vorkommen** In hydrothermalen Schwefel-Lagerstätten; in der Reduktionszone des ›Eisernen Huts‹ von Kupfer-Lagerstätten; hier oft zusammen mit Cuprit, Malachit und Azurit.

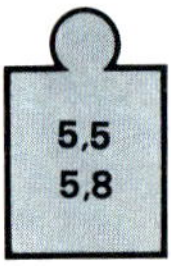


**Fundorte** Schöne pseudohexagonale Kristalle fand man in Cornwall (Großbritannien), in Transvaal (Südafrika) und bei Bristol (Connecticut/USA). Große Vorkommen in Tsumeb (Namibia), Anaconda (Montana/USA), Chile, Peru, Mexiko und in der Sowjetunion. Fundorte in Deutschland: Mansfeld, Eisleben (DDR), Rammelsberg (Harz), Siegerland, in Italien in Montecatini im Val di Cecina (Pisa) in Calabona (Sardinien) und in Libiola (Ligurien).
**Verwendung** Chalkosin ist ein wichtiges Kupfer-Mineral.

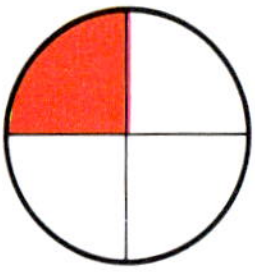

## 14 BORNIT Buntkupferkies

II – Sulfide
$Cu_5FeS_4$

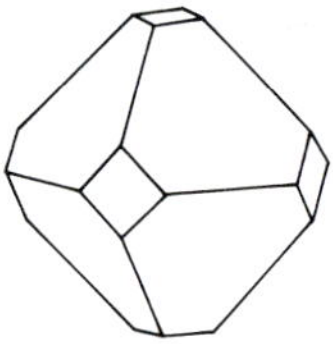

**System** Kubisch
**Aussehen** Ganz selten in kubischen, oktaedrischen oder dodekaedrischen Kristallen; meist in körnigen, bronzeroten Massen, läuft rasch violett oder blau schillernd an.
**Eigenschaften** Härte 3, sehr schwer, spröde und schwer spaltbar; undurchsichtig mit Metallglanz; Pulver schwarzgrau; in starken Säuren unter Ausscheidung von Schwefel löslich; schmilzt relativ leicht zu einer magnetischen Kugel.
**Entstehung und Vorkommen** In magmatischen Gesteinen, in pegmatitischen und hydrothermalen Lagerstätten mit hoher Temperatur und in Oxidationszonen von Lagerstätten zusammen mit Malachit.

**Fundorte** Drusen mit beachtlichen Kristallen in Butte (Montana/USA), Bristol (Connecticut/USA), in Cornwall (Großbritannien) und Tsumeb (Namibia). Große Lagerstätten in Mexiko, Peru, Chile, Australien, Sambia und in den USA. Fundorte in Deutschland: Mansfeld und Berggießhübel (Sachsen), Kupferberg (Schlesien) und das Siegerland.
**Verwendung** Bornit ist ein wichtiges Kupfer-Mineral.

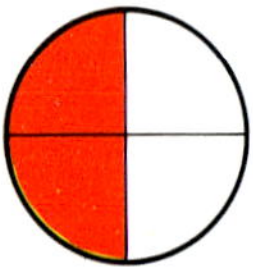

Chalkosin (ca. x 1,5). Cornwall, Großbritannien.

Bornit mit Malachit (ca. x 1,5). Montecatini im Val di Cecina, Italien.

# 15 SILBERGLANZ: Argentit und Akanthit

II – Sulfide
$Ag_2S$

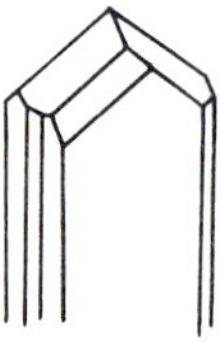

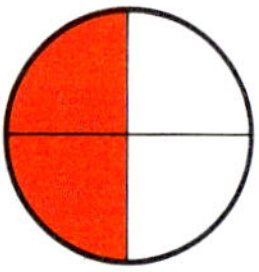

**System** Kubisch und monoklin
**Aussehen** Gruppen von pseudokubischen, gekrümmten, glänzend bleigrauen Kristallen, die an der Oberfläche meist schwärzlich angelaufen sind; daneben faserige, dendritische Aggregate; Platten und Krusten.
**Eigenschaften** Härte 2, erweist sich in kubischer Form über 179 °C als stabil, bei Raumtemperatur wird die kubische Form durch eine pseudomorphe, monokline Form *(Akanthit)* ersetzt. Sehr schwer, geschmeidig, läßt sich mit dem Taschenmesser wie Wachs schneiden und ist plastisch. Undurchsichtig mit leuchtendem Metallglanz, frische Flächen laufen rasch schwarz an und reflektieren auch keine starken Lichtstrahlen mehr. In Säure löslich, schmilzt leicht zu einer silbernen, metallischen Kugel, wobei sich ätzende Schwefeldämpfe entwickeln. Kubische Kristalle sehen aus wie Galenitkristalle, sind aber nicht spaltbar; dendritische Aggregate gleichen gediegenem Silber, haben aber, wenn man sie zerbricht, eine bleischwarze Färbung und keine weißglänzende.
**Entstehung und Vorkommen** In hydrothermalen Gängen niederer Temperatur zusammen mit anderen Silbermineralien oder in Form von winzigen Tropfen und Blättchen in Galenit und zwar parallel zu den kubischen Spaltflächen des Wirtsminerals. Es kann sich auch in den Zementationszonen von Blei- und Zink-Lagerstätten bilden; dort findet man es zusammen mit Cerussit, Chlorargyrit, gediegenem Silber und anderen Mineralien.
**Fundorte** Bekannt sind die Kristalle von Kongsberg (Norwegen), Freiberg, Marienberg, Annaberg und Schneeberg in Sachsen; zahlreiche Minen gibt es in Mexiko (Pachuca, Zacatecas und Guanajuato), in Bolivien, Honduras und in der Tschechoslowakei (Přibram, Kutnahora, Schemnitz und Kremnitz). Weitere größere Mengen in Peru, im Staate Colorado (Aspen und Leadville/USA) und Nevada (Comstock, Lode, George Town/USA), in Italien vor allem in Sardinien und gelegentlich in den Ostalpen.
**Verwendung** Wichtiges Silber-Erz; bei der Verhüttung von silberhaltigem Galenit wird das Silber durch die sog. Treibarbeit abgeschieden.

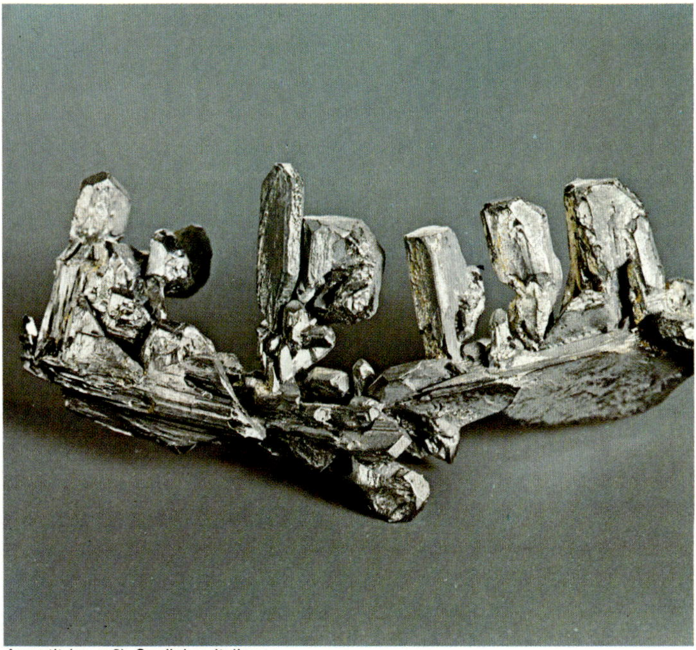

Argentit (ca. x 2), Sardinien, Italien.

Argentit (ca. x 1,5). Mexiko.

# 16 SPHALERIT Zinkblende

II – Sulfide
ZnS

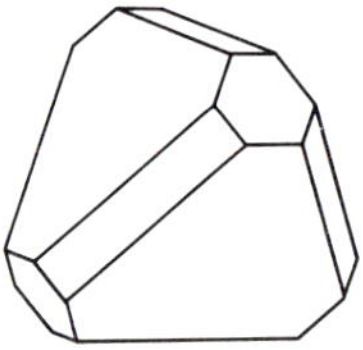

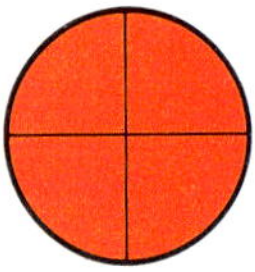

**System** Kubisch
**Aussehen** Tetraedrische oder pseudotetraedische Kristalle, häufig mit abgerundeten Rändern, Farbe von harzgelb bis braun-rostfarben in reinem Zustand (Foto oben), bei Eisengehalt schwärzlich (z. B. die Varietät *Marmatit*, Foto unten); z. T. auch rosa, grün und farblos. Häufig sind auch Aggregate mit verzerrten Kristallen und pseudooktaedrische Zwillinge mit gestreiften Flächen. Auch in dichten Massen als konzentrische Krusten (Schalenblende) und in dichten, kryptokristallinen Bildungen vorkommend.
**Eigenschaften** Härte $3^1/_2$–4, schwer und spröde, längs der 12 rhombododekaedrischen Flächen Spaltbarkeit vollkommen; durchsichtig oder durchscheinend mit Diamant- oder Harzglanz; die eisenhaltigen Varietäten sind undurchsichtig mit mattem Metallglanz; Pulver hellgelb oder schwach rötlich. In Salzsäure unter Bildung von Schwefelwasserstoff löslich; im reinen Zustand nicht schmelzbar; mit zunehmendem Eisengehalt schmilzt es immer leichter. Die manganreichen Varietäten besitzen Reibungslumineszenz, andere wiederum entwickeln bei Bestrahlung mit UV- oder Röntgenstrahlen Fluoreszenz. *Wurtzit* ist eine sehr seltene, polymorphe, hexagonale Modifikation, die sich bei hoher Temperatur (über 1200 °C) bildet.
**Entstehung und Vorkommen** Besonders in pegmatitischen-pneumatolytischen und hydrothermalen Gängen vergesellschaftet mit Galenit, Argentit, Greenockit, Chalkosin, Baryt und Fluorit. In sedimentären Lagerstätten eventuell chemischen Ursprungs und als Verdrängungsmineral in Kalken und Dolomiten (Skarn). Ist auch in metamorpher Umgebung stabil.
**Fundorte** In allen Lagerstätten, in denen Sphalerit industriell abgebaut wird, findet man schöne Kristalle; besonders erwähnt sei Trepča (Jugoslawien), wo sehr schöne Marmatite gefunden werden, ferner Kapnik (Ungarn), Přibram (CSSR), Alston Moor (England), Joplin (Missouri/USA), Santander (Spanien); kleine, aber sehr schöne, durchsichtige Kristalle in allen Farben kommen im metamorphen Dolomitgestein im Binnental (Schweiz) und im Marmor von Carrara (Italien) vor, schöne Marmatite am Bottino (Toskana/Italien). Die wichtigsten Lagerstätten der Welt sind der Distrikt der Three States (USA), Sullivan (Kanada), Broken Hill (Australien), Bleiberg (Österreich), Trepča (Jugoslawien), Raibl (Ostalpen/Italien) und Sardinien (Italien), in Deutschland Schauinsland (Schwarzwald), Bensberg bei Köln und Stolberg und Altenberg bei Aachen. Der seltene Wurtzit kommt in Butte (Montana/USA), in Oruro und Potosì (Bolivien, in Přibram (CSSR) und in Stolberg bei Aachen vor.
**Verwendung** Wichtigstes Zink-Erz. Als Nebenprodukt gewinnt man aus den Beimengungen des Sphalerits fast immer Cadmium, Gallium und Indium. Das Metall ist ein Bestandteil von Messing und anderen Legierungen; auch für Blech und bei der Galvanisierung und Feuerverzinkung von Eisen verwendet.

Sphalerit mit Galenit (ca. x 1,5). Isère, Frankreich.

Schwarzer Sphalerit (ca. x 1,5), Bottino (Toskana), Italien.

# 17 CHALKOPYRIT Kupferkies

II – Sulfide
$CuFeS_2$

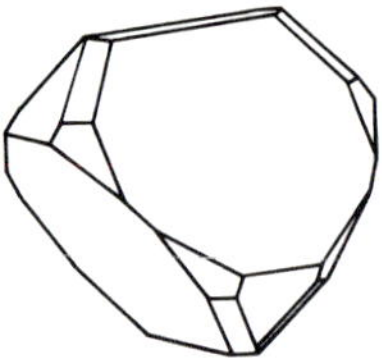

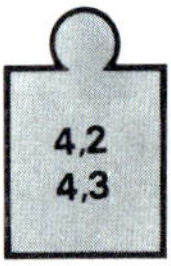


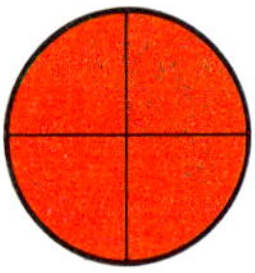

**System** Tetragonal
**Aussehen** Bisphenoidale, pseudotetraedrische Kristalle selten und klein (Foto oben); meist in dichten Massen oder in kleinen Körnern; gelegentlich nieren- oder schalenförmig, goldgelb oder messinggelb, oft mit schillerndem Belag. Häufig blättrige Zwillinge.
**Eigenschaften** Härte $3^1/_2$–4, schwer, relativ spröde, keine Spaltbarkeit, aber muscheliger Bruch; undurchsichtig mit Metallglanz; Pulver grünlichschwarz. Färbt beim Brennen die Flamme grün (Kupfer) und entwickelt dabei Schwefeldioxid; in Salpetersäure langsam löslich, wobei Schwefel ausfällt. Unterscheidet sich von Pyrit durch geringere Härte und leichtere Schmelzbarkeit.
**Entstehung und Vorkommen** In hydrothermalen Gängen, die bei hohen Temperaturen entstanden sind, vergesellschaftet mit Pyrrhotin, Sphalerit und Pyrit oder nickelhaltigen Mineralien. Verstreut auch in basischen Effusivgesteinen, die mehr oder weniger metamorphisiert wurden, in kontaktmetamorphen Gesteinen (Skarn) sowie in Seifen, die sich durch den Abbau dieser Gesteine gebildet haben. Verdrängungen durch Chalkopyrit kommen auch in Holzstükken und Resten von Organismen vor.
**Fundorte** Die schönsten Kristalle von bis zu 2 cm Länge fand man in Savoyen (Frankreich). In großer Menge kommt Chalkopyrit in Butte (Montana/USA), Jerome (Arizona/USA) und in Bingham (Utah/USA), in Katanga (Zaire), in Sambia, in Sudbury (Kanada), in Chile, auf Cypern und im Ural (UdSSR) vor. Wichtige Fundstätten in Europa sind Sulitjelma (Norwegen), Falun (Schweden), Bor (Jugoslawien), Rio Tinto (Spanien), Rammelsberg und Mansfeld in Deutschland. Chalkopyrit findet man außerdem im sächsischen Erzgebirge (Freiberg, Annaberg, Johanngeorgenstadt und Sadisdorf), im Siegerland, im Lahn-Dill-Gebiet, im Harz, im Schwarzwald und in den Alpen. Fundorte in Italien sind besonders Sankt Valentin (Südtirol), Alagna Valsesia (Vercelli), Campiglia Marittima (Grosseto), Funtana Raminosa (Sardinien). Bekannt, wenn auch heute erschöpft, sind die Vorkommen von Montecatini im Val di Cecina (Pisa), die den Grundstein für die Industrialisierung des Gebiets legten.
**Verwendung** Eines der wichtigsten Kupfermineralien; aus den Beimengungen erhält man als Nebenprodukte Gold und Silber. Im Augenblick werden 80% der Weltproduktion an Kupfer aus Chalkopyrit gewonnen.

Chalkopyrit mit Fluorit (ca. x 1). Insel Man, Großbritannien.

Derber Chalkopyrit (ca. x 1,5). Alagna Valsesia, Italien.

# 18 TETRAEDRIT

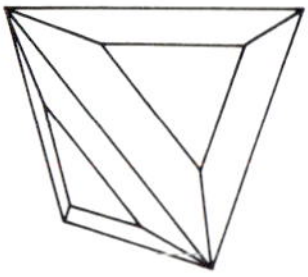

II – Sulfide (Fahlerzgruppe)
$Cu_3SbS_3$

**System** Kubisch
**Aussehen** Kristalle vielflächig mit tetraedrischem Habitus, je nach Zusammensetzungen stahlgrau bis braun, selten purpurrot oder dunkelblau; meist in schwärzlichen, körnigen Massen.

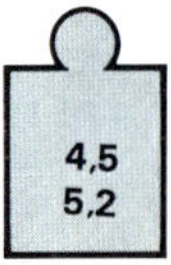


**Eigenschaften** Härte $4\frac{1}{2}$–$5\frac{1}{2}$, ähnlich eine ganze Reihe von Mineralien z. T. unterschiedlicher chemischer Zusammensetzung, so z. B. für $Cu_3AsS_3$ *(Tennantit)*. Es gibt Varietäten mit geringem Silbergehalt *(Freibergit)*, Quecksilbergehalt *(Schwazit)* und Wismutgehalt *(Annivit)*. Eine Varietät mit großem Tellurgehalt ist *Goldfieldit*. Alle Arten sind schwer, spröde, nicht spaltbar mit hakigem Bruch; undurchsichtig mit mehr oder weniger mattem Metallglanz. Manche feinsplittrige Varietäten sind schwach rotbraun, gelegentlich auch rot durchschimmernd. Das Pulver der oben erwähnten Varietäten ist rot oder orange, sonst dunkelgrau. Schmilzt leicht und ist in Salpetersäure löslich.

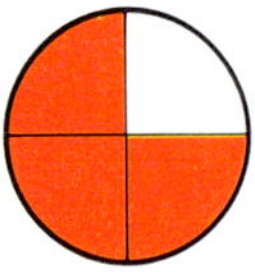

**Entstehung und Vorkommen** In hydrothermalen Gängen bei mittlerer bis niedriger Temperatur mit Kupfer-, Blei-, Zink- und Silbermineralien. Tetraedriten sind »geologische Thermometer«, denn sie reichern sich bei sinkenden Temperaturen mit Silber und Quecksilber an.
**Fundorte** Schöne Kristalle kommen in Botes und Kapnik (Rumänien), in Boliden (Schweden), Příbram (CSSR), Tsumeb (Namibia), Butte (Montana/USA), silberführende Varietäten in Freiberg (Sachsen) und Schwaz (Österreich) vor. Weitere wichtige Fundorte in Bolivien, Chile, Peru, Cornwall (Großbritannien), in Nevada, New Mexiko, Arizona und Kalifornien (alle USA), in Deutschland Clausthal (Harz), Siegen, Dillenburg; in Italien selten im Sarrabus (Sardinien), in der Toskana und gelegentlich im Trentino und in Südtirol.
**Verwendung** Wichtiges Kupfermineral; oft auch wegen seines Silber-, Quecksilber- und Antimongehalts bedeutsam. An vielen Fundstellen auch Träger von Tellur oder Zink.

Tennantit (ca. x 1,5), Otavi, Namibia.

Tetraedritkristalle (ca. x 2). Ungarn.

## 19 GREENOCKIT

II – Sulfide
CdS

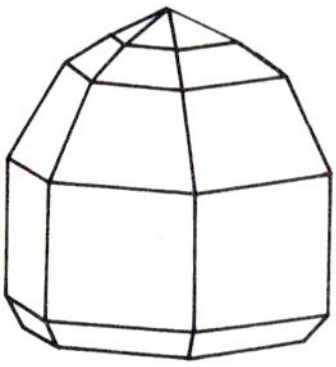

**System** Hexagonal
**Aussehen** Selten prismatische, hexagonale Kristalle, gelegentlich auch verzwillingt; bildet oft auf Sphalerit und anderen zinkhaltigen Mineralien gelbe, pulverige Beläge.
**Eigenschaften** Härte 3–3 1/2, schwer, spröde, vollkommen spaltbar; durchsichtig mit Diamant- oder Harzglanz; Pulver orange oder ziegelrot; unschmelzbar, in Salzsäure löslich unter Bildung von Schwefelwasserstoff. Stark zinkhaltiger Greenockit fluoresziert gelb bis orange.

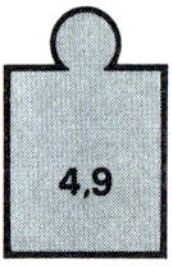


**Entstehung und Vorkommen** In der Verwitterungszone von stark cadmiumhaltiger Zinkblende; es bildet sich nur an der Oberfläche bzw. in Teilen von Lagerstätten, die mit Wasser in Berührung kommen.
**Fundorte** Belag auf Sphalerit in Přibram (CSSR) und Joplin (Missouri/USA); manchmal in Körnern auf schaligem Smithsonit, die das Muttergestein gelb färben, z. B. in Gorno (bei Bergamo/Italien) und Marion (Arkansas/USA).

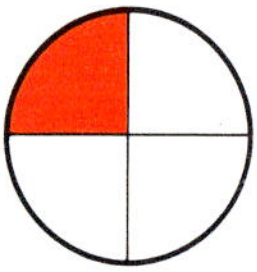

**Verwendung** Wichtiges Cadmiummineral; in der Industrie zur Herstellung von Akkumulatoren, in niedrigschmelzenden Legierungen und für nicht oxidierende Metallüberzüge verwendet.

---

## 20 ENARGIT

II – Sulfide
$Cu_3AsS_4$

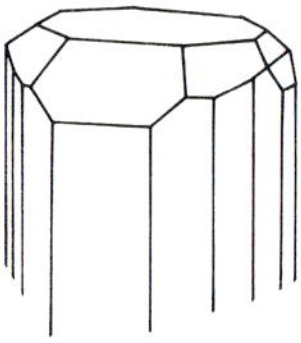

**System** Rhombisch
**Aussehen** Selten in Form von tafeligen oder senkrecht gestreiften, länglichen Kristallen; meist in säuligen oder blättrig-sternförmigen, schwarzen oder eisengrauen Aggregaten; auch in körnigen Massen.
**Eigenschaften** Härte 3 1/2, schwer, spröde und vollkommen spaltbar; undurchsichtig mit Metallglanz; Pulver schwarz; ist in Salpetersäure löslich, dabei fallen Schwefelflocken aus. Schmilzt leicht.

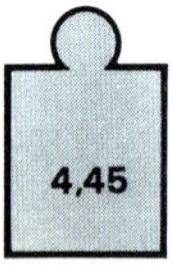


**Entstehung und Vorkommen** In hydrothermalen Gängen mittlerer Temperatur vergesellschaftet mit kupferhaltigen Mineralien wie Bornit, Covellin und Tetraedrit. Die Pseudomorphose von Tennantit nach Enargit nennt man ›Grüner Enargit‹.
**Fundorte** Beachtliche Mengen in Bor (Jugoslawien), Chuquicamata (Chile), Bingham, Tintic und Butte (USA), in Peru, Mexiko, Argentinien, Namibia, auf Luzon (Philippinen), außerdem bei Brixlegg (Tirol/Österreich) und in Calabona (Sardinien/Italien).

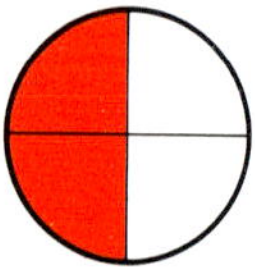

**Verwendung** Wichtig zur Kupfer- und Arsengewinnung.

Gelber Greenockitbelag (ca. x 2). Ungarn.

Enargit (ca. x 2). Peru.

# 21 PYRRHOTIN Magnetkies

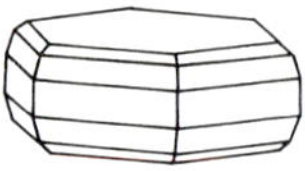

II – Sulfide
FeS

**System** Hexagonal
**Aussehen** Gewöhnlich in tafeligen Kristallen mit vielen kleinen Wachstumsflächen; auch in massigen, körnigen, gelb bis bronzefarbenen, gelegentlich schillernden Aggregaten.

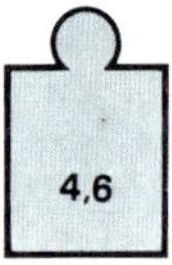


**Eigenschaften** Die Zusammensetzung von Pyrrhotin entspricht in etwa der Formel von Eisenmonosulfid (FeS), die man in ihrer stöchiometrischen Zusammensetzung nur bei Meteoriten findet (Troilit). Härte 4, schwer, spröde, mit guter Spaltbarkeit; undurchsichtig mit starkem Metallglanz. Schmilzt leicht und wird zu einem schwarzen, magnetischen Klumpen; in starken Säuren nur schwer löslich. Er unterscheidet sich von Pyrit durch seine magnetische Eigenschaft. Auf diese Erscheinung ist auch der Name Magnetkies zurückzuführen.

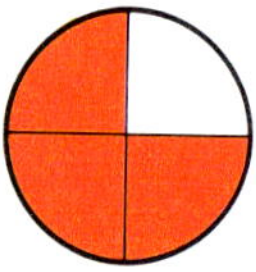

**Entstehung und Vorkommen** Pyrrhotin ist ein wegen seiner Beimengungen sehr geschätztes und wichtiges Mineral, das zusammen mit Pentlandit und anderen kobalt- und platinhaltigen Mineralien in basischen und ultrabasischen Eruptivgesteinen vorkommt. Er enthält oft erhebliche Mengen von Nickel. Außerdem in metamorphen Gesteinen stark basischer Zusammensetzung und in hochtemperierten, hydrothermalen Gängen, in denen jedoch nie Nickel vorhanden ist. In Ausnahmefällen kann er auch in Pegmatiten und sedimentären Ablagerungen vergesellschaftet mit Siderit vorkommen.
**Fundorte** Schöne Kristalle findet man in Trepča (Jugoslawien), in Kysbanya (Rumänien), in Leoben (Österreich) und in Freiberg (Sachsen). In Sudbury (Kanada) gibt es riesige Pyrrhotin-Lagerstätten, in denen Pyrrhotin zusammen mit anderen stark nickelhaltigen Mineralien oder auch mit seltenen Mineralien vorkommt. In großen Ablagerungen findet man Pyrrhotin in der Nähe der Stadt Thompson in Manitoba (Kanada). Lagerstätten gibt es auch in Mexiko, Bolivien, Brasilien, Norwegen, Schweden und in den USA (Tennessee, Pennsylvania, South Dakota und Maine). In Italien kommt er in der Toskana, im Val Sesia und Val d'Ossola, auf Elba, in Campiglia Marittima (Livorno) und in Schneeberg bei Bozen vor. Fundorte in Deutschland sind Bodenmais (Bayer. Wald), Waldsassen (Fichtelgebirge), Horbach (Schwarzwald) und das Siegerland.
**Verwendung** Vom wirtschaftlichen Standpunkt aus ist Pyrrhotin, sofern er keine anderen Metalle enthält, bedeutungslos. Dagegen ist nickelhaltiger Pyrrhotin von größter Bedeutung für die Gewinnung von Nickel, Kobalt und Platin aus den Beimengungen.

Pyrrhotinkristalle (ca. x 1). Kisbanja, Rumänien.

Derber Pyrrhotin (ca. x 1). Trepĉa, Jugoslawien.

# 22 NICKELIN Rotnickelkies, Niccolit

II – Sulfide
NiAs

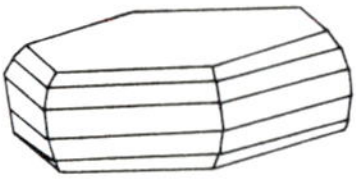

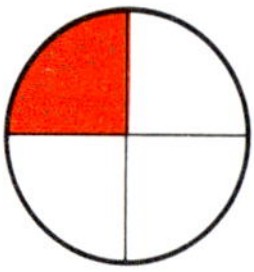

**System** Hexagonal
**Aussehen** Die seltenen Kristalle sind tafelig oder pyramidenförmig; kommt gewöhnlich in dichten, bronze-rosa Massen vor und ist häufig mit einem dunklen oder hellgrünen Belag bedeckt; in diesem Falle handelt es sich um Annabergit, ein Verwitterungsprodukt auf der Oberfläche des Minerals.
**Eigenschaften** Härte 5, sehr schwer, spröde, ohne Spaltbarkeit, aber mit muscheligem Bruch; undurchsichtig mit Metallglanz; Pulver schwarz-braun. Nickelin ist in Salpetersäure löslich und färbt die Lösung grün; schmilzt leicht, wobei sich starker Knoblauchgeruch entwickelt.
**Entstehung und Vorkommen** In hochtemperierten, hydrothermalen Gängen oder verstreut in Norit immer zusammen mit Silber-, Nickel- und Kobaltmineralien.
**Fundorte** Die seltenen Kristalle findet man in Richelsdorf (Deutschland); große Vorkommen von Nickelin liegen in La Rioja (Argentinien), in Cobalt und Eldorado (Kanada). In Natsume (Japan) gibt es Lagerstätten, in denen abwechselnd Nickelin und Arsenopyrit lagern. Fundorte in Deutschland: Siegerland, Erzgebirge, Wolfach und Wittichen (Schwarzwald).
**Verwendung** Dient der Gewinnung von Nickel.

---

# 23 MILLERIT Haarkies

II – Sulfide
NiS

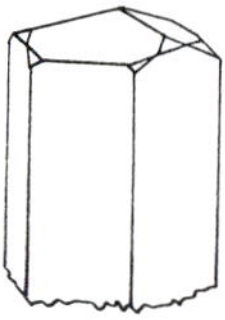

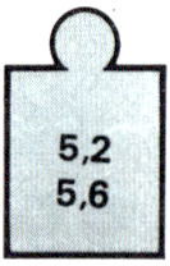


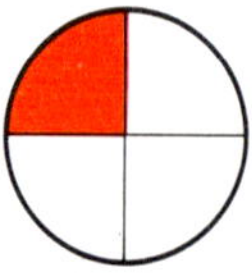

**System** Hexagonal
**Aussehen** Kristalle strahlig und nadelig, messinggelb, oft in filzigen, härchenartigen Büscheln oder in samtigen Krusten.
**Eigenschaften** Härte $3\,^1/_2$, sehr schwer, gut spaltbar, längliche Kristalle sind etwas biegsam; undurchsichtig mit Metallglanz; Pulver schwarzgrün. Millerit ist in Königswasser löslich und leicht schmelzbar. Guter Elektrizitätsleiter.
**Entstehung und Vorkommen** In Hohlräumen in Hämatit oder Siderit, außerdem in Marmor und Calcitgängen, auch zusammen mit anderen Nickelmineralien.
**Fundorte** In kleinen Mengen kommt das Mineral in Wales (Großbritannien), in den USA (Keokuk, Iowa; Sterling, New York), in Deutschland in Nassau, bei Saarbrücken, im Ruhrgebiet, im Erzgebirge und im Siegerland, in Italien bei Arbus (Sardinien) und in Bombiana (Bologna) vor.
**Verwendung** Trotz des hohen Gehalts an Nickel ist das Mineral wirtschaftlich unbedeutend, da es zu selten ist.

Derber Nickelin (ca. x 1,5). Mansfeld.

Nadeliger Millerit (ca. x 2). Harz.

# 24 GALENIT Bleiglanz

II – Sulfide
PbS

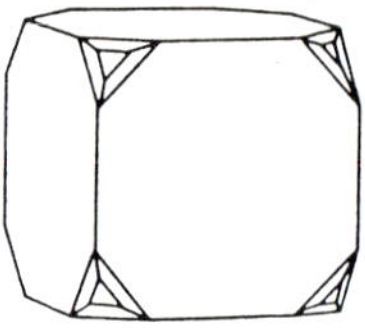

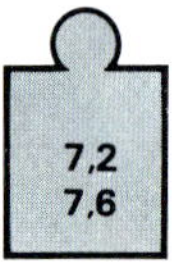


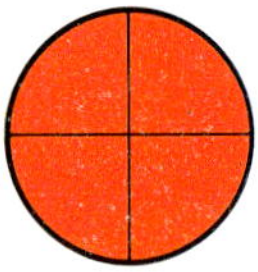

**System** Kubisch
**Aussehen** Kubische, bleigraue Kristalle sind häufig; die kubooktaedrischen Formen (Foto unten) sind seltener. Meist in dichten Massen, in Körnern, die infolge der zahlreichen Spaltflächen, die mit der Zeit schwarz werden, glänzen.
**Eigenschaften** Härte $2\frac{1}{2}$, sehr schwer, spröde mit vollkommener Spaltbarkeit; undurchsichtig mit lebhaftem Metallglanz; Pulver dunkelgrau. Ist relativ leicht zum Schmelzen zu bringen, wobei sich ein gelber Überzug bildet (Bleioxid oder Lithargit); in warmer Salzsäure unter Bildung von Schwefelwasserstoff löslich. Löst sich in Salpetersäure auf; dabei zeigen sich sofort kleine Schwefelschuppen und ein ganz feiner weißer Niederschlag (Bleisulfat, das durch die rasche, teilweise Oxidation während der Auflösung entstanden ist).
**Entstehung und Vorkommen** Das Mineral kommt vor allem in hydrothermalen Gängen mittlerer Temperaturen zusammen mit Zinkblende und Argentit besonders in Quarz- und Fluoritgängen vor. Auch sedimentär und metamorph als Ergebnis von Karsterscheinungen. Auf diese Weise sind auch die großen, säulenartigen Ablagerungen durch Verdrängung der kambrischen und ladinischen Kalke und Dolomite entstanden.
**Fundorte** Die größten Lagerstätten von Blei und Zink befinden sich in den USA (Missouri, Oklahoma und Kansas) und dort vor allem in Joplin; außerdem in Australien (Broken Hill), in England (Cumberland), in Mexiko (Eulalia) und in Deutschland (St. Andreasberg/Harz, Freiberg/Erzgebirge). Bedeutend sind auch die Lagerstätten mit silberhaltigem Galenit in Leadville (Colorado), des Distrikts von Coeur d'Alene (Idaho) und Tintic (Utah) in den USA. Weitere Fundorte sind Bleiburg (Kärnten/Österreich), Příbram und Schemnitz (CSSR); außerdem kommt Bleiglanz in Jugoslawien, Schweden und Spanien vor. Neben den oben erwähnten Fundstätten in Deutschland seien noch Altenberg bei Aachen, Mechernich (Eifel), Bad Ems und das Siegerland erwähnt. Vorkommen, die sich bei hoher Temperatur (Sphalerit + Galenit + Greenockit mit Quarz-, Calcit-, Fluorit- und Barytgängen) gebildet haben, sind die Lagerstätten im ladinischen Dolomit der italienischen Alpen (u. a.: Raibl, Salafossa, Gorno und Dossena); typisch für Bildungen bei niedrigen Temperaturen (Galenit + Argentit + Cerussit + Sphalerit + Phosgenit + Anglesit mit Quarz-, Siderit-, Calcit- und Fluoritgängen) sind die Lagerstätten auf Sardinien im kambrischen Kalkgestein (z. B. in Monteponi und Montevecchio). Die schönsten Kristalle kommen jedoch aus Joplin (Missouri/USA).
**Verwendung** Wichtigstes Blei-Erz. Häufig wird auch als Nebenprodukt das beigemengte Silber gewonnen.

Kubische Galenitkristalle (ca. x 1).
Joplin, USA.

Kubische Galenitkristalle (ca. x 1,5). ▷
Joplin, USA.

Kubooktaedrische Galenitkristalle (ca. x 1,5).
Aachen.

# 25 CINNABARIT Zinnober

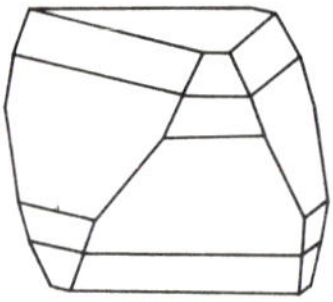

II – Sulfide
HgS

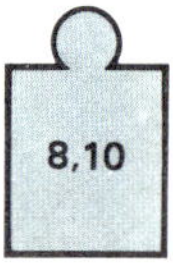


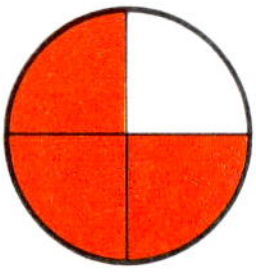

**System** Trigonal
**Aussehen** Kristalle sind sehr selten und nicht schön ausgeprägt; sie sind rhomboedrisch oder prismatisch-tafelig. Kommt meist in mikrokristallinen oder erdigen Massen vor und ist scharlachrot. Häufig auch als erdiger, mehr oder weniger lebhaft gefärbter Belag oder in einzelnen Körnern.
**Eigenschaften** Härte 2–$2^{1}/_{2}$, sehr schwer, spröde und vollkommen spaltbar. Kristalle sind durchsichtig und haben Diamantglanz, erdige Aggregate mit feinen Körnern sind undurchsichtig und mattglänzend. Stets an der Farbe erkennbar, die sich auch mit der Körnung nicht ändert, da auch das Pulver immer lebhaft scharlachrot bleibt. Verflüchtigt sich bei Erwärmung über 580 °C, dabei lagert sich auf benachbarten kalten Stellen Quecksilber in Tropfen ab; in Säure nicht löslich, wird nur von Königswasser und Chlorgas angegriffen. Besitzt eine sehr starke Zirkularpolarisation. In den Oxidationszonen von Quecksilbervorkommen findet man eine sehr seltene kubische Varietät, den *Metacinnabarit,* der einen schwarzen Belag bildet.
**Entstehung und Vorkommen** Das Mineral entsteht hydrothermal bei sehr geringer Temperatur in Gängen, als Krusten und in Imprägnationen in allen möglichen Gesteinsarten in der Nachbarschaft vulkanischer Erscheinungen. Auch als Sublimat in noch aktiven Kratern und als Ablagerung an alkalinen Thermen. Daneben gibt es Ablagerungen in Seifen aus alten Gesteinen, die vom Meer abgetragen und als Sedimente infolge des hohen spezifischen Gewichts des Minerals erhalten blieben.
**Fundorte** Kommt in Form von körnigen Massen oder Imprägnationen in Lava, Kalkklüften und Tonen in Almaden (Spanien), in Abbadia San Salvatore am Monte Amiata (Toskana/Italien) und in Idrija (Jugoslawien), den drei bedeutendsten Quecksilberminen der Erde, vor. Weitere Lagerstätten befinden sich in Sulfur Banck, New Idria und New Almaden (USA), Nikotowka (UdSSR), Huancavelica (Peru) in den Provinzen Kweichow und Hunan (China) und in Algerien. Kleine, aber schön ausgebildete Kristalle kommen im Pike Country (Arkansas/USA) vor. Metacinnabarit wird in Idrija (Jugoslawien) gefunden.
**Verwendung** Wichtigstes Quecksilber-Erz. Wurde auch als Malfarbe verwendet (›Zinnoberrot‹).

Derber Cinnabarit (ca. x 1). Monte Amiata, Italien.

Cinnabarit mit Gang (ca. x 1). Monte Amiata, Italien.

# 26 COVELLIN Kupferindig

II – Sulfide
CuS

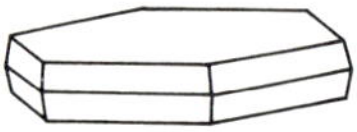

**System** Hexagonal
**Aussehen** Abgeplattete, tafelige, hexagonale Kristalle sind selten; meist blättrige oder dichte, indigoblaue schillernde Massen.
**Eigenschaften** Härte 1 1/2–2, sehr schwer, spröde, vollkommen spaltbar in feine und biegsame, schwarze, undurchsichtige glimmerartige Blättchen mit mattem Metallglanz. Leicht schmelzbar; färbt die Flamme blau, wobei sich Schwefeldioxid bildet; in Salzsäure löslich.

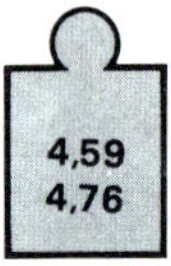


**Entstehung und Vorkommen** Findet sich zusammen mit anderen Kupfer-Erzen in hydrothermalen Gängen und in Kalken durch eine metamorphe Dissoziation von Chalkanthit und Chalkopyrit. Die erste Beschreibung von Covellin stammt vom Vesuv, wo er sich aus vulkanischen Dämpfen absetzt.
**Fundorte** Sehr schöne irisierende Kristalle stammen von Calabona (Sardinien/Italien) und Butte (Montana/USA). Covellin wird auch in den metamorphen Dolomitgesteinen von Crevola (Val d'Ossola, Novara/Italien) und in den Vesuvlaven gefunden. In großen Massen kommt er in Chile, Bolivien und in Alaska (USA) vor. In Deutschland findet man ihn in Mansfeld (Kupferschiefer).

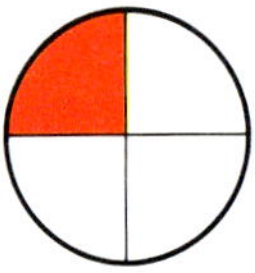

**Verwendung** Ausgezeichnetes Kupfer-Erz; der industrielle Abbau lohnt sich aber selten.

---

# 27 LINNEIT Kobaltkies

II – Sulfide
$Co_3S_4$

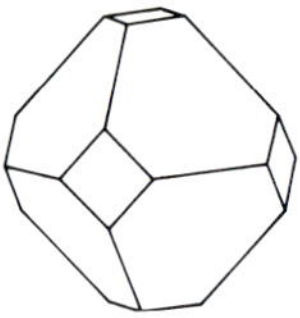

**System** Kubisch
**Aussehen** Oktaedrische, stahlgraue Kristalle mit meist rötlichem oder violettem Belag; kommt in körnigen oder dichten Massen vor.
**Eigenschaften** Härte 5, sehr schwer, spröde ohne gute Spaltbarkeit; undurchsichtig mit Metallglanz; Pulver grau. Ist in Salpetersäure löslich; bei der Lösung setzt sich Schwefel ab; leicht schmelzbar. Geht rasch in Erythrin und andere Mineralien über.

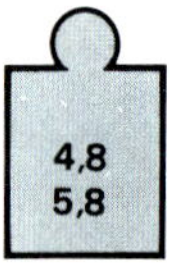


**Entstehung und Vorkommen** In hydrothermalen Gängen mittlerer Temperatur vergesellschaftet mit anderen Sulfiden und mit Siderit.
**Fundorte** Sehr schöne Kristalle stammen aus Katanga (Zaire) und aus Sambia. An anderer Stelle findet man mikroskopisch kleine Kristalle, so z. B. im Siegerland (Deutschland), Bastnäs (Schweden), Rhondda Valley (Großbritannien) und in zahlreichen Silberminen der USA.

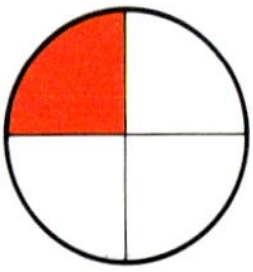

**Verwendung** Hat als Kobalt-Erz nur wenig Bedeutung, interessant für Wissenschaft und Sammler.

Schillernder Covellin (ca. x 1,5). Calabona (Sardinien), Italien.

Linneit (ca. x 2). Littfeld, Siegerland.

# 28 ANTIMONIT Antimonglanz, Stibnit, Grauspießglanzerz

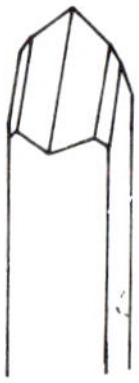

II – Sulfide
$Sb_2S_3$

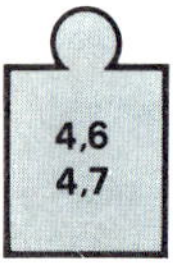


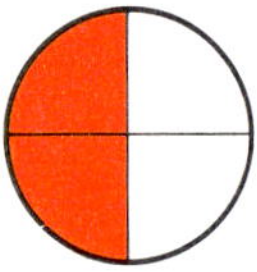

**System** Rhombisch
**Aussehen** Prismatische oder nadelige, längliche und in der Querrichtung abgeplattete, parallel zur Längsrichtung gestreifte Kristalle; manchmal auch gebogen; stahlgrau mit irisierendem Belag; auch in filzigen und dichten Aggregaten. Häufig umgewandelt zu rotem Kermesit (Rotspießglanz) und anderen Mineralien mit gelbem Pulver (›Antimonocker‹).
**Eigenschaften** Härte 2, schwer, in der Längsrichtung vollkommen spaltbar; Kristalle sind biegsam, aber nicht elastisch; undurchsichtig mit starkem Metallglanz (etwas stärker als bei Wismut). Schmilzt in feinen Schüppchen bei der Streichholzflamme, ist in Pulverform in konzentrierter Salzsäure löslich und zersetzt sich leicht in Kalilauge, wobei sich die Lösung orangegelb färbt.
**Entstehung und Vorkommen** In hydrothermalen Gängen niederer Temperatur vergesellschaftet mit Silber-, Blei- und Quecksilber-Erzen; setzt sich auch an mineralhaltigen Thermen ab.
**Fundorte** Besonders hübsche, bis zu 45 cm lange Kristalle stammen aus den Lagerstätten von Ichinokawa auf der Insel Shikoku (Japan); diese Lagerstätte ist heute allerdings wahrscheinlich erschöpft. Schöne Kristallgruppen findet man auch in Felsöbanya und Kapnik (Rumänien), in Kalifornien (USA) und auf Borneo. Die größten Lagerstätten befinden sich heute in Hunan und Kwantung (China), wo Antimonit mit Cinnabarit zusammen vorkommt. Weitere Vorkommen werden in Peru abgebaut, außerdem in Mexiko, Bolivien und in Mittelfrankreich. In Deutschland findet man Antimonit im Harz, in Westfalen, im Erzgebirge und im Fichtelgebirge. Fundorte mit schönen Kristallen sind Rosia bei Siena, Marciano und Niccioleta bei Grosseto (Italien); in dichten Massen kommt Antimonit in Arburese und Gerrei (Sardinien) vor; weniger bedeutend sind die Fundorte in Val Cavargna und San Bartolomeo bei Como, wo man Antimonit in den Quarzgängen im Schiefer findet.
**Verwendung** Wichtigstes Antimon-Erz, wird in Antifriktions-Metallegierungen, für Lettern und Schrotkugeln, in elektrischen Batterien und zur Herstellung von Feuerwerkskörpern verwendet. Seine Verbindungen braucht man in der Gummi- und der Textilindustrie, in der Medizin und bei der Glasherstellung.

Nadeliger Antimonit (ca. x 1).
Felsöbanja, Rumänien.

Antimonit (ca. x 2). Rosia (Grosseto), ▷
Italien.

Kermesit auf Antimonit (ca. x 0,5).
Tolfa, Italien.

# 29 BISMUTHINIT Wismutglanz

II – Sulfide
$Bi_2S_3$

**System** Rhombisch
**Aussehen** Prismatische, säulenförmige, zinngraue Kristalle mit fein gestreiften Flächen; in dichten, körnigen Aggregaten oder mit strahliger Struktur.
**Eigenschaften** Härte 2, sehr schwer, vollkommen spaltbar; Kristalle biegsam, aber nicht elastisch; undurchsichtig mit Metallglanz. Mit der Flammenprobe ist Bismuthinit von Antimonit, mit dem es zusammen häufig vorkommt, zu unterscheiden: Bismuthinit ist in der Streichholzflamme nicht schmelzbar. In Salpetersäure unter Bildung von feinen Schwefelflöckchen löslich.

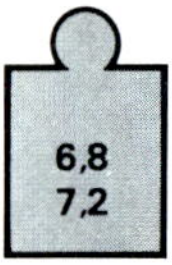


**Entstehung und Vorkommen** In hydrothermalen Gängen mittlerer bis hoher Temperatur zusammen mit Silber-, Zinn- und Kobalt-Erzen.
**Fundorte** Kommt in großen Mengen in Bolivien (Tasna, Chorole), Peru (Cerro de Pasco), Cornwall (Großbritannien) und Australien vor. Sehr schöne Kristalle gibt es in Kalifornien, im südlichen Dakota (USA) und in Pegmatiten in Mexiko und Kanada. Fundorte in Deutschland sind im Erzgebirge; in Italien in den aplitischen Ganggesteinen von Quarz und Feldspat im Val Masino bei Sondrio, ferner auf der Insel Elba, in Brosso (Turin) und im Iglesiente (Sardinien).

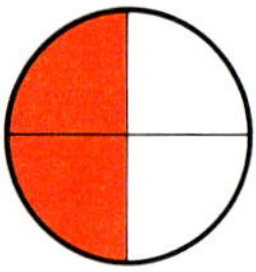

**Verwendung** Zur Gewinnung von Wismut.

---

# 30 SYLVANIT Schrifterz

II – Sulfide
$AgAuTe_4$

**System** Monoklin
**Aussehen** Prismatisch gedrungene, skelettartige oder dendritische Kristalle; häufig als Krusten in Form von Kreuzen, die einer Schrift gleichen; körnige oder blättrige, silberweiße Massen.
**Eigenschaften** Härte $1\,^1/_2$–2, sehr schwer, vollkommen spaltbar; undurchsichtig mit silbrigem Metallglanz; die goldhaltige Varietät ist lichtgelb. Bei der Lösung in Salpetersäure zeigt sich eine gelbe Ausfällung (Gold). Löst sich bei Erwärmung in konzentrierter Schwefelsäure auf und färbt dabei die Lösung dunkelrot (Tellur); ist leicht zum Schmelzen zu bringen.

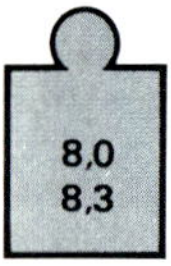


**Entstehung und Vorkommen** In hydrothermalen Gängen niederer Temperatur und in reinen Quarzgängen zusammen mit Calaverit und anderen tellurhaltigen Mineralien.
**Fundorte** Ziemlich selten; größere Vorkommen befinden sich in Kalgoorlie (Australien) und in Cripple Creek (Colorado/USA). Kommt auch in Siebenbürgen (Rumänien) vor.
**Verwendung** Wird zur Gewinnung von Gold, Silber und Tellur gebraucht.

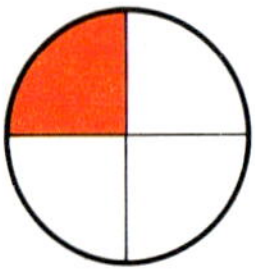

Bismuthinit mit Hämatit und Siderit (ca. x 1). Brosso (Turin), Italien.

Sylvanit (ca. x 2). Nagyag, Rumänien.

# 31 PYRIT Schwefelkies, Eisenkies

II – Sulfide

$FeS_2$

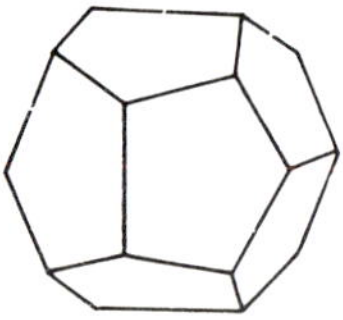

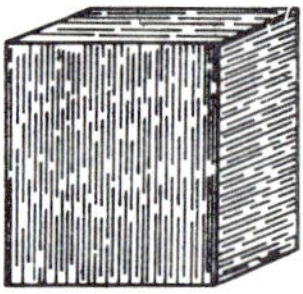

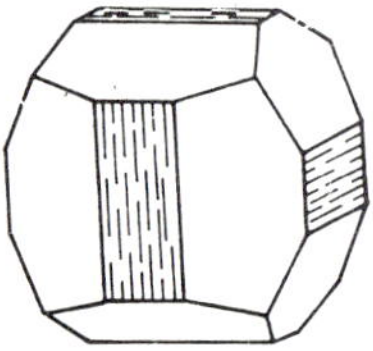

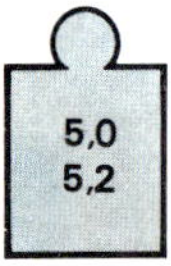


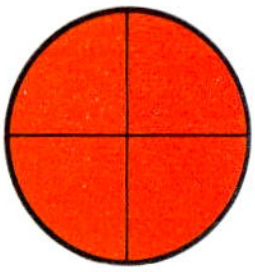

**System** Kubisch

**Aussehen** Kubische, gestreifte oktaedrische und pentagondodekaedrische Kristalle, manchmal Zwillingsbildung (›Eisernes Kreuz‹); auch in dichten, körnigen Aggregaten; in Form von Krusten und knolligen und stalaktitischen Bildungen. Farbe gelb bis dunkelgelb, mitunter schillernde, gelbbraune Anlauffarben. Häufig pseudomorph als Ausfüllung von organischen Fossilien (z. B. Ammoniten).

**Eigenschaften** Härte 6–6½, sehr schwer und äußerst spröde, Spaltbarkeit unvollkommen; undurchsichtig mit starkem Metallglanz; Pulver schwarzgrün. In Salzsäure nicht löslich; in Pulverform löst es sich jedoch in Salpetersäure; bei Hammerschlägen zeigen sich Funken; ist leicht zum Schmelzen zu bringen, wobei sich das Mineral unter Bildung von schwefliger Säure zu einem magnetischen Klumpen entwikkelt. Kleinkörnige Varietäten verändern sich und zerbrökkeln, wobei zunächst schwefelhaltige und dann limonithaltige Bildungen entstehen.

**Entstehung und Vorkommen** Häufig in plutonischen, vulkanischen, sedimentären und metamorphen Gesteinen. Man findet ihn in Massen vergesellschaftet mit Chalkopyrit, in magmatischen, basischen Gesteinen; zusammen mit Sphalerit und Galenit in hydrothermalen Gängen; allein, aber auch vergesellschaftet mit Gold (goldhaltiger Pyrit) in hydrothermalen Quarzgängen mittlerer bis niedriger Temperatur; als Einsprengung verstreut in basischer Lava; in Form von Krusten in untermeerischen chemischen Ablagerungen von warmen Quellen; fällt auch bei der Verdampfung von Mutterwasser aus; als diagenetisches Mineral führt es zur Versteinerung von Fossilien oder bildet Klumpen von verschiedenem Durchmesser. Erweist sich in metamorpher Umgebung bis zur Fazies der Granulite als stabil und geht dann in Pyrrhotin über.

**Fundorte** In allen Lagerstätten der Welt hat man sehr schöne Kristalle gefunden. Hiervon seien die wichtigsten erwähnt: Rio Tinto (Spanien), Leadville und Gelman (Colorado/USA), Jerome (Arizona/USA), Rio Marina (Elba) und Gavorrano (Toskana/Italien), Sulitjelma (Norwegen), Falun (Schweden); auch in Deutschland gibt es bedeutende Vorkommen wie in Rammelsberg (Harz), Meggen (Westfalen), Waldsassen (Oberpfalz), ebenso in Japan und der UdSSR. Berühmt und vollkommen sind die in Gavorrano (Toskana) und in Chester (USA) gefundenen Würfel mit Dreiecksstreifung, die Pentagondodekaeder von Rio Marina (Livorno, Elba/Italien) und Schoharie (USA), der scheibenförmige, strahlige Pyrit von Sparta (USA) und der in Italien, England und Deutschland auf Fossilien vorkommende Pyrit.

**Verwendung** Dient zur Herstellung von Schwefelsäure. Die Rückstände nach dem Abrösten werden nach Abtrennung wertvoller Beimengungen (Gold, Kupfer, Kobalt, Nickel) der Eisengewinnung zugeführt.

Pyrit in Pentagondodekaeder (ca. x 1). Elba, Italien.

Pyritwürfel (ca. x 2,5). Gavorrano, Italien.

# 32 HAUERIT Mangankies

II – Sulfide
$MnS_2$

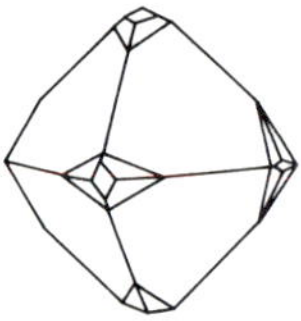

**System** Kubisch
**Aussehen** Sehr schön ausgeprägte oktaedrische oder kubooktaedrische, braunschwarze Kristalle.
**Eigenschaften** Härte 4, schwer, spaltet sich leicht und vollkommen in kleine Würfel; durchscheinend bis fast undurchsichtig mit metallartigem Diamantglanz; Pulver rötlichbraun. In Salzsäure löslich.
**Entstehung und Vorkommen** Zusammen mit Gips, Calcit und Schwefel sedimentär in Reduktionszonen durch Ablagerung aus Dämpfen und neuerliche Kristallisation durch Diagenese.

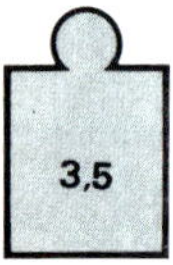


**Fundorte** Besonders schöne, bis zu 4 cm breite Kristalle finden sich in den schwefelhaltigen Tonen von Raddusa (Sizilien/Italien). Vergesellschaftet mit Gips in Kalinka (Ukraine/UdSSR) und in Big Hill (Texas/USA). Relativ häufig in Form von Krusten in den Salzdomen von Louisiana und Texas (USA) und in den eisen- und manganhaltigen Ablagerungen am Grunde der Ozeane, vor allem des Pazifischen Ozeans.

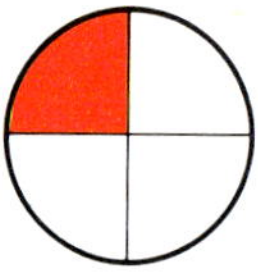

**Verwendung** Von wissenschaftlichem Interesse und als Sammlerstein geschätzt.

---

# 33 MARKASIT

II – Sulfide
$FeS_2$

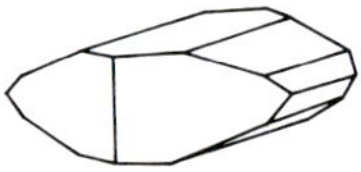

**System** Rhombisch
**Aussehen** Tafelige, prismatische Kristalle, oft verzwillingt (Speerkies und Kammkies); häufig in pyramidalen, strahligen, krusten- und knollenartigen, stalaktitischen Aggregaten; Farbe stets hellgelb mit leicht grünlichem Ton.
**Eigenschaften** Härte 6–6 $1/2$, schwer, spröde, spaltbar; undurchsichtig; auf frischen Flächen mit hohem Metallglanz. Pulver grünlich-schwarz. Von Salpetersäure nur schwer angegriffen, in der Lösung bilden sich Schwefelflocken. Oxidiert an der Luft, zeigt weißliche Flecken von Melanterit ($FeSO_4 \cdot 7H_2O$) und zerfällt dann zu Pulver; relativ leicht zu schmelzen.

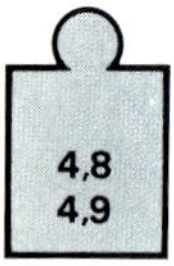


**Entstehung und Vorkommen** In hydrothermalen Gängen, oft mit Bleisulfid und Schwefelzink; häufig in Sedimenten als chemischer Ausfall von saurem Mutterwasser in reduzierender Umgebung. Entsteht in Reduktionszonen aus Pyrrhotin.
**Fundorte** Schöne Kristalle in Zwillingsform kommen aus Rammelsberg, aus Stolberg bei Aachen (Deutschland) und Karlsbad (CSSR); auch in Rumänien und in Missouri (USA).

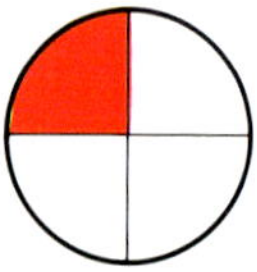

**Verwendung** Zur Gewinnung von Schwefelsäure; früher auch in der Schmuckindustrie verwendet.

Hauerit (ca. x 2). Raddusa (Catania), Italien.

Kugeliger Markasit (ca. x 1,5). Rumänien.

# 34 ARSENOPYRIT Arsenkies, Mißpickel

II – Sulfide
FeAsS

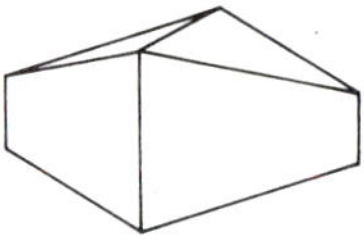

**System** Monoklin
**Aussehen** Längliche, prismatische und gestreifte Kristalle, die durch Zwillingsbildung pseudorhombische Form haben, oft speerförmig oder Viellinge mit Sternform. Auch körnige, silbergraue, weißliche Massen mit rauchiger, rosaroter Tönung.
**Eigenschaften** Härte $5^1/_2$–6, sehr schwer, spröde und leicht spaltbar; undurchsichtig mit Metallglanz; Pulver schwarz. Beim Anschlagen entstehen Funken und starker Knoblauchduft. Ist in Salpetersäure löslich; dabei fällt Schwefel aus. Schmilzt unter Bildung von weißen Dämpfen und Knoblauchgeruch leicht.

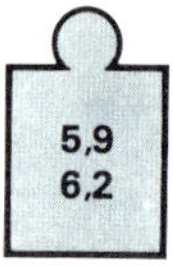


**Entstehung und Vorkommen** Zusammen mit Gold und Kobalt in Schwefel-Lagerstätten, in pegmatitisch-pneumatolytisch entstandenen Lagerstätten zusammen mit Zinn und Gold, Silber und Nickel. Häufig in metamorphen Lagerstätten.
**Fundorte** Boliden (Schweden), Sulitjelma (Norwegen), Roxbury (Connecticut/USA), im Valle Anzasca sowie im Val Sugana (Italien), in Deutschland an der Bergstraße, im Harz, im Fichtelgebirge und in Freiberg (DDR).

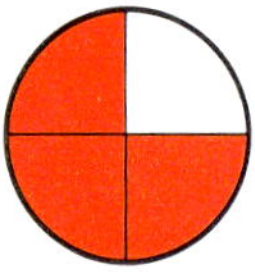

**Verwendung** Wichtigstes Mineral zur Arsengewinnung; als Nebenprodukt erhält man Zinn, Gold, Silber und Kobalt.

---

# 35 GLAUKODOT

II – Sulfide
(Co, Fe) AsS

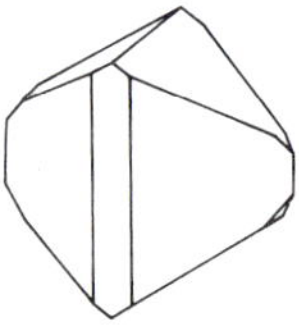

**System** Rhombisch
**Aussehen** Kristalle länglich und prismatisch; körnige oder faserig-strahlige, zinnweiße oder grauweiße Aggregate, häufig mit rosaroten Erythrinflecken.
**Eigenschaften** Härte 5, sehr schwer, spröde und gute Spaltbarkeit; undurchsichtig mit Metallglanz; Pulver schwarz. In Salpetersäure löslich; dabei fällt Schwefel aus; bei Erwärmung zersetzt sich das Mineral unter Bildung von weißen, nach Knoblauch riechenden Dämpfen. Glaukodot wird oft als Mischprodukt von Arsenopyrit und Cobaltin (FeAsS-CoAsS) betrachtet.

**Entstehung und Vorkommen** In pneumatolytischen und hydrothermalen Gängen bei hoher Temperatur; vergesellschaftet mit Pyrit, Chalkopyrit, Galenit usw. Auch in durch Metamorphose aus Laven entstandenen Grünschiefern.
**Fundorte** In Haakonsboda (Schweden) und in den chlorithaltigen Schiefern von Huesco (Chile) findet man große, schöne Kristalle. Glaukodot kommt außerdem in Norwegen, Rumänien und Tasmanien vor.

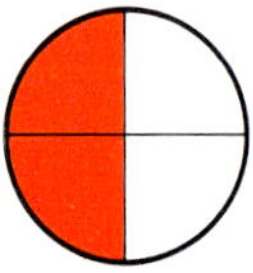

**Verwendung** Wichtig zur Gewinnung von Kobalt; es enthält bis zu 25% Kobalt.

Arsenopyrit (ca. x 1). Hohenstein.

Glaukodot (ca. x 1,5). Haakonsboda, Schweden.

## 36 MOLYBDÄNIT Molybdänglanz

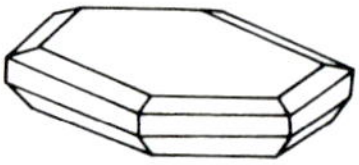

II – Sulfide
$MoS_2$

**System** Hexagonal
**Aussehen** Tafelige, hexagonale Kristalle; häufiger jedoch in blättrigen, schuppigen oder ineinander verflochtenen Aggregaten von graublauer Farbe.
**Eigenschaften** Härte 1–1 1/2, schwer, spaltet sich leicht in biegsame Blättchen; fühlt sich fettig an; undurchsichtig mit Metallglanz; Pulver glänzend blaugrau; nicht schmelzbar und schwer löslich. Strichfarbe grünlich-grau.
**Entstehung und Vorkommen** In Pegmatiten und pneumatolytischen Gängen. Häufig in Hohlräumen von Granit und Diorit. Daneben in metamorphen Kontaktlagerstätten mit Kalk (Skarn).

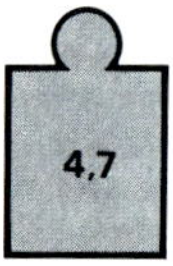


**Fundorte** Verstreut in den Quarzgängen im Granit von Climax (Colorado/USA), in Australien, Norwegen und Bolivien. In Deutschland an der Bergstraße, im Riesengebirge und im Erzgebirge. Fundstätten in Italien sind die Quarzgänge von Gonnosfanàdiga (Sardinien) und Bivongi (Kalabrien); im quarzhaltigen Porphyr von Cuasso al Monte (Varese) und am Monte Mulat (Trient).
**Verwendung** Wichtigstes Molybdän-Erz. Spezial-Legierungs-Metall; ferner Schmiermittel bei hohen Temperaturen.

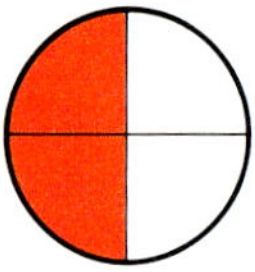

## 37 SKUTTERUDIT Smaltin, Speiskobalt

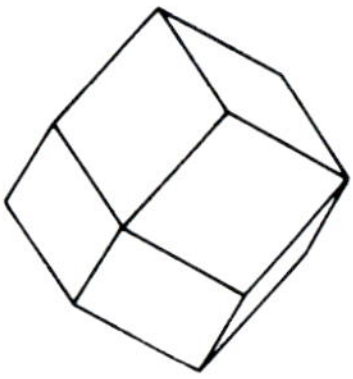

II – Sulfide
(Co, Ni) $As_3$

**System** Kubisch
**Aussehen** Kristalle kubisch, oktaedrisch und manchmal pentagonododekaedrisch, silberweiß mit metallischem Aussehen und irisierendem Belag; daneben körnige, dichte Massen.
**Eigenschaften** Härte 5 1/2–6, sehr schwer, spröde und vollkommen spaltbar; undurchsichtig mit Metallglanz; Pulver schwarz. Relativ leicht zum Schmelzen zu bringen; dabei entwickelt sich Knoblauchgeruch; ist in warmer Salpetersäure löslich, wobei sich die Lösung rosa färbt. Die Varietät *Chloanthit* ist reich an Nickel.

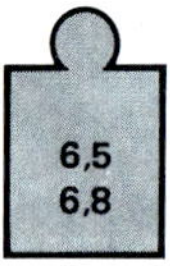


**Entstehung und Vorkommen** In hydrothermalen Gängen von mittlerer und hoher Temperatur, zusammen mit Arsenopyrit, Silber, Wismut, Schwefelkobalt und Nickelkobalt in Calcitgängen.
**Fundorte** Außergewöhnliche Kristalle kommen in Skutterud (Norwegen), Irthem und Bon Azzer (Marokko) und in Schneeberg (Sachsen) vor. Kristalle und dendritische Aggregate findet man in Cobalt (Kanada), Huelva (Spanien) und in Colorado (USA), in Italien sind Usseglio im Val di Lanzo (Turin) und im Iglesiente (Sardinien).

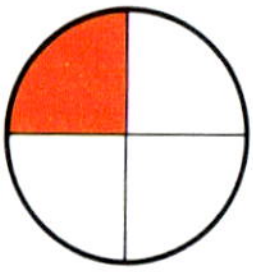

**Verwendung** Wichtiges Kobalt-, Nickel-Erz.

Molybdänit (ca. x 1). Quebec, Kanada.

Molybdänit in einer Geode (ca. x 1). ▷
Cuasso al Monte, Italien.

Skutterudit (ca. x 1), Huelva, Spanien.

## 38 PROUSTIT Lichtes Rotgültigerz

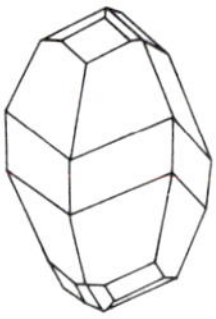

II – Sulfide
$Ag_3AsS_3$

**System** Trigonal
**Aussehen** Selten in Form von rhomboedrischen oder skalenoedrischen Kristallen mit typischer Streifung, verbogen und oft verzwillingt; meist derb und dunkelrot glänzend.
**Eigenschaften** Härte $2\frac{1}{2}$, sehr schwer, spröde und spaltet sich gut in Rhomboeder; durchscheinend mit Diamantglanz; frisches Pulver zeigt scharlachrote Farbe; setzt man das Mineral der Luft und dem Licht aus, wird es dunkler und das Pulver färbt sich grau. Sehr leicht zu schmelzen und in Salpetersäure unter Schwefelabscheidung löslich.

**Entstehung und Vorkommen** In hydrothermalen Gängen bei niedriger Temperatur zusammen mit verschiedenen silberhaltigen Mineralien.
**Fundorte** Sehr hübsche, durchscheinende, rote und bis zu 15 cm lange Kristalle findet man in Chañarcillo (Chile); relativ bedeutende Lagerstätten gibt es im Erzgebirge und im Harz (Deutschland), in Kanada und in Mexiko, in geringeren Mengen auch im Schwarzwald. Fundorte in Italien sind im Sarrabus (Sardinien) vorhanden.
**Verwendung** Silber-Erz von untergeordneter Bedeutung.

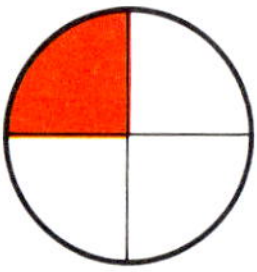

## 39 PYRARGYRIT Dunkles Rotgültigerz

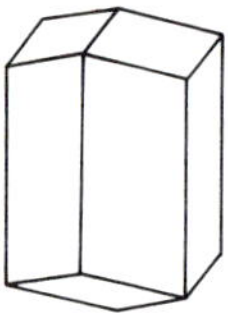

II – Sulfide
$Ag_3SbS_3$

**System** Trigonal
**Aussehen** Prismatische Kristalle, gelegentlich flächenreich, schwarz mit dunkelrotem Schimmer; auch in dichten Massen oder verstreuten Körnern.
**Eigenschaften** Härte $2\frac{1}{2}$–3, sehr schwer, spröde und spaltet sich in Rhomboeder; durchscheinend mit Metallglanz; Pulver rötlichviolett. Leicht zu schmelzen und in Salpetersäure löslich.

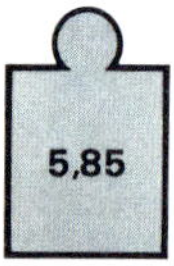


**Entstehung und Vorkommen** In hydrothermalen Gängen bei niederer Temperatur gewöhnlich zusammen mit verschiedenen Silber-Erzen. Das Mineral entsteht in der Zementationszone von Lagerstätten durch Umwandlung von Argentit und silberhaltigem Galenit.
**Fundorte** Das Mineral ist häufiger anzutreffen als Proustit, schöne Kristalle sind jedoch selten. In kleinen Mengen findet man es im Harz und Erzgebirge (Deutschland), in der Tschechoslowakei, in Mexiko, Chile und Kanada. Fundorte in Italien befinden sich vor allem im Sarrabus (Sardinien).
**Verwendung** Silber-Erz, jedoch von geringer Bedeutung.

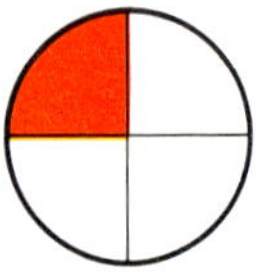

Proustit (ca. x 1,5). Chañarcillo, Chile.

Pyrargyrit (ca. x 1,5). St. Andreasberg.

# 40 EMPLEKTIT

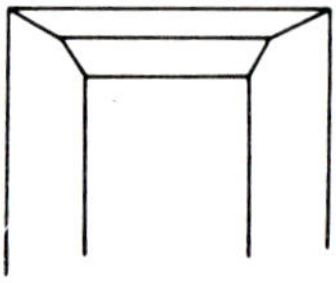

II – Sulfide
$CuBiS_2$

**System** Rhombisch
**Aussehen** Prismatische, mehr oder weniger längliche und abgeplattete, längsgestreifte, ganz hellgraue Kristalle.
**Eigenschaften** Härte 2, sehr schwer, spröde und vollkommen spaltbar; undurchsichtig mit Metallglanz; Pulver grau. Leicht zu schmelzen und in Säure löslich.
**Entstehung und Vorkommen** In hydrothermalen Gängen bei hoher Temperatur vergesellschaftet mit Chalkopyrit und anderen Sulfiden und mit Wismut.
**Fundorte** Außergewöhnlich schön sind die Kristalle aus Zinnwald (Sachsen) und aus dem Schwarzwald; auch in den Minen von Copiapo (Chile), Cerro de Pasco (Peru) und Aamdal (Norwegen) findet man hübsche Kristalle.
**Verwendung** Das Mineral ist für die Wissenschaft und für Sammler von Interesse.

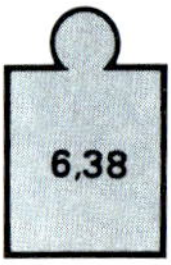


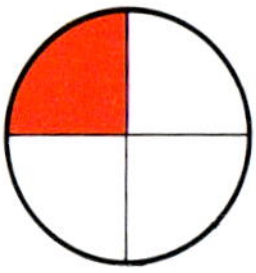

---

# 41 POLYBASIT

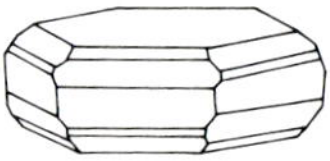

II – Sulfide
$(Ag, Cu)_{16}Sb_2S_{11}$

**System** Monoklin
**Aussehen** Tafelige, pseudohexagonale Kristalle oft mit charakteristischer Dreiecksstreifung; blättrige oder körnige Massen, deren Farbe schwarz wie Eisen ist.
**Eigenschaften** Härte $1\,^1/_2$–2, sehr schwer, Spaltbarkeit schlecht; undurchsichtig mit Metallglanz; Pulver schwarz. Hat viel Ähnlichkeit mit Hämatit, ist jedoch viel weicher und schmilzt leicht.
**Entstehung und Vorkommen** In hydrothermalen Gängen bei mittlerer bis hoher Temperatur zusammen mit Pyrargyrit, Tetraedrit usw.
**Fundorte** Besonders schöne Kristalle kommen in St. Andreasberg (Harz/Deutschland), Přibram (CSSR) und in Freiberg (DDR) vor. Bedeutende Mengen entdeckte man in Mexiko, Chile, Bolivien und Colorado (USA). In Italien findet man Polybasit im Sarrabus (Sardinien).
**Verwendung** Zur Silbergewinnung.

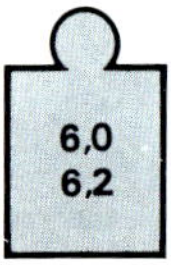


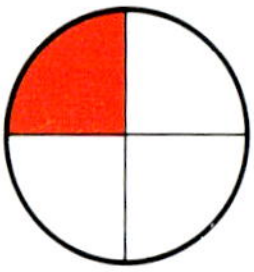

Emplektit (ca. x 2). Sachsen.

Polybasit (ca. x 1). Kalifornien, USA.

## 44 REALGAR Rauschrot

II – Sulfide

AsS

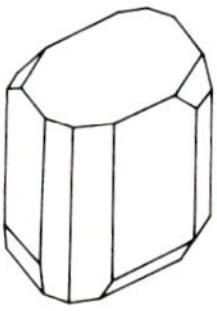

**System** Monoklin

**Aussehen** Prismatische, gedrungene Kristalle selten; gewöhnlich in dichten Aggregaten und als zinnoberroter Belag.

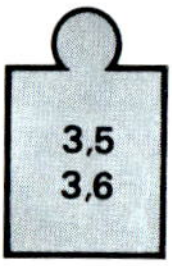


**Eigenschaften** Härte 1 1/2–2, relativ schwer, spröde, vollkommen spaltbar; durchscheinend mit Diamantglanz; Pulver orangegelb. Leicht zu schmelzen; beim Erhitzen an der Luft verbrennt es zu Arsenik und Schwefeldioxid; an der Luft und unter Lichteinwirkung verliert es die Farbe und zerfällt zu pulverförmigen Auripigment. In Königswasser löslich.

**Entstehung und Vorkommen** Entsteht in vulkanischer Umgebung, auf hydrothermalen Lagerstätten und kommt meist zusammen mit Auripigment und antimon-, silber-, blei- und zinnhaltigen Mineralien vor.

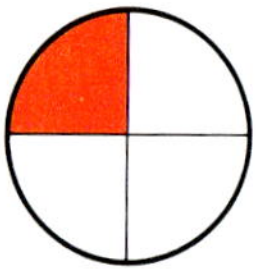

**Fundorte** Schöne Kristalle stammen aus Nagyag (Rumänien), aus dem Binntal (Schweiz) und aus Matra (Korsika), dichte Massen aus Ungarn und Makedonien. In Italien wurde das Mineral im Val Malenco und Valfurva (Sondrio) gefunden.

**Verwendung** Zur Herstellung von arseniger Säure und von Feuerwerkskörpern (leuchtend weißes Feuer) und als Farbe.

---

## 45 AURIPIGMENT Rauschgelb

II – Sulfide

$As_2S_3$

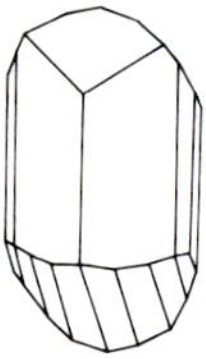

**System** Monoklin

**Aussehen** Prismatische, tafelige Kristalle sind sehr selten; meist gold- oder orangegelbe Krusten oder blättrige Aggregate.

**Eigenschaften** Härte 1 1/2–2, ziemlich schwer, spröde, vollkommen spaltbar; durchscheinend und in feineren Blättchen durchsichtig mit fettigem Diamantglanz; Pulver gelb. Unter Bildung von giftigen arsenhaltigen Dämpfen mit Knoblauchgeruch leicht zu schmelzen; er überdeckt den Schwefelgeruch; in Salpetersäure und Königswasser löslich wobei Schwefel ausfällt, der auf der Lösung schwimmt. Zersetzt sich leicht an der Luft und unter Lichteinwirkung.

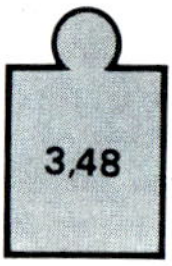


**Entstehung und Vorkommen** In vulkanischer Umgebung mit Realgar und gelegentlich mit Cinnabarit. Kommt auch in metamorphem Dolomit vor.

**Fundorte** Ostanatolien (Türkei), Georgien (UdSSR), Persien, Utah (USA); ferner in St. Andreasberg (Harz), am Vesuv, am Monte Amiata (Toskana) und in Ormeo (Cuneo, Italien).

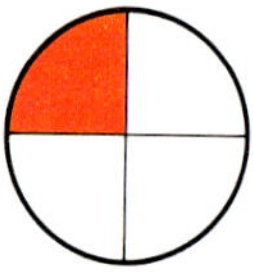

**Verwendung** Zur Gewinnung von Arsen und früher in der Gerberei zum Entfernen des Haarbesatzes von Fellen. Als Malerfarbe unter dem Namen Königsgelb.

Dichter Realgar (ca. x 1). Valfurva (Sondrio), Italien.

Auripigment (ca. x 1). Karaidin, Türkei.

# 46 STEINSALZ Halit

III – Halogenide
NaCl

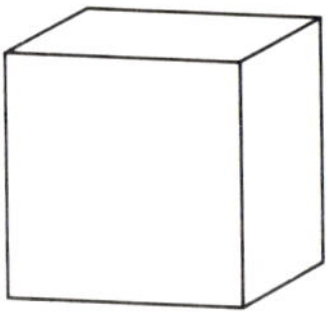

**System** Kubisch
**Aussehen** Kubische Kristalle, manchmal verzerrt und mit gerundeten Ecken; farblos bis weiß, gelb, rot, braun und z. T. schwarz; selten mit blauen und violetten Flecken; Gruppen mit auseinanderstrebenden Kristallen, Krusten und dichte Massen, weiß, undurchsichtig.

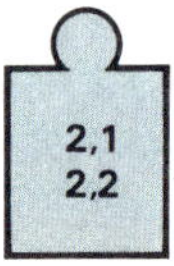


**Eigenschaften** Härte 2, sehr leicht, spröde, spaltet vollkommen in Würfel; durchsichtig bis durchscheinend mit Glasglanz; Pulver weiß. Im reinen Zustand sehr stabil, enthält es Verunreinigungen aus Chlorcalcium oder -Magnesium, so zerfließt es. In Wasser vollkommen löslich; ausgezeichneter Wärmeleiter. Schmilzt leicht bei leuchtend gelber Flamme. Fühlt sich feucht an; schmeckt im Gegensatz zu den bitteren Kali- und Magnesiumsalzen angenehm salzig. Das typische allochromatische Mineral wechselt seine Farbe, wenn es chemische oder mechanische Verunreinigungen enthält (durch Gehalt an Bitumen oder organischen Substanzen, die sich bei Erwärmung verfärben, wird es schwarz, bei Vorhandensein von Algen rosa; pulverförmiger Hämatit hat rote, Eisenhydroxyd gelbliche Färbung zur Folge). Ultraviolette Strahlen bewirken Lumineszenz, Röntgenstrahlen färben es erst blau, dann braun, Radioaktivität bewirkt die häufig vorkommende violette Farbe.

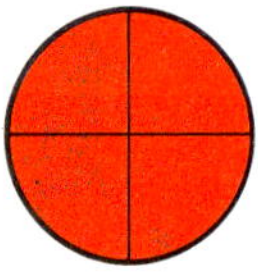

**Entstehung und Vorkommen** Als Sediment beim Verdampfen von Mutterlauge, bei Austrocknung von abgeschlossenen Meeresarmen im warmen Klima. Fällt nach Calcit und Gips gleichzeitig mit Magnesium- und Kaliumsulfaten und einigen anderen Chloriden aus. Die Salz-Lagerstätten stehen oft in Wechsellagerung mit tonigen Schichten. Durch seine große Plastizität steigt in den tiefen Ablagerungen das Steinsalz nach oben und bildet Dome, auf deren Oberfläche Gips und Anhydrit, manchmal auch Schwefel lagern. Bildet sich außerdem direkt als Sublimationsprodukt in vulkanischer Umgebung.
**Fundorte** Große Steinsalz-Vorkommen (mit anderen Salzen) in Staßfurt (DDR), Wieliczka (Polen), Cardona (Spanien), im Salzkammergut (Österreich) und in den Staaten New York, Michigan und Ohio (USA). Salzdome, die auch wegen des gleichzeitigen Vorkommens von Schwefel abgebaut werden, gibt es in Louisiana und Texas (USA). Weitere Fundorte in Deutschland sind u. a. Berchtesgaden, Bad Reichenhall, Heilbronn und Schwäbisch Hall. Italien hat eine kleine Lagerstätte in Lungro (Cosenza); herrliche Kristalle kommen aus Sizilien. Am Grunde des Mittelmeers gibt es Salzlagerstätten von einer Mächtigkeit von mehreren 100 Metern, die durch eine Schicht postmesozoischer Ablagerungen geschützt wird.
**Verwendung** Für Mensch und Tier unentbehrlich; auch in der chemischen Industrie, wo man es zur Herstellung von Soda, Salzsäure und metallischem Natrium benützt; daneben in der Konservenindustrie. Nebenprodukte sind Chlor und die beigemengten Elemente Brom, Jod und andere.

Steinsalz (ca. x 1,5). Wieliczka, Polen.

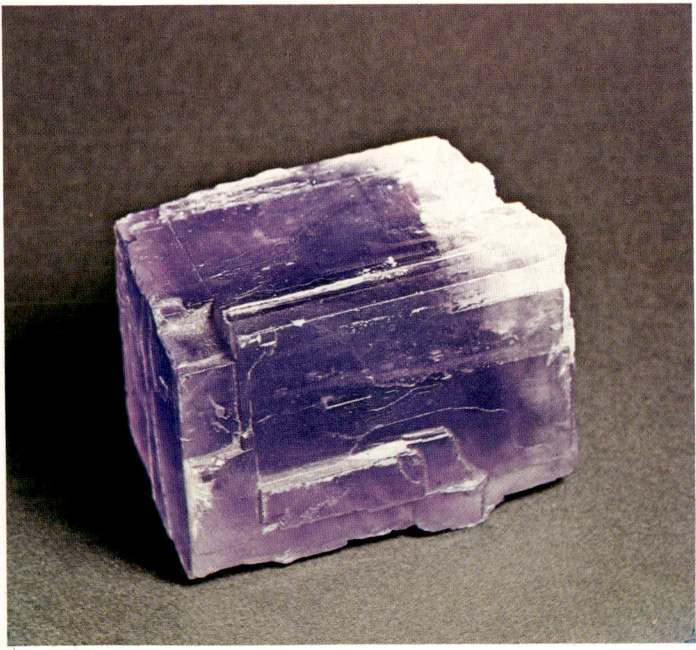

Violettes Steinsalz (ca. x 1). Calascibetta (Sizilien), Italien.

## 47 SYLVIN

III – Halogenide
$KCl$

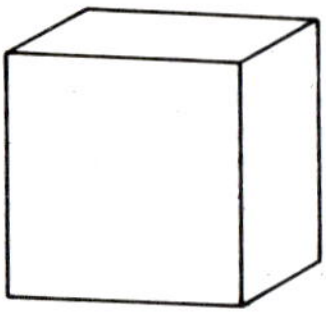

**System** Kubisch
**Aussehen** Kristalle kubisch oder kubooktaedrisch, weiß, aber auch andersfarbig; bei Hämatitgehalt rosa, bei natürlicher radioaktiver Einwirkung violett; körnige, dichte, plastische, weißliche Massen.
**Eigenschaften** Härte 2, äußerst leicht, vollkommen spaltbar, spröde, verhält sich bei einseitig ausgeübtem Druck plastisch; durchsichtig mit Glasglanz; Pulver weiß. Leicht löslich in Wasser und schmelzbar; färbt die Flamme violettrot. Es zerfließt nicht so leicht wie das Steinsalz und hat einen weitaus bittereren Salzgeschmack.

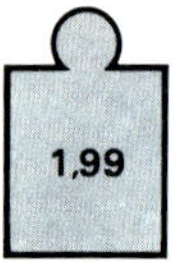


**Entstehung und Vorkommen** Kommt in sedimentären Ablagerungen vor, z. B. durch Verdampfen, und ist gelegentlich mit Steinsalz vergesellschaftet. Findet sich ebenfalls als Sublimationsprodukt von vulkanischen Dämpfen.
**Fundorte** Beachtlich sind die Vorkommen in Norddeutschland, ebenso von Staßfurt, ferner am Oberrhein, Kalusz (Polen), Cardona (Spanien), in Saskatchewan (Kanada), Utah, Texas und New Mexiko (USA) und in der Ukraine (UdSSR), in Italien in San Cataldo (Sizilien), am Ätna (Sizilien) und Vesuv.

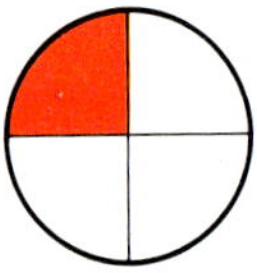

**Verwendung** Wichtiger Rohstoff für Düngemittel.

---

## 48 CHLORARGYRIT Chlorsilber

III – Halogenide
$AgCl$

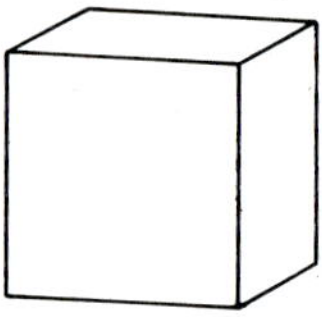

**System** Kubisch
**Aussehen** Kristalle klein, kubisch und grau; meist in Krusten oder grauen oder grünlichen Massen, am Licht dunkel braunviolett werdend.
**Eigenschaften** Härte 1–2, sehr schwer, schmiedbar, biegsam und dehnbar wie Wachs; undurchsichtig, metallischer Wachsglanz. Löst sich nicht in Wasser und Säure, aber leicht in wässeriger Ammoniaklösung, rasch schmelzbar.

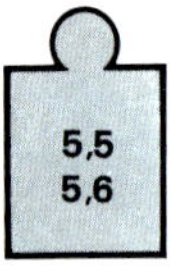


**Entstehung und Vorkommen** Kommt in der Oxidationszone von Silbererz-Lagerstätten als Produkt der Umwandlung durch Einwirkung von stark chlorhaltigem Wasser zusammen mit gediegenem Silber, Cerussit usw. vor.
**Fundorte** Große Mengen meist als Konkretionen in der Wüste Atacama (Chile) und in Broken Hill (Australien); dieser Cerargyrit ist stark bromhaltig *(Embolit)*. Weitere Fundorte sind Potosí (Bolivien), Leadville und Treasure Hill (USA), wo man schön kristallisierte Blöcke von einigen Tonnen entdeckte. Gut ausgeprägte Kristalle in Poorman's Lode (Idaho/USA) und im Sarrabus (Sardinien/Italien).

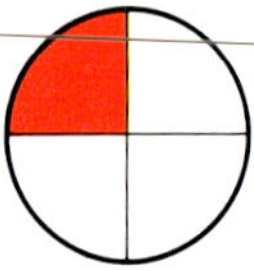

**Verwendung** Das Mineral besitzt einen hohen Silbergehalt (bis zu 75%), ist aber selten.

Sylvin (ca. x 1). Vesuv, Italien.

Chlorargyrit (ca. x 1). Sonora, Mexiko.

# 49 FLUORIT Flußspat

III – Halogenide
$CaF_2$

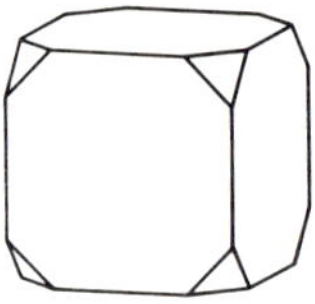

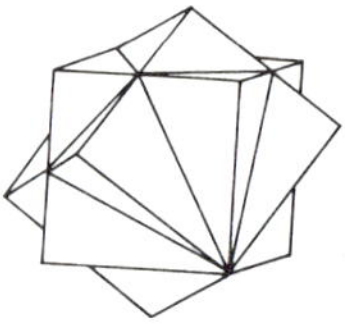

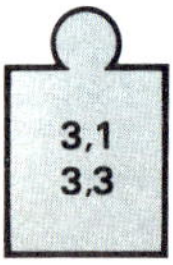


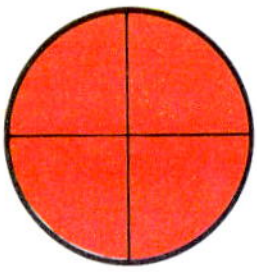

**System** Kubisch
**Aussehen** Würfel, Oktaeder und Rhombododekaeder, andere Formen selten, z. T. groß, gelegentlich Durchdringungszwillinge, sehr unterschiedlich gefärbt. Im reinen Zustand farblos und vollkommen durchsichtig, kann jedoch auch gelb, grün, blau, rosa, violett und sogar schwarz (Varietät *Antozonit*) sein. Oft in dichten, spätigen, gebänderten und krustenartigen Massen.
**Eigenschaften** Härte 4, schwer, spröde; spaltet sich vollkommen in Oktaeder; durchsichtig bis durchscheinend mit Glasglanz oder feucht glänzend. In Wasser praktisch unlöslich, ebenso in einfacher Salz- und Salpetersäure; löst sich dagegen in konzentrierter Salzsäure unter Bildung von Flußsäuredämpfen, die Glas ätzen. Verliert bei Erwärmung an Volumen und wird gelblichgrün durchscheinend; schmilzt zumindest an den Kanten relativ leicht und färbt dabei die Flamme matt rot. Stark, meist violett fluoreszierend bei ultravioletter Bestrahlung. Der Begriff Fluoreszenz geht auf dieses Mineral zurück.
**Entstehung und Vorkommen** In hydrothermalen Gängen zusammen mit Bleisulfid, Schwefelzink, Silber, Baryt und Quarz, seltener in Pegmatiten mit Cassiterit, Turmalin und Apatit; auch in Klüften von vielen sauren Gesteinen sowie in kristallinen Schiefern. Es kann sich auch sedimentär in geschlossenen Becken bilden, und zwar durch Ablagerungen aus Wasser, das reich an Lösungen von Mineralien ist, die bei hohen Temperaturen entstehen und vulkanischen Ursprungs sind. Außerdem bildet sich Fluorit direkt durch Sublimation aus vulkanischen Dämpfen.
**Fundorte** Vielerorts sehr hübsche Kristalle; farblose, spätische kommen aus Corvara (Italien); rosarote, oktaedrische vom St. Gotthard (Schweiz); grüne, oktaedrische aus Cera (Brasilien), Kongsberg (Norwegen) und Bancroft (Kanada); grüne, weiße oder violette, kubische aus Cumberland und Derbyshire (Großbritannien); gelbe aus Wölsendorf (Oberpfalz/Deutschland); daneben gibt es den violetten Fluorit aus Madoc (Kanada) und an verschiedenen Stellen in den Alpen, eine Form, die in der Nachbarschaft von Ablagerungen radioaktiver Mineralien vorkommt (z. B. im Valle Imagna bei Bergamo/Italien). Bedeutende und abbauwürdige Mengen liegen in Ontario (Kanada), Illinois und Kentucky (USA), in Deutschland, Frankreich, England, der UdSSR, Mexiko und Italien (Bergamasker Alpen und in der Umgebung von Brescia). Große Vorkommen von staubförmigem Fluorit liegen in den trockengelegten Binnenseebecken der Toskana und in Latium.
**Verwendung** Zur Herstellung von Flußsäure, in der Keramik, in der optischen Industrie und für die Herstellung von Plastik; zur metallurgischen Behandlung von Bauxit gebraucht und zur Verflüssigung von Schlacke im Hüttenwesen. Glasklare Kristalle werden zur Herstellung von optischen Linsen und spektrographischen Prismen verwendet.

Fluorit (ca. x 1). Cumberland, Großbritannien.

Fluorit (ca. x 1). Freiberg. ▷

Fluoritoktaeder (ca. x 1).
Cumberland, Großbritannien.

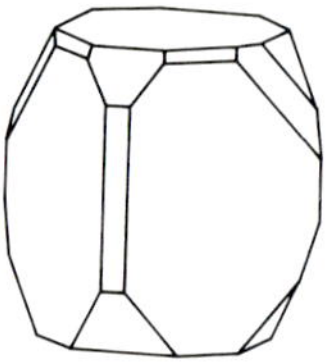

## 50 KRYOLITH

III – Haolgenide
$Na_3AlF_6$

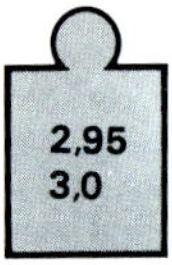


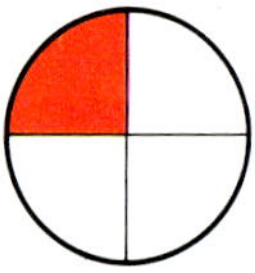

**System** Monoklin
**Aussehen** Pseudokubische Kristalle sehr selten; körnige, weiße oder farblose, mit Siderit vergesellschaftete Massen häufig.
**Eigenschaften** Härte $2\frac{1}{2}$–3, leicht, spröde, ohne Spaltbarkeit, zerbricht zu pseudokubischen Formen; durchsichtig mit feuchtem Glanz oder Wachsglanz; da die beiden Brechungsindizes sehr nahe beisammen liegen, ist er in Wasser gelegt, kaum mehr zu sehen. Pulver weiß. In Schwefelsäure unter Bildung von Flußsäuredämpfen, die Glas ätzen, löslich; schmilzt leicht und färbt die Flamme gelb (Natrium); entwickelt sich dabei zu einer durchsichtigen Kugel, die beim Erkalten wie Emaille undurchsichtig wird.
**Entstehung und Vorkommen** Immer in Pegmatiten, wo Kryolith wahrscheinlich aus stark fluorhaltigen Lösungen ausfällt.
**Fundorte** Bedeutendste Lagerstätte in Ivigtut (Grönland). Kleinere Fundorte sind Miask (Ural/UdSSR), eine Topasfundstätte in Pikes Peak (Colorado/USA) und Nigeria.
**Verwendung** Zur Herstellung von Emaille und bestimmten Gläsern. Früher bei der Verhüttung von Bauxit verwendet, wird aber heute durch synthetische Produkte ersetzt.

---

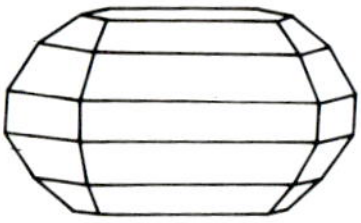

## 51 CARNALLIT

III – Halogenide
$KCl \cdot MgCl_2 \cdot 6H_2O$

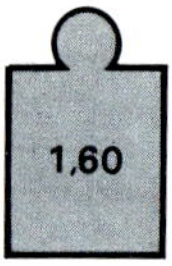


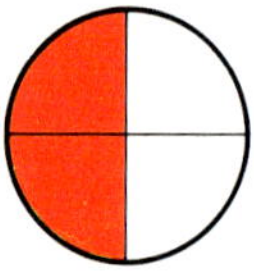

**System** Rhombisch
**Aussehen** Kristalle mit pseudohexagonalem Umriß selten; dichte, körnige, farblose Massen, durch winzige Hämatitblättchen auch rötlich.
**Eigenschaften** Härte 2, sehr leicht, spröde, nicht spaltbar, bricht leicht muschelig; durchsichtig mit Glasglanz. Stark phosphoreszierend; zerfließt an der Luft. In Wasser sofort löslich; Lösung salzig und bitter. Leicht zu schmelzen; färbt die Flamme violett (Kalium).
**Entstehung und Vorkommen** Das Mineral entsteht durch Ausfall in der Endphase des Verdampfungsprozesses.
**Fundorte** In Staßfurt (DDR) in großen, geschichteten Ablagerungen oder Domen zusammen mit Steinsalz oder Kainit, ferner in Solikamsk (Ukraine/UdSSR), im Iran, in Mali, China, Tunis, Texas und New Mexiko (USA) und in Spanien. In Italien kommt Carnallit in San Cataldo und Pasquasia (Sizilien) in bedeutenden Mengen vor.
**Verwendung** Als Kalisalz für Düngemittel; in der chemischen Industrie zur Gewinnung von Magnesium, Kaliumchlorit und Chlor und der beigemengten Elemente Brom, Caesium usw.

Kryolith (ca. x 1,5). Ivigtut, Grönland.

Carnallit (ca. x 1). Staßfurt.

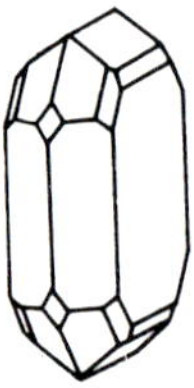

## 52 ATAKAMIT

III – Halogenide
$Cu_2(OH)_3Cl$

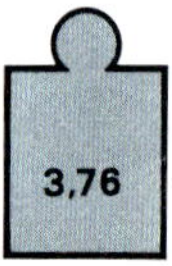


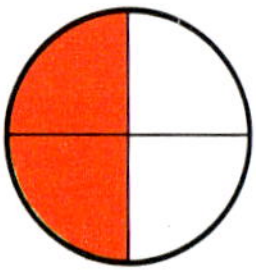

**System** Rhombisch
**Aussehen** Prismatische, gestreifte und abgeplattete Kristalle von grüner Farbe; faserige, nadelige, blättrige und manchmal krustenbildene Aggregate.
**Eigenschaften** Härte 3–3 1/2, schwer, vollkommen spaltbar; durchscheinend mit Glasglanz; leicht zu schmelzen; färbt die Flamme blau und schließlich ohne Zugabe von Salzsäure grün. Dadurch unterscheidet er sich von Brochantit; in Salzsäure löslich.
**Entstehung und Vorkommen** Entsteht durch Umwandlung in Oxidationszonen nahe der Oberfläche aus Kupfersulfid bei Wüstenklima; auch als Sublimationsprodukt von vulkanischen Dämpfen.
**Fundorte** Sehr große, dunkelgrüne Kristalle in Ravensthorpe und Wallaroo (Australien). Bedeutende Vorkommen in der Wüste Atacama (Chile) in Australien, Peru, Bolivien, Mexiko, Namibia, in den USA (Bisbee und Jerome, Arizona; Tintic, Utah) und in Rußland (Kasachstan und Ural). In Italien findet man es in Form von Krusten am Vesuv und als Umwandlungsprodukt von Kupfer in der Nurra (Sardinien).
**Verwendung** Das sekundär gebildete Mineral lohnt wirtschaftlichen Abbau nur in Chile.

---

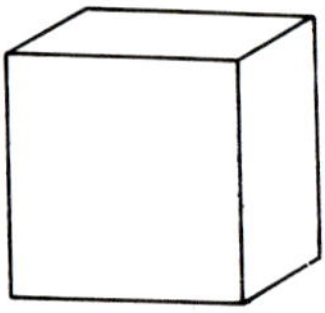

## 53 BOLEIT

III – Halogenide
$5PbCl_2 \cdot 4Cu(OH)_2 \cdot AgCl_2 \cdot 1\,^1/_2 H_2O$

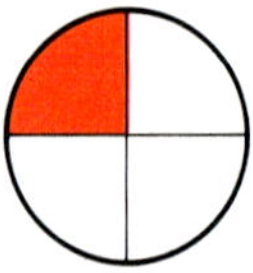

**System** Tetragonal
**Aussehen** Kristalle treten in Form von Durchdringungszwillingen auf, die aus drei einzelnen Kristallen bestehen und pseudokubisch oder pseudooktaedrisch erscheinen; Farbe dunkelblau, meist mit anderen Halogeniden verwachsen.
**Eigenschaften** Härte 3 1/2, sehr schwer, vollkommen spaltbar; durchsichtig mit Glasglanz; Pulver blau mit grauer Tönung. In Salpetersäure, jedoch nicht in Wasser löslich; schmilzt leicht und zerfällt dabei. *Pseudoboleit* ist eine ganz ähnliche Modifikation tetragonaler Form und häufig mit Boleit verwachsen.
**Entstehung und Vorkommen** Das Mineral ist ein Zersetzungsprodukt, das auf schwefelhaltigen Lagerstätten meist in den Tonen der Auslaugungszone nierenförmig oder in Form von einzelnen Kristallen vorkommt.
**Fundorte** Außer in Boléo (Baja California/Mexiko), wo 2 cm breite Würfel gefunden werden, kommt Boleit in Kupferlagerstätten in Chile, in Broken Hill (Australien) und in der Mammoth Mine (Arizona/USA) vor.
**Verwendung** Das Mineral wird nur aus wissenschaftlichem Interesse und für Sammlerzwecke gesucht.

Atakamit (ca. x 1,5). Copiapo, Chile.

seudokubischer Boleit (ca. x 1). Boleo, Mexiko.

## 54 CUPRIT Rotkupfererz

IV – Oxide
$Cu_2O$

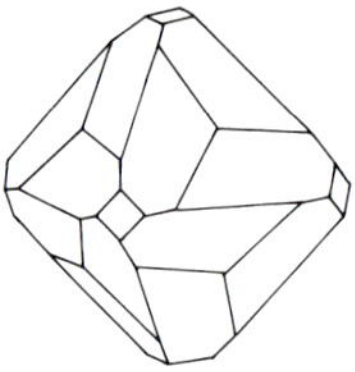

**System** Kubisch
**Aussehen** Kristalle oktaedrisch, kubisch oder rhombododekaedrisch; Flächen oft trichterförmig, dunkelrubinrot und manchmal oberflächlich in Malachit umgewandelt; Aggregate mit nadeligen, haarförmigen Kristallen *(Chalkotrichit)*.
**Eigenschaften** Härte 3½–4, sehr schwer, spröde, schlecht spaltbar; durchsichtig mit Diamantglanz, Pulver lebhaft rot. In konzentrierter Säure löslich; schmilzt leicht, färbt die Flamme grün (Kupfer).
**Entstehung und Vorkommen** Typisches Oxidationsprodukt an der Oberfläche von Kupfer-Lagerstätten; zusammen mit Azurit, Tenorit, Malachit und gediegenem Kupfer.
**Fundorte** Schöne, oktaedrische Kristalle stammen von Chessy (Frankreich), Redruth und Liskeard (Cornwall/Großbritannien), Bisbee und Morenci (Arizona/USA), Corocoro (Bolivien), Chuquicamata (Chile) und vom Ural und Altai (UdSSR). In Italien Fundorte bei Calabona (Alghero). Chalkotrichit kommt in Globe (Arizona/USA), in Monsol (Frankreich), in Chile und in Libiola (Italien) vor.
**Verwendung** Wichtiges Kupfer-Erz. Durchsichtige und fehlerfreie Kristalle werden als Schmucksteine verwendet.

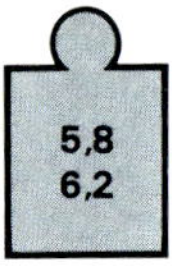


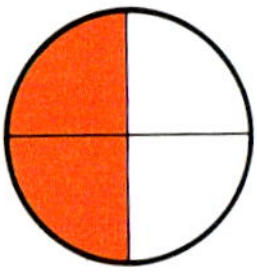

---

## 55 ZINKIT Rotzinkerz

IV – Oxide
ZnO

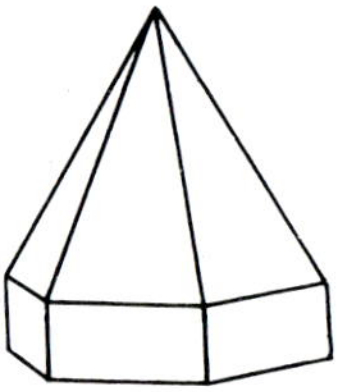

**System** Hexagonal
**Aussehen** Kristalle sehr selten; gewöhnlich in spätischen, orangegelben bis dunkelroten Massen.
**Eigenschaften** Härte 4–4½, sehr schwer, vollkommen spaltbar; durchsichtig mit nahezu diamantartigem Glanz, Pulver gelb bis orange. Nicht schmelzbar, in Salzsäure löslich.
**Entstehung und Vorkommen** In kontaktmetamorphen Lagerstätten in Franklin und Sterling Hill (New Jersey/USA) zusammen mit weißem oder rosa Calcit, grünem Willemit, grauem Tephroit und schwarzem Franklinit.
**Fundorte** Außer in New Jersey wurden Spuren im Bergwerk von Bottino (Toskana/Italien) und auch in Riso (Bergamo), in Polen, Spanien und Australien gefunden.
**Verwendung** Wird in New Jersey als wichtiges Zink-Erz abgebaut; gilt sonst als mineralogische Rarität.

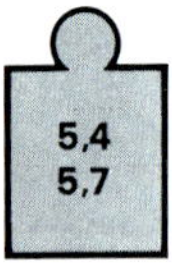


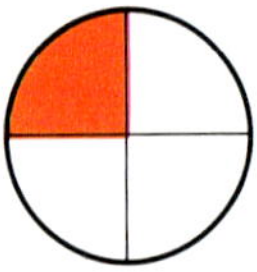

:uprit (ca. x 1,5). Cornwall, Großbritannien.

nkit (ca. x 1,5). Franklin (New Jersey), USA.

# 56 PERIKLAS

IV – Oxide
$MgO$

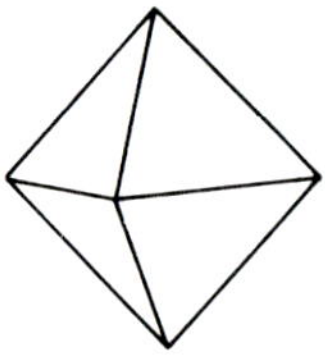

**System** Kubisch
**Aussehen** Oktaedrische oder kubische, farblose oder grüngraue Kristalle selten; meist in Massen mit rundlichen Körnern und zu Brucit umgewandelt.
**Eigenschaften** Härte 6, schwer, vollkommen spaltbar in Form von Würfeln; durchscheinend bis durchsichtig mit Glasglanz; Pulver weiß. In Säuren schwer löslich und nicht schmelzbar.

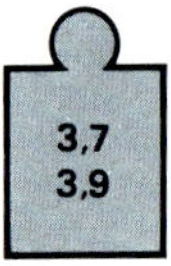


**Entstehung und Vorkommen** Das typische kontaktmetamorphe Mineral entsteht bei hoher Temperatur aus Dolomit. Unter dem Einfluß von Feuchtigkeit wandelt es sich sehr leicht in Brucit um und tritt daher nur sehr selten zutage.
**Fundorte** Crestmore (Californien/USA), Predazzo (Trient) und Teulada (Sardinien); in den kalkhaltigen Auswürflingen am Monte Somma (Vesuv) und zum Teil auch in den Lagerstätten von Långban (Schweden).
**Verwendung** Das Mineral ist nur für Wissenschaftler und Sammler von Interesse.

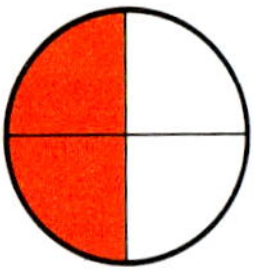

# 57 SPINELL

IV – Oxide (Spinellgruppe)
$MgAl_2O_4$

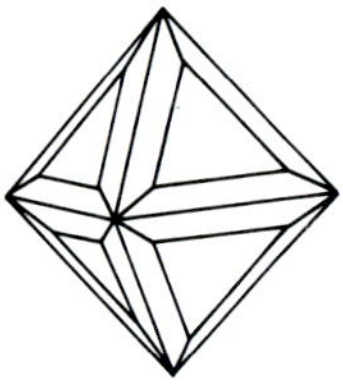

**System** Kubisch
**Aussehen** Kleine, vollkommen ausgeprägte, häufig verzwillingte Oktaeder, auch in Aggregaten mit rundlichen, farblosen, weißen oder blauen Körnern.
**Eigenschaften** Härte 8, schwer, schlecht spaltbar; durchscheinend oder durchsichtig mit Glasglanz; Pulver weiß. Unschmelzbar und unlöslich; durch Beimengungen oft gefärbt und erhält dann verschiedene Benennungen: *Pleonast* ist die grünliche, *Pikotit* die schwärzliche oder braune, chromhaltige und eisenhaltige, der *Edle Spinell* die durchsichtige unterschiedlich gefärbte Varietät.

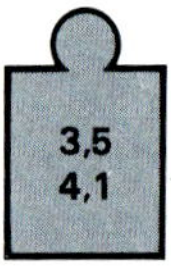


**Entstehung und Vorkommen** In kontaktmetamorphen Gesteinen, meist im mergeligen, magnesium- und aluminiumreichen Dolomit; in Granulit; in ultrabasischen, magmatischen, bei hohem Druck entstandenen Gesteinen. Der harte und widerstandsfähige Spinell ist in vielen Seifen zu finden.
**Fundorte** In Indien, in Thailand, Madagaskar, Sri Lanka und Afghanistan häufig in Flußsanden. Schöne Kristalle in Auswürflingen am Monte Somma (Vesuv) und an den Vulkanen Latiums (Italien). Auch als Begleitmineral verbreitet.
**Verwendung** Die rote Varietät *(Balas-Rubin)* wird als Schmuckstein geschätzt.

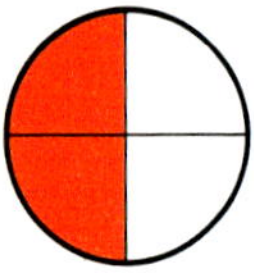

eriklas mit Hausmannit (ca. x 1,5). Schweden.

dler Spinell (ca. x 1,5). Indien. ▷

pinell (ca. x 1). Indien.

# 58 MAGNETIT Magneteisenerz, Magneteisenstein

IV – Oxide (Spinellgruppe)
$Fe_3O_4$

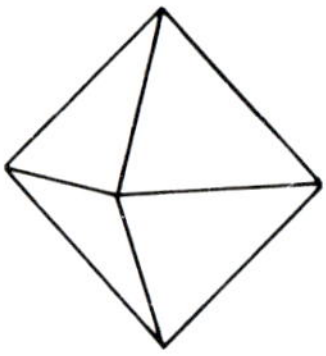

**System** Kubisch

**Aussehen** Vollkommen ausgebildete Oktaeder oder Rhombododekaeder mit gestreiften, schwarzen, glänzenden Flächen; dichte und körnige, schwarz eisenfarbene Massen, teilweise blau schillernd.

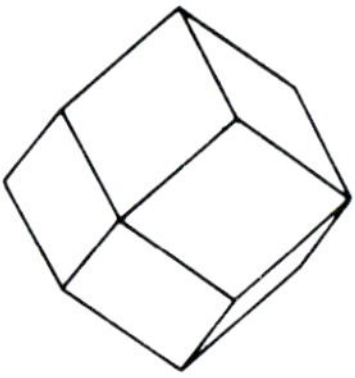

**Eigenschaften** Härte 5 1/2, sehr schwer, ohne Spaltbarkeit, aber spröde, jedoch nach dem Oktaeder teilbar; undurchsichtig mit Metallglanz; Pulver schwarz. Stark magnetisch und manchmal auch magnetopolar *(Kalamit)*. Nicht schmelzbar und nur schwer in konzentrierter Salzsäure löslich. Als feste Lösung kann es Chrom oder Titan enthalten *(Chrommagnetit* und *Titanomagnetit)*.

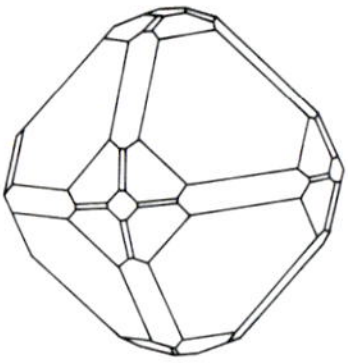

**Entstehung und Vorkommen** Weitverbreitet; häufig in femischen und ultrafemischen Eruptivgesteinen als Produkt der Trennung in Teilschmelzen (Differentiation); sehr selten in Pegmatiten und hydrothermalen Gängen. Große Mengen findet man in Sedimenten (alluviale und marine Sande) und in Dünen im Wüstenklima. In metamorphem Gestein bildet sich Magnetit durch Reduktion von Hämatit, der durch die Dissoziation von Schwefeleisen und Eisensilikat entsteht. Oft in kontaktmetasomatischem Gestein (Skarn). Kommt häufig mit Korund und Smirgel zusammen vor.

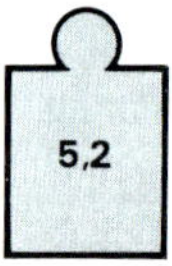


**Fundorte** Riesige Lagerstätten in der Umgebung von Kiruna (Nordschweden), wo Magnetit zusammen mit Apatit zu finden ist, im Bushveld (Südafrika), in den Adirondacks (New York/USA) und in Iron Springs (Utah/USA), in Iron Mountains (Wyoming/USA) und im Ural (Gora Blagodat und Magnitnaya/UdSSR). In Italien kommt es bei Cogne (Aostatal) vor; daneben hat man schöne Kristalle in den Chloritschiefern im Val Malenco (Sondrio) und im Pfitschertal (Südtirol) gefunden. Hübsche Kristalle gibt es im Binntal (Schweiz) und Zillertal (Tirol/Österreich), in den Auswürflingen des Vesuv und der Vulkane Latiums (Italien). Kleinere Vorkommen in Traversella (Turin/Italien), wo auch wunderschöne Kristalle gefunden werden, in der Nurra (Sardinien) und am Kap Calamita (Elba/Italien). Der bekannteste Fundort für Kalamit ist Magnet Cove (Arkansas/USA). Fundorte in Deutschland sind Berggießhübel (DDR) und Auerbach (Hessen).

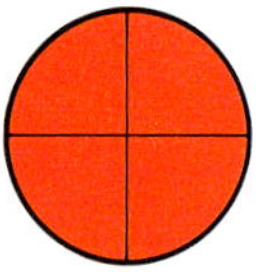

**Verwendung** Hochwertigstes und wichtigstes Eisen-Erz; aus den Beimengungen der Eisenschlacke gewinnt man außerdem in vielen Fällen Vanadium und Phosphor. Der schwedische Magnetit, der zusammen mit Eisensilikat vorkommt, ergibt einen ganz besonders widerstandsfähigen Stahl.

Magnetitoktaeder (ca. x 1,5). Binntal, Schweiz.

Rhombododekaedrischer Magnetit (ca. x 1,5). Traversella (Turin) Italien.

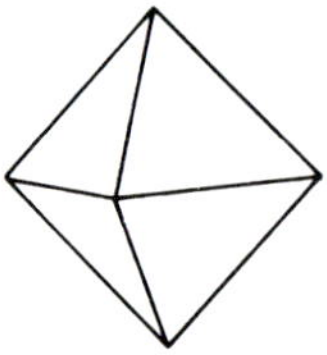

## 59 FRANKLINIT

IV – Oxide (Spinellgruppe)
$ZnFe_2O_4$

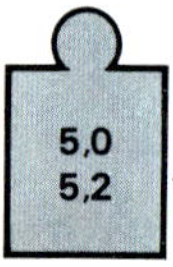


**System** Kubisch
**Aussehen** Kristalle oktaedrisch oder rhombododekaedrisch; massige, schwarze, metallisch aussehende Aggregate, rötlich getönt.
**Eigenschaften** Härte 6–6 1/2, sehr schwer, zerbrechlich, aber nicht spaltbar und mit muscheligem Bruch; undurchsichtig mit Metallglanz; Pulver rötlichbraun. Leicht magnetisch; der Magnetismus nimmt bei Erwärmung durch die reduzierende Flamme stark zu. Nicht schmelzbar; in Salzsäure löslich.
**Entstehung und Vorkommen** In kontaktmetasomatischer Umgebung in kristallinem Dolomit zusammen mit gelbem Zinkit, grünem Willemit, Magnetit, Rhodonit und Granat.
**Fundorte** Kommt vor allem in Franklin Furnace (New Jersey/USA) vor; dort wurden neben dichten Massen auch oktaedrische Kristalle bis zu 30 cm Größe gefunden.
**Verwendung** Wurde früher zur Gewinnung von Zink und des beigemischten Mangans gebraucht.

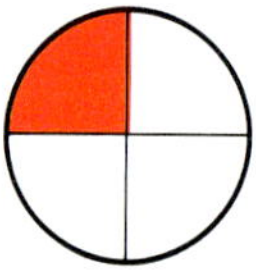

---

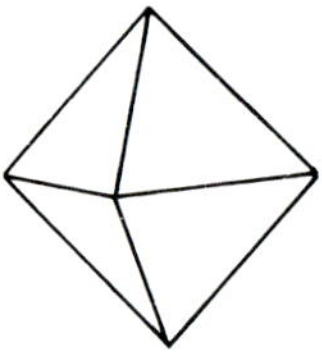

## 60 CHROMIT Chromeisenerz

IV – Oxide (Spinellgruppe)
$FeCr_2O_4$

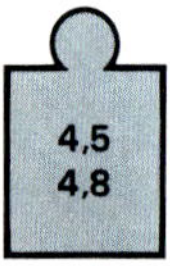


**System** Kubisch
**Aussehen** Kristalle selten, oktaedrisch, schwarz und klein; meist in körnigen, dichten Massen oder in einzelnen Körnern.
**Eigenschaften** Härte 5 1/2, schwer, ohne Spaltbarkeit, mit fast ebenem Bruch; undurchsichtig, halbmetallischer Glanz; Pulver kastanienbraun, dunkel. Schwach magnetisch; nicht schmelzbar, in Säure unlöslich. Tritt meist als Mischung von Chromit und Magnochromit $MgCr_2O_4$ auf.
**Entstehung und Vorkommen** Nur im femischen und ultrafemischen Gestein als Ausscheidung in den ersten Phasen der orthomagmatischen Kristallisation. Im metamorphen Gestein stabil (Serpentin); in Seifen konzentriert.
**Fundorte** Große Vorkommen in der Türkei, Südafrika, Rhodesien, UdSSR (Ural), auf den Philippinen, in Albanien und auf Kuba, in Namibia (schöne Kristalle), in Schlesien und in der Steiermark. Kleine Vorkommen in Italien in den Alpen (Val Malenco, Val Vigezzo) und in Ziona (Ligurien).
**Verwendung** Wichtigstes Chrom-Erz zur Stahlvergütung (nichtoxydierender Stahl), zur Verchromung, in der Gerberei, Textil- und Lackindustrie.

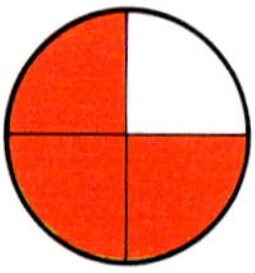

Franklinit (ca. x 1). Sparta, USA.

Chromit in Peridotit (ca. x 1). Makri, Türkei.

## 61 HAUSMANNIT

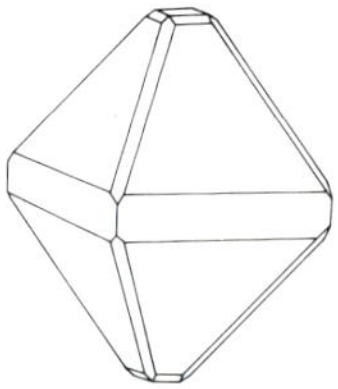

IV – Oxide
$Mn_3O_4$

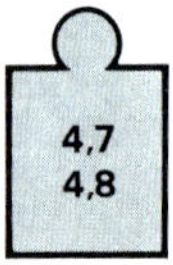


**System** Tetragonal
**Aussehen** Bipyramidale, pseudooktaedrische Kristalle; häufig in Form von sternförmigen Viellingen; dichte oder körnige, schwärzliche Aggregate.
**Eigenschaften** Härte $5^1/_2$, spröde und leicht spaltbar; in Form von feinen Schuppen durchsichtig, mit fettigem Metallglanz. Nicht magnetisch; nicht schmelzbar, in konzentrierter Salzsäure löslich.
**Entstehung und Vorkommen** Durch Kontaktmetasomatose (Skarn) oder metamorph in Reduktionszonen von Manganhydroxyden sedimentärer Entstehung.
**Fundorte** Bedeutende Mengen in Sapalsk (UdSSR) zusammen mit metamorphisiertem Kalk; große Vorkommen auch in Långban (Schweden), Ilfeld (Deutschland), im Val D'Avers (Graubünden/Schweiz) und in Bulgarien.
**Verwendung** Ausgezeichnetes Mangan-Erz, aber nicht sehr häufig.

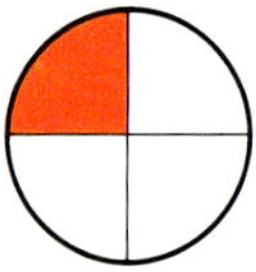

---

## 62 CHRYSOBERYLL

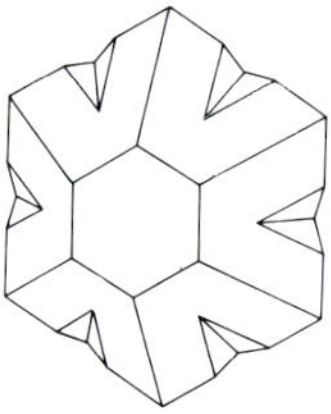

IV – Oxide
$BeAl_2O_4$

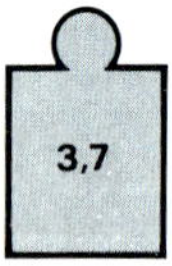


**System** Rhombisch
**Aussehen** Prismatische, tafelige Kristalle, auch pseudohexagonale Drillinge mit fein gestreiften Flächen, farblos, grün, gelb, grau, braun. Die Varietät *Alexandrit* ist bei künstlichem Licht rot, bei Tageslicht dunkelgrün. Reizvolles Schimmern zeigt die Varietät *Cymophan (Katzenauge)*.
**Eigenschaften** Härte $8^1/_2$, schwer, spröde, relativ gut spaltbar; durchsichtig bis durchscheinend, Glas- bis Wachsglanz. Unlöslich, unschmelzbar. Das Schillern entsteht durch Lichtreflexion an winzigen, nadelförmigen oder faserigen, sehr eng beieinander liegenden Einschlüssen.
**Entstehung und Vorkommen** In Pegmatiten, Apliten oder Glimmerschiefern mit Granitintrusionen, ferner in klastischen, alluvialen oder marinen Ablagerungen.
**Fundorte** Alexandrit findet man in Takowaja (Ural/UdSSR) und in Sri Lanka. Dort und in Brasilien kommt Cymophan vor. Schöne gelbgrüne Kristalle (7–8 cm groß) gibt es in Espirito Santo (Brasilien). In vielen Pegmatiten tritt Chrysoberyll auf: Haddam, Orange Summit (USA), Norwegen, Italien (Olgiasca; Comersee).
**Verwendung** Farblose Varietäten, ferner Alexandrit und honiggelber Cymophan sind wertvolle Schmucksteine.

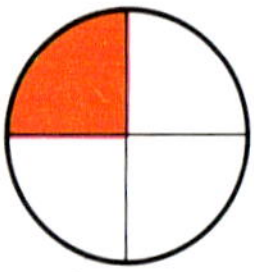

Hausmannit (ca. x 1,5). Ilfeld.

Dreifach verzwillingter Chrysoberyll ▷
(ca. x 1). Ural, UdSSR.

Chrysoberyll (ca. x 1), Brasilien.

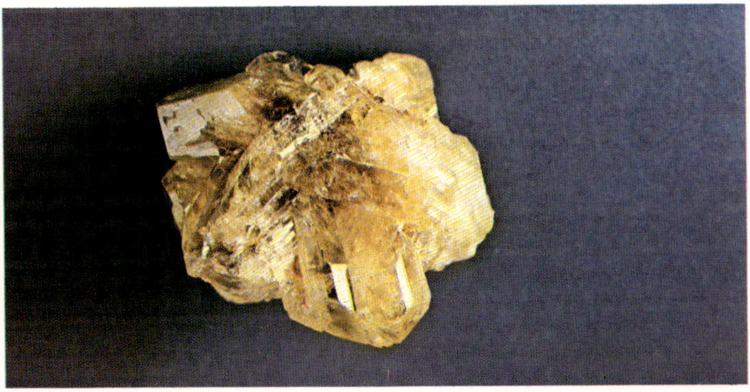

## 63 VALENTINIT Antimonblüte

IV – Oxide
$Sb_2O_3$

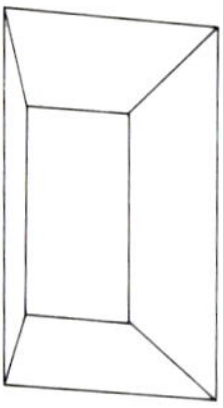

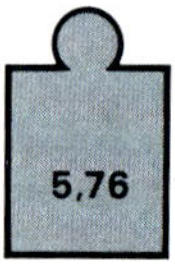


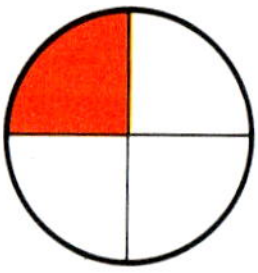

**System** Rhombisch
**Aussehen** Nadelige, in Büscheln angeordnete, farblose, graue oder gelbliche Kristalle; meist stengelige oder staubförmige Aggregate; selten in Massen.
**Eigenschaften** Härte 2–3, sehr schwer, zerbrechlich und vollkommen spaltbar in Prismen; fast undurchsichtig bis durchscheinend mit Diamantglanz; Pulver weiß. Leicht in Säure löslich, verflüchtigt sich, ohne dabei zu schmelzen. Die Modifikation *Senarmontit* hat dieselbe Formel.
**Entstehung und Vorkommen** Verwitterungsprodukt an der Oberfläche antimonhaltiger Erze, vor allem von Antimonit; daher im ›Eisernen Hut‹ von Lagerstätten mit verschiedenen Sulfiden zu finden.
**Fundorte** Hübsche Kristalle gibt es in Bräunsdorf im Harz (Deutschland), Přibram (CSSR) und in Allemont (Frankreich). Relativ bedeutend sind auch die Vorkommen in Su Suergiu in der Landschaft Gerrei (Sardinien), in Algerien und Bolivien. Bedeutende Funde sind in Cetine di Cotormano bei Siena gemacht worden.
**Verwendung** Wichtig zur Gewinnung von Antimon.

---

## 64 ARSENOLITH Arsenblüte

IV – Oxide
$As_2O_3$

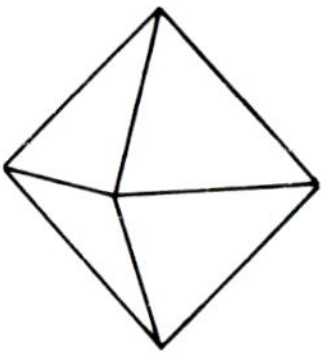

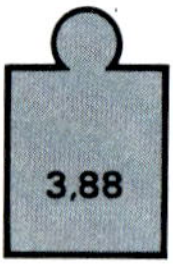


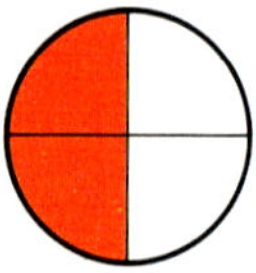

**System** Kubisch
**Aussehen** Nur in Form von kristallinen Oktaedern; in der Regel als Ausblühungen und pulverförmige Krusten weißlicher Färbung.
**Eigenschaften** Härte 1 1/2–2 1/2, sehr schwer, vollkommen spaltbar, durchscheinend bis fast undurchsichtig mit Glasglanz; Pulver weiß. In Säure und in warmem Wasser löslich; sehr giftig; schmilzt nicht, sublimiert aber beim Erhitzen. *Claudetit* ist eine monokline Modifikation von Arsenolith.
**Entstehung und Vorkommen** Arsenolith ist ein Umwandlungsprodukt an der Oberfläche von Schwefel-Lagerstätten, die Tetraedrit und Arsenopyrit enthalten. Auch in Kohlenlagerstätten in Form von Ausblühungen.
**Fundorte** St. Andreasberg im Harz, Joachimsthal (Böhmen/CSSR); außerdem viele Lagerstätten im Erzgebirge (DDR) und in Wittichen (Baden-Württemberg); in Italien in Sondalo (Sondrio) zusammen mit gediegenem Arsen und in Brosso (Ivrea). Claudetit wird besonders in Frankreich und in Spanien gefunden.
**Verwendung** Interessant für Mineralogen und Sammler.

Valentinit auf Antimonit (ca. x 1,5). Rosia (Siena), Italien.

Arsenolith mit Arsen (ca. x 1). Sondalo (Sondrio), Italien.

# 65 KORUND

IV – Oxide
$Al_2O_3$

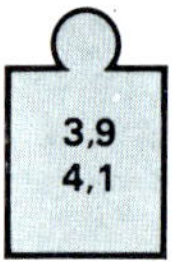


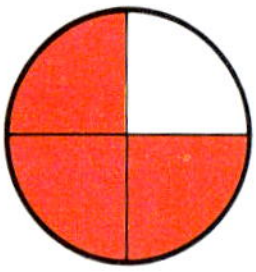

**System** Trigonal
**Aussehen** Kristalle prismatisch, pseudohexagonal mit sich verjüngenden und stumpfen Enden, oft gerundeten Ecken (tönnchenförmig); Farbe unterschiedlich, manchmal gefleckt. Meist grau oder braun, fast undurchsichtig und kleinkörnig *(Schmirgel)*, gelegentlich aber auch durchsichtig und rot (Varietät *Rubin*), blau (Varietät *Saphir*), gelb (Varietät *Orientalischer Topas*), grün (Varietät *Orientalischer Smaragd*), violett (Varietät *Orientalischer Amethyst*). Korund kann aber auch ganz farblos sein.
**Eigenschaften** Härte 9, schwer, ohne Spaltbarkeit mit deutlichem splittrigen Bruch parallel zur Basis; durchsichtig, durchscheinend oder fast undurchsichtig mit Diamantglanz. Nicht schmelzbar und unlöslich. Einige Varietäten fluoreszieren im ultravioletten Licht gelb; andere besitzen Asterismus als Folge von feinen, nadeligen Einschlüssen von Rutil (Sternsaphir und Sternrubin). Die grauen Varietäten sind z. T. durch hydrothermale Lösungen entstanden.
**Entstehung und Vorkommen** Als Begleitmineral in Eruptivgesteinen mit geringem Siliziumgehalt (Syenit und nephelinsyenitische Pegmatite) und in stark metamorphen Gesteinen, die arm an Silicium und sehr reich an Aluminium sind (Marmor, manche Glimmerschiefer, Granulit). Wird auch in Eklogit und in Rodingit gefunden. Kommt häufig in alluvialen und marinen Sanden vor.
**Fundorte** Riesige graue Kristalle bis zu 170 kg hat man in den Glimmerschiefern auf Madagaskar und in den Pegmatiten Südafrikas gefunden. Die größten Rubine von bis zu 6 cm Länge stammen aus dem Marmor von Mogok (Burma), von der Halbinsel Malakka und aus Sri Lanka, oder aus den Ablagerungen in Burma, Thailand, Kashmir (Indien), Australien, Afghanistan und USA (Helena und Yogo Gulch). Große Schmirgelablagerungen gibt es auf Naxos und Samos (Griechenland), bei Izmir (Türkei), in Australien, in Chester und Peekshill (USA). In geringen Mengen bei Schwarzenberg (Sachsen, DDR) und am Ölberg (Siebengebirge). Große graue Korund-Kristalle im Val Sabbiola (Vercelli) und im Val Sesia oder bei Biella (Piemont) in Italien.
**Verwendung** Schmirgel und die weniger schönen Varietäten werden als Schleifmittel benutzt; farbige und reine Varietäten werden als wertvolle Edelsteine betrachtet. Korund wird mit dem Verneuilverfahren auch synthetisch hergestellt. Synthetischer Korund wird in der Feinmechanik für Uhren (›Rubine‹) verwendet.

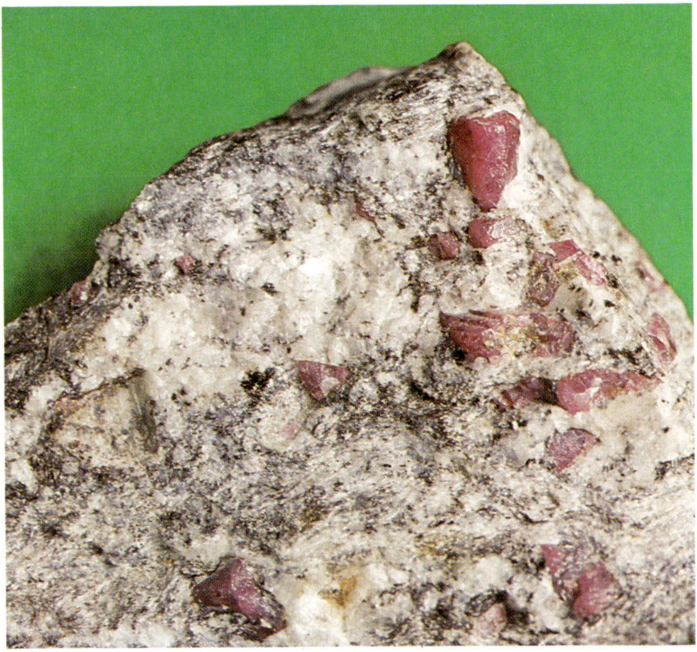
Korund (ca. x 1,5). Indien.

Undurchsichtiger Korund (ca. x 1). Indien.

Rubin in Marmor (ca. x 1). Indien.

# 66 HÄMATIT Eisenglanz, Roteisenstein, Blutstein

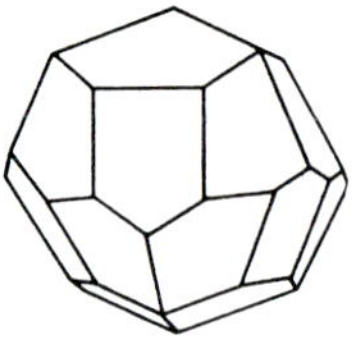

IV – Oxide
$Fe_2O_3$

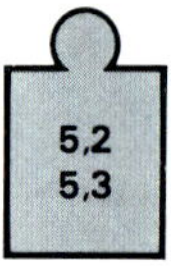


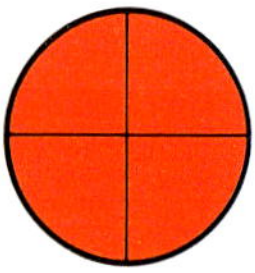

**System** Trigonal
**Aussehen** Kristalle rhomboedrisch gedrungen, schwarz, abgeplattet, gelegentlich blättrig und wie die Blätter einer Rose angeordnet (›Eisenrose‹). Kommt häufiger in dichten, körnigen Massen vor, mit manchmal irisierender Oberfläche, auch erdig aussehend und weich (Rötel, Roter Ocker) und häufig mit oolithischem, traubigem Aussehen oder in Form von Krusten. Tritt auch fein verstreut in Mineralien und Gesteinen auf, die dadurch lebhaft rot gefärbt werden.
**Eigenschaften** Härte 6 1/2, sehr schwer, spröde und ohne Spaltbarkeit; undurchsichtig mit Metallglanz; feine Schuppen schillern blutrot; Pulver dunkel kirschrot, wodurch man Hämatit von Magnetit und Ilmenit unterscheiden kann. Ist schwer in konzentrierter und erwärmter Salzsäure löslich; nicht schmelzbar; wird in reduzierender Umgebung bei Erwärmung magnetisch.
**Entstehung und Vorkommen** Hämatit ist als Begleitmineral in eruptivem Gestein häufig; vor allem kommt er in Laven vor, da zu seiner Bildung Oxidation nötig ist. Selten tritt er in Plutonen auf, dagegen häufig in Pegmatiten und auf hydrothermalen Gängen. Er kann sich auch in sedimentärer Umgebung bilden, so z. B. durch Diagenese von Limonit, wobei die krustenartige und oolithische Form erhalten bleibt. Im schwach metamorphen Gestein findet häufig eine Pseudomorphose von Magnetit nach Hämatit statt (Varietät *Martit*). Hämatit findet man daneben als Sublimationsprodukt von vulkanischen Dämpfen.
**Fundorte** Die größten Vorkommen sind sedimentäre Bildungen, die an silikatreiche Gesteine gebunden sind, die einer Diagenese oder schwachen Metamorphose (Taconit) unterworfen waren. Die größten Mengen findet man am Oberen See (USA), bei Quebec (Kanada), in Venezuela, Brasilien und Angola. Oolithische Ablagerungen gibt es in Tennessee (USA), in der Ukraine (UdSSR) und in Kanada. Schöne, abgeplattete Kristalle stammen von Rio Marina (Elba/Italien), Bahia (Brasilien) und aus Cumberland (Großbritannien). Eisenrosen findet man am St. Gotthard (Schweiz) und in Minas Gerais (Brasilien), wo Eisenrosen mit einem Durchmesser von 15 cm vorkommen; außerdem findet man sie im Binntal (Schweiz). Schöne Martite kommen aus Twin Peaks (Utah/USA), vom Oberen See (USA) und aus Neuschottland (Kanada). Fundorte in Deutschland gibt es im Lahn-Dill-Gebiet und in der Eifel.
**Verwendung** Hämatit ist das am weitesten verbreitete, allerdings nicht das wertvollste Eisen-Erz; Rötel wird als Malerfarbe und als Schleifmittel verwendet.

Schillernder Hämatit (ca. x 1). Elba, Italien.

Abgeplatteter Hämatit (ca. x 0,5). ▷
Elba, Italien.

Hämatit – ›Eisenrose‹ – ca. x 1).
St. Gotthard, Schweiz.

## 67 ILMENIT Titaneisen

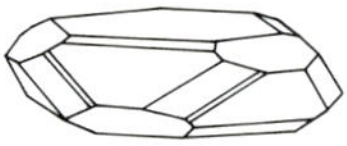

IV – Oxide
$FeTiO_3$

**System** Trigonal
**Aussehen** Kristalle rhomboedrisch, sehr plattig, tafelig, schwarz oder dunkelbraun; auch in dichten oder körnigen Massen.
**Eigenschaften** Härte 5–6, schwer, nicht spaltbar; mit leichtem, pseudorhomboedrischem Bruch; auch in Schüppchen undurchsichtig; halbmetallischer Glanz; Pulver schwarz bis braunrot. Als solches in konzentrierter Salzsäure löslich, unschmelzbar, wird beim Erwärmen magnetisch. Physikalische Eigenschaften abhängig vom Gehalt an Magnesium, das feste Lösungen in Mineralien wie Geikielith ($MgTiO_3$) eingeht.

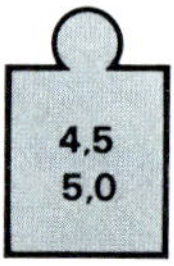


**Entstehung und Vorkommen** Häufiges Begleitmineral im plutonischen Gestein; in Pegmatiten und nephelinhaltigem Syenit; dicke Krusten vor allem in marinen Sanden, ferner in metamorphen Gesteinen wie Gneis und Chloritschiefer.
**Fundorte** In Kragerö (Norwegen) im Diorit Kristalle von bis zu 13 cm Durchmesser und 6–7 kg Gewicht; klare Kristalle im Val Dévero (Novara/Italien) und am St. Gotthard (Schweiz). Massige Vorkommen in Norwegen, Indien, Brasilien, Kanada, Florida (USA) und im Ilmengebirge (UdSSR).

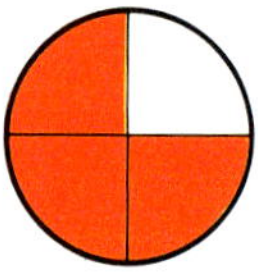

**Verwendung** Sehr wichtiges Titan-Erz, zu leichten und widerstandsfähigen Legierungen verwendet.

---

## 68 PEROWSKIT

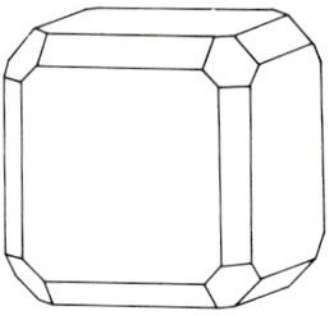

IV – Oxide
$CaTiO_3$

**System** Rhombisch
**Aussehen** Pseudokubische Kristalle mit parallel zu den Ekken gestreiften Würfelflächen, rötlich braun, gelb oder schwarzgrau; nierenförmige und massige Aggregate.
**Eigenschaften** Härte 5½, schwer, nicht spaltbar, bricht aber leicht parallel zu den Würfelflächen; durchscheinend mit Diamant- oder Halbmetallglanz; Pulver hellgelb. Unschmelzbar und nur in warmer Schwefelsäure löslich. Einige Varietäten enthalten weitere Metalle und Seltene Erden *(Loparit, Knopit)*.

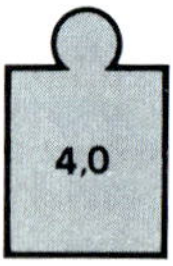


**Entstehung und Vorkommen** Begleitmineral in Eruptivgesteinen (Melilith-, Nephelin-, Nephelinsyenit- und Karbonatitbasalte), in ultrabasischen und auch metamorphisiertem Gestein sowie in Marmor.
**Fundorte** Schöne Kristalle wurden im Karbonatit von Alnö (Schweden) und in Oka (Kanada), im Skarn von Magnet Cove (Arkansas/USA) und im Ural (UdSSR) gefunden. In Italien kommt Perowskit im Serpentin des Val Malenco (Sondrio), in Emarese (Aostatal) und in den vulkanischen Auswürflingen am Monte Somma (Vesuv) vor.

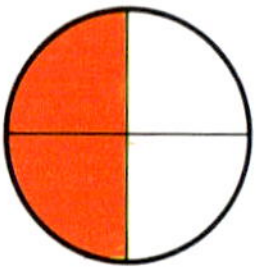

**Verwendung** Nur die Varietäten mit hohem Gehalt an Niob, Cer oder Seltenen Erden werden wirtschaftlich genutzt.

Ilmenit (ca. x 1,5). Froland, Norwegen.

Perowskit in Serpentin (ca. x 2). Val Malenco (Sondrio), Italien.
Im Ausschnitt: Perowskit (ca. x 1). Ural, UdSSR.

## 69 BINDHEIMIT

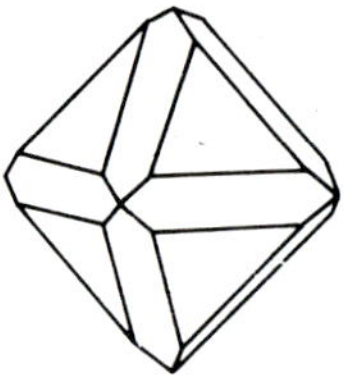

IV – Oxide
$Pb_2Sb\,(O,OH,F,H_2O)_7$

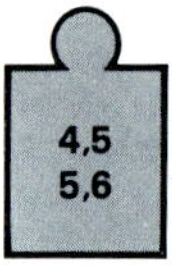


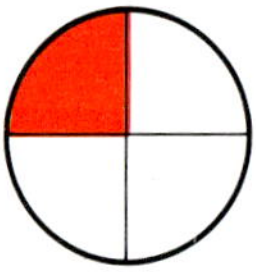

**System** Kubisch
**Aussehen** Kristalle sehr selten; meist in erdigen Aggregaten oder ockergelben Krusten, die andere bleihaltige Mineralien verdrängen.
**Eigenschaften** Weich, schwer, ohne Spaltbarkeit mit erdigem Bruch; durchscheinend mit Harzglanz; die ockergelben Massen aus winzigen Kristallen sind jedoch meist undurchsichtig. Bei Erwärmung verfärbt sich das Mineral und verliert Wasser, schmilzt aber nicht; löst sich in Salpeter- und Salzsäure auf, wobei sich Rückstände bilden.
**Entstehung und Vorkommen** In der Umwandlungszone von Blei-Antimon-Lagerstätten als sekundäres Mineral.
**Fundorte** Sehr schöne Pseudomorphosen nach Bournonit wurden in Waitochac (Australien) gefunden. Kommt in vielen Lagerstätten in Nevada, Kalifornien und Idaho (USA), sowie in Mexiko, Bolivien und Algerien vor. In Italien findet man Bindheimit in der Nurra (Sardinien) und bei Dosseno (Bergamo).
**Verwendung** Von wissenschaftlichem Interesse und Sammlerstein.

## 70 BETAFIT

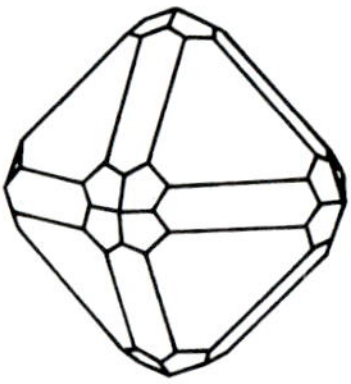

IV – Oxide
$(U,Ca,Na)_2(Ti,Nb,Ta)_2O_6(OH)$

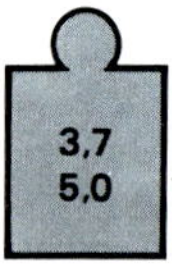


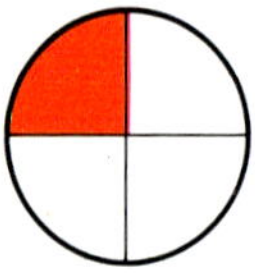

**System** Kubisch
**Aussehen** Kristalle oktaedrisch oder rhombododekaedrisch, manchmal auch verzerrt länglich, pechschwarz mit meist braungrünem oder gelbem Belag.
**Eigenschaften** Härte 3–$5^{1}/_{2}$, schwer, nicht spaltbar, aber mit muscheligem Bruch; durchsichtig mit Glasglanz; undurchsichtig mit Halbmetall- bis Wachsglanz in metamiktem Zustand, der häufig auftritt. Leicht in Säure löslich, aber schwer zum Schmelzen zu bringen. Radioaktiv.
**Entstehung und Vorkommen** Häufiges Begleitmineral in vielen Granitpegmatiten, die Seltene Erden enthalten; auch in metamorphem Kalk im Kontakt mit Pegmatiten.
**Fundorte** Klassische Fundorte sind die Pegmatite von Madagaskar (Betafo, Samiresy, Sama usw.); dort Kristallgruppen von mehreren Kilogramm Gewicht. Frische Kristalle wurden in Norwegen und Sibirien (Pegmatit von Sludianka in der Nähe des BaikalseesUdSSR) gefunden, gelegentlich auch im Pegmatit von Val d'Ossola (Italien).
**Verwendung** Das Mineral ist zur Gewinnung der Beimengungen (Thorium, Uran, Seltenen Erden und Niob) wichtig.

Bindheimit (ca. x 1,5). Serrata, Spanien.

Betafit (ca. x 2). Madagaskar.

# 71 QUARZ

IV – Oxide

$SiO_2$

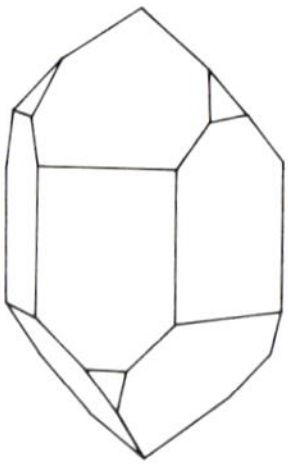

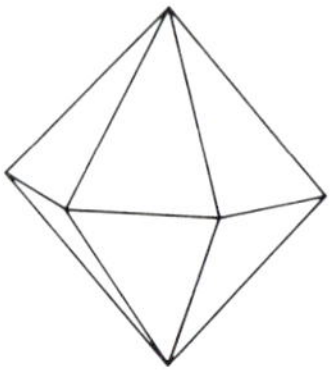

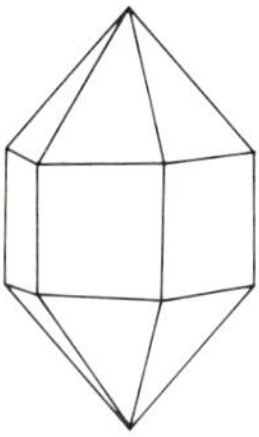

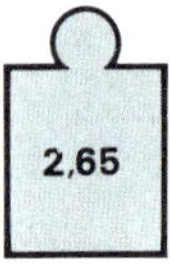


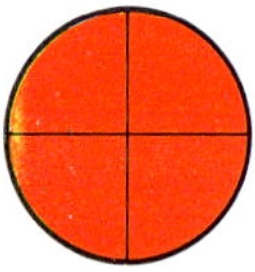

**System** Trigonal

**Aussehen** Oft gut ausgebildete riesige Kristalle (bis zu 130 kg), aber auch dichte Massen mit winzigen Kristallen (Quarzit), außerdem Krusten und feinfaserige Aggregate (Achat, Jaspis, Karneol etc.). Meist weiß, reine Varietäten sind farblos (Bergkristall); durch Fremdeinschlüsse kommen die verschiedensten Farben vor. Quarzkristalle meist prismatisch hexagonal und mit rhomboedrischen Enden, die einer hexagonalen Doppelpyramide gleichen; die prismatischen Flächen können waagrecht gestreift sein und die Kanten unterschiedliche Korrosion aufweisen; der Szepterquarz ist sehr selten. Gut ausgebildete Flächen des Trapezoeders lassen Rechts- und Linksquarz voneinander unterscheiden. Im Rechtsquarz liegen die dazwischengeschalteten Trapezoeder rechts, im Linksquarz links. Daneben gibt es typische Zwillingsbildungen: nach dem Dauphinéer Gesetz kommt es zur Durchdringung zweier Rechts- oder Linkskristalle; nach dem Brasilianergesetz erfolgt die Zwillingsbildung aufgrund der Durchdringung eines Rechts- und eines Linkskristalls; beim Japanergesetz verwachsen zwei abgeplattete Einzelkristalle miteinander und bilden einen herzförmigen Zwilling. Viele Kristalle enthalten auch gasförmige oder flüssige Einschlüsse, oder andere Mineralien.

**Eigenschaften** Der gemeine Quarz wird als $\alpha$–Quarz bezeichnet; er ist bis zu 573 °C stabil (Tiefquarz); $\beta$-Quarz (Hochquarz) ist hexagonal und über 573 °C stabil, er kommt paramorph nur in vulkanischem Gestein vor. $\alpha$-Quarz ist sehr hart (Härte 7), leicht, ohne Spaltbarkeit, mit muscheligem Bruch und längs der rhomboedrischen Flächen teilbar; durchsichtig bis durchscheinend, Glasglanz. Besitzt starke Piezoelektrizität (außer bei Brasilianerzwillingen, da die Ladungen der beiden Zwillinge sich hier gegenseitig aufheben) und Pyroelektrizität. Zeigt starke Drehpolarisation, die bei Links- und Rechtsquarz entgegengesetzt ist. Unschmelzbar und nur in Flußsäure löslich; wird von starken Basen angegriffen. Außerdem gibt es weitere polymorphe Formen von Quarz, so z. B. *Cristobalit* $\alpha$ und $\beta$ (entsprechend tetragonal und kubisch), *Tridymit* (hexagonal) und die sehr seltene kubische Form *Melanophlogit*. Das durch Schmelzprozesse in Tektiten oder in Meteorkratern entstandene Quarzglas nennt man *Lechatelierit*.

**Entstehung und Vorkommen** Quarz ist eines der häufigsten Minerale auf unserer Erde. 12% ihres Volumens bestehen aus Quarz. Die Kristallisation erfolgt vom pegmatitisch-pneumatolytischen bis zum hydrothermalen Stadium niederer Temperatur direkt aus dem Magma; Quarz kommt in Plutonen (Granit, Granodiorit, Tonalit), in jüngeren Ergußgesteinen wie Quarzporphyr und in granithaltigem Porphyr, Pegmatiten und im vulkanischen Gestein (Rhyolith usw.) vor. In sedimentärer Umgebung (alluviale, marine und Wüstensande) in Ablagerungen und als Zementationsmittel z. B. in Sandstein stabil; Kristalle bilden sich auch aus heißen (Geyserit) und kalten (Hyalit) Lösungen. Diagenetisch entsteht Quarz aus bestimmten Organismen (Tripel, Diatomit und

Bergkristall (ca. x 1). Dauphinée, Frankreich.

Amethyst (ca. x 1). Brasilien.

***Rosenquarz*** Die rosa Färbung kommt wahrscheinlich von Spuren von Mangan oder Titan. Ist in Pegmatiten häufig anzutreffen, schöne Kristalle sind sehr selten. Er verfärbt sich bei Erwärmung und wird unter Einwirkung von Röntgenstrahlen schwarz. Fundorte sind Pala (Kalifornien/USA), Newry (Maine/USA) und der Staat Minas Gerais (Brasilien), Rabenstein (Bayer. Wald).

Wie erwähnt, kann Quarz Einschlüsse von anderen Mineralien aufweisen, die ihn besonders schön und begehrenswert machen, z. B. bei den folgenden Varietäten.
***Tigerauge*** Es enthält Fasern von Krokydolith, Limonit bewirkt goldgelbe Farbe; kommt in Südafrika vor. Weniger häufig ist die bläuliche Varietät, die *Falkenauge* heißt.
***Rutilquarz*** (mit ›Venushaaren‹) In dieser Abart sind gelbe und rote Rutilnädelchen enthalten. Sie kommt aus Madagaskar, Minas Gerais (Brasilien) und der Schweiz.
***Avanturin*** (Aventurin, Avanturinquarz) Einschlüsse von Glimmer oder Goethit verleihen ihm eine grüne oder gelbbraune, schillernde Farbe (Aventurisieren). Die schönsten Stücke stammen aus Indien, Brasilien, China, Madagaskar und Sibirien (UdSSR).
***Quarz-Katzenauge*** Es enthält Asbestfasern und kommt aus Sri Lanka; (Farbe gelbgrün mit gelben Reflexen).
Von den übrigen polymorphen Quarzformen seien Coesit und Stishovit erwähnt, die in geringen Mengen im Meteorkrater von Arizona (USA) und im Ries (Bayern) vorkommen. Cristobalit gibt es in San Cristobal (Mexiko) und im Rheinland, außerdem in Japan und im Yellowstone Parc (USA).
**Verwendung** Wegen seiner piezoelektrischen Eigenschaften wird Quarz zur Herstellung von Manometern, speziellen Impulsgeneratoren, Resonatoren und Stabilisatoren für Schwingungen und wegen der Drehpolarisation zur Herstellung von Polarimetern verwendet; Quarz läßt ultraviolette Strahlen durch und wird in medizinischen Lampen, spektrographischen Prismen und Linsen gebraucht. Wichtig ist Quarz auch für die Glas- und Emailleindustrie, als Schleifmittel, in der Keramik und Feinmechanik, dient auch besonders zur Herstellung von Siliciumkarbid (Karborund), einem ausgezeichneten Schleifmittel. Die hübsch aussehenden Varietäten gelten als Edel- oder Schmucksteine.

Chrysopras (ca. x 1). Brasilien.

Tigerauge (ca. x 1,5). Brasilien.

# 72 CHALCEDON

IV – Oxide

$SiO_2$

**System** Trigonal

Chalcedon ist eine dichte, kryptokristalline Quarzvarietät, in der normalerweise faserige Schichten mit kleinkörnigen Zonen abwechseln. Es gibt auch schalige oder traubige Massen mit mehr oder weniger konzentrischen Farbzonen.

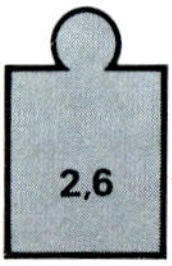


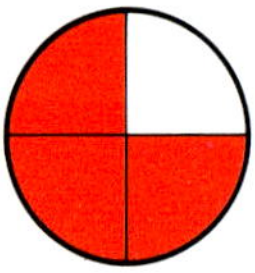

***Achat*** Eine Varietät mit konzentrischer Struktur, die sich durch Ablagerungen aus wässerigen Lösungen in rundlichen Hohlräumen von vulkanischem Gestein (Geoden) gebildet hat. Gelegentlich entdeckt man im Innern der Geoden schöne Bergkristalle oder Amethyste. Achat gibt es in Brasilien (Rio Grande do Sol), in Uruguay; früher fand man ihn auch in Idar-Oberstein (Deutschland), wo sich eine blühende Edelstein-Industrie entwickelte. Diese Steine werden dort geschliffen und bearbeitet. In Italien hat man Achat im Fassatal (Trient) gefunden.

***Onyx*** Schwarz-weiß gestreifter Achat.

***Hornstein*** Dieser Name wird allen undurchsichtigen und etwa gleich gefärbten Chalcedonen verliehen; die meisten Exemplare sind intensiv rot, grün und orange oder violett. Kommt auch gesteinsbildend vor.

***Feuerstein (Flint)*** Weißer oder roter Chalcedon, auch grau, braun und schwarz, im allgemeinen nicht glänzend. Im Kalkgestein kann er in nierenförmigen Gebilden vorkommen und wird dann als Kiesel bezeichnet. Schon in prähistorischer Zeit verwendete man Onyx zur Herstellung von Werkzeugen und Waffen und trieb damit Handel.

***Karneol*** Durch ganz feine Hämatit- und Limonitfasern ist er orangerot gefärbt. Er wurde zur Herstellung von Siegelsteinen verwendet. Vorkommen sind aus Brasilien, Uruguay, Indien und Kalifornien bekannt.

***Chrysopras*** Durchscheinend, gelblichgrün oder apfelgrün, denn er enthält Spuren von Nickel. Er kommt in Serpentingängen (als sogenannte ›Australische Jade‹) in Queensland (Australien), im Ural (UdSSR), in Kalifornien (USA) und in Brasilien vor.

***Heliotrop*** Grün mit roten Flecken, die wie Blutstropfen aussehen und auf das Vorhandensein von Eisenoxid zurückzuführen sind.

***Enhydros*** Enthält größere Wassereinschlüsse (griech. hydros = Wasser); kommt in Uruguay vor.

**Verwendung** Chalcedon wird fast nur als Schmuckstein verwendet; da er relativ häufig und leicht zu schleifen und zu bearbeiten ist, hat er keinen sehr großen Wert. Beinahe alle Chalcedonarten können künstlich gefärbt werden und daher Farbenspiele und Farbtöne aufweisen, die in der Natur nicht vorkommen.

Hornstein (ca. x 1). Sardinien, Italien.

chat (ca. x 0,5). Brasilien.

# 73 MELANOPHLOGIT

IV – Oxide
$SiO_2$

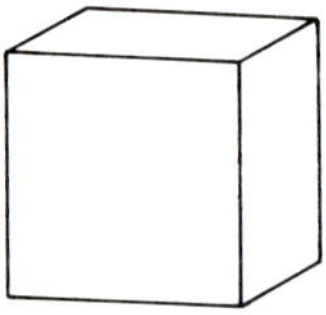

**System** Kubisch
**Aussehen** Kleine Kristalle pseudokubisch, durchsichtig, hellgelb oder rosig, verzwillingt oder in kugeligen Aggregaten, die auf anderen Mineralien Krusten bilden, häufig mit einer dünnen Schicht aus Opal oder Limonit bedeckt.
**Eigenschaften** Sehr hart, sehr leicht, schwer spaltbar, durchsichtig mit feuchtem Glanz, hat unterschiedliche Färbung und optische Unregelmäßigkeiten durch winzige Einschlüsse von Schwefel, Bitumen oder anderen organischen Stoffen; häufig in Quarz umgewandelt, nur in Flußsäure löslich; wird bei Erwärmung schwarz (Name!), unschmelzbar.
**Entstehung und Vorkommen** Bildet sich in Hohlräumen von Evaporiten (Eindampfungsgesteinen wie z. B. Gips und Schwefel führende Schichten). Auch in metamorphem Gestein und auf Bruchflächen von Serpentingesteinen.
**Fundorte** Hauptsächlich die Schwefelgruben auf Sizilien, besonders Racalmuto bei Agrigent und Lercara bei Palermo; auch in der Toskana im Serpentingestein und in Böhmen (CSSR) in Hohlräumen eines metamorphen, aus Pyrit und Rhodochrosit bestehenden Gesteins.
**Verwendung** Das Mineral ist nur für Wissenschaftler und Sammler von Interesse.

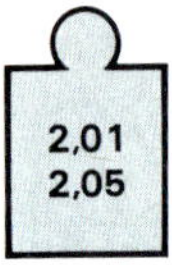


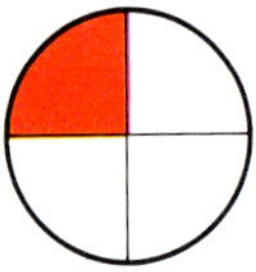

---

# 74 TRIDYMIT

IV – Oxide
$\beta$-$SiO_2$

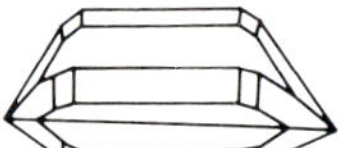

**System** Hexagonal
**Aussehen** Blättchen mit hexagonalem Umriß, weiß, einzelstehend oder strahlige Drillinge mit kugeligem Aussehen oder als Rosetten in Hohlräumen von vulkanischem Gestein.
**Eigenschaften** Härte 6 1/2–7, leicht, längs der Basis vollkommen spaltbar; durchsichtig oder durchscheinend mit Glas- bis Fettglanz. Unlöslich und unschmelzbar. Tridymit $\beta$ ist hexagonal und zwischen 870 und 1470 °C stabil; geht bei normaler Temperatur in Quarz über. Tridymit $\alpha$ wird bei niedriger Temperatur gebildet; er ist metastabil, rhombisch und wurde in der Natur noch nie gefunden.
**Entstehung und Vorkommen** Sublimationsprodukt in Hohlräumen von saurem vulkanischen Gestein; außerdem als kontaktmetamorphes Mineral in Sandstein, der in basaltischer Lava eingebettet war.
**Fundorte** Sehr schöne Kristalle von mehr als 1 cm Größe gibt es in den Colli Euganei (Zovon, San Pietro in Montagna, Italien: Pseudomorphosen von Quarz nach Tridymit). Außerdem Pachuca und S. Cristobal (Mexiko), Mt. Dore (Frankreich), Siebengebirge (Deutschland).
**Verwendung** Selten und daher interessant für die Wissenschaft und für Sammler.

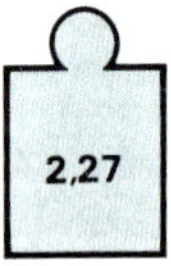


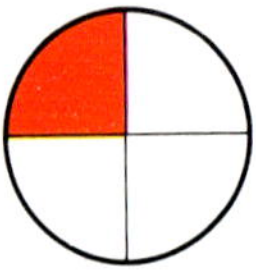

Melanophlogit mit Schwefel (ca. x 1,5). Racalmuto (Agrigent), Italien.

Tridymit in Trachyt (ca. x 2). Zovon (Padua), Italien.

# 75 OPAL

IV – Oxide

$SiO_2 \cdot n\,H_2O$

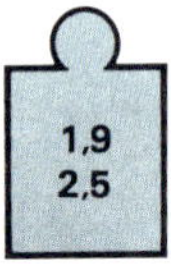


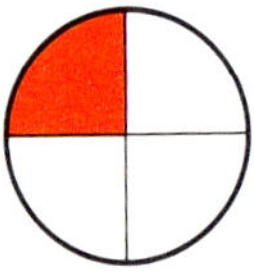

**System** Kolloid, amorph, fast amorph oder mikrokristallin.

**Aussehen** Bildet nie Kristalle, sondern kleine Adern, Kügelchen, Krusten oder Flecken von farblosen, milchigen, oft bläulichen oder schwarzen Ausfüllungen mit auffallender und ganz unterschiedlich ausgeprägter Irisierung. Dichte und erdige Massen, oft krustenbildend oder stalaktitisch (Diatomit und Geyserit).

**Eigenschaften** Härte $5\frac{1}{2}$–6, leicht oder sehr leicht, ohne Spaltbarkeit, aber sehr zerbrechlich, auch weil an der Luft Wassermoleküle abgegeben werden und das Mineral einen ganz feinen, muscheligen Bruch zeigt; durchsichtig oder durchscheinend mit Fettglanz; lumineszielt in ultraviolettem Licht gelb oder grün. Nicht löslich und nicht schmelzbar, ist aber sehr hitzeempfindlich; geht bei Hitzeeinwirkung in Quarz über. Folgende Varietäten sind bekannt: *Edelopal* mit unterschiedlicher Farbe und porzellanartigem Aussehen, jedoch mit einem besonderen Farbenspiel im Innern (Opalisieren), das durch die Lichtbrechung, die sich je nach Blickwinkel verändert und durch kleine Kügelchen, die das Mineral bilden, verursacht wird. *Feueropal* ist eine Varietät des Edelopals, leuchtend rot und gelegentlich auch mit Opalisieren. *Hydrophan (Wasseropal)* ist weiß und wird, in Wasser getaucht, durchsichtig und z. T. auch irisierend; *Hyalith* ist weiß, farblos und kommt vor allem in dendritischen und kugeligen Massen vor. *Holzopal* ist versteinertes Holz, wobei jede einzelne fossile Holzfaser durch Kieselsäure umgewandelt wurde.

**Entstehung und Vorkommen** Entsteht häufig als chemische Ausscheidung aus kaltem oder warmen Wasser; auch in Form von versteinerten Skeletten von Meeresorganismen; in letzterem Fall kann es zu größeren, mehr oder weniger zusammenhängenden Bildungen von Sedimentgesteinen kommen.

**Fundorte** Edelopal findet man fast in ganz Australien (Lightning Ridge, New South Wales); Feueropal gibt es in Mexiko (Queretaro); Edelopale in verschiedenen Farben werden in Siebenbürgen (Rumänien), Nevada, Idaho und Oregon (USA) und in Ungarn gefunden. Geyserit gibt es häufig in Island, am Rande der großen Geysire. Diatomit kommt in geschichteten Mengen in Kalifornien (USA), in der Türkei und in der Toskana (*Fiorit* aus Santa Fiora/Italien) vor. Holzopal fand man in den versteinerten Wäldern des Yellowstone Parks (USA), in Ägypten und auf Sardinien am Lago Omodeo (Italien).

**Verwendung** Edelopale und Feueropale werden zum Teil als sehr kostbare Steine betrachtet; Diatomit wird als feines Schleifmittel, zum Filtrieren, zum Isolieren und für spezielle Keramiken verwendet.

Holzopal (ca. x 1). Ägypten.

Fioritopal, Perlsinter (ca. x 1).
S. Fiora (Grosseto), Italien.

Edelopal (ca. x 1). Australien.

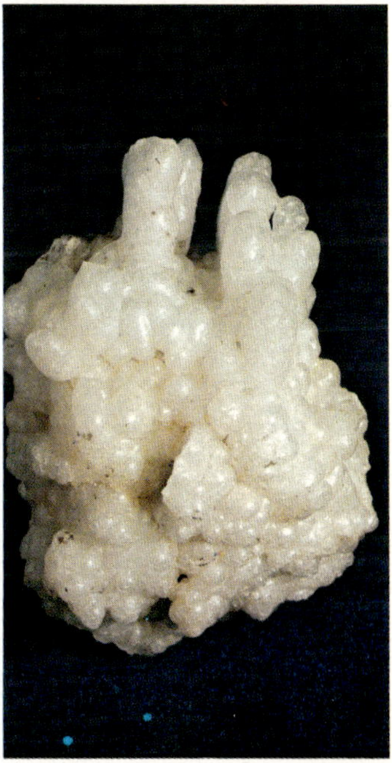

## 76 RUTIL

IV – Oxide
$TiO_2$

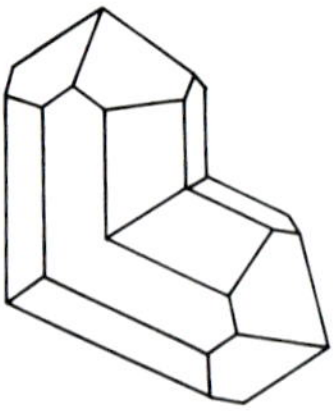

**System** Tetragonal
**Aussehen** Kristalle länglich, prismatisch, oft gestreift, manchmal ganz fein oder in Bündeln, die gelegentlich auch in andere Mineralien eingebettet sind (z. B. ›Venushaare‹ im Quarz); auch in einem Winkel von 60 ° gekreuzt *(Sagenit)*; gelb, rot, braun, schwarz; charakteristische knieförmige oder herzförmige Zwillingsbildungen.
**Eigenschaften** Härte 6–6 1/2, schwer, spröde, vollkommen spaltbar; meist undurchsichtig oder durchscheinend, Metallglanz, sehr selten durchsichtig mit Diamantglanz; Pulver kastanienbraun. Unschmelzbar und säureunempfindlich.
**Entstehung und Vorkommen** Häufig als Begleitmineral in intrusivem und metamorphen Gestein oder als Einschlüsse in Quarzgängen; in daraus entstandenen Sanden zusammen mit anderen schweren Mineralien.
**Fundorte** Sehr schöne Kristalle in alpinen Klüften (St. Gotthard, Val Tavetsch, Cavradi und Castione/Schweiz); Pfitschertal und Ahrntal (Südtirol/Italien) und in den Graves Mountains (Georgia/USA) eingebettet in Pyrophyllit. In Norwegen auch in Apatitgängen, in Hornblende in Virginia (USA), in Australien, Mexiko und Brasilien vorkommend.
**Verwendung** Wird zur Gewinnung von Titan gebraucht.

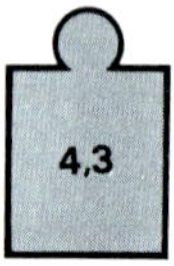


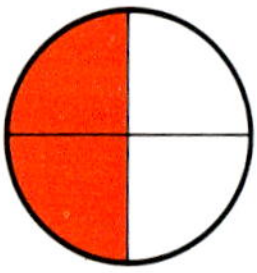

---

## 77 KASSITERIT Zinnstein, Zinnerz

IV – Oxide
$SnO_2$

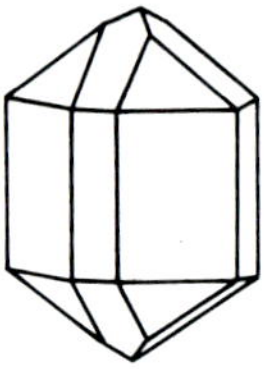

**System** Tetragonal
**Aussehen** Kristalle prismatisch, gedrungen, braun bis fast schwarz, oft verzwillingt (›Visiergraupen‹); in schwarzen, körnigen und in zonig angeordneten, faserigen Massen, die wie Holz aussehen oder auch in verstreuten Körnern.
**Eigenschaften** Härte 6–7, sehr schwer, spröde, unvollkommen spaltbar, muscheliger Bruch; durchsichtig bis durchscheinend, Diamantglanz; Pulver weiß. Unschmelzbar und säureunempfindlich.
**Entstehung und Vorkommen** In Pegmatiten und Greisen; die bedeutendsten Lagerstätten sind sedimentär in fluvialen und marinen Seifen.
**Fundorte** Hübsche Kristalle im Erzgebirge (DDR) und Cornwall (Großbritannien). In Malaysia, Sumatra, der UdSSR, in China und Bolivien wird Kassiterit industriell abgebaut. Daneben im Fichtelgebirge, am Monte Valerio bei Campiglia Marittima (Livorno/Italien), auf der Insel Elba und im Pegmatit von Piona am Comersee (Italien).
**Verwendung** Wichtigstes Zinnmineral, wird in vielen Legierungen (besonders Bronze und Messing), für Lötmaterialien, zur Herstellung von nicht oxidierenden Belägen und in der Keramik-Industrie verwendet.

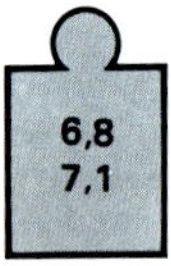


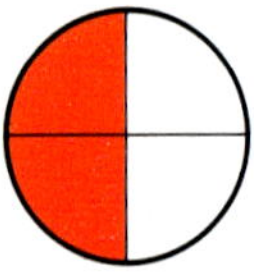

ˢagenit-Rutil (ca. x 1). Tessin, Schweiz.

ℝutil (ca. x 1). Georgia, USA. ▷

Jnten: Verzwillingter Kassiterit
- ›Visiergraupe‹ – (ca. x 1). Deutschland.
ˀechts: Kassiterit (ca. x 1). Zaire.

## 78 PYROLUSIT Weichmanganerz

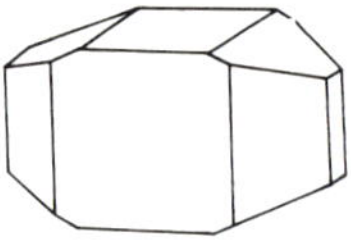

IV – Oxide
$MnO_2$

**System** Tetragonal
**Aussehen** Prismatische, schwarze Kristalle sehr selten (Polianit); meist faserige, dendritische, krustenbildende, erdige oder staubförmige Massen, zusammen mit anderen Manganoxiden, die nicht kristallbildend sind (Wad).
**Eigenschaften** Härte 2–6 1/2, schwer, spaltbar; undurchsichtig, Halbmetallglanz; Pulver bläulich-schwarz. Unschmelzbar, in Salzsäure unter Bildung von Chlor löslich. Erdige Varietäten sehr weich, fettig und zeigen einen schwarzen Strich; wird bei Erwärmung hart.
**Entstehung und Vorkommen** Entsteht sedimentär als chemische Ablagerung in Binnengewässern oder Sümpfen mi beschränkter Wasserzirkulation. Auch als Verwitterungsprodukt von Manganmineralien.
**Fundorte** Polianit wird in Platten (CSSR) und in Cornwal (Großbritannien) gefunden. Große Ablagerungen von *Wa* und dichtem Pyrolusit in der UdSSR (Tchiatoura Georgien und in Indien (Dekkan), Brasilien, Ghana und Südafrika Fundorte in Deutschland: Siegerland, Kremelsberg bei Tri berg und Thüringen; in Italien auf der Insel San Pietro (Sardinien).
**Verwendung** Wichtiges Mangan-Erz.

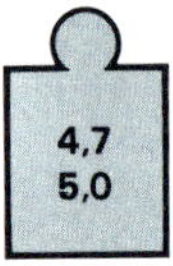


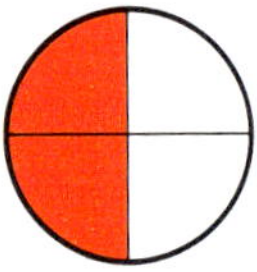

---

## 79 PSILOMELAN Hartmanganerz, Schwarzer Glaskopf

IV – Oxide
$(Ba,H_2O)Mn_5O_{10}$

**System** Rhombisch
**Aussehen** Traubige, stalaktitische und dendritische schwarze Aggregate; erdige Massen; nie Kristalle.
**Eigenschaften** Härte 4–7, schwer, kryptokristallin, fühl sich oft fettig an; undurchsichtig mit Halbmetallglanz; Pulve braun oder schwarz, unschmelzbar, in Salzsäure unter Abgabe von Chlor löslich. Amorph erscheinend und Alkali- un Erdalkali-Metalle (Calcium, Kalium, Barium) adsorbierend i nicht streng stöchiometrischer Art.
**Entstehung und Vorkommen** Bildet sich in der Oxidations zone von manganhaltigen Erzen.
**Fundorte** Kommt in den großen Lagerstätten von Tchiatoura in Georgien und Nikopol in der Ukraine (UdSSR) vor. Dendritischer Psilomelan ist in vielen Kalkgesteinen häufig, w er auf Schicht- oder Bruchebenen vorkommt (Foto).
**Verwendung** Wichtiges Mangan-Erz, soweit es in bedeutenden Mengen vorkommt.

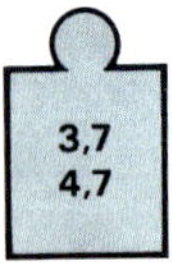


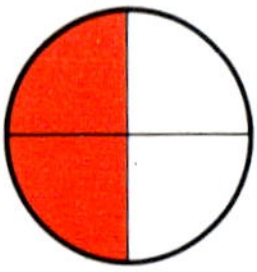

Pyrolusit (ca. x 1,5). Neuschottland, Kanada.

Dendritischer Psilomelan (ca. x 1). Solnhofen.

## 80 ANATAS

IV – Oxide

$TiO_2$

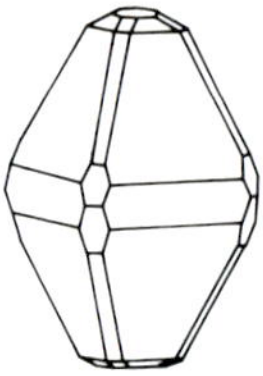

**System** Tetragonal

**Aussehen** Kristalle in Form von sehr spitzen Doppelpyramiden, seltener pseudooktaedrisch oder tafelig (Varietät *Oktaedrit*), metallisch schwarz, honiggelb oder saphirblau.

**Eigenschaften** Härte $5\frac{1}{2}$–6, schwer, vollkommen spaltbar; durchsichtig oder durchscheinend mit Diamant- bis Halbmetallglanz; Pulver hellgelb. Nicht schmelzbar und unlöslich.

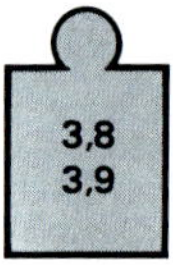


**Entstehung und Vorkommen** In alpinen Klüften niederer Temperatur zusammen mit Quarz, Titanit, Adular usw. Häufig auch in Flußseifen.

**Fundorte** Hübsche Kristalle auf Quarz findet man im Binntal und Val Tavetsch (Schweiz), im Val Devero und in Beura (Domodossola/Italien), in Sondalo im Veltlin (Italien); schöne Handstücke gibt es in der Dauphiné (Frankreich) und in Norwegen, kleine blaue Kristalle in Gunnison (Colorado/USA) und Sommerville (Massachusetts/USA); in Diamant- und Goldseifen in Brasilien, Südafrika und schließlich im Ural (UdSSR).

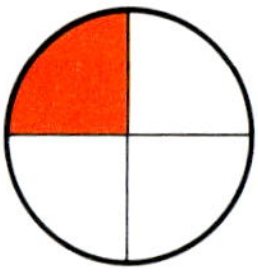

**Verwendung** Das Mineral wird selten zur Gewinnung von Titan verwendet.

---

## 81 BROOKIT

IV – Oxide

$TiO_2$

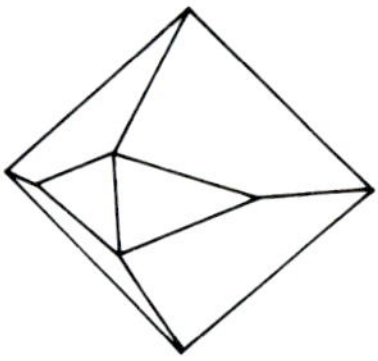

**System** Rhombisch

**Aussehen** Tafelige oder blättrige, manchmal quergestreifte, braune bis schwarze Kristalle.

**Eigenschaften** Härte $5\frac{1}{2}$–6, schwer, spröd und nur unvollkommen spaltbar; durchsichtig oder durchscheinend mit Diamant- oder Halbmetallglanz; Pulver hellgelb, hell- oder graubraun. Nicht schmelzbar und unlöslich.

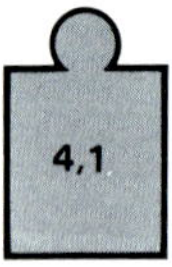


**Entstehung und Vorkommen** In alpinen Gängen und Klüften in Gneis und Granit; auch in Kontaktgesteinen; oft auch in Sedimentgesteinen als diagenetisches Mineral.

**Fundorte** Sehr schöne Kristalle findet man in Bourg d'Oisans (Dauphiné/Frankreich), in Graubünden und im Kanton Uri (Schweiz), in Tirol und im Untersulzbachtal (Österreich); in Italien kommt Brookit in Beura (Val d'Ossola) und auf der Piatta Grande bei Sondalo (Veltlin) vor. Im Skarn von Magnet Cove (Arkansas/USA) und im Virgental (Österreich) gibt es große Kristalle. Häufig in Flußseifen im Ural (UdSSR) und Brasilien.

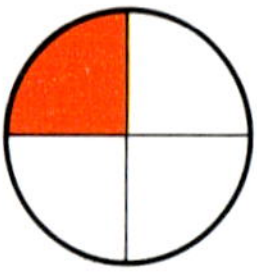

**Verwendung** Lagerstätten mit Brookit, bei denen sich ein Abbau lohnen würde (Titan-Erz!), sind selten.

Anatas mit Quarz (ca. x 1,5). Dauphinée, Frankreich.

Brookit (ca. x 2). Magnet Cove (Arkansas), USA.

# 82 WOLFRAMIT

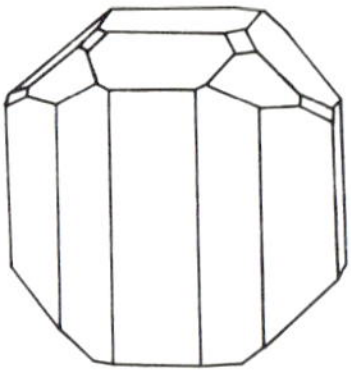

IV – Oxide
$(Fe, Mn)\,WO_4$

**System** Monoklin
**Aussehen** Tafelige Kristalle mit quergestreiften oder blättrigen Flächen, rotbraun oder schwärzlich-braun; körnige, schwarzbraune Massen.
**Eigenschaften** Zusammensetzung verschieden: *Ferberit* ($FeWO_4$) und *Hübnerit* ($MnWO_4$); Härte 5–5 1/2, sehr schwer, spröde und vollkommen spaltbar; durchscheinend, halbmetallischer bis harziger Glanz; Pulver schwarz bis rotbraun. Schwer schmelzbar, schmilzt zu einer magnetischen Kugel. In Säure unlöslich.

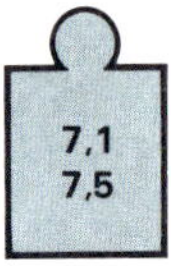


**Entstehung und Vorkommen** In Pegmatiten und auf hydrothermalen Gängen von mittlerer bis hoher Temperatur; in pneumatolytischen Umwandlungszonen (Greisen) und in Flußseifen.
**Fundorte** Große Lagerstätten in Südchina (Nan-ling), in Malaysia, Burma, Bolivien, Kanada, und Australien, in Europa in Cornwall (Großbritannien), im Erzgebirge und Vogtland (CSSR und DDR), in Portugal und Spanien; in den USA in Colorado (Boulder Country); in Italien in Traversella (Piemont) und Sardinien.

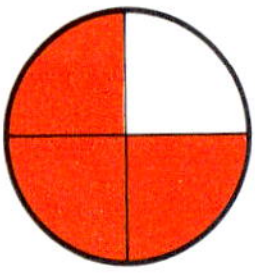

**Verwendung** Wichtigstes Wolfram-Mineral; wird in der Industrie zur Herstellung von Drähten für Glühlampen und als Karbid zur Stahlveredlung (Widia-Stähle) gebraucht.

---

# 83 COLUMBIT

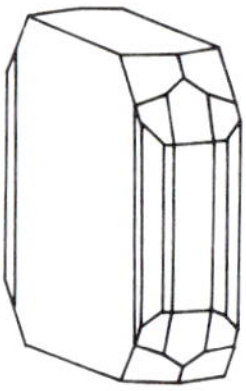

IV– Oxide
$(Fe, Mn)\,(Nb, Ta)_2O_6$

**System** Rhombisch
**Aussehen** Prismatisch gedrungene oder tafelige, häufig herzförmig verzwillingte, gestreifte und schwarze Kristalle.
**Eigenschaften** Lückenlose Mischungsreihe von *Niobit*, $(Fe, Mn)Nb_2O_6$ bis *Tantalit* $(Fe, Mn)Ta_2O_6$, die rein sehr selten sind. Härte 6, sehr schwer, spröde, gut spaltbar; undurchsichtig, halbmetallischer Glanz, rot schillernd. Pulver schwarz oder dunkelrot. Unlöslich, schwer schmelzbar.

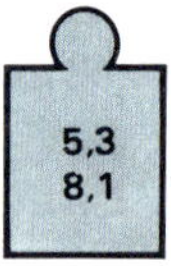


**Entstehung und Vorkommen** In Granit-Pegmatiten, die reich an Lithiumsilikaten und -phosphaten sind, zusammen mit Spodumen, Lepidolith, Beryll etc. Häufig auch konzentriert in Sanden.
**Fundorte** Abbauwürdige Mengen gibt es in Westaustralien, Zaire (Katanga), Brasilien, in der UdSSR (Ilmengebirge), Norwegen, Kanada und Madagaskar, in Londonderry (Australien), in den Pegmatiten von South Dakota und Neuengland (USA). In Deutschland findet man Columbit in Hagendorf (Bayern), in Italien in den Pegmatiten von Craveggia (Novara) und Olgiasca (Comersee).

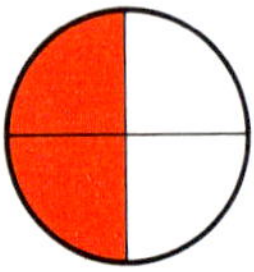

**Verwendung** In der Industrie für Legierungen mit hohem Schmelzpunkt, nichtrostende Stähle und elektrische Supraleiter.

Wolframit (ca. x 1,5). Zinnwald.

Columbit (ca. x 1). Raahe, Finnland.

# 84 SAMARSKIT

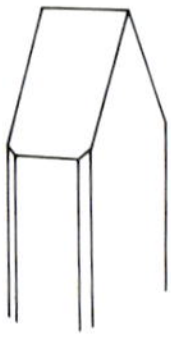

IV – Oxide

(Y,Ce,U,Ca,Pb)(Nb,Ta,Ti,Sn)$_2$

**System** Rhombisch

**Aussehen** Prismatische Kristalle mit rechtwinkligen Teilflächen, gestreift, samtig schwarz mit braunem Belag; gelegentlich mit Columbit-Kristallen verwachsen (Epitaxie); dichte Massen.

**Eigenschaften** Härte 5–6, sehr schwer, ganz schwer spaltbar mit muscheligem Bruch; durchscheinend oder undurchsichtig mit Glas- bis Harzglanz; Pulver dunkel rotbraun. Stark radioaktiv; in warmer Säure löslich, verfärbt sich bei Erwärmung, zerbricht und schmilzt dabei nur an den Rändern der Muscheln.

**Entstehung und Vorkommen** Begleitmineral in vielen Granit-Pegmatiten, die reich an Seltenen Erden und Niob sind; auch in Sanden mit Schwermineralien.

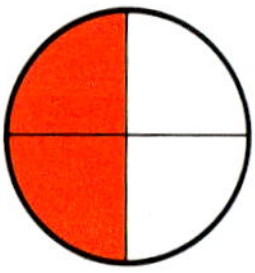

**Fundorte** Im Pegmatit von Miask (Ural/UdSSR) und in den Sanden des Kaspischen und des Schwarzen Meeres; in den Pegmatiten Südnorwegens und Schwedens, Borneos, Indiens, Zaires und Brasiliens. In den USA findet man Samarskit in North Carolina, Colorado und Maryland.

**Verwendung** Wichtig zur Gewinnung von Niob, Tantal, Yttrium und Uran. Einige Varietäten haben bis zu 23% Urangehalt.

---

# 85 THORIANIT

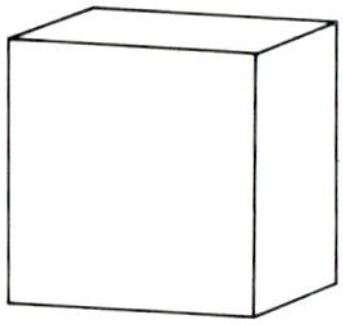

IV – Oxide

(Th,U)O$_2$

**System** Kubisch

**Aussehen** Kubische, schwarze oder dunkelgraue Kristalle; durch das Vorhandensein von kleinen oktaedrischen Flächen sind die Kanten oft gerundet; körnige Massen.

**Eigenschaften** Härte 6, sehr schwer, spröde und schwer spaltbar; fast undurchsichtig mit hornartigem bis metallischem Glanz; Pulver graugrün. Stark radioaktiv; ist in Salzsäure nicht und in Salpetersäure nur schwer löslich; nicht schmelzbar.

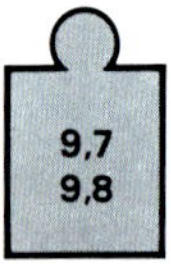


**Entstehung und Vorkommen** Begleitmineral in Granit-Pegmatiten und kontakmetamorphen Kalkgesteinen, sehr oft auch konzentriert in Form von abgerundeten Körnern in Seifen.

**Fundorte** In Meeres- und Flußseifen in Sri Lanka, Madagaskar und in den Flüssen Sibiriens (UdSSR). In den USA kommt Thorianit zusammen mit einer Serpentinart im Kontaktmarmor von Easton (Pennsylvania) vor.

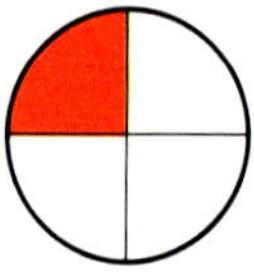

**Verwendung** Thorianit ist eines der wichtigsten Thorium- und Uran-Erze und wird industriell abgebaut.

Samarskit (ca. x 1,5). Kragerö, Norwegen.

Thorianit in Würfeln (ca. x 2). Madagaskar.

# 86 URANINIT Uranpecherz, Pechblende

IV – Oxide

$UO_2$

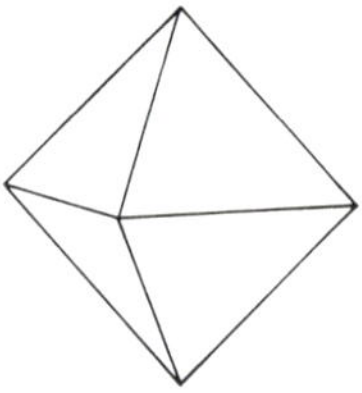

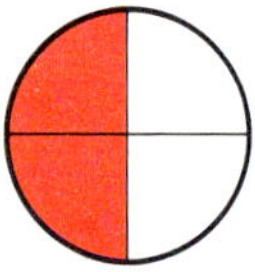

**System** Kubisch
**Aussehen** Schwarze, kubische, kubooktaedrische Kristall
selten; noch seltener rhombododekaedrische Kristalle, di
sehr groß sein können. Meist in körnigen Massen oder i
traubigen, nierenförmigen, mit Zonierungen versehenen Ag
gregaten, pechschwarz (Varietät *Pechblende*) oder mit ober
flächlichen, erdigen, gelben, grünen und orangen Verwitte
rungserscheinungen (Varietät *Gummit*).
**Eigenschaften** Uraninit kann je nach Grad des radioakti
ven Zerfalls von Uran in Blei oder durch das Vorhandensei
von Thorium oder Seltenen Erden in unterschiedlicher Forn
auftreten. Gut kristallisierter Uraninit (vor allem mit vierwerti
gem Uran) hat Härte 6, ist sehr schwer, spröde und ohn
erkennbare Spaltbarkeit; undurchsichtig und mit Halbme
tallglanz; Pulver schwarz und glänzend. Stark radioaktiv; j
nach Grad der Umwandlung mehr oder weniger in Salpeter
säure, Schwefelsäure und Flußsäure löslich, dagegen nich
in Salzsäure; nicht schmelzbar. Pechblende, bei der ein Te
des Urans sechswertig ist, hat Härte 4–6, ist leichter un
spröde; immer undurchsichtig mit charakteristischem Pech
glanz. Pechblende ist ebenfalls stark radioaktiv.
**Entstehung und Vorkommen** In Pegmatiten und hydro
thermalen Gängen mittlerer und hoher Temperatur; in sedi
mentären, klastischen (auch goldführenden) und chemi
schen Ablagerungen.
**Fundorte** Besonders hübsche und große Kristalle komme
aus Kanada (Wilberforce, Ontario); dort gibt es auch ausge
dehnte Lagerstätten in der Umgebung des Großen Bären
sees. Sehr bedeutend sind auch die Vorkommen von Shir
kolobwe bei Lumumbashi (Katanga), wo Uraninit zusamme
mit Kobalt- und Kupfer-Erzen mit sekundärem Molybdär
Wolfram, Gold und Platin zu finden ist. Wichtige Fundort
sind daneben Joachimsthal (CSSR) und das Coloradopla
teau (Arizona/USA). Andere Lagerstätten befinden sich i
Neumexiko, Utah (USA), am Witwatersrand (Südafrika), i
Portugal und Frankreich; von wissenschaftlichem Interess
sind die Vorkommen in Cornwall (Großbritannien), die heu
erschöpft sind. In Deutschland findet man Uraninit in Wö
sendorf (Oberpfalz), Menzenschwand und Wittichen (Ba
den). Fundorte in Italien sind die Pegmatite von Piona (Co
mersee), Montescheno (Novara), Novazza (Bergamo) un
Lurisia (Cuneo).
**Verwendung** In einem Stück Pechblende, das aus Joa
chimsthal stammte, hat das Ehepaar Curie 1898 zum erste
Mal Polonium und Radium nachgewiesen. Später erkannt
man, daß dieses Mineral sehr wichtig ist zur Gewinnung vo
Uran, einem Element, das für die Energieerzeugung durc
Kernspaltung von höchster Bedeutung ist. Aus Pechblend
kann man außerdem Radium gewinnen, das in der Industri
und Medizin Verwendung findet; andere uranhaltige Verbir
dungen werden als Farbstoffe in der Keramik- und in de
Photoindustrie benutzt.

'raninit in Pegmatit (ca. x 1).
'lontescheno (Novara), Italien.

'raninit (ca. x 2). CSSR. ▷

'echblende in einem Gang (ca. x 1). Kanada.

# 87 BRUCIT

IV – Hydroxide
$Mg(OH)_2$

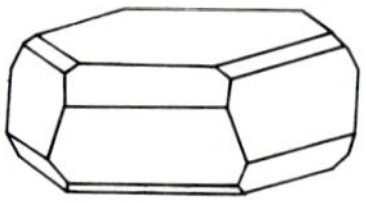

**System** Trigonal
**Aussehen** Blättrige, pseudohexagonale, farblose, grüne, blaue oder seltener gelbrosa, bei der manganhaltigen Varietät braune Kristalle; blättrige, muschelige oder feinkörnige Massen. Die weiße Varietät *Nemalith* bildet bis zu 2 m lange Fasern.

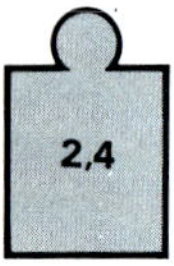


**Eigenschaften** Härte 2½, leicht, vollkommen spaltbar in biegsame, aber nicht elastische Blättchen oder in feine Fasern; durchsichtig oder durchscheinend mit Perlmuttglanz auf den Spaltflächen; quer dazu Harz- oder Seidenglanz; Pulver weiß. Nicht schmelzbar; leicht in verdünnter, kalter Säure, jedoch ohne Aufbrausen löslich.

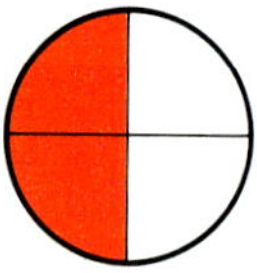

**Entstehung und Vorkommen** Das metamorphe Mineral entsteht aus Serpentingestein, das sich bei niederer Temperatur gebildet hat, aus Chlorit- und Talkschiefern. Bei der Kontaktmetamorphose von Dolomit bildet es sich als Umwandlungsprodukt von Periklas (MgO) in der Endphase oder unmittelbar nach der Metamorphose; auch in hydrothermalen Gängen niederer Temperatur und in Klüften karbonathaltigen Gesteins mit warmen, mineralhaltigen Lösungen (Thermen); seltener in stark alkalischer Umgebung.
**Fundorte** Nemalith kommt vor allem auf glatten Störungsflächen von serpentinisiertem Peridotit vor, die reich an Asbest sind, so z. B. in Asbestos und Thetford Mine (Quebec/Kanada) und in den Asbest-Bergwerken von Bajenow (UdSSR) vor. Blättriger Brucit wurde in Brewster (New York) und in Lancaster (Pennsylvania/USA) zusammen mit Hydromagnesit und auf den Shetland Inseln gefunden. In Italien kommt weißer Brucit, schön ausgebildet, zusammen mit Asbest in Cogne und Emarese (Aostatal) und in Gängen von mehreren Dezimetern Stärke in Carro (Braccopaß, La Spezia) vor; blaue Stücke gibt es im Val d'Astico (Vicenza) und in Gängen im Serratal (Trient); seltener bei Predazzo, wo Brucit in metamorphem Gestein Periklas ersetzt, und am Kap Teulada (Sardinien). Auch Vorkommen in den dolomitischen Auswürflingen des Vesuvs sind bekannt.
**Verwendung** Wird häufig zur Herstellung von magnesiahaltigen, feuerfesten Materialien verwendet oder als Ausgangsprodukt für metallisches Magnesium und seiner Salze gebraucht.

Blättriger Brucit (ca. x 1). Serratal (Trient), Italien.

Nemalith (ca. x 1,5). Asbestos (Quebec), Kanada.

# 88 BAUXIT

IV – Hydroxide
$Al_2O_3 \cdot n\ H_2O$

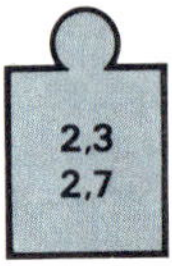


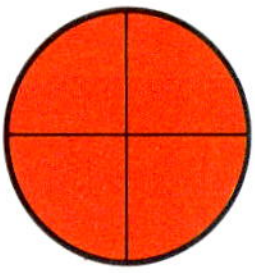

**Aussehen** Bauxit ist ein Gemenge aus Aluminiumhydroxiden mit seltenen, einzelnen Kristallen (*Gibbsit* oder *Hydrargillit* $Al(OH)_3$, die monoklin und *Böhmit* $AlO(OH)$ und *Diaspor* $HAlO_2$, die rhombisch sind, oder kann aus amorphen, aluminiumhaltigen Substanzen (*Kliachit* $Al_2O_3 \cdot H_2O$) bestehen. Bauxit findet man in erdigen, tonigen und pisolithischen, im reinen Zustand weißen oder gelblichen, bei Vorhandensein von Eisenoxid oder Bitumen rötlichen oder braunen Massen.

**Eigenschaften** Härte $2^1/_2$–3, leicht, spröde mit erdigem Bruch; undurchsichtig mit pulvrigen Oberflächen. Unlöslich und unschmelzbar. Die Mineralien, aus denen Bauxit besteht, haben folgende Eigenschaften: *Gibbsit*: Härte $2^1/_2$–3, ist leicht, vollkommen spaltbar, durchsichtig mit Glasglanz oder in Form von Kristallen Perlmuttglanz; unlöslich und nicht schmelzbar; in Massen durchscheinend; in Wasser getaucht entwickelt sich ein stark toniger oder erdiger Geruch; in Säure schwer löslich und kaum schmelzbar. *Böhmit*: Härte $3^1/_2$–4, schwer, vollkommen spaltbar; durchsichtig mit Glas- oder Perlmuttglanz; unlöslich und nicht schmelzbar; wird bei Erwärmung blättrig und weiß. *Diaspor*: Härte $6^1/_2$–7, schwer, spröde und gut spaltbar; durchsichtig mit Glas- bis Perlmuttglanz; nicht schmelzbar und unlöslich.

**Entstehung und Vorkommen** Bauxit ist ein Sedimentgestein, das sich im subtropischen Klima als Verwitterungsrückstand nach der Zersetzung von karbonat- oder silikathaltigem Gestein unter Aluminium-Anreicherung bildet. Böhmit kommt auch in Hohlräumen von Nephelin-Syenit-Pegmatiten als hydrothermales Umwandlungsprodukt von Nephelin und Feldspat vor. Gibbsit findet man ebenfalls in metamorphem Gestein niedrigen Grades (Talkschiefer) zusammen mit Serpentin und Magnetit. Diaspor kommt wie Korund auch in Metamorphiten und im Schmirgel vor.

**Fundorte** Der Name Bauxit wird von Les Baux (Südfrankreich) abgeleitet, wo das Mineral zum ersten Mal gefunden wurde. Große Vorkommen gibt es in Surinam, Jamaika, Ghana, Indonesien, UdSSR, Jugoslawien, Frankreich, Ungarn, USA und Italien. Gibbsitkristalle stammen aus den Talkschiefern von Slatoust (Ural/UdSSR), Richmond (Massachusetts/USA) und Caldas (Brasilien). Böhmit ist besonders im hellen Bauxit von Ariège (Frankreich), in Arkansas (USA), in Ayrshire (Schottland) und im Ural (UdSSR) häufig. Diaspor findet man in vielen Bauxiten in Italien und Frankreich, in den Schmirgeln von Chester (Massachusetts/USA) und auf Naxos (Griechenland). Fundorte in Deutschland sind die Rhön, der Vogelsberg und der Westerwald.

**Verwendung** Wichtigstes Mineral zur Aluminium-Gewinnung; ferner zur Herstellung von synthetischem Korund ($Al_2O_3$) und von aluminiumhaltigen feuerfesten Steinen.

Bauxit (ca. x 0,5). Matese (Caserta), Italien.

Bauxit (ca. x 0,5). S. Giovanni Rotondo (Foggia), Italien.

## 89 DIASPOR

IV – Hydroxide

$AlHO_2$

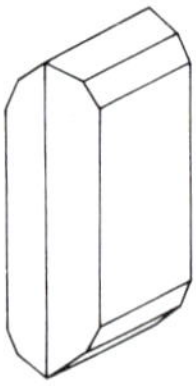

**System** Rhombisch

**Aussehen** Tafelige oder nadelige Kristalle selten; meist blättrig oder stalaktitisch; hellrosa, graue oder grünliche Aggregate; oft fein verstreut.

**Eigenschaften** Härte $6\,^1/_2$–7, schwer, sehr spröde, vollkommen spaltbar; durchsichtig oder durchscheinend mit Glasglanz, auf den Spaltflächen perlmuttern. Pulver weiß. Unschmelzbar und auch in starken Säuren unlöslich.

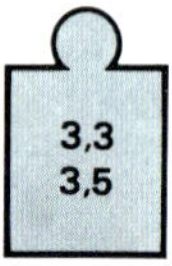


**Entstehung und Vorkommen** Als Gemengteil von Bauxiten, die eine Diagenese durchlaufen haben, mit Böhmit und Gibbsit; mit Korund und Margarit in Schiefer-Ablagerungen der Fazies der Amphibolite. Gelegentlich auch in Marmor.

**Fundorte** Schöne Blätter im Schmirgel von Chester (Massachusetts/USA) und Naxos (Griechenland) und im Chloritschiefer von Mramorskoi (Ural/UdSSR); kleine, farblose Kristalle im Dolomit von Campolungo (Schweiz). Auch in vielen Bauxiten in Frankreich, Ungarn, USA, Kanada und Italien (S. Giovanni Rotondo, Foggia) vertreten. Fundort in Österreich ist der Große Greiner (Zillertal/Tirol).

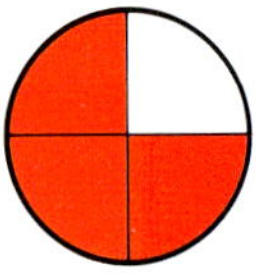

**Verwendung** Ist als Bestandteil des Bauxits ein wichtiger Rohstoff zur Aluminium-Gewinnung.

---

## 90 GOETHIT Nadeleisenerz

IV – Hydroxide

FeOOH

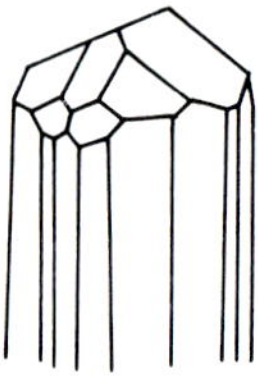

**System** Rhombisch

**Aussehen** Prismatische, quergestreifte Kristalle selten; meist tafelige, nadelige, traubige, stalaktitische, oolithische und pisolithische, braune, auch erdige, poröse und unzusammenhängende Massen; häufig pseudomorph nach Pyrit.

**Eigenschaften** Härte 5–$5\,^1/_2$, schwer, vollkommen spaltbar, scheinbar sehr weich, fast ölig; in feinen Blättchen durchscheinend mit Seidenglanz; sonst undurchsichtig; Pulver gelbbraun. In Salzsäure langsam löslich; schwer schmelzbar; wird nach längerer Erhitzung magnetisch.

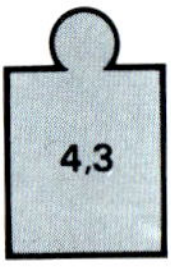


**Entstehung und Vorkommen** Wichtiger Bestandteil von Limonit und Ocker; Limonit ist ein Mineral, das sich vielfach in oxidierender Umgebung durch Zersetzung eisenhaltiger Ablagerungen oder als ›Sumpfeisenerz‹ oder ›Raseneisenerz‹ direkt in abflußlosen Becken abgesetzt hat. Kommt sehr selten primär in Pegmatiten vor.

**Fundorte** Große Vorkommen in Kuba, in Elsaß-Lothringen (Frankreich), in Westfalen und in Labrador (Kanada). Kristalle findet man in Pribram (CSSR), in Cornwall (Großbritannien), in der UdSSR und am Pikes Peak (Colorado/USA).

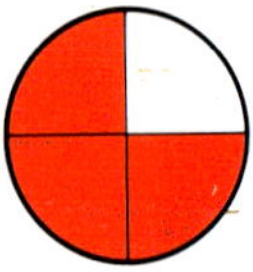

**Verwendung** Wichtiges Eisenerz; manche Ockerarten werden auch als Farbrohstoff gebraucht.

iaspor (ca. x 1,5). Chester (Massachusetts), USA.

serig-strahliger Goethit (ca. x 1). Thüringen.

## 91 MANGANIT

IV – Hydroxide
MnOOH

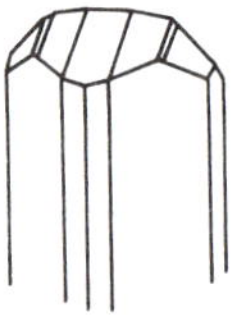

**System** Monoklin
**Aussehen** Prismatische, längliche, stark gestreifte, schwarze Kristalle, oft in bündelartigen Aggregaten; typische Zwillingsbildungen; mikrokristalline, krustenbildende und oolithische Massen.
**Eigenschaften** Härte 4, schwer, vollkommen spaltbar; fast undurchsichtig mit Halbmetallglanz und an den Rändern dunklem, braunrotem Schimmer; Pulver dunkelbraun. Unschmelzbar, in konzentrierter Salzsäure unter Abscheidung von Chlor löslich.

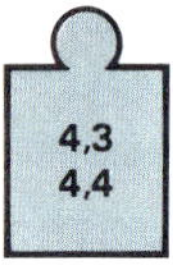


**Entstehung und Vorkommen** In hydrothermalen Gängen niederer Temperatur zusammen mit Calcit und Baryt; in diagenetischen, sedimentären Lagerstätten mit Psilomelan und Pyrolusit. Oft teilweise unter Beibehaltung seiner ursprünglichen Form in Pyrolusit umgewandelt.
**Fundorte** Schöne, 7–8 cm lange Kristalle gibt es in Ilfeld im Harz und in Ilmenau (Thüringen), außerdem in Neguanee (Michigan/USA). Dichte Massen kommen in vielen sedimentären Lagerstätten vor, so z. B. in Nikopol (Ukraine/UdSSR) und auf der Insel San Pietro (Sardinien/Italien).

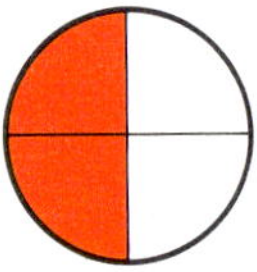

**Verwendung** Mineral gut zur Mangan-Gewinnung geeignet, kommt aber selten in abbauwürdigen Mengen vor.

---

## 92 LEPIDOKROKIT Rubinglimmer

IV – Hydroxide
FeOOH

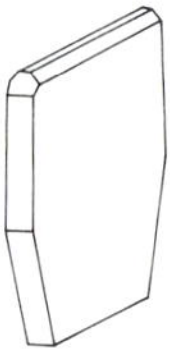

**System** Rhombisch
**Aussehen** Kristalle selten, tafelig, in Form von Lamellen, die oft rosettig angeordnet sind, blutrot; häufig in faserigen oder pulvrigen Aggregaten.
**Eigenschaften** Härte 5, schwer, vollkommen spaltbar; i feinen Blättchen durchsichtig; durchscheinend mit Halb Diamantglanz; Pulver lebhaft orange. In Salzsäure langsam in Salpetersäure dagegen rasch löslich; nicht schmelzbar wird bei starker Erhitzung stark magnetisch.

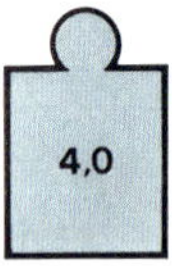


**Entstehung und Vorkommen** Bildet zusammen mit dem häufigeren Goethit Bestandteil von vielen Lateriten. Bei Pyr als Ausgangsmineral wird die Bildung begünstigt.
**Fundorte** In Hessen und Westfalen (Eisenfeld, Herdorf Roßbach) gibt es besonders schöne Kristalle. Lepidokrok wird auch in der UdSSR, den USA (Eisenerz-Lagerstätten am Oberen See, Easton/Pennsylvania), in Indien (Bihar) und Japan gefunden.
**Verwendung** Wird industriell als Eisenerz gebraucht.

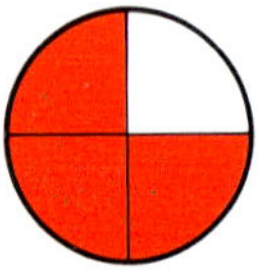

Manganit (ca. x 1). Ilfeld.

Lepidokrokit (ca. x 1). Westerwald.

# 93 LIMONIT Brauneisenerz, Brauner Glaskopf

IV – Hydroxide

$Fe_2O_3 \cdot n\ H_2O$

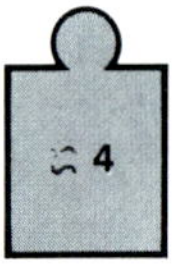


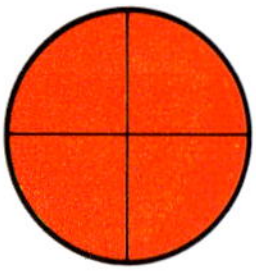

**Aussehen** Limonit ist ein Mineralgemenge, das sich aus amorphen Mineralien und Materialien zusammensetzt. Hauptbestandteil ist Goethit, der mikrokristallin oder kryptokristallin ist; ihm folgen anteilmäßig Lepidokrokit und nicht kristallisierte Eisenhydroxide (Sole und Gele). Der Name Limonit wird ebenso wie der Name Ocker oft für sämtliche Eisenhydroxide verwendet, die auch durch genaue Untersuchungen schwer zu bestimmen sind. Meist handelt es sich um traubige, stalaktitische, oolithische oder pisolithische, kugelige, erdige oder poröse Massen oder auch Krusten, die locker angeordnet braun bis ockergelb, dichter dagegen schwarz schillernd sind. Häufig pseudomorph auf eisenhaltigen Mineralien (Pyrit usw.) und organischen Resten (Muscheln usw.).

**Eigenschaften** Sie können je nach Zusammensetzung verschieden sein. Härte 1–5, spröde und leicht zersetzbar; durchscheinend bis fast undurchsichtig mit Glas- bis Erdglanz; Pulver und Strichfarbe hellkastanienbraun (dadurch unterscheidet sich das Mineral von Hämatitpulver oder von rotem Ocker). Löst sich nur schwer in Säure und ist nicht leicht zum Schmelzen zu bringen. Bei Erhitzung an der Luft geht Limonit in Hämatit über und wird magnetisch.

**Entstehung und Vorkommen** Sekundäres Mineral, das sich in der oberen Oxidationszone von Eisenerz-Lagerstätten oder als Rückstand bei der Verwitterung von karbonat- und silikatreichen Gesteinen (Laterit) im subtropischen oder tropischen Klima bildet. Große Vorkommen entstehen beim Absatz von Eisenhydroxid u. a. durch Bakterien in Binnenseen oder Meeresbecken. Limonit steckt auch in vielen Laven, in Klüften von vielen Intrusivgesteinen und in alpinen Quarzgängen.

**Fundorte** Große Limonit-Ablagerungen gibt es auf Kuba (Distrikt Mayari und Moa), in Venezuela, Brasilien, Angola, Kongo, Kanada und Indien. In Deutschland kommt er in Niedersachsen und in der Oberpfalz/Bayern vor. Pisolithischer Limonit ist in den eisenerzhaltigen Ablagerungen der Nurra (Sardinien/Italien) enthalten. Außerdem findet man ihn in Italien in schönen, traubigen Massen mit schillerndem Belag auf Elba. Oolithische, sedimentäre Lagerstätten gibt es in Lothringen und Luxemburg (sogenannte Minette-Erze).

**Verwendung** Gilt als Eisenerz mittlerer Qualität, da es oft stark phosphorhaltig ist. Die erdigen Varietäten (›Gelber Ocker‹) werden in der Farbfabrikation und vor allem zur Herstellung von Modellierton, der während der Verarbeitung nicht ätzend ist, gebraucht.

Schillernder Limonit (ca. x 0,5). Herford, Deutschland.

Gelber Ocker (ca. x 1). Elba, Italien.

# 94 MAGNESIT Bitterspat

V – Carbonate
$MgCo_3$

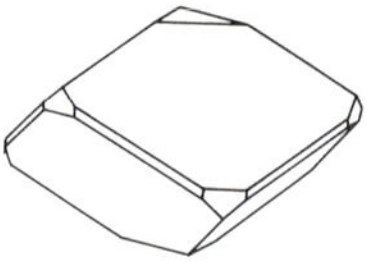

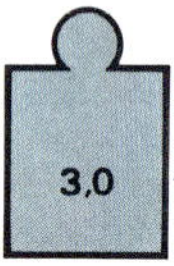


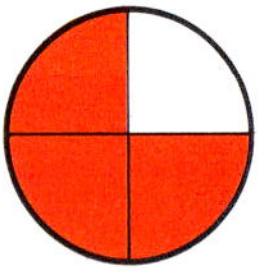

**System** Trigonal
**Aussehen** Rhomboedrische, weiße Kristalle selten; öfters in dichten und mikrokristallinen porzellanartigen Massen, mit muscheligem Bruch, weiß, gelblich oder grau; körnige und faserige Aggregate.
**Eigenschaften** Härte $3^1/_2$–$4^1/_2$, schwer, spröde und vollkommen in Rhomboeder spaltbar; durchsichtig oder durchscheinend mit Glas- oder Seidenglanz; Pulver weiß. Manchmal in ultraviolettem Licht blau oder grün lumineszierend (Beimengungen von Mangan oder von Elementen mit erhöhtem Atomgewicht). In kalter Salzsäure nicht löslich, reagiert aber unter Aufbrausen auf warme; nicht schmelzbar; während der Erhitzung mit dem Bunsenbrenner zersetzt es sich. In fester Lösung kann es Eisen enthalten; je höher der Eisengehalt ist, um so mehr färbt es sich hellbraun und um so stärker nimmt die Lumineszenz zu. Man unterscheidet bei sich steigerndem Prozentsatz an Eisen verschiedene Varietäten: *Breunnerit*, *Mesitin*, *Pistomesit*.
**Entstehung und Vorkommen** Magnesit bildet sich infolge von Umwandlung von ultrafemischem Gestein (Peridotit und Serpentin) durch Wässer, die reich an Kohlensäure mit Talk und Chlorit sind; als diagenetisches Mineral tritt es an die Stelle von Calcit und Dolomit; auch in hydrothermalen Gängen, in Pegmatiten und ausnahmsweise in Intrusivgesteinen (Carbonate und Sagvandite).
**Fundorte** Große Lagerstätten mit dichtem Magnesit sind in der Steiermark (Österreich), in der Mandschurei (China), in Schlesien, im Ural (UdSSR), in Kalifornien (USA), in Indien (Madras) und auf der Insel Euboea (Griechenland). Schöne, klare Kristalle (6 × 10 cm) stammen aus dem Pegmatit von Bom Jesus bei Bahia (Brasilien). In Italien hat man Magnesit in Piemont am Monte Calvo (Val di Susa), in Baldissero Canavese, in Prali (Val Germanasca), in der Toskana, auf der Insel Elba und im Suldental (Südtirol) gefunden. Besonders schön sind die Mesitinkristalle aus alpinen Klüften (St. Gotthard/Schweiz; Pfitscher-, Ulten- und Etschtal in Südtirol/Italien; Zillertal und Kraubath/Österreich) sowie in Brosso und Traversella (Piemont/Italien).
**Verwendung** Magnesit ist ein wichtiges Mineral für die Gewinnung von Magnesium und dessen Salzen; es wird zur Herstellung von hochfeuerfesten Steinen, von speziellen Zementarten (Bau- und Dämmplatten) und von Pulver für die Papier-, Gummi- und Pharmaindustrie gebraucht.

Magnesit (ca. x 1,5). Steiermark, Österreich.

Eisenhaltiger Magnesit (ca. x 1). Traversella (Turin), Italien.

# 95 SMITHSONIT Zinkspat

V – Carbonate
$ZnCO_3$

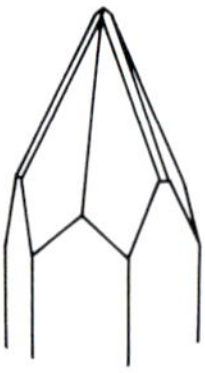

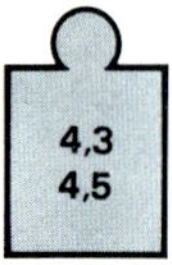


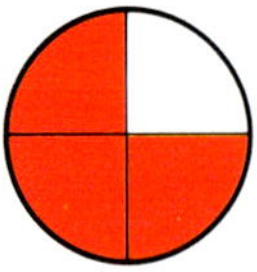

**System** Trigonal
**Aussehen** Ganz selten findet man Rhomboeder oder Skalenoeder mit gekrümmten und runzligen Flächen; meist in traubigen, schalenförmigen, nierenförmigen oder stalaktitischen Aggregaten, die häufig porös und krustenartig sind. Smithsonit ist ein typisches allochromatisches Mineral; dies gilt besonders für die krustenartigen Varietäten. Im reinen Zustand weiß, bei Kupfergehalt blau oder grün, bei Cadmiumgehalt lebhaft gelb; ist Kobalt oder Mangan enthalten, so ist die Farbe rot oder violett; bei Vorhandensein von Eisenhydroxiden in winzigen Teilen ist es braun gefärbt.
**Eigenschaften** Härte 5, schwer, spröde, spaltet sich vollkommen in Rhomboeder, was allerdings selten zu sehen ist, denn massig besitzt Smithsonit meist muscheligen Bruch; durchscheinend mit Glas- bis Fettglanz; Pulver immer weiß. Viele Varietäten zeigen bei ultravioletter Bestrahlung Lumineszenz mit rosa Tönen. Ist in konzentrierter, kalter Salzsäure unter Bildung von Kohlensäure löslich; nicht schmelzbar.
**Entstehung und Vorkommen** Das typische sedimentäre Mineral entsteht chemisch durch Einwirkung von schwefel- und zinkhaltigem Wasser auf karbonathaltiges Gestein, besonders in der Oxidationszone des Eisernen Huts von Schwefel-, Zink, Blei- und anderen Erz-Lagerstätten. Meist kommt es zusammen mit Hemimorphit, Cerussit, Malachit, Anglesit, Pyromorphit usw. vor.
**Fundorte** Farblose, rhomboedrische Kristalle findet man in Tsumeb (Namibia) und Broken Hill (Sambia); traubige, grünblaue Massen gibt es in Magdalena und Kelly (New Mexico/USA), in Santander (Spanien) und Laurion (Griechenland); stalaktitische Massen kommen in Marion (Arkansas/USA) und auf Sardinien (Masua bei Iglesias und in Monteponi) vor; Massen und Krusten in verschiedenen Farben findet man in Gorno und im Val del Riso bei Bergamo (Italien) sowie in den italienischen Alpen (Raibl, Udine). In beträchtlichen Mengen kommt Smithsonit in Leadville (Colorado/USA), in der UdSSR (Südkasachstan) und in der Türkei vor.
**Verwendung** Aus Smithsonit wird Zink gewonnen; schön gefärbte oder mit besonders reizvoller Zonierung versehene Stücke werden als Schmucksteine verwendet. Daneben ist Smithsonit für die Lagerstättenkunde und für Sammler interessant.

Krustenartiger Smithsonit (ca. x 1). Sardinien, Italien.

Kugeliger Smithsonit (ca. x 1). Sardinien, Italien.

# 96 SIDERIT Eisenspat, Spateisenstein

V – Carbonate
$FeCO_3$

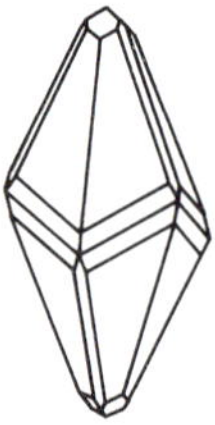

**System** Trigonal

**Aussehen** Rhomboedrische Kristalle mit spitzen Ecken oder mit gekrümmten oder gestreiften Flächen; gelegentlich auch tafelige Kristalle oder in sattelförmigen Aggregaten; häufig in traubigen, dichten, oolithischen, krustenartigen oder spätischen Massen von hellgelber bis dunkelbrauner Färbung; bei reichlichem Mangangehalt ist die Färbung fast schwarz.

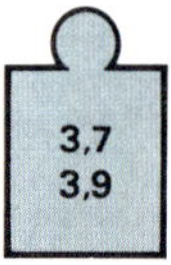


**Eigenschaften** Härte 4–4 1/2, schwer, spröde und vollkommen in Rhomboeder spaltbar; durchsichtig bis durchscheinend mit lebhaftem Glasglanz; Pulver weiß. Oberflächlich oft mit braunem Goethit-Belag. Nur schwer zum Schmelzen zu bringen; bei mäßiger Temperatur zersetzt sich Siderit, wird braun und magnetisch; nicht löslich in kalter, aber unter Aufbrausen in warmer Salzsäure.

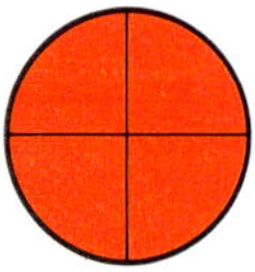

**Entstehung und Vorkommen** Häufig in hydrothermalen Gängen mittlerer bis niedriger Temperatur zusammen mit Fluorit, Baryt, Galenit, Sphalerit usw.; ganz selten auch vergesellschaftet mit Kryolith. Häufiger sind sedimentäre, oolithische Ablagerungen von Siderit, die sich auf chemischem Wege in sauerstoffarmen Binnengewässern mit Tonen und Kohlenstoff gebildet haben.

**Fundorte** Schöne Kristalle in der Steiermark (Österreich), in Redruth und Camborne (Cornwall/Großbritannien), Brasilien, Mont-Saint-Hilaire (Kanada), in den Kryolithlagerstätten von Ivigtut (Grönland) und in Brosso und Traversella (Piemont/Italien). Große Ablagerungen in Südengland, Deutschland (Siegerland, Harz), Lothringen (Frankreich), Pennsylvania (USA), Schottland und in der Nurra (Sardinien), wo oolithischer Siderit vorkommt. Der aus den südlichen Voralpen (Bergamo, Brecia) stammende Siderit, der magnesiumhaltig ist und in triassischen Gesteinen vorkommt, ist höchstwahrscheinlich sedimentären Ursprungs. Siderit in Gängen findet man in Spanien (Bilbao), Algerien, Tunis, Österreich (Hüttenberg und Erzberg) und in der DDR (Harz und Freiberg). Sideritgänge gibt es überall im kristallinen Untergrund der Orobischen Alpen.

**Verwendung** Wichtiges Mineral zur Eisengewinnung (enthält etwa 48% Eisen); ohne Schwefel- und Phosphorgehalt, aber reich an Mangan. Auch für Wissenschaft und für Sammler interessant.

Rhomboedrischer Siderit (ca. x 1). Isère, Frankreich.

ugeliger Siderit (ca. x 1). Felsöbanja, Rumänien.

# 97 RHODOCHROSIT Manganspat, Himbeerspat

V – Carbonate
$MnCO_3$

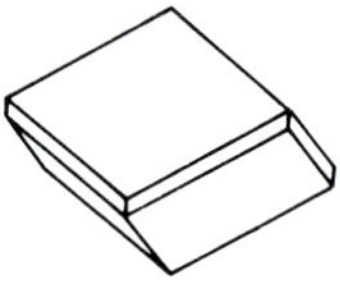

**System** Trigonal

**Aussehen** Rhomboedrische oder skalenoedrische, verzwillingte, mehr oder wenig intensiv rosa gefärbte Kristalle; oft auch in körnigen, spätigen oder krustenartigen, schalenförmigen, nierenförmigen oder stalaktitischen Massen.

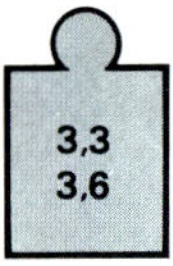


**Eigenschaften** Härte 4, schwer, spröde und vollkommen in Rhomboeder spaltbar; durchscheinend mit Glas- bis Perlmuttglanz; Pulver schwach rosa, hell. Durch Oxidation entsteht an der Luft ein dunkler Manganbelag. Nicht schmelzbar; färbt sich bei Erwärmung mit der Zeit schwärzlich; in kalter Salzsäure nicht löslich (im Gegensatz zu rosarotem Calcit), löst sich jedoch in warmer Salzsäure und unterscheidet sich dadurch von Rhodonit.

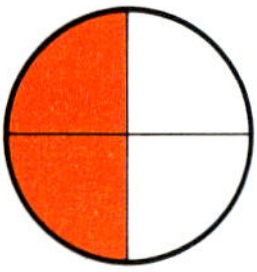

**Entstehung und Vorkommen** In hydrothermalen Gängen mittlerer Temperatur zusammen mit Kupfer-, Silber- und Bleisulfiden und anderen, manganhaltigen Mineralien; sehr selten in Pegmatiten. Als sedimentäres Mineral relativ häufig, ebenso in der Oxidationszone von Schwefel-Lagerstätten, in denen Mangan vorkommt, oder als Ausfällung von Mutterlaugen. Erweist sich zusammen mit Rhodonit, Tephroit und Manganoxiden in metamorpher Umgebung bis zur vollständigen Zersetzung in der Amphibolitfazies als weitgehend stabil.

**Fundorte** Schöne, rhomboedrische Kristalle von 5 cm Breite sind weit verbreitet in Colorado (USA), in den Silber-Lagerstätten von Siebenbürgen (Rumänien) und in Freiberg (DDR); Gruppen von vollkommenen Skalenoedern findet man in Kuruman (Südafrika). Beträchtliche, spätische Massen kommen in Butte (Montana/USA), Huelva (Spanien) Ariège (Frankreich) und in Tschiaturi (UdSSR) vor. Strahlige krustenartige Aggregate mit schönen Farbzonierungen gibt es in Catamarca (Argentinien), Magdalena (Sonora/Mexiko) Kapnik (Rumänien) und in Deutschland (Oberneisen und Diez in Nassau). In Italien findet man das Mineral in St. Marcel (Aostatal), in Ulzio (Piemont), im Val Malenco (Sondrio) auf Elba und in Gambatesa (Sestri Levante). Vergesellschaftet mit Manganoxiden kommt Rhodochrosit auch auf der Insel San Pietro (Sardinien/Italien) vor.

**Verwendung** Wo es in beträchtlichen Mengen vorkommt wird es als Mangan-Erz abgebaut; krustenartige Massen werden vor allem für Schmuckgegenstände gebraucht; Rhodochrosit wird auch als Schmuckstein betrachtet und erhält einen Cabochonschliff. Das Mineral ist ferner von wissenschaftlichem Interesse und ein schöner Sammlerstein.

Rhodochrosit in Rhomboedern (ca. x 1). Colorado, USA.

Rhodochrosit mit Zonierungen (ca. x 1). Argentinien.

# 98 CALCIT Kalkspat

V – Carbonate
$CaCO_3$

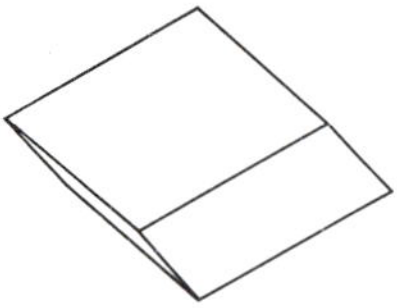

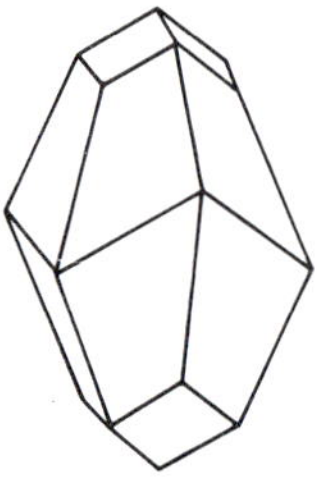

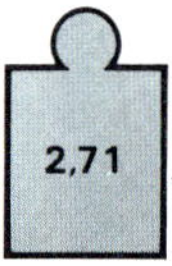


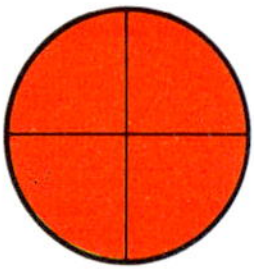

**System** Trigonal
**Aussehen** Rhomboedrische, skalenoedrische oder prismatische Kristalle, häufig verwachsen oder verzwillingt. Färbung ganz unterschiedlich (farblos, weiß, rosa, grün, gelb usw.). Mikrokristalline, dichte (Kalk), grob- bis feinkörnige (Marmor) oder faserige Massen (Alabaster); auch Konkretionen (Stalagmiten und Stalaktiten), pulverförmig, oolithisch usw.
**Eigenschaften** Härte 3, leicht, mit guter Spaltbarkeit, die längs der Rhomboederflächen vollständig ist; durch Druckeinwirkung können sich blättrige Viellinge bilden; durchsichtig mit Glas- bis Perlmuttglanz, der durch die starke Doppelbrechung je nach Blickwinkel schillert; durchscheinend oder undurchsichtig; Pulver weiß. Zeigt bei ultravioletter Bestrahlung Fluoreszenz und strahlt ein rotes, gelbes, rosa oder blaues Licht aus. Varietäten besitzen auch oft Thermolumineszenz. In kalter Salzsäure unter starkem Aufbrausen löslich; schmilzt nicht, zersetzt sich aber bei hoher Temperatur in der Flamme eines Bunsenbrenners, wobei sich Kalk und Kohlensäure bilden. In fester Lösung kann Calcit verschiedene Kationen, wie z. B. Eisen, Mangan, Zink, Strontium und Magnesium enthalten; dies sind die Varietäten *Ferrocalcit, Manganocalcit, Strontiumcalcit* und *Magnesiumcalcit,* die mit ihren Eigenschaften zwischen Calcit und den entsprechenden, reinen Carbonaten stehen. Man kennt auch polymorphe Modifikationen wie z. B. *Aragonit* (rhombisch), *Vaterit* (hexagonal) und *Elaterit*, der bei hohem Druck und hoher Temperatur entsteht. Alle diese Varietäten gehen bei Erwärmung in stabilen Calcit über.
**Entstehung und Vorkommen** Das typisch sedimentäre Mineral bildet sich als chemische Ausfällung durch Verdunstung von Lösungen mit doppeltkohlensaurem Calcium (z. B. Stalaktiten und Travertin); auch Meeres- oder Süßwasser-Organismen können seine Entstehung bewirken. Erweist sich auch in sehr stark metamorpher Umgebung als stabil, kristallisiert leicht dabei wieder und vergrößert die Körnung wenn der Druck von Kohlensäure hoch bleibt (Marmor); nimmt der Druck ab, so zersetzt es sich unter Bildung von Calciumsilikat (so z. B. bei Kontaktmetamorphose). Als primäres Mineral ist Calcit selten (Carbonatite), obwohl er selbstverständlich im Magma enthalten ist. Calcit kommt auch auf hydrothermalen Gängen niederer Temperatur zusammen mit Sulfiden vor. 4% des Gewichts der Erdkruste besteht aus Kalkgestein, das allein 40% der Erdoberfläche ausmacht.
**Fundorte** Große, sehr reine Rhomboeder, die früher zur Herstellung von Polarisationsprismen verwendet wurden, gibt es in den Hohlräumen von Basalten in Island (*Isländischer Doppelspat*), im Harz (Deutschland), im sächsischen und böhmischen Erzgebirge und in Colorado (USA); nadelige, rosarote oder grünliche Skalenoeder findet man in Cumberland (Großbritannien); goldgelbe, bis zu 1 m lange Kristalle kommen in Oklahoma (USA) vor. Weitere Fundorte für hübsche Kristalle sind: Joplin (Missouri), Rossie (New York)

;alcitrhomboeder (ca. x 1,5).
)ntario, Kanada.

;alcitskalenoeder (ca. x 1,5). ▷
'assatal, Italien.

;alcit in skalenoedrischer und
homboedrischer Form (ca. x 0,5). Island.

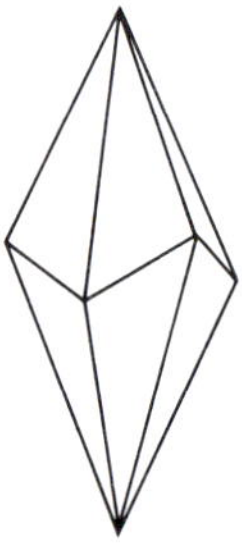

Bergen Hill und West Paterson (New Jersey) in den USA. Kapnik (Rumänien), Freiberg (DDR), St. Andreasberg und Bräunsdorf (Deutschland), Guanajuato (Mexiko), Rhisnes (Belgien) und Kara Dag (Halbinsel Krim/UdSSR). Fundorte in Italien für rhomboedrische, nicht ganz so reine Kristalle sind Porretta (Modena), der Sarrabus (Sardinien) und die Monti Lessini (Vicenza); große Skalenoeder gibt es am Molignonpaß (Fassatal, Trient). Begehrt bei den Sammlern sind Calcitkristalle mit eingelagerten Dendriten aus Kupfer (Halbinsel Kewenaw, Michigan/USA) und die Calcitkristalle, die man in den Sanden von Fontainebleau (Frankreich) gefunden hat.
**Verwendung** Die reinen Kristalle verwendete man früher zur Herstellung von Polarisationsprismen (Nicolsche Prismen) für mineralogische Mikroskope. Dichte Massen werden im Baugewerbe (Zement, Kalk, Bausteine), zur Herstellung von Dünger und in der chemischen Industrie (zur Herstellung von Ätzkalk, Calciumchlorid, flüssiger Kohlensäure usw.) gebraucht. Marmor wurde schon immer in der Bildhauerkunst, lithographischer Kalk für Steindrucke und erdige Massen in Pulverform als Glanzmittel, zur Farbherstellung und als Füllmaterial in der Gummi-Industrie gebraucht.

Calcitrhomboeder (ca. x 1). Nördlicher Apennin, Italien.

'rismatische Calcitkristalle (ca. x 1). Sardinien, Italien.

alcit (ca. x 1,5). Cumberland, Großbritannien.

# 99 DOLOMIT Bitterspat

V – Carbonate
$CaMg[CO_3]_2$

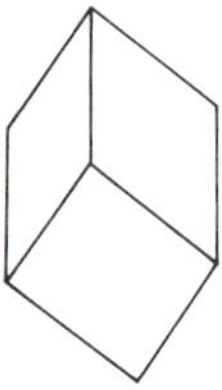

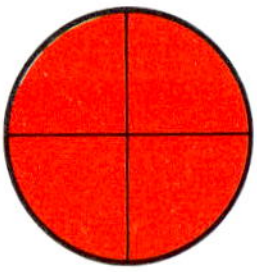

**System** Trigonal
**Aussehen** Gewöhnlich in Form von rhomboedrischen, farblosen, weißen, rosaroten oder gelblichen Kristallen; Kristallaggregate zeigen oft sattelförmig gekrümmte Flächen; dichte, spätische, körnige, manchmal mit Hohlräumen versehene Massen.
**Eigenschaften** Härte 3½–4, nicht sehr schwer, spröde und vollkommen in Rhomboedern spaltbar; durchsichtig oder durchscheinend mit Glasglanz oder gelegentlich auch Perlmuttglanz; Pulver weiß. Nicht schmelzbar; zersetzt sich wie alle Carbonate. Bruchstücke lösen sich in kalter Salzsäure nur langsam, in warmer jedoch unter Aufbrausen rasch. Das Magnesium kann teilweise oder auch vollständig durch andere Kationen ersetzt werden, so daß es zur Bildung von bestimmten Varietäten wie *Ankerit* $CaFe(CO_3)_2$, oder in seltenen Fällen zur Bildung von *Kutnahorit*, $CaMn(CO_3)_2$, kommen kann.
**Entstehung und Vorkommen** Gesteinsbildend als Dolomit und dolomitischer Kalkstein, der sich in diagenetischer Umgebung durch Meerwasser auf kalkhaltigem Schlamm oder auf organischen Schichten gebildet hat; auch auf hydrothermalen Gängen niederer Temperatur und in metamorphem Gestein entweder als dolomitischer Marmor oder zusammen mit Talkschiefer und Serpentin als Umwandlungsprodukt von ultrafemischem Gestein.
**Fundorte** Die schönsten Kristalle stammen aus Brosso und Traversella (Piemont/Italien), wo auch Ankerit gefunden wurde, aus dem Binnental (Schweiz), aus Freiberg und Schneeberg (DDR), aus Cornwall (Großbritannien), von Joplin (Missouri) und von anderen Fundstätten in den USA (Iowa, New York, Vermont, New Jersey, Michigan), von St. Eustache (Quebec, Kanada), aus Navarra (Spanien), Bahia (Brasilien) und aus Guanajuato (Mexiko). Ankerit wurde in Form von schönen Kristallen unter anderem im Porphy von Cuasso al Monte (Varese/Italien) gefunden. Kutnahorit kommt in rosaroten, spätischen Massen in Kutna Hora (Kuttenberg/CSSR), in Franklin (New Jersey/USA), in Providencia (Mexiko) und in der Präfektur Nagano (Japan) vor.
**Verwendung** Dolomit wird auf vielen Gebieten gebraucht im Baugewerbe (Bau- und Ziersteine, Herstellung bestimmter Zementarten), auf metallurgischem Gebiet, in der eisenverarbeitenden Industrie als Fluß- und Entschlackungsmittel, in der chemischen Industrie zur Herstellung von Magnesiumsalzen. Auch für die Wissenschaft und Sammlung ist das Mineral von Interesse.

)olomit (ca. x 1). Traversella (Turin), Italien.

attelförmiger Dolomit (ca. x 1). Fassatal (Italien).

# 100 ARAGONIT

V – Carbonate
$CaCO_3$

**System** Rhombisch
**Aussehen** Kristalle prismatisch und länglich, oft in strahligen Gruppen oder verzwillingt in pseudohexagonalen Prismen, bei denen die Grundflächen in drei verschiedenen Richtungen gestreift und die Ecken des Prismas leicht zurückgebogen sind; krustenartige, pisolithische, stalaktitische, faserig-strahlige, korallenartige (›Eisenblüte‹) Massen; farblos, weiß, gelblich, rötlich und auch in anderen Farben. Aragonit ist oft der Hauptbestandteil des Skeletts oder der Schalen von versteinerten Meerestieren.

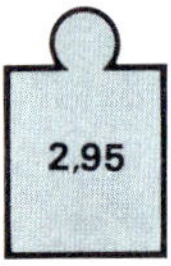


**Eigenschaften** Härte 3¹/₂–4, schwer, spröde und schlecht in Prismen spaltbar; durchsichtig oder durchscheinend mit Glasglanz; Pulver weiß. In kalter Salzsäure unter starkem Aufbrausen relativ leicht löslich; beim Erwärmen entwickelt sich Aragonit schon bei mittlerer Temperatur zu Calcit, wobei er allerdings nicht schmilzt. Manche Varietäten zeigen bei ultravioletter Bestrahlung Lumineszenz und strahlen blaues, rosarotes und gelbes Licht aus. Ultraviolettes Licht färbt Aragonit gelb oder braun. In Pulverform und mit einer Lösung aus Kobaltnitrat aufgekocht, wird das Mineral violett während Calcit bei dieser Behandlung weiß bleibt.

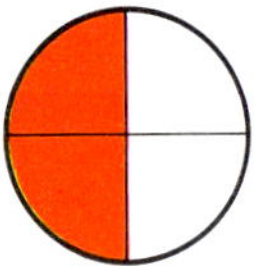

**Entstehung und Vorkommen** Das polymorphe Mineral entsteht bei hohem Druck aus Calcit; daher erweist es sich nur in einigen wenigen metamorphen Gesteinen, die sich bei hohem Druck und niederer Temperatur gebildet haben (Glaukophanschiefer), als stabil. Bildet sich in sedimentärer Umgebung bei metastabilen Bedingungen unter Mitwirkung von Organismen biologisch oder auch durch chemische Ausfällung aus Lösungen, die Ionen wie Strontium, Blei oder Zink enthalten. Entsteht auch in heißen Quellen (Travertin), in der Umwandlungszonen von Schwefel-Lagerstätten, in Ablagerungen aus Organismen (Muschelmarmor) und durch Verdunstung (Gips-Schwefel-Formation).
**Fundorte** Schöne, pseudohexagonale Drillingsbildungen grauer oder rötlicher Farbe gibt es in Molina de Aragon (Spanien); rhombische, hübsche Kristalle findet man in den Schwefel-Minen auf Sizilien (Agrigent/Italien) und am Monte Somma (Vesuv/Italien), in Bastennes (Frankreich) und Alston Moor (Cumberland/Großbritannien). In den Siderit-Bergwerken in der Steiermark (Österreich) findet man Eisenblüte, ebenso in Arizona, New Mexico (USA) und in Mexiko. Aragonit ist auch bei der Bildung von einigen Kalk-Onyx oder Alabastervarietäten beteiligt (Mexiko, Pakistan). In Deutschland kommt Aragonit am Kaiserstuhl und im Harz vor. Fundorte in Italien sind außerdem die Hohlräume der Lava am Ätna (Sizilien) und die alpinen Lithoklase im Val Malenco (Sondrio) sowie Monte Ramazzo (Ligurien).
**Verwendung** Abgesehen von der alabasterartigen Varietät, die als Zierstein in durchscheinende Tafeln geschnitten wird, ist das Mineral nur von wissenschaftlichem Interesse und gilt als Sammlerstein.

Dreifach verzwillingter Aragonit (ca. x 1). Molina de Aragon, Spanien.

Nadeliger Aragonit (ca. x 1). Vesuv, ▷ Italien.

Korallenartiger Aragonit – ›Eisenblüte‹ – (ca. x 1). Steiermark, Österreich.

## 101 STRONTIANIT

V – Carbonate
$SrCO_3$

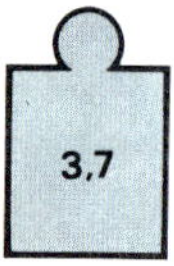


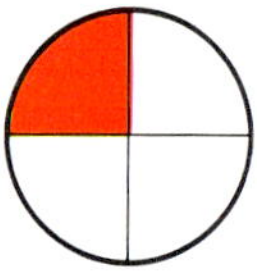

**System** Rhombisch
**Aussehen** Nadelige Kristalle, meist bündelig oder garbenartig, farblos oder weiß, auch rosa, grau oder grün; kleinkörnige, dichte oder faserige Massen.
**Eigenschaften** Härte 3½, schwer, spröde, gut spaltbar, durchsichtig oder durchscheinend mit Glasglanz; Pulver weiß. Zeigt in ultraviolettem Licht blaue Lumineszenz und auch Thermolumineszenz. In verdünnter Salzsäure unter Aufbrausen löslich; schwer schmelzbar, färbt die Flamme lebhaft rot.
**Entstehung und Vorkommen** Auf hydrothermalen Gängen zusammen mit Calcit, Coelestin und Sulfiden; auch in Geoden und in Krusten zwischen Tonen und Kalken.
**Fundorte** Große abbauwürdige Ablagerungen in Ascheberg in Westfalen und im Harz, in Spanien, Mexiko und in den USA (Strontium Hills/Kalifornien). Schöne Kristalle kommen aus Strontian (Argyll in Schottland/Großbritannien), Leogang (Österreich) und Braunsdorf (DDR) und in kleinen Mengen aus den Baryt-Lagerstätten in Varesotto (Vignazza/Italien).
**Verwendung** Wird zur Gewinnung von Strontiumsalzen gebraucht, in der Pyrotechnik (karminrotes Feuer), zur Herstellung bestimmter Gläser.

---

## 102 WITHERIT

V – Carbonate
$BaCO_3$

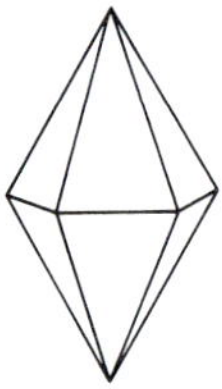

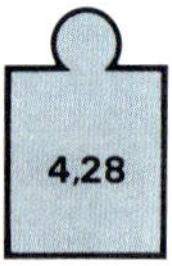


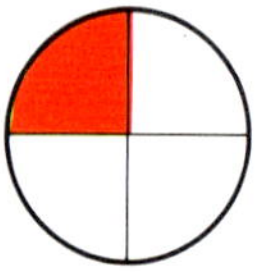

**System** Rhombisch
**Aussehen** Durchdringungsdrillinge, die einer hexagonalen Pyramide ähneln, oft szepterförmig oder kugelig, mit Streifen parallel zur Basis; faserige, schalenförmige, körnige, farblose, weiße oder graue Massen.
**Eigenschaften** Härte 3½, schwer, spröde und gut in Prismen spaltbar; durchsichtig bis durchscheinend mit Glas- bis Fettglanz; Pulver weiß und giftig. Lumineszierт in ultraviolettem Licht. In verdünnter, kalter Salzsäure unter Aufbrausen löslich; schmilzt leicht zu Glas, das nach dem Erkalten klar wird; färbt die Flamme gelblich-grün (Bariumnachweis).
**Entstehung und Vorkommen** In hydrothermalen Gängen mit Baryt und Galenit.
**Fundorte** Schöne Kristalle werden in Alston Moor (Cumberland) und Hexham (Northumberland) in Großbritannien und in Rosiclaire (Illinois/USA) gefunden. Dichte Massen gibt es in El Portal (Kalifornien/USA) und in Sibirien (UdSSR). In Italien kommt Witherit in Donori (Sardinien) vor.
**Verwendung** Wo sich der Abbau lohnt, wird es zur Gewinnung von Barium und zur Herstellung bestimmter Gläser benutzt.

Strontianit (ca. x 1,5). Westfalen.

Whitherit (ca. x 1,5). Northcumberland, Großbritannien.

# 103 CERUSSIT Weißbleierz

V – Carbonate
$PbCO_3$

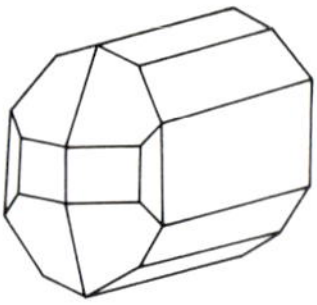

**System** Rhombisch

**Aussehen** Kristalle sind farblos oder weiß mit Grauschiller, länglich und meist so verzwillingt, daß sie in Winkeln von 60° stehen; daneben gedrungene, tafelige, stern- oder herzförmig verzwillingte Kristalle; dichte, faserige, stalaktitische und erdige Massen sind selten.

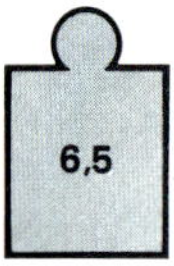


**Eigenschaften** Härte 3–3 1/2, sehr schwer, sehr spröde und in Prismen spaltbar; durchsichtig oder durchscheinend mit Diamantglanz; Pulver weiß. Lumineszíert im ultravioletten Licht lebhaft blaugrün. Beim Erwärmen färbt sich Cerussit erst braun und schmilzt dann rasch; in Salzsäure nicht löslich, jedoch unter starkem Brausen in Salpetersäure; dadurch unterscheidet es sich von Anglesit ($PbSO_4$).

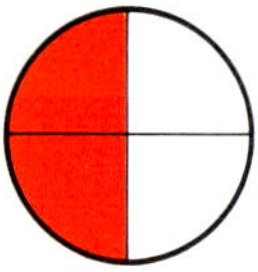

**Entstehung und Vorkommen** Das Mineral entsteht in der Oxidationszone von Blei-Lagerstätten infolge von chemischer Umwandlung von Galenit durch stark kohlensäurehaltiges, zirkulierendes Wasser, zusammen mit primären Mineralien wie z. B. eben Galenit und Sphalerit und mit sekundären Mineralien wie z. B. Anglesit, Smithsonit, Pyromorphit und Goethit.

**Fundorte** Klare, sehr große Kristalle stammen aus Tsumeb (Namibia) und Dona Ana (New Mexico/USA); hübsche Kristalle gibt es in Broken Hill (Australien), in Rhodesien, in Phoenixville (Pennsylvania/USA), Leadville (Colorado/USA), in der CSSR, Tunis, Sibirien (UdSSR) und in Mezica (Jugoslawien). Fundorte in Deutschland sind Mechernich, der Oberharz, Nassau, Siegen und Braubach. In Italien findet man Cerussit in Montevecchio und Monteponi (Sardinien) in Form von kleinen, aber sehr klaren Kristallbündeln. In der UdSSR (Südkasachstan, Altai) wird Cerussit in beachtlichen Mengen abgebaut.

**Verwendung** Cerussit dient der Erzeugung von Blei und in bescheidenem Maße der Gewinnung des oft beigemengten Silbers, daneben ist es aufschlußreich für die Lagerstättenkunde und bereichert jede Sammlung.

Cerussit (ca. x 1).

Cerussit (ca. x 1). Montevecchio (Cagliari).

Cerussit (ca. x 1). Montevecchio (Cagliari), Italien.

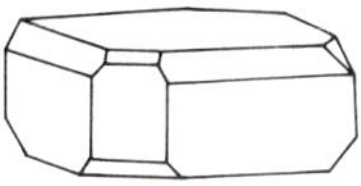

# 104 AZURIT Kupferlasur

V – Carbonate
$Cu_3[OH|CO_3]_2$

**System** Monoklin

**Aussehen** Kristalle prismatisch, länglich oder tafelig, gestreift, oft verwachsen oder in strahligen Aggregaten; himmel- oder dunkelblau; häufig auch Überzüge und nierenförmige, erdige, körnige oder hellere, krustenförmige Aggregate. Oft pseudomorph auf anderen Mineralien.

**Eigenschaften** Härte $3\frac{1}{2}$–4, schwer, spröde und relativ gut spaltbar; durchsichtig oder durchscheinend mit Glas- bis Diamantglanz; Pulver hellblau. In Ammoniak löslich, braust in verdünnter Säure auf; leicht zum Schmelzen zu bringen. Beim Erwärmen färbt sich Azurit durch den Verlust von Wasser schwarz.

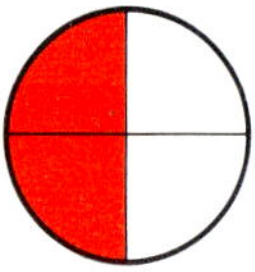

**Entstehung und Vorkommen** Verwitterungsprodukt von Kupfersulfiden in carbonatischer Umgebung; bildet sich an der Oberfläche von Malachit und wird oft pseudomorph durch chemische Wasseraufnahme von Malachit verdrängt. Auch als Imprägnation in Sandstein, der mit kupfersulfidhaltigem Wasser durchsetzt wurde. Außer mit Malachit kommt Azurit gewöhnlich zusammen mit Limonit, Calcit, Chalkosin, Chrysokoll und anderen sekundären Kupfererzen vor.

**Fundorte** Selten in Massen; die schönsten Kristalle stammen von Chessy bei Lyon (Frankreich), Tsumeb (Namibia), Calabona und Rosas (Sardinien/Italien), Laurion (Griechenland) und aus zahlreichen Minen Arizonas (Copper Queen Mine, Bisbee, Morenci/USA). Wunderhübsche Kristallgruppen, in denen Azurit manchmal fast vollkommen pseudomorph durch Malachit verdrängt ist, wurden in Broken Hill (New South Wales/Australien) gefunden. Daneben gibt es Azurit in Chile, Australien, Sibirien, Persien, Rumänien, Mexiko, in Tirol (Österreich) und zusammen mit größeren Malachitvorkommen im Ural (UdSSR). Fundorte in Deutschland sind Mechernich und Wallerfangen.

**Verwendung** Azurit glänzt in kleinen Plättchen und wird gern zur Herstellung von kunstgewerblichen Gegenständen benutzt; obwohl er sehr zerbrechlich ist, wird er gelegentlich als hübscher Schmuckstein facettiert. In früherer Zeit stellte man aus zerriebenem Azurit Blaufarben her, die allerdings mit der Zeit grünlich wurden und in Malachit übergingen. Er ist außerdem ein Kupfererz, aber von untergeordneter Bedeutung. Azurit ist auch für die Wissenschaft und für Sammler von Interesse.

zurit (ca. x 1), Chessy, Frankreich.

adeliger Azurit (ca. x 1). Calabona (Sassari), Italien.

105 **MALACHIT**

V – Carbonate

$Cu_2[(OH)_2|CO_3]$

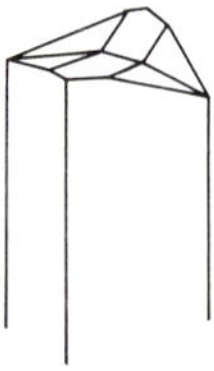

**System** Monoklin

**Aussehen** Nadelige Kristalle selten, gelegentlich in faserig-strahligen Aggregaten; häufig dagegen als grüner Belag auf anderen kupferhaltigen Mineralien, und in Form von traubigen oder nierenförmigen Massen, die eine krustenartige, smaragdgrüne Zonierung zeigen. Oft auch pseudomorphe Verdrängungen nach Azurit.

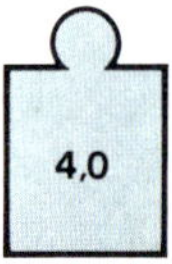


**Eigenschaften** Härte 3 1/2–4, schwer, spröde und gut spaltbar; fast undurchsichtig oder durchscheinend mit Glas- bis Seidenglanz; Pulver helles grün. In konzentrierter Säure unter Aufbrausen löslich; unter Einwirkung von Salzsäure entsteht eine grüne Lösung; bei Erhitzen entweicht Wasser, das Mineral wird schwarz und schmilzt dann rasch, wobei die Flamme grün gefärbt wird (Kupfer).

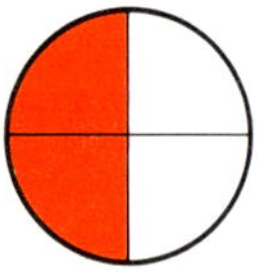

**Entstehung und Vorkommen** An der Oberfläche der Oxidationszonen von Kupfer-Lagerstätten, wo es durch eine Reaktion des Sulfids mit dem carbonatischen Ganggestein entsteht; kommt gelegentlich auch in großen Massen mit Azuritkern vor. Außerdem durch zirkulierendes Wasser als Imprägnation in Sandstein.

**Fundorte** Große, bis zu 50 Tonnen schwere Brocken entdeckte man im letzten Jahrhundert in den eisenhaltigen Tonen der Bergwerke des Urals (Médnoroudianskoie und Gouméchevskoie, UdSSR); bedeutende, krustenartige Massen findet man ebenfalls im Ural, daneben in Katanga (Zaire), Sambia, Chile, New South Wales und Südaustralien, außerdem an verschiedenen Stellen in New Mexico, um Tintic (Utah) und in Arizona (alle USA). Sehr schöne Kristalle gibt es in Betzdorf (Siegerland), Chessy (Frankreich), Rezbanya (Rumänien), Tsumeb (Namibia) und vor allem in Arizona, USA (Copper Queen Mine bei Bisbee; Morenci). In Deutschland findet man Malachit noch außerdem im Saarland, im Lahn-Dill-Gebiet und im Harz. In Italien kommt das Mineral in dichten Massen auf Elba und als kleine, nadelige Kristalle auf Sardinien (Arenas, Sa Duchessa, Campo Pisano) vor.

**Verwendung** Malachit wird als Zierstein sehr geschätzt; er wird zur Herstellung von glänzenden Platten, Tischchen, Schatullen und anderen Ziergegenständen verwendet. Besonders schön wurde Malachit in den Säulen der Isaakskathedrale und in der Wandverkleidung des Saales im Winterpalast in Leningrad verarbeitet. Aus zerriebenem Malachit stellte man früher eine grüne Malerfarbe her. Als kupferhaltiges Mineral wird er auch industriell abgebaut und gilt darüber hinaus als begehrenswertes Sammlerobjekt, das auch von wissenschaftlichem Interesse ist.

\adeliger Malachit (ca. x 1). Herford, Deutschland.

/lalachit mit Zonierungen (ca. x 1). Sambia.

## 106 HYDROZINKIT Zinkblüte

V – Carbonate

$Zn_5[(OH)_3|CO_3]_2$

**System** Monoklin

**Aussehen** Kommt fast nie in Form von Kristallen vor; erdige, dichte, weiße oder graue Massen, manchmal auch in Krusten mit faserig-konzentrischer Struktur oder stalaktitisch.

**Eigenschaften** Härte 2–2 1/2, schwer, vollkommen spaltbar; durchscheinend mit Glasglanz; Pulver weiß. Bei Erwärmung zersetzt sich das Mineral zu gelbem Zinkit; ist in Salzsäure löslich. Charakteristisch ist die hellblaue Lumineszenz in ultraviolettem Licht.

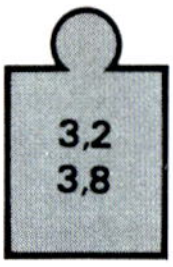


**Entstehung und Vorkommen** Das sekundäre Mineral entsteht durch Umwandlung in Oxidationszonen aus zinkhaltigen Mineralien. Man findet es vor allem im Eisernen Hut zusammen mit Smithsonit.

**Fundorte** Bedeutende Mengen lagern bei Santander (Spanien), in Kärnten (Österreich), in Algerien, in Nevada und New Mexico (USA), Fundorte in Italien sind Gorno (Val Seriana, Bergamo), Raibl (Udine), das Val Parina und Val del Riso (Bergamo) und Sardinien.

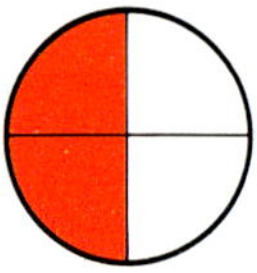

**Verwendung** Gilt in abbauwürdigen Mengen als wichtiges Zink-Erz.

---

## 107 AURICHALCIT

V – Carbonate

$(Zn, Cu)_5[(OH)_3|CO_3]_2$

**System** Rhombisch

**Aussehen** Einzeln stehende, schön ausgeprägte Kristalle sind sehr selten; meist in perlmuttartigen, himmelblauen Belägen, welche aus Büscheln von nadeligen, feinen Kristallen bestehen, die über einer Schicht aus Limonit liegen.

**Eigenschaften** Härte 1–2, schwer, vollkommen in feine, biegsame, durchscheinende und perlmuttglänzende Blättchen spaltbar; Pulver hellblau bis blaßgrün. In verdünnter Salzsäure unter Aufbrausen löslich, färbt beim Erwärmen die Flamme grün (Kupfer!), schmilzt jedoch nicht.

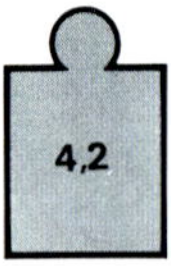


**Entstehung und Vorkommen** Kommt in der Oxidationszone von Zink- und Kupfersulfiden vor, wo es durch chemische Ausfällung aus zirkulierendem, stark carbonathaltigem Wasser entsteht.

**Fundorte** Schöne Handstücke findet man in Laurion (Griechenland), Chessy (Frankreich), Tsumeb (Namibia), Leadhills (Schottland) und in Rumänien, Mexiko, USA (Arizona, Utah, New Mexico). In Italien wurde Aurichalcit in Monteponi und Rosas (Sardinien) und in Oneta (Bergamo) gefunden.

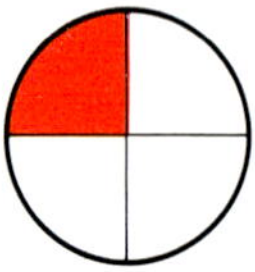

**Verwendung** Das Mineral ist für die Wissenschaft und für Sammler interessant.

ydrozinkit (ca. x 1). Monteponi (Cagliari), Italien.

ichalcit (ca. x 1). Durango, Mexiko.

## 108 PHOSGENIT Bleihornerz

V – Carbonate
$Pb_2[Cl_2|CO_3]$

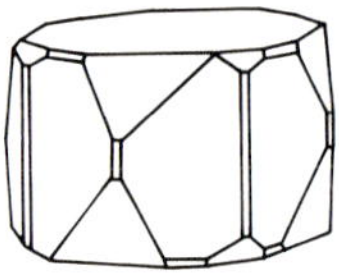

**System** Tetragonal
**Aussehen** Kurze, prismatische oder tafelige, längs gestreifte Kristalle, die oft wie ein ausziehbares Teleskop aussehen. Farblos bis bernsteingelb.
**Eigenschaften** Härte 2½–3, sehr schwer, gut spaltbar durchsichtig bis durchscheinend mit fettigem Diamantglanz fettig; Pulver weiß. Löst sich in verdünnter Salpetersäure unter Aufbrausen; leicht zum Schmelzen zu bringen. Zeigt ir ultraviolettem Licht oft eine reizvolle, gelbe Lumineszenz.
**Entstehung und Vorkommen** Phosgenit entsteht als Umwandlungsprodukt von Galenit unter Einwirkung von Meeres- oder Brackwasser.
**Fundorte** Sehr schöne und riesige, bis zu 45 kg schwer Kristalle hat man in Monteponi und Montevecchio (Sardinien/Italien) auf einem Gang mit silberhaltigem Galenit gefunden. Kommt außerdem in Laurion (Griechenland), Tsumeb (Namibia), Matlock (Großbritannien), Tarnowitz (Polen und in Custer Country (Colorado/USA) vor.
**Verwendung** Interessant für Wissenschaft und Sammler.

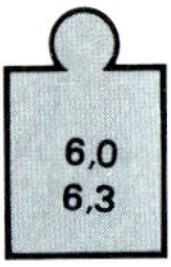


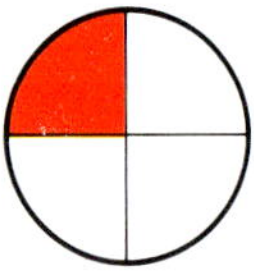

---

## 109 TRONA

V – Carbonate
$Na_3H[CO_3]_2 \cdot 2H_2O$

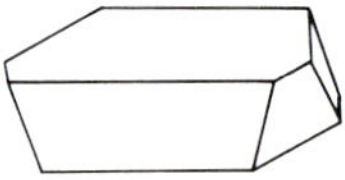

**System** Monoklin
**Aussehen** Prismatische, tafelige und farblose Kristalle; e dige Krusten oder weiße bis weißgelbe Ausblühungen.
**Eigenschaften** Härte 2½, leicht, spröde und vollkomme spaltbar; durchsichtig bis durchscheinend mit undeutliche Glanz; Pulver weiß. In Salzsäure löslich; Trona schmilzt nu bei hoher Temperatur. An der Luft verändert es sich nicht
**Entstehung und Vorkommen** Das Mineral entsteht in tro kenen, heißen Gebieten durch Verdunstung an den Ufe von Salzseen.
**Fundorte** Am Lake Magadi (Kenia) und in Wyoming (US wird Trona industriell abgebaut; daneben findet man das M neral in Ägypten, Tripolis, Lybien, Venezuela, in den Wüste gebieten Zentralasiens und zusammen mit anderen Evapo ten (Eindampfungsgesteinen) an verschiedenen Fundorte in Afrika. Schöne Kristalle gibt es in Borax (Kalifornien) ur am Soda Lake (Nevada) in den USA. In Italien kommt Tror in den Hohlräumen der Lava am Vesuv vor.
**Verwendung** Das Mineral wird zur Gewinnung von So gebraucht.

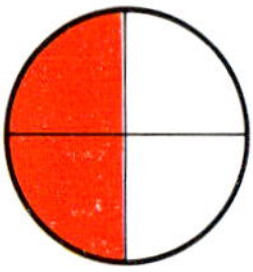

Phosgenit (ca. x 0,5). Monteponi (Cagliari), Ital.

Phosgenit (ca. x 1). Monteponi (Cagliari), Ital.

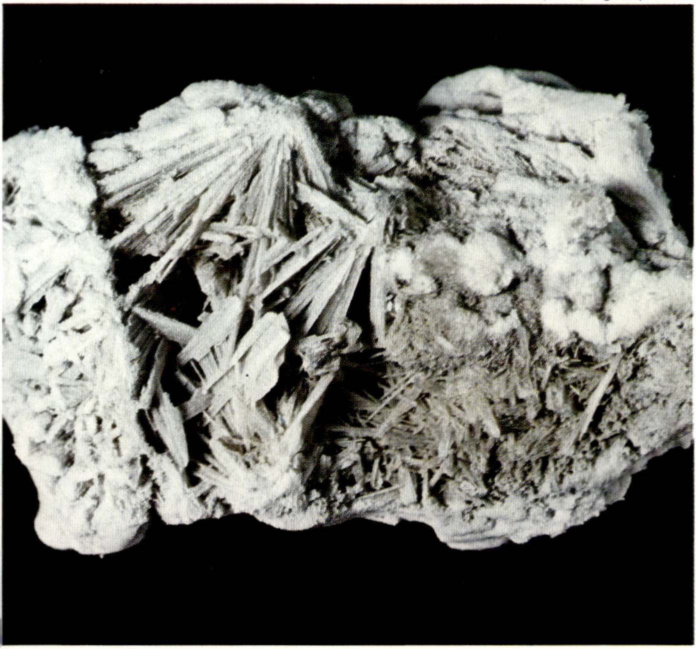

Trona (ca. x 1,5). Ägypten.

# 110 HYDROMAGNESIT

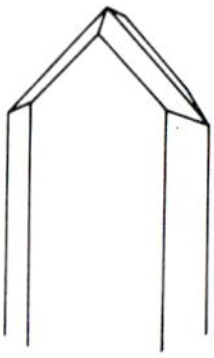

V – Carbonate
$Mg_5[(OH)|(CO_3)_2]_2 \cdot 4H_2O$

**System** Monoklin
**Aussehen** Nadelige, weiße Kristalle; meist in strahligen Büscheln oder strahligen, körnigen oder erdigen Krusten.
**Eigenschaften** Härte 3½, leicht, spröde und vollkommen spaltbar; durchsichtig mit Glas- bis Seidenglanz; Pulver farblos oder weiß. Ist in verdünnter Säure unter Aufbrausen löslich; bei Erwärmen werden Wasser- und Kohlensäuremoleküle freigesetzt; dabei wird das Mineral weiß, schmilzt aber nicht.

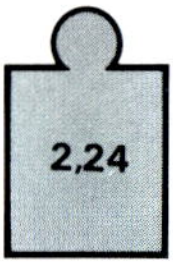


**Entstehung und Vorkommen** Bildet sich hydrothermal bei sehr geringen Temperaturen in Serpentinklüften und in Hohlräumen femischer Lava; kommt auch als Umwandlungsprodukt von Brucit in dolomitischem Marmor vor.
**Fundorte** In den Alpen findet man das Mineral im Serpentin (Kraubath/Österreich; Val Malenco, Aostatal/Italien); außerhalb der Alpen in der CSSR, Serbien, Kalifornien, Nevada (USA) und auf Kuba; außerdem in den Dolomitblöcken am Monte Somma (Vesuv/Italien) und im Tuff von Ariccia (Rom/Italien) oder im kontaktmetamorphen Gestein von Predazzo (Trient/Italien).

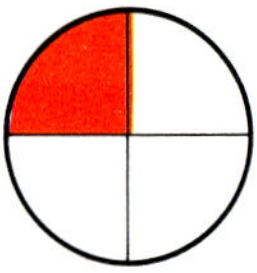

**Verwendung** Interessant für Wissenschaft und Sammler.

---

# 111 ARTINIT

V – Carbonate
$Mg_2[(OH)_2|CO_3] \cdot 3H_2O$

**System** Monoklin
**Aussehen** Feine weiße oder grauweiße Nädelchen; meist jedoch in kugeligen, büschelartigen Aggregaten oder Krusten und Äderchen.
**Eigenschaften** Härte 2½, leicht, spröde und vollkommen spaltbar; durchsichtig mit Seidenglanz; Pulver weiß. In verdünnter, kalter Säure leicht unter Aufbrausen löslich; bleicht bei Erwärmung aus, wobei Wasser und Kohlensäure entweichen; schmilzt jedoch nicht.

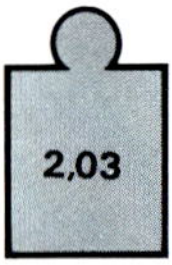


**Entstehung und Vorkommen** Artinit bildet sich hydrothermal bei sehr niedrigen Temperaturen in Klüften von Serpentingestein; oft zusammen mit Amiant und Brucit.
**Fundorte** Klassischer Fundorte für Artinit sind das Val Malenco (Val Brutta, Val Lanterna, Torre S. Maria), viele andere Gebiete der italienischen Alpen (Emarese, Cogne, Lanzo, Baldissero) oder der Monte Ramazzo (Sestri Levante). Weitere Fundorte liegen in Österreich (Kraubath, Steiermark), Jugoslawien und in den USA (Hoboken, New Jersey; Luning, Nevada; Peckskill, New York); hier stets in serpentinisierten Peridotiten.

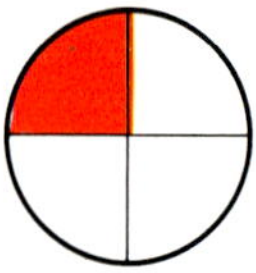

**Verwendung** Interessant für Wissenschaft und Sammler.

Hydromagnesit (ca. x 1,5). Emarese (Aosta), Italien.

Artinit (ca. x 1,5). Val Malenco (Sondrio), Italien.

## 112 BORAX Tinkal

V – Borate
$Na_2[B_4O_5(OH)_4] \cdot 8H_2O$

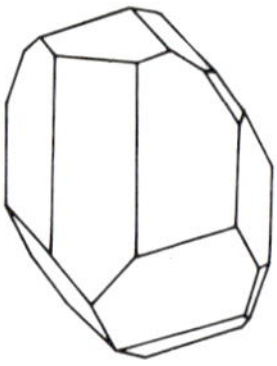

**System** Monoklin
**Aussehen** Kurze, prismatische, meist abgeplattete und senkrecht gestreifte, farblose, weiße, gelbliche oder bläuliche Kristalle; auch derb, erdig und in Krusten.
**Eigenschaften** Härte 2–2 1/2, sehr leicht, vollkommen spaltbar, muscheliger Bruch; durchsichtig, zum Teil auch durchscheinend mit Fettglanz; Pulver weiß. Besitzt einen süßlichen, zusammenziehenden Geschmack. In Wasser löslich, schmilzt leicht zu einem durchsichtigen Glas, wobei die Flamme sich gelb färbt (Natrium). An der Luft wandelt es sich durch Abgabe von Wasser leicht in weiße Ausblühungen um.

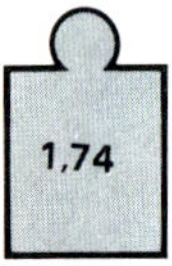


**Entstehung und Vorkommen** In Tonen am Ufer von binnenländischen Salzseen (Borax-Seen) und in ariden Gebieten als Ausblühungen am Boden. In beiden Fällen entsteht es durch die Verdunstung von Wasser aus Lösungen.
**Fundorte** Große Vorkommen an den Uferrändern der zentralasiatischen Seen (Tobet, Lob Nor, Kashmir) und in den Wüstengebieten der westlichen USA, besonders im Death Valley (Kalifornien); die Vorkommen von Searles Lake (San Bernardino Country) werden industriell abgebaut. Große Kristalle gibt es am Clear Lake und in Boron (Kalifornien/USA).

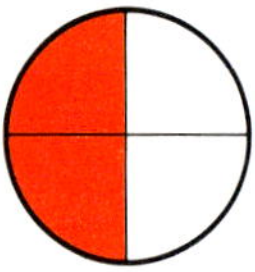

**Verwendung** Wichtigstes Mineral zur Gewinnung von Borsäure; für Glasuren, als Flußmittel beim Hartlöten.

## 113 ULEXIT Boronatrocalcit

V – Borate
$NaCa[B_5O_6(OH)_6] \cdot 5H_2O$

**System** Triklin
**Aussehen** Deutlich erkennbare Kristalle sind äußerst selten; rundliche, leichte und schwammige Massen aus feinstfaserigen, weißen, seidigen Aggregaten.
**Eigenschaften** Härte 1 1/2, sehr leicht und äußerst zerbrechlich mit vollkommener Spaltbarkeit, die allerdings nur unter dem Mikroskop zu erkennen ist; durchsichtig mit etwas schillerndem Seidenglanz. In warmem Wasser löslich; beim Erwärmen schwillt Ulexit zunächst an und wird weiß; dann schmilzt er rasch und entwickelt sich unter gelber Färbung der Flamme zu einem durchsichtigen, bläschenreichen Glas. Nadelige Kristalle oder normalfaserige Bruchstücke können Bilder so vollkommen übertragen, als wären sie ins Innere des Steins projiziert. Aus diesem Grund wird Ulexit auch als ›Fernsehstein‹ bezeichnet.

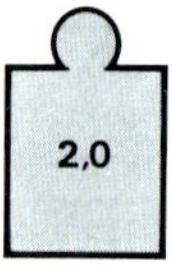


**Entstehung und Vorkommen** Entsteht durch Abscheidung infolge von Verdunstung in den Binnenseen der ariden Zonen, zusammen mit Borax und Salpeter.
**Fundorte** Mine (Kalifornien/USA); in den Wüsten Mojave (Nevada/USA) und Atacama (Chile); in Argentinien und Peru und in den borhaltigen Soffionen in Larderello (Italien).

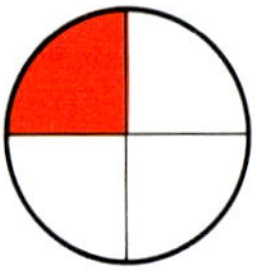

**Verwendung** Wird zur Gewinnung von Bor verwendet.

ʼorax (ca. x 1). Türkei.

ʼlexit (ca. x 1). Türkei.

## 114 COLEMANIT

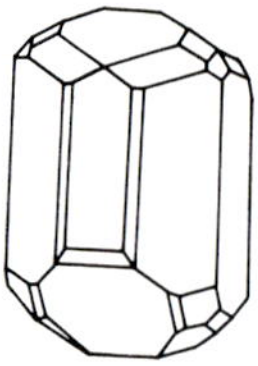

V – Borate

$Ca[B_2^{[4]}B^{[3]}O_4(OH)_3] \cdot H_2O$

**System** Monoklin

**Aussehen** Kristalle in schönen Doppelpyramiden oder ebensogroßen Prismen, weiß, klar und flächenreich; selten durch Beimengungen rosa oder rot; auch in körnigen oder spätischen Massen.

**Eigenschaften** Härte 4–5, leicht und vollkommen spaltbar; durchsichtig oder durchscheinend mit diamantartigem Glasglanz; Pulver weiß. In Wasser nicht löslich, jedoch in warmer Salzsäure. Beim Erkalten der Lösung fallen Borsäurenadeln aus. Schmilzt leicht und zerfällt; färbt die Flamme grün (Bor).

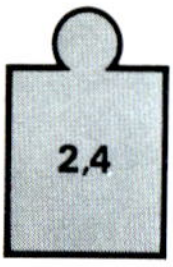


**Entstehung und Vorkommen** Bildet sich in Verdunstungsbecken, deren Wasser aus Thermalquellen stammt.

**Fundorte** Große Vorkommen im Death Valley und in Kalifornien (USA), in der Türkei (Biğadiç), in Chile, in Kasachstan (UdSSR) und in Argentinien.

**Verwendung** Colemanit ist eines der wichtigsten Mineralien zur Gewinnung von Bor und seiner Verbindungen. Es wird in der chemischen, pharmazeutischen und kosmetischen Industrie, ferner zum Emaillieren von Stahl, für hitzebeständiges Glas (Pyrex), als Flußmittel zum Schweißen verwendet, und kann für besonders widerstandsfähige Legierungen verwendet werden.

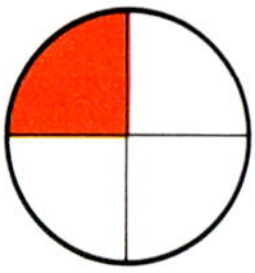

---

## 115 HYDROBORACIT

V – Borate

$MgCa[B_3O_4(OH)_3]_2 \cdot 3H_2O$

**System** Monoklin

**Aussehen** Nadelige, farblose oder weiße Kristalle; faserig-blättrige, strahlige oder parallele Massen; gelegentlich auch massige oder dichte Krusten.

**Eigenschaften** Härte 2, leicht, spröde und vollkommen spaltbar; durchsichtig mit Glas- oder Seidenglanz; Pulver weiß. In kaltem Wasser nicht und in warmem Wasser nur schwer löslich. Schmilzt leicht zu einem durchsichtigen Glas und färbt dabei die Flamme grün (Bor).

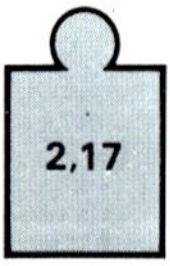


**Entstehung und Vorkommen** In älteren und rezenten Verdunstungszonen. Die Bildung wird durch eine leichte Diagenese begünstigt.

**Fundorte** Mit Gips und Steinsalz in Staßfurt; im Death Valley (Kalifornien/USA) zusammen mit Colemanit und Ulexit am Indersee (Kasachstan/UdSSR) zusammen mit Gips in den durch Verdunstung entstandenen Krusten und außerdem in der Türkei.

**Verwendung** Wo sich der Abbau lohnt, wird Hydroboracit zur Gewinnung von Borsäure gebraucht.

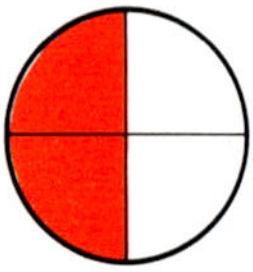

olemanit (ca. x 1). Türkei.

ydroboracit (ca. x 1,5). Türkei.

## 116 GLAUBERIT

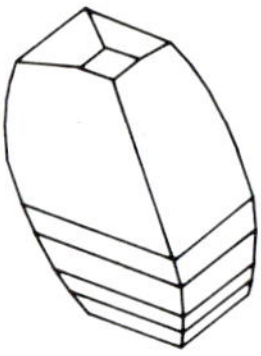

VI – Sulfate
$CaNa_2[SO_4]_2$

**System** Monoklin
**Aussehen** Kristalle weiß, gelblich bis mattrot, tafelig, pris matisch oder in Doppelpyramiden; auch mit gestreiften Flä chen und abgerundeten Ecken; dichte Massen und Krusten
**Eigenschaften** Härte 2½–3, leicht, vollkommen spaltbar durchsichtig, Glas- bis Fettglanz; Pulver weiß. In Salzsäur löslich; schmilzt rasch und zerfällt beim Erwärmen. An de Luft bildet sich oberflächlich ein Gipsbelag, das Mineral zer bröckelt langsam und verwandelt sich in Gips.

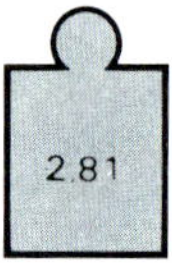


**Entstehung und Vorkommen** Glauberit bildet sich durc Verdunstung von Mutterlaugen im Meer und in Binnensee oder als Niederschlag in Wüstensanden und -konglomerate sowie in Ablagerungen von Nitraten. Kommt auch in Lave als Sublimationsprodukt von Fumarolen vor.
**Fundorte** Kristalle gibt es in Vallarubia (Spanien), Lothrin gen (Frankreich) und an den Salzseen Kaliforniens und Ar zonas (USA). In bedeutenden Mengen findet man Glauber in den permischen Evaporiten der Ukraine (UdSSR), in Texa und in New Mexico (USA). Als Sublimation zusammen m Thenardit und Sassolin in der Lava auf Lipari und Vulcan (Messina/Italien).

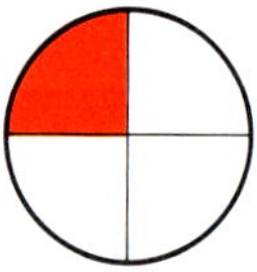

**Verwendung** Zur Glaubersalz-Gewinnung ($Na_2SO_4 \cdot 10H_2O$ in der Textil-Industrie und in der Medizin.

---

## 117 ANHYDRIT

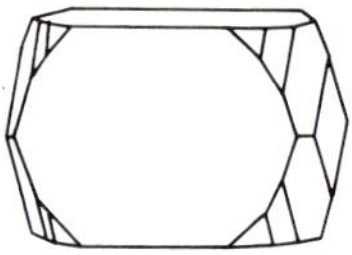

VI – Sulfate
$CaSO_4$

**System** Rhombisch
**Aussehen** Kurze prismatische oder tafelige Kristalle se ten; meist in dichten feinkörnigen, faserigen, weißen, me oder weniger dunkelgrauen, rosaroten Massen, die zu Wü feln zerbrechen.
**Eigenschaften** Härte 3–3½, schwer, nach den drei würfe artigen Pinakoiden gut spaltbar; durchscheinend od durchsichtig mit Glas- bis Perlmuttglanz; Pulver weiß. Auß in Pulverform nur schwer in Salz- und Schwefelsäure löslic schmilzt leicht, färbt die Flamme mattrot. Bei Vorhandense von Wasser und entsprechendem Druck wird es langsam z Gips, wobei sich sein Volumen erheblich vergrößert.

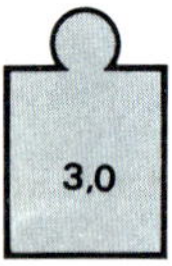


**Entstehung und Vorkommen** In sedimentären, chem schen, evaporitischen Ablagerungen in heißen Klimagebi ten; in metamorphisierten Evaporiten als Produkt der Wa serabgabe von Gips.
**Fundorte** Große Mengen kommen in der Überdeckung d Salzdome in Louisiana und Texas (USA), in den Zechstei Salzlagern Deutschlands (Niedersachsen, Harz), Polen Österreichs, Frankreichs und Indiens vor.

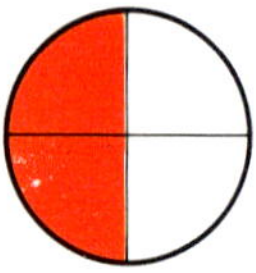

**Verwendung** Zur Herstellung von Schwefelsäure und a Zierstein für Innenarchitektur.

Glauberit (ca. x 1,5). Camp Verde (Arizona), USA.

Anhydrit (ca. x 1,5). Hannover.

# 118 COELESTIN

VI – Sulfate
$SrSO_4$

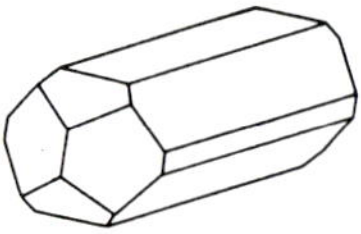

**System** Rhombisch
**Aussehen** Kristalle prismatisch, seltener auch tafelig, farblos, milchig weiß, azurblau oder gelblich; strahlige oder parallele Aggregate, körnige, spätische und krustenartige Massen.

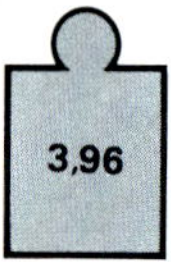


**Eigenschaften** Härte 3–3 1/2, schwer, spröde und längs der Basis vollkommen spaltbar; durchsichtig bis durchscheinend mit Glas- bis Perlmuttglanz. Durch Beimengung organischer Substanzen entsteht Fluoreszenz und manchmal sogar Thermolumineszenz. In Wasser und Säuren langsam löslich; zerfällt beim Schmelzen; färbt die Flamme karminrot (Strontiumnachweis) und das Mineral wird zu einer weißen Perle. Unterscheidet sich durch das geringere spezifische Gewicht und durch die Färbung der Flamme von Baryt.

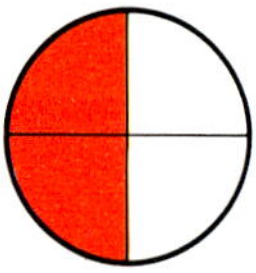

**Entstehung und Vorkommen** Das primäre Mineral entsteht hydrothermal in Hohlräumen vulkanischen Gesteins, daneben auch in Ganglagerstätten vor allem zusammen mit Galenit, Sphalerit und anderen Sulfiden. Häufiger findet man Coelestin in carbonatischem Gestein, in Sandstein oder in Evaporiten zusammen mit anderen Mineralien wie Gips, Aragonit, Schwefel und Chloriden.
**Fundorte** Hübsche, kobaltblaue Kristalle findet man in den Hohlräumen im Basalt von Montecchio Maggiore (Vicenza/Italien), in Pegmatiten der ČSSR (Herrengrund) und auf Madagaskar. Die blauen, bei Bristol (Großbritannien) gefundenen Kristalle sind sedimentär entstanden; sie lagern als Knollen oder Geoden in Mergeln. Fundorte sind außerdem Agrigent (Sizilien) und die gips- und schwefelführenden Schichten in der Romagna bei Perticara (Italien), Strontian Island oder Put-in-Bay (Eriesee/USA) und Dornburg (DDR). Schichtförmige Ablagerungen, die industriell abgebaut werden, befinden sich in Großbritannien (Bristol und in Gloucestershire), in Tunis und in der UdSSR (Wolga, Turkestan). Die größten, weißen und fast undurchsichtigen Kristalle von 50–75 cm Länge und 2–3 kg Gewicht stammen von Put-in-Bay und San Bernardino (USA). Vereinzelt in Nordrhein-Westfalen und Fischbach am Inn (Bayern).
**Verwendung** Wird vor allem zur Gewinnung von Strontiumsalzen gebraucht, außerdem in der Pyrotechnik und für Leuchtspurgeschosse (karminrotes Feuer), in der Kernenergie- und Gummiindustrie, für Farben, Elektrobatterien, ferner zur Herstellung von speziellen, schillernden Gläsern und Keramiken. Das Mineral wird von Sammlern hoch geschätzt.

:oelestin mit Schwefel (ca. x 1). Sizilien.

lauer Coelestin (ca. x 1). Madagaskar.

# 119 BARYT Schwerspat

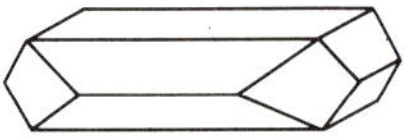

VI – Sulfate
$BaSO_4$

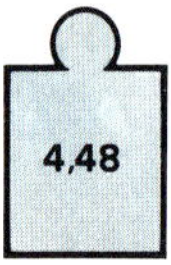


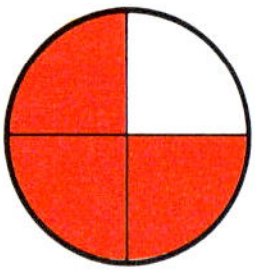

**System** Rhombisch
**Aussehen** Kristalle tafelig, linsenförmig, farblos, gelblich, rötlich oder grünlich, gelegentlich auch aufgrund von Bitumengehalt schwarz; blättchenförmige, divergierende Gruppen (›Hahnenkamm‹), auch rosettenartig (›Wüstenrose‹ oder ›Sandrose‹). Dichte, körnige, spätische, erdige oder stalaktitische Massen.
**Eigenschaften** Härte 3–3 1/2, obwohl Baryt kein schwermetallhaltiges Mineral ist, hat es ein hohes Gewicht; spröde und vollkommen in Parallelepipeden spaltbar; durchsichtig oder durchscheinend mit Glasglanz; Pulver weiß. In Säure nicht löslich, Flammenfärbung grün. Manche Varietäten zeigen in ultraviolettem Licht Lumineszenz.
**Entstehung und Vorkommen** Häufig auf hydrothermalen Gängen mittlerer und niederer Temperatur zusammen mit Blei-, Silber- und Antimonsulfiden und in Verdrängungs-Lagerstätten in Kalk und Dolomit. Bei letzterem soll es sich um eine Karsterscheinung handeln. Unter anderem als chemische Ablagerungen an Thermalquellen, mit denen auch die versteinerten Baumstämme in Baryt zusammenhängen; als Produkt chemischer Ablagerungen findet man Baryt auch in eisen-manganhaltigem Jaspis und in Hohlräumen von Basaltgestein.
**Fundorte** Riesige, bis zu 1 m große Kristalle kommen in Großbritannien (Cumberland, Cornwall, Derbyshire), in der CSSR (Pribram), in Siebenbürgen (Felsöbanya, Rumänien) und in Freiberg immer auf hydrothermalen Gängen vom Fundorte in Italien sind Storo (Trient), Cortabbio (Como), Guspini und Fluminimaggiori (Sardinien). In Monte Paderno (Bologna) findet man sedimentären Baryt in Form von kugeligen, strahligen oder spätischen Krusten, die oft Thermolumineszenz aufweisen; in vielen Gebieten der USA werden große Lagerstätten abgebaut. Sandrosen aus Baryt findet man in der Sahara und in Oklahoma (USA). Schöne reine Kristalle stammen aus den Sandsteinlithoklasen von Calafuria (Livorno) und aus dem Apenninen (Umgebung von Piacenza). In Deutschland findet man Baryt außerdem in Meggen (Westfalen), im Harz, im Kinzigtal (Schwarzwald), im Odenwald und in Unterfranken und Hessen.
**Verwendung** Das Mineral ist wichtig zur Gewinnung von Barium. Wird auch zum Beschweren des Bohrschlamms bei Erdölbohrungen, in der Papier- und in der Gummiindustrie, als Röntgenkontrastmittel, als Strahlenschutz, als Füllstoff und zur Herstellung einer weißen Farbe verwendet.

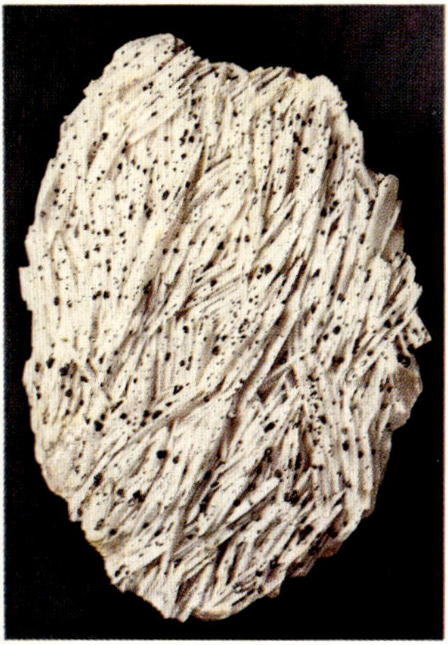

Blättriger Baryt mit Pyrit (ca. x 1). Deutschland.

Baryt (ca. x 1). ▷

Baryt (ca. x 1). Felsöbanja, Rumänien.

# 120 ANGLESIT

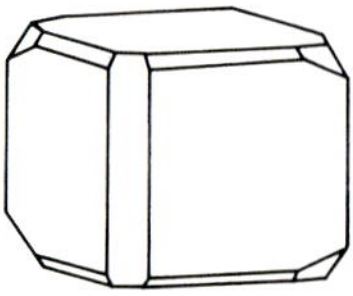

VI – Sulfate

$PbSO_4$

**System** Rhombisch

**Aussehen** Prismatische, kurze oder tafelige Kristalle, selten in Form von Doppelpyramiden, farblos, aber auch weiß, grau, grün, braun oder schwarz infolge von Einschlüssen von Galenit; in seltenen Fällen auch smaragdgrün oder violett; pulverige Krusten, körnige, knollenartige und nierenförmige Aggregate mit konzentrischer Struktur und einem Kern aus Galenit.

**Eigenschaften** Härte 2 1/2–3, sehr schwer, sehr spröde und vollkommen spaltbar; durchscheinend oder durchsichtig mit Diamant- bis Fettglanz; Pulver farblos; zeigt in ultraviolettem Licht häufig Fluoreszenz und strahlt gelbes Licht aus. Schmilzt rasch und zerfällt während der Erwärmung; löst sich in Salpetersäure nur schwer und unterscheidet sich dadurch von Cerussit, der sich unter starkem Aufbrausen löst.

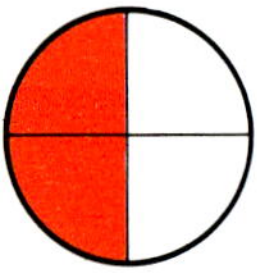

**Entstehung und Vorkommen** Entsteht als Umwandlungsprodukt in der Oxidationszone von Bleierz-Lagerstätten und kommt zusammen mit anderen Mineralien wie Galenit, Cerussit, Sphalerit, Smithsonit, Hemimorphit, Eisenoxiden und manchmal auch mit Phosgenit vor; ganz selten entsteht Anglesit als Sublimationsprodukt direkt aus vulkanischen Dämpfen.

**Fundorte** Die schönsten Kristalle findet man in Tsumeb (Namibia), in Müsen (Westfalen) und in der Wheatley Mine bei Phoenixville (Arizona/USA). Hübsche Kristalle kommen auch aus Anglesey (Wales/Großbritannien); hier wurde das Mineral zum ersten Mal genau beschrieben (Name!). In Deutschland gibt es Vorkommen im Schwarzwald und im Siegerland, ebenso in Italien (Montevecchio/Sardinien), in Spanien, Neukaledonien, Mexiko, Tunis und in Bisbee und Tintic (USA). Hochgeschätzt, aber sehr selten sind durchsichtige, grüne Kristalle auf Galenit, die man z. B. in Montevecchio findet, oder die hübschen, prismatischen, schwarzen, weißen und gelben Kristalle von Monteponi (Sardinien/Italien). Manche Kristalle sind auch mit Schwefel bedeckt (Los Lamentos, Chihuahua/Mexiko).

**Verwendung** Blei-Erz; auch für die Lagerstättenkunde, für die Mineralogie und für die Sammlung interessant.

Farbloser Anglesit (ca. x 1,5). Monteponi (Sardinien), Italien.

Grüner Anglesit (ca. x 2). Monteponi (Sardinien), Italien.

## 121 BROCHANTIT

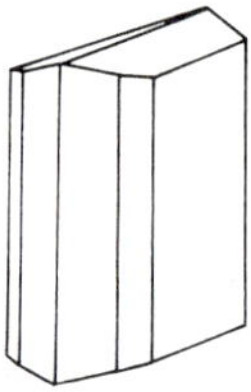

VI – Sulfate

$Cu_4[(OH)_6|SO_4]$

**System** Monoklin

**Aussehen** Kurze prismatische oder nadelige, gestreifte, glänzend grüne Kristalle; Krusten und filzig-faserige oder körnige Knollen; seltener in Massen.

**Eigenschaften** Härte 3 1/2–4, schwer, vollkommen spaltbar, durchscheinend oder durchsichtig mit Glas- bis Perlmuttglanz; Pulver hellgrün. Ist in stark verdünnter Säure löslich und schmilzt rasch, wobei es allerdings zerfällt.

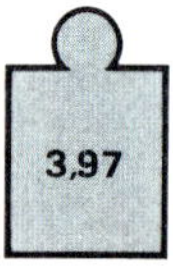


**Entstehung und Vorkommen** Häufig in Umwandlungszonen von Kupfer-Lagerstätten, vor allem im ariden Klima. Es bildet sich unter schwach sauren Bedingungen.

**Fundorte** Kommt besonders häufig in Chile, New Mexico und Arizona (USA) vor. Die schönsten kristallinen Aggregate stammen jedoch aus Ain Barbar (Algerien), Tsumeb (Namibia), Rezbanya (Rumänien), Rosas, Sa Duchessa (Italien) und aus Funtana Raminosa (Sardinien/Italien).

**Verwendung** Wichtiges Kupfer-Erz.

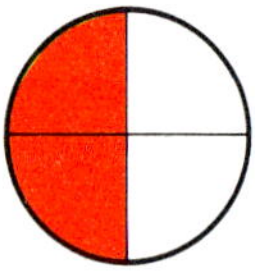

---

## 122 LINARIT

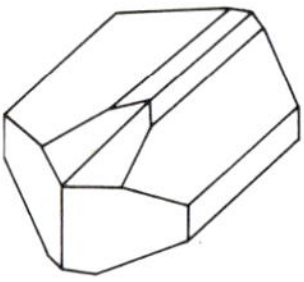

VI – Sulfate

$PbCu[(OH)_2|SO_4]$

**System** Monoklin

**Aussehen** Nadelige oder tafelige, intensiv azurblaue Kristalle, die häufig Gruppen oder Krusten bilden.

**Eigenschaften** Härte 2 1/2, sehr schwer und vollkommen spaltbar; durchscheinend mit Glas- oder Diamantglanz; Pulver himmelblau. Ist in verdünnter Salpetersäure löslich und schmilzt, wobei es zerfällt und schwarz wird.

**Entstehung und Vorkommen** In den oberen Bereichen der Oxidationszone von Blei-, und Kupfer-Lagerstätten zusammen mit anderen sekundären Mineralien.

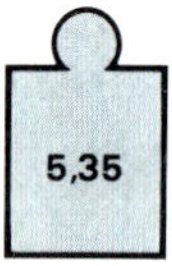


**Fundorte** Die schönsten, bis zu 10 cm langen Kristalle stammen aus der Mammoth Mine (Arizona/USA); schöne Gruppen gibt es auch in Linares (Spanien), Tsumeb (Namibia), in der Umgebung von Tintic (Utah/USA) und Butte (Montana/USA), in Cerro Gordo (Kalifornien/USA) und in der Serra de Capitillas (Argentinien). Fundorte in Italien sind vor allem die Bergwerke von Arenas, Rosas und San Giovanni (Sardinien).

**Verwendung** Das Mineral ist besonders für Mineralogen und Sammler von Interesse.

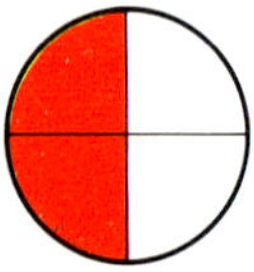

Brochantit (ca. x 1,5). Tsumeb, Namibia.

narit (ca. x 1,5). Las Condas, Chile.

## 123 ALUNIT Alaunstein

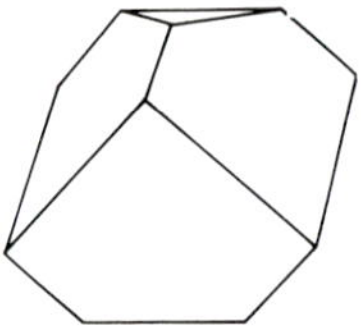

VI – Sulfate
$KAl_3[(OH)_6|(SO_4)_2]$

**System** Trigonal
**Aussehen** Pseudokubische, weiße Kristalle sind selten; gewöhnlich in körnigen oder dichten, weißen, gelblichen ,grauen oder fleischroten Massen.
**Eigenschaften** Härte 3½–4, relativ leicht und nur unvollkommen spaltbar mit muscheligem oder unregelmäßigem Bruch; durchscheinend oder durchsichtig mit Glasglanz; Pulver weiß. Ist in Schwefelsäure löslich; schmilzt zwar nicht, aber zersetzt sich beim Erwärmen und färbt dabei die Flamme violettrot (Kalium).

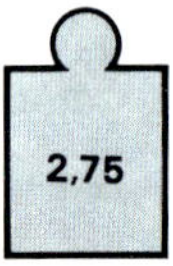


**Entstehung und Vorkommen** Alunit bildet sich durch Umwandlung aus stark kaliumhaltigem Feldspat (in Pegmatiten, Syeniten und Trachyten), unter der Einwirkung stark sulfathaltigen Wassers, dessen Schwefelgehalt aus der Zersetzung von Pyrit stammt.
**Fundorte** Kommt in bedeutenden Mengen in der Lava im Tolfagebirge (Latium/Italien) und in der Toskana (Italien), in Ungarn, Frankreich, Griechenland, Australien und an verschiedenen Stellen in den USA (Nevada, Colorado) und in der UdSSR vor. Alunit findet man ferner auf sekundärer Lagerstätte im Rheinischen Schiefergebirge.

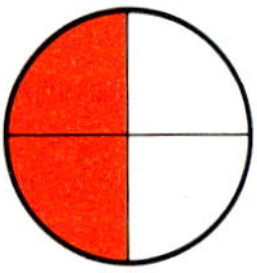

**Verwendung** Das Mineral bildet die Grundlage zur Gewinnung von Alaun und einiger Kali-Dünger.

## 124 EPSOMIT Bittersalz

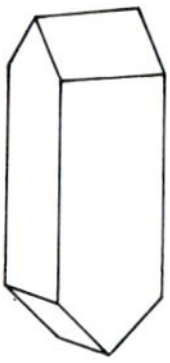

VI – Sulfate
$MgSO_4 \cdot 7H_2O$

**System** Rhombisch
**Aussehen** Kleine, nadelige, weiße und farblose Kristalle, meist in Krusten, Ausblühungen und filzigen Stalaktiten.
**Eigenschaften** Härte 2–2½, sehr leicht, sehr spröde, vollkommen spaltbar; durchsichtig oder durchscheinend; Kristalle haben Glas- oder Seidenglanz. Im Wasser bildet es eine Lösung mit sehr bitterem Geschmack (Name ›Bittersalz‹); ist leicht zum Schmelzen zu bringen.

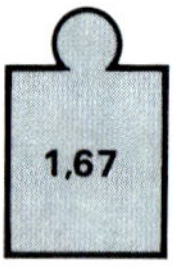


**Entstehung und Vorkommen** Ausfällung von Thermalquellen, aus Fumarolen und Mutterlaugen von Binnengewässern. Lagert sich oft aus kaltem, schwefelhaltigem Wasser an den Stollenwänden von Schwefel-Bergwerken ab.
**Fundorte** Sehr bekannt sind die Krustenbildungen der Thermalquellen von Epsom (Großbritannien). Riesige Kristalle von 1–2 m Größe hat man in den Kruger Mountains (Washington/USA) und in Carlsbad (New Mexico/USA) gefunden. Ausblühungen gibt es in Staßfurt, in vielen Lagerstätten der ariden Zonen (Arizona, Chile, Tunis) und in Italien (Valle Antrona, Elba, Umgebung des Comersees), ferner Herrengrund (CSSR) und Neusohl (Ungarn).

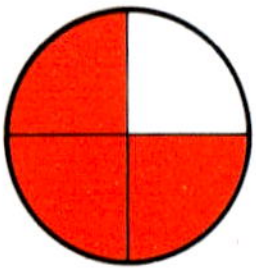

**Verwendung** In der Pharmaindustrie, in der Gerberei und Färberei und in der Textilindustrie.

Derber Alunit (ca. x 1). Aserbeidschan, UdSSR.

Epsomit (ca. x 2). Schweiz.

# 125 GIPS Selenit

VI – Sulfate
$CaSO_4 \cdot 2H_2O$

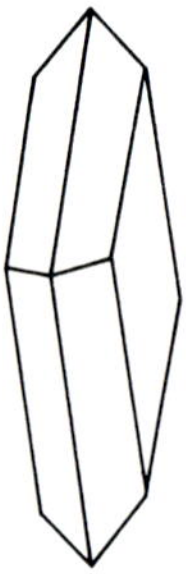

**System** Monoklin
**Aussehen** Klare, tafelige, bis zu 1 m lange stengelige Kristalle, häufig Zwillingsbildungen (Schwalbenschwanzzwillinge); durchsichtige Kristalle und spatische Aggregate (*Selenit*); feinfaserige Aggregate mit länglichen, glatten Kristallen (*Sericolit, Seidenspat*); körnige und dichte, wächserne Kristalle, die teilweise eine Zonierung zeigen (*Alabaster*). Die Farbe kann weiß, grau, gelblich oder braun sein. Rosettige Aggregate, oft mit eingeschlossenen Sandkörnern, rötlich (›Wüstenrose‹).
**Eigenschaften** Härte 2, leicht, vollkommen in sehr feinen Blättchen spaltbar; etwas biegsam, aber nicht elastisch; durchsichtig mit Glas- oder Seidenglanz; die Spaltflächen zeigen oft Perlmuttglanz. Luminesziert manchmal im ultravioletten Licht. In Salzsäure und in warmem Wasser schwer löslich; wird durch die Flamme trüb und undurchsichtig.

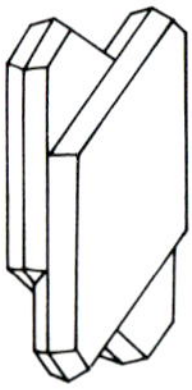

**Entstehung und Vorkommen** Das typisch sedimentäre Mineral bildet sich chemisch in Verdunstungszonen durch direkte Ausfällung aus Mutterlaugen oder durch die Hydratation von Anhydrit. Entsteht auch durch Sublimation unmittelbar aus Fumarolen oder durch Ausfällung aus warmen, vulkanischen Quellen. Bildet sich auch diagenetisch in Tonen und Mergeln.

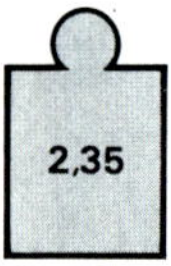


**Fundorte** Riesige Kristalle fand man im Ton bei Bologna und Pavia, in den Schwefel-Bergwerken auf Sizilien (Italien), in Chihuahua (Mexiko), in Chile und Utah (USA). Hübsche Wüstenrosen gibt es in Tunis, Marokko, Arizona und New Mexico (USA). Schichtenförmige Ablagerungen werden im Pariser Becken, Neuschottland (Kanada), in Volterra (Pisa/Italien), an vielen Stellen in den USA (New York, Michigan, Iowa, Texas und Kalifornien) oder in der UdSSR (westlicher Ural, nördlicher Kaukasus und Usbekistan) industriell abgebaut.

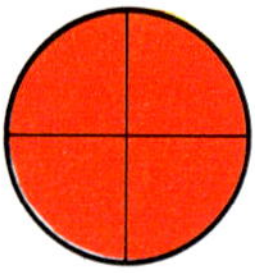

**Verwendung** Gips wird als Baumaterial und für Stuckierungen, als Abbindungsregler von Portlandzement, als Flußmittel in der Keramikindustrie und auch als Dünger verwendet. Manche Alabaster-Varietäten gelten als hübsche Ziersteine und werden in der Bildhauerkunst trotz ihrer geringen Härte und, obwohl sich das Material leicht zersetzen kann, für Skulpturen verwendet.

ips (ca. x 1). Sizilien.

adeliger Gips (ca. x 1,5). ▷

üstenrose (ca. x 0,5). Tunis.

# 126 CYANOTRICHIT

VI – Sulfate

$Cu_4Al_2[(OH)_{12}|SO_4] \cdot 2H_2O$

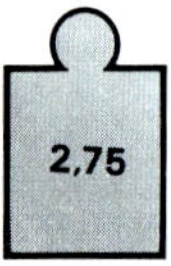


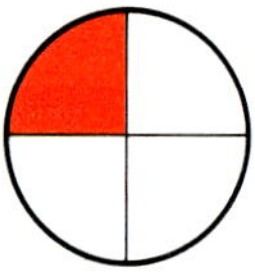

**System** Rhombisch

**Aussehen** Kurze, in runden Aggregaten oder parallelfaserigen bzw. radialfaserigen Krusten stehende Nadeln vo himmelblauer Farbe.

**Eigenschaften** Härte nicht feststellbar. Nicht sehr schwe aber sehr zerbrechlich und gut spaltbar; durchscheinen oder durchsichtig mit Seidenglanz; Pulver himmelblau. Ist i Säure löslich und zerfällt beim Schmelzen.

**Entstehung und Vorkommen** Kommt als seltenes Umwandlungsmineral in der Oxidationszone von Kupfererz-Lagerstätten vor.

**Fundorte** In Form von Krusten auf Sandstein in La Garonne, am Var (Frankreich) und in verschiedenen Minen vo Namaqualand (Südafrika) oder der UdSSR (Nizhin, Tagilsk Berkara). Kommt daneben in Rumänien, Schottland, im Gebiet von Tintic und Morenci (Arizona und Utah/USA) und i Laurion (Griechenland) vor. Fundorte in Italien sind Traversella (Piemont) und die Insel Elba.

**Verwendung** Ist vom wissenschaftlichen Standpunkt un für den Sammler von Interesse.

# 127 COPIAPIT

VI – Sulfate

$MgFe_4[OH|(SO_4)_3]_2 \cdot 18H_2O$

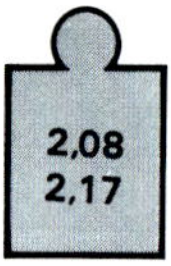


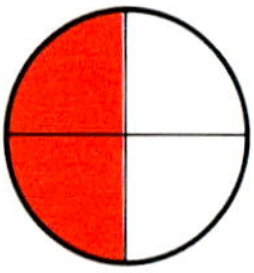

**System** Triklin

**Aussehen** Kleine, tafelige, olivgrüne bis gelbe oder orangegelbe Kristalle; blättrige Krustenbildungen, die manchm auch pulverförmig sein können (Varietät *Misy*).

**Eigenschaften** Härte 2 1/2–3, sehr leicht und vollkommen i Blättchen spaltbar; durchscheinend mit Perlmuttglanz. Lö sich leicht in Wasser, wobei eine gelbe Lösung entsteht. Copiapit ist zwischen 70 °C und 300 °C unter großem Wasse verlust schmelzbar. Es gibt zahlreiche Varietäten, die Kupf (*Cuprocopiapit*), Calcium (*Tusiit*), Aluminium (*Aluminocopiapit*) und mehr Magnesium als Eisen (*Magnesiocopiap*) enthalten können.

**Entstehung und Vorkommen** Das sekundäre Mineral find sich hauptsächlich in den oberen Bereichen von Pyrit- ur Chalcopyrit-Lagerstätten vergesellschaftet mit anderen Sufaten.

**Fundorte** Häufig in der Wüste Atacama (Copiapò/Chile ferner im Harz, auf Cypern, in Schweden (Falun) und in de USA (Comstock/Nevada, Bisbee/Arizona, Knox Ville/Kalifonien). In Italien gibt es Copiapit auf Elba (Vigneria und Cap Calamita).

**Verwendung** Für Wissenschaft und Sammler interessant

:yanotrichit (ca. x 1). Garonne, Frankreich.

opiapit (ca. x 2). Copiapo, Chile.

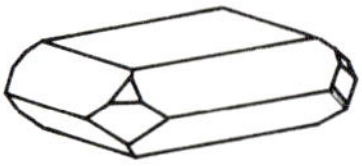

## 128 KAINIT

VI – Sulfate
$KMg[Cl|SO_4] \cdot 3H_2O$

**System** Monoklin
**Aussehen** Meist in feinkörnigen, derben Massen; grau, violett und teilweise auch gelblich oder rötlich, wechsellagernd mit anderen Salzen; selten tafelige, formenreiche, weiße oder graue Kristalle in den Hohlräumen, die durch Auslaugungen in Salzlagerstätten entstanden sind.
**Eigenschaften** Härte 2½–3, sehr leicht, spröde und vollkommen spaltbar; durchsichtig bis durchscheinend mit Glasglanz. Hat einen salzigen und bitteren Geschmack. Ist in Wasser löslich, jedoch nicht hygroskopisch. Ist bei orangegelber Flamme leicht zum Schmelzen zu bringen.
**Entstehung und Vorkommen** Das sedimentäre Mineral entsteht durch Verdunstung von Salzlösungen und kommt zusammen mit Carnallit, Kieserit und Sylvin vor.
**Fundorte** Die schönsten, blauen Kristalle stammen aus Wolfenbüttel; besonders häufig ist das Mineral auf den Salzlagerstätten der DDR (Staßfurt), Polens (Kalusz) und der Ukraine (Saratow); seltener in den USA (New Mexico). Bedeutend sind dagegen die tertiären Lagerstätten auf Sizilien (San Cataldo und Pasquasia/Italien).
**Verwendung** Wird zu Kali-Dünger verarbeitet.

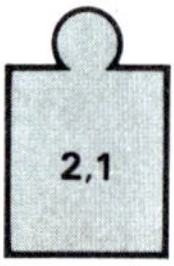


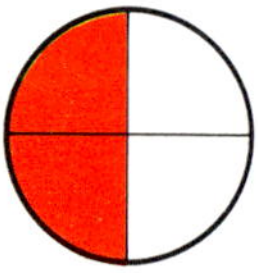

## 129 DEVILLIN

VI – Sulfate
$CaCu_4[(OH)_6|SO_4]_2 \cdot 3H_2O$

**System** Monoklin
**Aussehen** Pseudohexagonale, mehr oder weniger dunkelgrüne Blättchen; rosettige oder büschelartige, halbkugelige Aggregate; Krusten oder Ausblühungen.
**Eigenschaften** Härte 2½–3, schwer und vollkommen spaltbar; durchsichtig mit Glasglanz; Pulver hellgrün. Ist in Wasser nicht löslich, jedoch in Salpetersäure; zerfällt beim Erwärmen und bildet weiße Dämpfe, schmilzt aber nicht.
**Entstehung und Vorkommen** Das Mineral entsteht durch Umwandlung an der Oberfläche in Kupferminen und kommt zusammen mit Gips und Malachit vor; man findet es auch in Form von Ausblühungen auf Grubenholz in Kupfer-Bergwerken.
**Fundorte** Die schönsten Handstücke findet man in Herrengrund (CSSR; Varietät *Herrengrundit*) und in Kasachstan (UdSSR). Auch in Cornwall (Großbritannien), in Tirol (Österreich) und in einigen Minen Pennsylvaniens (USA) kommt Devillin vor.
**Verwendung** Das Mineral ist nur für Mineralogen und Sammler interessant.

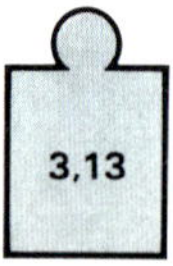


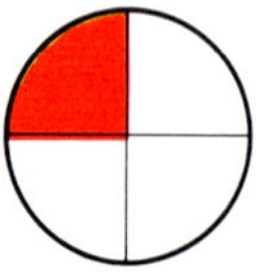

ichter Kainit (ca. x 1). S. Cataldo (Caltanissetta), Italien.

evellin (ca. x 1,5). Herrengrund, CSSR.

# 130 SERPIERIT

VI – Sulfate
$Ca(Cu,Zn)_4[(OH)_3|SO_4]_2 \cdot 3H_2O$

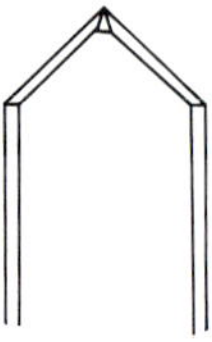

**System** Rhombisch
**Aussehen** Feine und längliche, himmelblaue Blättchen; büschelige Aggregate; traubige Massen und Krusten.
**Eigenschaften** Härte nicht bestimmt, leicht und vollkommen spaltbar; durchsichtig mit Glasglanz, der auf den Spaltflächen in Perlmuttglanz übergeht; Pulver weiß bis himmelblau. In Säure löslich.
**Entstehung und Vorkommen** Beläge von Serpierit bilden sich durch die Umwandlung von Smithsonit infolge von Einwirkung sulfathaltigen Wassers in rein kalkiger Umgebung.
**Fundorte** Am bekanntesten sind die Lagerstätten von Laurion (Griechenland); das Mineral kommt aber auch in Kasachstan (UdSSR) und in Irland vor.
**Verwendung** Serpierit ist selten und wird von Mineralogen und Sammlern geschätzt.

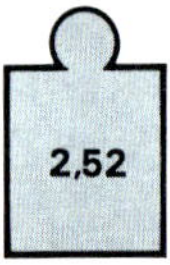


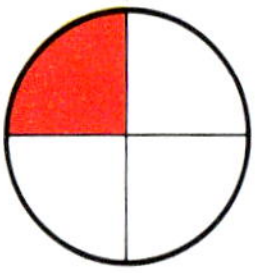

---

# 131 KROKOIT Rotbleierz

VI – Chromate
$PbCrO_4$

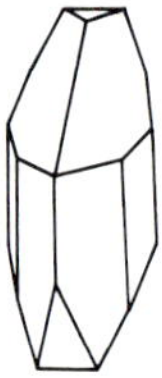

**System** Monoklin
**Aussehen** Prismatische, orangegelbe Kristalle mit Längsstreifung, auch in Drusen; Aggregate mit nadeligen Kristallen.
**Eigenschaften** Härte 2 1/2–3, sehr schwer und spröde mit unvollkommener Spaltbarkeit; durchscheinend mit etwas fettigem Diamantglanz; Pulver orangegelb. Leicht schmelzbar, löst sich in heißer Salzsäure unter Abscheidungen von Bleichlorid. Am Licht bleicht Krokoit aus und verliert seinen Glanz.
**Entstehung und Vorkommen** Bildet sich durch die Zirkulation stark chromhaltiger Wässer, die aus ultrafemischem stark chromithaltigem Gestein und aus silikathaltigem Chrom stammen, als Umwandlungsprodukt in den Oxidationszonen von Blei-Lagerstätten.
**Fundorte** Schöne Kristalle gibt es in Dundas (Tasmanien, Australien), Goyabeira und Congonhas de Campo (Brasilien), Labo (Philippinen), im mittleren Ural (UdSSR) und in Nontron (Frankreich).
**Verwendung** Das Mineral ist sehr selten und nur für Mineralogen und Sammler interessant. Aus Krokoit wurde zum ersten Mal das Element Chrom gewonnen.

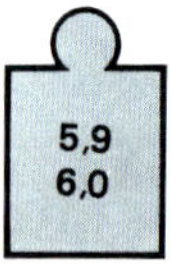


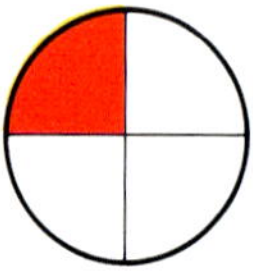

Serpierit (ca. x 1). Laurion, Griechenland.

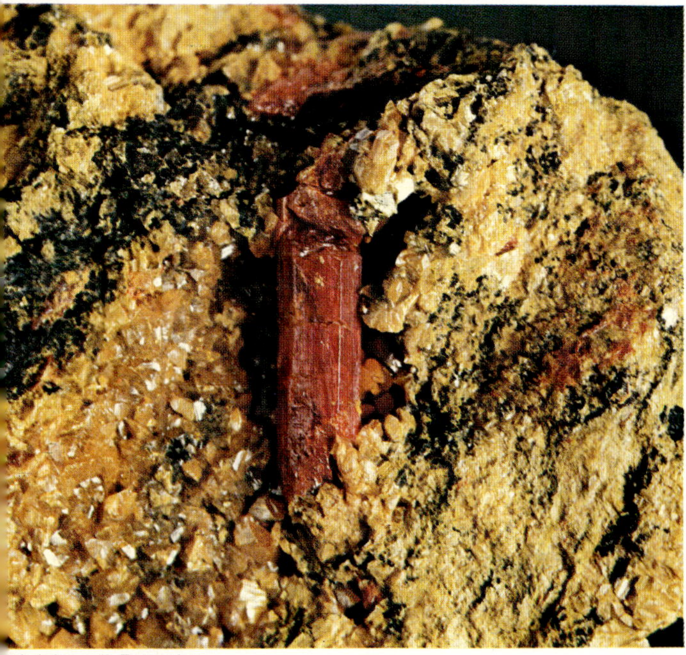

Krokoit (ca. x 1). Tasmanien.

## 132 SCHEELIT Tungstein

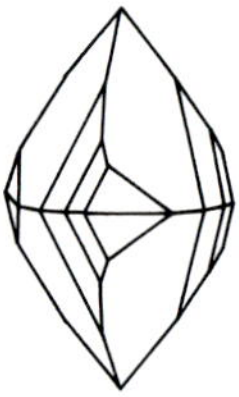

VI – Wolframate
$CaWO_4$

**System** Tetragonal
**Aussehen** Kristalle pseudooktaedrische Doppelpyramiden, manchmal tafelig mit gestreiften Flächen, gelb, grünlich oder graurot. Selten in körnigen, weißen oder, vor allem bei Molybdän-Gehalt, gelblichen Massen.
**Eigenschaften** Härte 4 1/2–5, sehr schwer, spröde und gut spaltbar; durchscheinend bis durchsichtig mit Glas- bis Diamantglanz; Pulver weiß. Das Mineral zeigt in ultraviolettem Licht deutliche Fluoreszenz und strahlt hellblaues Licht aus. Bei den molybdänhaltigen Scheeliten (*Powellit*) wird dieses Licht gelb. In Säure löslich und nur schwer schmelzbar.
**Entstehung und Vorkommen** In Pegmatiten und hydrothermalen Gängen hoher Temperatur; in alpinen Klüften, in metamorphem Gestein mittleren Grades und in kontaktmetamorphen Lagerstätten.
**Fundorte** Hübsche, 1/2 kg schwere Kristalle gibt es in Brasilien; in bedeutenden Mengen in Bolivien, Birma, Malaysia, Japan, China, USA und in Österreich; im Erzgebirge und im Riesengebirge. Fundorte in Italien sind Traversella (Turin), das Fleimstal und das Valsugana (Trient), der Sarrabus und die Landschaft Gerrei auf Sardinien, wo überall hübsche Kristalle gefunden werden.
**Verwendung** Wird zur Gewinnung von Wolfram abgebaut.

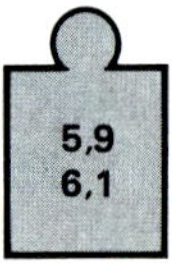


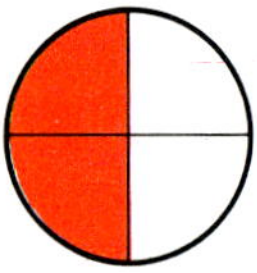

---

## 133 WULFENIT Gelbbleierz

VI – Molybdate
$PbMoO_4$

**System** Tetragonal
**Aussehen** Pyramidenförmige, kurze, auch tafelige Kristalle; körnige, erdige, orangegelbe Massen.
**Eigenschaften** Härte 5–5 1/2, sehr schwer und relativ gut spaltbar; durchsichtig oder durchscheinend mit Harz- bis Diamantglanz; Pulver weiß. Löst sich langsam in Säuren und schmilzt rasch.
**Entstehung und Vorkommen** Das sekundäre Mineral bildet sich in den Oxidationszonen von Blei-Lagerstätten und kommt häufig pseudomorph auf Cerussit vor.
**Fundorte** Sehr bekannt sind gelbe Kristalle aus Bleiberg (Österreich), graue aus Pribram (CSSR), rote aus Rezbanya (Rumänien), Red Cloud (Arizona/USA) und vom Kongo und besonders die farblosen Kristalle aus Tsumeb (Namibia) und Phoenixville (Pennsylvania). Weitere Lagerstätten gibt es in Marokko, Algerien, Mexiko, Jugoslawien, Australien (Queensland) und in den USA (Tecomah, Utah; Yuma, Arizona; Eureka, Nevada). In Deutschland wurde das Mineral im Höllental bei Garmisch-Partenkirchen entdeckt, in Italien im Val Seriana (Bergamo), Raibl (Udine) und auf Sardinien.
**Verwendung** Das Mineral gilt als relativ unbedeutendes Molybdän-Erz; wird aber von Sammlern hoch geschätzt.

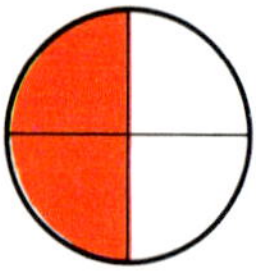

Scheelit (ca. x 1), Traversella (Turin), Italien.

Wulfenit (ca. x 1). Jugoslawien.

## 134 PURPURIT

VII – Phosphate
$Mn^{III}PO_4$

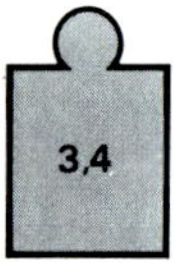


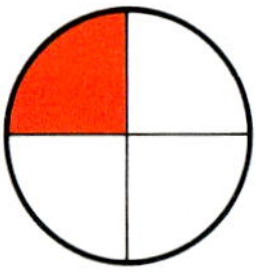

**System** Rhombisch
**Aussehen** Sehr kleine, purpurrote Kristalle, die meist einen braunen oder schwarzen Belag zeigen, der durch Umwandlung entsteht; dichte, dunkle Massen.
**Eigenschaften** Härte 4–4 1/2, schwer, spröde und gut spaltbar; durchscheinend bis undurchsichtig mit Matt- oder Halbmetallglanz; Pulver intensiv rot. Schmilzt leicht und ist in Salzsäure löslich.
**Entstehung und Vorkommen** Das Mineral entsteht in Pegmatiten durch die Umwandlung von Lithiophillit in kräftig oxidierender Umgebung.
**Fundorte** Bedeutende Mengen gibt es in Mangualde (Portugal), Wodgina (Australien) und Chanteloupe (Frankreich), wo Purpurit immer in Pegmatiten vorkommt. Zusammen mit *Heterosit* ($Fe^{III}PO_4$) findet man ihn in den Black Hills, South Dakota und in Pala und Rincon, Kalifornien (USA).
**Verwendung** Purpurit ist für Mineralogen und Sammler interessant.

---

## 135 MONAZIT

VII – Phosphate
$Ce[PO_4]$

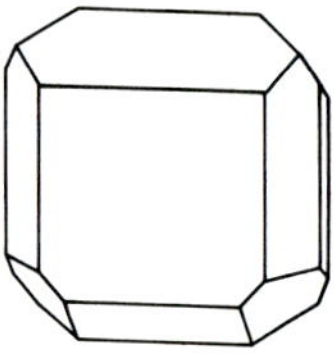

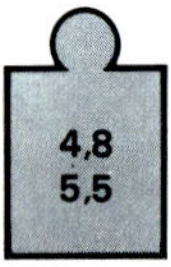


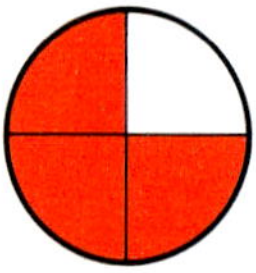

**System** Monoklin
**Aussehen** Kurze, prismatische und oft tafelige, gelbe bis braunrote Kristalle; meist verstreut in Körnern.
**Eigenschaften** Härte 5–5 1/2, sehr schwer, gut spaltbar und mit ebenem Bruch; durchscheinend; Monazit enthält normalerweise bis zu 12% Thorium (Thoriumoxid). Durch die Radioaktivität des Thoriums kommt es zu einer metamikten Umwandlung. Je nach deren Grad besitzt das Mineral Glas-, Harz- oder Wachsglanz. Unlöslich und nicht schmelzbar. Wird beim Erkalten grau.
**Entstehung und Vorkommen** Begleitmineral in Granit, Syenit und Gneis; mehrere Kilogramm schwere Kristalle fand man in einigen Pegmatiten; in fluvialen und marinen Seifen als Schwermineral (Monazit-Sande).
**Fundorte** Sehr hübsche Kristalle findet man in Pegmatiten in Colorado (USA) und auf Madagaskar. Abbauwürdige, sedimentäre Ablagerungen kommen in den marinen Seifen in Brasilien, Indien, Sri Lanka, Australien und Florida (USA) vor. In Deutschland gibt es Monazit am Laacher See, im Alpenraum in Prägraten (Österreich) und im Binnental (Schweiz); in Italien im Pegmatit von Piona (Como).
**Verwendung** Zur Gewinnung von Cer und Thorium.

Derber Purpurit (ca. x 1). Mangualde, Portugal.

Monazit (ca. x 1). Madagaskar.

## 136 OLIVENIT

VII – Arsenate
$Cu_2[OH|AsO_4]$

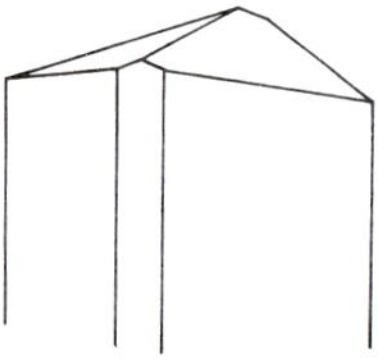

**System** Rhombisch
**Aussehen** Prismatische, fast nadelige oder auch tafelige, olivgrüne bis gelbbraune, kleine Kristalle; oft auch nierenförmige Aggregate und Knollen mit faseriger Struktur. Seltener grau oder weiß.
**Eigenschaften** Härte 3, schwer, schlecht spaltbar, muscheliger Bruch; durchsichtig bis durchscheinend mit etwas mattem Diamantglanz; faserige Varietäten haben Seidenglanz; Pulver gelb. In Säure löslich und auf Kohle vor dem Lötrohr unter Bildung von Knoblauchgeruch schmelzbar.
**Entstehung und Vorkommen** Bildet sich sekundär in der Oxidationszone von Lagerstätten, in denen Arsenopyrit zusammen mit Azurit und Malachit vorkommt.
**Fundorte** Schöne Kristalle gibt es in Tsumeb (Namibia); körnige Massen findet man in Cornwall (Großbritannien), in Tintic (Utah/USA), in Zinnwald (CSSR) und in Cap-Garonne (Frankreich). In Deutschland kommt Olivenit in Dernbach im Westerwald vor.
**Verwendung** Interessant für die Mineralogie und von Sammlern sehr begehrt.

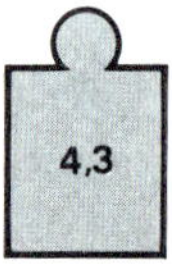


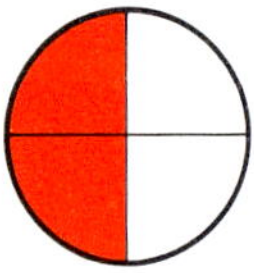

---

## 137 ADAMIN

VII – Arsenate
$Zn_2[OH|AsO_4]$

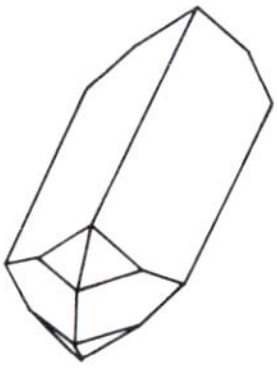

**System** Rhombisch
**Aussehen** Längliche, meist kleine Kristalle, die häufig in strahligen oder fächerartigen Aggregaten angeordnet sind; glänzend grün, aber auch farblos, rosarot, gelb und violett.
**Eigenschaften** Härte 3 1/2, schwer, spröde und gut spaltbar; durchsichtig bis durchscheinend mit Glasglanz; Pulver weiß. Löst sich in verdünnter Säure leicht; beim Schmelzen zerfällt das Mineral und bleicht aus. In ultraviolettem Licht zeigt sich manchmal eine zitronengelbe Fluoreszenz.
**Entstehung und Vorkommen** Das seltene Mineral bildet sich in Oxidationszonen von Zink-Lagerstätten.
**Fundorte** Klassischer Fundort ist Chañarcillo (Chile); schöne Kristalle wurden aber auch in den Lagerstätten von Mapimi (Mexiko), Tsumeb (Namibia), Laurion (Griechenland) und Tintic (Utah/USA) gefunden. Rosarote Kristalle gibt es in Cap-Garonne (Frankreich). Die rosa Färbung ist auf Spuren von Kobalt, die grüne auf einen schwachen Kupfergehalt zurückzuführen. Ganz selten findet man Adamin auch in M. Valerio (Toskana/Italien).
**Verwendung** Ist für die Wissenschaft interessant und sehr begehrt von Sammlern.

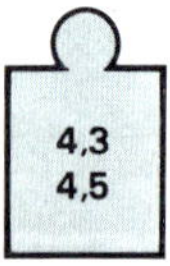


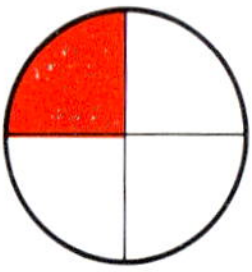

Olivenit (ca. x 1,5). Cornwall, Großbritannien.

Adamin (ca. x 1,5). Laurion, Griechenland.

# 138 TARBUTTIT

VII – Phosphate
$Zn_2[OH|PO_4]$

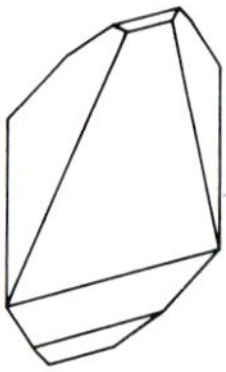

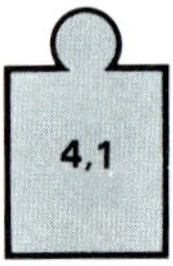


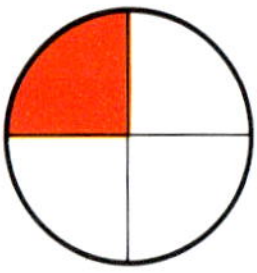

**System** Triklin
**Aussehen** Kurze, prismatische und vielflächige, gestreifte, farblose oder weiß, rosa, gelb und grün getönte Kristalle; Krusten und Aggregate.
**Eigenschaften** Härte 5, schwer, vollkommen spaltbar; durchsichtig oder durchscheinend mit Glas- oder Perlmuttglanz; Pulver weiß. Löslich und leicht schmelzbar.
**Entstehung und Vorkommen** In der Oxidationszone von Zink-Lagerstätten, wo phosphathaltige Lösungen auf zinkhaltige Carbonate durchsickern.
**Fundorte** Die einzige Lagerstätte von Tarbuttit, die bis heute bekannt ist, liegt in Broken Hill (Sambia).
**Verwendung** Das Mineral ist nur interessant für Mineralogen und Sammler.

---

# 139 LAZULITH Blauspat

VII – Phosphate
$(Mg,Fe)\,Al_2[OH|PO_4]_2$

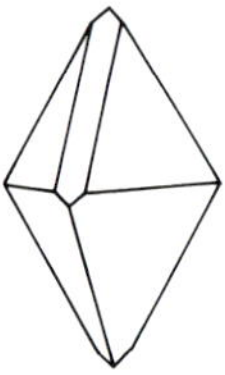

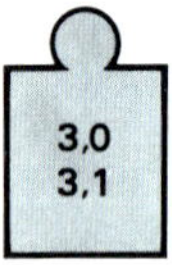


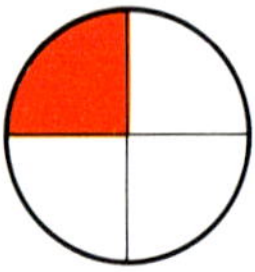

**System** Monoklin
**Aussehen** Spitze, pseudo-doppelpyramidale, intensiv himmelblaue Kristalle; kleinkörnige Massen. Die stark eisenhaltige Varietät *Skorzalith* ist greller blau.
**Eigenschaften** Härte 5–6, mittelschwer, spröde und nur undeutlich spaltbar; durchscheinend mit Glasglanz. Nicht schmelzbar; beim Erwärmen verfärbt er sich und zerbricht in kleine Stücke; in starker, warmer Säure schwach löslich.
**Entstehung und Vorkommen** In sehr silikatreichen Gesteinen, sowohl in Eruptivgesteinen (Pegmatiten und auf Quarzgängen) zusammen mit Andalusit und Rutil, als auch in metamorphen Gesteinen (Quarzit) zusammen mit Quarz, Korund, Cyanit, Sillimanit, Granat und Saphir.
**Fundorte** Besonders schöne, bis zu 5 cm lange Kristalle liegen im Quarzit von Graves Mt. (Georgia, USA), in Zermatt (Schweiz) und in Österreich (Werfen/Salzburg und in Vorau/Steiermark), außerdem in Horrsjoberg (Schweden). Die Varietät Skorzalith kommt vor allem in den brasilianischen Pegmatiten vor.
**Verwendung** Lazulith gilt als nicht besonders wertvoller Zierstein, ist jedoch sehr wirkungsvoll.

Tarbuttit (ca. x 1,5). Broken Hill, Rhodesien.

Lazulith (ca. x 2). Georgia, USA.

## 140 DESCLOIZIT

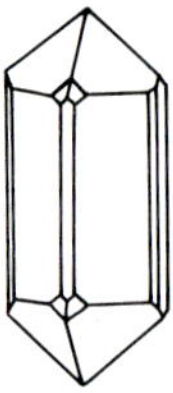

VII – Vanadate

$Pb(Zn,Cu)[(OH)|VO_4]$

**System** Rhombisch

**Aussehen** Krusten mit kleinen, sich durchdringenden, Kristallen; kupferhaltige, grüne Varietäten (*Mottramit*); faserige und traubige Massen.

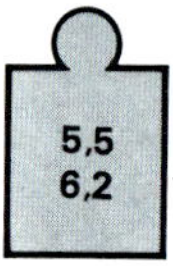


**Eigenschaften** Härte 3 1/2, sehr schwer, spröde und nur unvollkommen spaltbar; durchsichtig bis durchscheinend mit Harz- bis Fettglanz; Pulver orangegelb bis rotbraun. In Säure löslich und leicht schmelzbar.

**Entstehung und Vorkommen** Bildet sich in den Oxidationszonen von Blei-, Zink- und Kupfer-Lagerstätten zusammen mit Vanadinit, Cerussit, Wulfenit und Pyromorphit.

**Fundorte** Große Mengen gibt es in Otavi (Namibia); schöne Kristalle hat man in Bisbee (Arizona), Lake Valley (New Mexico/USA) und in Cordoba (Argentinien) gefunden. In den Alpen entdeckte man Descloizit vor allem in Österreich (Obir/Kärnten), in Deutschland in Hofsgrund im Schwarzwald, in Italien in Bena de Padru (Sardinien) und als Krusten in den Laven am Vesuv, wo er unter dem Namen Vesbin als neues Mineral beschrieben wurde; es handelte sich dabei jedoch um Mottramit.

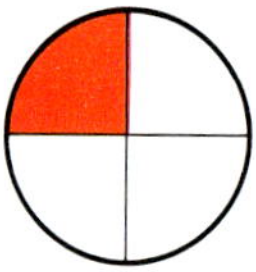

**Verwendung** Seltenes, aber wichtiges Vanadium-Erz.

---

## 141 BRASILIANIT

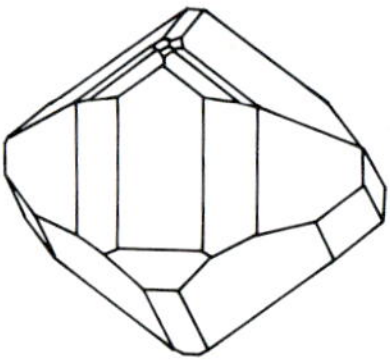

VII – Phosphate

$NaAl_3[(OH)_2|PO_4]_2$

**System** Monoklin

**Aussehen** Prismatische, längliche oder kurze Kristalle mit vielen Flächen, gelb oder gelbgrün; häufig sehr groß.

**Eigenschaften** Härte 5 1/2, schwer und spröde mit vollkommener Spaltbarkeit; durchsichtig mit Glasglanz; Pulver weiß. Ist in starker Säure nur schwer löslich und nur in Form von Bruchstücken schmelzbar; verfärbt sich beim Erwärmen rasch.

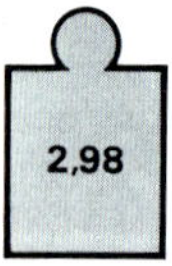


**Entstehung und Vorkommen** Das Mineral kommt nur in Hohlräumen in Pegmatiten, Kristallaggregaten und zusammen mit Lazulith und blauem Apatit vor.

**Fundorte** Bis heute sind nur zwei Lagerstätten von Brasilianit bekannt: Conselheira Pena (Minas Gerais/Brasilien) und Palerma (New Hampshire/USA).

**Verwendung** Das Mineral wird nur sehr selten in der Schmuck-Industrie verwendet und ist daher hauptsächlich für Mineralogen und Sammler interessant.

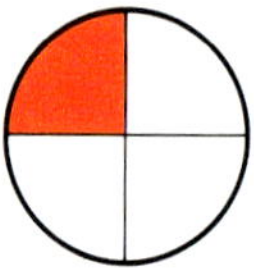

escloizit (ca. x 1). Namibia.

asilianit (ca. x 1,5). Brasilien.

# 142 APATIT Spargelstein

VII – Phosphate
$Ca_5[(F,Cl,OH)|(PO_4)_3]$

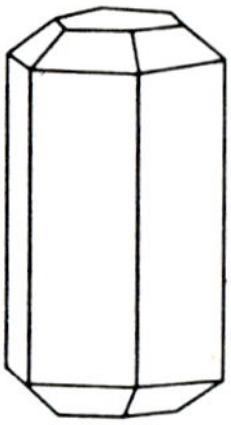

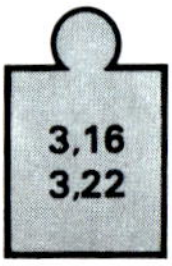


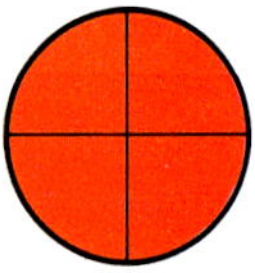

**System** Hexagonal
**Aussehen** Prismatische, hexagonale, längliche oder kurz Kristalle. Oft enden sie in doppelpyramidalen Flächen manchmal sind die Enden nicht ausgeprägt, aber brüchig Körnige Massen und traubige Krusten. Farbe ganz unter schiedlich: farblos bis gelb, grün, braun und seltener ro oder blau.
**Eigenschaften** Härte 5, schwer, sehr spröde und längs de Basis nur unvollkommen spaltbar; durchsichtig bis undurch sichtig mit Glas- bis Harzglanz; Pulver immer weiß. In Säur löslich, aber nur schwer schmelzbar. Manche Varietäten ver färben sich beim Erwärmen, andere zeigen in ultravioletten Licht starke Lumineszenz. Die verschiedenen Varietäte gliedert man in *Oxiapatite, Chloroapatite* und *Fluorapatite* Im sedimentären Gestein gibt es noch *Carbonatapatite.*
**Entstehung und Vorkommen** Das Mineral ist sehr häufi und erweist sich in jeder Umgebung als stabil. In Form vo Fluorapatit findet man es vor allem als Begleitmineral i Eruptivgesteinen und besonders auch in Pegmatiten, auf be stimmten hydrothermalen Gängen und in magmatischen Ei senerz-Lagerstätten; auch in marinen Sedimentgesteine chemischer und organischer Art (fossile Wirbeltiere un Phosphorite), sowie in nahezu allen metamorphen Ge steinen.
**Fundorte** Blaue, tafelige Kristalle stammen von der Knap penwand (Österreich) und aus Auburn (Maine/USA); riesig grüne Kristalle gibt es in Wilberforce (Ontario/Kanada) au einem hydrothermalen Gang mit violettem Fluorit; gelb durchsichtige, besonders schöne Kristalle findet man in de Magnetit-Lagerstätte von Cerro di Mercado, Durango (Mex ko); weltbekannt sind die violetten Kristalle aus Ehrenfrie dersdorf (Sachsen). Im Nephelin-Syenit auf der Halbinsel Ko la (UdSSR) gibt es bedeutende Mengen von Apatit; außer dem findet man ihn häufig in manchen Carbonatiten wie i Alnö (Schweden) und Palabora (Südafrika). Kleine, aber kla re Kristalle gibt es in den Auswürflingen am Monte Somm (Vesuv/Italien) und am Laacher See. Die größten Vorkom men von sedimentärem Phosphorit befinden sich in Marok ko, Algerien, Tunesien, Togo, Nauru und in Ägypten. Phos phathaltige Knollen stammen aus Florida, Tennessee un anderen US Staaten. Der in den chilenischen Guano-Lage stätten gefundene Apatit ist semiamorph. In Deutschlan kommt das Mineral im Odenwald und im Erzgebirge vor. B italienischen Sammlern sind besonders die hyalinischen Kr stalle von Ossola (Piemont), weiße, undurchsichtige Kristal aus dem Ahrntal (Südtirol) und graugrüne Kristalle aus O giasca (Como) begehrt.
**Verwendung** Apatit bildet das Ausgangsmaterial zur He stellung von Phosphatdünger und ist zur Gewinnung vo Phosphorsäure und Phosphor von großer Bedeutung. Kla und schön gefärbte Varietäten sind trotz der relativ gering Härte von Apatit in der Schmuckindustrie begehrt.

Apatit (ca. x 1,5). Ehrenfriedersdorf.

Apatit (ca. x 1,5). Mexiko.

## 143 PYROMORPHIT Bunt-, Grün-, Braunbleierz

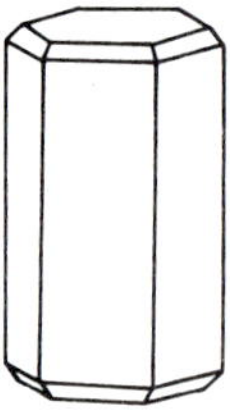

VII – Phosphate
$Pb_5[Cl|(PO_4)_3]$

**System** Hexagonal
**Aussehen** Kleine, prismatische, kurze, tönnchenförmige (›Emser Tönnchen‹), grüne, braune oder auch farblose Kristalle; parallele Aggregate, nierenförmige Krusten.
**Eigenschaften** Härte 3 1/2–4, sehr schwer, spröde und nicht spaltbar mit unregelmäßigem Bruch; durchscheinend mit Harz- bis Diamantglanz; Pulver weiß. In Säure löslich, schmilzt leicht zu einer Kugel, die beim Erkalten kleine Kristallflächen zeigt.

**Entstehung und Vorkommen** Das typische sekundäre Mineral entsteht in der Oxidationszone des Eisernen Huts von Blei-Lagerstätten.
**Fundorte** Besonders schöne, klare Kristalle kommen aus Deutschland (Schauinsland/Schwarzwald, Bad Ems und Holzappel/Siegerland). Grüne Kristalle stammen aus der CSSR und Großbritannien (Cornwall), rote aus Broken Hill (Australien). Schöne Handstücke gibt es in Mapimi (Mexiko), in der Umgebung von Coeur d'Alène (Idaho/USA) und von Bérézevskoie (Ural/UdSSR), in Italien von Sardinien und Valsugana (Trient).

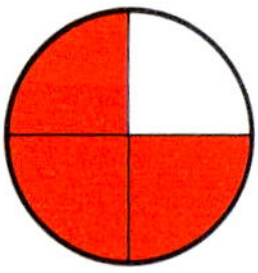

**Verwendung** Spielt als Blei-Erz nur eine unbedeutende Rolle, ist aber bei Sammlern begehrt.

---

## 144 MIMETESIT Grünbleierz-Gruppe

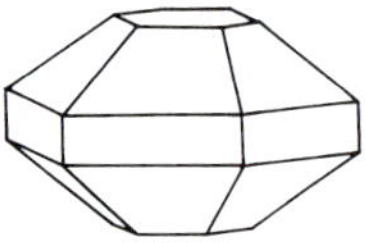

VII – Arsenate
$Pb_5[Cl/(AsO_4)_3]$

**System** Hexagonal
**Aussehen** Prismatische, hexagonale, kleine Kristalle manchmal mit gebogenen Flächen, häufig in Büscheln oder kugeligen Aggregaten; farblos bis gelbbraun oder orange.
**Eigenschaften** Härte 3 1/2, sehr schwer, spröde und ohne Spaltbarkeit; durchscheinend mit Harz- bis Diamantglanz; Pulver weiß. In Säure löslich und leicht zum Schmelzen zu bringen; dabei entwickelt sich starker Knoblauchgeruch.

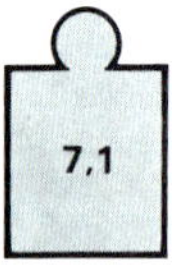


**Entstehung und Vorkommen** Umwandlungsprodukt in Oxidationszonen im Eisernen Hut von Blei- und Zink-Lagerstätten mit arsenhaltigen Mineralien.
**Fundorte** Schöne, farblose Kristalle gibt es in Johanngeorgenstadt bei Freiberg (DDR) und in Pribram (CSSR); sehr hübsch sind die Kristalle aus Tsumeb (Namibia) und Cornwall (Großbritannien). Braune, tönnchenförmige Aggregate (Varietät *Campylit*) stammen aus Cumberland (Großbritannien), gelbe (Varietät *Ediphan*) und grüne Krusten aus Långban (Schweden). Mimetesit findet man in Deutschland weiterhin in Badenweiler und im Erzgebirge, in Italien im Valsugana (Trient), Valtrompia (Brescia) und auf Sardinien (Malfidano, Iglesias und Bena de Padru, Ozieri).

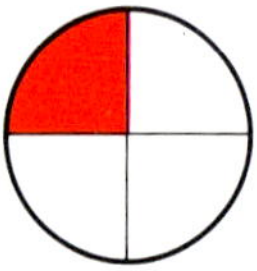

**Verwendung** Für Mineralogen und Sammler von Interesse.

ʼyromorphit (ca. x 2). Ural, UdSSR.

ʼimetesit (ca. x 2). Cornwall, Großbritannien.

## 145 VANADINIT

VII – Vanadate
$Pb_5[Cl|(VO_4)_3]$

**System** Hexagonal
**Aussehen** Hexagonale, kleine Prismen, die häufig in der Mitte eine Höhlung oder gerundete Ränder zeigen; lebhaft orangerot bis gelb oder braun; auch in faserig strahligen Massen oder Krusten.
**Eigenschaften** Härte 3, sehr schwer, spröde und ohne Spaltbarkeit; durchscheinend oder durchsichtig mit Harz- bis Diamantglanz; Pulver weiß bis gelblich. Leicht schmelzbar und in Säure löslich: bringt man einen Tropfen von in Salpetersäure gelöstem Vanadinit auf einer Glasplatte zum Verdunsten, so bleibt ein grellroter Rückstand, während andere Mineralien der Gruppe einen weißen Rückstand bilden.
**Entstehung und Vorkommen** Entsteht in der Oxidationszone des Eisernen Huts von Blei-Lagerstätten.
**Fundorte** Bis zu 5 cm große Kristalle findet man in Südafrika (Grootfontein) und in Marokko (Oudjda); sehr hübsche, kleinere Kristalle in der Old Yuma Mine (Arizona/USA), in Argentinien (Cordoba) und in Mexiko (Los Lamentos). In den Alpen gibt es schöne Kristalle am Obir (Kärnten/Österreich). Die stark arsenhaltige, gelbe Varietät *Endlichit* kommt in New Mexico (USA) vor.
**Verwendung** Zur Gewinnung von Vanadium für Metall-Legierungen; in der Farb- und Ätzmittelindustrie.

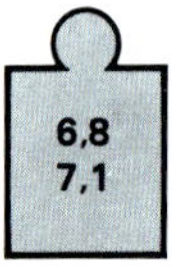


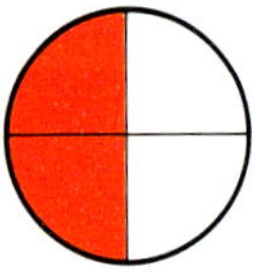

## 146 VOLBORTHIT

VII – Vanadate
$Cu_3[VO_4]_2 \cdot 3H_2O$

**System** Monoklin
**Aussehen** Dreieckige oder sechseckige, olivgrüne, kleine Blättchen, die häufig rosettig oder wabenartig angeordnet sind; Kügelchen oder runde, faserige Aggregate.
**Eigenschaften** Härte 3 1/2, schwer, spaltet sich vollkommen in sehr feine Blättchen; durchscheinend oder durchsichtig mit Glas- bis Perlmuttglanz. Ist in Säure löslich und schmilzt leicht, wobei die Flamme grün wird (Kupfer).
**Entstehung und Vorkommen** In Krusten, die durch aufsteigendes, warmes Wasser umgewandelt wurden und die man in Sandstein, Konglomeraten oder in Laven findet.
**Fundorte** Die ersten Lagerstätten entdeckte man im Ferganabecken und im Ural (UdSSR). Volborthit kommt in beträchtlichen Mengen in Utah und Arizona (USA) vor. Bei Vancouver (Kanada) hat man das Mineral ungewöhnlicherweise in einer von zwei Lavaströmen eingeschlossenen Schicht gefunden.
**Verwendung** Interessant für Mineralogen und Sammler.

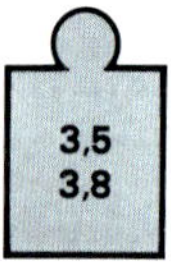


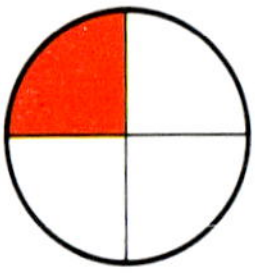

/anadinit (ca. x 2). Marokko.

olborthit (ca. x 2). Utah, USA.

## 147 VARISCIT

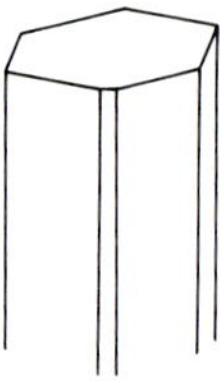

VII – Phosphate
$Al[PO_4] \cdot 2H_2O$

**System** Rhombisch
**Aussehen** Knollen, mikrokristalline Massen von hellgrüner Farbe mit gerundeten Rändern, die gelblich sind; faserig-strahlige Gänge und Krusten.
**Eigenschaften** Härte 3 1/2–4, leicht, ohne Spaltbarkeit mi muscheligem, glattem Bruch; durchscheinend mit Glas- bis Wachsglanz. Nicht schmelzbar, verfärbt sich jedoch beim Erwärmen; löst sich erst, nachdem es erwärmt worden ist.
**Entstehung und Vorkommen** Bildet sich durch Aussickerung von Gelen aus feldspatreichen Eruptivgesteinen.

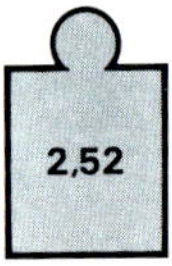


**Fundorte** Massen von bis zu 1 m Durchmesser gibt es in Fairfield (Utah/USA); unterschiedlich große Knollen stammen aus Bolivien und Österreich (Leoben, Steiermark), aus Arkansas und Nevada (USA). In Deutschland findet man Variszit bei Plauen im Vogtland (DDR).
**Verwendung** Das Mineral wird zu glatten und glänzenden Ziergegenständen verarbeitet und manchmal auch als Türkis verkauft. Die handelsübliche Varietät *Amatrix* besteht aus Variszit und Chalcedon; sie ist etwas härter als der reine Variszit.

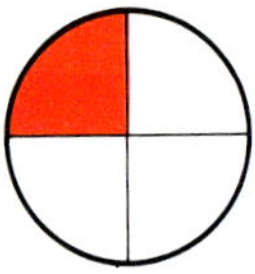

---

## 148 VIVIANIT Blaueisenerz

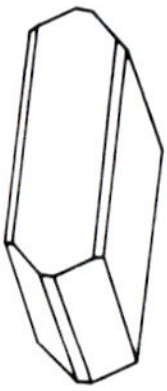

VII – Phosphate
$Fe_3^{II}[PO_4]_2 \cdot 8H_2O$

**System** Monoklin
**Aussehen** Prismatische oder tafelige, blaue, dunkel türkis farbene oder dunkelgrüne Kristalle; strahlige, bisweilen erd ge, blaue oder schwarze Aggregate.
**Eigenschaften** Härte 1 1/2–2, leicht, spröde und vollkom men in biegsame Blättchen spaltbar; frischer Vivianit is durchsichtig bis durchscheinend und besitzt Glas- bis Per muttglanz. Pulver weiß, wie auch das Mineral in ganz fr schem Zustand weiß ist; im Licht verfärbt es sich sofor Schmilzt rasch und ist in starker Säure löslich.

**Entstehung und Vorkommen** Bildet sich in der Oxidations zone von Chalkopyrit-Lagerstätten und als Umwandlungs produkt aus eisen- und manganhaltigen, pegmatitische Phosphaten, auch in fossilen Knochen und Muscheln.
**Fundorte** Schöne, einzelne, bis zu 1 m lange, auch stern förmige Kristalle gibt es in Camerun und Richmond (Virg nia/USA). Vivianit kommt häufig in Bingham (Utah), Lead ville (Colorado/USA), Llallagua (Bolivien), in den Zinn-La gerstätten Cornwalls (Großbritannien) und im Pegmatit vo Hagendorf (Oberpfalz) vor.

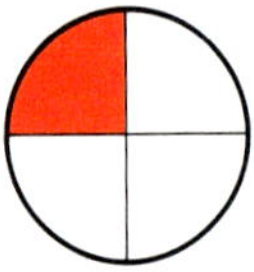

**Verwendung** Als minderwertige Malerfarbe; sonst nur fü Mineralogen und Sammler interessant.

Variscit (ca. x 1). Arkansas, USA.

Vivianit – Spaltblättchen – (ca. x 1,5). Kamerun.

## 151 WAVELLIT

VII – Phosphate
$Al_3[(OH)_3|(PO_4)_2] \cdot 5H_2O$

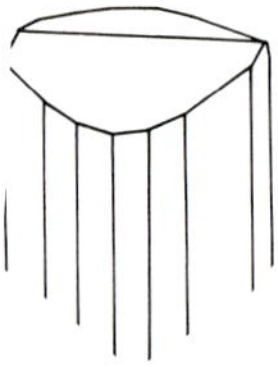

**System** Rhombisch
**Aussehen** Kugelige, strahlige Aggregate aus faserigen, weißen, gelblichen oder hellgrünen, kleinen Kristallen.
**Eigenschaften** Härte 3 1/2–4, leicht und vollkommen spaltbar; durchscheinend mit Glas- bis Seidenglanz. Nicht schmelzbar, zerfällt bei zunehmender Temperatur zu Blättchen und bleicht aus; ist in Salpetersäure löslich.

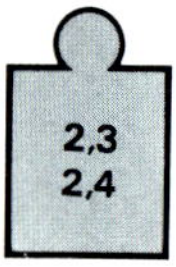


**Entstehung und Vorkommen** Das sekundäre oder hydrothermale Mineral bildet sich in Klüften von aluminiumreichem Gestein, von Pegmatiten mit Phosphaten, in metamorphem Gestein und in Tuffen, die reichlich Apatit enthalten.
**Fundorte** Bedeutende Mengen hat man in Holly Springs (Pennsylvania/USA), schöne, kugelige Wavellite in den Schiefern von Ouro Preto (Brasilien), in den Tuffen Boliviens und in den Luxullian-Vorkommen in Cornwall (Großbritannien) gefunden. In Montgomery Co. (Arkansas/USA) hat man als Besonderheit eine phosphorhaltige Breccie mit kugeligem, blauen Wavellit entdeckt.

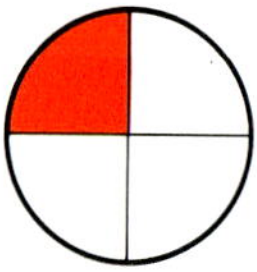

**Verwendung** Wo sich der Abbau lohnt, wird Wavellit zur Herstellung von Phosphatdünger gewonnen.

---

## 152 TÜRKIS

VII – Phosphate
$CuAl_6[(OH)_2|PO_4]_4 \cdot 4H_2O$

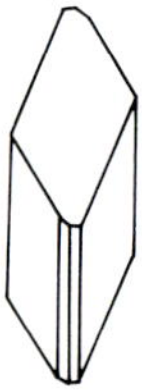

**System** Triklin
**Aussehen** Prismatische Kristalle sind äußerst selten; meist in Form von mikrokristallinen Massen, Knollen und Adern blauer oder hellgrüner Farbe; füllt auch Hohlräume in verschiedenen Gesteinen.
**Eigenschaften** Härte 5–6, leicht, ziemlich spröde und mindestens in einer Richtung gut spaltbar mit muscheligem Bruch; nur feine Blättchen sind durchscheinend; Wachs- oder Porzellanglanz; Pulver weiß bis grünlich. Nicht schmelzbar, löst sich nur nach Erwärmung in Salzsäure.

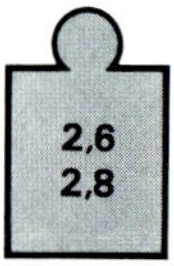


**Entstehung und Vorkommen** Hübsche, himmelblaue, manchmal weiß gefleckte Türkise findet man in Handstücken aus Persien (Nishapur), auf der Halbinsel Sinai und in Turkestan (Samarkand/UdSSR); weniger begehrt sind wegen ihrer grünlichen Tönung die Türkise von Los Cerillos (New Mexico) und Nevada (USA).
**Verwendung** Türkis ist ein wertvoller Schmuckstein; er wird manchmal künstlich gefärbt oder seine Farbe mit Öl, Wachs oder Plastik korrigiert, was den Sammlerwert erheblich mindert, den Verkaufspreis allerdings hebt.

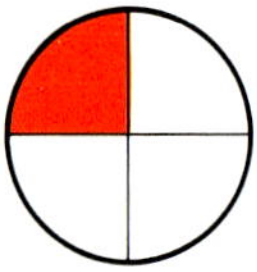

/avellit (ca. x 1,5). Vogtland.

ırkis (ca. x 1,5). Nevada, USA.

## 153 TIROLIT Kupferschaum

VII – Arsenate
$Ca_2Cu_9[(OH)_{10}|(AsO_4)_4] \cdot 10H_2O$

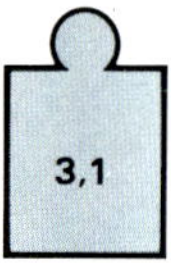


**System** Rhombisch
**Aussehen** Nierige Aggregate mit im Innern faseriger, kon- zentrischer Struktur, hellgrün oder blaugrün.
**Eigenschaften** Härte 2, schwer und vollkommen in feine und biegsame Blättchen spaltbar; durchscheinend mit Perl- muttglanz. Schmelzbar; während des Erwärmens wird das Mineral heller, zerfällt zu Blättchen und entwickelt Knob- lauchgeruch, ist in starker Säure löslich.
**Entstehung und Vorkommen** Es bildet sich im Kalk durch die oberflächliche Verwitterung von Kupfer-Erzen, die stark arsenhaltig sind.
**Fundorte** Das Mineral ist selten und kommt fast aus- schließlich in Schwaz (Tirol/Österreich) vor, wo es als Um- wandlungsprodukt von Schwazit entstanden ist, und in Frei berg auf Freibergit.
**Verwendung** Das Mineral ist nur für die Wissenschaft und für Sammler von Interesse.

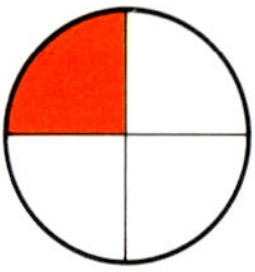

---

## 154 CHALKOPHYLLIT

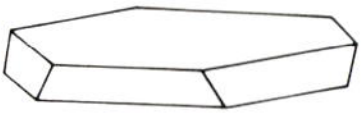

VII – Arsenate
$Cu_{18}Al_2(AsO_4)_3(SO_4)_3(OH)_{27} \cdot 33H_2O$

**System** Trigonal
**Aussehen** Rhomboedrische, stark abgeplattete, tafelige smaragd- bis dunkelgrüne Kristalle mit Dreiecksstreifung blättrige und rosettige Massen.
**Eigenschaften** Härte 3 1/2–4, leicht und vollkommen spalt- bar; durchscheinend oder durchsichtig mit Glas- bis Halb- diamantglanz oder Perlmuttglanz auf den Spaltflächen; Pul- ver hellgrün. In Säure löslich; schmilzt rasch und zersetzt sich dabei.

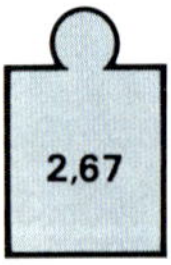


**Entstehung und Vorkommen** Das sekundäre Mineral bildet sich in der Oxidationszone von Kupfer-Lagerstätten zusam- men mit Cuprit, Malachit und Azurit.
**Fundorte** Chalkophyllit kommt an vielen Stellen im Erzge- birge und außerdem in Siebenbürgen (Rumänien) vor. Man findet ihn auch in Schwaz (Österreich) und Cap-Garonne (Frankreich), in der UdSSR, Chile und in der Umgebung von Tintic (Utah/USA).
**Verwendung** Chalkophyllit ist nur für Mineralogen und Sammler interessant.

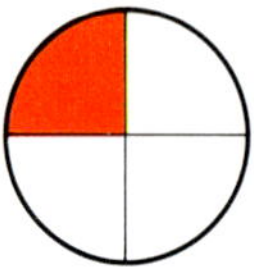

'irolit auf Baryt (ca. x 1,5), Tirol, Österreich.

halkophyllit (ca. x 1,5). Cornwall, Großbritannien.

# 155 LIROKONIT Linsenerz

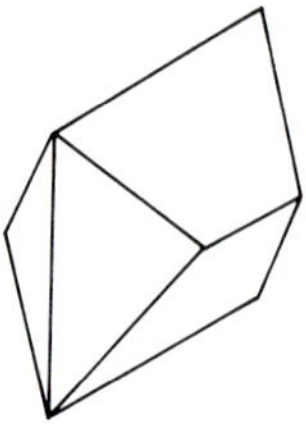

VII – Arsenate
$Cu_2Al[(OH)_4|AsO_4]\cdot 4H_2O$

**System** Monoklin
**Aussehen** Die seltenen Kristalle sind meist verzwillingt, abgeplattet, pseudohexagonal, fast linsenförmig, himmelblau oder grünlich; körnige Massen.
**Eigenschaften** Härte 2–2½, schwer, spröde und deutlich spaltbar; durchsichtig oder durchscheinend mit Glasglanz; Pulver himmelblau mit grünlicher Tönung. In Säure löslich leicht schmelzbar, dabei färbt es sich dunkelgrün und entwickelt Knoblauchgeruch.
**Entstehung und Vorkommen** Das Mineral bildet sich durch Umwandlung in der Oxidationszone von Kupfer-Lagerstätten.
**Fundorte** Häufig findet man Lirokonit in Cornwall (Großbritannien) und im Erzgebirge auf deutscher und tschechische Seite. Außerdem kommt es im Ural (UdSSR) und in Kalifornien (USA) vor.
**Verwendung** Wird von Mineralogen und Sammlern geschätzt.

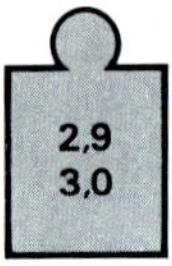


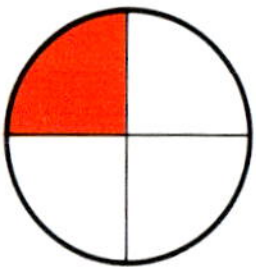

---

# 156 TORBERNIT Kupferuranglimmer

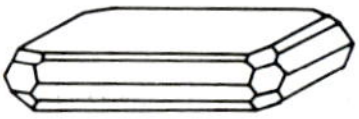

VII – Phosphate
$Cu[UO_2|PO_4]_2\cdot 8\div 12H_2O$

**System** Tetragonal
**Aussehen** Blättchen von glimmerartigem Aussehen, quadratisch und smaragdgrün; blätterige oder pulverige Aggregate, auch in Form von Krusten.
**Eigenschaften** Härte 2–2½, schwer und vollkommen in sehr feine Blättchen spaltbar; durchscheinend oder durchsichtig mit Perlmuttglanz. Radioaktiv; zeigt im ultravioletten Licht keinerlei Lumineszenz. Ist leicht zum Schmelzen zu bringen und in starker Säure löslich; an der frischen Luft verwandelt es sich unter Abgabe von Wasser in *Metatorbernit*, der nur acht Wassermoleküle besitzt.
**Entstehung und Vorkommen** Das sekundäre Mineral bildet sich durch Umwandlung von Pechblende.
**Fundorte** Schöne Aggregate mit kleinen Kristallen stammen von Shinkolobwe (Zaire), Mount Painter (Australien), Jachimov (CSSR), Cornwall (Großbritannien), aus der DDR und Utah (USA). Torbernit findet man auch in Menzenschwand im Schwarzwald, in Italien in Bric Colmè im Val di Preit, und in Peveragno (Cuneo) oder in San Leone (Cagliari, Sardinien).
**Verwendung** Torbernit ist ein wichtiges Uranerz.

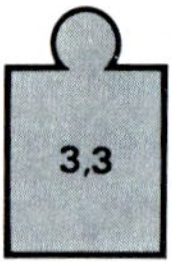


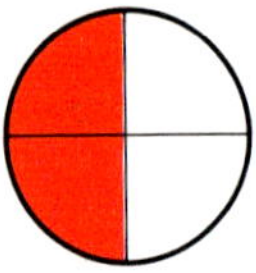

Lirokonit (ca. x 1,5). Cornwall, Großbritannien.

Torbernit (ca. x 1,5). Cornwall, Großbritannien.

## 157 AUTUNIT

VII – Phosphate
$Ca[UO_2|PO_4]_2 \cdot 10{-}12H_2O$

**System** Tetragonal
**Aussehen** Glimmerartige, quadratische und glänzendgrüne oder gelbgrüne Blättchen; büschelige, fächerartige und verwachsene Aggregate.
**Eigenschaften** Härte 2–2 1/2, schwer, spröde und vollkommen spaltbar; durchscheinend mit Glas- bis Perlmuttglanz. Stark radioaktiv und zeigt in ultraviolettem Licht eine grüngelbe Lumineszenz. Ist relativ rasch zum Schmelzen zu bringen und verwandelt sich beim Erhitzen in *Metaautunit*, der rhombisch ist und bis zu sechs Wassermoleküle besitzt.

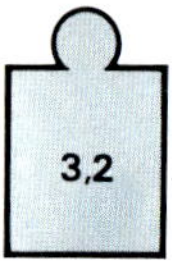


**Entstehung und Vorkommen** Autunit ist ein Umwandlungsprodukt aus primären Uran-Erzen, die man in Pegmatiten und auf hydrothermalen Gängen findet; Autunit kommt auch häufig in der Umwandlungszone von Graniten vor.
**Fundorte** Großflächige Beläge gibt es in Autun (Frankreich), Shinkolobwe (Zaire), Sabugal (Portugal), Lurisia (Cuneo/Italien) und ganz besonders in Mt. Spokane (Washington, USA), ferner in Colorado (USA) und in Australien.
**Verwendung** Autunit ist ein wichtiges Uran-Erz; während des 2. Weltkriegs verwendete man zur Uran-Gewinnung in erster Linie dieses Mineral.

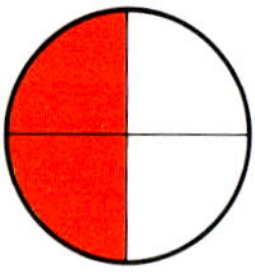

---

## 158 CARNOTIT

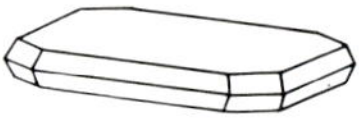

VII – Vanadate
$K_2[(UO_2)_2|V_2O_8] \cdot 3H_2O$

**System** Monoklin
**Aussehen** Aggregate mit winzigen Kristallen, auch erdig oder pulvrig und kanariengelb gefärbt; häufig als Imprägnationen auf Gestein. Pseudohexagonale, tafelige Kristalle sind selten.
**Eigenschaften** Härte 4, schwer, spröde und vollkommen spaltbar; undurchsichtig mit Perlmuttglanz. Stark radioaktiv und zeigt im ultravioletten Licht keine Lumineszenz; nicht schmelzbar und nur schwer in Säure löslich.

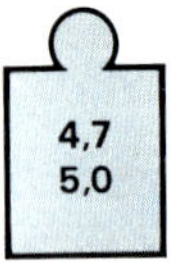


**Entstehung und Vorkommen** Das sekundäre Mineral bildet sich als Imprägnation auf Sandstein und versteinerten Pflanzen durch Ablagerung aus aufsteigenden Wässern.
**Fundorte** Carnotit kommt sehr häufig in den Wüstengebieten von Colorado (Paradox Valley), Utah, Arizona, New Mexico (USA) und des Ferganabeckens (UdSSR) vor.
**Verwendung** Carnotit ist eines der wichtigsten Uran- und Vanadium-Erze.

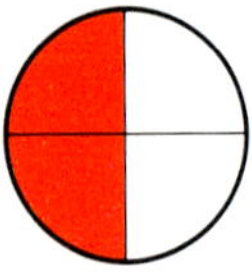

Autunit (ca. x 2). Lurisia (Cuneo), Italien.

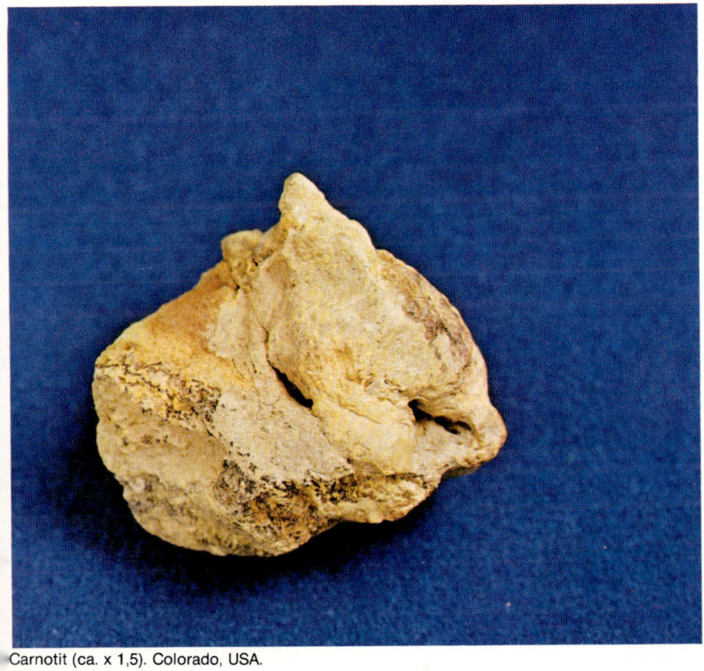
Carnotit (ca. x 1,5). Colorado, USA.

## 159 PHENAKIT

VIII – Inselsilikate
$Be_2[SiO_4]$

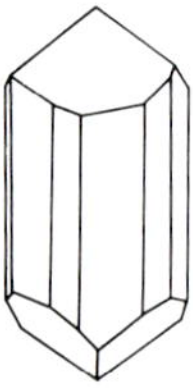

**System** Trigonal
**Aussehen** Rhombische oder kurze, prismatische Kristalle, flächenreich, weiß oder farblos. Zwillingsformen oder Verwachsungen sind häufig.
**Eigenschaften** Härte 7 1/2–8, leicht, mit wenig deutlicher Spaltbarkeit; durchsichtig mit lebhaftem Glasglanz; Pulver weiß. Unlöslich und nicht schmelzbar. Unter dem Mikroskop zeigt sich eine große Ähnlichkeit mit Quarz, Phenakit ist jedoch viel härter und kommt in Form von verschiedenen Zwillingsbildungen vor.

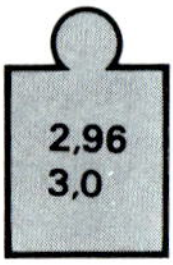


**Entstehung und Vorkommen** Kommt in Pegmatiten hoher Temperatur und in Glimmerschiefern zusammen mit Quarz, Chrysoberyll, Apatit und Topas vor.
**Fundorte** Die schönsten Kristalle findet man im Glimmerschiefer in den Smaragdgruben des Ural (UdSSR), in den Pegmatiten von Minas Gerais (Brasilien) und in Topaz Butte in Colorado (USA). In Italien hat man das Mineral im Val Vigezzo (Domodossola) entdeckt.

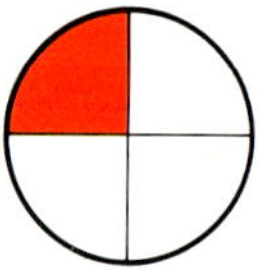

**Verwendung** Klare Kristalle werden als Schmucksteine geringeren Wertes betrachtet.

---

## 160 WILLEMIT

VIII – Inselsilikate
$Zn_2[SiO_4]$

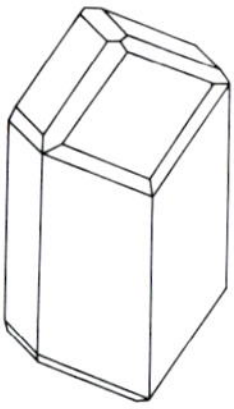

**System** Trigonal
**Aussehen** Schön ausgeprägte Kristalle sind selten; Willemit kommt meist in dichten, körnigen, massigen, farblosen oder grüngelb und fleischrot schillernden Aggregaten vor.
**Eigenschaften** Härte 5 1/2, schwer und mit deutlicher Spaltbarkeit; durchscheinend mit Harz- bis Glasglanz. Nicht schmelzbar; in Pulverform zersetzt es sich in Salzsäure, dabei bleibt ein Rückstand aus Kieselsäure. Manche Varietäten zeigen im ultravioletten Licht grüne Lumineszenz.

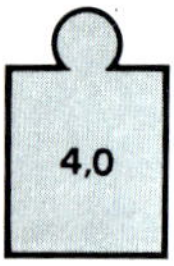


**Entstehung und Vorkommen** Kommt als metamorphes Rekristallisationsprodukt von Smithsonit in Marmor vor. Willemit ist meist vergesellschaftet mit Calcit, Franklinit und Zinkit.

MINERALI

**Fundorte** Sehr bedeutende, abbauwürdige Vorkommen gibt es in Franklin Furnace (New Jersey/USA); ist auch im Kongo, in Sambia, Südafrika und Grönland in metamorphen Blei-Zink-Lagerstätten häufig. In Altenberg (Belgien) findet man sehr seltene idiomorphe Kristalle.
**Verwendung** Willemit ist ein Zink-Erz.

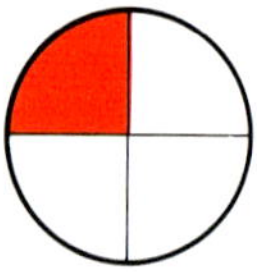

'henakit (ca. x 1,5). Minas Gerais, Brasilien.

/illemit (ca. x 1). New Jersey, USA.

# 161 OLIVIN

VIII – Inselsilikate
$(Mg,Fe)_2[SiO_4]$

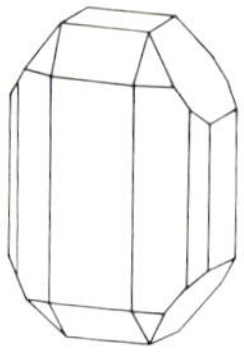

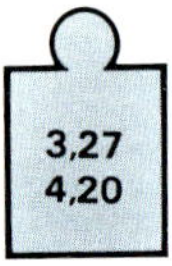


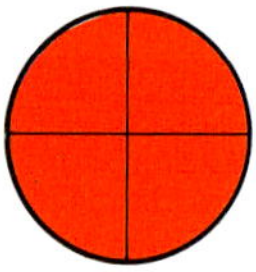

**System** Rhombisch
**Aussehen** Kurze, prismatische Kristalle mit manchmal gerundeten Ecken, olivgrün bis gelb oder durch Umwandlun bräunlich; körnige Massen.
**Eigenschaften** Härte 6 1/2–7, mittelschwer, spröde mit muscheligem Bruch. Durchsichtig bis durchscheinend mi Glasglanz. Unter dem Namen Olivin versteht man eine isomorphe Reihe von $Mg_2[SiO_4]$ oder *Forsterit* bis $Fe_2[SiO_4$ oder *Fayalit*. Mit Zunahme des Eisengehalts dieser Mineralien wachsen auch die Dichte, der Refraktionsindex und di Löslichkeit; dagegen sinkt der Schmelzpunkt. Forsterit lös sich sehr langsam in Salzsäure, wobei gallertartige Kieselsäure entsteht. Fayalit zersetzt sich in eine Suspension vo rotbrauner Farbe.
**Entstehung und Vorkommen** Magnesiumhaltiger Olivi kommt in magmatischen, ultrafemischen und femischen Intrusiv- und Effusivgesteinen vor. *Dunit* besteht zu mehr al 90% aus Olivin; ebenso ist Olivin der Hauptbestandteil vo Peridotit und Lherzolith; auch in Gabbro und in Basalten is er reichlich vertreten. Olivin kommt in metamorphem Dolomit vor, der sich bei hoher Temperatur durch Kontakt- ode Regionalmetamorphose gebildet hat. Stark eisenhaltiger Olivin ist selten. Man findet ihn meist als Nebengemengteil i Granit und in Hohlräumen in Rhyolith und in Pegmatiten Magnesiumhaltige Varietäten mit hohem Nickelgehalt gib es in Meteoriten. Viele, z. T. auch pseudomorphe Minerali entstehen durch Umwandlung von Olivin. Am bekannteste ist wohl der *Serpentin*, der in großen Mengen durch die Hydratation von Lherzolith in metamorpher Umgebung entsteht, oder *Iddingsit*, der aus Serpentin, Saponit und Hämat besteht, braunrot ist und häufig in verwitterter Lava vorkommt.
**Fundorte** Klare Kristalle in hübschem, warmem Grün gib es in der Lava auf der Insel St. John bei Zebirget im Rote Meer (Ägypten), in Norwegen, in der Eifel, in Arizona (USA und Birma (Mogok). Auch in der Lava am Vesuv (Italien) un in Form von Varietäten im Ural (UdSSR) und in der Eifel un am Kaiserstuhl findet man Olivin.
**Verwendung** Gesteine mit hohem Olivin- und niedrige Eisengehalt werden zur Herstellung hochfeuerfester Stein gebraucht. Durchsichtige Varietäten werden als wertvoll Schmucksteine betrachtet (*Chrysolith, Peridot*).

livin (ca. x 1). Dancalia, Äthiopien.

yalit (ca. x 1). Cuasso al Monte (Varese), Italien.

# 162 MONTICELLIT

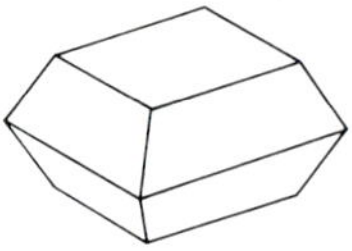

VIII – Inselsilikate
$CaMg[SiO_4]$

**System** Rhombisch
**Aussehen** Kristalle sind selten; meist körnige, farblos graue oder grünlichgelbe Massen.
**Eigenschaften** Härte 5 1/2, schwer, ohne deutliche Spal barkeit; durchsichtig oder durchscheinend mit Glasglan: Löst sich nur sehr schwer; das Pulver wird bei der Behanc lung mit konzentrierter Salzsäure gallertartig.
**Entstehung und Vorkommen** Monticellit entsteht in Dolc mitgestein durch Kontakmetamorphose. Auch in Carbonat und in einigen Kimberliten kann er sich bilden.
**Fundorte** Schöne Kristalle gibt es bei Predazzo (Trient/Ita lien), Hobart (Australien) und Oka (Quebec/Kanada). Das M neral ist auch in Kalifornien und in Magnet Cove in Arkansa (USA) oder im schottischen Skarn, in Zaire und in der UdSS zu finden. Man entdeckte es in den vulkanischen Auswürflir gen am Vesuv zum ersten Mal.
**Verwendung** Interessant für Mineralogen und Sammler.

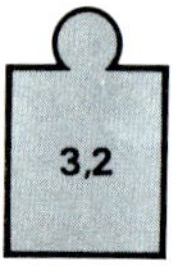


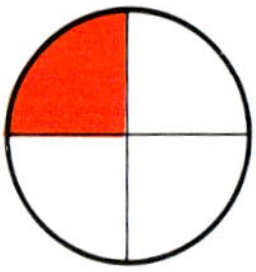

---

# 163 PYROP

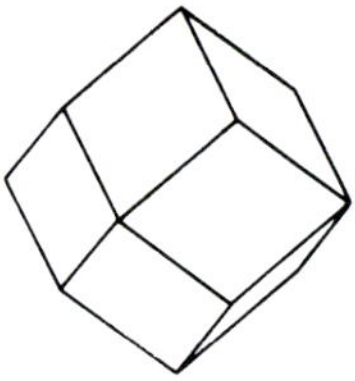

VIII – Inselsilikate (Granatgruppe)
$Mg_3Al_2[SiO_4]_3$

**System** Kubisch
**Aussehen** Isometrische, meist gut ausgebildete, rhomb dodekaedrische oder ikositetraedrische, dunkelrote Krista le; gerundete Körner.
**Eigenschaften** Härte 7–7 1/2, schwer, ohne Spaltbarke zerbricht jedoch in Splittern; häufig durchsichtig mit Gla glanz. Schmilzt relativ rasch und erweist sich als sehr wide standsfähig gegen Säuren.
**Entstehung und Vorkommen** In Peridotiten oder in Se pentiniten. Pyrop findet man auch in den Kimberlit-Lage stätten zusammen mit Diamant und konzentriert in Seifen
**Fundorte** Sehr schöne, blutrote Kristalle stammen aus d CSSR (›Böhmischer Granat‹) und aus Südafrika (Kaprubir Bei Gorduno im Kanton Tessin (Schweiz), in Arizona ur New Mexico (USA), sowie in Schottland (›Ely-Rubin‹) h man noch klarere Kristalle gefunden.
**Verwendung** Fehlerfreie Kristalle mit einheitlicher Färbur werden als wertvolle Schmucksteine betrachtet; auch K stalle mit Einschlüssen und weniger lebhafter Farbe sind der Schmuckindustrie begehrt.

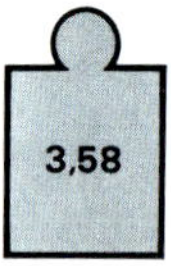


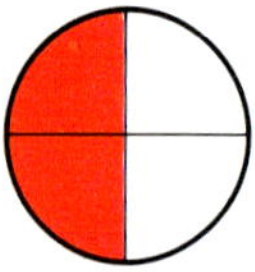

Monticellit (ca. x 1). Arkansas, USA.

Pyrop in Peridotit (ca. x 1). Gorduno (Tessin), Schweiz.

# 164 ALMANDIN

VIII – Inselsilikate (Granatgruppe)
$Fe^{II}_3Al_2[SiO_4]_3$

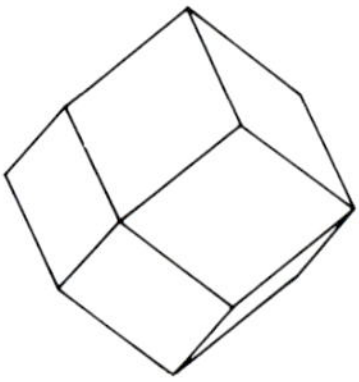

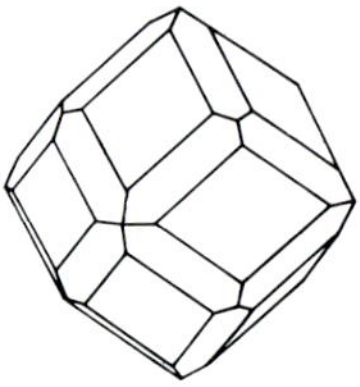

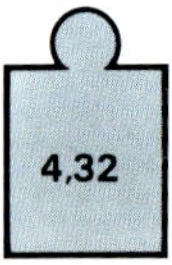


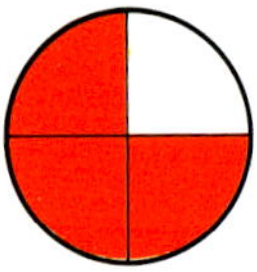

**System** Kubisch
**Aussehen** Güt ausgebildete, rhombododekaedrische oder ikositetraedrische, mehr oder weniger intensiv rostgefärbte Kristalle, manchmal violett oder braun schillernd; gerundete, an der Oberfläche umgewandelte Kristalle.
**Eigenschaften** Härte 7–7 1/2, schwer, spröde und ohne sichtbare Spaltbarkeit; zersplittert; meist undurchsichtig, aber auch gelegentlich durchsichtig mit Diamantglanz; Pulver weiß. Ist relativ leicht zum Schmelzen zu bringen, aber in Säure nicht löslich.
**Entstehung und Vorkommen** Almandin zeigt sich in metamorpher Umgebung in der Mesozone stabil, kann aber unter bestimmten Bedingungen bis zur Zone der Granulite stabil sein. In Granit, Pegmatiten und kontaktmetamorphem Gestein ist das Mineral seltener. Kommt auch in Ablagerungen vor, die hauptsächlich aus Glimmerschiefer und Gneis bestehen, wo es infolge seiner Härte und Widerstandsfähigkeit gegen die chemische Verwitterung lange erhalten bleibt.
**Fundorte** Klare, orangerote Kristalle findet man in den Seifen von Sri Lanka, Indien (sogenannte ›Sterngranate‹ mit Asterismus) und in Brasilien (Minas Gerais und Minas Novas). Hübsche Kristalle kommen aus Norwegen, Alaska (Stikken River), von den Adirondacks (New York) aus Kalifornien, Idaho, South Dakota, Colorado, Michigan, Pennsylvania und Connecticut (USA); man findet sie aber auch in Grönland, Schweden, im Zillertal (Österreich), in Madagaskar und im südlichen Australien. Dicke, undurchsichtige Kristalle gibt es im Pegmatit von Olgiasca (Comersee), im Glimmerschiefer am Timmelsjoch (Südtirol) und vollkommene, aber stark verwitterte Exemplare im Pegmatit der Alpe Siviglia im Val Codera (Sondrio/Italien).
**Verwendung** Wird zur Herstellung von Schleifleinwand und -papier gebraucht und gilt außerdem als allerdings nicht sehr wertvoller Schmuckstein (bekannt als ›Edler Granat‹). Auch für Wissenschaftler und Sammler ist das Mineral von Interesse.

Ikositetraedrischer Almandin (ca. x 1,5). Val Codera (Sondrio), Italien.

Rhombododekaedrischer Almandin (ca. x 1). Tirol, Österreich.

# 165 GROSSULAR

VIII – Inselsilikate (Granatgruppe)
$Ca_3Al_2[SiO_4]_3$

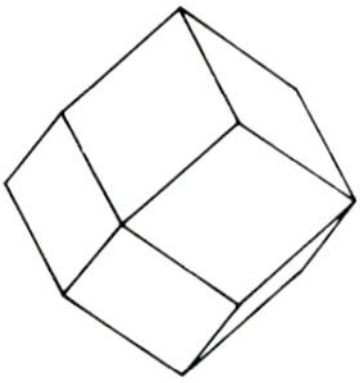

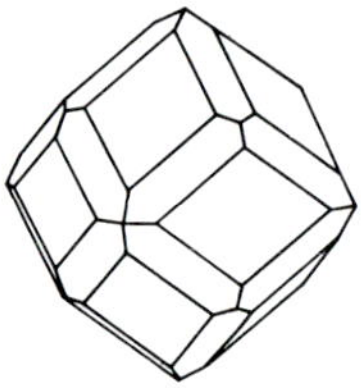

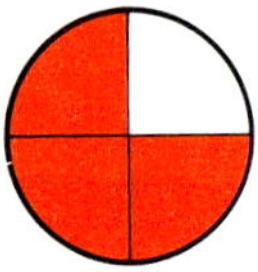

**System** Kubisch

**Aussehen** Rhombododekaedrische oder ikositetraedrische Kristalle in verschiedenen Farben; reine Kristalle sind farblos, blaßgrün oder milchig; bei Eisengehalt schwankt die Farbe von zimtgelb bis orange (*Hessonit*); Kristalle mit Chromgehalt zeigen eine hübsche smaragdgrüne Farbe und sind unter dem Namen ›Transvaal-Jade‹ bekannt. Auch rosa, rote (Varietät *Rosolit*) und schwarze Varietäten sind bekannt.

**Eigenschaften** Härte $6^1/_2$–7, schwer, spröde, nicht spaltbar, aber mit muscheligem Bruch; durchsichtig mit Glasglanz. Nicht schmelzbar und unlöslich; zeigt im ultravioletten Licht auch keine Lumineszenz; bei Röntgenbestrahlung fluoresziert das Mineral schwach gelbgrün.

**Entstehung und Vorkommen** Das Mineral bildet sich zusammen mit Calcit, Wollastonit, Vesuvian, Diopsid und Skapolith durch Regional- und Kontaktmetamorphose in Kalkgestein. Seltener findet man es in basaltischer, metamorphisierter Lava und serpentinhaltigem Gestein. Die Varietät Hessonit kommt in Klüften in metasomatischem, mit Calcium angereichertem Gestein (Rodingit) vor.

**Fundorte** Auffallend klare Hessonit-Kristalle findet man in den edelsteinführenden Seifen Sri Lankas, in den Rodingit-Lithoklasen von Kalifornien (Ramona/USA), der Ostalpen (z. B. im Val d'Ala, Aostatal, Sangonetal), Liguriens (Val della Gava), in Asbestos (Kanada) und in Maharitra (Madagaskar). In den USA gibt es schöne Kristalle in Minot (Maine), Warren (New Hampshire) und Eden Mills (Vermont). In Colorado und Kalifornien ist Grossular häufig. In Jordansmühl in Schlesien, Telemarken (Norwegen) und in Tiriolo (Catanzaro/Italien) werden farblose Kristalle gefunden. Rosolith kommt in Morelos und in Chihuahua (Mexiko) und die grüne, mikrokristalline Varietät in Tansania und Kenia vor; man hat sie auch in Rezbanya (Ungarn) und im Fassatal (Trient/Italien) entdeckt.

**Verwendung** Klare und schön gefärbte Kristalle werden als Schmucksteine betrachtet; sie sind allerdings noch wenig bekannt, aber von ausgezeichneter Qualität. Grossular ist auch besonders als Sammlerstein begehrt.

lessonit (ca. x 1,5). Val d'Ala (Turin), Italien.

rossular (ca. x 1,5). Asbestos (Quebec), Kanada.

## 166 UWAROWIT

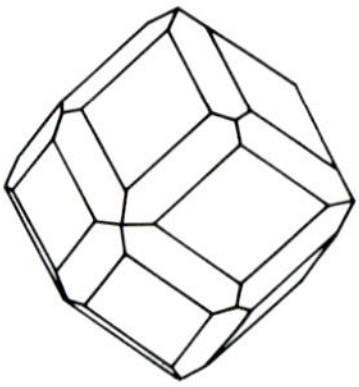

VIII – Inselsilikate (Granatgruppe)
$Ca_3Cr_2^{III}[SiO_4]_3$

**System** Kubisch
**Aussehen** Kleine, isometrische, smaragdgrüne Kristalle sehr unterschiedlicher Form.
**Eigenschaften** Härte 6½–7, schwer, spröde und ohne Spaltbarkeit; durchsichtig mit Halbdiamantglanz; fast nicht zum Schmelzen zu bringen; wird von Säuren nicht angegriffen.

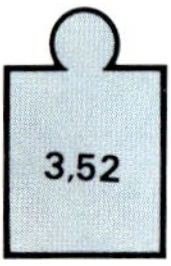


**Entstehung und Vorkommen** In Serpentingestein mit hohem Chromitgehalt; kommt häufig in Hohlräumen dieses Gesteins oder zusammen mit Kupfer-Mineralien vor.
**Fundorte** Klare Kristalle stammen aus dem Ural (UdSSR), von Finnland (Outukumpu) und aus der Türkei; der Uwarowit aus Kanada (Macry) ist vielfach undurchsichtig. Fundorte in Italien sind das Val Malenco (Sondrio) und St. Marcel (Aostatal).
**Verwendung** Uwarowit gilt als Schmuckstein; da das Mineral jedoch selten ist, hat es für den Handel kaum Bedeutung.

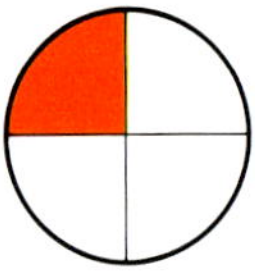

---

## 167 ANDRADIT

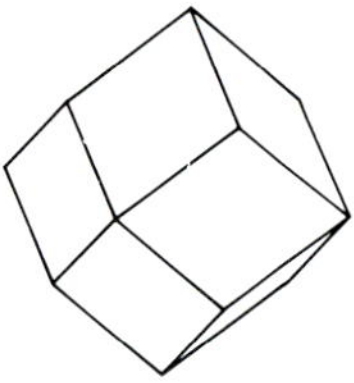

VIII – Inselsilikate (Granatgruppe)
$Ca_3Fe_2^{III}[SiO_4]_3$

**System** Kubisch
**Aussehen** Rhombododekaedrische Kristalle sehr verschiedener Färbung: braun, rötlich, schwarz (*Melanit*), gelb (*Topazolith*) und smaragdgrün (*Demantoid*).
**Eigenschaften** Härte 6½–7, schwer, spröde, nicht spaltbar; durchsichtig mit Diamantglanz; Pulver weiß. Wird von Säuren nicht angegriffen und ist nicht schmelzbar.
**Entstehung und Vorkommen** In kontaktmetamorphen Kalk und Skarn. Melanit findet sich in Lava und nephelinhaltigem Syenit; Topazolith und Demantoid im Serpentin.

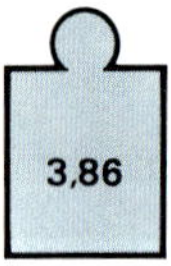


**Fundorte** Schwarzbraune Kristalle stammen von der Insel Elba und aus Campiglia Marittima (Livorno/Italien), von Arendal (Norwegen), Handerson (Nord-Karolina/USA) und rötliche aus Franklin (New Jersey). Melanit kommt häufig in der Lava Latiums und am Vesuv (Italien), in Arendal (Norwegen) und im Kaiserstuhl, am Laacher See, sowie in den USA vor. In Italien findet man Topazolith im Valle della Gava (Genua) sowie sehr schönen Demantoid im Val Malenco (Sondrio). In den Seifen im Ural (Bobrovka) ist Andradit häufig (›Bobrovka-Granat‹ oder ›Uralsmaragd‹).

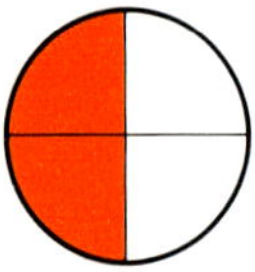

**Verwendung** Andradit ist für die Wissenschaft interessant. Demantoid ist ein wertvoller Schmuckstein.

Uwarowit (ca. x 1). Ural, UdSSR.

Demantoid (ca. x 1). Val Malenco, Italien.

## 168 ZIRKON

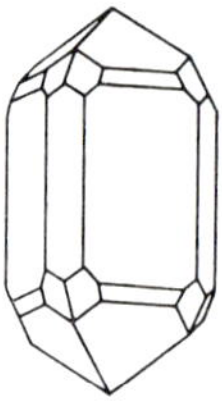

VIII – Inselsilikate
$Zr[SiO_4]$

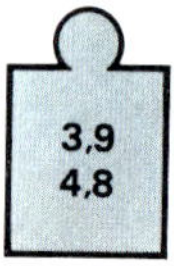


**System** Tetragonal
**Aussehen** Kurze prismatische Kristalle; oft in Form von Doppelpyramiden; farblos, gelb, rot, braun, grau oder grün; unregelmäßige Körner.
**Eigenschaften** Härte 7 1/2, schwer, unvollkommen spaltbar oder mit muscheligem Bruch; kann völlig durchsichtig sein mit Diamantglanz und sehr starker Bifraktion; kann auch undurchsichtig, glanzlos und fast isotrop sein, wenn er durch Thorium- und Uranstrahlen metamikt geworden ist. Diese Elemente können Zirkonium bis zu 4% ersetzen. Enthält bis zu 20% Hafnium. Unschmelzbar, unlöslich.
**Entstehung und Vorkommen** Typisches Begleitmineral in sauren magmatischen und metamorphen Gesteinen; kommt auch sedimentär als Geröll vor.
**Fundorte** An den Küsten Australiens, Brasiliens und Floridas (USA) in Seifen. Hübsche Kristalle (Siamdiamanten) in Matura (Sri Lanka), im Ural (UdSSR). Große Kristalle aus Renfrew (Kanada), Litchfield (Maine/USA), Norwegen, Schweden: Siebengebirge (Deutschland).

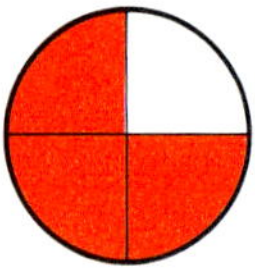

**Verwendung** Wichtig zur Gewinnung von Zirkonium und von meist beigemischtem Hafnium und Thorium. Manche Varietäten als Schmucksteine (farbloser, blauer ›Starlit‹, roter ›Hyazinth‹, gelber ›Jargon‹ und grüner ›Malacon‹).

---

## 169 SILLIMANIT

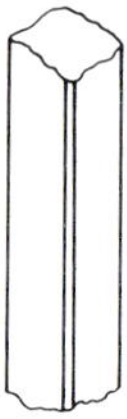

VIII – Inselsilikate
$Al^{[6]}Al^{[4]}[O|SiO_4]$

**System** Rhombisch
**Aussehen** Nadelige Kristalle; grau, braun oder hellgrün; seidige, faserige Aggregate (*Fibrolith, Faserkiesel*); nadelige Kristalle kommen häufig auch in Quarz und Feldspat als Einschlüsse vor.
**Eigenschaften** Härte 6–7, schwer, parallel zu den Fasern vollkommen spaltbar, durchsichtig bis durchscheinend Glas- bis Perlmuttglanz. Unlöslich und unschmelzbar.

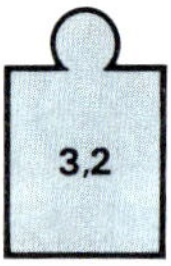


**Entstehung und Vorkommen** Weit verbreitet in metamorphen Gesteinen, die sich bei hoher Temperatur gebildet haben.
**Fundorte** Schöne, grüne Kirstallbündel stammen aus Böhmen; gelbe aus dem Fassatal (Trient), aus Bayern (Bodenmais) und aus Sachsen (Freiberg). In Brasilien und in Südcarolina (USA) findet man schillernde Fibrolithsteinchen. Blaue Kristalle kommen zusammen mit Rubinen in den Seifen Birmas und Sri Lankas vor; ferner in Indien.

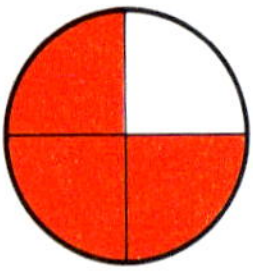

**Verwendung** Zu hochfeuerfesten Materialien; schillernde grüne und blaue Varietäten werden in der Schmuckindustrie gebraucht. Sillimanit sagt wissenschaftlich etwas über den Grad der Metamorphose aus, denen sein Muttergestein ausgesetzt war.

Zirkon (ca. x 2). UdSSR.

illimanit (ca. x 1).

# 170 ANDALUSIT

VIII – Inselsilikate
$Al^{[6]}Al^{[5]}[O|SiO_4]$

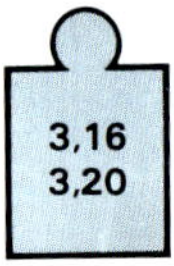


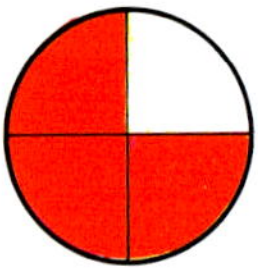

**System** Rhombisch
**Aussehen** Kurze, prismatische Kristalle mit quadratischem Querschnitt; manchmal auch bündelartige oder stäbchenförmige Aggregate. Die Färbung kann fleischrosa, braun, rot oder auch dunkel olivgrün (Varietät *Viridin*) sein. Die Varietät *Chiastolith* besitzt kohlige oder dunkle, tonige Einschlüsse, die sich während des Wachstums gebildet haben und die kreuzförmig angeordnet sind.
**Eigenschaften** Härte 6½–7½ in nicht verwittertem Zustand, schwer, vollkommen nach dem Prisma spaltbar; durchscheinend oder undurchsichtig, sehr selten auch durchsichtig mit Glasglanz und gelegentlich starkem Pleochroismus; Pulver weiß. Nicht löslich und nicht zum Schmelzen zu bringen; zeigt bei Bestrahlung mit Kathodenstrahlen eine gelbgrünliche Lumineszenz.
**Entstehung und Vorkommen** Bildet sich in aluminiumreichen, calcium-, kalium- und natriumarmen Gesteinen, die durch Kontakt- oder Regionalmetamorphose bei geringem Druck entstanden sind. Hier findet man Andalusit zusammen mit Cordierit; in Pegmatiten und auf hydrothermalen Gängen seltener.
**Fundorte** Große Kristalle gibt es in Andalusien (Spanien), auf der Lisenzalpe (Stubai/Österreich), sie sind jedoch vollkommen in Sericit und Quarz umgewandelt. Durchsichtige Kristalle hat man in Minas Gerais (Brasilien) in Seifen gefunden. Bedeutende Vorkommen gibt es in Fresno (Kalifornien), in Pennsylvania, Massachusetts und Maine (USA), in Bimbowrie (Australien) und in Senus-Bugu (UdSSR). Schöne Chiastolithe stammen aus Westford, Lancaster und Sterling (Massachusetts/USA) und aus Santiago di Compostela (Spanien). In Deutschland kommt das Mineral im Fichtelgebirge, in Italien im Val Malenco (Sondrio), in Form von winzigen roten Kristallen in Musso (Como), in Sonico (Brescia) und in den turmalinhaltigen Gängen auf der Insel Elba vor.
**Verwendung** Große Vorkommen werden zur Herstellung von feuerfesten Materialien, Isolierungen und besonders säureunempfindlichen Keramiken abgebaut. Durchsichtige Kristalle gelten als Schmucksteine und werden hauptsächlich wegen des rosa/grünen Schillerns geschätzt, das auf den starken Pleochroismus zurückzuführen ist. Chiastolith wird als Amulett getragen. Das Vorkommen von Andalusit läßt wissenschaftliche Rückschlüsse auf Grad und Art der Metamorphose zu, der die Gesteine, in denen Andalusit enthalten ist, unterworfen waren.

Andalusit (ca. x 1). Lisenzer Alpe (Tirol), Österreich.

Chiastolith (ca. x 1,5). Australien.

# 171 CYANIT Disthen

VIII – Inselsilikate
$Al^{[6]}Al^{[6]}[O|SiO_4]$

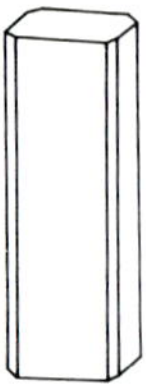

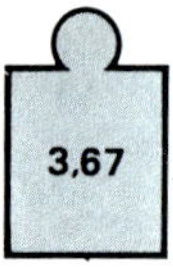


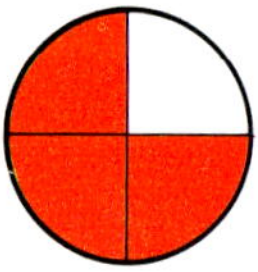

**System** Triklin

**Aussehen** Tafelige, längliche, an den Enden meist unvollkommen ausgeprägte, häufig bündelige, himmelblaue, nach innen dunkler werdende Kristalle; weiß, grau und grün gefleckte oder gestreifte Kristalle sind seltener; ferner strahlige, graue Aggregate (Varietät *Rhätizit*). Manchmal auch verwachsen mit Staurolith.

**Eigenschaften** Härte längs 4½, quer 6–7; schwer, spröde und vollkommen spaltbar; durchsichtig oder durchscheinend, zeigt auf den Spaltflächen Glas- bis Perlmuttglanz; Pulver weiß. Wird von Säuren nicht angegriffen und schmilzt nicht.

**Entstehung und Vorkommen** Entsteht fast ausschließlich in aluminiumreichen, bei hohem Druck metamorphisierten Pegmatiten (Gneis, Glimmerschiefer, Amphibolite und Eklogite) zusammen mit Granat, Staurolith und Glimmer. Cyanit kommt selten auch in pegmatitischen Gängen, die die oben genannten Gesteine durchqueren, vor. Er ist häufig in Schmirgelablagerungen und in Sanden, die durch die Verwitterung von kristallinen Schiefern entstanden sind.

**Fundorte** Sehr schöne, blaue Kristalle findet man mit Staurolith und Paragonit am Pizzo Forno (Kanton Tessin/Schweiz); graue, strahlige Kristalle gibt es im Pfitschtal und im Passeiertal (Südtirol/Italien), im Zillertal (Österreich), in Morbihan (Frankreich) und, allerdings seltener, in der Umgebung von Musso (Como/Italien). Riesige, blaue, aber undurchsichtige Kristalle stammen aus Minas Gerais (Brasilien); in Machakos (Kenia) gibt es grüne, bis zu 30 cm lange Kristalle. Große Vorkommen von Cyanit entdeckte man in Chesterfield in Massachusetts, in Litchfield in Connecticut und auch in Gaston, Lincoln und Yancey in Nordcarolina (USA). Die bedeutenden alluvionalen Lagerstätten in Indien, Kenia und Australien werden industriell abgebaut.

**Verwendung** Cyanit wird vor allem zur Herstellung von besonders hitzeunempfindlichen Keramiken, von elektrischen Isolierstoffen und von anderen Materialien gebraucht, die besonders widerstandsfähig gegen Säuren, einschließlich Flußsäure, sind. Wird nur selten als Schmuckstein zugeschliffen. Dem Wissenschaftler gibt das Vorkommen von Cyanit Aufschluß über Stärke und Art der Metamorphose, denen die Gesteine, in die er eingelagert ist, unterworfen waren.

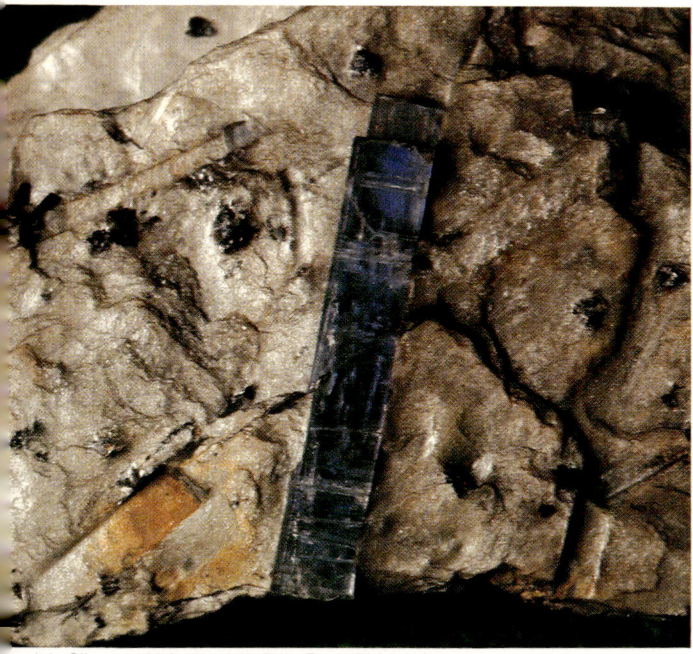

yanit in Glimmerschiefer (ca. x 1). Pizzo Forno (Tessin), Schweiz.

anit (ca. x 1). Brasilien.

# 172 TOPAS

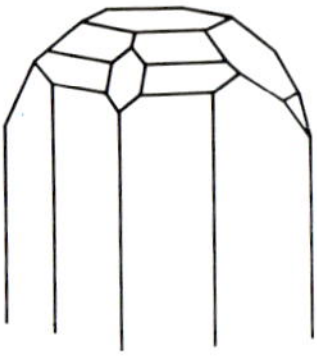

VIII – Inselsilikate

$Al_2[F_2|SiO_4]$

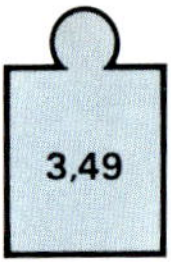


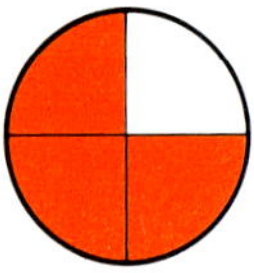

**System** Rhombisch
**Aussehen** Prismatische, z. T. sehr große, bis zu 270 k schwere Kristalle mit manchmal senkrechter Streifung; di Färbung kann ganz verschieden sein; die Skala reicht vo farblos über gelb, gelbrot, blau, grün, bis violett.
**Eigenschaften** Härte 8, schwer, spröde und nach der Bas vollkommen spaltbar; durchsichtig oder durchscheinend m Glasglanz; Pulver weiß. Weder löslich, noch schmelzba Manche Varietäten verlieren in der Sonne und bei Erwä mung ihre Farbe. Einige gelbe Topase dagegen werden b einer Erwärmung auf 300 bis 450 °C bräunlichrot (›Gebrann ter Topas‹) und wirken besonders hübsch. Bei höheren Tem peraturen wird der Stein jedoch trüb.
**Entstehung und Vorkommen** Das typisch pegmatitisch pneumatolytische Mineral kommt in Greisen, Graniten un Rhyolithmiarolen, sowie auf manchen hydrothermalen Gär gen hoher Temperatur vor. Dank seiner Härte und sein Widerstandsfähigkeit gegenüber der chemischen Verwitt rung findet man Topas als gerundete, durchscheinend Steinchen auch häufig in Seifen.
**Fundorte** Die größten und schönsten Kristalle stamme aus den Pegmatiten von Minas Gerais (Brasilien) und vo Sankara (Sibirien/UdSSR), wo auch auf natürliche Weis ›Gebrannter Topas‹ gefunden wird. Die als Schmuckstein b gehrte, grellgelbe Varietät stammt aus Birma und Sri Lank blauer Topas wird in Mursinka (Ural/UdSSR) und in Mexik gefunden. Kleine, farblose oder rosarote Kristalle gibt es den Pegmatiten von Elba (Italien) und in den USA (besonde in Pike's Peak, Colorado); ganz selten wurde das Miner auch in Cuasso al Monte (Varese/Italien) in quarzführende Porphyr und in Perda Majori (Sardinien) entdeckt. Dich Massen findet man zusammen mit Cassiterit und Wolfram in den Greisen im Erzgebirge (Schneckenstein bei Aue bach) und in der CSSR), in Cornwall (Großbritannien) und New Brunswick (Kanada).
**Verwendung** Klare oder schön gefärbte Varietäten werd als Schmucksteine betrachtet; am begehrtesten ist die gol braune Varietät ›Sherry‹. Sammler schätzen besonders d blaue oder grüne Spielart. In der Schmuckindustrie werd leider viele gelbe, geschliffene Steine (z. B. Quarze) fälsch cherweise als Topase bezeichnet, so daß beim Erwerb imm Vorsicht geboten ist.

opas (ca. x 1). Brasilien. △ ▷

opas (ca. x 1,5). Sachsen.

# 173 STAUROLITH

VIII – Inselsilikate
$AlFe_2O_3(OH) \cdot 4Al_2[O|SiO_4]$

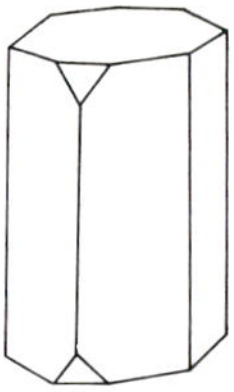

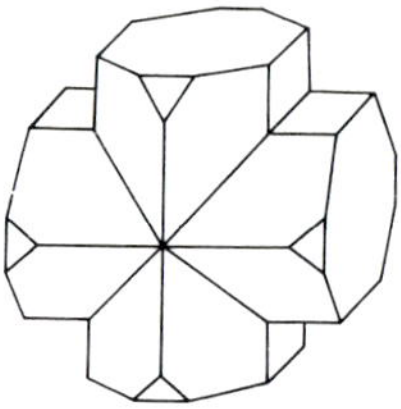

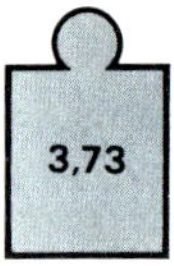


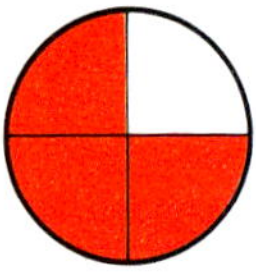

**System** Rhombisch

**Aussehen** Prismatische, bisweilen kurze, rotbraune bi schwarze Kristalle mit häufig rauhen oder erdigen Beläge vielfach findet man die typischen Durchkreuzungszwilling in Form eines griechischen Kreuzes, dessen Arme eine Winkel von 90 ° bilden, oder in Form des Andreaskreuzes b einem Winkel von 60 °; daneben ungeformte Körner in G steinen; sehr selten massig; bildet oft Verwachsungen m Cyanit.

**Eigenschaften** Härte 7–7 1/2, schwer, schlecht spaltba bricht aber leicht quer zur Längsrichtung; ist fast undurc sichtig, selten durchsichtig oder durchscheinend mit Gla bis Harzglanz; Pulver weiß. Nicht schmelzbar; gilt als fa unlöslich und wird nur ganz allmählich von Schwefelsäu angegriffen.

**Entstehung und Vorkommen** Das metamorphe Mineral bi det sich bei mittlerer Temperatur und ist charakteristisch f die Fazies der Amphibolite. Man findet es zusammen m Granat und Cyanit. Vereinzelt kommt Staurolith in Pegmat ten und in kontaktmetamorphem Gestein vor. Dank sein Härte und Widerstandsfähigkeit gegenüber der Verwitterun findet man das Mineral oft in alluvionalen Sanden.

**Fundorte** Berühmt sind die prismatischen, braunroten ur durchscheinenden Kristalle, die zusammen mit blauem C anit und mit Paragonit in den Glimmerschiefern am Pizz Forno (Kanton Tessin/Schweiz) vorkommen. Große Krista findet man auch in der CSSR (Goldenstein), Bayern (Ascha fenburg), Schottland und in den USA. Durchkreuzungszw linge kommen in Fannyn Country (Georgia/USA), in Pil (New Mexico/USA) und in Morbihan (Frankreich) vor. In It lien hat man große Kristalle im Schiefer am Monte Legno (Como) und im Veltlin gefunden.

**Verwendung** Staurolith besitzt meist keinen praktisch Wert. Durchkreuzungszwillinge werden in bestimmten G bieten Amerikas als Amulette getragen. Klare Kristalle we den als Schmucksteine geschliffen. Das Vorkommen v Staurolith gibt Hinweise auf die Art und Stärke der Metamc phose, der die Gesteine unterworfen waren.

Staurolith – einfacher und verzwillingter Kristall – (ca. x 1). Brasilien.

Staurolith in Glimmerschiefer (ca. x 1). Tessin, Schweiz.

# 174 SAPHIRIN

VIII – Kettensilikate
$(Mg,Al)_8(Al,Si)_6O_{20}$

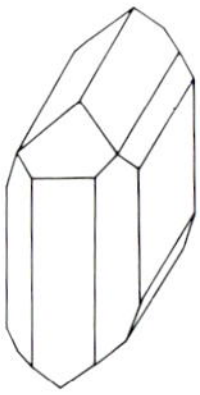

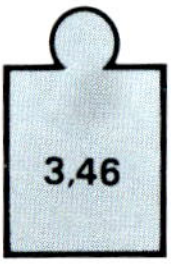


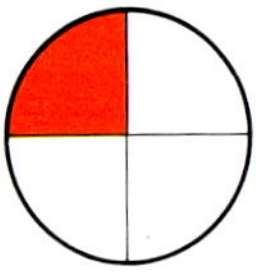

**System** Monoklin
**Aussehen** Tafelige Kristalle, selten in parallelen, blättrigen Aggregaten, blau, graugrün oder dunkelgrün; verstreute Körner.
**Eigenschaften** Härte 7 1/2, schwer, nicht spaltbar, mit unregelmäßigem Bruch; durchsichtig mit Glasglanz. Unlöslich und unschmelzbar.
**Entstehung und Vorkommen** Das Mineral ist charakteristisch für aluminium- und magnesiumreiche Gesteine, die sich in hochgradig metamorpher Umgebung gebildet haben, und kommt zusammen mit Cordierit vor; seltener in Pegmatiten und kontaktmetamorphen Gesteinen.
**Fundorte** Klare Kristalle liegen im Gneis in Fiskernäs (Grönland), im Pegmatit von St. Urbain (Quebec/Kanada) und auf Madagaskar. Auch in Indien und Südafrika kommt Saphirin vor. In Italien findet man auf der Alpe Bresciadega (Val Codera/Sondrio) schöne, blaue Kristalle und in Finero (Novara) dunkle Körner.
**Verwendung** Nur die durchsichtigen, schön blauen, leider seltenen Kristalle gelten als Schmucksteine. Daneben ist das Mineral für Petrographen und Sammler interessant.

# 175 CHONDRODIT

VIII – Inselsilikate
$Mg_5[(OH,F)_2|(SiO_4)_2]$

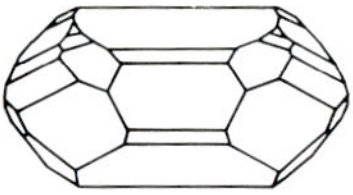

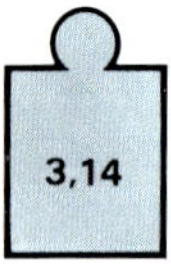


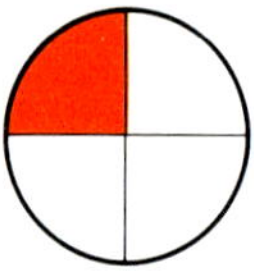

**System** Monoklin
**Aussehen** Selten kleine, vielflächige Kristalle; meist rundliche Körner und massige Aggregate von gelber bis dunkel rotbrauner Farbe.
**Eigenschaften** Härte 6–6 1/2, schwer, schlecht spaltbar; durchscheinend mit Glas- oder Harzglanz; Pulver weiß. In warmer Salzsäure löslich; unschmelzbar. Gehört zur Humitgruppe, zu denen auch *Norbergit, Klinohumit, Titanklinohumit* zählen.
**Entstehung und Vorkommen** Das metamorphe Mineral bildet sich meist in dolomitischem, silikathaltigem Marmor durch Metamorphose.
**Fundorte** Schöne Kristalle gibt es in Schweden (Kafveltorp und Åker) und in den USA (Franklin/New Jersey; Brewster/New York). Fundorte in Deutschland sind Wunsiedel und Passau (Bayern). In Italien findet man Chondrodit häufig in den Auswürflingen am Monte Somma (Vesuv) und in der Kontaktaureole von Predazzo (Trient). Die Varietät Titanklinohumit kommt im Serpentin im Val Malenco (Sondrio), im Val d'Ala (Turin) und in Ligurien (Voltri) vor.
**Verwendung** Das Mineral ist nur für Mineralogen und Sammler interessant.

aphirin in Gneis (ca. x 1,5). Val Codera (Sondrio), Italien.

hondrodit (ca. x 1,5). New York, USA.

# 176 TITANIT Sphen

VIII – Inselsilikate
$CaTi[O|SiO_4]$

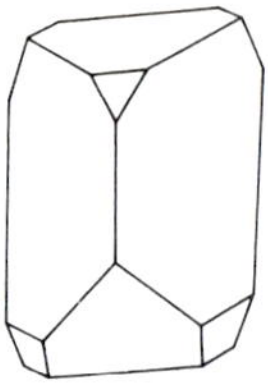

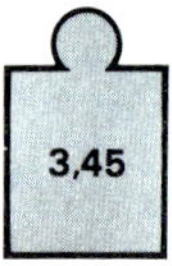


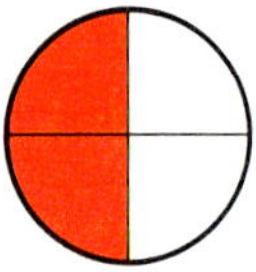

**System** Monoklin
**Aussehen** Keilförmige, prismatische, kurze Kristalle, auf gewachsen, aber auch tafelig und blättrig; Berührungs- ode Durchwachsungszwillinge sind häufig, ebenso körnige Ag gregate. Die Farbskala reicht von weiß bis gelbgrün, dunkel braun und schwarz. Farbloser Titanit ist selten (Varietä *Greenovit*).
**Eigenschaften** Härte 5–5 1/2, schwer und gut spaltbar durchsichtig oder durchscheinend mit Diamant- bis Harz glanz; manche Varietäten zeigen einen deutlichen Trichrois mus; Pulver weiß; wird von Salzsäure nicht verändert, vo Schwefelsäure jedoch zersetzt und bei Zugabe von Wasser stoffsuperoxid wird die Lösung gelb (Titannachweis); Titan schmilzt relativ rasch zu einem dunkelgelben Glas.
**Entstehung und Vorkommen** Kommt häufig als Begleitm neral in vielen sauren und intermediären Intrusiv- und Effu sivgesteinen, ebenso wie in Gneis, kristallinen Schiefern un Amphiboliten vor. Außerdem in kontaktmetamorphem Kal und auf hydrothermalen Gängen relativ niedriger Tempera tur. Die größten Kristalle bilden sich in Rodingit und in Ne phelin-Syenit-Pegmatiten. Reichert sich in Seifen-Lagerstät ten an und bildet dort häufig einen pudrigen, gut sichtbare Belag auf der Oberfläche der Körner.
**Fundorte** Auf der Halbinsel Kola (UdSSR) kommt Titanit i bedeutenden, abbauwürdigen Mengen vor. Schöne Kristall findet man im metamorphen Dolomit im Binntal (Schweiz), i Renfrew (Ontario/Kanada), in den Granitlithoklasen am S Gotthard (Schweiz), im Zillertal (Österreich), in Italien im Ro dingit des Val d'Ala (Turin) und bei Voltri (Genua). Weiter Fundorte gibt es in Mexiko, USA, und im Ural (UdSSR). Italien hat man das Mineral außerdem auf der Alpe Dever (Domodossola), im Val Malenco (Sondrio), in Prali im V Germanasca (Turin) und in den Auswürflingen am Vesuv un der Vulkane Latiums gefunden. Greenovit kommt in Sair Marcel (Aostatal) zusammen mit anderen, manganhaltige Mineralien (Violan, Piemontit etc.) vor. In Deutschland find man Titanit in den Auswürflingen am Laacher See.
**Verwendung** Wo Titanit in bedeutenden Mengen vo kommt, wird er als Titan-Erz abgebaut; klare und hübsc gefärbte Varietäten erhalten Cabochon- oder Facettenschli und werden als besonders sammelnswerte Schmuckstein betrachtet. Titanit ist außerdem für Mineralogen und Samm ler von Interesse.

itanit (ca. x 1,5). Brasilien.

tanit mit Adular (ca. x 1,5). Kanton Bern, Schweiz.

# 177 CHLORITOID

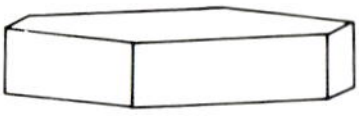

VII – Inselsilikate
$Fe_2^{\prime\prime}AlAl_3[(OH)_4|O_2(SiO_4)_2]$

**System** Monoklin
**Aussehen** Blättrige Kristalle mit hexagonalem Umriß, gele gentlich Zwillingsformen bildend, häufig in dichten, schup pigen und bänderartigen, gelblichgrünen bis schwärzliche Aggregaten.
**Eigenschaften** Härte 6–6 1/2, schwer, spröde, zerbröckel rasch und vollständig zu steifen Blättchen; durchsichtig mi perlmutterartigem Glanz auf den Bruchflächen; hellgrüne Staub. Wird nicht von Salzsäure, wohl aber von konzentrier ter Schwefelsäure zersetzt. Schwer schmelzbar zu schwar zem, schwach magnetischem Glas. *Sismondin* ist die ma gnesium-, *Ottrelith* die manganhaltige Varietät.
**Entstehung und Vorkommen** Nur in regionalmetamorphe Gesteinen niedriger Tiefenstufe, die reich an Aluminium, Ei sen und manchmal Mangan, aber arm an Magnesium, Kal zium, Natrium und Kalium sind; auch in Marmorarten in Kon takt mit Korund und Quarz.
**Fundorte** Kossoibrod (Ural/UdSSR), Gamuch Dagh und Iz mir (Smyrna/Türkei) in Schmirgel-Lagerstätten, Spitzberge in Glaukophanschiefern. Häufig in metamorphen Gesteine der Westalpen. Sismondin in Zermatt (Schweiz), Biell (Oberitalien) und Prägraten (Österreich). Ottrelith in Ottr (Belgien).
**Verwendung** Für Wissenschaft und Sammler.

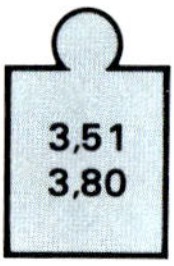


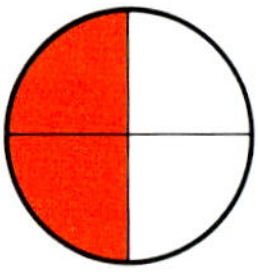

---

# 178 DATOLITH

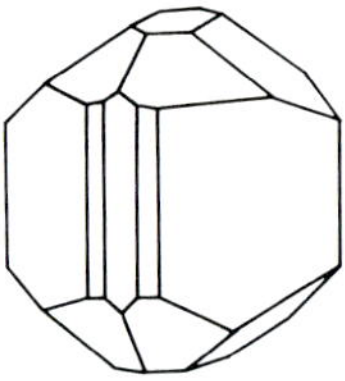

VIII – Inselsilikate
$CaB^{[4]}[OH|SiO_4]$

**System** Monoklin
**Aussehen** Gedrungene Kristalle von z. T. großen Ausma ßen, flächenreich, farblos bis weißlich, manchmal himme blau oder grünlich getönt; körnige Aggregate und Kruste von porzellanartigem Aussehen.
**Eigenschaften** Härte 5–5 1/2, leicht, mit muschelförmige Bruch; durchsichtig bis durchscheinend mit glasigem Glan Leicht zu durchsichtigem Glas zu schmelzen, wobei sich di Flamme grün färbt. Wird leicht von Säuren unter Bildung vo Kieselgel angegriffen.
**Entstehung und Vorkommen** Als sekundäres Gestein i Hohlräumen von basaltischen Gesteinen, von Serpentin un von hydrothermalen Gesteinen zusammen mit Zeolith, Preh nit und Calcit.
**Fundorte** Schöne Kristalle in St. Andreasberg (Harz), Aren dal (Norwegen); Seiseralm und Theis (Südtirol), Serra d Zanchetti (bei Bologna), Ciano Val d'Enza (bei Reggio Em lia), Haslach (Schwarzwald). In Basaltgestein mit Kupfer a Oberen See (USA), in Westfield (Massachusetts) und in Be gen Hill (New Jersey).
**Verwendung** Wo der Abbau lohnend ist, Gewinnung vo Bor. Sehr selten in Cabochon-Schliffart als Edelstein.

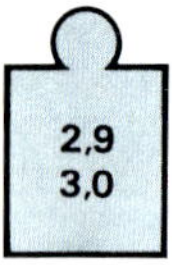


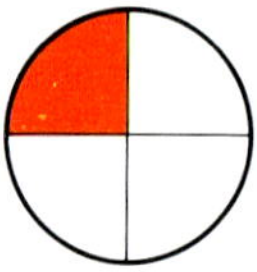

·ttrelith (ca. x 1,5). Ottré, Belgien.

·atolith (ca. x 1). Ciano Val d'Enza (Reggio Emilia), Italien.

## 179 GADOLINIT

VIII – Inselsilikate
$Y_2FeBe_2[O|SiO_4]_2$

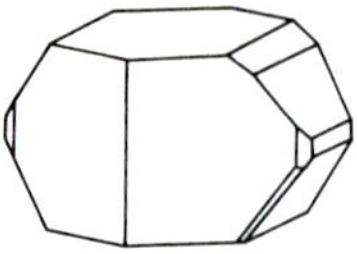

**System** Monoklin
**Aussehen** Selten als prismatische, meist verwachsene Kri-stalle, grün oder braun. Kleinkörnige, erdige, krustenbilden-de Massen.
**Eigenschaften** Härte 6½–7, schwer, nicht spaltbar, mi muscheligem oder splittrigem Bruch; durchsichtig mit Glas glanz; Pulver graugrün. Häufig metamikt, da ein Teil des Yt triums von Thorium, Uran und Seltenen Erden verdräng wird; das Mineral wird dann schwarz, undurchsichtig ode harzig. Gadolinit ist radioaktiv, in Säure löslich; wird bein Erwärmen blättrig und braun, schmilzt jedoch nicht.

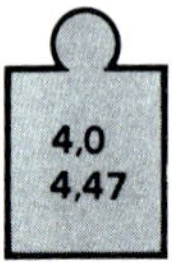


**Entstehung und Vorkommen** Bildet sich in Granit- ode Syenitpegmatiten und in Lithoklasen in metamorphem Ge stein der Alpen.
**Fundorte** Die größten, bis zu 500 kg schweren Kristall stammen aus Norwegen (Hitterö, Iveland, Hundholmen); Ga dolinit gibt es auch in Schweden (Finbo, Ytterby) und US (Llano Co., Texas), im Granit von Baveno und Montorfan (Novara/Italien), im Nalpstal (Schweiz) und in Österreich sehr selten im Radautal (Harz).

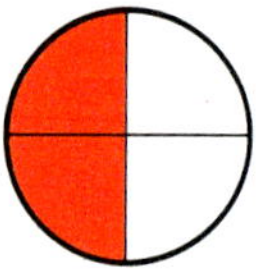

**Verwendung** Zur Gewinnung von Yttrium, von damit vor kommendem Thorium und Seltenen Erden. Von Mineralo gen und Sammlern geschätzt.

---

## 180 DUMORTIERIT

VIII – Inselsilikate
$Al_7[O_3|BO_3|(SiO_4)_3]$

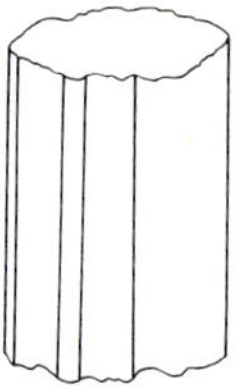

**System** Rhombisch
**Aussehen** Prismatische, blaue oder violette Kristalle sin selten; meist säulenartige oder faserig-strahlige, auch rot braune Aggregate.
**Eigenschaften** Härte 7, schwer, gut spaltbar; durchschei nend mit Glasglanz; Pulver weiß. Weder löslich, noch schmelzbar.
**Entstehung und Vorkommen** Bildet sich in aluminiumrei chen, metamorphen Gesteinen; in manchen Pegmatiten un in kontaktmetamorphem Gestein.

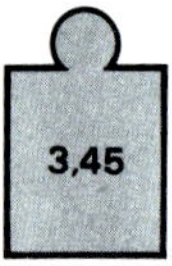


**Fundorte** Bedeutende Mengen werden in Oreana (Nevada) in Dehesa (Kalifornien) und in Arizona in den USA, in Frank reich, auf Madagaskar und in Brasilien abgebaut. Dumortie rit kommt im Riesengebirge und in den Pegmatiten von Son dalo (Sondrio/Italien) vor.
**Verwendung** Wird zur Herstellung von feuerfesten Steinen gebraucht.

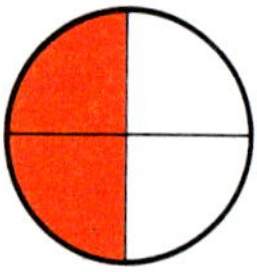

Gadolinit in Granit (ca. x 1,5). Baveno (Novara), Italien.

Dumortierit (ca. x 1,5). Kalifornien, USA.

# 181 MELILITH

VIII – Gruppensilikate

$(Ca,Na)_2(Mg,Al,Fe)[Si_2O_7]$

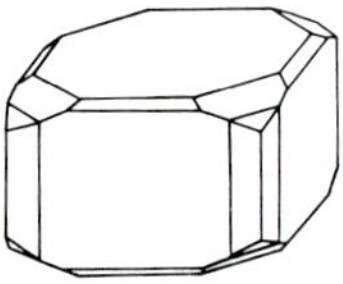

**System** Tetragonal

**Aussehen** Zu den Mischkristallen der Melilithreihe gehören außerdem die Mineralien *Akermanit* und *Gehlenit*. Kurze, prismatische oder tafelige, weiße, graue, gelbe, rotbraune oder durch Umwandlung graugrüne Kristalle.

**Eigenschaften** Härte 5–6, schwer; gut spaltbar; durchsichtig oder durchscheinend mit Glas- bis Fettglanz. In starker Säure löslich. Akermanit und Melilith sind nur schwer, Gehlenit ist überhaupt nicht schmelzbar.

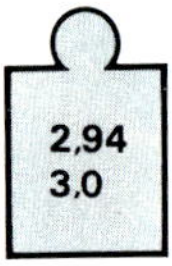


**Entstehung und Vorkommen** Akermanit wurde in den kontaktmetamorphen Kalkblöcken am Vesuv entdeckt; Melilith kommt meist in untersättigtem, vulkanischem Gestein und in Kimberliten und Karbonatiten vor; Gehlenit bildet sich in kalkigem Kontaktgestein.

**Fundorte** Akermanit findet man in den Auswürflingen am Monte Somma (Vesuv/Italien), Melilith in der Lava am Capo di Bove (Rom/Italien), in Nordböhmen und in Deutschland in Herchenberg im Brohltal, ferner in Madagaskar, Colorado (USA) und auf der Halbinsel Kola (UdSSR). Gehlenit gibt es im Fassatal (Trient/Italien) und in Rumänien.

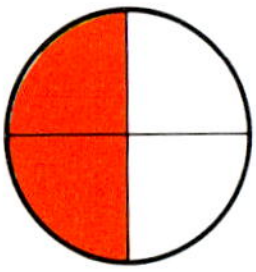

**Verwendung** Das Mineral ist nur für Wissenschaftler und Sammler interessant.

# 182 ILVAIT Lievrit

VIII – Gruppensilikate

$CaFe''_2Fe'''[OH|O|Si_2O_7]$

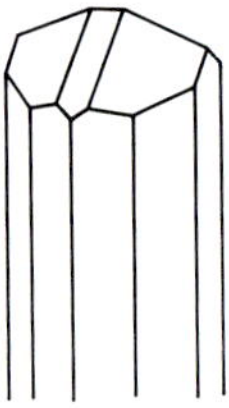

**System** Rhombisch

**Aussehen** Prismatische, längliche und gestreifte Kristalle; Aggregate mit gebündelten, nadeligen oder faserig-strahligen Kristallen. Dunkelbraun, fast schwarz.

**Eigenschaften** Härte 5 1/2–6, schwer mit guter Spaltbarkeit und gutem Bruch; durchscheinend mit Harz- bis Glasglanz auf den frischen Flächen; sonst fast undurchsichtig. Schmilzt rasch zu einer schwarzen Kugel, die magnetisch ist; löst sich unter Bildung von Kieselsäure-Gel in Salzsäure.

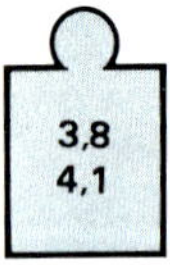


**Entstehung und Vorkommen** In kontaktmetamorphem Gestein, häufig auch in metasomatischer Umgebung (Skarn);

**Fundorte** Schöne Kristalle und faserig-strahlige Aggregate mit Hedenbergit, Magnetit, Andradit und Pyrit gibt es in Campiglia Marittima (Livorno/Italien), und auf Elba (Capo Calamita). Außerdem in Perda Niedda (Sardinien), in Laxey (Idaho/USA), in Trepča (Jugoslawien), in Seriphos (Griechenland), in Julianehaab (Grönland) und im Ural (UdSSR).

**Verwendung** Das Mineral ist wichtig für die Wissenschaft und interessant für Sammler.

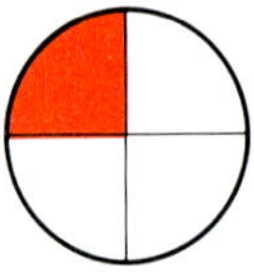

Gehlenit (ca. x 1,5). Fassatal, Italien.

Ilvait (ca. x 1,5). Seriphos, Griechenland.

## 183 HEMIMORPHIT Kieselzinkerz, Kieselgalmei

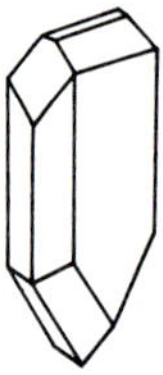

VIII – Gruppensilikate
$Zn_4[(OH)_2|Si_2O_7] \cdot H_2O$

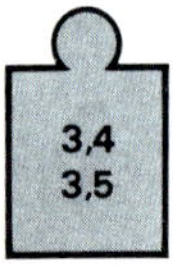


**System** Rhombisch
**Aussehen** Kristalle meist klein und selten. Sie sind ein gutes Beispiel für Hemimorphie, denn die Kristallpole an den vertikalen Achsenenden sind unterschiedlich ausgebildet; Krusten mit faserig-strahliger Struktur; kugelige, nierige, stalaktitische, dichte körnige und erdige Massen. Kristalle sind farblos, sonst meist grünblau, weiß, gelb und braun.
**Eigenschaften** Härte 4 1/2–5, schwer, spröde mit vollkommener Spaltbarkeit; Kristalle sind durchsichtig; sonst durchscheinend mit Glasglanz. Bei Erwärmung entwickelt sich eine starke Pyroelektrizität und bei Druck Piezoelektrizität. Hemimorphit wird unter Bildung von Kieselsäure-Gel in der Lösung von starker Säure angegriffen. Bei Erwärmung auf 500 °C werden Wassermoleküle freigesetzt, ohne daß darunter die Durchsichtigkeit des Minerals leidet, d. h. daß im Kristallgitter keine entscheidende Veränderung eintritt. Danach schmilzt das Mineral.

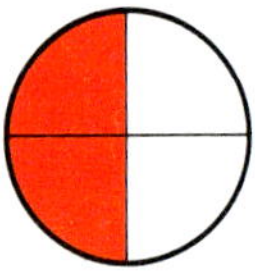

**Entstehung und Vorkommen** Bildet sich in der Oxidationszone von Zink-Bleisulfid-Lagerstätten zusammen mit Smithsonit, Cerussit, Anglesit, Sphalerit und Galenit.
**Fundorte** Schöne Kristalle findet man in Chihuahua (Mexiko), Moresnet (Belgien), in Kärnten (Österreich), Cumberland und Derbyshire (Großbritannien), Algerien und Granby (Missouri/USA). Das Mineral kommt häufig in allen Blei-Zink-Silber-Lagerstätten, wie z. B. in Sterling Hill (New Jersey), Friedensville (Pennsylvania), Whyte County (Virginia), Leadville (Colorado) in den USA vor; außerdem in Olkus (Polen) und in Kasachstan (UdSSR). In Italien hat man Hemimorphit in Form von schönen Krusten bei Raibl (Udine), in den Bergamasker Alpen (Val del Riso, di Gorno, Oneta, Dossena und San Pietro d'Orzio) und im Iglesiente (Sardinien) gefunden. Fundort in Deutschland ist Altenberg bei Aachen.
**Verwendung** Zink-Erz

Hemimorphit (ca. x 1). Mexiko.

Krustenbildender Hemimorphit (ca. x 1). Sa Duchessa (Cagliari), Italien.

## 184 KLINOZOISIT

VIII – Gruppensilikate (Epidotgruppe)
$Ca_2Al_3[O|OH|SiO_4|Si_2O_7]$

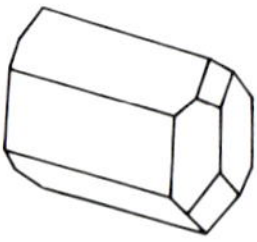

**System** Monoklin
**Aussehen** Prismatische, längliche, meist parallel zur Längsrichtung gestreifte Kristalle, deren Enden oft schlecht ausgebildet sind; häufig in Form von gerundeten Körnern oder stäbchenförmigen Aggregaten; blau, blaßgrün oder rosa.
**Eigenschaften** Härte 6–7, schwer, spröde und vollkommen spaltbar; durchsichtig oder durchscheinend mit Glasglanz. In Säure unlöslich; schmilzt relativ rasch und wird zu einem blasigen Klumpen.

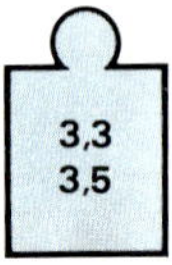


**Entstehung und Vorkommen** In regionalmetamorphem Gestein, im Übergang der Fazies der Grünschiefer zur Fazies der Amphibolite; häufig auch in kontaktmetamorphem Gestein und in Plutonen als Nebenprodukt, das bei der hydrothermalen Umwandlung von basischen Plagioklasen entsteht.
**Fundorte** Schöne, rosarote Kristalle gibt es in Chiampernotto im Val d'Ala (Turin/Italien) und auf Madagaskar. Klinozoisit wird auch in der Schweiz und in Österreich gefunden.
**Verwendung** Das Mineral ist für Mineralogen, Petrographen und Sammler von Interesse.

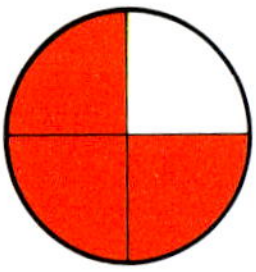

---

## 185 EPIDOT Pistazit

VIII – Gruppensilikate (Epidotgruppe)
$Ca_2(Fe''',Al)Al_2[O|OH|SiO_4|Si_2O_7]$

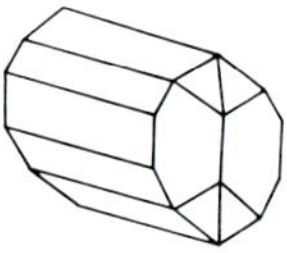

**System** Monoklin
**Aussehen** Prismatische, säulenartige Kristalle mit glänzenden und dicht gestreiften Flächen; dunkelgrün, körnige Massen, faserig-strahlige Aggregate.
**Eigenschaften** Härte 6–7, schwer, spröde, gut spaltbar; durchscheinend mit lebhaftem Glasglanz. Unlöslich, aber leicht schmelzbar.
**Entstehung und Vorkommen** Bildet sich in regional- und kontaktmetamorphem Gestein in der Fazies der Grünschiefer und in Amphibolit- und Gabbroklüften. Unter retrometamorphen Bedingungen tritt eine erneute Metamorphose ein, und Epidot kann Granat, Pyroxen, Amphibolit verdrängen.

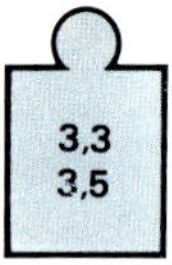


**Fundorte** In Gesteinen weit verbreitet; z. B. in auffallenden Kristallen im Epidotstollen an der Knappenwand (Untersulzbachtal/Österreich); in Le Bourg-d'Oisans (Isère/Frankreich), Arendal (Norwegen), im Ural (UdSSR), in den USA (Riverside, Kalifornien; Woburn, Massachusetts; Haddam, Connecticut), in Auerbach an der Bergstraße, in Italien (Val d'Ala, Traversella, Val Codera und Malenco, Fassatal, Insel Elba).
**Verwendung** Selten als Schmuckstein; interessant für Mineralogen und Sammler.

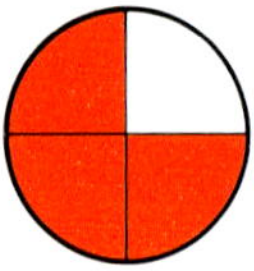

linozoisit (ca. x 1). Prägraten, Österreich.

pidot (ca. x 1). Val Codera (Sondrio), Italien.

## 186 PIEMONTIT

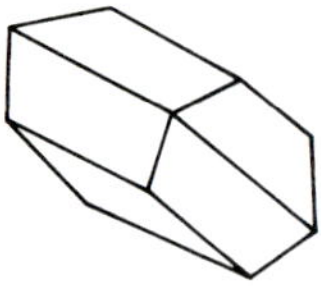

VIII – Gruppensilikate (Epidotgruppe)
$Ca_2(Fe,Mn''')Al_2[O|OH|SiO_4|Si_2O_7]$

**System** Monoklin
**Aussehen** Kristalle nur unvollkommen ausgebildet, stäb chenartig, rotbraun oder violettbraun; häufig in körnigen Ag gregaten oder dichten Massen.
**Eigenschaften** Härte 6, schwer, gut spaltbar; durchschei nend mit Glasglanz; Pulver kirschrot. Ist relativ rasch zur Schmelzen zu bringen und wird von Säuren nicht ange griffen.

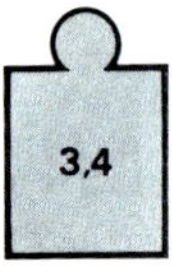


**Entstehung und Vorkommen** Bildet sich in Mangan-Lage stätten und in manganhaltigem Hornstein, der eine Meta morphose durchlaufen hat. Selten in Pegmatiten und Laven
**Fundorte** Kommt häufig in den manganhaltigen Minen vo Saint Marcel (Aostatal/Italien) und von Ceres (Turin) vor; ve streut auch in den Schiefern auf der Insel Groix (Frankreich Shikoku (Japan) und in Jakobsberg (Schweden). Außerde findet man Piemontit in vielen Gesteinen der Westalpen, i Kalifornien und Japan.

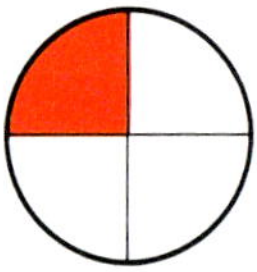

**Verwendung** Das Mineral wird vor allem als Sammlerstei betrachtet. Gelegentlich wurde es auch als harter, glänze der Stein bei Intarsien verwendet.

## 187 ALLANIT Orthit

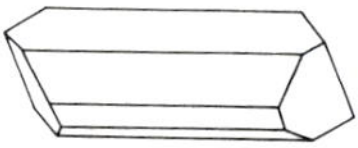

VIII – Gruppensilikate (Epidotgruppe)
$Ca(Ce,Th)(Fe''',Mg)Al_2[O|OH|SiO_4|Si_2O_7]$

**System** Monoklin
**Aussehen** Prismatische Kristalle selten; meist ungeform Körner, dichte Massen oder stäbchenförmige Aggregate vo schwarzbrauner oder pechschwarzer Farbe.
**Eigenschaften** Härte 5–6, schwer, spröde, ohne Spaltba keit; durchscheinend bis undurchsichtig mit Halbmeta oder Harzglanz. Allanit kann an Stelle von Cer andere Selt ne Erden (Yttrium, Lanthan) und Thorium enthalten, ist d her schwach radioaktiv. Bei Erwärmung bläht er sich a und schmilzt rasch zu schwarzem, magnetischem Glas; lö sich in Salzsäure unter Bildung von Kieselsäure-Gel.

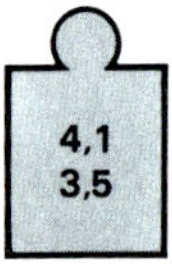


**Entstehung und Vorkommen** Begleitmineral in saure plutonischem Gestein, Pegmatiten und Greisen; auch in k stallinen Schiefern und kontaktmetamorphem Kalk.
**Fundorte** In Miask (Ural/UdSSR), Ytterby und Fal (Schweden), auf Madagaskar und in Grönland; ferner an ve schiedenen Stellen in den USA (Monroe und Edenville Staat New York, Franklin/New Jersey, Amelia Court Hous Virginia und Barringer Hill/Texas), in Norwegen und Itali (Baveno, Novara und im Adamello), in Deutschland am La cher See (Eifel).

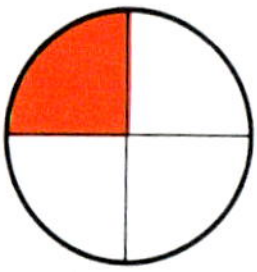

**Verwendung** Interessant für Wissenschaft und Sammler.

iemontit (ca. x 1). Saint-Marcel (Aostatal), Italien.

'anit (ca. x 1,5). Norwegen.

# 188 ZOISIT

VIII – Gruppensilikate (Epidotgruppe)
$Ca_2Al_3[O|OH|SiO_4|Si_2O_7]$

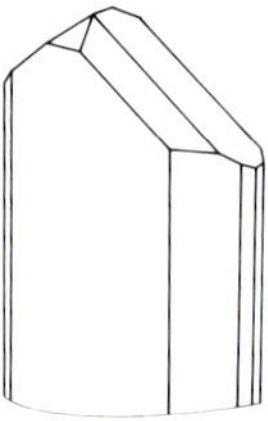

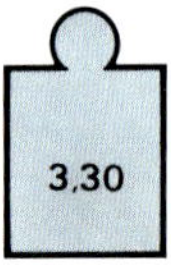


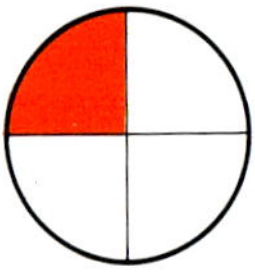

**System** Rhombisch
**Aussehen** Prismatische, längliche Kristalle mit fein gestreiften Prismenflächen; die Enden sind selten gut ausgebildet. Häufig auch formlose Körner, stäbchenförmige Aggregate und körnige Massen weißer, blauer, hellgrüner manchmal rosaroter (manganhaltige Varietät *Thulit*) unc blauvioletter (chrom- und strontiumhaltige Varietät *Tansanit*) Farbe. Zoisit zeigt in Struktur und Zusammensetzunc eine starke Ähnlichkeit mit *Lawsonit,* der bei hohem Druck ir metamorpher Umgebung entsteht.
**Eigenschaften** Härte 6–6 1/2, schwer und nach dem Pinakoid gut spaltbar; meist durchsichtig mit Glasglanz. In Säure unlöslich und schmilzt rasch zu einem weißen, blasiger Klumpen. Die für Tansanit typische, blauviolette Färbunc läßt sich auf künstliche Weise durch Erhitzen von ursprünglich grünem Zoisit auf 380 °C erzeugen.
**Entstehung und Vorkommen** Bildet sich in metamorpherr Gestein bei hoher Temperatur und hohem Druck (Eklogit Granulit und bestimmte Gneisvarietäten). Kommt auch zusammen mit Schwefel auf hydrothermalen Gängen und al Umwandlungsprodukt von basischem Plagioklas in Eruptivgesteinen vor. Außerdem ganz selten im Kontakthof von metamorphem Kalkgestein.
**Fundorte** Zoisit findet man auf der Saualpe (Kärnten, Österreich), in Wyoming (USA), Kenia, Tansania und in der Yourmabergen (Ural/UdSSR) in schönen Aggregaten mi kleinen Kristallen. Als Begleitmaterial ist Zoisit allerding weitaus häufiger. Tansanit kommt in der Provinz Tanga (Tansania) vor; reine und große Kristalle sind sehr selten. Thul findet man in vielen manganhaltigen Lagerstätten; zu ihner zählen die Vorkommen in Telemark (Norwegen), in Tennessee und in Südcarolina (USA); in Italien kommt er in Pra Isi (Sondrio) und in Sterzing (Südtirol) vor.
**Verwendung** Gewöhnlicher Zoisit ist lediglich für Mineralogen und Sammler interessant. Tansanit wurde durch di Juwelierfirma Tiffany berühmt, die ihm auch den Namen verlieh. Er gilt als wertvoller Schmuckstein, wird aber leicht mi blauem Saphir verwechselt. Auch Thulit gilt als Ornamentstein.

Zoisit in Glimmerschiefer (ca. x 1,5). Ostalpen.

Thulit (ca. x 1). Telemark, Norwegen.

# 189 VESUVIAN Idokras

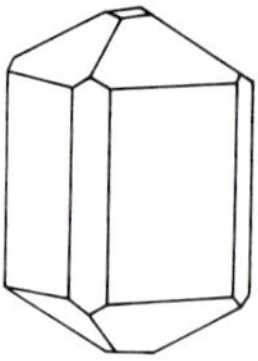

VIII – Gruppensilikate

$Ca_{10}(Mg,Fe)_2Al_4[(OH)_4|(SiO_4)_5(Si_2O_7)_2]$

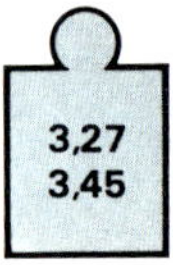


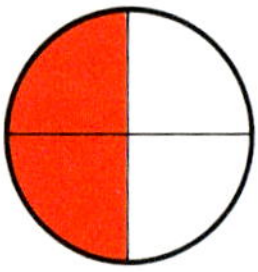

**System** Tetragonal

**Aussehen** Prismatische, kurze Kristalle, deren Enden nur selten eine gut ausgeprägte Doppelpyramide zeigen; säulige Aggregate mit dichter Streifung; dichte, körnige Massen; die Farbskala reicht von braun, olivgrün, seltener gelb und rot bis blau.

**Eigenschaften** Härte 6–7, schwer, spröde und mit muscheligem Bruch; meist undurchsichtig, es gibt aber auch durchscheinende und durchsichtige Varietäten, mit Glas- bis Harzglanz; Pulver immer weiß. Schmilzt relativ rasch zu einem grünen oder braunen, blasenreichen Glas; ist in Säure unlöslich.

**Entstehung und Vorkommen** Das Mineral bildet sich durch Kontaktmetamorphose in unreinem Kalk und kommt zusammen mit Granaten (Grossular, Andradit), Wollastonit und Diopsid vor. Außerdem in metasomatischen Bändern und Linsen (Rodingit) in ultrafemischem Serpentingestein mit den oben genannten Mineralien und Chlorit.

**Fundorte** Braune oder gelbe Kristalle gibt es in Kalkauswürflingen am Vesuv und am Monte Somma, wo das Mineral zum ersten Mal beschrieben wurde; sehr schön ausgebildet sind auch die im Kontakthof im Fassatal (Trient/Italien) gefundenen Kristalle. In den Alpen kommt Vesuvian in den Rodingitlithoklasen im Val d'Ala (Piemont), Valle della Gava (Ligurien), Val Malenco (Sondrio) und in der Schweiz in Zermatt vor. Fundorte sind außerdem Litchfield (Canada), Fresno (California/USA) und der Ural (UdSSR). Die blaue Varietät *Cyprin* gibt es in Arendal (Norwegen); grünen oder weißlichen *Wiluit* findet man in Sibirien (UdSSR), gelben *Xantit* in Amity (Orange County/USA) und die kleinkörnige, massige, weiße und grün gesprenkelte Varietät *(Californit* oder *Amerikanische Jade)* in Sikiyon, Fresno, Tulare (Kalifornien) und in Oregon (USA). Schöne Exemplare von Vesuvian stammen aus Mexiko (Morelos und Chiapas), aus den Tuffen Latiums, Sardiniens und, allerdings seltener, aus kontaktmetamorphem Gestein im Adamello (Val Camonica) und aus dem Aostatal (Bellecombe) in Italien. In Deutschland findet man Vesuvian in Auerbach an der Bergstraße. Die in strahligen Aggregaten auftretende Varietät *Egeran* kommt meist aus Böhmen.

**Verwendung** Californit und die durchsichtigen, schön gefärbten Varietäten gelten als wirkungsvolle, wertvolle Schmucksteine. Vesuvian ist daneben für Petrographen und Sammler interessant.

Vesuvian (ca. x 1,5). Canzoccoli (Trient), Italien.

Vesuvian (ca. x 1,5). Bellecombe (Aosta), Italien.

## 190 BENITOIT

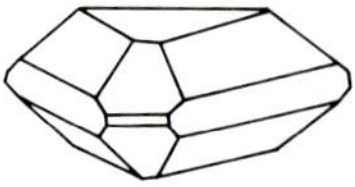

VIII – Ringsilikate

$BaTi[Si_3O_9]$

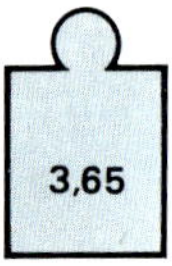


**System** Trigonal
**Aussehen** Kristalle aus prismatischen, kurzen, blauen und unterschiedlich getönten Doppelpyramiden, die häufig eine Zonierung zeigen.
**Eigenschaften** Härte $6–6\frac{1}{2}$, schwer, vollkommen durchsichtig mit Glas- bis Diamantglanz und deutlich erkennbarem Pleochroismus. Durch die spitzen Flächen des Rhomboeders betrachtet erscheint ein Kristall blau, von den stumpfen Seiten besehen ist er farblos. Zeigt im ultravioletten Licht lebhafte Fluoreszenz.
**Entstehung und Vorkommen** Bildet sich in Gängen mit verschiedenen Zeolithen, die eine Schicht durchqueren, die in Serpentin eingewachsen ist.
**Fundort** Wurde bisher nur in Diablo Range bei San Benito (Californien/USA) gefunden.
**Verwendung** Saphirblaue Benitoite, die zu Schmucksteinen geschliffen werden, sind besonders in den USA im Handel begehrt.

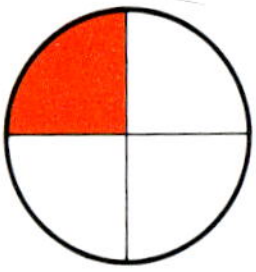

---

## 191 AXINIT

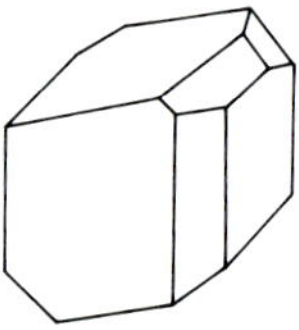

VIII – Gruppensilikate
$Ca_2(Fe,Mg,Mn)Al_2B[OH|O|(Si_2O_7)_2]$

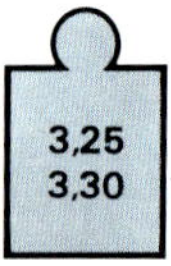


**System** Triklin
**Aussehen** Kristalle mit sehr scharfen Ecken und unterschiedlichem Habitus; rötlichbraun bis gelb, violett, grau und durch Chlorit in Pulverform auch grünlich; körnige und blättrige Massen.
**Eigenschaften** Härte $6\frac{1}{2}–7$, schwer, spröde, vollkommen spaltbar; durchsichtig oder durchscheinend mit lebhaftem Glasglanz. Besitzt Pyroelektrizität; schmilzt rasch zu einem grünen Glas, wobei er sich aufbläht. In der oxidierenden Flamme wird Axinit schwarz; von Säuren wird das Mineral nicht angegriffen.
**Entstehung und Vorkommen** In Klüften und Hohlräumen im Granit oder im Kontakthof von Granitgestein.
**Fundorte** Le Bourg-d'Oisans (Isère/Frankreich), Scopi (Graubünden/Schweiz), St. Just (Cornwall/Großbritannien), Obira (Japan), Luning und Pala (USA). Die manganhaltige Varietät *Tinzenit* in Tinizon (Graubünden/Schweiz), in Franklin (New Jersey/USA), in Italien in Cassagna und Gambatesa (Ligurien); in Deutschland im Harz und in Sachsen, in Italien Baveno (Novara), Insel Maddalena (Sardinien), Balma d'Andorno (Biella), Monzoni (Fassatal).
**Verwendung** In Wissenschaft und Schmuckindustrie.

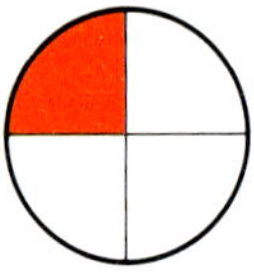

Benitoit (ca. x 1). S. Benito (Kalifornien), USA.

Axinit (ca. x 1,5). Isère, Frankreich.

# 192 BERYLL

VIII – Ringsilikate
$Al_2Be_3[Si_6O_{18}]$

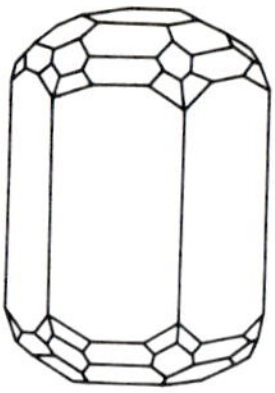

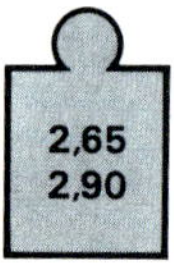


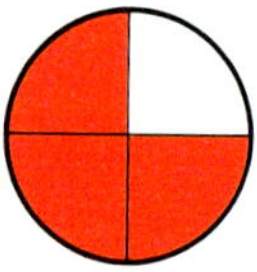

**System** Hexagonal
**Aussehen** Einzeln stehende Kristalle von bis zu 9 m Länge und 25 t Gewicht, prismatisch, ohne deutliches Ende, nur manchmal durch kleine Pyramidenflächen begrenzt; häufig sind die Prismenflächen parallel zur Längsrichtung dicht gestreift. Die Farbskala reicht von weißgrau, grün, hellblau bis weißgelb; daneben gibt es durchsichtige gelbe *(Heliodor)*, rosarote *(Morganit)*, blaue *(Aquamarin)* und grüne *(Smaragd)* Varietäten. Das Mineral kommt sehr selten in Drusen oder in dichten, stäbchenförmigen Massen vor.
**Eigenschaften** Härte 7½–8, leicht mit unvollkommener Spaltbarkeit längs der Basis; durchscheinend oder durchsichtig mit Glasglanz; durch Einschlüsse wird das Mineral meist undurchsichtig; Morganit ist deutlich polychroisch; Pulver weiß. In Säure unlöslich und nur schwer zum Schmelzen zu bringen; dabei blättern die Ränder ab. Heliodor zeigt durch die in ihm enthaltenen radioaktiven Teilchen in ultraviolettem Licht blaue, Morganit violette Lumineszenz.
**Entstehung und Vorkommen** In Granit und in Pegmatiten z. T. auch in Form von riesigen Kristallen, außerdem in hydrothermalen Ablagerungen sehr hoher Temperatur (Greisen), zusammen mit Quarz, Spodumen, Cassiterit, Columbit, Tantalit und anderen seltenen Mineralien. Beryll ist seltener in Nephelin-Syeniten, in metamorphen Calcitgängen und in Biotit-Schiefern. Dank der großen Härte und Widerstandsfähigkeit gegenüber der chemischen Verwitterung findet man Beryll auch unverändert in alluvialen Lagerstätten.
**Fundorte** Undurchsichtiger Beryll kommt häufig in Brasilien (Minas Gerais), Madagaskar, in den USA (Black Hills, South Dakota; Grafton, New Hampshire; Albany, Maine; Brancheville, Connecticut; etc.), in Deutschland im Fichtelgebirge und im Bayerischen Wald, in der CSSR, in Indien und in der UdSSR vor. In Italien findet man Beryll in Pegmatiten wie z. B. in Craveggia (Val Vigezzo), Beura und Montescheno (Novara) und in Piona (Comersee). Smaragd kommt vor allem aus den Bergwerken von Muzo, Chivor und Somondoco (Kolumbien), wo er in Calcitgängen, die durch metamorphen, schwarzen Kalk ziehen, gefunden wird. Sehr bekannt sind aber auch die brasilianischen Lagerstätten von Minas Gerais und Salininha (Bahia), wo Beryll in Ton und Kalk vorkommt, die Lagerstätten im Ural und in Sibirien (UdSSR) oder in Afrika (Transvaal und Rhodesien). Weniger bedeutend sind die Vorkommen in Italien, wo Beryll erst vor kurzem in Albit und Biotit im Val Vigezzo (Domodossola) gefunden wurde. Die schönsten Aquamarine, die verschliffen werden, stammen aus den alluvialen Ablagerungen und den Pegmatiten in Minas Gerais (Brasilien), außerdem aus dem Ural (UdSSR), aus Madagaskar, Indien, Südwestafrika und aus Irland. Klarer, sehr heller Aquamarin, der von vielen Rissen durchzogen ist, wird im Val Codera (Sondrio) und auf Elba in Italien gefunden. Morganit ist der einzige Beryll, der in kurzen und sogar tafeligen Prismen vorkommt; er stammt aus Pala und Ramona (Kalifornien/USA), wo er mit schönem Turmalin auftritt, aus Brasilien und Madagaskar; in

meiner Beryll (ca. x 1). Val Codera (Sondrio), Italien.

loser Beryll (ca. x 2). Elba, Italien.

Italien findet man Morganit im Granit von Elba. Heliodor gib es in Namibia, Madagaskar und Brasilien. Die sehr seltene scandiumreiche Varietät *Bazzit* wurde im Granit von Baven (Novara/Italien) entdeckt; später fand man sie auch in de Schweiz und in Kasachstan (UdSSR). Bekannt sind die Sma ragde und Aquamarine aus dem Habachtal (Österreich).

**Verwendung** Beryllium wird in der Kernindustrie, in de Luftfahrttechnik für besonders widerstandsfähige Legierun gen, in Leuchtröhren und in Röntgenröhren verwendet. Be sonders wertvoll und begehrt ist der Smaragd; große, ge schliffene Steine von mehreren Tausend Karaten sind Mu seumsstücke. Um die grüne Farbe zu intensivieren, behan delt man Smaragd auch mit Öl. Außerdem sind heute synthe tische Smaragde mit auf dem Markt. Oft besitzen sie künstl che Einschlüsse, um eine besonders natürliche Wirkung z erzielen.

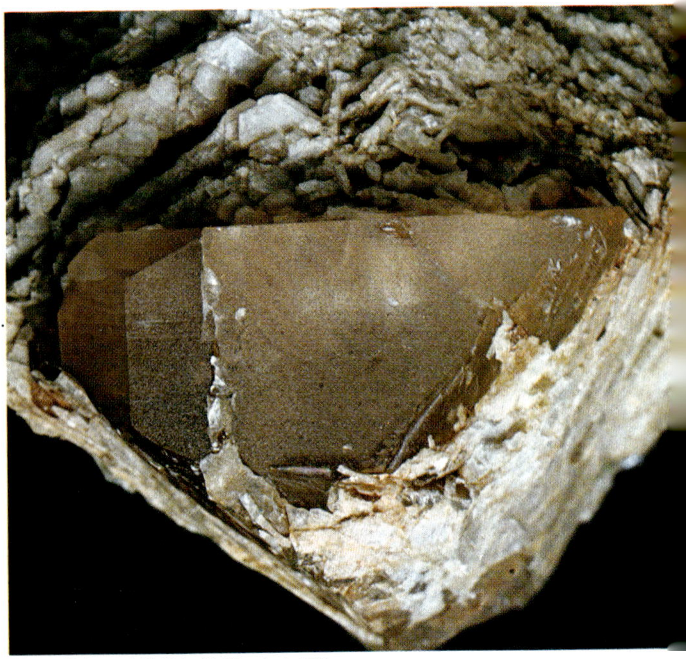

Morganit (ca. x 1,5). Pala (Kalifornien), USA.

quamarin (ca. x 1,5).
al Codera (Sondrio), Italien.

naragd (ca. x 1). Ural, UdSSR. ▷

eliodor (ca. x 1). Minas Gerais, Brasilien.

# 193 CORDIERIT Dichroit, Iolith

VIII – Ringsilikate
$Mg_2[Al_4Si_5O_{18}]$

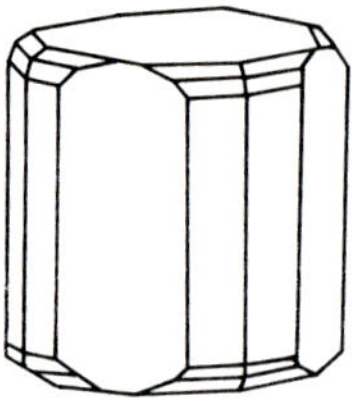

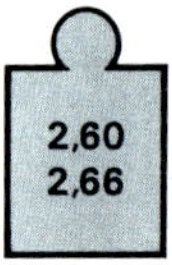


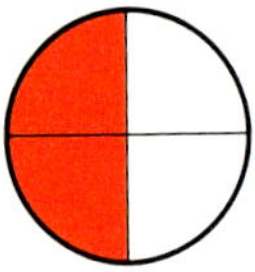

**System** Rhombisch
**Aussehen** Prismatische, kurze, durch Zwillingsbildun pseudohexagonale, meist graue, seltener blaue Kristalle glasig und quarzähnlich. Durch Umwandlung in Glimme Chlorit, oder Talk wird das Mineral undurchsichtig und grün lich (*Pinit, Gigantolit, Prasiolith* etc.). Auch eine eisenhaltig Varietät ist bekannt *(Sekaninait);* sie besitzt unvollkomme ausgebildete, längliche Kristalle. Häufig in kleinen Körner und Massen.
**Eigenschaften** Härte 7–7 1/2, leicht, schwer spaltbar un mit muscheligem Bruch; meist durchscheinend mit Glas glanz; auch mit bloßem Auge kann man Pleochroismu wahrnehmen: längs der Basis des Prismas zeigt sich da Mineral blau oder violett, senkrecht dazu aber farblos. Au diese Erscheinung geht der heute nicht mehr übliche Nam *Dichroit* zurück. Pulver weiß. Cordierit unterscheidet sic von Quarz durch die an den Rändern der feinen Blättchen z beobachtende Schmelzbarkeit und durch seine charakter stischen Zwillingsbildungen. Er ist weicher als z. B. Korun und wird von Säure nicht angegriffen.
**Entstehung und Vorkommen** Bildet sich in kontakt- un regionalmetamorphem Gestein bei niedrigem Druck.
**Fundorte** Die schönsten Kristalle hat man in Bodenma (Bayern), in Orijärvi (Finnland) und in Norwegen gefunde Gerundete, aber durchsichtige und schön gefärbte Splitt gibt es in den Sanden und Schottern in Sri Lanka und Mad gaskar. Weitere Fundorte befinden sich in den USA (Ha dam, Connecticut), Indien (Madras), Kanada (Großer Skl vensee) und in Brasilien (Minas Novas). Fundorte in Italie sind das Adamello, die Toskana (Roccatederigi) und d Veltlin (Sondalo). Sekaninait wurde bis jetzt lediglich in Dc ni Bory (CSSR) gefunden.
**Verwendung** Durchsichtige Exemplare werden unter de Namen Wassersaphir, Iolith oder Dichroit in der Schmucki dustrie verwendet. Daneben gilt Cordierit als Sammlerste und ist auch für Wissenschaftler von Interesse.

:ordierit (ca. x 1,5). Kragerö, Norwegen.

:rber Sekaninait (ca. x 1). CSSR.

# 194 TURMALIN

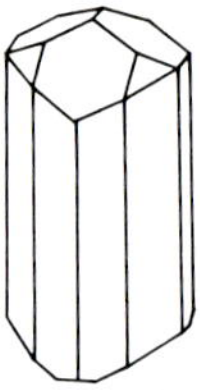

VIII – Ringsilikate
$Na(Mg,Fe)_3Al_6[(OH)_4|(BO_3)_3|Si_6O_{18}]$

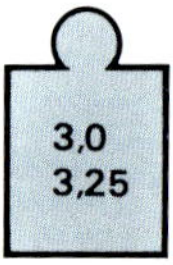


**System** Trigonal
**Aussehen** Prismatische, oft sehr lange, senkrecht gestreifte Kristalle mit manchmal unterschiedlichen Enden; seltener sind dreieckige oder kurze prismatische Kristalle; Aggregate aus parallelen oder strahligen Einzelkristallen; selten in dichten Massen. Die Farbe hängt von der Zusammensetzung ab und ist daher ebenso wie diese sehr variabel. Es gibt farblose *(Achroit)*, eisenhaltige, blaue *(Indigolith)*, schwarze *(Schörl)*, magnesiumhaltige, braune *(Dravit)*, lithiumhaltige rosarote *(Elbait)*, rote *(Rubellit)* und chromhaltige, grüne *(Brasilianischer Smaragd)* Varietäten. Auch polychrome Varietäten kommen vor, bei denen die Farbe in konzentrischer Zonen angeordnet ist oder sich in der Längsrichtung in einem einzigen Kristall ändern kann.

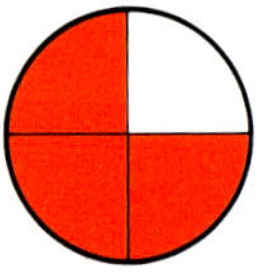

**Eigenschaften** Härte 7–7 1/2, schwer, mit muscheligem Bruch; durchsichtig bis durchscheinend mit Glasglanz; au den Bruchflächen manchmal Harzglanz; manche Varietäten besitzen Pleochroismus, andere wechseln die Farbe, wenn sie von natürlichem Licht in künstliches gebracht werden oder zeigen ein reizvolles Schillern, das auf Einschlüsse oder Hohlräume zurückzuführen ist. Turmalin besitzt starke Piezo- und Pyroelektrizität. In Säure unlöslich; die Schmelzbarkeit ändert sich mit dem Gehalt an Eisen und Magnesium. Lithiumhaltige Varietäten sind allerdings nicht schmelzbar.
**Entstehung und Vorkommen** Das Mineral kommt häufig als Begleitmineral in Eruptivgestein und in metamorphem Gestein vor, aber auch sedimentär in Form von Körnern. Turmalin ist häufig in Pegmatiten und in Greisen. Hier finde man Kristalle unterschiedlicher Färbung und manchmal von beachtlicher Größe; selten in Marmor.
**Fundorte** Klare, besonders schöne Varietäten stammen aus Elba (Italien), Minas Gerais (Brasilien), aus dem Ura (UdSSR), von Madagaskar, von Sri Lanka, Namibia, Mozambique, Maine und Kalifornien (USA). Schön ausgebildete, un durchsichtige Kristalle findet man in den Alpen in den Pegmatiten von Olgiasca (Comersee), in Candoglia und Craveggia (Novara), in Sondalo (Sondrio), im Pfitschtal (Südtirol) in Italien. Dichte Massen gibt es in den Greisen im böhmisch sächsischen Erzgebirge und im Luxullianit in Cornwa (Großbritannien). Berühmt sind die rosa Kristalle aus Pal und Ramona (Kalifornien/USA) oder die grünblauen Kristall von Newry (Maine/USA).
**Verwendung** Turmalin wird wegen seiner piezoelektrischen Eigenschaften bei der Herstellung von Hochdruckmanometern gebraucht, ebenso aufgrund seines Pleochroismus zur Herstellung von polarisierenden Pinzetten. Manch farbige und durchsichtige Varietäten gelten als wertvol Schmucksteine. Auch synthetischer Turmalin, der nur nac sorgfältigen Untersuchungen im Labor als Fälschung e kannt werden kann, ist im Handel.

Turmalin (ca. x 1). Brasilien.

Rubellit (ca. x 1). Brasilien.

Vielfarbiger Turmalin (ca. x 1,5). Elba, Italien.

## 195 DIOPTAS Kupfersmaragd

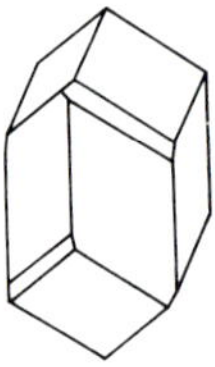

VIII – Ringsilikate
$Cu_6[Si_6O_{18}] \cdot 6H_2O$

**System** Trigonal
**Aussehen** Kurze, prismatische, smaragdgrüne Kristalle mit rhomboedrischen Enden.
**Eigenschaften** Härte 5, schwer, spröde und nach dem Rhomboeder vollkommen spaltbar; durchsichtig bis durchscheinend mit Glasglanz; Pulver grün. Nicht schmelzbar; bläht sich beim Erwärmen auf und wird schwarz; löst sich in Salz- und Salpetersäure, wobei ein Kieselsäure-Rückstand bleibt; ist auch in Ammoniak löslich.

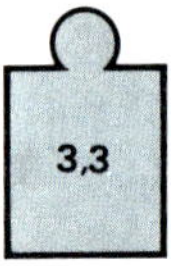


**Entstehung und Vorkommen** Bildet sich in der Oxidationszone von Kupfer-Lagerstätten und in Hohlräumen von massigen Kupfermineralien.
**Fundorte** Die ersten Kristalle entdeckte man in den Lagerstätten von Altyn-Tubé (Mittelkasachstan/UdSSR). Zunächst hielt man die gefundenen Kristalle für Smaragde. Sehr berühmt sind die aus Tsumeb (Namibia), Copiapo und der Wüste Atacama (Chile), Mindouli (Zaire) und Arizona (USA) stammenden Dioptase.

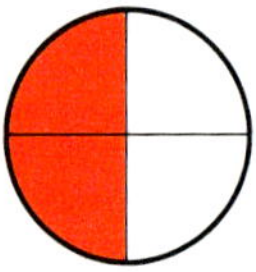

**Verwendung** Dioptas wird gern zu Modeschmuck verarbeitet. Von Sammlern ist er sehr begehrt.

---

## 196 MILARIT

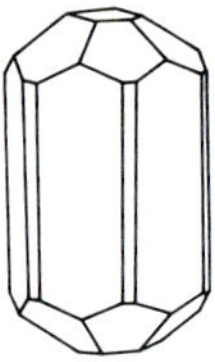

VIII – Ringsilikate
$KCa_2AlBe_2[Si_{12}O_{30}]$

**System** Hexagonal
**Aussehen** Prismatische, hexagonale, häufig mit spitzen Enden versehene, farblose, weiße oder grünliche, kleine Kristalle.
**Eigenschaften** Härte 6, leicht, vollkommen nach der Basis spaltbar; durchsichtig mit Fettglanz; Pulver weiß. Schmilzt rasch und wird beim Erhitzen trübe. In Säure unlöslich.
**Entstehung und Vorkommen** Das Mineral bildet sich hydrothermal in alpinen Klüften.

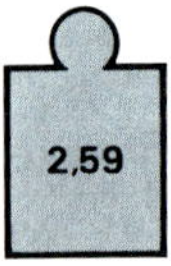


**Fundorte** Klassische Fundorte liegen in Graubünden (Schweiz); dort hat man Kristalle bis zu 3 cm Länge entdeckt. Milarit kommt außerdem in Österreich, in Bayern (Bayer. Wald) und in Henneberg bei Wurzach vor. Klare Kristalle findet man in Swakopmund (Namibia) und auf der Halbinsel Kola (UdSSR).
**Verwendung** Milarit wird als Schmuckstein betrachtet, ist aber auch für Mineralogen und Sammler interessant.

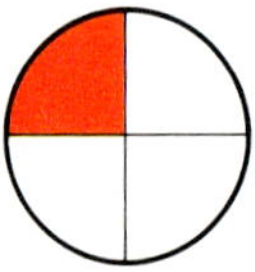

ioptas (ca. x 1). Otavi, Namibia.

larit (ca. x 1,5). Graubünden, Schweiz.

# 197 DIOPSID

VIII – Kettensilikate
$CaMg[Si_2O_6]$

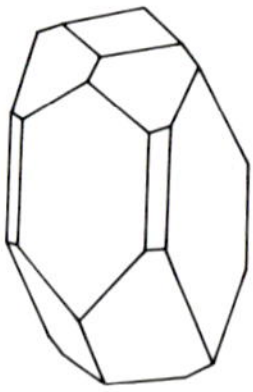

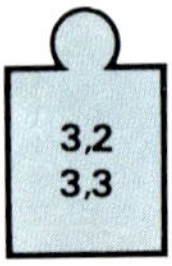


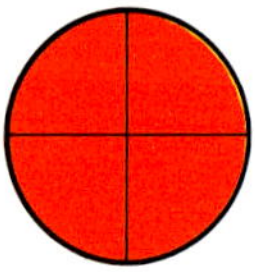

**System** Monoklin
**Aussehen** Prismatische Kristalle mit fast quadratische oder achteckigen Querschnitten; häufiger körnige, stäbchen-förmige oder faserig-strahlige, hellgrüne, blaue, weiße, gel-be oder bräunliche Aggregate. Die manganhaltige, violett Varietät ist unter dem Namen *Violan* bekannt. Es gibt auc Varietäten, die durch Zink- und Mangangehalt *(Jeffersonit)* Chromgehalt *(Chrom-Diopsid)* und Vanadiumgehalt *(Lawro-wit)* dunkelgrüne Farbe besitzen.
**Eigenschaften** Härte 5 1/2–6 1/2, schwer, spröde und nac zwei fast rechtwinkligen Flächen spaltbar; durchsichtig bi durchscheinend mit Glasglanz; Pulver weiß. Ist nur langsa zum Schmelzen zu bringen und schmilzt zu einem grüne Glas. In Säure unlöslich. Diopsid gehört als magnesiumhalti-ges Endglied zur isomorphen, monoklinen Diopsid-Heden-bergit-Gruppe, bei der es zwei deutlich zu unterscheidend Mittelglieder gibt: *Salit* und *Ferro-Salit*.
**Entstehung und Vorkommen** Entsteht in kontaktmetamor-phem Gestein, vor allem in dolomitischem Marmor, zusam-men mit anderen Calciumsilikaten; außerdem in calciumar-mem Effusivgestein oder in metasomatischen Bänken un Linsen in Serpentingestein (Rodingit). Chromhaltiger Diop-sid ist charakteristisch für Kimberlite. Salit kommt in hypo-abyssalen magmatischen, alkalischen Gesteinen vor, Ferro-Salit in Gneis und in metasomatischen Kontaktgesteine (Skarn). In metamorphen, manganreichen Gesteinen finde man Violan.
**Fundorte** Sehr schöne Kristalle, die hell und flächenreic sind, gibt es im Fassatal (Trient), in den kalkigen Auswürflin-gen am Vesuv, am Monte Cervandone (Val d'Ossola), ar Pian della Mussa im Val d'Ala (Trient) in Italien, im Binnent (Schweiz) und in De Kalb, Gouverneur und Canaan (USA Weitere bekannte Fundorte befinden sich im Zillertal und ar Großvenediger (Österreich), im Ural und am Baikals (UdSSR), außerdem in Nordmarken (Schweden). Violan gi es in Saint Marcel (Aostatal/Italien) und grünen, chromhalt gen Diopsid in den Kimberliten Südafrikas. Salit wird in Sa (Schweden), in Finnland, Schottland, Grönland und Neusee land gefunden. Ferro-Salit kommt aus der Fabian Mi (Schweden) und aus der Umgebung von St. Lawrence (Ne York, USA).
**Verwendung** Durchsichtige Varietäten werden a Schmucksteine betrachtet. Auch für Petrographen un Sammler ist das Mineral interessant.

)iopsid (ca. x 2). Val d'Ala (Turin), Italien.

olan (ca. x 1). Saint-Marcel (Aostatal), Italien.

# 198 HEDENBERGIT

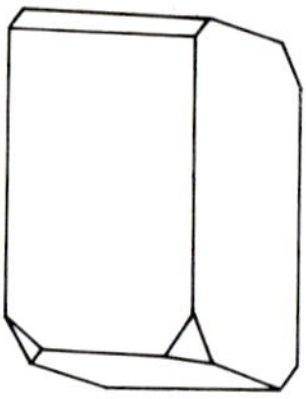

VIII – Kettensilikate (Pyroxengruppe)
$CaFe[Si_2O_6]$

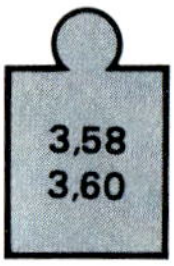


**System** Monoklin
**Aussehen** Selten in kurzen, prismatischen Kristallen mi fast quadratischen Querschnitten; schwarz; häufiger in bün delartigen, strahligen Aggregaten.
**Eigenschaften** Härte 5–6, schwer, spröde und nach de senkrechten Prismenflächen vollkommen spaltbar; fast un durchsichtig; Pulver hellkastanienbraun mit grünlichen Schimmer. Unlöslich; schmilzt relativ rasch zu einen schwärzlichen, magnetischen Glas. Hedenbergit ist das star eisenhaltige Endglied der isomorphen, monoklinen Diopsid Hedenbergit-Reihe.
**Entstehung und Vorkommen** Kommt in kontaktmetamor phem, stark eisenhaltigem Gestein (Skarn) zusammen mi Ilvait, Granat, Schwefel, Epidot und Calcit vor.
**Fundorte** Besonders schöne, strahlige Aggregate finde man in Capo Calamita (Elba/Italien) und in Campiglia Marit tima (Livorno/Italien). Außerdem kommt Hedenbergit i Arendal (Norwegen), in Nigeria, Australien und in Kasach stan, im Kaukasus und Altai (alle UdSSR) vor.
**Verwendung** Das Mineral bietet vor allem Interessantes fü Wissenschaftler und Sammler.

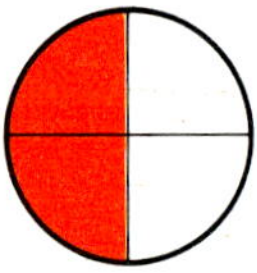

---

# 199 JOHANNSENIT

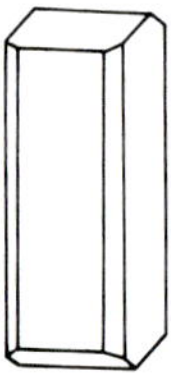

VIII – Kettensilikate (Pyroxengruppe)
$CaMn[Si_2O_6]$

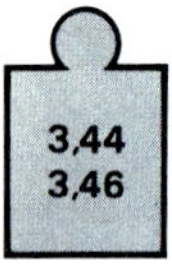


**System** Monoklin
**Aussehen** Prismatische, längliche, grünbraune oder grau Kristalle, meist in bündeligen Aggregaten angeordnet.
**Eigenschaften** Härte 6, schwer, spröde, gut spaltba durchscheinend bis fast undurchsichtig mit Glas- bis Fet glanz. Bei etwa 830 °C geht Johannsenit in eine trikline Pha se über *(Bustamit)* und schmilzt dann zu einem durchsicht gen, gelben Glas; ist in warmer Salzsäure löslich. Die Obe fläche des Minerals zeigt oft Flecken aus schwarzem Mar ganoxid.
**Entstehung und Vorkommen** Entsteht in metasomatische Kalken und Skarn zusammen mit manganhaltigen Silikate Wurde auch in Quarzgängen, die durch Rhyolith ziehen, a hydrothermales Produkt gefunden.
**Fundorte** Der berühmteste Fundort ist der Monte Civillir bei Recoaro (Vicenza/Italien), aber auch in Broken Hill (A stralien), Pueblo (Mexiko), Vanadium (New Mexico/US und in Franklin (New Jersey/USA) ist Johannsenit häufig.
**Verwendung** Das Mineral ist für Mineralogen und Samml interessant.

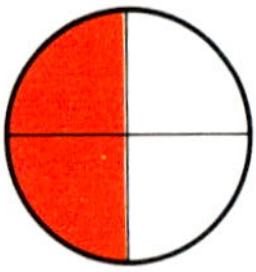

Hedenbergit (ca. x 1). Campiglia Marittima (Livorno), Italien.

Johannsenit (ca. x 1,5). M. Civillina (Vicenza), Italien.

# 200 JADEIT

VIII – Kettensilikate (Pyroxengruppe)
$NaAl[Si_2O_6]$

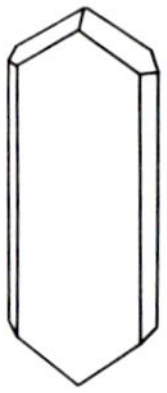

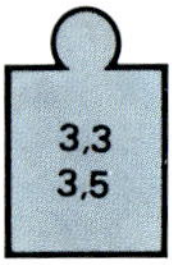


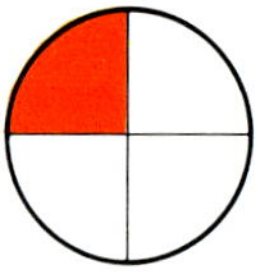

**System** Monoklin
**Aussehen** Kristalle sind sehr selten; meist dichte, filzige, wachsfarbige oder weiße Aggregate, die manchmal grün gefleckt sind; auch grünlich und schwarz *(Chloromelanit)*.
**Eigenschaften** Härte 6–6 1/2, schwer, zäh, schlecht spaltbar; durchscheinend mit Glasglanz. Unlöslich, schmilzt rasch. Dadurch unterscheidet sich Jadeit von Nephrit, mit dem er oft verwechselt wird.
**Entstehung und Vorkommen** Metasomatische Konzentrationen in ultrafemischem Serpentingestein mit Nephelin; in metamorphen Gesteinen der Fazies der blauen Schiefer.
**Fundorte** Dichte Massen gibt es in Tawmaw (Birma), in Tibet, in Südostchina (Yünnan), in Guatemala, Kalifornien (USA) und in Mexiko. Bunte, kleine Kristalle findet man in Santa Rita (Kalifornien/USA) und in Japan. Ganz selten wird Jadeit auch in Italien (Ambin- und Lanzomassiv und Bellino/Piemont) gefunden. Bei Brosso und Traversella (Turin) gibt es Jadeit in dunklen Schottern.
**Verwendung** Jadeit gilt als wertvoller Schmuckstein. Die Bezeichnung *Jade* wird sowohl für Jadeit wie auch Nephrit, eine Varietät von Aktinolith, und andere, weniger wertvolle Mineralien verwendet.

---

# 201 AKMIT Ägirin

VIII – Kettensilikate (Pyroxengruppe)
$NaFe'''[Si_2O_6]$

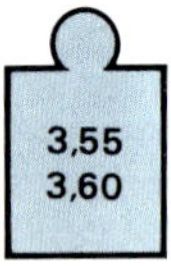


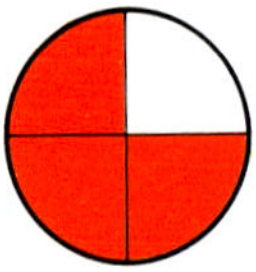

**System** Monoklin
**Aussehen** Prismatische, säulenartige, manchmal gestreifte Kristalle mit sehr spitzen oder unregelmäßigen Enden, grün bis braun. Faserige und strahlige Aggregate.
**Eigenschaften** Härte 6, schwer, unvollkommen spaltbar; durchscheinend mit Glasglanz; Pulver hellbraun. Schmilzt rasch, färbt die Flamme gelb (Natrium) und hinterläßt eine schwach magnetische Kugel; in Säure kaum löslich. Es gibt auch feste Lösungen mit anderen Pyroxenen in den seltenen Varietäten *Ägirinaugit, Urbanit* usw.
**Entstehung und Vorkommen** Bildet sich in alkalischen, stark natrium- und eisenhaltigen, oft untersättigten Intrusiv- und Effusivgesteinen (z. B. Nephelin-Syenite und Phonolithe); seltener in regionalmetamorphem Gestein.
**Fundorte** Große Kristalle sind auf der Halbinsel Kola (UdSSR), in Mont-Saint-Hilaire (Kanada) und in Grönland häufig; kleinere stammen von Magnet Core (Arkansas/USA) und Libby (Montana/USA). Fundorte in Italien sind die Laven der Inseln Pantelleria (Sizilien) und San Pietro (Sardinien).
**Verwendung** Das Mineral ist für Geologen und Sammler interessant.

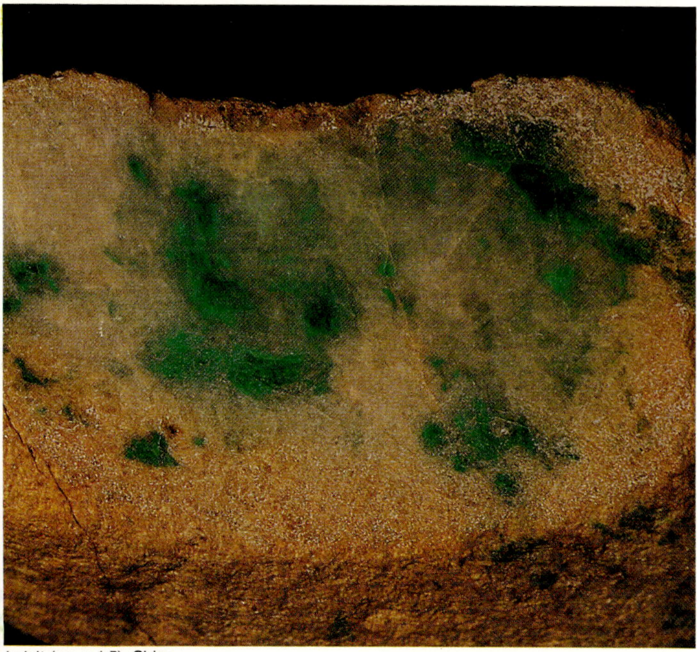
Jadeit (ca. x 1,5). China.

Akmit (ca. x 1,5). Grönland.

# 202 AUGIT Pyroxen

VIII – Kettensilikate (Pyroxengruppe)
$(Ca,Mg,Fe)_2[(Si,Al)_2O_6]$

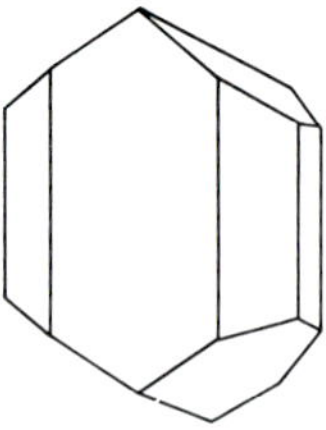

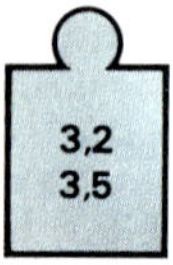


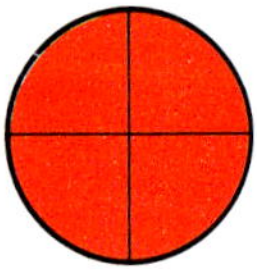

**System** Monoklin
**Aussehen** Prismatische, oft kurze Kristalle mit fast quadratischem oder oktogonalem Querschnitt und nur unvollkommen ausgebildeten Pinakoidendflächen. Häufig Berührungszwillinge; körnige, schwarze Aggregate, auch grünlichschwarz und dunkelbraun.
**Eigenschaften** Augite i. w. S. können ganz verschieden aussehen; manche bekommen eigene Namen, wie z. B. Diopsid und Hedenbergit. Der Gemeine Augit besitzt eine Härte von 5 1/2–6, er ist schwer und spaltet sich fast rechtwinklig in Prismen; er weist einen splittrigen und muscheligen Bruch auf der Oberfläche auf. Undurchsichtig bis durchscheinend (eine Ausnahme bildet die farblose Varietät *Leukaugit*) mit Glas- bis Harzglanz; das Pulver ist graugrün. Augit ist mit Ausnahme der titanhaltigen Varietäten, die in warmer Salzsäure löslich sind, in Säure nicht lösbar. Das Mineral ist nur sehr langsam zum Schmelzen zu bringen.
**Entstehung und Vorkommen** Häufig in Plutonen (Gabbro, Pyroxenit, Peridotit), in vulkanischem Gestein (Basalt, Essexit), Tuffen und metamorphem Gestein, das bei hoher Temperatur durch Kontakt- oder Regionalmetamorphose entstand (Granulit). Kann sich hydrothermal leicht in amphibolische Hornblende, sogenannten *Uralit,* in Chlorit und, allerdings seltener, in Mischungen z. B. mit Epidot und Karbonaten verwandeln.
**Fundorte** Gemeiner Augit tritt in Plutonen auf: Bushveld (Südafrika), Skaergaard (Grönland) und Stillwater (USA). *Basaltaugit* findet man in vulkanischem Gestein; seine Farbe ist besonders dunkel und wegen des hohen Titangehalts etwas violett; er zeigt im Innern häufig eine deutliche Zonierung. Schöne Kristalle findet man in der Lava und Pyroklastiten am Vesuv, an den Vulkanen Latiums, am Ätna, auf Stromboli und im Melaphyr von Buffaure (Fassatal) in Italien. In Deutschland findet man Augit besonders am Kaiserstuhl, außerdem am Laacher See (Eifel). Weitere Fundorte sind die Auvergne (Frankreich) und die Essexit- und Shonkinit-Lagerstätten in Montana und Colorado (USA). Leukaugit gibt es in Bathurst (Ontario/Kanada). In den Basalten und Andesiten Japans und in anderen Gabbrointrusionen tritt calciumarmer Augit auf. Die am Vulkan Oldojuo Lengaj (Tansania) gefundenen Augite zeigen eine große Verwandtschaft mit Ägirin.
**Verwendung** Augit ist für Mineralogen und Sammler interessant.

Augit in Peperino – Pfefferstein – (ca. x 1,5). Ariccia (Rom), Italien.

ugit in Basalt (ca. x 1). Buffaure (Trient), Italien.

## 203 FASSAIT

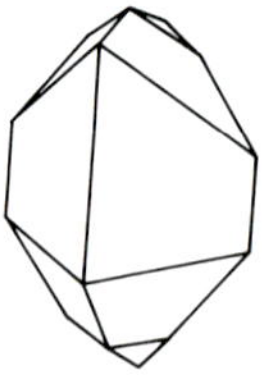

VIII – Kettensilikate (Pyroxengruppe)
$Ca(Mg,Fe''',Al)[(Si,Al)_2O_6]$

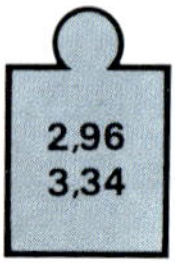


**System** Monoklin
**Aussehen** Prismatische, kurze, flächenreiche, mehr oder weniger hellgrüne Kristalle. Umwandlungen in grauen Amphibol sind häufig.
**Eigenschaften** Härte 6, schwer, gut spaltbar in kleine Prismen mit fast viereckigen Querschnitten; meist durchscheinend mit Glasglanz; Pulver weiß. Schmilzt nur langsam und wird von Säure nicht angegriffen. Fassait wird gelegentlich als eine Augitvarietät mit wenig Eisengehalt betrachtet.
**Entstehung und Vorkommen** Bildet sich in kontaktmetamorphem Kalk, der bei hohen Temperaturen entstanden ist, zusammen mit Calcit, Dolomit, Periklas und Vesuvian. Auch die in Kimberliten enthaltenen Eklogite weisen manchmal Fassait auf.
**Fundorte** Sehr schöne Kristalle gibt es in Monzoni (Fassatal/Trient) und am Lago della Vacca (Adamello) in Italien. Hübsche Kristalle stammen aus Helena (Montana/USA). Fassait gibt es auch in Schottland, Schweden, Sri Lanka und in Form von gerundeten Körnern im Eklogit von Delegate (Australien).
**Verwendung** Interessant für Wissenschaftler und Sammler.

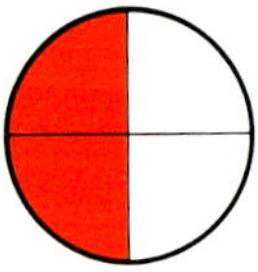

---

## 204 DIALLAG

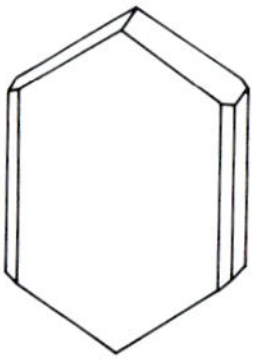

VIII – Kettensilikate (Pyroxengruppe)
$Ca(Mg,Al)[(Al,Si)SiO_6]$

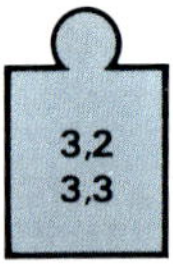


**System** Monoklin
**Aussehen** Riesige, meist schlecht ausgebildete, fast blättrige und häufig gekrümmte, graugrüne oder hellbraune Kristalle.
**Eigenschaften** Härte 4, schwer, spröde und nach dem Pinakoid vollkommen spaltbar; durchscheinend bis undurchsichtig mit Metallglanz, der für das Mineral charakteristisch ist und auf Beimengung von feinem Ilmenit auf den Spaltflächen zurückzuführen ist. Unlöslich und nicht schmelzbar; geht oft in faserigen, smaragdgrünen Amphibol (Smaragdit) über.
**Entstehung und Vorkommen** Bildet sich in schwach metamorphisiertem Gabbro (Metagabbro).
**Fundorte** Große, hellgrüne Kristalle mit Silberschimmer gibt es im Gabbro in den Westalpen, im Ligurischen Apennin (Passo del Bracco), in der Toskana und im Emilianischen Apennin (Italien). In Deutschland findet man Diallag im Odenwald und im Harz; daneben kommt er in Schlesien und in Österreich vor.
**Verwendung** Interessant für die Wissenschaft und als Sammlerstein.

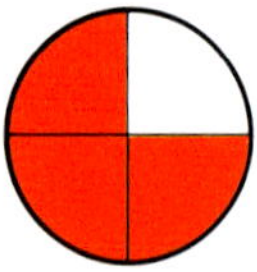

Fassait (ca. x 1,5). Fassatal, Italien.

Diallag (ca. x 1). Braccopaß (La Spezia), Italien.

## 205 OMPHACIT

VIII – Kettensilikate (Pyroxengruppe)
$(Ca,Na)(Mg,Fe'',Fe''',Al)[Si_2O_6]$

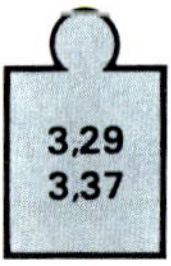


**System** Monoklin
**Aussehen** Prismatische Kristalle mit fast viereckigen Querschnitten selten; meist in hellgrünen Körnern.
**Eigenschaften** Härte 5–6, schwer und schlecht spaltbar; durchscheinend mit Glasglanz; je nach Gehalt an dreiwertigem Eisen ist das Pulver weiß oder mehr oder weniger grünlich. Unlöslich und nur schwer zum Schmelzen zu bringen.
**Entstehung und Vorkommen** Zusammen mit Granat ist Omphacit typisch für Eklogite; bildet auch ganze Bänke (Omphacitite), in denen mit kleinen Kristallen besetzte Hohlräume vorkommen; schöne Kristalle, die mit Quarz und Glimmer verwachsen sind, findet man selten.
**Fundorte** Auf der Saualpe und Koralpe (Österreich), in Münchberg (Deutschland), in Kalifornien (USA) und in Italien (Monviso, Aostatal; Biella, Vercelli) gibt es Eklogite mit körnigem Omphacit. Im metasomatischen Omphacit von Bessh (Japan) und in den Quarzlinsen bei Ivrea (Turin/Italien) kommen schöne Kristalle vor.
**Verwendung** Das Mineral ist für Mineralogen und Sammler interessant.

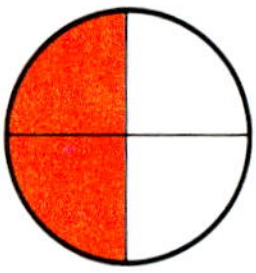

---

## 206 SPODUMEN

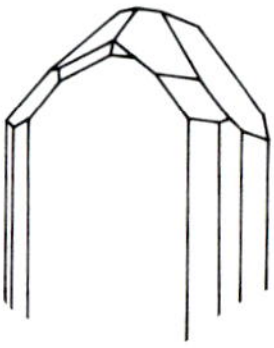

VIII – Kettensilikate (Pyroxengruppe)
$LiAl[Si_2O_6]$

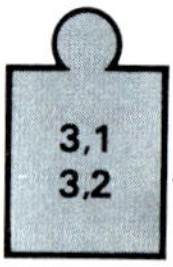


**System** Monoklin
**Aussehen** Prismatische, bis zu 16 m lange und einige Tonnen schwere, längsgestreifte, weiße, gelbe, graue, rosarote (Varietät *Kunzit*) oder smaragdgrüne (Varietät *Hiddenit*) Kristalle; stäbchenförmige Aggregate oder dichte Massen.
**Eigenschaften** Härte 6½–7, schwer und vollkommen spaltbar; durchsichtig bis durchscheinend, Glasglanz; Spodumen ist trichroid und ändert mit dem Blickwinkel die Farbe. Schmilzt rasch und färbt die Flamme karminrot (Lithium).
**Entstehung und Vorkommen** In lithiumhaltigen Pegmatiten vergesellschaftet mit Quarz, Feldspat, Lepidolith, Beryll und Turmalin. Durch Umwandlung geht Spodumen häufig Mischungen mit anderen Mineralien ein.
**Fundorte** Etta und Tin Mountain (South Dakota/USA), wo riesige Kristalle vorkommen, in Manitoba (Kanada) und im Ural (UdSSR); in Brasilien, Mexiko, Schottland, Kärnten (Österreich) und Schweden. Kunzit gibt es in Pala (Kalifornien/USA) und Brasilien; Hiddenit in North Carolina (USA), Madagaskar und ebenfalls in Brasilien.
**Verwendung** Spodumen ist wichtig zur Gewinnung von Lithium und seiner Salze; wasserklare Stücke von Kunzit und Hiddenit gelten als Schmucksteine.

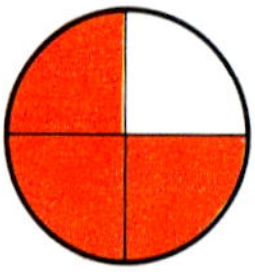

Omphacit in Quarz (ca. x 1,5). Ivrea (Turin), Italien

Kunzit (ca. x 1,5). Brasilien.

## 207 ENSTATIT

VIII – Kettensilikate (Pyroxengruppe)
$Mg_2[Si_2O_6]$

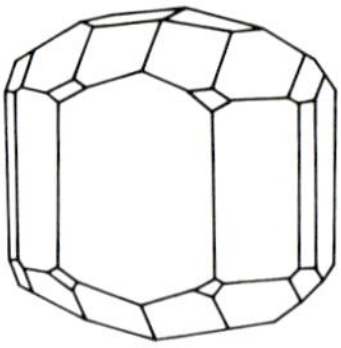

3,1
3,2

**System** Rhombisch
**Aussehen** Kurze, prismatische Kristalle selten; meist faserige oder blättrige, gelbliche, grüne, olivbraune Massen.
**Eigenschaften** Härte 5–6, schwer, mit geringer Spaltbarkeit; durchscheinend mit Glasglanz. Unlöslich und kaum schmelzbar. Es gibt feste Lösungen von Enstatit, deren Endglied allerdings bis heute nur synthetisch hergestellt oder in Mondgestein gefunden wurde (*Ferrosilit,* $Fe_2[Si_2O_6]$ und mit Bronzit und Hypersthen als Zwischenglieder.
**Entstehung und Vorkommen** In plutonischem und vulkanischem Gestein basischer und ultrabasischer Zusammensetzung; in Metamorphem Gestein (Granulit) und in Meteoriten.
**Fundorte** Sierra Nevada (Kalifornien/USA), Donegal (Irland), Grönland und die Cima di Gagnone (Schweiz). Häufig in Gesteinen in Schottland, Norwegen, Deutschland, (Harz, Eifel), Südafrika, Japan, USA, UdSSR etc. Hypersthen gibt es im Norit von Cortland (New York), in den Adirondacks (USA) und am Baikalsee (UdSSR).
**Verwendung** Interessant für Wissenschaft und Sammler.

---

## 208 BRONZIT

VIII – Kettensilikate (Pyroxengruppe)
$(Mg,Fe)_2[Si_2O_6]$

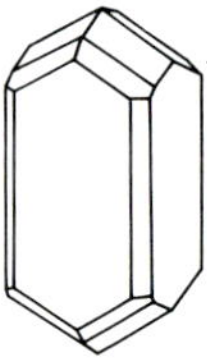

3,2
3,5

**System** Rhombisch
**Aussehen** Kurze, prismatische Kristalle; häufig unregelmäßige Körner oder dichte Massen von braungrüner oder schwarzer Farbe.
**Eigenschaften** Härte 5–6, schwer und gut spaltbar; durchscheinend mit bronzenem Halbmetallglanz. Je höher der Eisengehalt ist, um so rascher schmilzt das Mineral; unlöslich. Bronzit gehört zur isomorphen Enstatit-Hypersthen-Ferrosilit-Reihe und enthält zwischen 5 und 13% FeO. Umwandlungen in serpentinöse, blättrige oder faserige, grüne Formen, sog. *Bastite,* sind häufig.
**Entstehung und Vorkommen** In plutonischem und vulkanischem Gestein basischer oder ultrabasischer Zusammensetzung. Auch manchmal in Metamorphem Gestein hohen Grades.
**Fundorte** Im Gabbro im Bushveld (Transvaal) und in der Steiermark. In Deutschland findet man Bronzit in Bad Harzburg, in Italien in Sondalo (Sondrio) und im Ultental (Südtirol).
**Verwendung** Interessant für Wissenschaftler und Sammler.

Enstatit (ca. x 1,5). Grönland.

Bronzit (ca. x 1). Steiermark, Österreich.

## 209 FERROKARPHOLIT

VIII – Kettensilikate (Pyroxengruppe)
$FeAl_2[(OH)_4|Si_2O_6]$

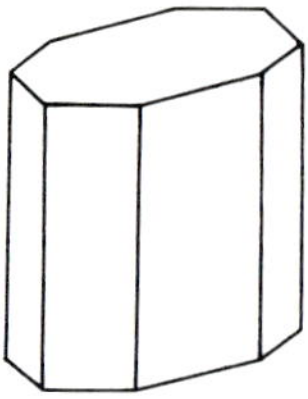

**System** Rhombisch
**Aussehen** Prismatische, nadelige, weiße, grüne Kristalle, die manchmal in faserigen, parallelen Gruppen stehen; vereinzelt kleine Kristalle in einem Muttergestein aus Quarz.
**Eigenschaften** Härte 5 1/2, schwer und vollkommen spaltbar; durchsichtig oder durchscheinend mit Seidenglanz; Pulver weiß. Ist in Säure leicht löslich. Ferrokarpholit ist die eisenhaltige Varietät des Minerals *Karpholit* $MnAl_2[(OH)_4|Si_2O_6]$, welches strohgelb ist und ein geringeres spezifisches Gewicht besitzt.

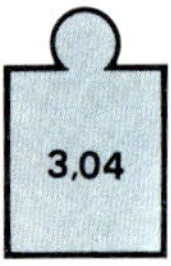


**Entstehung und Vorkommen** In Quarzlinsen als Produkt einer langsam vor sich gehenden metamorphen Absonderung; in sauren, metamorphen Gesteinen der Fazies der blauen Schiefer.
**Fundorte** Selten und in winzigen Kristallen auf der Insel Sulawesi (Indonesien) und in Scalea (Cosenza/Italien). Bis zu 15 cm lange, in Büscheln und parallelen Aggregaten angeordnete Kristalle am Colle del Ciarbonet in den Cottischen Alpen. Karpholit findet man auch im Harz und in den Ardennen (Belgien).

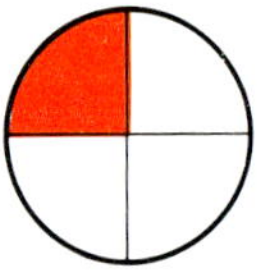

**Verwendung** Das Mineral ist lediglich für die Wissenschaft und für Sammler interessant.

---

## 210 CUMMINGTONIT

VIII – Kettensilikate (Amphibolgruppe)
$(Mg,Fe)_7[OH|Si_4O_{11}]_2$

**System** Monoklin
**Aussehen** Einzelne Kristalle sind sehr selten; meist stäbchenartige oder faserige, je nach Eisengehalt hell- bis dunkelbraune Aggregate.
**Eigenschaften** Härte 5–6, schwer, mit guter, prismatischer Spaltbarkeit; durchscheinend mit Glasglanz; faserige Varietäten besitzen Seidenglanz. In Säure unlöslich; schmilzt langsam zu einem schwarzen Glas. Die stark eisenhaltige Varietät heißt *Grünerit,* die manganhaltige *Dannemorit.*

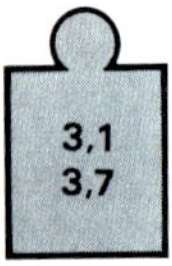


**Entstehung und Vorkommen** In metamorphen Schiefern mittleren bis hohen Grades, in Kontaktgestein und selten in Plutonen.
**Fundorte** Schöne Kristallgruppen gibt es in Cummington (Massachusetts/USA). Häufig in Massen in den Eisen-Lagerstätten am Oberen See, wo auch Grünerit vorkommt. Diesen findet man außerdem in Orejärvi (Finnland), in Australien und in Rockport (Massachusetts/USA). Dannemorit wird vor allem in Schweden gefunden. In Italien gibt es im Adamello, im Silagebirge (Kalabrien) und im Val d'Ossola den Cummingtonit, im Valle Strona den Dannemorit.

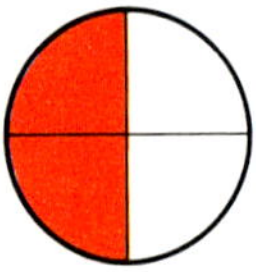

**Verwendung** Interessant für Mineralogen und Sammler.

errokarpholit (ca. × 1,5). Colle del Ciarbonet (Cuneo), Italien.

ummingtonit (ca. x 1,5). Proves (Trient), Italien.

## 211 TREMOLIT

VIII – Kettensilikate (Amphibolgruppe)
$Ca_2Mg_5[(OH)|Si_4O_{11}]_2$

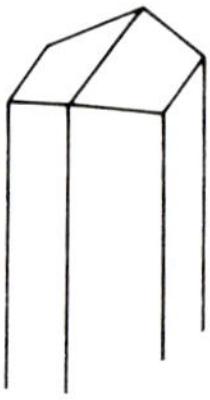

**System** Monoklin
**Aussehen** Längliche, prismatische Kristalle, gelegentlich in säulenartigen Aggregaten, ohne Unreinheiten farblos ode weiß, häufig auch hell graugrün. Die faserige, undurchsichti-ge Varietät ist allgemein unter dem Namen *Asbest* bekannt
**Eigenschaften** Hart, leicht, in der Längsrichtung Spaltbar-keit vollkommen; durchsichtig oder durchscheinend mit gla sigem oder seidigem Glanz bei den faserigen Aggregaten Schmilzt nur sehr schwer zu weißem Glas; widerstandsfähig gegenüber Säuren.

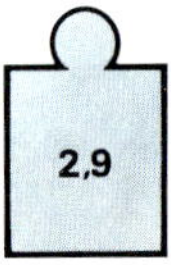


**Entstehung und Vorkommen** In dolomitischem Marmor Serpentin, Talkschiefern mit Magnesit und Calzit.
**Fundorte** Schöne, weiß bis graue Kristalle im Dolomit am Campolongo (Italien) und im Val Tremola (Tessin/Schweiz) in Edwards und Balmat (New York/USA) und anderswo in den USA und der UdSSR. Gebänderte, gebündelte Kristall vom Val Devero (Novara/Italien), vom Großen Greiner (Ziller tal/Österreich) und aus dem Ural (UdSSR). Asbest komm häufig in den USA und in der UdSSR vor, wo er bergmän nisch abgebaut wird.

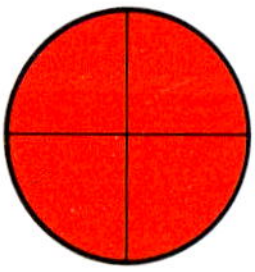

**Verwendung** Wissenschaftlich interessant und Sammler stein; faserige Varietäten werden wie Serpentin-Asbest ver wendet, jedoch bessere Isolierfähigkeit.

---

## 212 AKTINOLITH Strahlstein

VIII – Kettensilikate (Amphibolgruppe)
$Ca_2(MG,Fe'')_5[(OH)|Si_4O_{11}]_2$

**System** Monoklin
**Aussehen** Längliche, prismatische Kristalle, häufig in mas sigen oder verfilzten Aggregaten; dunkelgrün.
**Eigenschaften** Hart, schwer, in der Längsrichtung Spalt barkeit vollkommen, durchscheinend mit Glasglanz. Unlös lich, in kleinen Stücken leicht schmelzbar. Gehört zur Seri der magnesiumhaltigen Tremolit-Ferroaktinolithe, eisenhal tig. *Nephrit* ist eine verfilzte, zähe und grünliche Varietät.

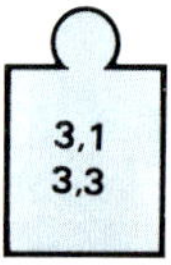


**Entstehung und Vorkommen** In metamorphen, femische Gesteinen der Facies der grünen Schiefer und der Facies de Amphibolite. Kann sich auch durch Umwandlung von Pyro xen im Gabbro und diabasischen Gesteinen entwickeln (z. B Smaragdit aus Diallag.
**Fundorte** Schöne Kristalle im Zillertal (Österreich), im Va Malenco (Sondrio/Italien) und im Val Germanasca (Turin Italien). Nephrit aus Mittelasien, Neuseeland, Sibirien, au USA (Wyoming), Deutschland (Harzburg), Polen, Sestri Le vante (Genua), Episcopia (Italien).

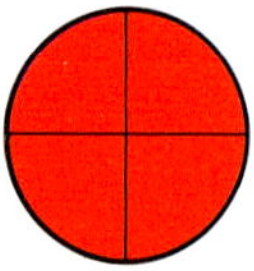

**Verwendung** Von wissenschaftlichem Interesse un Sammlerstein. Nephrit wird in der Schmuckindustrie ver wendet und oft mit dem wertvolleren Jadeit verwechselt.

'remolit (ca. x 1). Elba, Italien.

ktinolith (ca. x 1). Val Malenco, Italien.

## 213 RICHTERIT

VIII – Kettensilikate (Amphibolgruppe)
$Na_2Ca(Mg,Fe'',Mn,Fe''',Al)_5[(OH,F)|Si_4O_{11}]_2$

**System** Monoklin
**Aussehen** Prismatische, faserige Kristalle, die meist in fil-zigen Aggregaten stehen; violettrot bis gelb.
**Eigenschaften** Härte 5–6, schwer, vollkommen spaltbar; durchscheinend oder durchsichtig mit Glasglanz; Pulver hellgelb. In Säure unlöslich, aber rasch schmelzbar.
**Entstehung und Vorkommen** Das kontaktmetamorphe Mineral tritt in metasomatischem Kalk und in alkalischen Effusivgesteinen durch hydrothermale Bildung auf.
**Fundorte** Typisch für Magmatische Gesteine sind die Varietäten aus Libby (Montana/USA), aus den Leucite Hills (Wyoming/USA) und von Mont-Saint-Hilaire (Quebec/Kanada). Der im manganhaltigen Kalk von Långban (Schweden) auftretende Richterit dagegen ist metamorph-metasomatisch entstanden, ebenso der Richterit von Saint-Marce (Aostatal/Italien). *Szechenyit* gibt es in den Jade-Lagerstätten von Birma; er ist durch Metasomatose entstanden.
**Verwendung** Interessant für die Wissenschaft und al Sammlerstein.

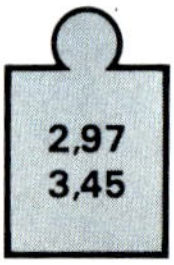


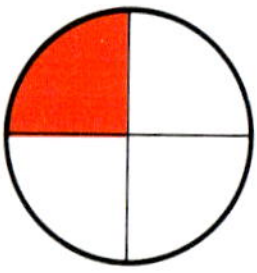

## 214 PARGASIT

VIII – Kettensilikate (Amphibolgruppe)
$NaCa_2Mg_4(Al,Fe''')[(OH,F)_2|AlSi_6O_{22}]$

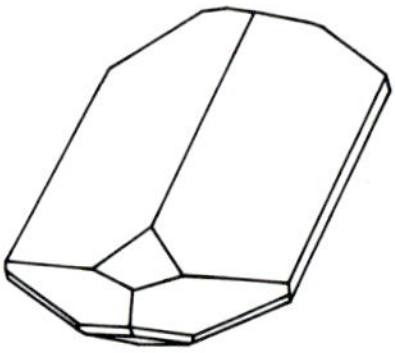

**System** Monoklin
**Aussehen** Prismatische, meist sehr kurze, hellbraune grünliche oder graue Kristalle; dichte, fast blättrige Massen
**Eigenschaften** Härte 5–6, schwer, spaltet sich leicht i Prismen und ist quer zu diesen brüchig; durchscheinen oder durchsichtig mit Glas- bis Fettglanz; Pulver weißgelb Wird von Säuren nicht angegriffen und ist nur langsam zum Schmelzen zu bringen.
**Entstehung und Vorkommen** Bildet sich vor allem durc Kontaktmetamorphose in Marmor und Skarn; auch in femischen Intrusivgesteinen, wie Gabbro, Diorit, und im Eklogit
**Fundorte** Besonders tritt Pargasit im Marmor von Parga (Finnland) und im Skarn von Mansjo und Långban (Schweden) auf. In den Eklogiten der Saualpe (Österreich), i Münchberg und in Nowa Wies (Polen) kommt die Varietä *Karinthin* vor; die Funde im Gabbro (Burlington in Pennsylvania/USA), im Peridot (Tinaquillo/Venezuela) und in Gang gesteinen (Arigna, Provinz Sondrio/Italien) haben in letzte Zeit beträchtlich zugenommen.
**Verwendung** Das Mineral ist nur für Mineralogen un Sammler interessant.

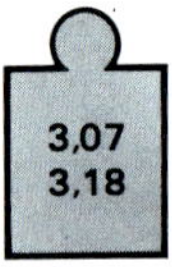


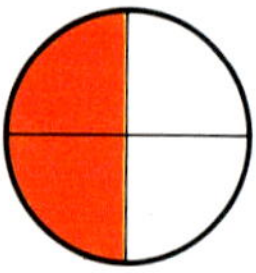

Richterit (ca. x 1,5). Långban, Schweden.

Pargasit (ca. x 1,5). Pargas, Finnland.

## 217 RIEBECKIT

VIII – Kettensilikate (Amphibolgruppe)
$Na_2Fe''Fe_2'''[(OH)|Si_4O_{11}]_2$

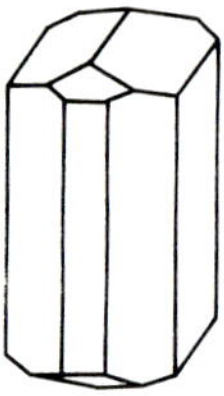

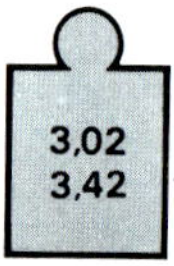


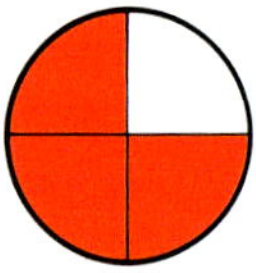

**System** Monoklin
**Aussehen** Unregelmäßig prismatische, dunkelblaue oder schwarze Kristalle; auch stengelige oder blättrige Aggregate; faserige, asbestartige Kristalle *(Krokydolith)* von blauer Farbe und mit charakteristischem Schillern.
**Eigenschaften** Härte 5–6, schwer, vollkommen spaltbar; durchscheinend; GLas- bis Seidenglanz. Schmilzt rasch und färbt die Flamme gelb (Natrium); in Säure unlöslich.
**Entstehung und Vorkommen** Bildet sich in metamorphen Gesteinen bei niedriger Temperatur und niedrigem bis mittlerem Druck, ferner in sauren, natriumreichen Plutoniten (Graniten und Pegmatiten).
**Fundorte** Schöne Kristalle enthält der Granit von Quincy (Massachusetts/USA) und der Schiefer in Galicien (Spanien). Die faserige Varietät Krokydolith kommt aus Südafrika, Australien und Brasilien.
**Verwendung** Riebeckit selbst ist nur für Wissenschaftler und Sammler von Interesse. Krokydolith wird in der Industrie wie Serpentinasbest zur Herstellung von nicht brennbaren Stoffen und Wärmeisolierungen gebraucht. Als ›Tigerauge‹ (Schmuckstein) ist pseudomorpher Quarz nach Krokydolith im Handel; er schillert hübsch und ist besonders hart.

---

## 218 ARFVEDSONIT

VIII – Kettensilikate (Amphibolgruppe)
$Na_{2,5}Ca_{0,5}Fe'',Mg,Fe''',Al)_5[(OH)_2|Al_{0,5}Si_{7,5}O_{22}]$

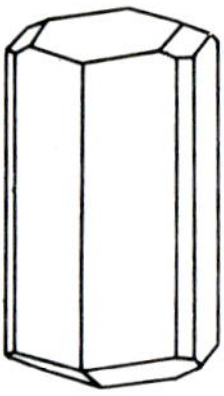

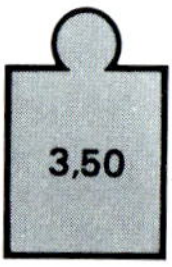


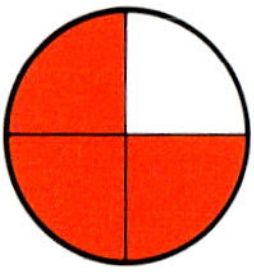

**System** Monoklin
**Aussehen** Prismatische, oft tafelige, Kristalle mit nur selten gut ausgebildeten Enden; schwarzgrün bis schwarz; stengelige oder körnige Aggregate.
**Eigenschaften** Härte 5–6, schwer, vollkommen spaltbar; ist auch in Blättchen fast undurchsichtig, mit Glasglanz; das Pulver besitzt eine dunkle, graublaue Färbung. Schmilzt rasch zu einem schwarzen, magnetischen Glas und wird durch Säure nicht angegriffen.
**Entstehung und Vorkommen** Bildet sich in alkalischem, plutonischem Gestein mit großem Eisengehalt (Nephelin-Syenit und Pegmatit) und seltener in metamorphen Schiefern.
**Fundorte** Klassische Fundorte befinden sich in Grönland (Julianehaab), Norwegen (bei Oslo), Finnland (Kiihtelysvaara) und UdSSR (Mariupol, Ukraine und Halbinsel Kola). In den USA kommt das Mineral in Boulder (Colorado) und Red Hill (New Hampshire), in Kanada in Mont-Saint-Hilaire vor.
**Verwendung** Arfvedsonit ist für Mineralogen und Sammler interessant.

Krokydolith (ca. x 1). Südafrika.

Arfvedsonit (ca. x 1). Mont-Saint-Hilaire (Quebec), Kanada.

## 219 ANTHOPHYLLIT

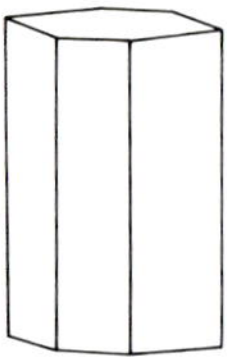

VIII – Kettensilikate (Amphibolgruppe)
$(Mg,Fe)_7[OH|Si_4O_{11}]_2$

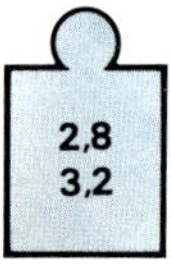


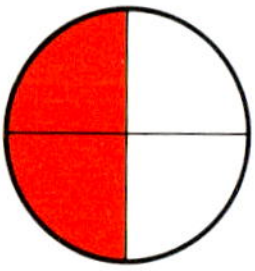

**System** Rhombisch
**Aussehen** Faserige Nädelchen, blättrige oder faserig-filzige Aggregate; blau, hellgrün bis hellbraun.
**Eigenschaften** Härte $5^1/_2$, leicht, aber auch schwer, vollkommen spaltbar; durchscheinend mit Glasglanz. Unlöslich, schwer schmelzbar. *Grünerit* ist die grüne Varietät mit großem Eisengehalt; die aluminiumhaltige Varietät heißt *Gedrit*. Daneben gibt es eine polymorphe, monokline Varietät mit Namen *Cummingtonit*.
**Entstehung und Vorkommen** In kristallinem Schiefer mit hohem Magnesiumgehalt, wo es sich durch Hydratation aus Olivin gebildet hat. Grünerit findet man in metamorphen eisenreichen Gesteinen, Cummingtonit in Intrusivgesteinen.
**Fundorte** Schöne Kristalle gibt es in Kongsberg (Norwegen). Anthophyllit wird auch in Fahlan (Schweden), im Gothaab Fjord (Grönland), in Orijärvi (Finnland) und in den USA gefunden. In Deutschland sind Bodenmais (Bayer. Wald) und das Kinzigtal (Schwarzwald), in Italien Baveno (Novara), Passeiertal (Südtirol) und Monte Capanne (Elba) als Fundorte bekannt.
**Verwendung** Das Mineral wird besonders von Wissenschaftlern und Sammlern gesucht.

---

## 220 AENIGMATIT

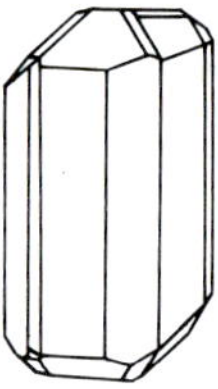

VIII – Kettensilikate (Amphibolgruppe)
$Na_4Fe''_{10}Ti_2[O_4|(Si_2O_6)_6]$

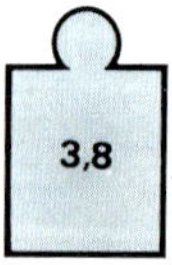


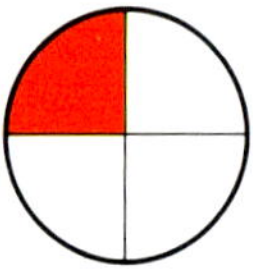

**System** Triklin
**Aussehen** Kurze prismatische oder nadelige, schwarze Kristalle und Zwillinge in Laven.
**Eigenschaften** Härte 5–6, schwer, gut spaltbar; durchscheinend bis fast undurchsichtig mit Glasglanz; Pulver braunrot. Löst sich in Flußsäure leicht, schmilzt rasch zu einem schwarzen Glas. Es gibt verschiedene Varietäten, darunter *Cossyrit* und *Rhönit*.
**Entstehung und Vorkommen** In alkalisch-rhyolithischen Laven und nephelinhaltigen Basalten und Syeniten, oft als Umwandlungsprodukt aus Biotit und Hornblende in nicht gesättigter Lava.
**Fundorte** Sehr hübsche Kristalle findet man in der Lava auf der Insel Pantelleria (Cossyrit) in Italien, auf den Azoren und im französischen Zentralmassiv (Puy de Barneire). Große Kristalle gibt es im Nephelin-Syenit auf der Halbinsel Kola (UdSSR) und in Grönland. Rhönit wird im Basalt im Rheintal gefunden.
**Verwendung** Das Mineral ist für Wissenschaftler interessant, wird aber auch von Sammlern geschätzt.

Anthophyllit (ca. x 1). Fahlan, Schweden.

enigmatit (ca. × 1,5). Grönland.

## 221 WOLLASTONIT

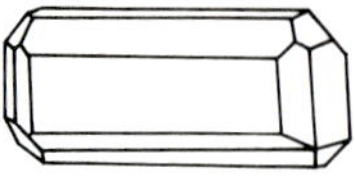

VIII – Kettensilikate
$Ca_3[Si_3O_9]$

**System** Triklin
**Aussehen** Tafelige Kristalle sind selten; meist in faserigen, nadeligen oder strahligen, weißen oder grauen, seltener farblosen Massen.
**Eigenschaften** Härte 4 1/2–5, leicht bis schwer, vollkommen spaltbar; durchscheinend, Glas- oder Perlmuttglanz, faserige Massen besitzen Seidenglanz. In starker Säure löslich, schmilzt rasch zu klarem Glas. Zwei polymorphe Varietäten sind bekannt: *Parawollastonit* (sehr selten, unter 1126 °C stabil) und *Pseudowollastonit* (ebenfalls ganz selten und über 1126 °C stabil).

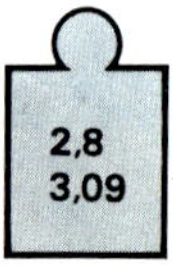


**Entstehung und Vorkommen** Wollastonit bildet sich in kalkig-mergeligem Gestein durch Kontaktmetamorphose oder aber auch in Gestein, das sich bei niederem Druck durch Regionalmetamorphose gebildet hat.
**Fundorte** Beträchtliche Mengen findet man im Schwarzwald (Gengenbach), bei Auerbach (Bergstraße), in der Bretagne (Frankreich), in Mexiko und in Willsboro (New York/USA). Kristalle gibt es in Csiklowa (Rumänien), Chiapas (Mexiko), Crestmore (Kalifornien/USA) und in Pargas (Finnland), in Italien auf der Alpe Bazena (Adamello), im Veltlin, in den Auswürflingen des Vesuvs und am Capo di Bove (Rom).

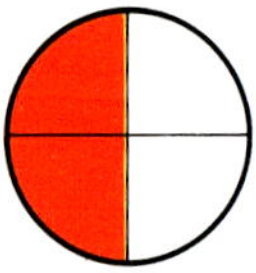

**Verwendung** Zur Herstellung von feuerfesten Materialien.

---

## 222 PEKTOLITH

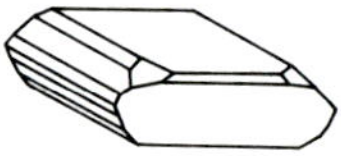

VIII – Kettensilikate
$Ca_2NaH[Si_3O_9]$

**System** Triklin
**Aussehen** Nadelige, farblose Kristalle; häufig kugelige, faserige oder faserig-strahlige, weiße oder graue Aggregate dichte Massen.
**Eigenschaften** Härte 5, leicht, vollkommen spaltbar durchsichtig mit Glas- bis Seidenglanz; Pulver weiß. Löst sich in Salzsäure und bildet dabei Kieselsäure-Gel; schmilzt in der Flamme rasch und färbt sie gelb.

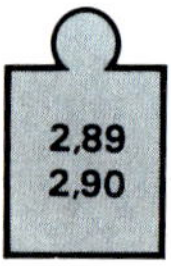


**Entstehung und Vorkommen** Bildet sich hydrothermal in Basalthohlräumen, vergesellschaftet mit Zeolith, Prehnit, Calcit usw. Kommt auch als Füllung in Serpentinklüften und in kontaktmetamorphem Kalk vor.
**Fundorte** Farblose Kristalle gibt es in Franklin und Paterson (New York/USA), in Thetford und in Ontario (Kanada). Auch auf der Halbinsel Kola (UdSSR), in Böhmen (CSSR).
**Verwendung** Das Mineral ist für Wissenschaftler und Sammler interessant.

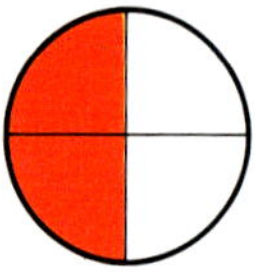

Wollastonit (ca. x 1,5). Monte Somma (Neapel), Italien.

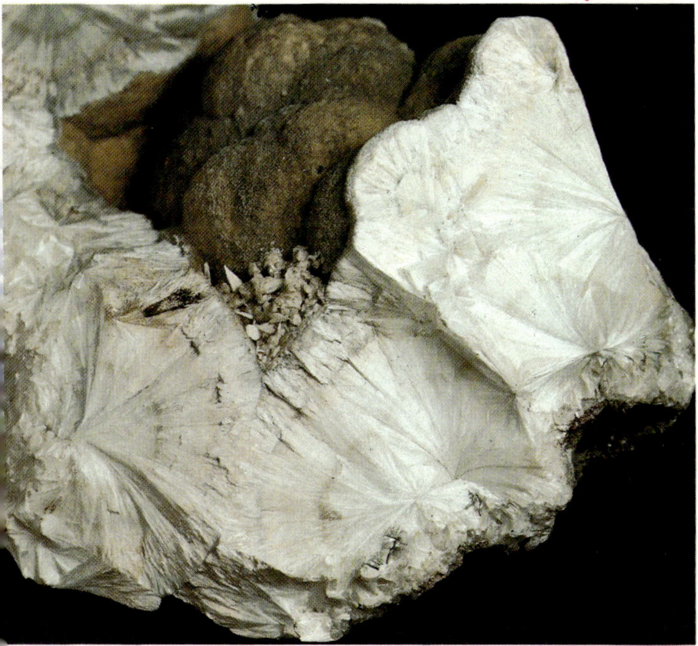

Pektolith (ca. x 1). New Jersey, USA.

# 223 RHODONIT

VIII – Kettensilikate
$CaMn_4[Si_5O_{15}]$

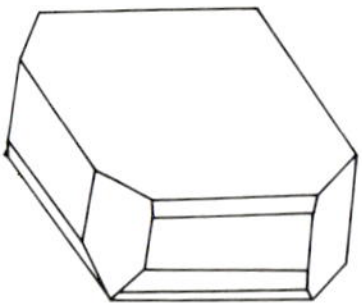

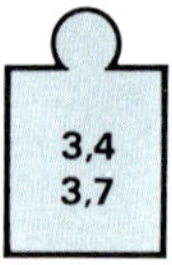


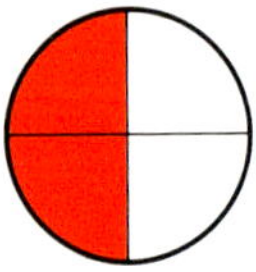

**System** Triklin
**Aussehen** Tafelige Kristalle (mit manchmal gerundeten Ecken und rauhen Flächen) sind selten; sie können mehr oder weniger lebhaft rosarot sein und besitzen oft eine bräunliche Anlauffarbe; dichte Massen oder Körner mit typischer Äderung und schwarzen Flecken, die auf das Vorhandensein von Manganoxiden hinweisen.
**Eigenschaften** Härte $5\frac{1}{2}$–$6\frac{1}{2}$, schwer, spröde und vollkommen fast rechtwinklig spaltbar; durchsichtig bis durchscheinend mit Glasglanz und seltener auch Perlmuttglanz auf den Spaltflächen; häufig durch undurchsichtige und schwarze Manganoxide gefleckt. In Säure unlöslich, wodurch sich Rhodonit von dem weicheren Rhodochrosit unterscheidet. Relativ rasch zum Schmelzen zu bringen, wobei sich ein rotes oder braunes Glas bildet. Die zinkhaltige Varietät heißt *Fowlerit.*
**Entstehung und Vorkommen** Das Mineral bildet sich durch Metamorphose von siliciumhaltigen Mangancarbonaten zu denen oft noch eine Metasomatose hinzutritt (Skarn).
**Fundorte** Viele Kristalle und bedeutende Massen findet man in Långban und Pajsberg (Schweden) und im Ural (Distrikt Swerdlowsk, UdSSR). Auch in Broken Hill (Australien), in Chikla (Indien), Simsiö (Finnland), im Arrowtal (Neuseeland), in Brasilien, Südafrika und Japan gibt es Rhodonit. Fundorte in Deutschland sind der Harz (Lautental) und Westfalen (Laasphe). In Italien hat man Rhodonit in Saint-Marcel (Aostatal), am Monte del Forno und im Valle di Scerscen (Sondrio), sowie in Libiola und Gambatesa (Genua) gefunden. Schöne Fowlerit-Kristalle kommen in den kristallinen Kalken in Franklin (New Jersey/USA) vor.
**Verwendung** Als Sammlerstein sehr begehrt; durchsichtige oder durchscheinende Varietäten erhalten einen Cabochonschliff oder werden zu Kugelketten oder anderen Schmuckgegenständen verarbeitet; dichter Rhodonit wird als Tafelstein verwendet; besonders reizvoll wirkt er, wenn er mit schwarzen Flecken aus Manganoxid gesprenkelt ist.

Rhodonit (ca. x 1,5). Vermland, Schweden.

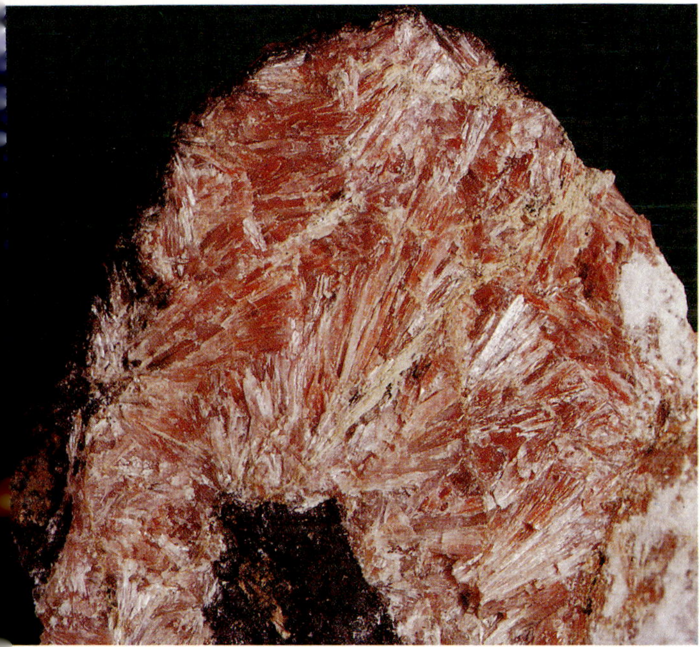

Faseriger Rhodonit (ca. x 1,5). Rocchetta Vara (La Spezia), Italien.

# 224 PYROXMANGIT

VIII – Kettensilikate

$(Fe,Mn)_7[Si_7O_{21}]$

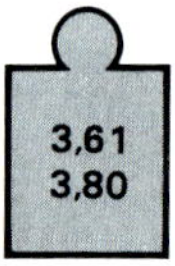


**System** Triklin

**Aussehen** Rote oder durch Oxidation an der Oberfläche braune, dem Rhodonit sehr ähnliche kleine Kristalle; meist in körnigen oder faserigen Massen.

**Eigenschaften** Härte $5\,^1/_2$–6, schwer, vollkommen spaltbar; durchsichtig bis durchscheinend mit Glasglanz; Pulver rot. In warmer Salzsäure löslich; schmilzt relativ rasch zu einem rotbraunen Glas.

**Entstehung und Vorkommen** In metamorphen manganhaltigen Silikat-Lagerstätten, meist zusammen mit Rhodonit; die Bildung des Minerals wird durch einen besonders hohen Eisengehalt begünstigt. Pyroxmangit entsteht auch in der Schlacke von Hochöfen (›Eisenrhodonit‹).

**Fundorte** Klassischer Fundort für Pyroxmangit ist Iva (Südcarolina/USA); außerdem hat man das Mineral auch in Boise (Idaho/USA), Långban in Schweden (Varietät *Sobralit*), zudem in Broken Hill (Australien), in Japan und erst vor kurzem in der Bernina (Sondrio/Italien) gefunden.

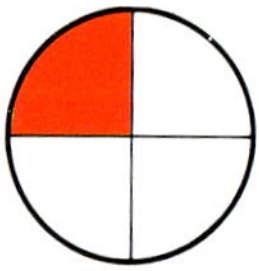

**Verwendung** Das Mineral ist für Mineralogen und Sammler von Interesse.

# 225 NEPTUNIT

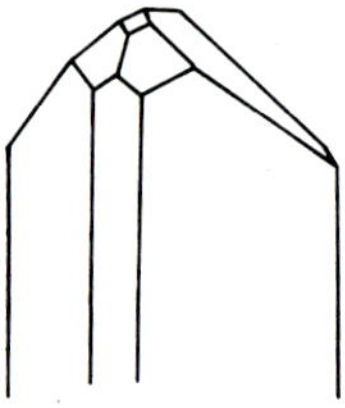

VIII – Kettensilikate

$KNa_2Li(Fe,Mn)_2Ti_2[O|Si_4O_{11}]_2$

**System** Monoklin

**Aussehen** Prismatische, längliche Kristalle mit spitzen Enden; schwarz oder ganz dunkelbraun.

**Eigenschaften** Härte 5-6, schwer mit vollkommener Spaltbarkeit; undurchsichtig oder durchscheinend mit starkem Glasglanz; Pulver dunkelrot. Neptunit ist in Salzsäure nicht löslich, er ist aber leicht zum Schmelzen zu bringen.

**Entstehung und Vorkommen** Das Mineral bildet sich in Nephelin-Syeniten (Foyait) und Hohlräumen von Nephelin-Pegmatiten; er ist in umgewandeltem Serpentin vergesellschaftet mit Benitoit und Natrolith. In vielen untersättigten plutonischen Gesteinen findet man Neptunit als Begleitmineral; allerdings ist er hier nur schwer zu erkennen.

**Fundorte** Besonders schön sind die Kristalle von San Benito (Kalifornien/USA). In den Syeniten auf der Halbinsel Kola (UdSSR), in den grönländischen und irischen Pegmatiten ist Neptunit häufig, aber die Kristalle sind nicht so schön ausgebildet.

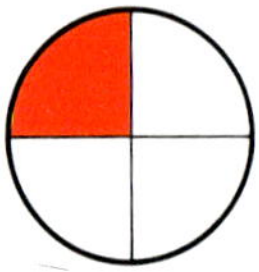

**Verwendung** Das Mineral ist für Mineralogen und Sammler interessant.

'yroxmangit (ca. x 2). Japan.

eptunit (ca. x 1,5). San Benito (Kalifornien), USA.

## 226 BAVENIT

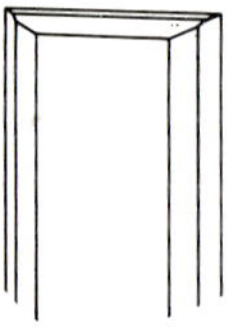

VIII – Schichtsilikate
$Ca_4Al_2^{[4]}Be_2^{[4]}[(OH)_2|Si_9O_{26}]$

**System** Rhombisch
**Aussehen** Nadelige, weiße Kristalle, meist in bündeligstrahligen oder rosettenartigen Aggregaten.
**Eigenschaften** Härte 5 1/2, leicht, mit vollkommener Spaltbarkeit; durchsichtig mit Glas- bis Seidenglanz. Wird von Säure kaum angegriffen.
**Entstehung und Vorkommen** Bavenit wurde in den Granitgeoden von Baveno (Novara/Italien) entdeckt. Später fand man ihn auch zusammen mit Zeolith und Prehnit in Pegmatiten und alpinen Klüften, wo er sich durch Umwandlung von Beryll auf hydrothermalem Weg langsam gebildet hat.
**Fundorte** Sehr bekannt sind die strahligen Kristallgruppen aus Baveno (Novara), besonders schön die filzigen Aggregate von den Pegmatiten in Beura und Villadossola (Novara/Italien). Das Mineral kommt auch im Nalpstal, im Val Casatscha (Graubünden/Schweiz), im Untersulzbachtal (Österreich), in Pala (Kalifornien), Virginia Amelia (Virginia/USA), in Polen, Australien und in der UdSSR vor.
**Verwendung** Bavenit ist nur für die Wissenschaft und für Sammler interessant.

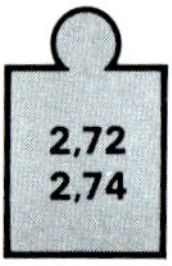


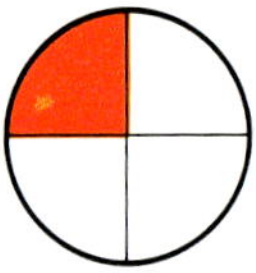

---

## 227 PREHNIT

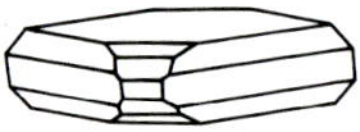

VIII – Schichtsilikate
$Ca_2Al^{[6]}[(OH)_2|AlSi_3O_{10}]$

**System** Rhombisch
**Aussehen** Tafelige, hellgrüne Kristalle selten; meist in kugeligen Gruppen mit fächerartigen Kristallen, nierig, stalaktitisch, grünlich-weiß.
**Eigenschaften** Härte 6–6 1/2, leicht und längs der Basis vollkommen spaltbar; durchscheinend mit Glasglanz; Pulve weiß. Schmilzt rasch zu einem blasigen, weißgelben Glas zersetzt sich nur langsam in Salzsäure.
**Entstehung und Vorkommen** Prehnit entsteht hydrothermal als Füllung von Hohlräumen in vulkanischem Basalt, ferner an den Wandungen von Klüften in Intrusiv- und Metamorphem Gestein.
**Fundorte** Traubige Massen im Basalt von Paterson und Bergen Hill (New Jersey), Westfield (Massachusetts), Fairfa (Virginia) und in den Kupfer-Lagerstätten am Oberen See (USA). Sehr schöne kugelige Aggregate mit tönnchenförmigen Kristallen stammen aus der Dauphiné (Frankreich) und aus dem Habachtal (Österreich). Fundorte in Italien sind da Val Malenco (Sondrio), Fassatal (Trient) und die Seiseralm (Südtirol). In Deutschland findet man Prehnit in Bad Harzburg, Idar-Oberstein und Haslach (Schwarzwald).
**Verwendung** Interessant für Mineralogen und Sammler.

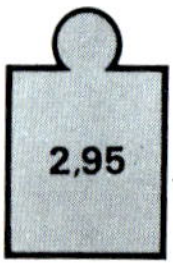


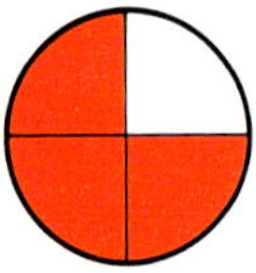

Bavenit (ca. x 1,5). Baveno (Novara), Italien.

rehnit (ca. x 1). Seiseralm (Südtirol), Italien.

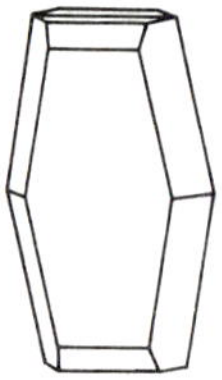

## 228 ASTROPHYLLIT

VIII – Schichtsilikate
$(K,Na)_3(Fe,Mn)_7(Ti,Zr)_2[Si_8(O,OH)_{31}]$

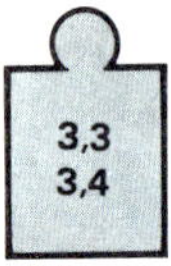


**System** Triklin
**Aussehen** Tafelige oder blättrige Kristalle selten; sternförmige, gelbe, goldfarbige oder gelbbraune Aggregate.
**Eigenschaften** Härte 3–4, schwer, spröde und vollkommen in Blättchen spaltbar, die weder elastisch noch biegsam sind; durchsichtig oder durchscheinend mit Glas- bis Metallglanz; auf den Spaltflächen Perlmuttglanz; Pulver gelb. Löst sich in Säure nur langsam, schmilzt aber rasch zu einem dunklen, magnetischen Glas.
**Entstehung und Vorkommen** In Hohlräumen und Klüften in Nephelin-Syenit und anderen Intrusivgesteinen zusammen mit Akmit, Feldspat, braunem Glimmer, Zirkon und Titanit.
**Fundorte** Astrophyllit wurde in Grönland (Narsarsuk und Kangerdluarsuk), auf der Halbinsel Kola (Khibina) in der UdSSR, in Norwegen (Brevig) und in den USA (Pikes Peak/Colorado) gefunden.
**Verwendung** Das Mineral wird nur von Wissenschaftlern und Sammlern begehrt.

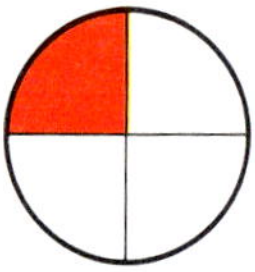

---

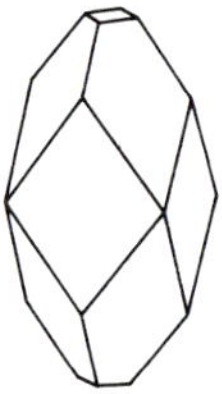

## 229 APOPHYLLIT

VIII – Schichtsilikate
$KCa_4[F|(Si_4O_{10})_2] \cdot 8H_2O$

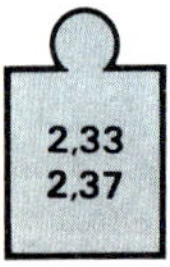


**System** Tetragonal
**Aussehen** Tafelige, kubooktaedrisch aussehende Kristalle, manchmal Doppelpyramiden oder blättrig; farblos, weiß, schwach rosa, grün oder gelb.
**Eigenschaften** Härte 4 1/2–5, leicht, längs der Basis vollkommen spaltbar; durchscheinend oder durchsichtig; die Basisflächen zeigen Perlmuttglanz, die Prismenflächen Glasglanz. Apophyllit schmilzt rasch zu einem hellen Glas und färbt dabei die Flamme violett (Kalium); es löst sich in Salzsäure, wobei sich gallertartige Kieselsäure abscheidet.
**Entstehung und Vorkommen** Bildet sich hydrothermal und füllt Hohlräume in Basalt und Tuff, zusammen mit Stilbit, Skolezit, Calcit, Prehnit und Analcim.
**Fundorte** Seiseralm (Südtirol/Italien), St. Andreasberg (Harz), Neuschottland (Kanada), die Faröerinseln, Island, Grönland und der Rio Grande do Sul (Brasilien), ferner in den Kupfer-Lagerstätten am Oberen See (USA). Weitere Fundorte in Deutschland: Sasbach am Kaiserstuhl, Haslach (Schwarzwald) und das Siebengebirge; in Italien: Traversella (Turin) und San Pietro di Montecchio Maggiore (Vicenza).
**Verwendung** Interessant für Wissenschaftler und Sammler.

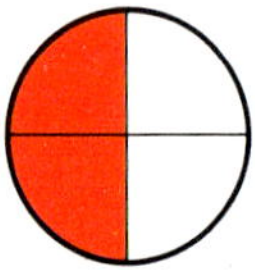

ıstrophyllit (ca. x 1,5). Halbinsel Kola, UdSSR.

ɔophyllit (ca. x 1,5). Poona, Indien.

# 230 PYROPHYLLIT

VIII – Schichtsilikate

$Al_2[(OH)_2|Si_4O_{10}]$

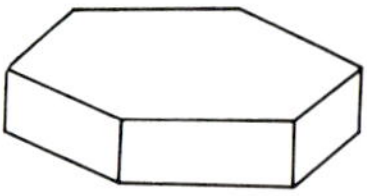

**System** Monoklin

**Aussehen** Kommt kaum in Kristallen vor; meist in Blättchen oder strahligen, gelblichweißen, hell- oder braungrünen Aggregaten. Die dichten Massen bilden die Varietä *Agalmatolith* oder *Pagodit.*

**Eigenschaften** Härte 1 1/2, leicht und vollkommen spaltbar Perlmutt- oder Fettglanz. Fühlt sich fettig an. Wird beim Erhitzen blättrig. Nur durch chemische Untersuchung ode Röntgenbestrahlung von Talk zu unterscheiden.

**Entstehung und Vorkommen** Kommt zusammen mit Andalusit, Sillimanit und Cyanit in schiefrigen Gesteinen, mi Quarz und Glimmer in hydrothermalen Gängen vor.

**Fundorte** Guildford und Orange (Nordcarolina), Arkansa und Georgia (USA), Südafrika und UdSSR (mittlerer Ural) geringfügige Vorkommen in den Alpen (Schweiz) sowie i Sizilien. Strahlige und rosettige Aggregate kommen au Chesterfield (Südcarolina/USA) und Kalifornien (USA), i Deutschland aus der Eifel, dem Hohen Venn und aus Schlesien.

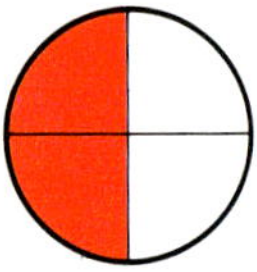

**Verwendung** Als Schmiermittel, für Wärme- und Elektroisolierungen; in der Papier-, Gummi-, Textil- und Seifenindustrie. Aus Agalmatolith werden Ziergegenstände hergestellt

---

# 231 TALK Steatit

VIII – Schichtsilikate

$Mg_3[(OH)_2|Si_4O_{10}]$

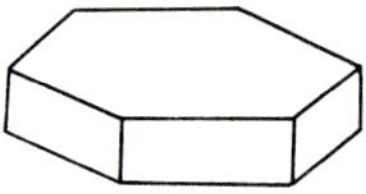

**System** Monoklin

**Aussehen** Kommt nie in deutlich ausgebildeten Kristalle vor; meist in schuppigen, filzigen, weißen, weißlichgrüne grauen oder braunen Aggregaten. *(Topfstein, Speckstein).*

**Eigenschaften** Härte 1, leicht, biegsam, vollkommen in fe ne Blättchen spaltbar, diese sind durchscheinend mit Per muttglanz, in Massen mit Fettglanz; Pulver weiß. Fühlt sic fettig an; schlechter Wärmeleiter; unlöslich; unschmelzba Speckstein ist ein guter Schnitzstein.

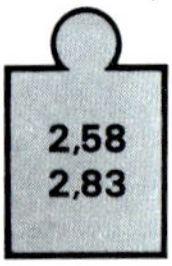


**Entstehung und Vorkommen** Talk bildet sich bei reich chem Wasserzutritt und mittleren Temperaturen durch Metamorphose aus Magnesiumsilikaten (vor allem Olivin) in ultrafemischem Gestein. Entsteht auch durch Metasomatose unreinem dolomitischen Marmor.

**Fundorte** Große Lagerstätten in der Steiermark (Österreich), in Kanada, in Madras (Indien), Transvaal, Australie in den Pyrenäen, in Korea, den USA und in der UdSSR, Deutschland in Göpfersgrün (Fichtelgebirge), in Italien i Val Chisone und Val Germanasca (Piemont), im Val Malenc (Sondrio) und auf Sardinien.

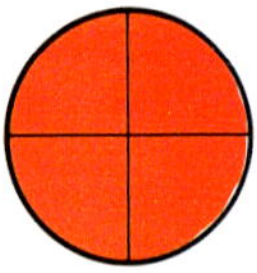

**Verwendung** Talk wird in Pulverform in der Papier-, Gummi-, Textil-, Kosmetik- und Farbenindustrie verwendet.

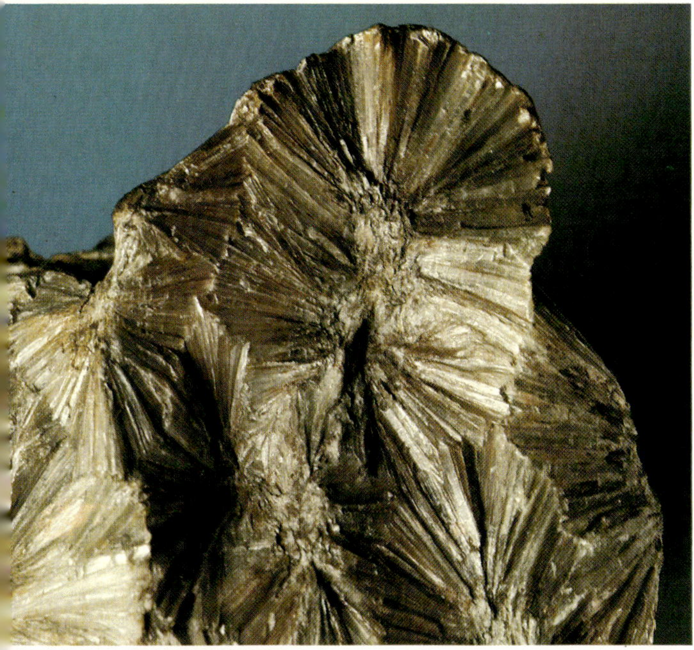

yrophyllit (ca. x 1,5). Kalifornien, USA.

alk (ca. x 1). UdSSR.

# 232 MUSKOVIT

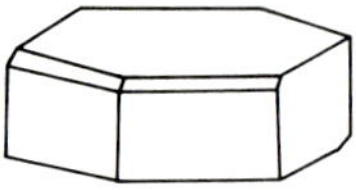

VIII – Schichtsilikate (Glimmergruppe)
$KAl_2[(OH,F)_2|AlSi_3O_{10}]$

**System** Monoklin

**Aussehen** Tafelige Kristalle mit hexagonalem oder drei-eckigem Querschnitt; manchmal zeigen die Prismenfläche tiefe Streifen; blättrige, schuppige Massen; gelegentlich auch mikrokristallin *Sericit)*. Muskovitblättchen sind silber-weiß, Massen eher weiß oder gelb; Muskovit, auf dessen Spaltflächen Hämatit- oder Rutilblättchen verstreut sind, is dunkelbraun.

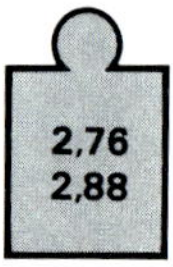


**Eigenschaften** Härte 2–2 1/2, leicht und vollkommen in z. T feinste Blättchen spaltbar, biegsam und elastisch; durch-sichtig oder durchscheinend mit Perlmuttglanz. Unlöslic und nur schwer zum Schmelzen zu bringen. Die zahlreiche Varietäten unterscheidet man nach ihrem Chrom- *(Fuchsit)* Eisen- *(Ferrimuskovit* und *Phengit)* und Mangangehalt *(Alu-git):* sie haben alle eine charakteristische Färbung und etwa andere Eigenschaften als der eigentliche Muskovit. *Parago-nit* hat Ähnlichkeit mit Muskovit, enthält jedoch Natrium an-stelle von Kalium (Natronglimmer). *Illit* ist eine Varietät, di einen geringen Kaliumgehalt aufweist und in Sedimente vorkommt.

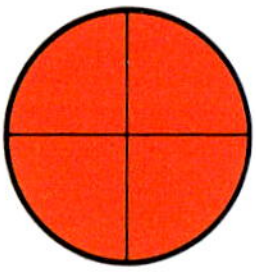

**Entstehung und Vorkommen** Muskovit ist eines der am weitesten verbreiteten Mineralien; man findet ihn besonder in Intrusivgesteinen mit hohem Silicium- und Aluminiumge-halt (Pegmatit, Granit) und in Metamorphem Gestein niedri-gen oder mittleren Grades (Fazies der Grünschiefer oder de Amphibolite). Phengit findet man vor allem in der Fazies de Grünschiefer, Glaukophanschiefer und in Quarzit. Die übri-gen Varietäten sind seltener und bilden sich unter ganz be-stimmten chemischen Bedingungen. Muskovit kommt auc sedimentär in lockeren Massen (Sand) und in Gesteinen vo die einer Diagenese unterworfen waren (Sandstein, Merge usw.).

**Fundorte** Riesige Kristalle mit einer Oberfläche von 3–5 m gibt es in den Pegmatiten von Ontario (Kanada), Ne Hampshire und Süddakota (USA), in Indien und in Brasilie Zahlreich sind auch die Funde in den Alpen, wo Muskovit vo allem in Pegmatiten zu finden ist. Paragonit gibt es am Pizz Forno (Kanton Tessin/Schweiz) zusammen mit Cyanit un Staurolith, sowie an anderen Stellen in den Westalpen; hie findet man ihn in metamorphen Kalkschiefern und als dicht Klumpen (Varietät *Cossait*).

**Verwendung** Muskovit braucht man zur Herstellung vo Elektro- und Wärmeisolierungen; dabei benutzt man Musko-vitblättchen oder ein Gemisch, das man aus Muskovitpulve und verschiedenen Bindemitteln wie Zement oder Plast fertigt; in der Papier-, und Gummiindustrie sowie bei de Herstellung von nichtbrennbaren Lacken. Daneben wi Muskovit in der Keramikindustrie und als trockene Schmiermittel verwendet.

Muskovit (ca. x 1). Brasilien.

Muskovit (ca. x 1,5). Piona (Como), Italien.

# 233 FUCHSIT

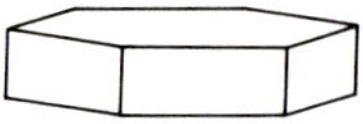

VIII – Schichtsilikate (Glimmergruppe)
$K(Al,Cr)_2[(OH,F)_2|AlSi_3O_{10}]$

**System** Monoklin
**Aussehen** Blättchen oder schuppige, mehr oder weniger intensiv smaragdgrüne Aggregate.
**Eigenschaften** Da Fuchsit die chromhaltige Varietät von Muskovit bildet, ist seine Härte ebenfalls 2–2 1/2; er ist leicht und vollkommen, jedoch nicht in großen, durchsichtigen Blättern spaltbar, und immer nur durchscheinend; nur schwer zum Schmelzen zu bringen und wird von Säure nicht angegriffen. Eine chromarme Varietät ist der *Mariposit.*
**Entstehung und Vorkommen** Kommt in den Schiefern mittleren Grades zusammen mit Biotit vor; außerdem in metamorphem Dolomit oder in den kalkhaltigen Schiefern der Westalpen, wo er auf das Vorhandensein von Peridot oder Serpentin hinweist.
**Fundorte** Mächtige Aggregate in Prägraten und im Zillertal (Österreich), im Pfitschtal und bei Pfunders (Südtirol/Italien). Auch im Val Lanterna (Val Malenco/Italien), im Marmor von Musso (Como) und anderenorts in den Alpen.
**Verwendung** Fuchsit ist für die Wissenschaft und für Sammler interessant.

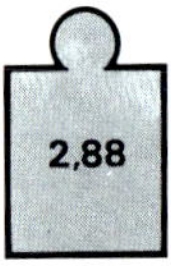


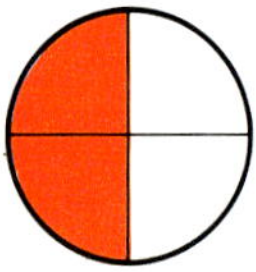

---

# 234 ALURGIT

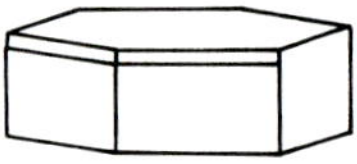

VIII – Schichtsilikate (Glimmergruppe)
$K(Mg,Fe,Mn)Al[(OH,F)_2|(Al,Mn,Si)Si_3O_{10}]$

**System** Monoklin
**Aussehen** Blättchen und faserige Aggregate; mattrot.
**Eigenschaften** Weich, schwer, spaltet sich vollkommen in biegsame und elastische Blättchen; durchsichtig oder durchscheinend mit Glasglanz; Pulver weiß bis rosarot. In Säure unlöslich und nicht schmelzbar.
**Entstehung und Vorkommen** Bildet sich in stark mangan- und eisenhaltigem Metamorphem Gestein.
**Fundort** Alurgit wurde bis heute nur in einer manganhaltigen Lagerstätte in Saint-Marcel (Aostatal/Italien) entdeckt. Dort findet man das Mineral zusammen mit Violan, Braunit und Quarz.
**Verwendung** Das Mineral ist ausschließlich für Wissenschaftler und Sammler interessant.

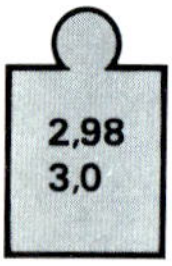


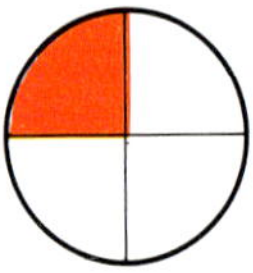

Fuchsit (ca. x 1,5). Zillertal, Österreich.

Alurgit (ca. x 1,5). Saint-Marcel (Aostatal), Italien.

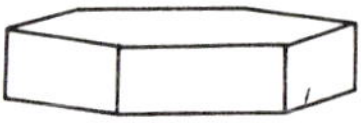

## 235 GLAUKONIT

VIII – Schichtsilikate (Glimmergruppe)
$(K,Na,Ca)_{<1}(Al,Fe''',Fe'',Mg)_2[(OH)_2|Al_{0,35}Si_{3,65}O_{10}]$

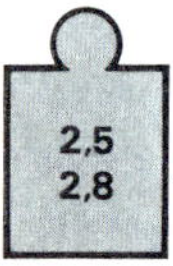


**System** Monoklin
**Aussehen** Winzige Kristalle; meist kugelige, erdige, auch blättrige, grünlichblaue Aggregate.
**Eigenschaften** Härte 2, leicht und vollkommen spaltbar; durchscheinend mit Fettglanz; wird von Salzsäure rasch angegriffen; nur schwer schmelzbar.
**Entstehung und Vorkommen** Das Mineral bildet sich diagenetisch im Meer und kommt in sedimentären Ablagerungen (Sanden, Sandstein, Silt, unreiner Kalk) verschiedener Zusammensetzung vor. *Seladonit* (›Grünerde‹ z. T.) hat dieselbe Zusammensetzung und dieselben Eigenschaften, wurde aber auf dem Festland gebildet.
**Fundorte** Glaukonit kommt häufig in den tertiären marinen Sanden des Baltikums und in anderen alten und rezenten sedimentären Gesteinen vor. Seladonit findet man in der Ukraine (UdSSR), in Basalthohlräumen am Monte Baldo (Verona/Italien), und bei Essen (›Essener Grünsand‹).
**Verwendung** Glaukonit wird in der Textil-, Zucker- und Düngemittelindustrie (Kalidünger), in der Bierbrauerei, und als ungiftiges, besonders witterungsunempfindliches Färbemittel gebraucht.

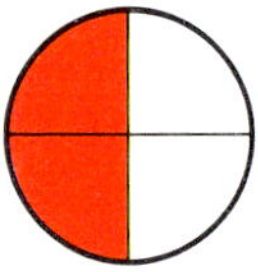

---

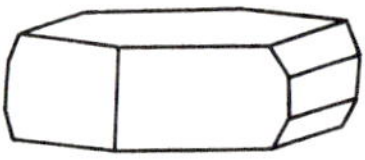

## 236 PHLOGOPIT

VIII – Schichtsilikate (Glimmergruppe)
$KMg_3[(F,OH)_2|AlSi_3O_{10}]$

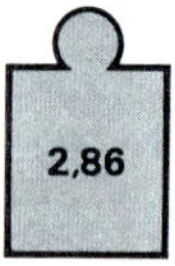


**System** Monoklin
**Aussehen** Hexagonale, manchmal riesige, bis zu 2 m Durchmesser große, hellbraune oder gelbe Blätter oder blättrige Massen.
**Eigenschaften** Härte 2–3, leicht, vollkommen in Blätter mit Glas- bis Perlmuttglanz spaltbar. Schmilzt nur schwer, zersetzt sich in konzentrierter Schwefelsäure.
**Entstehung und Vorkommen** Bildet sich in Metamorphem Gestein mit hohem Magnesiumgehalt (kristalliner Dolomit, Olivinit und Serpentin). Phlogopit tritt auch in Kimberlit häufig in großen Blättern auf, in kontaktmetamorphem Kalk sowie in Pegmatiten.
**Fundorte** Schöne Blättchen im Dolomit von Campo Lungo (Schweiz), im Marmor von Pargas (Finnland) und in Schweden. Riesige Kristalle in den Pegmatiten in Ontario (Kanada), auf Madagaskar und in Sri Lanka (dort mit deutlichem Asterismus durch feine Rutileinschlüsse). Fundorte in Italien sind Crevola (Novara), Val Malenco (Sondrio) und verschiedene Marmorarten.
**Verwendung** Das Mineral wird in Blättern für elektrische Isolierungen und als Füllmaterial gebraucht.

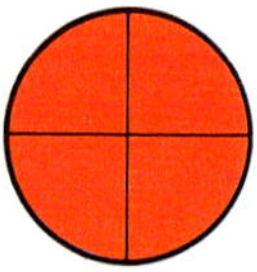

Glaukonit (ca. x 1). Grognardo (Alessandria), Italien.

Phlogopit (ca. x 1). Madagaskar.

## 237 BIOTIT

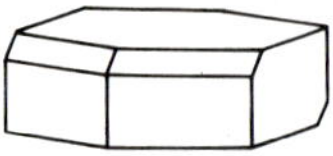

VIII – Schichtsilikate (Glimmergruppe)
$K(Mg,Fe,Mn)_3[(OH,F)_2|AlSi_3O_{10}]$

**System** Monoklin
**Aussehen** Tafelige, hexagonale, schwarze, braune oder dunkelgrüne Kristalle selten; meist blättrige Aggregate.
**Eigenschaften** Härte 2 1/2–3, schwer, vollkommen in biegsame, elastische, durchsichtige oder durchscheinende, bräunliche Blättchen mit ausgeprägtem Glasglanz spaltbar. Nur langsam zu schmelzen, in konzentrierter und warmer Schwefelsäure löslich. Es gibt verschiedene Varietäten wie z. B. *Manganophyllit*, der manganhaltig ist, *Lepidomelan*, mit hohem Eisengehalt, *Siderophyllit*, der fast kein Magnesium, aber sehr viel Eisen enthält, *Annit* und *Meroxen*.
**Entstehung und Vorkommen** In vielen Intrusivgesteinen, Pegmatiten, Lamprophyren, in Laven und in Metamorphen Gesteinen, sedimentär in Sanden und Sandstein, manchmal in kleinen goldglänzenden Blättchen.
**Fundorte** Bis zu 7 m² große Kristalle gibt es in den Ilmenbergen (UdSSR), in Grönland, Skandinavien und Brasilien, besonders schöne in den Geoden der vulkanischen Auswürflinge am Vesuv und im Fassatal (Trient) in Italien. Biotit tritt in Deutschland am Laacher See (Eifel) und in vielen Graniten auf.
**Verwendung** Interessant für Petrographen und Sammler.

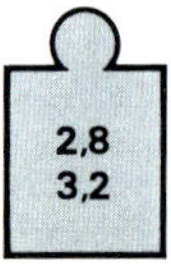


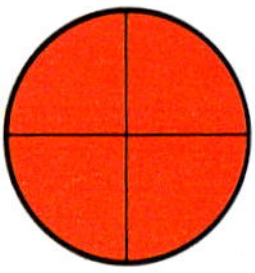

---

## 238 LEPIDOLITH

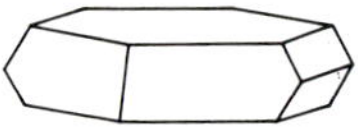

VIII – Schichtsilikate (Glimmergruppe)
$KLi_2Al[(F,OH)_2|Si_4O_{10}]$

**System** Monoklin
**Aussehen** Hexagonale, rosarote bis lila Blättchen; häufiger feine, blättrige Aggregate.
**Eigenschaften** Härte 2 1/2, leicht und vollkommen in biegsame, elastische, durchscheinende Blättchen mit Perlmuttglanz spaltbar. Schmilzt rasch und färbt dabei die Flamme karmesinrot (Lithium); es bildet sich ein weißes, undurchsichtiges Glas; in Säure unlöslich.
**Entstehung und Vorkommen** Lepidolith tritt in den lithiumhaltigen Pegmatiten und in Geoden in bestimmten Greisen zusammen mit Spodumen, Ambligonit, Turmalin und anderen Mineralien auf.
**Fundorte** Durchsichtige, kleine Blättchen gibt es in Coolgardie (Australien); schöne Aggregate stammen aus den USA (Pala/Kalifornien, Dixon/New Mexico, Middletown/Connecticut, Maine und Süddakota). Weitere Fundorte im Ural (UdSSR), auf Elba (San Piero in Campo/Italien), Kanada, Madagaskar, Rhodesien, Brasilien, Japan, CSSR (Rozna) und Schweden (Uto).
**Verwendung** Das Mineral wird zur Lithiumgewinnung gebraucht.

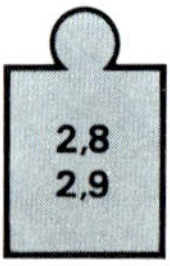


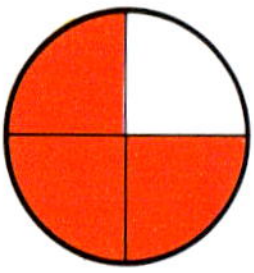

Biotit (ca. x 1). Kanada.

Lepidolith (ca. x 1,5). Schweden.

## 239 ZINNWALDIT

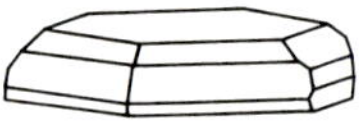

VIII – Schichtsilikate (Glimmergruppe)
$KLiFe''Al[(F,OH)_2|AlSi_3O_{10}]$

**System** Monoklin
**Aussehen** Tafelige Kristalle, die meist in pseudohexagonalen, prismatischen Gruppen stehen; silbergrau bis braun.
**Eigenschaften** Härte 2¹/₂, schwer und vollkommen in biegsame und elastische Blättchen spaltbar; durchsichtig mit Glas- oder Perlmuttglanz. Schmilzt rasch zu einer schwach magnetischen Kugel und färbt dabei die Flamme karmesinrot (Lithium); wird von starken Säuren angegriffen.
**Entstehung und Vorkommen** In Greisen, verwitterten Graniten, Pegmatiten und auf hydrothermalen Quarzgängen.
**Fundorte** Sehr hübsche Aggregate stammen aus Zinnwald (Sachsen), aus dem böhmischen Erzgebirge (CSSR) und aus Cornwall (Großbritannien). Tritt in Magmatischen Gesteinen, die Lithium enthalten, auf, so z. B. in der UdSSR, in Grönland, Kanada, Madagaskar und in den USA (Amelia/Virginia; San Diego/Kalifornien). Fundorte in Italien sind Cuasso al Monte (Varese) und Baveno (Novara).
**Verwendung** Das Mineral wird zur Lithiumgewinnung gebraucht.

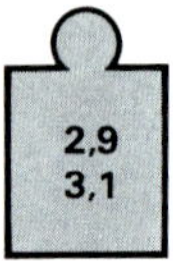


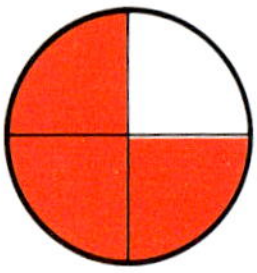

---

## 240 MARGARIT Kalk-, Perlglimmer

VIII – Schichtsilikate (Glimmergruppe)
$CaAl_2[(OH)_2|Al_2Si_2O_{10}]$

**System** Monoklin
**Aussehen** Einzelne, pseudohexagonale Blättchen sehr selten; meist blättrige, hellrosa, weiße oder graue Massen.
**Eigenschaften** Härte 4¹/₂, leicht bis schwer und vollkommen in spröde Blättchen (›Sprödglimmer‹) spaltbar; durchsichtig bis durchscheinend mit Perlmuttglanz; Pulver weiß. Löst sich etwas in warmer, konzentrierter Salzsäure; nur an den Rändern der Blättchen zum Schmelzen zu bringen.
**Entstehung und Vorkommen** Durch Metamorphose mittleren Grades; typisch für Ablagerungen von Schmirgel, aber auch in Chloritschiefer und Glimmerschiefer zusammen mit Staurolith und Turmalin zu finden.
**Fundorte** Rosa Aggregate gibt es in Chester (Massachusetts) und Chester County (Pennsylvania) in den USA, häufig auf Naxos (Griechenland), bei Izmir (Türkei) sowie in Nordcarolina (USA). Ferner auch im Chloritschiefer des Zillertals (Österreich), in verschiedenen Schiefern am St. Gotthard (Schweiz), im Val Formazza (Novara/Italien) sowie im Pfitschtal (Südtirol/Italien).
**Verwendung** Das Mineral ist für Mineralogen und Sammler von Interesse.

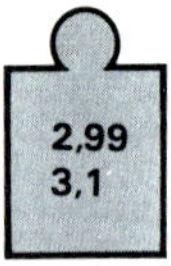


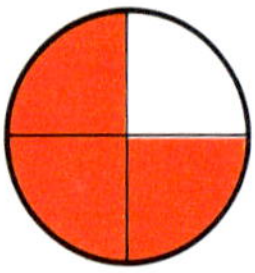

innwaldit (ca. x 1,5). Zinnwald.

argarit (ca. x 1,5). Chester (Massachusetts), USA.

## 241 MONTMORILLONIT

VIII – Schichtsilikate (Tonmineralien)

$\left\{ \begin{array}{l} (Al_{1,67}Mg_{0,33})[(OH_2)|Si_4O_{10}]^{0,33-} \\ Na_{0,33}(H_2O)_4 \end{array} \right\}$

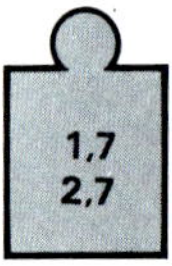


**System** Monoklin

**Aussehen** Kristalle nur unter dem Mikroskop zu erkennen; meist mikrokristalline, erdige, pulvrige, schuppige, weiße oder graue Massen.

**Eigenschaften** Härte 1–2, sehr leicht, zersetzt sich schnell und fühlt sich fettig an; undurchsichtig. Typisch für Montmorillonit ist die Eigenschaft, durch Aufnahme von Wasser oder anderen Flüssigkeiten sein Volumen zu vergrößern und seine Fähigkeit, unter entsprechenden Bedingungen Ionen austauschen zu können.

**Entstehung und Vorkommen** Bildet sich sedimentär in tropischem Klima durch Umwandlung von Feldspat in siliciumarmem Gestein oder hydrothermal aus vulkanischen Gläsern und Tuffen.

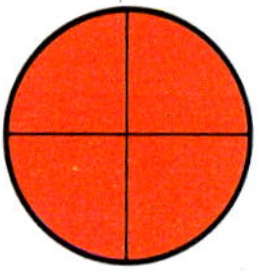

**Fundorte** Montmorillonit ist Hauptbestandteil von Bentonit; in großen Mengen in Frankreich (Montmorillon), Deutschland (Niederbayern), Japan, USA (Florida, Georgia, Alabama, Kalifornien) und Italien (Ponza/Latina, Apulien).

**Verwendung** Als Adsorbierungsmittel zum Reinigen und Entfärben von Flüssigkeiten, als Füllmittel in der Papier- und Gummiindustrie, zur Herstellung von Kosmetika und Arzneimitteln, bei Bohrungen und Schachtgrabungen.

---

## 242 VERMICULIT

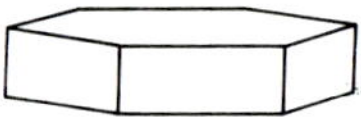

VIII – Schichtsilikate

$\left\{ \begin{array}{l} Mg_{2,36}Fe(III)_{0,48}Al_{0,16}[(OH)_2|Al_{1,28}Si_{2,72}O_{10}]^{0,64-} \\ Mg_{0,32}(H_2O)_4 \end{array} \right\}$

**System** Monoklin

**Aussehen** Blättrige, grüne, goldgelbe bis braune Kristalle mit pseudohexagonalem Umriß; schuppige Aggregate, die häufig pseudomorph nach Biotit zu finden sind.

**Eigenschaften** Härte 1–1 1/2, leicht, vollkommen in durchscheinende Blättchen mit Glas- bis Perlmuttglanz spaltbar. Pulver gelblich. In Säure nur schwach löslich; bei Erhitzung auf etwa 300 °C verliert Vermiculit Wasser, wird rasch blättrig, vergrößert sein Volumen bis zu 25 mal senkrecht zu den Spaltflächen, nimmt wurmartige Formen an und wird außerdem leuchtend goldgelb. Die Dichte wird dabei so gering, daß das Mineral auf Wasser schwimmt.

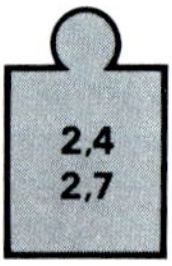


**Entstehung und Vorkommen** Durch hydrothermale Umwandlung aus Biotit und Phlogopit bei Berührung von sauren Tiefengesteinen mit ultrafemischem Gestein.

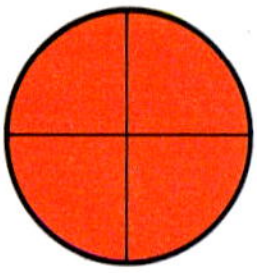

**Fundorte** Große Mengen gibt es in Palabora (Südafrika), Milbury (Massachusetts), Libby (Montana) und Macon (Nordcarolina) in den USA, in Argentinien und Kanada.

**Verwendung** Als Rohstoff für Wärme- und Schalldämmungen, im Baugewerbe und für technische Isolierungen; ferner in Papier-, Farb- und Plastikindustrie.

}entonit (ca. x 1). Daunia (Foggia), Italien.

ermiculit (ca. × 1,5). Argentinien.

# 243 PENNIN

VIII – Schichtsilikate (Chloritgruppe)

$$\left\{\begin{matrix} (Mg,Al_3)[(OH)_2|Al_{0,5-0,9}Si_{3,5-3,1}O_{10}] \\ Mg_3(OH)_6 \end{matrix}\right\}$$

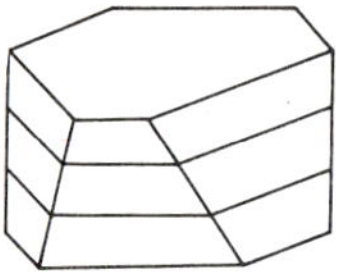

**System** Monoklin
**Aussehen** Tafelige, dunkelgrüne Kristalle mit hexagonalem Grundriß; blättrige, schuppige, strahlige oder derbe Aggregate.
**Eigenschaften** Härte 2–2½, leicht und vollkommen in Blättchen spaltbar; durchscheinend mit Glas- bis Perlmuttglanz. In konzentrierter, warmer Schwefelsäure löslich; unschmelzbar, wird beim Erhitzen blättrig.

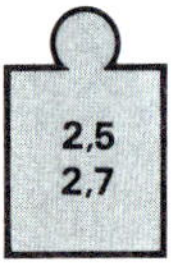


**Entstehung und Vorkommen** Bildet sich durch hydrothermale Umwandlung oder Metamorphose niedrigen Grades aus Magnesium- und Eisensilikaten. Pennin bildet den Hauptbestandteil von manchen metamorphen Schiefern.
**Fundorte** Sehr schöne Kristalle findet man in Zermatt (Schweiz), im Val Malenco (Sondrio) und Val d'Ala (Turin) in Italien und im Zillertal (Österreich). Gesteine mit Pennin sind auf der ganzen Welt verbreitet. Fundorte sind außerdem das Val Chiavenna (Sondrio) sowie das Val d'Ossola (Novara) in Italien.

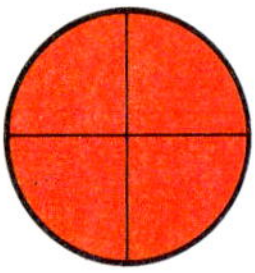

**Verwendung** Das Mineral ist für Petrographen und Sammler interessant.

---

# 244 KLINOCHLOR

VIII – Schichtsilikate (Chloritgruppe)

$$\left\{\begin{matrix} (Mg,Al)_3[(OH)_2|AlSi_3O_{10}] \\ Mg_3(OH)_6 \end{matrix}\right\}$$

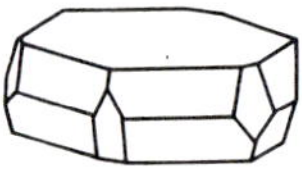

**System** Monoklin
**Aussehen** Blättrige, pseudohexagonale Kristalle; selten in prismatischen, tönnchenförmigen, grünblauen Kristallen mit gelber Tönung, noch seltener weiße Kristalle (Varietät *Leuchtenbergit*). Schuppig, fadenartig: Varietät *Elmint*.
**Eigenschaften** Härte 2, leicht, vollkommen in Blättchen spaltbar; durchscheinend mit Perlmuttglanz. In starker Säure löslich, wobei Kieselsäure ausfällt; beim Erhitzen wird Klinochlor blättrig, schmilzt aber nicht.

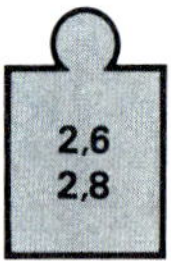


**Entstehung und Vorkommen** Wichtiger Gemengteil in vielen Chlorit- und Talkschiefern, außerdem in einzelnen Blättchen in Rodingitlithoklasen und anderen Metamorphiten.
**Fundorte** Reizvolle, verkrümmte, pseudohexagonale Blättchen gibt es in den Lithoklasen kristallinen Schiefers im Val d'Ala (Turin/Italien). Berühmte Fundorte befinden sich in Österreich (Zillertal), in der UdSSR (Achmatowsk im Ural) und in den USA (Westchester und Unionsville, Pennsylvania). In Italien außerdem in den Westalpen, im Val Malenco (Sondrio), im Pfitschtal (Südtirol) und in Ligurien.

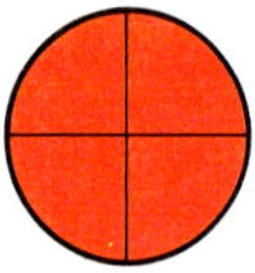

**Verwendung** Das Mineral ist für die Wissenschaft und für Sammler interessant.

Pennin (ca. x 1). Val Malenco, Italien.

Klinochlor (ca. x 1,5). Brewster (N. Y.), USA.

## 245 KAOLINIT Kaolin

VIII – Schichtsilikate (Tonmineralien)
$Al_4[(OH)_8|Si_4O_{10}]$

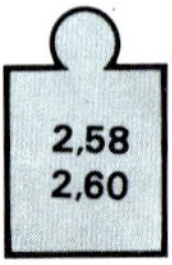


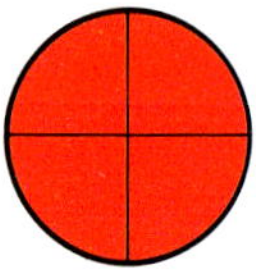

**System** Triklin
**Aussehen** Kleine, blättrige, weiße, pseudohexagonale Kristalle sind sehr selten; meist erdige oder tonige, bröckelige Massen (*Kaolin*), Farbe graugelb bis braun.
**Eigenschaften** Härte 1, sehr leicht, vollkommen spaltbar; Blättchen durchscheinend mit Perlglanz. In konzentrierter, warmer Schwefelsäure löslich; nicht schmelzbar. Bei hohem Wassergehalt wird er plastisch.
**Entstehung und Vorkommen** Kaolinit bildet sich durch z. T. hydrothermale Umwandlung aus Feldspat und anderen aluminiumhaltigen Mineralien. Die größeren Vorkommen bestehen aus tonigen Schichten sedimentären Ursprungs auf dem Festland, die umgelagert worden sind.
**Fundorte** Große Vorkommen in China (Janchu Fa); sie sind schon in der Antike abgebaut worden. Außerdem in der CSSR, Cornwall (Großbritannien), Frankreich (bei Limoges), in der UdSSR (Ural, Ukraine), in Deutschland in Tirschenreuth und Schnaittenbach/Hirschau (Bayern) sowie Aue (Sachsen); in Italien auf Sardinien, in Torniella (Grosseto) Valle Pozzatello (Livorno), Oleggio (Novara) und S. Ulderico dei Tretti (Vicenza) an.
**Verwendung** Wichtig für die Porzellanindustrie, ferner Füllmaterial für Papier und Gummi.

---

## 246 SERPENTIN

VIII – Schichtsilikate (Serpentingruppe)
$Mg_6[(OH)_8|Si_4O_{10}]$

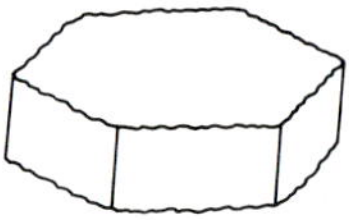

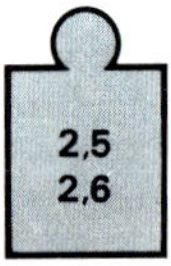


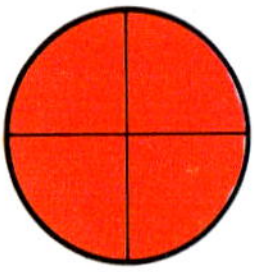

**System** Monoklin und rhombisch.
**Aussehen** Die Mineralien der Serpentingruppe sind oft sehr verschieden; manchmal kann man sie nur schwer voneinander unterscheiden; *Antigorit* ist blättrig, kommt meist in dichten Massen vor, ist zäh, oft schuppig und heller oder dunkler grün; *Ortho-* und *Klinochrysotil* findet man fast immer in faserigen, weißlichgelben und grünen (Asbest) Aggregaten, *Lizardit* dagegen in winzigen Schuppen oder in dichten, weißlichen Massen.
**Eigenschaften** Härte 3–4, leicht, Antigorit ist in spröde Blättchen, Chrysotil in elastische Fasern spaltbar; Lizardit dagegen kaum. Die faserige Varietät ist undurchsichtig. Serpentin ist nur schwer (Antigorit) oder nicht schmelzbar.
**Entstehung und Vorkommen** Bildet sich bei reichlichem Wasserzutritt in metamorpher Umgebung niedrigen Grades aus Magnesiumsilikaten wie z. B. Olivin, Pyroxen und Amphibolen. Er tritt als Gestein (Serpentinit), in Form von Krusten, in Adern und als pseudomorphe Verdrängung auf.
**Fundorte** Serpentin ist sehr häufig. In Deutschland im Fichtelgebirge; in Italien im Val Malenco (Sondrio).
**Verwendung** Im Baugewerbe und als Schotter. Die faserige Varietät Asbest ist wärme- und schalldämmend.

'aolin (ca. x 1). Sachsen.

ller Serpentin (ca. x 1). Val Malenco, Italien.

## 247 GARNIERIT Numeait, Nickelchrysotil

VIII – Schichtsilikate (Serpentingruppe)
$(Ni,Mg)_6[(OH)_8|Si_4O_{10}]$

**System** Monoklin
**Aussehen** Blättrige oder filzige, mikrokristalline grüne, bis glänzend grüne Aggregate; Krusten oder erdige Massen.
**Eigenschaften** Härte 2–4, leicht, spröde; derbe Varietäten zeigen muscheligen Bruch; durchscheinend mit Fettglanz; mikrokristalline Varietäten zeigen eher Wachs- oder Erdglanz; Pulver hellgrün. Garnierit ist in warmer Salzsäure löslich und nicht schmelzbar.

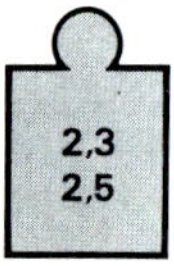


**Entstehung und Vorkommen** Das Mineral entsteht als Umwandlungsprodukt aus ultrafemischem, stark schwefel- und nickelhaltigem Gestein in hydrierender Umgebung (Metamorphose niedrigen und mittleren Grades).
**Fundorte** Bedeutende Mengen gibt es im Serpentin von Neukaledonien, in der UdSSR; geringere Vorkommen in Südafrika, in den USA und im Vogtland (DDR). Ganz selten findet man Garnierit auch in Baldissero (Turin/Italien).
**Verwendung** Garnierit ist ein wichtiges Nickel-Erz.

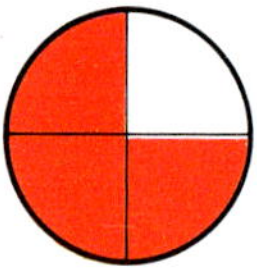

---

## 248 CHRYSOTIL Faserserpentin

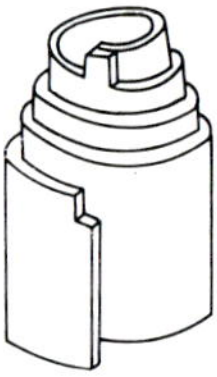

VIII – Schichtsilikate (Serpentingruppe)
$Mg_6[(OH)_8|Si_4O_{10}]$

**System** Monoklin *(Klinochrysotil)* und rhombisch *(Orthochrysotil).*
**Aussehen** Faserige, mikrokristalline, weißgraue, grüne, gelbe oder graue Massen.
**Eigenschaften** Faserige Varietät des Serpentin (Asbest); Härte 3, leicht, nicht spaltbar, Fasern sind leicht zu trennen; sie sind so fest, daß man sie verweben kann; undurchsichtig mit Seidenglanz. Nicht schmelzbar; zersetzt sich in starker Säure unter Absonderung von Kieselsäuregel.

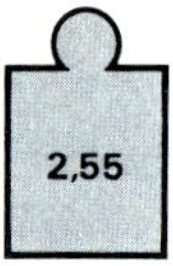


**Entstehung und Vorkommen** Chrysotil entsteht bei Vorhandensein von reichlich Wasser durch Umwandlung aus ultrafemischem Gestein; kommt im Serpentin mit Antigorit und Lizardit vor und in Klüften in parallel oder senkrecht zu den Kluftwänden angeordneten Fasern (lang- oder kurzfaseriger Asbest).
**Fundorte** Große Mengen gibt es in Quebec (Kanada), Vermont, New York und Arizona (USA) und im Ural (UdSSR), ferner in Rhodesien, auf Cypern; in den Alpen (Balangero, Val di Lanzo/Italien und im Fichtelgebirge (Deutschland).
**Verwendung** Zur Herstellung von wärmedämmenden und elektrischen Isolationsmitteln, für feuerfeste Gewebe und im Gemisch mit Zement zur Herstellung von Eternit.

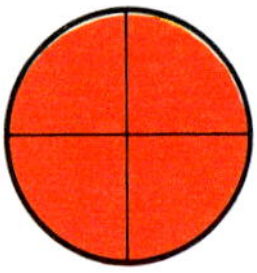

Garnierit (ca. x 1). Neukaledonien.

Chrysotil-Asbest (ca. × 1,5). Asbestos, Kanada.

## 249 CHRYSOKOLL Kieselkupfer, Kieselmalachit

VIII – Schichtsilikate
$Cu_4H_4[(OH)_8|Si_4O_{10}]$

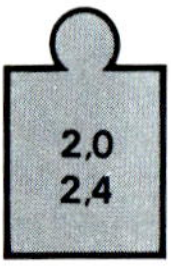


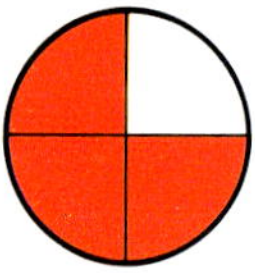

**System** Rhombisch
**Aussehen** Stalaktitische Massen; erdige, mikrokristalline, glänzend grüne oder bläuliche Beläge und Krusten.
**Eigenschaften** Härte 2–4, leicht, durchscheinend mit Glas- bis Fettglanz. Schmilzt beim Erhitzen nicht, wird aber schwarz und färbt die Flamme grün (Kupfer); löst sich in Salzsäure, wobei sich Kieselsäuregel absondert.
**Entstehung und Vorkommen** Chrysokoll bildet sich in der Oxidationszone des Eisernen Huts von Kupfer-Lagerstätten zusammen mit Azurit, Malachit und Kuprit. Es ist ein wichtiges geochemisches Indiz für das Vorhandensein von Kupfer-Lagerstätten.
**Fundorte** Beträchtliche Vorkommen liegen in Chuquicamata (Chile), in den wüstenhaften Bergbaugebieten von Arizona, New Mexico (USA), Marokko und Rhodesien. Chrysokoll wird auch in der UdSSR, in Halbach (Baden), im Harz und in Italien in Predarossa (Val Masino/Sondrio) und in Monzoni (Fassatal/Trient) gefunden.
**Verwendung** Das Mineral wird als Kupfer-Erz von geringerer Bedeutung betrachtet.

---

## 250 SEPIOLITH Meerschaum

VIII – Schichtsilikate
$Mg_4[(OH)_2|Si_6O_{15}] \cdot 2H_2O + 4H_2O$

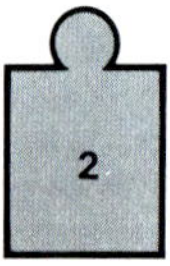


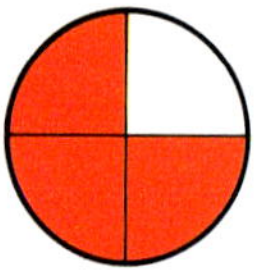

**System** Rhombisch
**Aussehen** Dichte, weiße oder gelbliche, manchmal auch poröse oder erdige Krusten.
**Eigenschaften** Härte $2^1/_2$, leicht und gut mit einer Klinge zu schneiden; die Körnung ist so fein, daß auch winzige Bruchstücke undurchsichtig sind. Wegen seiner porösen Ausbildung schwimmt Sepiolith auf dem Wasser (›Meerschaum‹). Besitzt einen adstringierenden Geschmack und wird in Wasser plastisch. Nicht schmelzbar und in Säure unlöslich.
**Entstehung und Vorkommen** Verwitterungsprodukt aus Magnesit und Serpentin. Daneben kommt es als örtlich entstandenes Mineral in binnenländischen Sedimenten vor.
**Fundorte** Knollige Massen werden in Eskishehir (Türkei) abgebaut. Meerschaum gibt es außerdem in Spanien, Griechenland, CSSR, Marokko und in Utah, Kalifornien, Pennsylvania und New Mexico in den USA.
**Verwendung** Sepiolith wird zur Herstellung von Pfeifenköpfen und Zigarrenspitzen verwendet.

Chrysokoll (ca. x 1). Nevada, USA.

Sepiolith (ca. x 1). Türkei.

## 251 NEPHELIN

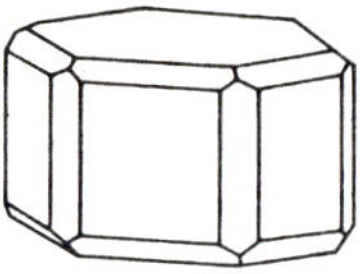

VIII – Gerüstsilikate
$KNa_3[AlSiO_4]_4$

**System** Hexagonal
**Aussehen** Prismatische, hexagonale Kristalle mit Pinakoidenden, weiß oder gelblich, sind selten. Meist körnige, dichte, weiße, gelbe, graue, grüne und rote (Varietät *Eläolith*) Aggregate.
**Eigenschaften** Härte $5^{1}/_{2}$–6, leicht, spröde und nur schwer spaltbar; durchscheinend mit Fettglanz; sehr selten auch durchsichtig mit Glasglanz. In Salzsäure ist Nephelin unter Bildung einer »Wolke« (Name!) von gallertartiger Kieselsäure löslich. Nur schwer zum Schmelzen zu bringen und färbt dabei die Flamme gelb (Natrium).

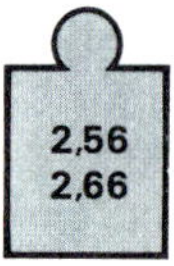


**Entstehung und Vorkommen** In den siliciumuntersättigten Intrusiv- und Effusivgesteinen und deren Pegmatiten; sehr selten in Glimmerschiefern und Gneis.
**Fundorte** Größere Mengen gibt es auf der Halbinsel Kola und im Ural (UdSSR), in Norwegen, in Bancroft (Kanada), Litchfield (Maine/USA) und in Südafrika. Fundorte in Deutschland sind Odenwald, Vogelsberg, Kaiserstuhl und der Laacher See. In Italien kommt Nephelin in den Laven am Vesuv und in den Albaner Bergen vor.

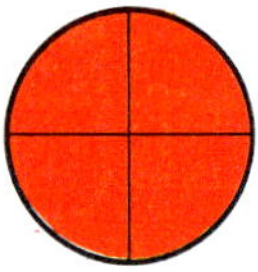

**Verwendung** Nephelin wird in der Glas-, Keramik-, Gummi-, Textil- und Ölindustrie verwendet.

---

## 252 PETALIT Kastor

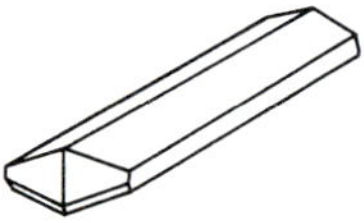

VIII – Gerüstsilikate
$Li[AlSi_4O_{10}]$

**System** Monoklin
**Aussehen** Tafelige oder säulige, farblose oder weiße Kristalle sind selten; meist in spätischen, farblosen, weißen oder grauen Massen.
**Eigenschaften** Härte 6–$6^{1}/_{2}$, leicht, spröde und vollkommen spaltbar; durchsichtig bis durchscheinend mit Glas- bis Perlmuttglanz. Unlöslich; beim langsamen Erhitzen entsteht blaue Phosphoreszenz; Petalit ist schwer zum Schmelzen zu bringen und färbt die Flamme karminrot (Lithium).

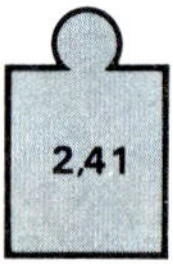


**Entstehung und Vorkommen** In lithiumhaltigen Pegmatiten vergesellschaftet mit Spodumen, Lepidolith und Turmalin.
**Fundorte** Sehr schöne, durchsichtige Aggregate findet man in Varuträsk (Schweden), Bickita (Rhodesien), in Südafrika, Finnland und Australien. Auch in Granitdrusen auf der Insel Elba (Italien) und in verschiedenen Pegmatiten Kaliforniens und Maines (USA) kommt Petalit vor.

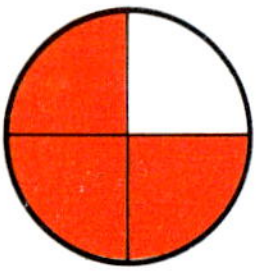

**Verwendung** Das Mineral ist wichtig für die Gewinnung von Lithium.

Nephelin (ca. x 1). Monte Somma (Neapel), Italien.

Petalit (ca. x 1). Varuträsk, Schweden.

# 253 ANALCIM

VIII – Gerüstsilikate (Feldspatgruppe)
$Na[AlSi_2O_6] \cdot H_2O$

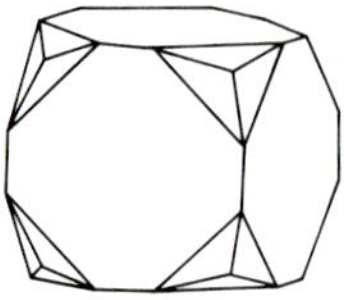

**System** Kubisch
**Aussehen** Ikositetraedrische oder kubische Kristalle, mit abgeknickten Scheiteln; farblos, weiß, rosa oder gelb. Körnige, erdige oder strahlige Aggregate.
**Eigenschaften** Härte $5^1/_2$, leicht, spröde, nicht spaltbar; durchsichtig oder durchscheinend mit Glasglanz. Löst sich in starker Säure leicht; schmilzt zu einem durchsichtigen Glas und färbt die Flamme gelb (Natrium). Bei leichter Erhitzung ladet sich Analcim elektrisch auf.

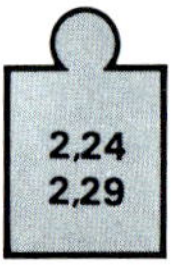


**Entstehung und Vorkommen** Analcim bildet sich in Hohlräumen von Intrusiv- und Effusivgesteinen, sowie in vielen untersättigten Laven als Umwandlungsprodukt des Nephelin, daneben auch in sedimentärem Sandstein.
**Fundorte** Besonders schöne, klare Kristalle gibt es auf den Cyclopeninseln (Sizilien), im Fassatal (Trient), auf der Seiseralm (Südtirol), in Montecchio Maggiore (Vicenza), im Val di Cecina (Pisa) in Italien. Analcim wird auch in Australien, in Golden (Colorado), Bergen Hill und Paterson (New Jersey) und in den Kupfer-Lagerstätten der Kissenlava von Michigan (USA) gefunden. In Deutschland kommt das Mineral im Harz und bei Buingen (Hannover) vor.

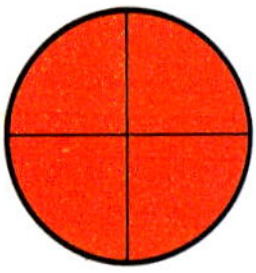

**Verwendung** Interessant für Wissenschaftler und Sammler.

---

# 254 LEUCIT

VIII – Gerüstsilikate (Feldspatgruppe)
$K[AlSi_2O_6]$

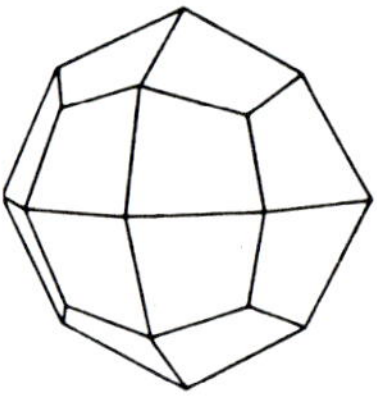

**System** Tetragonal und kubisch
**Aussehen** Ikositetraedrische, bei hoher Temperatur pseudomorphe (>605 °C, $\beta$-Leucit), kubische, weiße Kristalle; tönnchenförmige Körner.
**Eigenschaften** Härte $5^1/_2$–6, leicht, spröde, ohne Spaltbarkeit mit muscheligem Bruch; durchscheinend mit Glasglanz; Pulver weiß. Wird durch Säure zersetzt und ist im Gegensatz zu Analcim nicht schmelzbar.
**Entstehung und Vorkommen** Kommt vor allem in kieselsauren, kaliumreichen Effusivgesteinen (leucithaltiger Basalt, Phonolith usw.) vor, dagegen nie in älteren Laven, Intrusivgesteinen oder Metamorphiten.

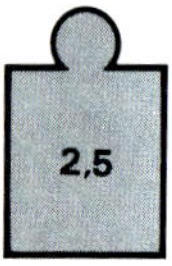


**Fundorte** Sehr hübsche Kristalle (Leucitoeder) stammen aus der Lava der Albaner Berge und vom Vesuv (Italien). Leucit gibt es ferner in den Leucite Hills (Wyoming) und in Montana in den USA, Zaire, Uganda und Australien. Bei uns findet man Leucit in der Eifel, am Kaiserstuhl und im Erzgebirge.

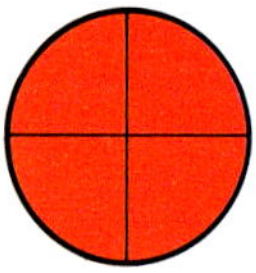

**Verwendung** Aufgrund seines Kaliumgehalts wurde Leucit früher als Dünger verwendet. Heute ist er vor allem für die Wissenschaft und für Sammler interessant.

Analcim (ca. x 1). Seiseralm (Südtirol), Italien.

Leucit (ca. x 1). Ariccia (Rom), Italien.

## 255 SANIDIN

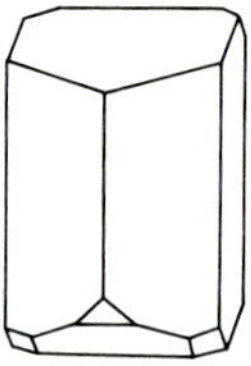

VIII – Gerüstsilikate (Feldspatgruppe)
$K[AlSi_3O_8]$

**System** Monoklin
**Aussehen** Prismatische, tafelige, oft verzwillingte, farblose oder weißliche, seltener graue oder gelbliche Kristalle.
**Eigenschaften** Der chemischen Zusammensetzung entspricht eine Gruppe mit mehreren polymorphen Gliedern, die unter dem Namen Kalifeldspäte zusammengefaßt werden; sie können triklin oder monoklin sein und unterscheiden sich durch ihre verschiedene Struktur, die von der Temperatur und den chemischen Bedingungen ihrer Entstehung und dem Kristallwachstum abhängt. Sanidin ist polymorph bzw. monoklin; Härte 6–6 1/2, leicht und vollkommen in zwei rechtwinklig zueinander stehenden Richtungen spaltbar; durchsichtig bis durchscheinend mit Glasglanz. Nicht schmelzbar und nur in Flußsäure vollkommen löslich.

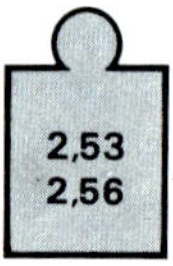


**Entstehung und Vorkommen** Kommt als Gemengteil von Effusivgesteinen (Trachyten, Basalten) vor, tritt aber auch in Tonen auf.

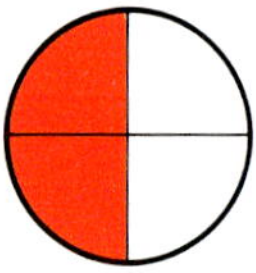

**Fundorte** Klassische Fundorte sind die Insel Pantelleria, Soriano (Viterbo) und Capo d'Enfola (Elba) in Italien. In Deutschland findet man Sanidin am Laacher See (Eifel) und am Drachenfels; ebenso kommt er in der CSSR und im Kaukasus (UdSSR) vor.
**Verwendung** Interessant für Mineralogen und Sammler.

---

## 256 ORTHOKLAS

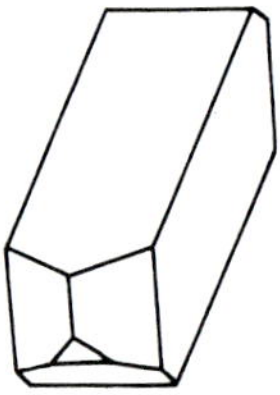

VIII – Gerüstsilikate (Feldspatgruppe)
$K[AlSi_3O_8]$

**System** Monoklin
**Aussehen** Prismatische, säulige oder tafelige Kristalle, häufig mit charakteristischen Zwillingsbildungen in Form von Durchdringungszwillingen (Karlsbader Zwillinge) und Berührungszwillingen (Bavenoer und Manebacher Zwillinge). Körnige, dichte, auch riesige Massen. Meist farblos oder weiß, aber auch gelblich, rosa, blau und grau.
**Eigenschaften** Orthoklas ist ein polymorpher, monokliner Kalifeldspat mit z. T. geordneter Struktur, der bei mittlerer bis hoher Temperatur entstanden ist; Härte 6, leicht, spröde und nach zwei rechtwinklig zueinander stehenden Flächen vollkommen spaltbar (Name!): einmal nach dem Grundpinakoid und außerdem nach dem seitlichen Pinakoid; durchsichtig bis durchscheinend mit Glas- bis Perlmuttglanz; Pulver weiß. Nur in Flußsäure löslich und schwer zum Schmelzen zu bringen; färbt dabei die Flamme violett (Kalium). Wandelt sich durch warme, stark kohlensäurehaltige Wässer leicht in sekundäre Produkte um, so z. B. in Kaolin, Sericit, Zeolith, Epidot und Quarz. Sehr viele Kalifeldspäte enthalten Natrium, entweder in fester Lösung oder noch häufiger in Form von charakteristischen Mischungen, die optisch mit Röntgenstrahlen erkennbar sind (Perthit, makro-, mikro-

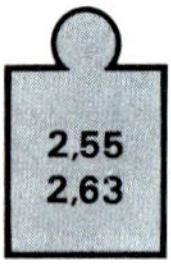


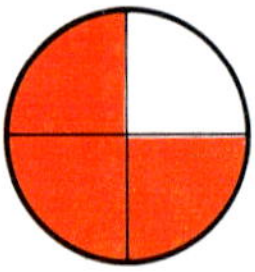

Sanidin (ca. x 1). Elba, Italien.

Orthoklaskristallgruppe (ca. x 1). Baveno (Novara), Italien.

und kryptokristalliner). Seltene Feldspäte sind der monokline *Celsian* $Ba[Al_2Si_2O_8]$ und der kaliumhaltige *Hyalophan* $(K,Ba)(Al,Si)_2Si_2O_8$. Celsian hat ein höheres spezifisches Gewicht und schmilzt nur schwer in der Flamme, wobei sie sich grün färbt (Barium); außerdem ist Celsian in konzentrierter Salzsäure unter Ausscheidung von kolloidaler Kieselsäure löslich; Hyalophan ist monoklin, sein spezifisches Gewicht ändert sich mit der Zusammensetzung.

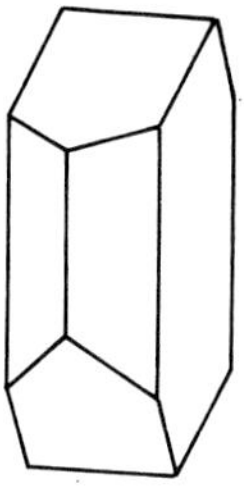

**Entstehung und Vorkommen** Orthoklas ist ein wesentlicher Gemengteil in vielen Intrusivgesteinen, die sich bei mittleren bis hohen Temperaturen gebildet und langsam abgekühlt haben (Granit, Granodiorit, Syenit, Monzonit); außerdem tritt er in manchen kristallinen Schiefern (Gneis, Migmatit) und in sedimentären Lagerstätten (z. B. Sandstein) auf. Celsian findet man vor allem in Kontaktzonen mit hohem Mangangehalt, Hyalophan in Gneis und zwar in metamorphem Dolomit oder in Mangan-Lagerstätten.

**Fundorte** Besonders berühmt ist der klare, gelbe, als Schmuckstein verwendete Orthoklas aus den Pegmatiten Madagaskars; sehr schöne, rosa Kristalle gibt es in den Drusen und Geoden im Granit von Baveno (Novara/Italien); weniger hübsch sind die im Granophyr bei Cuasso al Monte (Varese) und die weißen Kristalle von San Pietro in Campo (Elba) in Italien gefundenen Kristalle. Klassische Zwillingsbildungen kommen aus Karlsbad (CSSR). Rote und gut ausgebildete Kristalle stammen aus Kilkpatrick (Schottland), aus Flims (Graubünden/Schweiz), Marienburg, Striegau (Schlesien) und aus Sibirien (UdSSR). Blaue Kristalle gibt es am Baikalsee (UdSSR), graue in Villadreu (Spanien). Schöne Kristallbildungen findet man auch in den kristallinen Schiefern im Zillertal (Österreich) und im Pfitschtal (Südtirol). Celsian wurde im Binntal (Schweiz), in Schweden, Japan, Südafrika, Australien und in den USA entdeckt. In Italien hat man ihn in Candoglia (Val d'Ossola, Novara) gefunden. Hyalophan kommt manchmal zusammen mit Celsian in Japan, Südafrika, Australien, Kanada, Sibirien (UdSSR) und im metamorphen Dolomit im Binntal (Schweiz) vor.

**Verwendung** Orthoklas ist für die Industrie von großer Bedeutung; die Mischung aus Orthoklas, Kaolin und Quarz schmilzt schon bei einer Temperatur von 1100–1300 °C zu einer weißen, glasigen Masse; diese ist durchscheinend, wenig porös, leicht und porzellanartig (Porzellan-Glasur). Reiner Orthoklas wird zur Herstellung von speziellen Porzellanarten (Isolatoren, die eine sehr hohe Spannung aushalten, Emaille und Materialien für Dentallaboratorien) und Opalglas gebraucht. Gelbe, durchsichtige, schöngefärbte Varietäten werden als wertvolle Schmucksteine betrachtet, und erhalten einen Cabochonschliff.

Orthoklas (ca. x 1). Baveno (Novara), Italien.

Orthoklaszwillinge (ca. x 1). Spanien.

Orthoklas (ca. x 1). Elba, Italien.

## 257 MIKROKLIN

VIII – Gerüstsilikate (Feldspatgruppe)
$K[AlSi_3O_8]$

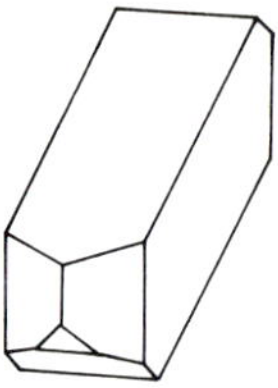

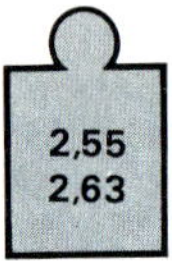


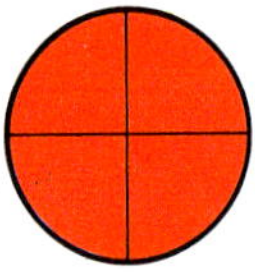

**System** Triklin
**Aussehen** Prismatische, häufig nach dem Karlsbader Gesetz verzwillingte Kristalle; Manebacher oder Bavenoer Zwillinge sind seltener; auch eine doppelte, polysynthetische Zwillingsform ist häufig. Die Färbung ist weiß, rot, gelblich oder grünblau (Varietät *Amazonit*). Dichte Aggregate.
**Eigenschaften** Mikroklin ist ein polymorpher Kalifeldspat; Härte 6–6 1/2, leicht und gut spaltbar; durchscheinend oder durchsichtig mit Glasglanz; Pulver weiß. Schwer schmelzbar und nur in Flußsäure löslich.
**Entstehung und Vorkommen** Bildet sich in Granitpegmatiten und Metamorphen Gesteinen (Gneis) bei mittleren bis niedrigen Temperaturen. Mikroklin ist oft sehr eng mit Quarz *(Schriftgranit)* und Albit *(Perthit)* vergesellschaftet.
**Fundorte** Schöne Kristalle gibt es im Granit von Cala Francese (Insel Maddalena/Italien); in den USA und in der UdSSR (Ural). Amazonit kommt am Pikes Peak (Colorado) und Amelia (Virginia) in den USA, in Brasilien und Kanada vor. In Deutschland gibt es Mikroklin in Hagendorf und Bodenmais (Bayer. Wald) und in Epprechtstein (Fichtelgebirge).
**Verwendung** Mikroklin ist für Petrographen interessant; schön grünblauer Amazonit wird mit Cabochonschliff versehen oder zu Kugelketten verarbeitet.

---

## 258 ADULAR

VIII – Gerüstsilikate (Feldspatgruppe)
$K[AlSi_3O_8]$

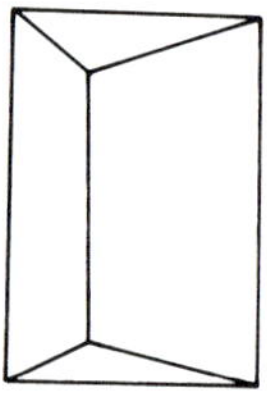

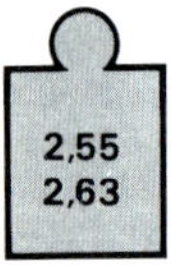


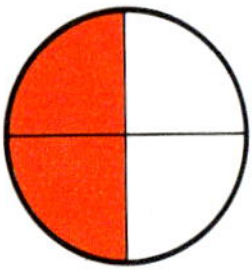

**System** Monoklin
**Aussehen** Prismatische, pseudorhombische, farblose oder weißliche, meist gestreifte Kristalle mit vielen Einschlüssen und grünem Chloritbelag.
**Eigenschaften** Adular ist ein polymorpher Kalifeldspat, der sich bei niederer Temperatur gebildet und schnell kristallisiert hat. Härte 6, leicht und in zwei Richtungen, die einen rechten Winkel bilden, spaltbar; durchsichtig oder durchscheinend mit Glasglanz; Pulver weiß. Unschmelzbar und nur in Flußsäure löslich. Die »adularisierende« Varietät wird *Mondstein* genannt; sein weißbläulicher Schimmer kommt von Albit-Beimengungen.
**Entstehung und Vorkommen** Adular bildet sich diagenetisch auf hydrothermalen Gängen und in Lithoklasen.
**Fundorte** In den Alpen, wie z. B. am M. Fibia (Tessin), im Maderanertal (Uri) und am Lukmanier (Graubünden), in Guttannen (Bern) in der Schweiz, in Österreich im Zillertal, in Italien im Pfitschtal (Südtirol) und auf Elba. Der schönste Mondstein kommt aus Sri Lanka und Birma.
**Verwendung** Neben seiner Bedeutung für Wissenschaftler und Sammler wird Mondstein mit Cabochonschliff in der Schmuckindustrie geschätzt.

ikroklin (ca. x 1). Pikes Peak (Colorado), USA.

ular mit Chlorit (ca. x 1). St. Gotthard, Schweiz.

# 259 PERTHIT

VIII – Gerüstsilikate (Feldspatgruppe)
$K[AlSi_3O_8] + Na[AlSi_3O_8]$

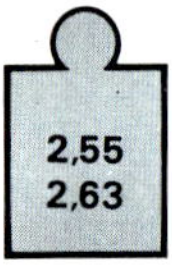


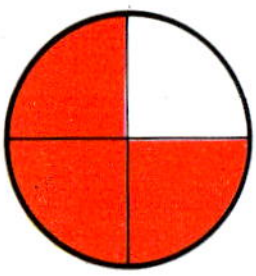

**System** Triklin
**Aussehen** Perthit ist ein Entmischungsprodukt des Feld spats, bei dem Albit (oder Oligoklas) in mehr oder wenige regelmäßig angeordneten Äderchen in dem Wirtsmineral Mi kroklin oder in selteneren Fällen Orthoklas liegen. *Antiper thit* und *Mesoperthit* sind Varietäten – je nach Kalium- bzw Natriumgehalt. Die äußere Form des Perthit entspricht de Form des Wirtsminerals Feldspat. Dieser kann rosarot ode blaugrün (perthitischer Amazonit) sein und zeigt auf de Oberfläche deutlich weiße Albitstriche. Allerdings sind Per thite meistens nur unter dem Mikroskop zu erkennen *(Mikro perthit)* oder können nur durch Röntgenstrahlen sichtbar ge macht werden *(Kryptoperthit)*.
**Eigenschaften** Sie gleichen weitgehend den Eigenschaf ten des Orthoklas, allerdings ist Perthit durch die Abstände die zwischen den einzelnen Lamellen liegen, spröde. Die an deren Arten nehmen eine Mittelstellung ein; ihre Eigenschaf ten hängen von ihrer jeweiligen Zusammensetzung ab.
**Entstehung und Vorkommen** Perthit ist häufig in Pegmat ten, Syeniten, Graniten, Porphyren und sauren, Metamor phen Gesteinen. Perthite bilden sich gewöhnlich durch Ent mischung bei sinkenden Temperaturen, wobei sich die Kom ponenten Albit und Mikroklin oder Orthoklas aus dem ur sprünglich einheitlichen Mineral bilden. Die Mischbarke zwischen dem Kalium- und dem Natriumfeldspat ist bei ho hen Schmelztemperaturen sehr groß, wird mit sinkende Temperatur langsam geringer und hört bei Raumtemperatu auf. Manchmal können Perthite auch durch hydrothermal Verdrängung von Kalifeldspat auf den Kristallfläche (Spaltflächen, winzige Klüfte etc.) entstehen.
**Fundorte** Perthit mit weißem Albit auf gelbem oder ros Untergrund stammt aus Kanada und Norwegen. Die grün Varietät findet man vor allem in Pikes Peak (Colorado) un Amelia (Virginia) in den USA, außerdem in Brasilien, Mada gaskar und Karelien (UdSSR).
**Verwendung** Das Mineral ist besonders für Petrographe und Sammler interessant. Perthit wird auch als Schmuck stein verwendet.

'erthitischer Orthoklas (ca. x 1). Ontario, Kanada.

ɜrthitischer Amazonit (ca. x 1). Karelien, UdSSR.

# 260 ALBIT Natronfeldspat

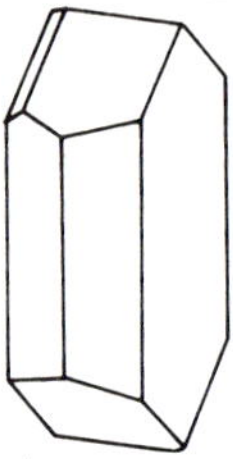

VIII – Gerüstsilikate (Feldspatgruppe)
$Na[AlSi_3O_8]$

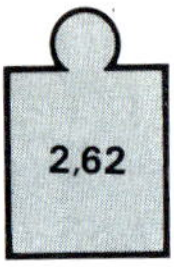


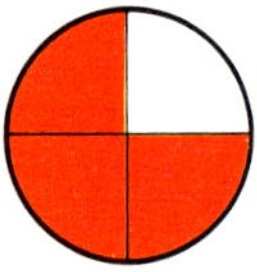

**System** Triklin
**Aussehen** Pseudoprismatische Kristalle mit polysynthetischen Zwillingsbildungen häufig; erkennbar an der feinen Streifung. *Cleavelandit* ist die vielblättrige, *Periklin* die prismatische längliche Varietät mit meist polysynthetischen Zwillingen. Weiß oder farblos.
**Eigenschaften** Endglied der isomorphen Serie der Plagioklase, die feste Lösungen mit unterschiedlicher Zusammensetzung von Albit (natriumhaltig) bis Anortit (calciumhaltig), darstellen, zu der auch die mittleren Glieder *Oligoklas, Andesin, Labradorit* und *Bytownit* gehören. Albit besitzt die Härte 6–6 1/2, ist leicht und nach dem Basispinakoid vollkommen spaltbar; längs des seitlichen Pinakoids ist die Spaltbarkeit erheblich schlechter; durchsichtig oder durchscheinend mit Glasglanz; Pulver weiß. In Säure unlöslich. Ist relativ schwer zum Schmelzen zu bringen und färbt dabei die Flamme gelb (Natrium).
**Entstehung und Vorkommen** Albit ist Hauptbestandteil vieler saurer, plutonischer Eruptivgesteine (Granit, Syenit, Pegmatit), in denen er sich bei niederen Temperaturen bildet und deutliche Struktur zeigt; außerdem tritt er in vielen sauren oder untersättigten Ergußgesteinen auf (Rhyolith, Trachyt, Pantellerit), in denen er bei hohen Temperaturen entsteht und ungeordnete Struktur besitzt. Albit kommt in Gängen, Glimmerschiefern, Gneis und in Adern vor, die sie durchqueren; ebenso in vielen alpinen Lithoklasen. Albit entsteht aus Plagioklasen mit hohem Calciumgehalt (basisch) durch das Phänomen der Albitisierung, wobei sich Plagioklas in sekundären Albit und Calcit spaltet.
**Fundorte** Kleine Kristalle, jedoch mit außergewöhnlich reiner Zusammensetzung gibt es in den grünen Glaukophanschiefern in Kalifornien (Cazadero/USA) und in den Westalpen (Val Soana, Piemont in Italien). Große Cleavelanditkristalle findet man in Amelia (Virginia/USA) und in pegmatitischen Gängen am Rio Grande do Sul (Brasilien). Schön ausgebildete Perikline hat man vor allem in alpinen Lithoklasen in Graubünden (Schweiz) und in Tirol (Österreich) gefunden. Fundorte in Italien sind Baveno (Novara), wo es schöne Kristalle im Granit in Drusen gibt, Elba und die kristallinen Schiefer in den Apuanischen Alpen (Massa Carrara).
**Verwendung** Das Mineral wird in erster Linie in der Industrie gebraucht (Keramik und feuerfeste Materialien).

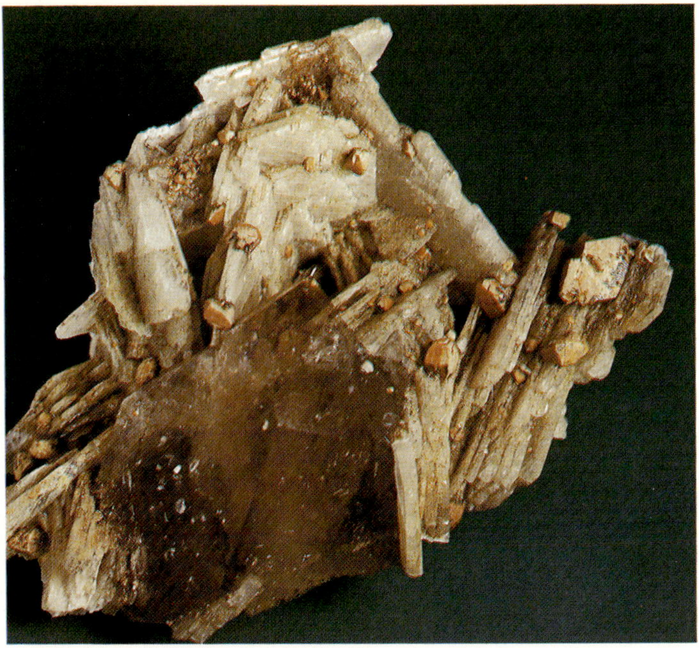
Cleavelandit (ca. x 1). Rio Grande do Sul, Brasilien.

Periklin (ca. x 1). St. Gotthard, Schweiz.

# 261 OLIGOKLAS, LABRADORIT, ANORTHIT

VIII – Gerüstsilikate (Feldspatgruppe)
$(Na,Ca)[Al(Al,Si)_2SiO_8]$

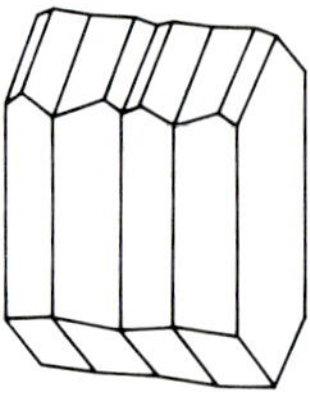

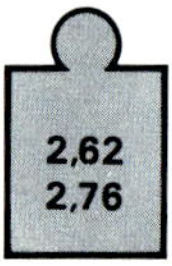


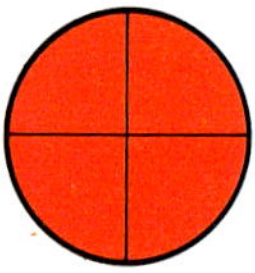

**System** Triklin
**Aussehen** Pseudoprismatische, tafelige Kristalle mit nur wenig Flächen; Zwillingsbildungen nach verschiedenen Gesetzen sind häufig. Kommt oft auch in großen Massen vor, die parallele Struktur aufweisen oder sich überkreuzen. Dies ist auf verschieden orientierte Kristalle zurückzuführen. Polysynthetische Zwillinge sind häufig. Farblos, weiß, gelblich, grünlich und zuweilen auch rosa oder rot. Labradorit ist manchmal stark schillernd. Einzelne Varietäten zeigen ein schillerndes Farbenspiel *(Sonnenstein, Peristerit)*, das oft auf feine, ausgerichtete Einschlüsse zurückzuführen ist.
**Eigenschaften** Die oben genannten Mineralien sind Glieder der isomorphen Reihe der Plagioklase. Daher ändern sich auch die Eigenschaften mit der Zunahme des Calciumgehalts. Dies trifft vor allem auf die Dichte zu, obwohl die Mineralien immer leicht sind; die Spaltbarkeit ist parallel zum Basispinakoid vollkommen, die seitliche schlechter; calciumreiche Glieder sind schwerer zum Schmelzen zu bringen. Während Albit von Salzsäure gar nicht angegriffen wird, zersetzt sich Anorthit unter Abscheidung von Kieselsäure.
**Entstehung und Vorkommen** Bildet sich in plutonischem und vulkanischem Eruptivgestein. Die Zusammensetzung des Plagioklas ist um so kalkreicher, je femischer das Gestein ist, in dem er enthalten ist. Dasselbe gilt für metamorphe Gesteine. Anorthit dagegen kommt nur in kontaktmetamorphen Kalken vor.
**Fundorte** Labradorit findet man in Eruptivgesteinen (Anorthosit) und metamorphen Gesteinen in Norwegen, Labrador (Kanada) und in der UdSSR; Anorthit ist äußerst selten. Er kommt in metamorphem Gestein in den Alpen (Val Schiesone, Sondrio/Italien), im Basalt auf Hokkaido (Japan), in vulkanischen Auswürflingen am Vesuv, in Kontaktgestein in Monzoni (Fassatal/Trient) und auf der Cyclopeninsel (Catania) in Italien vor. Plagioklase, besonders die natriumhaltigen Glieder, sind wichtige gesteinsbildende Mineralien und weit verbreitet. Sonnenstein findet man in verschiedenen Pegmatiten in Norwegen, Kanada und in der UdSSR.
**Verwendung** Plagioklase sind für Petrographen und Sammler interessant; sie werden außerdem in der Keramik- und Emailleindustrie gebraucht. Außerdem verwendet man sie in der Herstellung feuerfester Steine. Labradorit wird – ebenso wie Sonnenstein – auch geschliffen und in Halsketten und kunstgewerblichen Gegenständen verwendet.

Oligoklas (ca. x 1,5). Maine, USA.

Anorthit (ca. x 1). Japan. ▷

Schillernder Labradorit (ca. x 1).
Ukraine, UdSSR.

# 262 DANBURIT

VIII – Gerüstsilikate
$Ca[B_2Si_2O_8]$

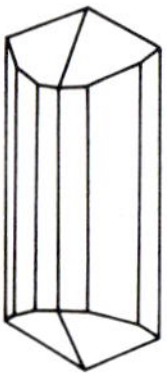

**System** Rhombisch
**Aussehen** Klare, prismatische Kristalle mit flächenreichen Enden, die gelegentlich aber auch keilförmig sein können; selten mit hellgelber Färbung.
**Eigenschaften** Härte 7–7½, schwer und unvollkommen spaltbar; durchsichtig mit Glasglanz. Schmilzt relativ rasch und färbt dabei die Flamme grün (Bor); es entsteht ein farbloses Glas. In Säure unlöslich.
**Enstehung und Vorkommen** Danburit tritt in alpinen Klüften auf, wo er vor allem Überzüge auf Albit bildet. Er kommt auch in den Krusten von Salzdomen vor.
**Fundorte** Kleine, aber klare und flächenreiche Kristalle gibt es im Medeltal (Graubünden/Schweiz). Größer, aber bei weitem nicht so schön, sind die Kristalle aus Mexiko (San Luis de Potosí), der UdSSR, Japan (Obira), Madagaskar (Maharita) und von Danbury (Connecticut/USA). Ganz selten hat man Danburit auch in Italien in S. Barthélemy (Aostatal) und in den Ciminibergen (Viterbo) gefunden.
**Verwendung** Danburit ist nur für Mineralogen und Sammler von Interesse.

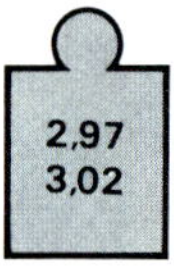


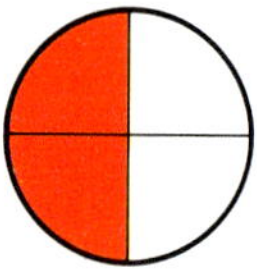

# 263 CANCRINIT

VIII – Gerüstsilikate
$Na_6Ca_2[(CO_3)_2|AlSiO_4)_6]$

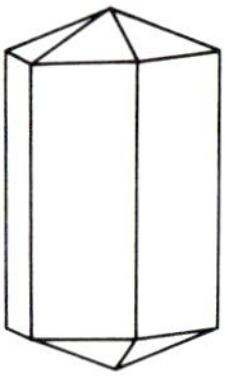

**System** Hexagonal
**Aussehen** Kurze, prismatische Kristalle sind äußerst selten; meist in blättrigen oder körnigen, verstreuten, farblosen, gelben, weißen, rosaroten und violetten Massen.
**Eigenschaften** Härte 5–6, leicht, spröde und vollkommen spaltbar; durchsichtig bis durchscheinend mit Glas- bis Perlmuttglanz oder Fettglanz auf den Spaltflächen; Pulver weiß. In konzentrierter Salzsäure unter Aufbrausen und Bildung von Kieselgallert löslich. Beim Erhitzen verliert es die Farbe und schmilzt rasch zu einem weißen, blasenreichen Glas.
**Entstehung und Vorkommen** Cancrinit bildet sich in plutonischen, kieselsauren Gesteinen; häufiger noch entsteht er metasomatisch, wobei Nephelin verdrängt wird.
**Fundorte** Zusammen mit blauem Sodalith tritt Cancrinit in Bancroft (Ontario/Kanada) in nephelin-syenitischen Gneisen auf, die in siliciumarmer Umgebung durch Metasomatose entstanden sind. Man findet das Mineral außerdem in den Nephelin-Syenitpegmatiten in Litchfield (Maine/USA), auf der Halbinsel Kola und in den Ilmenbergen (UdSSR), sowie in Grönland. In Deutschland kommt er am Laacher See vor.
**Verwendung** Das Mineral ist für Wissenschaftler und Sammler interessant.

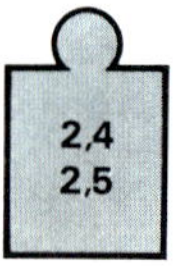


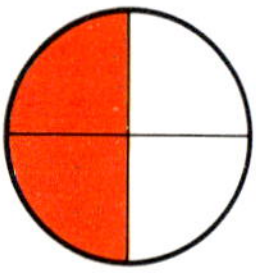

Danburit (ca. x 1,5). UdSSR.

Cancrinit mit Sodalith (ca. x 1). Bancroft, Kanada.

## 264 SODALITH

VIII – Gerüstsilikate
$Na_8[Cl_2|(AlSiO_4)_6]$

**System** Kubisch
**Aussehen** Rhombododekaedrische Kristalle sind sehr selten; meist dichte, intensiv blaue, weiße, graue und grünlich getönte Massen.
**Eigenschaften** Härte 5½–6, leicht, spröde und schwe spaltbar; durchscheinend mit Glasglanz. In Salz- und Salpetersäure unter Ausfällung von Kieselsäuregel löslich Schmilzt rasch zu einem farblosen Glas, wobei es die Flamme gelb (Natrium) färbt.

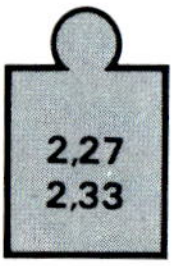


**Entstehung und Vorkommen** Bildet sich in siliciumuntersättigtem Gestein (Nephelin-Syenite und Phonolithe) zusammen mit Leucit, Nephelin und Cancrinit; kommt auch in kalkreichem Gestein vor, dem Silikat entzogen und das eine Metasomatose unterworfen war.
**Fundorte** Schön gefärbte Aggregate gibt es in Bancroft (Kanada), in Litchfield (Maine), in Magnet Cove (Arkansas) in den USA, in kleineren Mengen in Brasilien und in der UdSSR. Sodalith kommt in Deutschland am Laacher See, in Italien in den Auswürflingen am Vesuv, auf den Phlegräischen Feldern und in den Ciminibergen (Viterbo) vor.

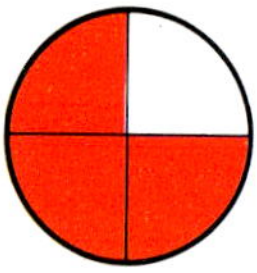

**Verwendung** Wird in der Schmuckindustrie für Halsketten verwendet; außerdem stellt man aus Sodalith glänzende Platten und andere Ziergegenstände her.

## 265 HAUYN

VIII – Gerüstsilikate
$(Na,Ca)_{8-4}[(SO_4)_{2-1}|(AlSiO_4)_6]$

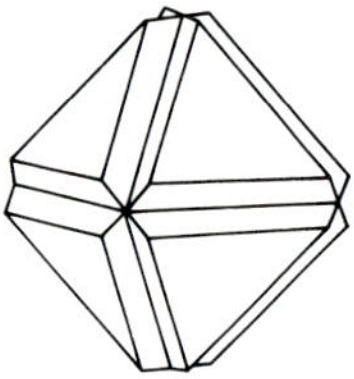

**System** Kubisch
**Aussehen** Oktaedrische oder rhombododekaedrische Kristalle sind selten; meist gerundete, blaue, weiße und gelegentlich grüne Körner.
**Eigenschaften** Härte 5–6, leicht, vollkommen spaltbar durchsichtig oder durchscheinend mit Glas- oder Fettglanz auf den Spaltflächen. Schmilzt rasch zu einem blaugrünen Glas; zersetzt sich leicht in Säure, wobei gallertartige Kieselsäure ausfällt.

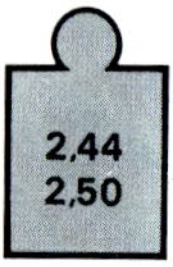


**Entstehung und Vorkommen** Bildet sich in Effusivgestein und untersättigten Laven (Nephelin-Syenite, Phonolithe) Hauyn ist das Hauptgemengteil von Hauynophyr.
**Fundorte** In den Auswürflingen der Vulkane Latiums und zusammen mit Leucit und Melilith im Peperino (Tuff) der Albaner Berge oder im Hauynophyr am Monte Vulture (Basilicata) in Italien. In Deutschland findet man das Mineral am Laacher See und bei Niedermendig (Eifel). Hauyn gibt es auch in Laven in Marokko und in Andesiten in Frankreich.

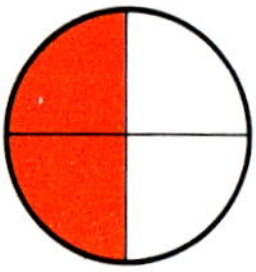

**Verwendung** Das Mineral ist nur für die Wissenschaft und für Sammler interessant.

'olierter Sodalith (ca. x 1,5). Brasilien.

lauyn (ca. x 1,5). Latium, Italien.

## 266 LAPISLAZULI Lasurit, Lasurstein

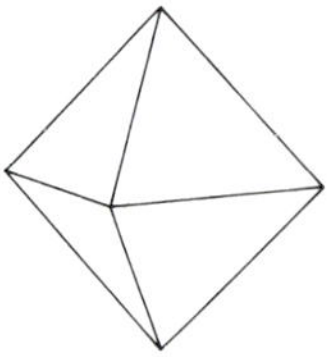

VIII – Gerüstsilikate
$(Na,Ca)_8[(SO_4,S,Cl)_2|(AlSiO_4)_6]$

**System** Kubisch
**Aussehen** Oktaedrische, dunkelblaue Kristalle mit violetter Tönung sind sehr selten; meist dichte, dunkelblaue Massen, z. T. mit grünlichem Schimmer, weiß durch Calcit oder gelb durch Pyrit gesprenkelt.
**Eigenschaften** Härte 5–5 1/2, leicht, spröde, unvollkommen spaltbar, mit muscheligem Bruch; undurchsichtig und mit Glasglanz, auch derb und ohne Glanz; Pulver hellblau. Wird von Salzsäure unter Schwefelwasserstoffbildung zersetzt; schmilzt zu weißlichem Glas.

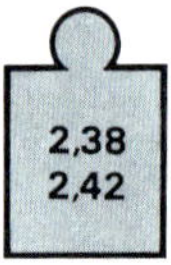


**Entstehung und Vorkommen** In kontaktmetamorphen Kalken zusammen mit Calcit und Pyrit, außerdem in Granulit.
**Fundorte** Sehr wichtig sind die Lagerstätte von Sar-e-Sang im Kokschatal (Badakshan/Afghanistan), die schon vor 6000 Jahren Lapislazuli lieferte, daneben die kleineren Vorkommen am Vesuv und in den Albaner Bergen (Italien), in Chile (Ovalle), in Birma (Mogok), in Sibirien (UdSSR), in Angola, in Labrador (Kanada), in Pakistan und in den USA (Kalifornien und Colorado).

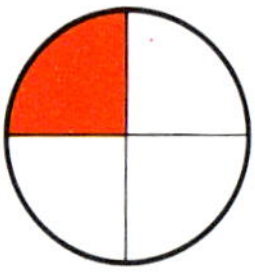

**Verwendung** Lapislazuli ist ein wertvoller Schmuckstein. Früher verwendete man ihn in großen Platten auch als Zierstein, besonders in Rußland. Ferner wurde er zu blauer Farbe verarbeitet.

---

## 267 SKAPOLITH

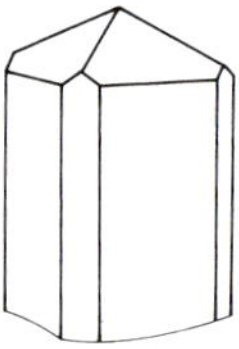

VIII – Gerüstsilikate
$\left\{ \begin{array}{l} Na_8[(Cl_2,SO_4,CO_3)|(AlSi_3O_8)6] \\ Ca_8[(Cl_2,SO_4,Co_3)_{2(?)}|(Al_2Si_2O_8)_6] \end{array} \right\}$

**System** Tetragonal
**Aussehen** Prismatische, waagrecht gestreifte Kristalle; kleinkörnige oder faserige, weißliche, auch blaue oder rosarote Aggregate.
**Eigenschaften** Unterschiedlich, da isomorphe Reihe, deren reine Endglieder *Marialith* und *Mejonit* sind, während *Dipyr* und *Mizzonit* die Mittelglieder darstellen. Härte 5–6 leicht; Skapolith ist schlecht spaltbar; durchscheinend bis durchsichtig mit Glasglanz; zeigt im ultravioletten Licht häufig orangegelbe Lumineszenz. Schmilzt leicht und löst sich in Salzsäure unter Ausscheidung von Kieselgallert.

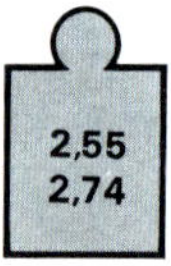


**Entstehung und Vorkommen** In kristallinen, schiefrigen Gesteinen wie Glimmerschiefer, Gneis und Amphibolit, in metamorphen Kalken, in Pegmatiten und Granuliten.
**Fundorte** 50 cm lange Kristalle in Rossie und Pierrepoint (New York/USA); schöne Kristalle in Renfrew (Ontario), in Grenville (Quebec/Kanada), am Lago Tremorgio (Schweiz); durchsichtige, gelbe Kristalle in Pegmatiten von Minas Gerais (Brasilien) und Madagaskar, in Italien im Val Malenco, am Monte Somma (Vesuv), Pianura (Neapel), Elba.

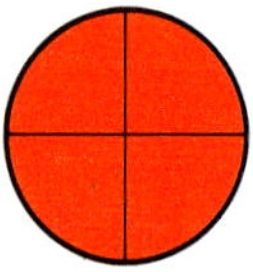

**Verwendung** Für Mineralogen und Sammler von Interesse.

.azurit (ca. x 1). Afghanistan.

›kapolith (ca. x 1,5). Monte Somma (Neapel), Italien.

# 268 NATROLITH

VIII – Gerüstsilikate (Zeolithgruppe)
$Na_2[Al_2Si_3O_{10}] \cdot 2H_2O$

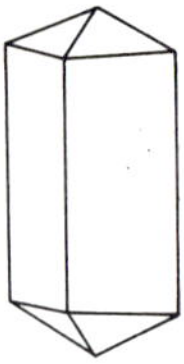

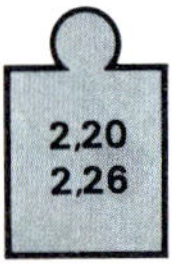


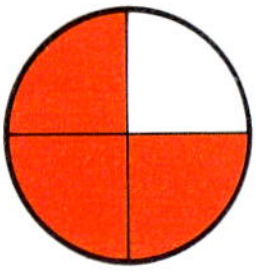

**System** Rhombisch
**Aussehen** Feine, prismatische, gestreifte, manchmal auch blättrige Kristalle; gewöhnlich in kugeligen Aggregaten mit faserig-strahligen, seltener dichten, verfilzten, farblosen, weißen, rosaroten oder gelblichen Nadeln.
**Eigenschaften** Härte 5, leicht, vollkommen spaltbar; durchsichtig mit Glas- bis Perlmuttglanz; faserige Varietäten haben Seidenglanz; Pulver weiß. Natrolith ist in starker Säure unter Absonderung von gallertartiger Kieselsäure löslich; schmilzt rasch zu einem durchsichtigen Glas und färbt dabei die Flamme gelb (Natrium). Bei etwa 300°C verliert das Mineral Wasser, nimmt jedoch wieder Feuchtigkeit aus der Atmosphäre auf. Zeigt manchmal in ultraviolettem Licht eine orange Lumineszenz. Natrolith ist ein faseriger Vertreter der Zeolithgruppe. Ähnlichkeit mit ihm zeigen *Mesolith* und *Gonnardit*, die ihrer Zusammensetzung nach zwischen Natrolith und Skolezit stehen. Ihre sehr feinen Nädelchen sind oft in strahligen Aggregaten angeordnet; sie zeigen Seidenglanz oder in weißen Massen Porzellanglanz.
**Entstehung und Vorkommen** Das Mineral kommt in Hohlräumen von Basalt und Lava zusammen mit Calcit und Zeolith vor; tritt auch als Umwandlungsprodukt von Plagioklas in Aplit und Syenit, von Nephelin und Sodalith in Nephelin-Syeniten und Phonolithen auf. Im Serpentin findet man Natrolith zusammen mit Asbest auf hydrothermalen Gängen.
**Fundorte** Riesige, 1 m × 15 cm große Kristalle stammen aus Asbestos (Kanada); sehr schön sind auch jene aus Neuschottland und Britisch Kolumbien (Kanada), New Jersey und Kalifornien (USA), vom Rio Grande do Sul (Brasilien) aus Nordirland, Grönland, vom Puy-de-Dôme (Frankreich) von Aussig (CSSR) und aus Indien. In Italien hat man Natrolith im Basalt bei Montecchio Maggiore, Solcedo und Altavilla (Vicenza), strahlige, rosarote Aggregate im Fassatal und schließlich in Fino (Trient) gefunden. Mesolith kommt in den Basalthohlräumen auf den Faröerinseln (Dänemark), auf Antrim und Skye (Schottland), in Irland, Indien und in den USA vor. Gonnardit wurde am Puy-de-Dôme (Frankreich), bei Aci Trezza und Aci Castello (Catania/Italien), am Capo Bove (Rom/Italien), in der Steiermark und in den USA gefunden. Schöne Mineralstufen findet man im Phonolith vom Hohentwiel; ein weiterer Fundort in Deutschland ist Alpstein bei Sontra (Hessen).
**Verwendung** Das Mineral wird von Wissenschaftlern und Sammlern geschätzt.

Natrolith in Basalt (ca. x 1). Gambellara (Vicenza), Italien.

atrolith (ca. x 1,5). Indien.

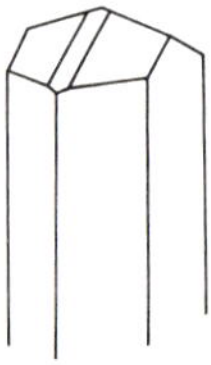

## 269 SKOLEZIT

VIII – Gerüstsilikate (Zeolithgruppe)
$Ca[Al_2Si_3O_{10}] \cdot 3H_2O$

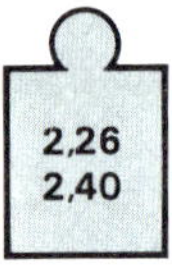


**System** Monoklin
**Aussehen** Feine, prismatische, gestreifte, farblose oder weiße Kristalle, die häufig in faserig-strahligen Aggregaten angeordnet sind.
**Eigenschaften** Härte 5–5 1/2, leicht, spröde und vollkommen spaltbar; durchsichtig mit Glas- bis Seidenglanz. Beim Erhitzen kräuselt sich Skolezit, nimmt eine gewundene Form an und schmilzt schließlich zu einem blasigen Glas; ist in Salzsäure unter Absonderung von gallertartiger Kieselsäure löslich.
**Entstehung und Vorkommen** Das Mineral kommt in Hohlräumen in Laven, besonders in Basalt vor. Es tritt auch in Klüften in Schiefer und kontaktmetamorphem Kalk auf.
**Fundorte** Schöne Kristalle findet man in den Basalten in Island, auf den Faröern, in Nordschottland, in Eritrea, in Colorado (Table Mountain/USA), in Indien (Poona) und Rio Grande do Sul (Brasilien). Fundorte in Italien sind die vulkanischen Blöcke am Vesuv, der Basalt im Fassatal (Trient) und verschiedene metamorphe Gesteine in den Alpen.
**Verwendung** Das Mineral ist für Wissenschaftler und Sammler von Interesse.

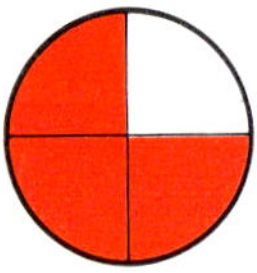

---

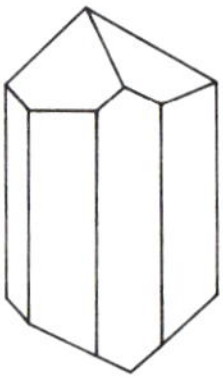

## 270 LAUMONTIT

VIII – Gerüstsilikate (Zeolithgruppe)
$Ca[AlSi_2O_6]_2 \cdot 4H_2O$

**System** Monoklin
**Aussehen** Prismatische, längliche, waagrecht gestreifte, weiße, zart gelb oder rosa gefärbte Kristalle; säulenartige, faserige, strahlige Aggregate.
**Eigenschaften** Härte 3–3 1/2, leicht, spröde und vollkommen spaltbar; durchsichtig mit Glas- bis Perlmuttglanz. Wird an trockener Luft und im Licht undurchsichtig und pulvrig. Daher Aufbewahrung in Wasser. Schmilzt rasch; in Salzsäure unter Absonderung von Kieselgallert löslich.

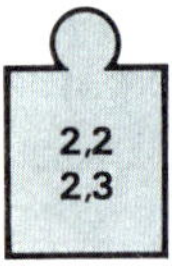


**Entstehung und Vorkommen** In Adern und Hohlräumen von Effusivgesteinen, ferner in sedimentären und metamorphen Ablagerungen und Erzgängen.
**Fundorte** 30 cm lange, außergewöhnlich große Kristalle hat man in Bishop (Kalifornien/USA) gefunden. Sehr schön sind die Kristallbildungen aus den östlichen Pyrenäen, Neuseeland, aus den Ardennen (Frankreich) und Nordnorwegen, New Jersey (USA) und die Kristalle, die in den Alpen im Gnei vorkommen (Kanton Tessin/Schweiz). Laumontit findet man in Deutschland im Melaphyrmandelstein von Idar-Oberstein. Fundorte in Italien sind Baveno (Novara), Montecatini im Val di Cecina (Pisa) und Beura (Val d'Ossola).

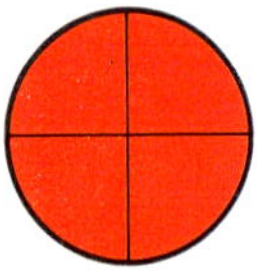

**Verwendung** Für Mineralogen und Sammler interessant.

Skolezit (ca. x 1,5). Island.

Weißer Laumontit mit Chabasit (ca. x 1). New Jersey, USA.

## 271 Heulandit

VII – Gerüstsilikate (Zeolithgruppe)
$Ca[Al_2Si_7O_{18}] \cdot 6H_2O$

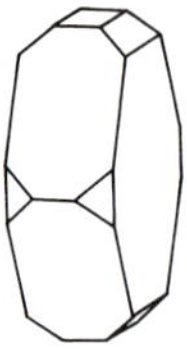

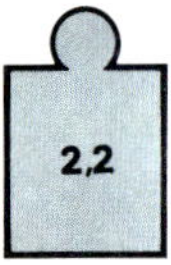


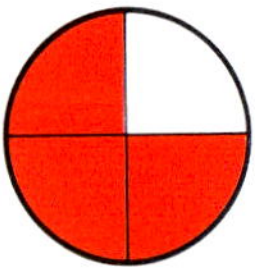

**System** Monoklin
**Aussehen** Tafelige, oft in parallelen Gruppen angeordnete, farblose, gelbe, grüne oder orangerote Kristalle.
**Eigenschaften** Härte 3$^1/_2$–4, leicht, spröde, vollkommen spaltbar; durchsichtig bezw. durchscheinend mit Glas- oder Perlmuttglanz; Pulver weiß. Unter Bildung von Kieselsäuregel leicht in Salzsäure löslich; schmilzt rasch und bläht sich dabei auf.
**Entstehung und Vorkommen** Bildet sich in Hohlräumen von Laven, vor allem aber in Basalt zusammen mit anderen Zeolithen und Calcit; kommt auch in Schiefer- und Gneisgängen sowie verstreut in Sedimentgesteinen und auf Erzgängen vor.
**Fundorte** Schöne Kristalle gibt es im Basalt von Westpaterson (New Jersey/USA), in Island, Neuschottland (Kanada), in Rio Grande do Sul (Brasilien), in Indien, auf Hawai, in Tirol (Österreich), in den Silber-Lagerstätten von St. Andreasberg im Harz und in Kongsberg (Norwegen). Heulandit findet man in Deutschland außerdem in Idar-Oberstein, in Italien im Fassatal (Trient), Agordino (Belluno), Montecchio Maggiore (Vicenza) und Montresta (Oristano/Sardinien).
**Verwendung** Interessant für Wissenschaft und für Sammler.

---

## 272 STILBIT Desmin

VIII – Gerüstsilikate (Zeolithgruppe)
$Ca[Al_2Si_7O_{18}] \cdot 7H_2O$

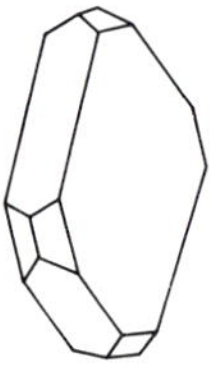

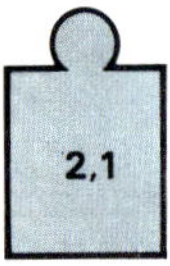


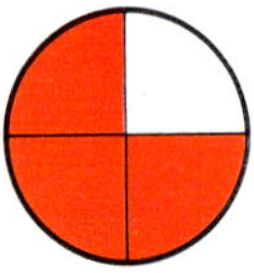

**System** Monoklin
**Aussehen** Prismatische, weiße, graue, braunrote Kristalle, die meist in garbenförmigen Aggregaten angeordnet sind; pseudorhombische, kreuzförmige Zwillingsbildungen und faserig-strahlige Massen.
**Eigenschaften** Härte 3$^1/_2$–4, leicht und vollkommen spaltbar; durchsichtig oder durchscheinend mit Glas- bis Perlmuttglanz; Pulver weiß. Stilbit ist in Salzsäure löslich, schmilzt rasch zu einem weißen, undurchsichtigen Glas.
**Entstehung und Vorkommen** Stilbit bildet sich langsam hydrothermal in Basalthohlräumen und tritt zusammen mit anderen Zeolithen und Calcit auf. Seltener findet man ihn in Lithoklasen Metamorpher Gesteine.
**Fundorte** Schöne Kristalle stammen aus Westpaterson (New Jersey/USA), Kilpatrick und von der Insel Skye (Schottland), aus Neuschottland (Kanada), Rio Grande do Sul (Brasilien), von Teigarhorn (Island) und Poona (Indien). Fundorte sind auch St. Andreasberg (Harz), Oristano (Sardinien und der Tonalit des Adamello, der Granit von Baveno (Novara) und Elba (Italien).
**Verwendung** Das Mineral ist für die Wissenschaft und für Sammler interessant.

Heulandit (ca. x 1). Drio le Pale (Trient), Italien.

Stilbit (ca. x 1). Indien.

## 273 PHILLIPSIT

VIII – Gerüstsilikate (Zeolithgruppe)
$KCa[Al_3Si_5O_{16}] \cdot 6H_2O$

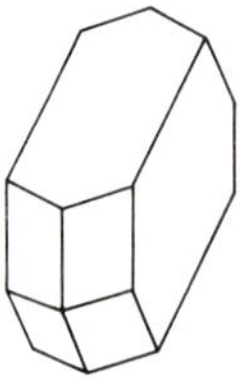

**System** Monoklin
**Aussehen** Prismatische, stengelige, kleine Kristalle; meist Durchkreuzungszwillinge mit feiner Streifung; farblos oder weiß, gelblich oder grau.
**Eigenschaften** Härte 4–4 1/2, leicht, spröde und gut spaltbar; durchscheinend oder durchsichtig mit Glasglanz. Wird von Säure sofort angegriffen; ist schwer zum Schmelzen zu bringen, bläht sich auf und schmilzt dann zu einem weißen Glas.

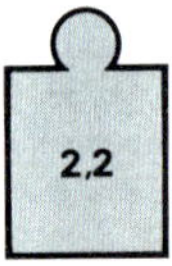


**Entstehung und Vorkommen** Phillipsit bildet sich hydrothermal in Basalthohlräumen zusammen mit Chabasit; Umwandlungsprodukt von Feldspat und vulkanischen Aschen in Tiefseegräben.
**Fundorte** Sehr schöne Kristalle sind in der Lava von Capo di Bove und Aci Castello (Catania) in Italien zu sehen.
Phillipsit findet man auch am Vesuv und im Basaltgestein bei Vicenza (Italien). Fundorte in Deutschland sind Stempel (Marburg), Nidda am Vogelsberg, Idar-Oberstein und der Kaiserstuhl. Das Mineral kommt außerdem in Island, Irland, in den USA und im Pazifischen Ozean vor.

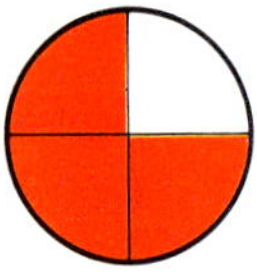

**Verwendung** Das Mineral ist nur für Wissenschaftler und Sammler interessant.

---

## 274 CHABASIT

VIII – Gerüstsilikate (Zeolithgruppe)
$(Ca,Na_2)[Al_2Si_4O_{12}] \cdot 6H_2O$

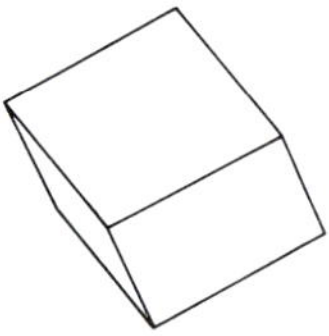

**System** Trigonal
**Aussehen** Rhomboedrische, pseudokubische Kristalle als Durchdringungszwillinge, farblos oder weiß, grün oder rot.
**Eigenschaften** Härte 4 1/2, leicht, spröde und gut spaltbar; durchsichtig oder durchscheinend mit Glasglanz; Pulver weiß. Zersetzt sich in Salzsäure, wobei Kieselsäureflocken ausfallen; schmilzt rasch, bläht sich auf und wird zu einem blasigen, weißlichen Glas.

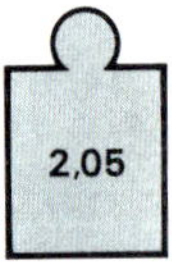


**Entstehung und Vorkommen** In Hohlräumen von Lava und Tiefengesteinen, im kristallinem Schiefer zusammen mit Zeolith und durch chemische Ablagerung aus Thermalquellen an der Erdoberfläche.
**Fundorte** Berühmt ist der Chabasit von Färöer, Schottland, Irland und Aussig (CSSR), von Idar-Oberstein, Neuschottland (Kanada), sowie New Jersey und Oregon (USA). Weitere Fundorte in Deutschland sind der Vogelsberg sowie der Westerwald, in Italien die Seiseralm (schöne Kristalle), die Cyclopeninsel (Catania), der Basalt bei Vicenza, die Granitgeoden von Baveno (Novara), auf Elba, in Latium und bei Oristano (Sardinien).

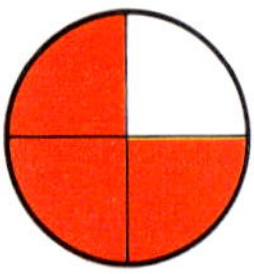

**Verwendung** Das Mineral ist für Mineralogen und Sammler von Interesse.

Phillipsit (ca. x 1,5). Aci Castello (Catania), Italien.

Chabasit (ca. x 1). Neuschottland, Kanada.

## 275 WHEWELLIT

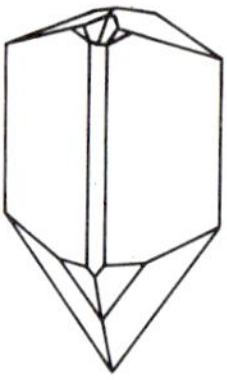

IX – Organische Verbindungen
$Ca[C_2O_4] \cdot H_2O$

**System** Monoklin
**Aussehen** Kleine Kristalle mit vielen Flächen, gelegentlich herzförmige Zwillingsbildungen; farblos oder weiß.
**Eigenschaften** Härte 2¹/₂, leicht und gut nach der Grundfläche spaltbar; mit muscheligem Bruch in den übrigen Richtungen; durchsichtig mit Perlmuttglanz.
**Entstehung und Vorkommen** Bildet als echtes Mineral oder chemisches Sediment in tiefen Lagen von Kohlenflözen oder in der Überdeckung von Kohlenwasserstoff-Lagerstätten Kristalle aus.
**Fundorte** Whewellit ist nur an wenigen Stellen nachgewiesen. Bekannt sind die Vorkommen in den Kohlenflözen von Zwickau (Sachsen); außerdem kommt Whewellit im nördlichen Kaukasus bei Maikop (UdSSR) auf Erdöl-Lagerstätten vor. Fundorte gibt es ferner in Böhmen (CSSR) und Ungarn. Auch bei Hildesheim tritt das Mineral in Geoden auf. In Italien findet man es in Sulcis (Sardinien) und in der toskanischen Braunkohle.
**Verwendung** Das Mineral ist für Wissenschaftler und Sammler interessant. Nierensteine und Harnsteine enthalten zum großen Teil Whewellit.

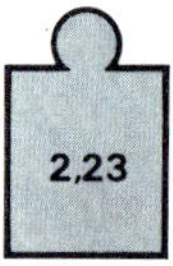


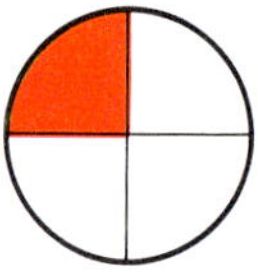

---

## 276 BERNSTEIN

IX – Organische Verbindungen

**Aussehen** Knollen oder Aggregate verschiedener Größe und Form, manchmal an Oberfläche rauh, orange bis dunkelbraun, selten grün, violett oder schwarz; oft Einschlüsse gut erhaltener Fossilien (Insekten, Pflanzen).
**Eigenschaften** Amorph, Härte 2–2¹/₂, sehr leicht, spröde, mit muscheligem Bruch, gut schnitzbar; durchsichtig bis durchscheinend mit Harz- bis Pechglanz. Schwimmt auf dem Wasser und entwickelt beim Verbrennen einen angenehmen Geruch. Viele Varietäten sind im Handel, die sich nach ihrer Durchsichtigkeit und ihrer Herkunft voneinander unterscheiden (*Simetit, Rumänit* und *Birmit*).
**Entstehung und Vorkommen** Bernstein ist ein fossiles Harz, das im Tertiär entstanden und sedimentär verfestigt ist.
**Fundorte** Berühmt sind die Fundorte in Ostpreußen in der ›Blauen Erde‹ und in Rumänien, Birma und am Simeto in Sizilien (Italien). Untergeordnet sind die Vorkommen in Frankreich, Spanien, der UdSSR, Kanada und Italien.
**Verwendung** Bernstein wurde schon in vorgeschichtlicher Zeit und von den Römern als wertvoll betrachtet (man bezeichnete ihn als »Gold des Nordens«). Nur 15% des natürlichen Bernsteins eignen sich zu Schmucksteinen, der Rest wird durch Erhitzen und Pressen zu sogenanntem Preßbernstein verarbeitet.

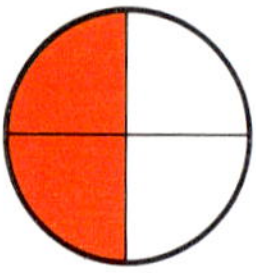

Whewellit (ca. x 1,5). Böhmen, CSSR.

Bernstein (ca. x 1,5). Palmnicken (Ostpreußen).

# Gesteine

Einführung

S. 412/413:
Feuerspiel bei nächtlicher Vulkaneruption.

Gesteine sind natürliche Gemenge, die aus einem oder mehreren Mineralien, gelegentlich auch aus nicht kristallinen (= amorphen) Substanzen bestehen. Sie bilden große Massen und können in geologischen Karten festgehalten werden.

Ihre Beschreibung und Klassifikation fällt in den Bereich der *Petrographie*. Die *Petrologie* beschäftigt sich mit der Interpretation der Genese (= Entstehung) und Entwicklung der Gesteine und untersucht die Gesetzmäßigkeiten und Kräfte, auf die ihr Aussehen zurückzuführen ist.

Die Gesteinskunde bedient sich der Methoden der Mineralogie, Geologie, der Chemie und Physik. Ihr Ziel ist eine genaue Bestimmung der Bestandteile und damit der vorhandenen Mineralien. Die meisten Gesteine sind *heterogen*, d. h. sie bestehen aus verschiedenen Mineralien. Nur ganz wenige bestehen aus nur einem Mineral (= *monomineralisch*). Abgesehen von der Zusammensetzung ist es für die Gesteinskunde sehr wichtig, etwas über die Beziehungen der einzelnen Komponenten zueinander zu wissen. Das reicht von mikroskopischen Details bis zu einer genauen Kenntnis des Geländes, aus dem die Gesteinsproben entnommen werden. Die *Struktur* eines Gesteins beinhaltet die Größe der einzelnen Mineralkomponenten (= Körnung) und deren Ausbildung und Beziehung zueinander. Unter dem Begriff *Textur* werden sämtliche Gefügeeigenschaften der Gesteine eingeordnet, die sich auf das Aussehen der Gesteine beziehen. Hierunter fallen Veränderungen, denen das Gestein im Laufe seines Werdegangs bis zum heutigen Tage unterworfen war. Anzumerken ist, daß in der amerikanischen Literatur für die hierzu-

Der Schalenbau der Erde: Atmosphäre (blau); Lithosphäre (braun); äußerer Mantel (hellgrün); Zwischenschicht (mittelgrün); innerer Mantel (dunkelgrün); äußerer Kern: flüssiges Ni-Fe (grau); innerer Kern: festes Fe-Ni (schwarz).

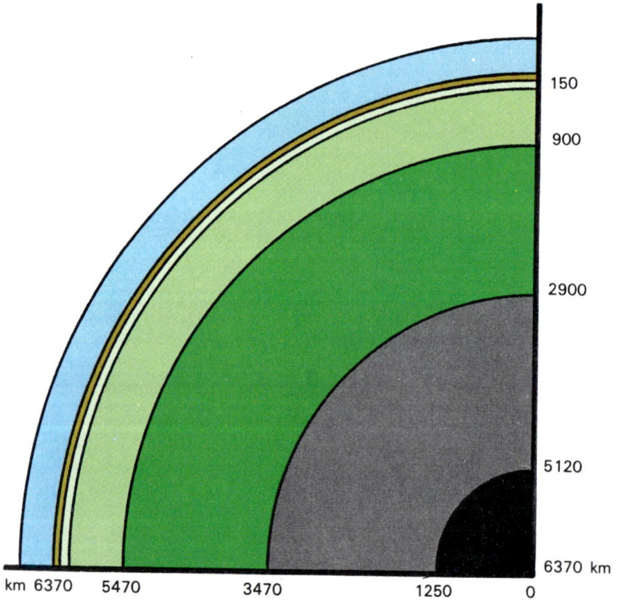

lande gebräuchlichen Begriffe andere Begriffe angewandt werden (Textur = structure und Struktur = fabric).
Die Gesteine auf der Erde bilden sich im wesentlichen durch drei chemisch-physikalische grundlegende Vorgänge: Kristallisation einer Schmelze, Ausfällung aus einer Lösung und Rekristallisation im festen Zustand. Jeder dieser Vorgänge ist durch eine ihm eigene Entwicklung gekennzeichnet. Dabei können sich verschiedene Typen bilden, die auf geringfügige Veränderungen der chemischen Zusammensetzung oder herrschenden Druck-, Temperaturbedingungen zurückzuführen sind. Ebenso kann ein Gestein unter den an der Erdoberfläche herrschenden Bedingungen nicht mehr stabil sein. Das heißt eines oder mehrere Mineralien, die ein solches Gestein enthält, sind instabil geworden und werden in stabile Mineralien eines entsprechenden Chemismus umgewandelt. Da sich diese Umwandlungen über Millionen von Jahren hinziehen können, finden wir noch häufig Gesteine, die in ihrer ursprünglichen Zusammensetzung vorliegen. Den Vorgang der Umwandlung unter atmosphärischen Bedingungen bezeichnet man als Verwitterung.

### Magmatische Gesteinsbildung

Magmatische Gesteine oder Eruptivgesteine sind die Endprodukte der Verfestigung von *Magma*. Magma ist eine Gesteinsschmelze, die im wesentlichen aus Silikaten besteht, die reich an flüchtigen Elementen sind und sich durch Verschmelzung ehemals fester Massen tief in der Erde gebildet haben. Die Gesteinsschmelze, die direkt aus dem Teil

Aplitgang im Amphibolit. Oberes Val Malenco (Sondrio), Italien.

der Erde kommt, der unmittelbar unter der Kruste, auf der wir leben, liegt, d. h. aus dem Bereich des Erdmantels, wird als *primäres Magma* bezeichnet. Dieses Magma besitzt eine basaltische Zusammensetzung (reich an Mg, Fe, Ca), aus der sich durch Differentiation (Abnahme von Mg, Fe, Ca, Zunahme von Al, Na, K, Si) fast alle Gesteine bilden, die während der Eruption zutage gefördert werden (*Vulkanite* oder *Effusivgesteine*) oder unterschiedlich tief in die Kruste eindringen (*Intrusivgesteine*). Gesteine, die sich ursprünglich an der Oberfläche befanden und als Folge der isostatischen Ausgleichsbewegungen (Isostasie = Schweregleichgewichtszustand) soweit in die Tiefe gelangten, daß sie Schmelztemperatur erreichten, werden zu *anatektem Magma* (= wieder aufgeschmolzenes Magma). Sie sind äußerst zähflüssig, denn sie enthalten noch viele feste Komponenten mit höherer Schmelztemperatur, die durch eine Schmelzhaut miteinander verbunden sind; sie sind oft nur beschränkt beweglich und steigen als Verästelungen (*Apophysen*) in die Höhe. Schließlich besitzen sie keine basaltische, sondern eine deutliche granitische Zusammensetzung. Solche nur teilweise aufgeschmolzenen Gesteine bezeichnet man als Anatexite (= Migmatite).

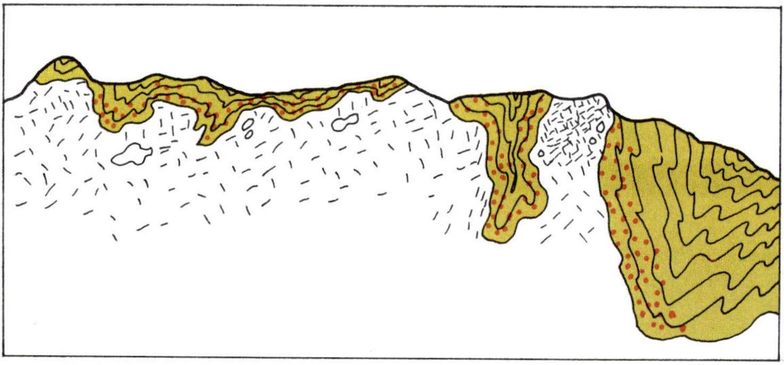

Batholith (weit gestrichelt) mit Apophyse und Ablagerung (enger gestrichelt), Kontakthöfen (rote Punkte) und umgebendem Gestein (olivbraun). An manchen Stellen erkennt man im Batholith Nebengesteinseinschlüsse.

In der Tiefe zeigen die Magmen eine Tendenz zur Rekristallisation (*plutonische* Gesteine oder *Intrusivgesteine*). Primäres, basaltisches Magma und anatektisches, granitisches Magma entwickeln sich auf verschiedene Weise und zeigen kaum Ähnlichkeit miteinander, obwohl man nachgewiesen hat, daß man sehr wohl durch eine teilweise Rekristallisation von basaltischem Magma ein Gestein granitischer Zusammensetzung erhalten kann, während der umgekehrte Vorgang nicht möglich ist. Auch geologisch treten die beiden Arten eher getrennt voneinander auf. Aus Basalten und Gesteinen, die sich aus ihnen entwickelt haben, bestehen eine Großzahl der Vulkanite; man findet sie vor allem am Grunde der Ozeane. Aus Granit und Gesteinen, aus denen er sich entwickelt hat, besteht die Mehrzahl der plutonischen Gesteine, die vor allem auf dem Festland als mehr oder weniger tief liegende, große Gesteinskörper (*Batholithe*) verbreitet sind. Weniger verbreitet sind Gesteine, die eine Zwischenstellung zwischen Basalt und Granit

Nebengemengteile: kleine Zirkonkristalle in Biotit; der plechroitische Hof ist durch Radioaktivität entstanden.

einnehmen. Zum größten Teil sind sie infolge einer Mischung von nicht geschmolzenem Material und neu zugeführtem Magma entstanden (= *Hybridation*). Man findet sie nur in Ausnahmefällen und in geologisch eng begrenztem Raum. Primärer Basalt tritt nach seiner Bildung durch teilweises Aufschmelzen ultrafemischen Gesteins, das den Mantel bildet, entweder direkt durch einen tiefgehenden und linienförmigen Riß an die Erdoberfläche (typische Beispiele sind das Hochland von Dekkan/Indien, Mittelatlantischer Rücken und Island), oder er durchläuft einen Prozeß chemisch-physikalischer Umwandlung (= *Differentiation*), bei dem sich im Laufe der Differentiation Magmen mit unterschiedlicher Zusammensetzung herausbilden. Geht man von der Schmelztemperatur des Basalts von über 1200 °C aus, so kristallisieren zunächst einige Edelmetalle (Platin), Schwefel und Spinell (Magnetit); sie werden als *akzessorische Gemengteile* (= *Nebengemengteile*) bezeichnet, die für die Definition der Art des Magmas ohne Belang sind. Ihnen folgen eisen- und magnesiumreiche Silikate (Olivin), danach mit Calcium und Silicium angereicherte Silikate (Pyroxen) und schließlich wasserhaltige Silikate (Amphibole und Glimmer). Die mineralogische Reaktionsreihe in basaltischem Gestein wurde zum ersten Mal von N. L. Bowen untersucht. Er unterscheidet dabei zwei parallele Zweige, die kontinuierliche und die diskonti-

Kontinuierliche und diskontinuierliche Reaktionsreihe nach Bowen.

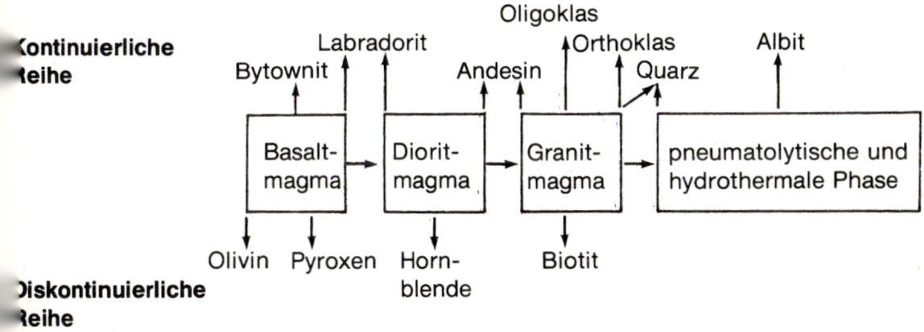

nuierliche Reaktionsreihe. Die kontinuierliche Reaktionsreihe beschäftigt sich mit den Feldspäten der Plagioklasreihe, von denen jeder einzelne nach der Kristallisation neuerlich mit dem verbleibenden Restmagma reagiert, bei weiterer Abkühlung seine Zusammensetzung angleicht und so mit der Zeit von einem calciumreichen Feldspat (Anorthit) in einen natriumreichen Feldspat (Albit) übergeht. Deutlich ist häufig ein Wechsel von Ca-reichem Plagioklas im Kern zu einem Na-reichen Plagiaklas am Rand zu beobachten. Bei der diskontinuierlichen Reaktionsreihe reagieren die zuerst entstandenen Mineralien bei bestimmten Temperaturen mit dem Restmagma und werden dabei vollständig wieder absorbiert, wobei sich neue Mineralien mit folgender Reaktion bilden können:

Olivin → Hypersthen → Augit → Hornblende → Biotit

Was von beiden Reihen übrig bleibt, besteht im wesentlichen aus Silicium, Alkalien und Wasser und kristallisiert zum Schluß. Es entstehen Pegmatite, das sind Gesteine, die aus Quarz, Albit, Orthoklas, Muskovit und seltenen Mineralien bestehen. Sie bilden sich bei etwa 600 °C. Aus den meist wässerigen Restlösungen bilden sich hydrothermale Gänge, Fumarolen und Exhalationen.

Durch mechanische Vorgänge kann die Differentiation in irgendeinem Stadium unterbrochen werden, und es kann zu Intrusionen (beim Erkalten, bedingt durch den Kontakt mit dem kalten Nebengestein) oder Effusionen (durch plötzliche Druckentlastung) kommen, wobei sich Plutone und Gänge oder auch Lavaströme bilden. Solch Lavaströme zeigen häufig eine porphyrische Struktur, bestehend aus Einsprenglingen großer Mineralien, die in einer Grundmasse aus feinkörnigen Mineralien schwimmen. Da die Abkühlung sehr rasch erfolgt, kann die Grundmasse im Extremfall auch amorph (= hyalin) sein. Granitische Magmen entstehen durch eine Wiederaufschmelzung ehemaliger aus Mantelmaterial entstandener Gesteine. Diese Gesteine können primär unterschiedliche Zusammensetzungen gehabt haben. Die entstehende Gesteinsart hängt dementsprechend ab: a) von der Zusammensetzung des Ausgangsgesteins; b) von der ansteigenden Temperatur, die zu dem Schmelzvorgang geführt hat (je höher die Temperatur, um so reicher an basischen Gemengteilen ist das Gestein); c) von der Dauer der Anatexis, d. h. der teilweisen Aufschmelzung; d) von dem Charakter und der Beweglichkeit (Mobilität der flüchtigen Komponenten, durch die das Aufschmelzen oder die Homogenisierung der Massen begünstigt wird. Nur gasreiche Magmen, die stark genug aufgeheizt wurden, können unter Bildung von begrenzten Plutonen (Granit, Syenit), Gängen und Ablagerungen (Pegmatite und Aplite) intrudieren oder sogar an die Erdoberfläche gelangen, wobei sie sich als große ausgedehnte Decken von Ignimbrit und Porphyr oder gelegentlich auch als Lavaströme (Rhyolith) auf die Erdoberfläche ergießen. Der größte Teil des Materials dagegen verbleibt an Ort und Stelle, bildet riesige, massige Strukturen und durchtränkt die darüberliegenden oder benachbarten Gesteine (= Migmatite).

Die fast vollkommen aufgeschmolzenen Magmen, die reich an flüchtigen Elementen sind und intrudieren kön nen, kristallisieren in ähnlicher Reihenfolge wie die basaltischen Intrusivgesteine. Zuerst bilden sich die Nebengemengteile, dann die eisen- und magnesiumreichen und siliciumarmen Komponenten (Hornblende, Biotit) und schließlich Feldspat und Quarz. Da in einem Magma viele flüchtige Elemente vorhanden sind, sind die während der Kristallisation ablaufenden Vorgänge sehr schwer zu verstehen. Diese Vorgänge werden als *Autometamorphose* bezeichnet. Es handelt sich dabei um chemische Reaktionen der flüchtigen Bestandteile (Gas, Wasser) einer magmatischen Schmelze mit den schon verfestigten Anteilen dieses Magmas.

**Sedimentäre Gesteinsbildung**

Etwa drei Viertel der Landoberfläche unserer Erde bestehen aus sedimentären Gesteinen. Sie entstehen durch die Umwandlung von Gesteinen, die durch die Schwerkraft, die atmosphärischen Bedingungen (Wind, Wasser, Temperaturschwankungen) und lebende Organismen hervorgerufen wird. Sie bilden sich durch die Verfestigung von lokkeren Sedimenten, d. h. von Lockermaterial, das aus mehr oder weniger großen Gesteinsbrocken besteht, transportiert und mechanisch abgelagert wurde (*klastische Sedimente*) oder aber als Ausfällung von Lösungen, wobei Organismen beteiligt sein können, die die Salze im Wasser binden (*organogene* und *chemische Sedimente*).

Klastische Sedimente durchlaufen mehrere Stadien. Der Prozeß beginnt mit der *Verwitterung* des ursprünglichen Materials durch die oben genannten Kräfte. Oberhalb des nicht angegriffenen Gesteins bildet sich eine Bodenschicht. Der *Transport* dieses Materials geschieht in erster Linie durch das Wasser, zunächst durch Bäche, dann durch Flüsse und schließlich durch das Meer (Strömungen und Wellenbewegung); er kann aber auch durch Wind,

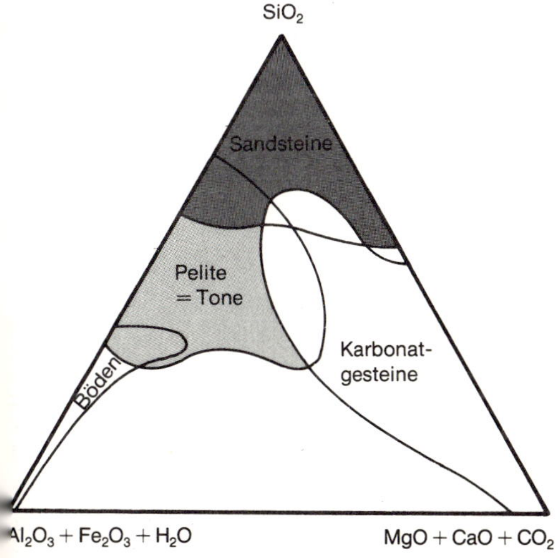


Dreiecksdiagramm der möglichen Zusammensetzung der Sedimentgesteine nach ihrem Ursprung.

Gletscher, die Schwerkraft und durch Organismen erfolgen. Im allgemeinen kommt es dabei zu einer Sortierung des Materials nach Größe, spezifischem Gewicht und Chemismus. Beim Transport durch das Wasser muß man zwischen dem Material unterscheiden, das nur am Grunde des Wassers gerollt wird, und dem, welches wirklich als Suspension (= Schwebeteilchen in Flüssigkeit) oder sogar als Lösung transportiert wird. Das dritte Stadium dieses Erosionszyklus ist die *Ablagerung*. Dieses Stadium ist am wichtigsten, denn es verleiht dem Sediment seine charakteristische Struktur. Je nach dem Ort der Ablagerung unterscheidet man zwischen *terrestren* (*Festlandsedimente*) und *marinen Sedimenten* (*Meeressedimente*). Erstere können *subaerisch* sein (= Verwitterungsprodukte von Franen, äolische Wüstensande und periglazialer Löß) oder auch *subaquatisch*, d. h. die Ablagerung kann unter dem Wasser erfolgen. Zu letzteren rechnet man *fluviale Sedimente* (gerundete Schotter und Sande), *lakustre Sedimente* (Sand, Schlick und Tone) und *brackische Sedimente* (Schlick und Ton, gelegentlich mit Evaporiten, d. h. Salzausscheidungen aus übersättigten Lösungen). Marine Sedimente bestehen aus einer Mischung von Ablagerungsmaterial verschiedener Größe, das häufig umgebildet wurde. In vielen Fällen handelt es sich um ehemals terrestre Sedimente und Material, das durch chemische oder biochemische Ausfällung der im Meereswasser enthaltenen Salze entstanden ist, und Überresten von Organismen aus diesen Gewässern (Knochen, Zähne und Muschelschalen z. B.). Man unterscheidet sie nach der Tiefe ihrer Ablagerung und der Entfernung von der Küste. *Pelagische Ablagerungen* (*Tiefseeablagerungen*) sind eher feiner Natur und siliciumhaltig, *neritische* (*Flachseeablagerungen*) eher grob, mit einer komplizierten Struktur, die auf die Bewegung des Wassers und die Aktivität von Organismen zurückzuführen ist, während *interkotidale Sedimente,* die sich in Deltas, Lagunen, Korallenriffen gebildet haben, häufig ungeordnet und meist mit organischem Material vermischt sind.

Die chemische Sedimentation besteht in der Fällung meist anorganischer Salze oder der für das Überleben der Organismen wichtigen Substanzen. Es handelt sich dabei in erster Linie um Calciumkarbonat und daneben um Calciumphosphat und Eisen- sowie Siliciumhydroxide. Calciumkarbonat fällt vor allem im marinen Bereich, aber auch auf dem Festland aus und ist häufig mit Magnesiumkarbonat und feinstem, silikathaltigem Schlick vermischt. Die Ausfällung erfolgt im eher seichten und vor allem warmen Wasser. Tierische und pflanzliche Organismen spielen bei der Bildung eine große Rolle, da sie dem Wasser die vorhandenen gelösten Nährstoffe zur Bildung ihres Skeletts oder ihrer Schalen entziehen. Aus ihnen bilden sich nach ihrem Absterben große, geschichtete und ausgedehnte Massen. Ab einer bestimmten Wassertiefe wird das Calciumkarbonat wegen der Temperaturabnahme wieder aufgelöst; aus diesem Grunde bestehen Tiefseeablagerungen fast ausschließlich aus Silicium (Silicium fällt bei tiefen Temperaturen aus). Phosphat- und Eisenablagerungen sind dagegen vor allem terrestren (= kontinentalen) Ur-

sprungs. Die ersteren entstehen aus Ablagerungen von Skeletten von Wirbeltieren oder deren Ausscheidungen (= *Koprolith*); die letzteren bilden sich durch bakterielle Verfestigung des Eisens in sumpfigem Wasser. Seltene, jedoch wichtige chemische Sedimente sind die *Evaporite* (= *Eindampfungsgesteine*), die, wie schon der Name sagt, durch Verdunstung von Salzwasser, vor allem Meerwasser, in abgeschlossenen Becken entstehen. Dabei werden Salze ausgefällt (vor allem Chloride und Sulfate alkalischer Elemente).
Die *Lithifikation* oder Gesteinswerdung ist das Endstadium der Sedimentation. Durch sie wird das lose Sediment zum zusammenhängenden Gestein. Dies geschieht durch einfache Verdichtung auf Kosten der Zwischenräume zwischen den einzelnen Sedimentkomponenten, oder aber auch durch chemische Ausfällung eines Bindemittels (= *Zement*), durch welches die abgelagerten Körner miteinander verkittet werden. Am Ende dieses Stadiums steht die *Diagenese*, eine teilweise Rekristallisation, die durch den Druck der aufliegenden Sedimente, durch Zersetzung und durch selektive, chemische Umwandlung entsteht (z. B. Dolomit).

**Metamorphose**

Unter Metamorphose versteht man die chemisch-physikalischen Reaktionen eines festen Gesteins, das sich an eine neue Umgebung mit neuen Bedingungen anpaßt. Ihre Ursache sind Veränderungen innerhalb der Erdkruste, die allgemein als geologische Erscheinungen bezeichnet werden. Jedes magmatische oder sedimentäre Gestein befindet sich nur in einem eng begrenzten Temperatur- und Druckfeld im Gleichgewicht. Bei den magmatischen Gesteinen sind Temperatur und Druck hoch, bei Sedimenten sehr niedrig (atmosphärische Bedingungen). Sobald sich die Bedingungen ändern, paßt sich das Gestein an die neuen Temperatur- und Druckwerte an und stellt das Gleichgewicht wieder her. Kommen z. B. ein Diabas- oder ein Tongang unter eine 3000 m dicke Sedimentschicht (deren Druckwert 1 kbar entspricht und in der eine Temperatur von etwa 450 °C herrscht) zu liegen, so rekristallisieren beide wieder. So erhält man aus Ton unter Wasserverlust einen Chloritschiefer, der sich aus Albit und Chlorit zusammensetzt, und aus dem Diabas bei Wasserzufuhr einen Phyllit, der aus Chlorit, Muskovit und Quarz besteht. Was den Ton anbelangt, so nennt man die Metamorphose, denen die Minerale bei Temperatur- und Druckerhöhung unterworfen waren, *prograd* (= *fortschreitend*), beim Diabas *retrograd* (= *rückschreitend*, oder auch *Diaphthorese* genannt).
Wenn Gesteinsmassen von der Erdoberfläche in die Tiefen der Erdkruste gelangen, kommt es zur Metamorphose. Die Gründe sind die Zunahme der Temperatur mit der geothermischen Tiefenstufe und das Ansteigen des Druckes, der durch die auflagernden Sedimente bedingt ist (*Versenkungsmetamorphose*). Dazu gesellt sich meist noch Druck von den Seiten, der durch dauernde Bewegungen der geologischen Massen in der Kruste entsteht (*Regionalmetamorphose*). Die Reaktionen, die diese beiden Arten der Me-

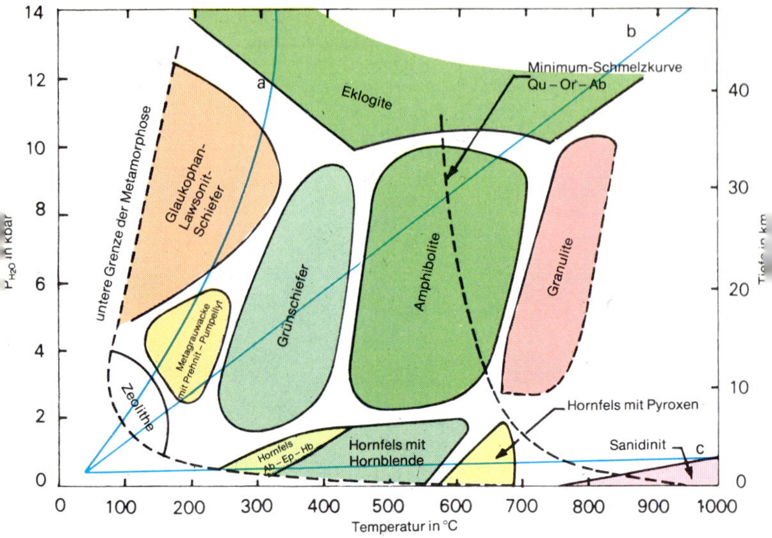


Diagramm der metamorphen Bedingungen bei verschiedenen Drucken, Temperaturen und Stabilitätsfeldern der metamorphen Fazies.
$P_{H_2O}$ = Wasserdruck
Gradient (a) = Versenkungsmetamorphose
Gradient (b) = Regionalmetamorphose
Gradient (c) = Kontaktmetamorphose.

tamorphose charakterisieren, sind fester Art. Sie vollziehen sich ohne Stoffwechsel, d. h. die Änderungen bzw. Umkristallisationen vollziehen sich in einer Fest-Festreaktion. Eine Ausnahme dabei macht die Dehydratation (= Entwässerung). Die Gesteine, die sich hierbei bilden, haben eine Textur, die deutlich auf gerichtete Drucke hinweist; die Mineralien sind im allgemeinen abgeplattet und zeigen ein blättriges Wachstum. Prismatische Mineralien dagegen verteilen sich eher parallel zu den wirkenden Kräften. Im ersten Fall ergeben sich schiefrige Strukturen, im zweiten geregelte. Bei steigender Temperatur erreicht die Dehydratation einen Punkt, an dem schiefrige Mineralien, in denen Wasser chemisch gebunden ist (z. B. Muskovit) verschwinden. Neue wasserfreie sowie blättrige Mineralien (z. B. Kalifeldspäte) kristallisieren. Die Schieferung geht verloren. Es bilden sich massige, tafelige Gesteine. In ihrer Lagerung sind sie jedoch noch zu unterscheiden. Sie haben gneisartige Textur. Ist noch ein Rest von Wasser vorhanden, so kann das Ansteigen von Temperatur und Druck zu einer Umschmelzung führen, bei der Kalifeldspat, Quarz und Albit mehr oder weniger gleichzeitig aufgeschmolzen werden. Es entsteht also ein anatektisches Magma granitischer Zusammensetzung. Dieses kann das Muttergestein (*Paläosom*) zunächst in Äderchen, kleinen, faltenartigen Schichten und Flecken durchsetzen (*Neosom*). Dieses gemischte Gestein nennt man *Migmatit*. Später nimmt das Neosom an Quantität zu und geht in plutonischen Magmatit über: in den *anatektischen Granit*.

Eine vollkommen andere Art von Metamorphose liegt vor, wenn Magma hoher Temperatur auf metamorphe, sedimentäre oder selten auf alte magmatische Gesteine trifft. Bei den herrschenden hohen Temperaturen und dem eher niedrigen Druck, werden die flüchtigen Komponenten des Gesteins rasch abgesetzt und dringen mehr oder weniger

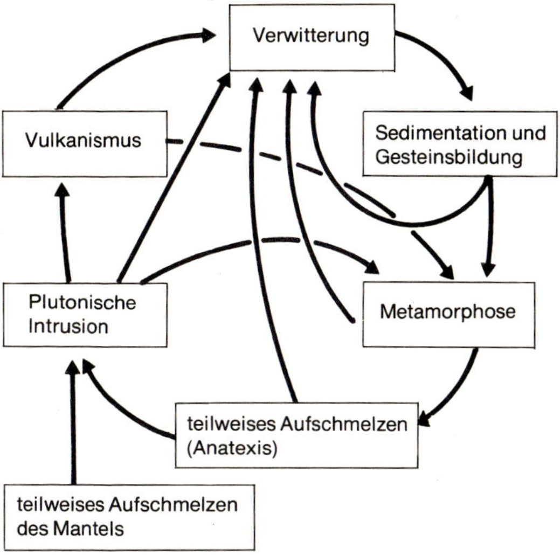


Kreislauf der Gesteine (petrogenetischer Zyklus)

weit vom Kontakt entfernt in das benachbarte Gestein ein (= Kontakthof). Es bilden sich große Kristalle von Hochtemperaturmineralien. Das Wachstum wird durch den Transport von Material in der »überhitzten Gaswolke« begünstigt (*Thermo-* oder *Kontaktmetamorphose*). Ist das Magma reich an seltenen Gasen, so können unter Umständen herrliche Kristallbildungen und wichtige Erz-Lagerstätten (*Skarne*) entstehen.
Häufiger, aber räumlich begrenzter ist die *kataklastische Metamorphose* (Kataklase = Zerbrechen), die dann entsteht, wenn zwei Gesteinsmassen sich infolge von geologischen Schüben gegeneinander bewegen. Dabei kommt es zur Bildung von Bruch- und Scherzonen (Mylonit). Das kann schließlich zur Wiederverschmelzung durch die Erhitzung infolge von Reibung führen (Tachylit). Daneben gibt es noch eine Art der Metamorphose, die durch Meteoreinschläge auf der Erdoberfläche bewirkt wird (= *Impaktmetamorphose*), z. B. im Nördlinger Ries.

**Der petrogenetische Zyklus**
Der gesamte petrogenetische Zyklus, dem alle Gesteine auf der Erde mehr oder weniger vollkommen unterworfen sind, umfaßt die Bildung ursprünglichen, basaltischen Magmas durch teilweises Aufschmelzen des Mantels bis zur Entstehung von anatektischem, granitischem Magma in der Tiefe der Erdkruste. Dabei gibt es bestimmte Stadien und Folgeerscheinungen: den magmatischen Prozeß der Intrusion und Effusion, die Abtragung der so entstandenen Gesteine, und die damit verbundene Ablagerung der Sedimente, die Diagenese, die metamorphe Rekristallisation, die schließlich zur Bildung von Migmatiten und plutonischen, anatekten Gesteinen führt. Die Tatsache, daß ein Ausgangsgestein aus Basalt sich schließlich zu einem Granit entwickelt, zeigt, daß ein Teil des chemischen Mate-

1

2

3

4

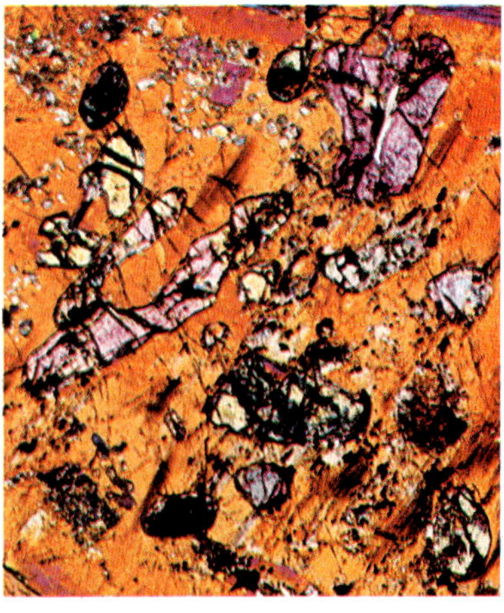
5

6

2

1

rials, das sich im Mantel gebildet hat, den Zyklus nicht vollendet. Dieses Material bildet Bestandteile der Atmosphäre, der Hydrosphäre und zum Teil bleibt es als sedimentäres Restgestein an der Erdoberfläche. Ohne diese Überreste chemischer Materie gäbe es auf der Erde weder eine Hydrosphäre noch eine Atmosphäre und damit weder Kontinente noch Leben.

## Bestimmung und Studium der Gesteine

Die Gesteine sind Mineralaggregate; die Identifizierung der Mineralien, die sie enthalten, ist daher in erster Linie zu ihrer Bestimmung wichtig. Dies allein ist aber keineswegs ausreichend. Auch die Beziehung, in der die Mineralien zueinander stehen, ist von großer Bedeutung, so z. B. was den Anteil der einzelnen Mineralien, ihre räumlichen Beziehungen zueinander und ihren Kontakt miteinander an-

Typische Strukturen magmatischer und metamorpher Gesteine.

Linke Seite (magmatische Gesteine):
1 hypidiomorph;
2 porphyrisch;
3 ophitisch;
4 mikropegmatitisch;
5 poikilitisch
6 fluidal

Rechte Seite (metamorphe Gesteine):
1 granoblastisch:
2 lepidoblastisch;
3 nematoblastisch;
4 porphyroblastisch.

3

4

Textur von magmatischem Gestein (links stufenartiger Gabbro) und Sedimentgestein (rechts geschichteter Hornstein).

belangt. Will man also ein Gestein ganz genau bestimmen, müssen gründliche, schematische Untersuchungen durchgeführt werden, bei denen man sich streng an eine bestimmte Reihenfolge halten muß:

1. Bestimmung der Anzahl und der Art der vorhandenen Mineralien.
2. Feststellung ihrer räumlichen Verhältnisse, d. h. Form, Körnung, ihre Orientierung und die Art, wie sie in Kontakt zueinander stehen. Alle diese Eigenschaften zusammen ergeben die *Struktur* des Gesteins.
3. Feststellung der quantitativen Beziehungen zwischen den Mineralien (= *Gefüge* des Gesteins).
4. Analyse der chemischen Zusammensetzung des gesamten Gesteins. Durch eine Rückrechnung der chemischen Analyse in bestimmte Mineralien (= Normkomponenten) kann auf Grund des jeweiligen Anteils (= *normativer Mineralbestand*) ein Vergleich mit künstlichen, vereinfachten Systemen gezogen werden (*Modellsysteme*).

Alle diese Untersuchungen lassen sich mit Handstücken und im Laboratorium durchführen; nicht immer jedoch führen sie zu einer absolut gesicherten Bestimmung eines Gesteins. Man dehnt seine Untersuchungen auf die *Textur* aus, d. h. man untersucht alle Merkmale, die ein Gestein im Laufe seiner Entwicklung durch geologische Vorgänge (wie Schichtung, Umwandlung, Faltung und Verwerfungen) angenommen hat.

Häufig kann man schon im Gelände die Mineralien, die ein Gestein aufbauen, mit dem bloßen Auge oder mit Hilfe einer Lupe bestimmen. Bei feiner oder feinster Körnung allerdings und bei Gesteinen, die Gesteinsglas enthalten, muß man auf das Mikroskop, Röntgenstrahlen und andere Methoden, die nur im Laboratorium durchzuführen sind, zurückgreifen. Auch die Textur und das Gefüge des Gesteins lassen sich in vielen Fällen bereits im Gelände feststellen, vor allem dann, wenn das Gestein eine grobe Körnung aufweist und wenn man schon etwas Erfahrung besitzt. Unter dem Mikroskop sind diese Untersuchungen allerdings viel leichter, besonders, wenn man feine Abschnitte untersucht. Dabei sägt man kleine Scheiben aus dem Gestein und schleift diese anschließend auf eine Dikke von 0,03 mm (*Dünnschliff*). Fast alle Mineralien sind in dieser Form durchsichtig. Nun lassen sich die im mineralogischen Teil beschriebenen optischen Untersuchungen durchführen. Sie führen in der Regel zur genauen Identifizierung der Art oder zumindest der Familie, zu der die einzelnen Komponenten gehören. Damit erweist sich das Mikroskop des Mineralogen als das wichtigste Instrument zum petrographischen Studium der Gesteine. Zur genauen Bestimmung des mengenmäßigen Mineralbestandes läßt sich noch zusätzlich ein *Translationstischchen* oder ein *Punktezähler* anbringen, mit deren Hilfe man einen oder mehrere feine Abschnitte desselben Handstücks untersucht. Die Endabrechnung ergibt ein ausreichend repräsentatives Bild für das gesamte Gestein. Im allgemeinen werden 2000–3000 Punkte gezählt, d. h. ungefähr 2000 identifizierte und gezählte Körner (= Modalanalyse). In jedem Fall kann man an das Mikroskop zusätzlich einen *Universaldrehtisch* (oder Fedorow-Tisch) anbringen, mit dem sich ganz genaue optische Messungen durchführen lassen, die dann zur exakten Identifizierung eines Minerals führen. Außerdem kann man so die genaue Ausrichtung der einzelnen Körner feststellen.

Bei sehr feiner oder sehr grober Körnung jedoch führt man im allgemeinen besser eine chemische Analyse durch, indem man den Chemismus (global oder vereinfacht) mit den Schemata gemäß einer Klassifizierung vergleicht (magmatische Arten von Niggli, CIPW-Norm, zweifache, dreifache und mehrfache Diagramme etc.). Dies gilt besonders für Gesteine mit reichlich amorphen Gemengteilen und sehr komplizierter und variabler Zusammensetzung, die die Anwendung der Modalanalyse nicht zuläßt. Analog dazu kann man durch die chemische Analyse Gesteine schwieriger Zusammensetzung klassifizieren, deren Minerale man durch optische Eigenschaften nicht immer genau bestimmen kann (wie zum Beispiel Amphibole, Pyroxen, Feldspat usw.).

Bei grobkörnigen Gesteinen führt die chemische Analyse oft rascher zum Erfolg als die Modalanalyse, bei der viele einzelne Gesteinspartien ausgezählt werden müßten, wenn man ein repräsentatives Ergebnis erzielen möchte. Gesteine mit ganz besonders großer Körnung oder solche, die aus heterogenen Zonen bestehen, können nur aufgrund von strukturellen Beobachtungen im Gelände, wo das Gestein ansteht, klassifiziert werden. Dies ist bei den Migmatiten der Fall oder auch bei manchen polygenen Breccien, bei denen gewöhnliche Handstücke von 10 × 5 × 3 cm und manchmal sogar rohe oder polierte, 1–2 m² große Platten nicht mehr ausreichen.

Beim Erkennen von Merkmalen, die man bei den Gesteinen für gewöhnlich nicht mißt, können die Handstücke

sehr nützlich sein. Solche Merkmale sind z. B. das spezifische Gewicht, die Farbe, der Geschmack und Geruch, die Radioaktivität und die Art der Lagerung, die mit Hilfe von detaillierten geologischen Karten erkennbar ist. Studien dieser Art fallen in den geotechnischen Bereich; sie zeigen, welche Verwendungsmöglichkeiten es für ein bestimmtes Gestein im wirtschaftlichen Bereich gibt. Manche Gesteine, die zwar dicht und hübsch sind, können nur in einer ganz bestimmten Umgebung verwendet werden. Evaporite wie Anhydrit, die dicht, massig und im ariden Klima sehr widerstandsfähig sind, eignen sich infolge ihrer Löslichkeit nicht für ein feuchtes Klima; sie zersetzen sich an der Oberfläche.

Textur metamorpher Gesteine: oben Glimmerschiefer mit Fältelung, unten Marmor mit Fältelung.

# Klassifikation der Gesteine

Nach ihrer Entstehung teilt man die Gesteine in drei große Gruppen (Magmatische Gesteine, Sedimentgesteine und Metamorphe Gesteine). Jede dieser Gruppen wird nach verschiedenen Kriterien wieder unterteilt. Allerdings werden diese Unterteilungen nicht von allen Wissenschaftlern akzeptiert. Allein für die Magmatischen Gesteine hat man sich auf ein mineralogisches, quantitatives Kriterium geeinigt, während dies, was die Sedimente und in geringerem Maße auch die Metamorphen Gesteine anbelangt, schwieriger scheint; denn bei ihnen spielt die Struktur und Textur eine größere Rolle als das rein mineralogische Kriterium.

**Magmatische Gesteine (Eruptivgesteine)**
Eine erste Unterteilung dieser Gesteine wird nach ihrem geologischen Entstehungsort gemacht (Tiefenzone der Platznahme). Ihm entsprechen verschiedene Druckverhältnisse, die im Augenblick der Kristallisation geherrscht haben. Man unterscheidet:
1. *Intrusivgesteine* oder *Plutonite*, die langsam in der Tiefe kristallisierten und sich unter Druckverhältnissen befanden, die kein Entweichen der magmatischen Gase erlaubten.
2. *Gang- oder hypoabyssale Gesteine,* die bei mittlerer Tiefe kristallisierten, wobei meistens durch den Druck nicht allzuviel Gas ausweichen konnte. Infolge ihrer begrenzten Ausmaße, der Beschaffenheit der geologischen Körper und dem Kontakt zum kalten Nebengestein kam es zu einer raschen Kristallisation (Gänge, Apophysen, Lakkolithe).
3. *Effusivgesteine* oder *Vulkanite*, die an der Oberfläche bei atmosphärischem Druck kristallisierten. Die Gase konnten entweichen, und es kam in sehr kurzer Zeit zur Abkühlung und zum Teil zur Bildung von Gläsern.
Intrusiv- und Effusivgesteine werden nach einem modalen Kriterium klassifiziert, das bei den ersteren streng angewendet wird. Bei den letzteren, bei denen durch die feine Körnung und das Vorhandensein von Glas eine genaue modale Bestimmung erschwert wird, spielt auch der normative Mineralbestand eine Rolle. Auch die Ganggesteine unterscheidet man nach chemisch-mineralogischen Gesichtspunkten, wobei man sich im wesentlichen auf die Intrusivgesteine mit gleichartigem Chemismus bezieht. Man gibt den Varietäten, für die ein bestimmtes Mineral typisch ist, eigene Namen.
Die internationale modale Klassifikation der intrusiven und effusiven Magmatischen Gesteine basiert auf dem *Farbindex M* (volumetrischer Prozentsatz der dunklen Mineralien, zu denen auch die undurchsichtigen, opaken, Mineralien und die nicht silikathaltigen Mineralien zählen). Alle Gesteine mit $M>90$ (d. h. mit mehr als 90% dunklen Mineralien) nennt man ultramafisch (Feld 16), und sie werden auf der Basis der vorherrschenden Mineralien voneinander unterschieden (Hornblendit, Pyroxenit, Karbonatit usw.). Gesteine mit $M<90$ werden nach dem relativen Prozentsatz der drei Komponenten Alkalifeldspat *A* (Orthoklas, Mikroklin, Sanidin, Albit usw.), Plagioklas *P* (Oligoklas usw. bis zum Anorthit) und je nach dem Quarz *Q* oder Feldspat-

Modale Klassifikation und Bezeichnung der magmatischen Gesteine (nach I.U.G.S., vereinfacht; zur Erklärung der Symbole siehe Text der vorhergehenden Seite).

**Intrusivgesteine**

1 Quarzgestein
2 Alkali-Granit
3 Granit
4 Granodiorit
5 Tonalit
6 Alkali-Syenit
7 Syenit
8 Monzonit
9 Monzodiorit Monzogabbro
10 Diorit, Gabbro Anorthosit
11 Foid-Syenit (Foyait)
12 Plagi-Foyait
13 Essexit
14 Theralith
15 Foidolith
16 Ultramafit

**Effusivgesteine**

2 Alkali-Rhyolith
3 Rhyolith
4 Dazit
5 Quarz-Andesit
6 Alkali-Trachyt
7 Trachyt
8 Latit
9 Latitandesit, Mugearit
10 Andesit, Basalt
11 Phonolith
12 Tephritischer Phonolith
13 Phonolithischer Tephrit
14 Tephrit, Basanit
15 Foidit, Nephelinit, Leucitit
16 Ultramafit, Pikrit

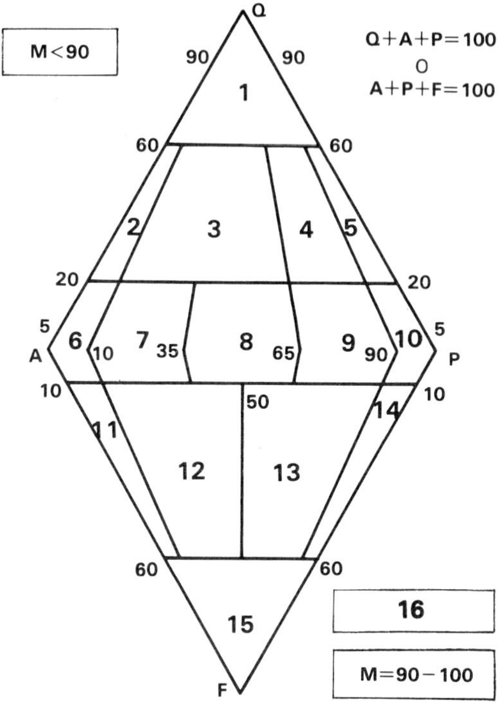


vertreter F (= Foide: Nephelin, Leucit, Analcim, Sodalith usw.) klassifiziert. Voraussetzung ist, daß diese Mineralien untereinander nicht gegensätzlich sind, d. h. sich gegenseitig nicht ausschließen wie Quarz und Feldspatvertreter. Jedem dieser so definierten Felder entspricht ein Name, dem ein Adjektiv beigegeben wird, das sich auf ein charakteristisches Mineral oder auf den Farbindex bezieht, der niedrig (*leuko*-) oder hoch (*mela*-) sein kann. Weitere genaue Angaben beziehen sich auf die Struktur, die gleichkörnig oder porphyrisch oder auch zum Teil amorph sein kann, oder auf die Textur, welche ausgerichtet, porös, rundlich zoniert (Zonengefüge), schlackig usw. ist.

**Sedimentgesteine**

Sedimentgesteine werden nicht nach dem Aufbereitungsvorgang der Gesteine, aus denen sie sich gebildet haben, klassifiziert, sondern nach der Art der Ablagerung, die für die Textur und Struktur maßgeblich ist. Man unterteilt sie folgendermaßen:

1. *Klastische Sedimente* (*detritische S.*) bestehen aus Bruchstücken, die von allen möglichen Gesteinen stammen können und sich nach dem Transport abgelagert haben; dabei spielt der Ort der Ablagerung (fluvial, marin, terrestrisch etc.), der zwar die Ausprägung des zementierten Materials, d. h. der feinen Teile, die es zusammenhalten, bestimmt, keine Rolle für die Klassifikation. Sie bezieht sich auf die Größe der Einzelbestandteile. Man unterscheidet daher *Psephite* mit groben Körnern, einer Min-

destgröße von 2 mm, *Psammite* mit mittleren bis feinen Sedimentkörnern von 2 bis 0,02 mm Durchmesser und *Pelite* mit feinen bis feinsten Körnern, die unter 0,02 mm Durchmesser haben. Innerhalb dieser drei Klassen gibt es Unterteilungen, die nach Kriterien wie Rundungsgrad der Körner und Selektion des Ausgangsmaterials durch das Transportmittel vorgehen. Von Wichtigkeit ist also die Zusammensetzung der Körner, der Prozentsatz an Muttergestein und Zementiermaterial, sowie die mineralogische Zusammensetzung des Zementiermaterials selbst (kalkig, quarzitisch usw.).

2. *Chemische Sedimente*, die in der Hauptsache aus Salzen und Kolloiden bestehen, die aus wässerigen Lösungen infolge von Verdunstung oder Veränderungen der chemischen Bedingungen, wie sie z. B. durch ein untermeerisch eindringendes Gemisch vulkanischer Lösungen und Gase auftreten, entstehen. Weitere Unterteilungen basieren auf der chemischen Zusammensetzung der Ausfällungen, die *karbonatisch* (Calcit, Dolomit), kieselig (Chalcedon, Quarz), *eisen-*, *manganhaltig* und schließlich *salzig* (Salzstein, Gips, Anhydrit usw.) sein können. Meist faßt man sie unter der Bezeichnung *Evaporite* zusammen, denn sie entstehen durch Verdunstung von Wasser in geschlossenen Becken, wie z. B. in Strandseen. Zur Gruppe der chemischen Sedimente gehören auch die *Residualgesteine* (= Rückstandsgesteine), die unlösliche Rückstände eines weggelösten Sediments (Laterit, Bauxit, Ton) sind, und die *metasomatischen Gesteine*, die eine Reaktion zwischen dem Meerwasser und kalkigen Sedimentgesteinen darstellen, wobei meist Magnesium zugeführt wird (Dolomit).

Horizontal geschichtetes Sedimentgestein, in das sich der Colorado, USA, eingeschnitten hat.

3. *Organogene* oder *biochemische Sedimente* entstehen durch Akkumulation ursprünglich organischer Substanzen (Schalen, Knochen, Pflanzen). Auch sie unterscheidet man nach ihrem Chemismus in *karbonatische* (Calcit, Dolomit), *kieselige, eisenhaltige, phosphathaltige Sedimente* und *fossile Kohlen* (Torf, Lignit, Steinkohle). Vor allem bei den karbonatischen Gesteinen berücksichtigt man bei der Klassifikation die Umwelt, in der die Organismen, die an ihrer Entstehung beteiligt waren, gelebt haben (Benthos, Plankton usw.), außerdem die Art dieser Organismen und die Mischung, die sie gelegentlich mit dem abgelagerten Material eingehen, sowie ihre chemische Umwandlung nach der Ablagerung und vor der endgültigen Platznahme.
4. *Pyroklastische Sedimente*; zu ihnen zählt man Gesteine, die während einer vulkanischen Eruption als Bruchstücke und Suspensionen von Lava, glasigem oder gashaltigem Material herausgeschleudert wurden und sich in Schichten (*Tuff*) oder aber auch mit anderen Sedimentgesteinen zusammen (*Tuffit*) verfestigten, abgelagert haben. Sie stehen damit zwischen den Magmatischen Gesteinen und den Sedimentgesteinen. Von den Magmatischen Gesteinen haben sie die in der Hauptsache chemische Zusammensetzung (wenn auch etwas modifiziert), von den Sedimentgesteinen die Art der Platznahme und im folgenden die Gesteinswerdung.
Wie sich zeigt, wird die Klassifikation der Sedimentgesteine nach einem Kriterium gehandhabt, das gänzlich anders ist als bei den Magmatischen Gesteinen. Bei ihnen hat das genetische Kriterium, das bestimmten Bedingungen entspricht, die sich hauptsächlich auf die Textur und Struktur beziehen, Priorität vor dem chemischen Kriterium, wohingegen die mineralogische Zusammensetzung eine untergeordnete Rolle spielt.

**Metamorphe Gesteine**

Auch die metamorphen Gesteine werden nach ihrer Entstehung klassifiziert, d. h. sie werden nach der Art des Vorgangs, der zu ihrer Rekristallisation aus dem Ausgangsgestein geführt hat, eingeordnet. Das Ausgangsgestein spielt dabei nur eine untergeordnete Rolle. Man unterscheidet zwischen *Orthogesteinen* und *Paragesteinen*, je nachdem ob sie aus Magmatischen Gesteinen oder aus Sedimenten entstanden sind. Man unterteilt sie nach ihrer Entstehung in *Kontaktgesteine* (die sich durch Thermometamorphose gebildet haben), *kristalline Schiefer*, Gneise (welche durch Regional- und Versenkungsmetamorphose entstanden sind), *Mylonite* (die durch Umlagerungsmetamorphose entstanden sind) und in *Impaktgesteine* (die sich dort bilden, wo bei sehr hohen Drucken und Temperaturen Meteorite auf irdisches Gestein aufprallen). Die Benennung eines Metamorphen Gesteins richtet sich jedoch in erster Linie nach dem *Grad der Metamorphose*. Er wird nach dem Auftreten von gewissen *Indexmineralien* oder Mineralgruppen bestimmt, die für das chemisch-physikalische Gleichgewicht charakteristisch sind (= *Paragenese*). Von Bedeutung ist hier der Begriff der *metamorphen Fazies* (Eskola 1920). Dieser besagt, daß jede Gruppe von metamorphen Gesteinen entsprechend den Druck und Temperaturbedingungen, die zu ihrer Bildung geführt haben, durch bestimmte Mineralgesellschaften gekennzeichnet ist. Diese Erkenntnis kann nun auf die Arbeit im Gelände übertragen werden. Man sucht in einem metamorph überprägten geologischen Körper solche Stellen auf, an denen ein Indexmineral zum ersten Mal auftritt. (Indexmineral = ein Mineral das für bestimmte Druck- und Temperaturbereiche kennzeichnend ist). Diese Punkte werden auf einer geologischen Karte verzeichnet und miteinander verbunden. Die Verbindungslinien werden als Isograden bezeichnet, d. h. als Linien die dem gleichen Metamorphosegrad entsprechen. Da aber auch die chemische Zusammensetzung bei der Bestimmung der Metamorphite von Bedeutung ist, gibt es auch eine Einteilung nach ihrem Chemismus:

1. Pelitische Gesteine, die sich aus ursprünglich pelitischen Sedimenten (Ton) gebildet haben.
2. Quarz-Feldspatgesteine (sialisch), die aus ursprünglich feldspathaltigem Sandstein und Gesteinen mit granitischer Zusammensetzung entstanden.
3. Karbonatische Gesteine, die sich aus Kalken und Dolomit gebildet haben.
4. Femische Gesteine aus basischen Magmatiten und Tuffen.
5. Magnesiumhaltige Gesteine, die sich aus ultrabasischen Magmatiten und bestimmten Sedimenten (z. B. Sedimente mit Montmorillonit) bildeten.
6. Eisenhaltige Gesteine aus eisenhaltigen Sedimenten.

Im Verlauf der Rekristallisation bilden diese Zusammenset-

Helle Neosom-Ader in dunklem Paläosom mit Faltung (ptigmatische Falte) in einem migmatischen Gneis; Veltlin, Italien.

zungen immer wieder andere Mineralien, auf deren Basis die Benennung des Gesteins erfolgt. Abgesehen von diesem mineralogischen, modalen Kriterium, das allerdings noch nicht international anerkannt ist, wie dies für die magmatischen Gesteine der Fall ist, spielt die *Struktur* bei den metamorphen Gesteinen für das Bestimmen eine äußerst wichtige Rolle. So kann ein Handstück aus Quarz, Biotit, Plagioklas, Sillimanit und Granat gleichermaßen als Glimmerschiefer oder als Gneis klassifiziert werden, je nachdem ob er schiefrige Textur (gekennzeichnet durch einen Bruch in feine Plättchen) oder Augentextur hat (mit einem Bruchgefüge von großen Stücken, wobei der Plagioklas und der Granat in dicken und tönnchenförmigen Kristallen konzentriert ist). Genau so kann man ein Gestein, das aus Muskovit, Quarz und Chlorit besteht, Phyllit oder Glimmerschiefer nennen, je nachdem wie klein oder groß die Schieferblättchen sind. Man ist noch weit von einer befriedigenden Nomenklatur der metamorphen Gesteine entfernt. Es gibt lokale Benennungen, die nur den Forschern bekannt sind. Daher ist die gute Kenntnis der mit der Struktur verbundenen Begriffe noch unerläßlich. In diesem Buch hat man sich an die traditionelle Nomenklatur gehalten, bei der man die Gesteine nach dem zunehmenden Grad der Metamorphose (der metamorphen Fazies), nach den oben angeführten chemischen Gesichtspunkten und nach der Art des metamorphen Vorgangs einteilt. Ferner sei noch erwähnt, daß die Migmatite, die in magmatische Gesteine übergehen und somit Mischgesteine sind, da sie aus residualen Teilen (Paläosom) und aus umgeschmolzenen Teilen (Neosom) bestehen, nach ihrer Textur klassifiziert werden, d. h. nach dem Grad, inwieweit das Neosom in das Paläosom eingedrungen ist, wobei immer mehr eine Annäherung an eine vollkommene Anatexis stattfindet.

## Sammlung und Aufbewahrung von Gesteinen

Gesteinssammler sind viel weniger zahlreich als die Mineraliensammler, obwohl das Sammeln von Gesteinen nicht weniger befriedigend ist. Von der wissenschaftlichen und ästhetischen Seite kann eine Sammlung von petrographischen Handstücken einen höheren Wert haben als eine Mineraliensammlung. Darüber hinaus ist sie zumindest am Anfang einfacher. Unerläßliche Werkzeuge für das Sammeln sind leicht zu bekommen (Hammer, Meißel und Messer). Gute Handstücke findet man in erster Linie in frischen Aufschlüssen, wo sich noch keine Verwitterungskruste bilden konnte (Höhlen, Bergwerke, Sprengungen, Bergrutsche usw.). Handstücke sollen so groß sein, daß sie stellvertretend für das Gesamtgestein, aus dem sie entnommen sind, stehen können. Sie haben gewöhnlich die Form eines Parallelepipeds von 10 × 5 × 3 cm. Die Archivierung geschieht auf gleiche Weise wie bei den schon beschriebenen Mineralien.

# Meteorite (Aerolithe)

Meteorite sind feste Körper aus dem Kosmos, die auf die Erde fallen. Ihre Größe ist unterschiedlich: sie können pulverförmig sein, aber auch aus mehreren Tonnen schweren Blöcken bestehen. Während des Flugs durch die Atmosphäre erwärmen sie sich an der Oberfläche durch Reibung so weit, bis sie Schmelztemperatur erreichen. Die Geschwindigkeit, mit der sie auf der Erde aufprallen, ist sehr verschieden; sie hängt vom Gewicht, von der Flugbahn und von der Reibung ab. Einige fallen so auf die Erde, daß sie keine sichtbaren Spuren oder Schäden hinterlassen. Andere wieder prallen mit großer Aufschlagskraft auf und haben die Wirkung einer Bombe mit einem Aktionsradius von mehreren Kilometern (z. B. der Meteorit von Sikote-Alin in Sibirien). Meteoriten explodieren auch manchmal und zerbrechen zu zahllosen Bruchstücken oder verdampfen vollständig. Beim Aufprall entsteht auf der Erdoberfläche eine halbkreisförmige Hohlform (Meteorkrater), die bis zu 12 km Durchmesser (Nördlinger Ries) erreichen kann. Durch die freiwerdende Energie bilden sich bei sehr hohem Druck im Gestein, auf das der Meteorit aufprallt, Mineralien (z. B. Coesit und Stishovit, d. h. Hochdruck-Modifikation von Quarz) oder es wandelt sich ganz zu Gesteinsglas um. Erscheinungen dieser Art gehören in den Bereich der *Impaktmetamorphose*.

Meteorite klassifiziert man nach ihrer Zusammensetzung in *Steinmeteorite, Siderolithe* und *Eisenmeteorite.* Dazu kommen noch Steine, die aus Gläsern bestehen, die sogenannten *Tektite.*

*Steinmeteorite* (Meteorsteine) fallen am häufigsten auf die Erde: Man kann sie leicht mit terrestrischen Gesteinen verwechseln, denn sie haben dieselbe mineralogische Zusammensetzung wie die ultrabasischen Gesteine. Sie enthalten Pyroxen (Enstatit, Bronzit), Olivin, Plagioklas; Eisen-Nikkel-Verbindungen, Schwefel und Chromitverbindungen sind vorherrschend. Einige Vertreter haben eine körnige Textur (*Chondrite*), andere weisen typische *Gesteinsglaseinschlüsse,* kugelige, faserig-strahlige Formen aus zementierten Silikaten von undurchsichtigen Mineralien auf (Achondrite). Den größten Achondriten hat man in Nonton (USA) gefunden; er wog 1070 kg. Der Achondrit von Juvinas (Frankreich) hatte ein Gewicht von 91 kg. Zu den größten Chondriten gehört der Chondrit von Abee in Kanada (107,5 kg) und der von Lancé in Frankreich (52 kg).

*Siderolithe* bestehen zu mehr oder weniger gleichen Teilen aus Silikaten (Olivin, Pyroxen, Plagioklas) und Eisen-Nikkel-Verbindungen (Taenit und Kamacit). Außerdem enthalten sie Schwefel, seltene Phosphate und Chromit; in seltenen Fällen haben sie chondritische Struktur und sehen an der Oberfläche schlackig aus. Nach Art der enthaltenen Silikate gliedern sich die Siderolithe in *Pallasite* (mit Olivin), *Siderophyre* (mit Orthopyroxen und Plagioklas), *Lodranite* (mit Olivin und Pyroxen) und in die *eigentlichen Siderolithe* (mit Pyroxen und Plagioklas). Die größten Siderolithe sind die Pallasite von Bitburg (1600 kg), von Ockitta in Australien (1415 kg) und von Brenham in den

Steinmeteorit. Er gehört zu den am häufigsten fallenden Meteoriten. Das Stück stammt aus Holbrook in Arizona, USA. Unten: Siderolith, Imilac, Chile.

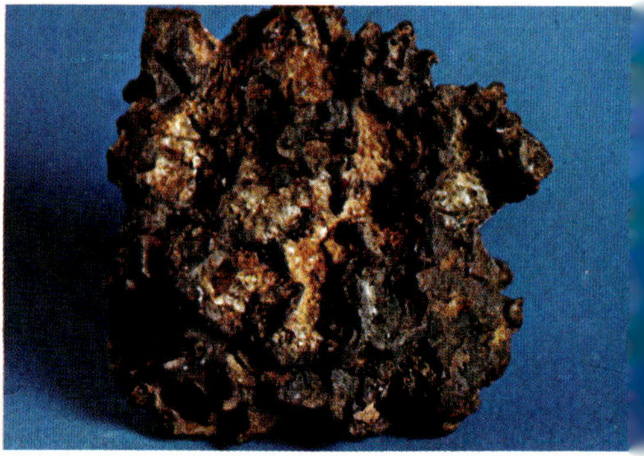

USA (1000 kg). Lodranite und Siderophyre sind äußerst selten und sehr klein.
*Eisenmeteorite (Siderithe)* sind am häufigsten aufgelesen worden. Man findet sie in Museen und Sammlungen, denn sie sind auch dann leicht zu erkennen, wenn man ihren Aufprall auf der Erde nicht beobachten konnte. Voraussetzung ist eine Metall-Legierung aus Eisen-Nickel, die *Kamacit, Taenit* oder *Plessit* genannt wird (die Reihenfolge entspricht dem wachsenden Nickelgehalt). Sie enthalten außerdem noch Silikate, Graphit, Diamanten, Troilite und Chromite. Sie sehen wie metallische, schwarze und glänzende Massen aus, die manchmal eine blasige Kruste zeigen. Mit Hilfe von Salpetersäure bemerkt man auf einer polierten Fläche feine Streifen (Neumannsche Linien), typisch für *Hexaedriten,* die reich an Kamacit sind; oder man erkennt kreuzförmige Lamellen von Taenit und Kamacit die typisch für *Oktaedriten* sind (Widmannstättensche Figuren). *Ataxite* haben keine lamellare Struktur, weil sie nur aus Plessit gebildet sind. Siderite sind nie groß, denn sie explodieren während des Falls. So haben z. B. die Siderite von Sikote-Alin (UdSSR) und Cañon Diablo (Arizona/USA) Einschlagskrater von 1 km Durchmesser verursacht, die einzelnen Bruchstücke haben aber höchstens ein Gewicht von 70 kg. *Tektite* zählt man zwar zu den Meteoriten, sie

Eisenmeteorit, Arizona, USA; unten zwei Tektite, Australien.

werden jedoch nicht mehr als solche anerkannt. Tektite sind Gläser von schwarzer oder dunkelgrüner Farbe; sie enthalten Metallkügelchen, haben muscheligen Bruch und glänzen. Man findet sie an der Oberfläche und in Sedimentgesteinen, die mehr oder weniger rezent sind. Tektite fand man in der CSSR (*Moldavit*), auf den Philippinen (*Philippinit*), wo sie am häufigsten auftreten, auch in Australien (*Australit*), in Indochina (*Indocinit*), in Malaysia (*Billitonit*) und in Indonesien (*Javait*). Manche Autoren sind der Ansicht, daß es sich dabei um Mondgestein handelt, andere glauben, daß kleine Meteoriten beim Durchdringen der Atmosphäre unserer Erde geschmolzen sind, und wieder andere sind der Ansicht, es würde sich um irdisches Gestein handeln, das durch den Aufprall eines großen Meteoriten zum Schmelzen gebracht und in große Entfernung geschleudert wurde.

Meteoriten haben keinerlei kommerziellen Wert. Sie sind Sammlerstücke und für die Wissenschaft von höchstem Interesse, denn sie geben Aufschluß über die Beschaffenheit der Himmelskörper.

Seite 438: Polygonale Basaltsäulen.

Bildteil mit Beschreibungen

# Magmatische Gesteine

Erklärung der Symbole

---

## Chemismus der Gesteine

Saure Gesteine
($SiO_2 > 65\%$)

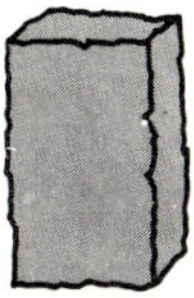

Intermediäre Gesteine
($SiO_5$ 52 – 65%)

Basische Gesteine
($SiO_2 < 52\%$)

## Entstehung

Intrusivgestein
(hoher Druck und hohe Temperatur)

Effusivgestein
(sehr niedriger Druck und hohe Temperatur)

Ganggestein
(mittlerer Druck und mittlere Temperatur)

## Einteilung der Gesteine

Nach der modalen Klassifikation der I.U.G.S. (International Union of Geological Sciences), nach der sich auch die Bezeichnung der Gesteine richtet.

# 277 ALKALI-GRANIT

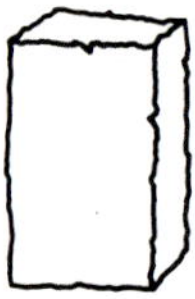

**Art** Magmatisches Intrusivgestein
**Chemismus** Sauer
**Gemengteile** *Hauptgemengteile:* Kalifeldspat, (Orthoklas, Mikroklin), Quarz; *Nebengemengteile:* Plagioklas, Biotit, Pyrit, Zirkon, Monazit, Turmalin. Manchmal enthält das Gestein auch kleine Mengen von rhombischem Pyroxen, monoklinem Pyroxen, Hornblende und Granat. Daneben sind Alkalifeldspäte wie Albit und Anorthoklas und daneben Amphibole und natriumhaltige Pyroxene (Riebeckit, Barkevikit, Ägirin und Ägirinaugit) sowie Fayalit, Fluorit, Kryolith, Mineralien von Seltenen Erden und radioaktive Elemente enthalten.
**Merkmale** Rosarot bis dunkelrot, gelegentlich mit blauen Flecken; körnige, hypidiomorphe Struktur mit Übergängen zu automorpher und zu porphyrischer Struktur; massige Textur, häufig mit Hohlräumen (Miarolen), deren Seiten mit Kristallen aus Olivin (Fayalit), Turmalin usw. ausgestattet sind. Häufig durchziehen Quarz-, Aplit- und Pegmatitgänge, die reich an seltenen Mineralien wie Kryolith, Mineralien von Seltenen Erden und radioaktiven Mineralien etc. sind, diese Granite.
**Entstehung und Vorkommen** In den präkambrischen Landmassen bildeten sich durch Anatexis riesige homogene Batholithe. Alkali-Granite findet man in den Randzonen der Intrusivkörper, in denen sie durch Differentiation in meist nicht zu großer Tiefe entstanden sind. Es handelt sich dabei wahrscheinlich um eine langsame Differentiation unter der Mitwirkung einer pneumatolytischen Phase, wobei sich viele seltene Mineralien mit wenig verbreiteten, chemischen Elementen bei erhöhtem Oxidationsgrad gebildet haben.
**Fundorte** Typisch für Granite mit Alkalifeldspäten ist der rote Granit aus Schweden, der ›Gotenrot-Granit‹, der in Norwegen, Finnland und Kanada häufig vorkommt. Außerdem gibt es Alkali-Granite in Afrika, Madagaskar, Portugal, im Kaskadengebirge (Oregon) und in Kalifornien in den USA, in der Cordillera Blanca (Peru), Predazzo (Trient/Italien). In Deutschland zählt dazu der Eibenstöcker Turmalingranit (mit Topas) und der Altenberger Granit im Erzgebirge.
**Verwendung** Das Gestein gilt als wertvolles Baumaterial, besonders in Form von polierten Platten. Vom roten schwedischen Granit sind drei Varietäten (›Königsrot‹, ›Iwanowitschrot‹ und ›Orchideenrot‹) im Handel; sie unterscheiden sich durch ihre Färbung und Körnung. Alkali-Granite werden auch zur Gewinnung von Mineralien Seltener Erden benutzt.

Turmalinhaltiger Granit (ca. × 1). Predazzo (Trient), Italien.

Roter Granit (ca. × 1). Schweden.

# 278 GRANIT

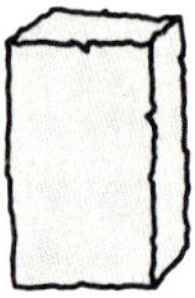

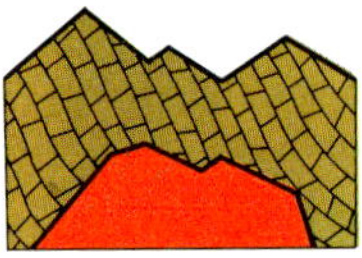

**Art** Magmatisches Intrusivgestein
**Chemismus** Sauer
**Gemengteile** *Hauptgemengteile:* Quarz, Kalifeldspat (Orthoklas, Mikroklin), Plagioklas (Albit-Oligoklas), Biotit; *Nebengemengteile:* Magnetit, Apatit, Pyrit, Zirkon, Orthit, Turmalin; *Übergemengteile:* Muskovit, Hornblende, Pyroxen, Granat.
**Merkmale** Weiß, hellgrau, rosa, gelblich in Massen; seltener grünlich bei tiefgehender Umwandlung; massige Textur mit grober, mittlerer oder manchmal feiner Körnung und deutlicher Richtung im Raum; Struktur körnig, hypidiomorph. Manchmal enthält das Gestein große Feldspatkristalle, die ihm eine porphyrische Struktur verleihen. Feldspat kommt als Plagioklas und als Kalifeldspat vor. Letzterer kann als Perthit (z. T. auch als nur unter dem Mikroskop erkennbarer Mikroperthit), d. h. als eine innige Verwachsung von Orthoklas und Albit mit deutlicher Richtung auftreten. Rundliche oder längliche Einschlüsse (Melanolithe) mit femischen Mineralien sind häufig. Daneben gibt es Miarolen (Hohlräume) und aplitische und pegmatitische Gänge als Restkristallisate. Granite in Massiven zeigen manchmal eine Textur mit erkennbarer Einregelung, die durch längliche und abgeplattete Kristalle von hauptsächlich Kalifeldspat entsteht. Sie ist nicht durch Metamorphose entstanden, sondern durch Konvektionsströmungen, die mehr oder weniger parallel zu den Rändern der Intrusion erfolgten, denen flüssiges Magma mit vielen, schon gebildeten Kristallen ausgesetzt war. Varietäten mit besonders wenigen, farbigen Mineralien nennt man Leukogranite.
**Entstehung und Vorkommen** Granit findet man in großen homogenen oder schwach differenzierten Batholithen, wo ein allmählicher Übergang in die umgebenden Metamorphen Gesteinen besteht. Dies ist bei den präkambrischen Landmassen und in den alten Festlandskernen der Fall. Außerdem kommt er in begrenzten Plutonen mit deutlichem Kontakt vor, sowie in metamorphem und sedimentärem Gestein in Form von Gängen und Apophysen, die in das umgebende Gestein eindringen. Granite, die Perthit enthalten, bilden sich bei raschem Erkalten des Magma. Bei langsamem Erkalten bilden sich Granite, die zwei getrennte Feldspäte enthalten, wobei die Temperaturen relativ niedrig waren.
**Fundorte** Granite und granitoide Gesteine (Intrusivgesteine, die in ihrem Aussehen dem Granit ähneln, in denen aber der Modalbestand der Hauptmineralien geringfügig anders ist) sind die häufigsten Gesteine der Erdkruste. Man findet sie sehr verbreitet in den großen Gebieten des Kanadischen und Baltischen Schilds, der Russischen Tafel, in der Brasilianischen Masse und in der Afrikanischen Tafel. In Italien gibt es den charakteristischen Baveno-Granit (Novara), der Teil eines Massivs ist, das in Metamorphen Gesteinen zwischen dem Ortasee und dem Lago Maggiore liegt. Baveno-Granit ist rosa und häufig mit rosafarbenem Orthoklas verzwillingt; er enthält milchweißen Oligoklas, farblosen Quarz, schwärzliche Biotitblättchen (im Dünnschliff braun) und Spuren von Amphibol (siehe Mikrophotographie, unten, mit lebhaften Interferenzfarben). Er hat viele Geoden, unregelmäßige Hohl-

Rosaroter Granit (ca. × 1). Baveno (Novara), Italien.

Mikrophoto eines Dünnschliffs des obigen Gesteins (ca. × 20; gekreuzte Nicols).

räume und Drusen mit schönen Kristallen. Nicht überall herrschen am Fundort dieselben Bedingungen, so daß Baveno-Granit verschiedene Farbtöne aufweisen kann. Manche Stellen sind weiß (Feriolo-Granit). Berühmt ist auch der Montorfano-Granit (Novara/Italien), der im selben Massiv wie der Baveno-Granit auftritt, weißgrau ist und Orthoklas, milchigen Oligoklas, und farblosen, manchmal in Bändern angeordneten Quarz und schwarzgrünen Biotit enthält. Ähnlichkeit mit ihm zeigt der Alzo-Granit (Ortasee/Italien), der Granit von Biella, Elba (Monte Capanne), und von Sardinien (Caprera, Nuoro). Dort gibt es auch eine porphyrische Varietät, die etwas lebhafter rosa gefärbt ist als der Baveno-Granit und unter dem Namen ›Maddalena-Granit‹ bekannt ist. In Cuorgnè (Turin/Italien) findet man die dunkelrote Varietät, die im Handel unter dem Namen ›Pantheon-Granit‹ bekannt ist. Zweiglimmergranite, die neben Biotit auch Muskovit enthalten, kommen vor allem in ursprünglich anatekten Massiven vor. Gelegentlich findet man sie allerdings auch in Intrusivgängen. Die Vorkommen in San Fedelino und Novate Mezzola (Sondrio/Italien) lassen Rückschlüsse auf die Entstehung zu. Der hier gefundene Granit ist sehr hell und zeigt eine schwache schiefrige Struktur mit silbergrauen oder grünen Muskovitblättchen und z. T. winzigen, roten Granatkörnern; der Biotit besteht aus sehr kleinen Blättchen. Im Val Sesia (Vercelli/Italien) und in der Toskana (Gavorrano, Grosseto) gibt es viele Granitgänge, die Muskovit oder Turmalin enthalten. Präkambrische Batholith-Granite gibt es vor allem im Bereich des Baltischen Schildes (Schweden, Norwegen, Finnland und Lappland) des Kanadischen Schilds (Kanada und nordöstliche Teile der USA). Noch ausgedehnter ist der mesozoische Batholith der nordamerikanischen Küstenkordilliere (Britisch Kolumbien sowie Alaska) und der Sierra Nevada (Kalifornien/USA). Die Vorkommen von herzynischen Graniten in Deutschland sind längst nicht so groß. Man findet in Deutschland Granit im Harz, im Bayerischen Wald, im Erzgebirge, Fichtelgebirge, Odenwald, Schwarzwald und im Thüringer Wald. Auch die Vorkommen in der Schweiz (Aar-St. Gotthard) und in Frankreich (Mont Blanc, Aiguilles Rouges, Pyrenäen) nehmen sich eher bescheiden aus. In Schottland und Nordirland (Arran, Donegal) findet man in geringem Umfang tertiären Granit. Auch der in Montana (USA) auftretende Granit stammt aus dem Tertiär.

**Verwendung** Granit wird im Baugewerbe verwendet (Randsteine, Straßenschotter), daneben in Form von polierten oder rohen Bodenplatten und als Grabstein.

Weißer Granit (ca. × 1). Montorfano (Novara), Italien.

.weiglimmergranit (ca. × 1). Novate Mezzola (Sondrio), Italien.

# 279 GRANODIORIT

**Art** Magmatisches Intrusivgestein
**Chemismus** Intermediär
**Gemengteile** *Hauptgemengteile:* Quarz, Plagioklas (Oligoklas-Andesin, häufig mit Zonierung), Alkalifeldspat, Biotit, Hornblende; *Nebengemengteile:* Magnetit, Apatit, Titanit, Orthit, Zirkon; *Übergemengteile:* Pyroxen, Muskovit.
**Merkmale** Massig hell- bis dunkelgrau; massige Textur mit mittlerer oder feiner Körnung, häufig mit erkennbarer Fließrichtung; körnige, hypidiomorphe Struktur, selten mit großen, dunkelgrünen Kristallen aus Hornblende oder weißem Feldspat. Granodiorit ist mit dem bloßen Auge leicht mit Granit zu verwechseln. Aus diesem Grunde zählt man Granodiorit zur Gruppe der sogenannten granitoiden Gesteine.
**Entstehung und Vorkommen** In kleinen, begrenzten Plutonen, die parallel einer für eine bestimmte Gegend maßgeblichen tektonischen Linie aufgereiht sind. Sie sind durch Anatexis unterhalb der Erdkruste entstanden. Differenzierte Zonen am Außenrande oder im Zentrum von großen Batholithen mit granitischer Zusammensetzung, ohne deutliche Abgrenzung. Manche Granodiorite können auch durch regionale Erscheinungen von Syntexis (magmatische Assimilation) entstanden sein.
**Fundorte** Granodiorit kommt in Italien in dem Adamello-Presanella-Massiv (Monte Aviolo) vor; er ist hell und besitzt Einsprenglinge von überwiegend Biotit und Hornblende, ist homogen und hat viele dunkle Einschlüsse. Der Plagioklas ist hier verzwillingt, zeigt Zonierung und im Kern winzige Einschlüsse; Biotit mit lebhaften Interferenzfarben kommt nur in kleinen Mengen vor. Daneben gibt es Spuren von Amphibol, die kaum zu erkennen sind; es sind winzige Körner in lebhaften Farben (siehe Mikrophotographie). Weitere Fundorte sind der Rieserferner (Pustertal/Bozen), Elba (Monte Capanne), die Insel Giglio und die Gallura (Sardinien). Granodiorit ist im Coast Range Batholith (USA) und in vielen präkambrischen Batholithen reichlich vertreten. Auch im südlichen Jugoslawien, in Rumänien, in den Tauern (Österreich), in Mittel- und Südnorwegen und in Japan (Ryoke) ist Granodiorit sehr verbreitet. In Deutschland ist er u. a. im Bayerischen Wald, Odenwald, Harz und Schwarzwald anzutreffen.
**Verwendung** Granodiorit ist Baustein, der auch in Form von polierten Platten verwendet wird.

Granodiorit (ca. × 1). Valcamonica (Brescia), Italien.

Mikrophoto eines Dünnschliffs des obigen Gesteins ( ca. × 20, gekreuzte Nicols).

# 280 TONALIT

**Art** Magmatisches Intrusivgestein
**Chemismus** Intermediär
**Gemengteile** *Hauptgemengteile:* Plagioklas (Oligoklas oder Andesin), Quarz, Hornblende, Biotit; *Nebengemengteile:* Orthoklas, Apatit, Titanit, Magnetit, Zirkon; *Übergemengteile:* Orthit, Klinopyroxen, rhombischer Pyroxen.
**Merkmale** Mittelgrau, zudem oft mit dunklen Einschlüssen (Melanolite); massige Textur, manchmal mit Übergang zu Fluidaltextur; körnige, hypidiomorphe Struktur mit Übergängen zu porphyrischer Struktur aufgrund von xenomorpher Hornblende und Biotit.
**Entstehung und Vorkommen** In granitoiden Batholithen und Plutonen, wo Tonalit oft magmatische Kerne mit frühzeitiger Differentiation bildet; gelegentlich auch an den Außenrändern von syntektischen Plutonen. Große Massen mit tonalitischer Zusammensetzung sind wohl das Produkt einer in großen Tiefen (hohe Drücke, hohe Temperatur) vor sich gegangenen anatektischen Wiederaufschmelzung an Nahtstellen in der Erdkruste, wo reichlich Wasser vorhanden ist. Tonalit würde somit petrologisch dieselbe Bedeutung wie ein in der Tiefe kristallisierter Andesit haben, wenn dieser sich sialisch differenziert hätte. *Quarzführende Diorite* sind eine chemisch fast gleichartige Varietät; sie enthalten jedoch keine Hornblende.
**Fundorte** Klassischer Fundort ist das Adamello und die Presanellagruppe (Baitonegruppe, Val di Genova usw./Italien); der hier gefundene Tonalit enthält vor allem idiomorphen Plagioklas, der leicht auf einem Mikrophoto im Dünnschliff zu erkennen ist (rechts unten), denn er zeigt Zonierung und ist verzwillingt. Daneben Amphibol, der z. T. idiomorph und z. T. xenomorph ist und dessen Interferenzfarben leicht grünbraun sind; dazwischen liegen große, grüne Biotitblättchen und heller Quarz. Der quarzführende Diorit aus dem Val Masino (Sondrio/Italien) und dem Val Bregaglia (Graubünden/Schweiz) läßt eine Regelung erkennen. Er wird lokal als ›serizzo‹ bezeichnet und enthält nur in der Grundmasse Orthoklas. Er ist dunkler, zeigt eine gröbere Körnung und enthält zahlreiche helle und dunkle differenzierte Teile. Das Mikrophoto zeigt Plagioklase mit polysynthetischen Zwillingen, die wie der Biotit (grüne Interferenzfarben) mehr oder weniger ausgerichtet sind, Amphibole mit gelblichen Interferenzfarben und Epidot, der lebhaft rote, violette und orange Interferenzfarben besitzt. Im selben Pluton bildet sich durch Anreicherung von bis zu 10 cm großen Orthoklaskristallen eine Varietät mit vollkommener, granodioritischen Zusammensetzung (›ghiandone‹), aus deren dunklen, biotitreichen Grundmasse große Orthoklaskristalle heraustreten. Quarzführender Diorit baut auch das Massiv des Rieserferners (Südtirol/Italien) und kleinere Plutone bei Fürstenstein (Bayr. Wald) auf. Quarzführende Diorite sind sehr verbreitet; man findet sie in Batholithen in der Sierra Nevada (Kalifornien/USA) und im Kaskadengebirge (Oregon und Britisch Kolumbien/USA und Kanada), sowie in Südnorwegen zusammen mit der weißen, quarzreichen Varietät *Trondhjeimit*.

Tonalit (ca. × 1). Valcamonica (Brescia), Italien.

Mikrophoto eines Dünnschliffs des obigen Gesteins (ca. × 20; gekreuzte Nicols).

**Verwendung** Tonalit wird als Baumaterial verwendet und zwar unbearbeitet und in polierten Platten. Er wird zu Treppenstufen verarbeitet, da er im allgemeinen eine gute Biegungsfestigkeit besitzt. Der Tonalit vom Val Masino findet mehr Anklang als der Tonalit aus dem Adamello, der unter der Bezeichnung ›Adamello-Granit‹ im Handel ist.

Granit (ca. × 1). Val Masino (Sondrio), Italien.

Granit (ca. × 1). Val Masino (Sondrio), Italien.

Mikrophoto eines Dünnschliffs des obigen Gesteins (ca. × 20; gekreuzte Nicols).

# 281 SYENIT

**Art** Magmatisches Intrusivgestein
**Chemismus** Intermediär
**Gemengteile** *Hauptgemengteile:* Kalifeldspat, Plagioklas (Andesin-Labradorit), Amphibol; *Nebengemengteile:* Titanit, rhombischer Pyroxen oder monokliner Pyroxen, Quarz, Biotit, Eisenoxid und Schwefeleisen; *Übergemengteile:* Olivin, Korund, Nephelin.
**Merkmale** Helle, graue, rosa oder violette Gesteine; Massige Textur, mittelgroße Körnung, wird oft pegmatitisch; häufig Fluidaltextur und Miarolen; Struktur körnig hypidiomorph, häufig mit Übergängen zur porphyrischen Struktur.
**Entstehung und Vorkommen** Kommt in begrenzten Zonen in sauren oder basischen Massiven vor; in Gabbroplutonen oder schichtförmigen Intrusionen ist Syenit manchmal das Gestein, das am stärksten differenziert ist. Das Auftreten von Syenit ist häufig tektonisch bedingt.
**Fundorte** Der Syenit von Syene, dem heutigen Assuan (Ägypten), hat dem Gestein den Namen verliehen; dieser enthält jedoch soviel Quarz, daß man ihn heute zu den Granodioriten rechnet. Syenit mit Biotit und ohne Hornblende gibt es im Schwarzwald, in der Umgebung von Oslo (Norwegen), wo der quarzhaltige Syenit in Syenit-Nephelin und in gesättigten Natrium-Syenit (*Larvikit*) oder untersättigten Natrium-Syenit (*Nordmarkit* ) übergeht. Weitere Fundorte in Deutschland sind der Odenwald, Sachsen (Plauen) und das Fichtelgebirge (Seussener Syenit, Wölsauer Syenit). Berühmt ist der quarzführende Syenit, der in den Adirondacks (USA) vorkommt; er geht in untersättigtes Gestein über. In Italien ist der Syenit von Balma bekannt, der innerhalb des Plutons von Biella (Vercelli) eine Zone bildet. Er besteht aus Orthoklas, der durch feine Ilmenitblättchen auf den Spaltflächen violett gefärbt ist, mikroperthitisch und im Dünnschliff (vgl. Mikrophoto) an seinen Zwillingsbildungen zu erkennen ist. Dazu kommen noch prismatische Hornblendekristalle mit lebhaften Interferenzfarben, seltener Plagioklas in polysynthetisch verzwillingten Kristallen, Quarz und dazwischen Albit. Als häufiger Nebengemengteil tritt Titanit auf. Syenite gehören zu den seltenen Gesteinen, sie kommen in geringen Mengen vor und sind genau untersucht worden, da sie innerhalb von Magmatischen Gesteinen als Besonderheit auftreten.
**Verwendung** Syenit wird in Form von polierten Platten im Baugewerbe häufig verwendet. Er ist allerdings oft nur schwer in größeren Mengen und einheitlicher Farbe zu bekommen. Syenit aus Balma ist im Handel unter der Bezeichnung Biella-Granit bekannt. Syenit kommt zum Teil zusammen mit wichtigen Lagerstätten seltener Erze vor (Nephelin-Syenit-Pegmatite).

Syenit (ca. × 1). Balma (Vercelli), Italien.

Mikrophoto eines Dünnschliffs des obigen Gesteins (ca. × 20; gekreuzte Nicols).

## 282 ALKALI-SYENIT

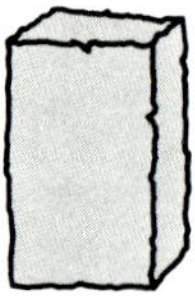

**Art** Magmatisches Intrusivgestein
**Chemismus** Quer/intermediär
**Gemengteile** *Hauptgemengteile:* perthitischer Alkalifeldspat; *Nebengemengteile:* Quarz, Plagioklas (Albit), Olivin, Ägirinaugit-Pyroxen, Titanit, Orthit, Pyrrhotin, Eisenoxid; *Übergemengteile:* Anorthoklas, Nephelin.
**Merkmale** Hell- bis dunkelgrau mit bläulichem Schimmer; körnige, hypidiomorphe Struktur mit grober Körnung; massige Textur mit Übergängen zu Fließtextur.
**Entstehung und Vorkommen** Kleine Massen, oft Lakkolithe oder Sills, im Innern oder am Außenrand von syenitischen und monzonitischen Massen. Das Gestein bildet sich durch regionale Differentiation.
**Fundorte** Das Gestein kommt vor allem in Südnorwegen (*Larvikit*) und Mittelnorwegen (*Nordmarkit*) vor; es tritt aber auch an vielen Stellen in Grönland und Kanada auf.
**Verwendung** Als Zierstein im Baugewerbe vor allem in Form von polierten Platten. Larvikit ist im Handel als Heller Labrador verbreitet (Grabsteine).

---

## 283 MONZONIT

**Art** Magmatisches Intrusivgestein
**Chemismus** Intermediär
**Gemengteile** *Hauptgemengteile:* Kalifeldspat, Plagioklas (Labradorit), monokliner Pyroxen, Hornblende; *Nebengemengteile:* Quarz, Titanit, Biotit, rhombischer, titanhaltiger Pyroxen; *Übergemengteile:* Nephelin, Olivin.
**Merkmale** Sehr dunkelgrau, grünlich oder rötlich; massige Textur mit mittlerer Körnung, häufig deutliche Fließtextur; körnige, hypidiomorphe Struktur mit Plagioklas, der eher idiomorph ist und durch xenomorphe Alkalifeldspäte zementiert wird.
**Entstehung und Vorkommen** Kleine und lakkolithartige Intrusivkörper oder Sills, die meist nicht homogen sind; denn in ihrem Innern wechseln sich basische mit sauren Zonen ab. Das Vorkommen von Monzonit weist oft auf regionale Umschmelzungen hin, die an Spalten oder tektonische Unruhezonen gebunden sind.
**Fundorte** Klassischer Fundort für Monzonit ist der epiplutonische Intrusionskörper des Monte Monzoni und von Predazzo (Trient/Italien); Monzonit kommt auch häufig im Pluton von Biella (Vercelli/Italien), in der Umgebung von Oslo (Norwegen) und in Colorado (USA) vor.
**Verwendung** Im Baugewerbe.

Polierte Larvikitplatte (ca. × 0,5). Larvik, Norwegen.

Monzonit (ca. × 1). Predazzo (Trient), Italien.

# 284 DIORIT

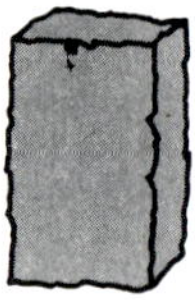

**Art** Magmatisches Intrusivgestein
**Chemismus** Intermediär
**Gemengteile** *Hauptgemengteile:* Plagioklas (zoniert, mit Zusammensetzungen von Andesin bis Bytownit; für die Bestimmung ist wichtig, daß bei Diorit der mittlere Anorthitgehalt im Plagioklas weniger als 50% beträgt), Hornblende; *Nebengemengteile:* Titanit, Orthit, Quarz; *Übergemengteile:* rhombischer und monokliner Pyroxen, Orthoklas, Biotit.

**Merkmale** In Massen dunkelgrau oder schwarzgrau; körnige, hypidiomorphe Struktur mit Übergang zu porphyrischer Struktur durch Bildung von tafeligem Plagioklas oder Hornblende in kurzen Prismen; Massige Textur mit feiner bis grober Körnung; häufig Übergang zu Fließtextur; Differentiationen nach Farbe und Korngröße sind häufig. Tritt z. T. auch mit sphäroidaler (schaliger) Struktur auf. Varietäten, die wenig Hornblende und andere färbende Mineralien enthalten, bezeichnet man als *Leukodiorite;* obwohl sie mit bloßem Auge betrachtet viel Ähnlichkeit mit Tonalit und Granodiorit zeigen, enthalten sie nicht mehr als 10% Quarz.

**Entstehung und Vorkommen** Tritt in begrenzten Mengen zusammen mit granitischen und granodioritischen Plutonen auf; sowie auch am Außenrand von Gabbromassen. Diorit ist ein seltenes Gestein, das häufig durch Hybridisierung von sowie durch Differentiation aus basischerem Gestein entsteht. Sehr viele Gesteine, die man früher als Diorite betrachtete (z. B. Gesteine, die aus der Umgebung von Ivrea und Varallo/Italien stammen), werden heute als Metamorphite mittleren bis hohen Grades bezeichnet.
**Fundorte** Diorite sind in den herzynischen Massen Mitteldeutschlands weit verbreitet (Thüringen, Harz); außerdem tritt er im Schwarzwald und im Odenwald auf. Weitere Vorkommen gibt es in Rumänien, Finnland, Mittelschweden, Sandalo (Sondrio/Italien) und vor allem in einigen Plutonen der USA (Minnesota). Im Dünnschliff (siehe Mikrophoto) erkennt man prismatische, idiomorphe Plagioklase, die fast immer polysynthetisch verzwillingt sind und manchmal Zonierung zeigen; außerdem Amphibolprismen mit lebhaften Interferenzfarben; Quarzkörner, die an den Rändern den Amphibol z. T. verdrängen sind selten. Daneben gibt es große Biotitplatten mit lebhaften rötlichen oder grünlichen Interferenzfarben. Der in Malannaggio gefundene Diorit (Val Chisone/Italien) weist eine schwache Metamorphose auf.
**Verwendung** Polierte Platten werden im Baugewerbe verwendet; daneben Nutzung als Randsteine, Schotter sowie Grabsteine.

Diorit (ca. × 1). Sondalo (Sondrio), Italien.

Mikrophoto eines Dünnschliffs des obigen Gesteins (ca. × 15; gekreuzte Nicols).

# 285 GABBRO

**Art** Magmatisches Intrusivgestein
**Chemismus** Basisch
**Gemengteile** *Hauptgemengteile:* Plagioklas (Labradorit-Bytownit; bei Gabbro muß der mittlere Gehalt an Anorthitmolekülen im Plagioklas höher als 50% sein), monokliner Pyroxen (Diallag); *Nebengemengteile:* Ilmenit, Hämatit und Apatit; außerdem können grüne und braune Amphibole enthalten sein.
**Merkmale** In Massen hellgrün oder graugrün; sehr heterogen; körnige, hypidiomorphe Struktur, die in die porphyrische Struktur des Diallag übergeht; massige Textur mit grober Körnung; häufig jedoch mit Bänderung, die durch Unterschiede in der Körnung oder anteilmäßigen Verteilung der Gemengteile zu erkennen ist. Die helle Farbe und die grünen, manchmal sogar smaragdgrünen Flecken sind für viele Gabbroarten charakteristisch; die helle Farbe ist auf eine retrograde Metamorphose zurückzuführen, die zur Saussuritisierung des Plagioklas (Umwandlung in Klinozoisit, Albit, Calcit) und einer Umwandlung von Diallag in Chlorit und Omphacit geführt hat.
**Entstehung und Vorkommen** Das Gestein ist für eine ophiolithische Gruppierung charakteristisch, in der es den mittleren Horizont zwischen der ultrabasischen Unterschicht (die sich wahrscheinlich direkt aus der Mantelschicht gebildet hat) und der Basaltlava an der Erdoberfläche darstellt.
**Fundorte** Das Gestein kommt in Kalifornien (USA), auf Cypern,in Griechenland, in der Türkei und auf den Sundainseln vor. Sehr häufig ist es im nördlichen Apennin (Ligurien, Toskana, Emilia/Italien), wo es zusammen mit ultramafischen Gesteinen und Kissenlava auftritt. Dünnschliffe (siehe Mikrophoto) zeigen Diallagkristalle und viele kleine, xenomorphe Einschlüsse von opaken Mineralien auf den Spaltflächen, eingebettet in eine grobkörnige Masse mit dicäken Plagioklaskristallen, die starke Umwandlung zu Serizit zeigen. Gabbro gibt es auch mehr oder weniger metamorphisiert (Gabbro mit Samragdit, Metagabbro) entlang des Alpenbogens, besonders in Monviso, Val di Susa, am Mont Genèvre (Italien), Zermatt (Schweiz) etc.
**Verwendung** Gabbros werden im Baugewerbe nur wenig verwendet (Schotter, Pflastersteine). Man findet sie gelegentlich zusammen mit Kupfererz-Lagerstätten. Dies ist zum Beispiel in Ligurien (Libiola/Italien) und auf Zypern der Fall.

Gabbro (ca. × 1). Braccopaß (La Spezia), Italien.

Mikrophoto eines Dünnschliffs des obigen Gesteins (ca. × 15; gekreuzte Nicols).

# 286 OLIVIN-GABBRO

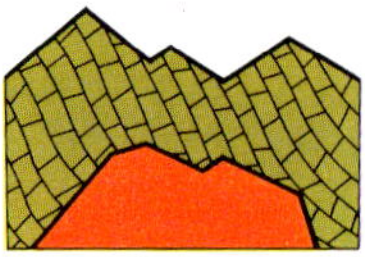

**Art** Magmatisches Intrusivgestein
**Chemismus** Basisch
**Gemengteile** *Hauptgemengteile:* Plagioklas (Labradorit-Anorthit; mittlerer Gehalt von Anorthitmolekülen im Plagioklas muß mehr als 50% betragen), Olivin, monokliner Pyroxen; *Nebengemengteile:* Ilmenit, Chromit, Magnetit, Apatit, Pyrrhotin, Titanit, Rutil, Korund; *Übergemengteile:* brauner Amphibol, Granat, Biotit, Spinell.
**Merkmale** Ist in Massen sehr dunkel, graugrün oder graubraun und manchmal auch grau-violett, wenn der Gehalt an Titanmineralien hoch ist. Die Struktur ist körnig, hypidiomorph bis idiomorph mit mittlerer Körnung und manchmal Aggregaten von farbigen Mineralien. Häufig sind Säume, die den Olivin umgeben; sie bestehen aus Tremolit, Pyroxen und strahligen Spinellaggregaten sowie Kumulate, d. h. Anhäufungen von Mineralkörnern, die sich aus Olivin gebildet haben und unter dem Einfluß der Schwerkraft auf den Grund der Magmenkammer gesunken sind, wo sie sich wie ein Sediment abgelagert haben.
**Entstehung und Vorkommen** Begrenzte Vorkommen in größeren Intrusionen als Differentiate basischen bis vorwiegend ultrabasischen Gesteins, häufig deutlich geschichtet.
**Fundorte** Der Dünnschliff (siehe Mikrophoto) zeigt neben mehrfach verzwillingtem Plagioklas Olivinkerne (mit hohen Interferenzfarben), die von einem Kranz aus Orthopyroxen umgeben sind. Dieser Kranz ist durch eine verlangsamte magmatische Reaktion mit der Restschmelze gebildet worden. Forellenstein ist Plagioklas mit färbendem Olivin oder Serpentin (er kommt im Harz vor), während *Allallinit* ein in Schiefer umgewandelter Olivingabbro ist, der sich durch Metamorphose bei sehr hohen Temperaturen gebildet hat, wobei Omphacit, Talk und Cyanit entstehen. Man findet ihn in den Westalpen (Zermatt/Schweiz) und in Sulitelma (Norwegen). Es gibt auch Varietäten mit schaliger Struktur. Häufig kommt das Gestein in den großen, schichtförmigen Intrusionen im Bushveld (Südafrika), in Stillwater und Duluth (USA), in Sudbury und Muskox (Kanada) vor, in Verbindung mit wichtigen Erz-Lagerstätten.
**Verwendung** Wird selten als Baustein verwendet. Nur wenige Varietäten bilden eine Ausnahme, wie z. B. SKF 1 aus Schweden. Es handelt sich hierbei um eine Amphibolvarietät mit großem Gehalt von Ilmenit und von fast schwarzer Farbe. Oft in Verbindung mit wichtigen Chrom-, Nickel-, Kobalt-, Eisen- und Platin-Lagerstätten. Das Gestein ist wichtig zur Gewinnung von Olivin.

Olivin-Gabbro (ca. × 1). Sondalo (Sondrio), Italien.

Mikrophoto eines Dünnschliffs des obigen Gesteins (ca. × 15; gekreuzte Nicols).

## 287 ORTHOPYROXEN-GABBRO Norit

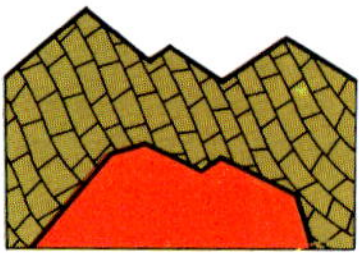

**Art** Magmatisches Intrusivgestein
**Chemismus** Basisch
**Gemengteile** *Hauptgemengteile:* Plagioklas mit einem mittleren Anorthitgehalt über 50% (Labradorit-Bytownit), rhombischer und monokliner Pyroxen; *Nebengemengteile:* Olivin, Ilmenit, Apatit, Hämatit, Pyrrhotin; *Übergemengteile:* Biotit, Hornblende, Cordierit.
**Merkmale** Dunkelgrau, körnige, hypidiomorphe oder automorphe, häufig fluidale Textur; massige Textur mit Bänderung; mittelgroße Körnung.
**Entstehung und Vorkommen** Kleine, differenzierte Massen zwischen plutonischen, basischen oder ultrabasischen Ablagerungen; häufig auch in schichtartigen, z. T. syntektischen Horizonten.
**Fundorte** Ausgedehnte, schichtförmige Norite gibt es im Bushveld (Südafrika), in Sudbury (Kanada), in Stillwater (USA) und in Norwegen (Hyperit). In Italien kommen plutonische Norite nur im Gabbro von Sondalo (Sondrio) und im Apennin (Emilia) vor.
**Verwendung** Norit tritt häufig in Verbindung mit nickelführenden Pyrrhotin-Lagerstätten auf.

---

## 288 ANORTHOSIT

**Art** Magmatisches Intrusivgestein
**Chemismus** Basisch
**Gemengteile** *Hauptgemengteile:* Plagioklas (Labradorit-Bytownit); *Nebengemengteile:* Pyroxen, Olivin, Amphibol, Chromit, Magnetit, Ilmenit; *Übergemengteile:* Granat.
**Merkmale** Hellgrau, rötlich bis violett oder grün; körnige Struktur mit tafeligen, länglichen Plagioklasen; richtungslos körniges, bis teilweise schiefriges Gefüge.
**Entstehung und Vorkommen** In Massen als Plutone, die meist Teile einer Schichtfolge sind; die Vorkommen sind zum Teil sehr groß und vor allem in präkambischem Gestein verbreitet.
**Fundorte** Kommt häufig in Kanada und Norwegen, in Brasilien, Südafrika und in den USA (Adirondacks und Minnesota) vor; in Deutschland (Sachsen) in Verbindung mit kristallinen Schiefern. Anorthosit ist oft metamorphisiert und bildet sich besonders schön um Granat aus.
**Verwendung** Dunkel getönter Labrador mit starker Schillerung, die durch Plagioklaskristalle hervorgerufen wird, gilt im Bauwesen als sehr geschätzter Zierstein. Man verwendet ihn in Form von Platten und Blöcken. Manche Anorthosite werden auch zur Herstellung von basischen, feuerfesten Stoffen gebraucht.

Norit (ca. × 1). Apennin (Emilia), Italien.

Polierte Labradorplatte (ca. × 1). Norwegen.

# 289 FOID-SYENIT
## Syenit mit Feldspatvertretern

**Art** Magmatisches Intrusivgestein
**Chemismus** Basisch (untersättigt)
**Gemengteile** *Hauptgemengteile:* Kalifeldspat (mit oder ohne Albit), Feldspatvertreter (Nephelin mit Sodalith oder Cancrinit usw.); *Nebengemengteile:* Plagioklas (Oligoklas-Andesin), Analcim, Ägirin, natriumhaltiger Amphibol, Enigmatit, Biotit, Fluorit, Eudialyth, Astrophyllit usw.
**Merkmale** Farbe hellgrau, manchmal auch rosa oder grün; hypidiomorphe, oftmals porphyrische Struktur. Massige Textur mit unterschiedlicher Körnung und häufigem Übergang zu Fließgefüge.
**Entstehung und Vorkommen** Kleine Massen, Gänge und Linsen mit Syenit und alkalischem Gestein, die z. T. durch Hybridation entstanden sind.
**Fundorte** Das Gestein ist besonders innerhalb des Baltischen Schilds (Finnland, Schweden, Halbinsel Kola) und im Kanadischen Schild (besonders in Ontario und Bancroft; in Maine, bei Litchfield; in Grönland bei Didro) häufig. Es gibt zahlreiche Varietäten.
**Verwendung** Das Gestein kommt zusammen mit seltenen Elementen (Rubidium, Caesium, Thorium, Uran usw.) vor. Interessant für Mineraliensammler.

---

# 290 ESSEXIT

**Art** Magmatisches Intrusivgestein
**Chemismus** Basisch
**Gemengteile** *Hauptgemengteile:* Plagioklas (Labradorit), Orthoklas, Pyroxen (Augit, Titanaugit), Biotit, Amphibol (Barkevikit); *Nebengemengteile:* Olivin, Apatit, Magnetit, Titanit; *Übergemengteile:* Nephelin, Sodalith, Cancrinit.
**Merkmale** Dunkelgrau bis schwarz-massige Textur mit kleinen, idiomorphen Plagioklasen in hypidiomorpher, feinkörniger Grundmasse; zeigt Tendenz zur Fließtextur.
**Enstehung und Vorkommen** Kleine Plutone oder subvulkanische Ablagerungen; außerdem in differenzierten Randbereichen von Gabbroplutonen. Gelegentlich auch in Blöcken, die in Lavaergüssen eingelagert sind.
**Fundorte** Die Benennung des Gesteins geht auf Essex County in Massachusetts (USA) zurück. Typischer sind die Vorkommen in Böhmen (CSSR), in Schottland und in der Provinz Quebec (Kanada). Essexit gibt es in Italien bei Predazzo-Monzoni (Trient) und in Blöcken am Monte Somma (Vesuv). Der Theralith von Böhmen (CSSR) und Schlesien oder der Shonkinit aus Montana (USA) sind eine natriumreiche Variante.
**Verwendung** Das Gestein kommt gelegentlich zusammen mit seltenen Mineralien vor. Interessant für Mineraliensammler.

Foid-Syenit (ca. × 1). Bancroft, Kanada.

Essexit (ca. × 1). Rongstock, CSSR.

# 291 PYROXENIT

**Art** Magmatisches Intrusivgestein
**Chemismus** Ultrabasisch
**Gemengteile** *Hauptgemengteile:* Pyroxen (monoklin oder rhombisch); *Nebengemengteile:* Olivin, Hornblende, Chromit, Magnetit, Pyrrhotin, Biotit, Plagioklas, Ilmenit, Granat, Apatit.
**Merkmale** Dunkelgrün, dunkel kastanienbraun oder schwarz. Körnige, hypidiomorphe bis idiomorphe Struktur; massige Textur mit grober Körnung. Manchmal nehmen die Körner durch Ablagerung nach ihrem Gewicht infolge der Schwerkraft eine Lagerung in Schichten ein.
**Entstehung und Vorkommen** Pyroxenit kommt in kleinen, unabhängigen Intrusionen von gangartigem Aussehen oder horizontal lagernd, im Innern von Kumulaten vor, die sich zwischen den unten liegenden Peridotiten und dem oben lagernden Gabbro befinden.
**Fundorte** Pyroxenit ist nicht sehr häufig und sehr differenziert. Am verbreitetsten ist *Websterit*, in dem rhombischer und monokliner Pyroxen, Chromit und manchmal auch Granat enthalten sind. Er kommt vor allem in Webster (Nordkarolina/USA) vor. Man findet ihn auch bei Ivrea (Italien). Varietäten, die nur rhombischen Pyroxen enthalten, heißen *Bronzitite;* zusammen mit Gabbro (Sondalo/Italien) und in den Monzoniten in Predazzo (Trient). Varietäten mit nur monoklinem Pyroxen nennt man *Diallagit;* sie kommen häufig in Monzonit (Malgola, Trient/Italien) vor (siehe Dünnschliffphoto). Sie sind auch in ophiolitischen Gesteinsfolgen zusammen mit Lherzolith in den Ostalpen und im Apennin vertreten. Klinopyroxenit mit Spinell, manchmal auch mit titanhaltigem Amphibol und Granat sind die *Ariegite,* die in Bändern und Schichten im Peridot in den Pyrenäen, in Südspanien und in Marokko auftreten. Alle diese Varietäten kommen in Form von Knollen an manchen Stellen in Basalt eingebettet vor; besonders zu erwähnen ist die Insel Hawai, wo sie als Ablagerungsprodukte von Mineralien gedeutet werden, die sich frühzeitig im basaltischen Magma gebildet haben.
**Verwendung** Pyroxenit wird gelegentlich als Baustein verwendet.

Pyroxenit (ca. × 1). Malgola (Trient), Italien.

Mikrophoto eines Dünnschliffs des obigen Gesteins (ca. × 20; gekreuzte Nicols).

## 292 HORNBLENDIT

**Art** Magmatisches Intrusivgestein
**Chemismus** Ultrabasisch
**Gemengteile** *Hauptgemengteil:* Hornblende; *Nebengemengteile:* Olivin, rhombischer oder monokliner Pyroxen, Magnetit, Chromit, Pyrrhotin.
**Aussehen** Hornblendit ist dunkelgrün bis schwarz; er besitzt eine körnige, idiomorphe, häufig filzige Struktur; massige Textur, gelegentlich mit konzentrischen Zonen um einen Pyroxenitkern.
**Entstehung und Vorkommen** Linsen oder in Peridotit eingebettete Massen, auch am Außenrand von Gabbros; selten auf Gängen in Nephelin-Syenit.
**Fundorte** Hornblendit tritt in Linsen und Horizonten in verschiedenen Perioditen vor allem in den Pyrenäen, im Ural und in Kuba auf. *Pedrosit* ist ein alkalischer Hornblendit, der in Gängen auf der Halbinsel Kola (UdSSR) vorkommt. In Deutschland findet man das Gestein im Odenwald.
**Verwendung** Das Gestein hat keinen kommerziellen Wert.

---

## 293 DUNIT

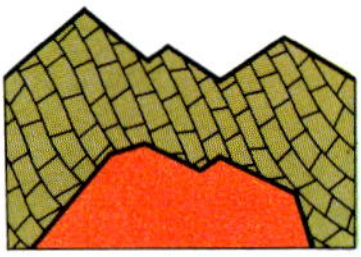

**Art** Magmatisches Intrusivgestein
**Chemismus** Ultrabasisch
**Gemengteile** *Hauptgemengteil:* Olivin; *Nebengemengteile:* Spinell, monokliner Pyroxen; *Übergemengteile:* Granat, Platin.
**Merkmale** Das Gestein ist häufig hellgrün; es ist hypidiomorph körnig, gelegentlich auch blastomylonitisch; massige Textur mit unterschiedlicher Körnung.
**Entstehung und Vorkommen** Linsen und manchmal ausgedehnte Massen in der Basis von Kumulaten.
**Fundorte** Dunit ist in den Alpen relativ selten; er tritt in manchen ophiolithischen Gesteinsfolgen auf (Voltri, Genua und Alessandria/Italien; Kraubath, Steiermark/Österreich). Große Vorkommen gibt es in Neuseeland (Dien Mts.) und vor allem im Bushveld/Südafrika und im Ural (UdSSR), wo Dunit als Muttergestein von Platin vorkommt. Daneben findet man Dunit in der Türkei; hier bildet er das Muttergestein von Chromit-Lagerstätten.
**Verwendung** An Dunit sind wichtige Erz-Lagerstätten gebunden, daher für Prospektion bedeutsam.

Hornblendit (ca. × 1). Valcamonica (Brescia), Italien.

Dunit (ca. × 1). Neuseeland.

## 294 LHERZOLITH

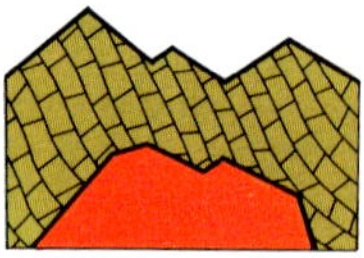

**Art** Magmatisches Intrusivgestein
**Chemismus** Ultrabasisch
**Gemengteile** *Hauptgemengteil:* Olivin, monokliner Pyroxen, rhombischer Pyroxen, grüner Spinell; *Nebengemengteile:* Pyrop, Hornblende.
**Merkmale** Gelbgrün bis bräunlich; körnig, hypidiomorph mit teilweise serpentinisiertem Olivin; massige Textur, manchmal mit Bänderung.
**Entstehung und Vorkommen** Zum Teil kommt Lherzolith in ausgedehnten Massen vor, die die Basis von Ophiolithen bilden und die wahrscheinlich durch Bewegungen zweier Schollen aus dem Erdmantel an die Oberfläche intrudieren konnten.
**Fundorte** Das Gestein findet sich in ausgedehnten Schollen in den Westalpen (Ivrea-Zone) und im nördlichen Apennin (Voltri, Genua und Alessandria; Zermatt/Schweiz), in Kalifornien (USA), in Kuba, Neukaledonien, im Sultanat Oman und auf Zypern. Kleine Ablagerungen gibt es in den Pyrenäen (Lherz/Frankreich), in Spanien und Marokko.
**Verwendung** Das Gestein kommt zusammen mit Nickel- und Chrom-Lagerstätten vor, daher wichtig für Prospektion.

---

## 295 PERIDOTIT

**Art** Magmatisches Intrusivgestein
**Chemismus** Ultrabasisch
**Gemengteile** *Hauptgemengteile:* Olivin, monokliner Pyroxen, rhombischer Pyroxen; *Nebengemengteile:* Chromit.
**Merkmale** Hell- oder dunkelgrün; körnige Struktur mit idiomorphem Olivin und dazwischengelagertem Pyroxen; Massige Textur; gelegentlich mit Zonierung und Horizonten, die mit Chromit oder Pyroxen angereichert sind.
**Entstehung und Vorkommen** Begrenzte Massen in Ophiolithen; große Schichttafeln an der Basis von Schichtfolgen, die sich in Richtung Gabbro differenziert haben.
**Fundorte** In den Alpen und im Apennin gibt es nur bescheidene Vorkommen (Matterhorn und in Mattarana bei La Spezia/Italien). Riesige Zonen im Bushveld (Südafrika), Stillwater (USA), in Sudbury und Muskox (Kanada) und im Ural (UdSSR).
**Verwendung** Das Gestein kommt überwiegend zusammen mit Lagerstätten von nickelführendem Pyrrhotin, Chromit, Platin und seltenen Mineralien vor, daher wichtig für Prospektion.

Lherzolith (ca. × 1). Lherz, Frankreich.

Peridotit (ca. × 1). Levanto (La Spezia), Italien.

# 296 GRANAT-PERIDOTIT

**Art** Magmatisches Intrusivgestein
**Chemismus** Ultrabasisch
**Gemengteile** *Hauptgemengteile:* Olivin, monokliner Pyroxen, rhombischer Pyroxen, Granat (Pyrop); *Nebengemengteile:* Spinell, Magnetit, Diamant, Graphit, Pyrrhotin.
**Merkmale** Das Gestein ist mittel- bis dunkelgrün, gefleckt und mit karmesinroten Punkten versehen, die aus Granat bestehen; körnige, hypidiomorphe Struktur, mit z. T. idiomorphem Granat. Der Granat bildet häufig Einsprenglinge aus. Massige Textur, infolge von Differentiation auch Bänderung, vom Granat oder monoklinem Pyroxen. Um den Granat herum bilden sich häufig durch Umwandlung Ringe aus Amphibol und Spinell, sog. ›kelyphitische Rinde‹.
**Entstehung und Vorkommen** Das Gestein tritt in begrenzten Ablagerungen in alten Festlandsmassen auf. Sie gelangten entlang von tiefgehenden, ehemaligen Verwerfungen an die Oberfläche, oder sind in den metamorphen Zonen der Granulitfazies eingeschlossen.
**Fundorte** Überwiegend kommt das Gestein in Westnorwegen, der CSSR (Böhmen und Mähren), in Schottland und in Kanada vor. Im Dünnschliff (siehe Mikrophoto) erkennt man in einer Grundmasse aus Olivin (mit lebhaften Interferenzfarben) große Granatkristalle, die von einem Ring aus faserigem Amphibol umgeben sind. Knolligen Granat-Peridotit findet man in Südafrika, Jakutien (UdSSR), Australien und Neuseeland (Kakanui). In den Alpen gibt es Granat-Peridotit in Gorduno (Kanton Tessin/Schweiz) und im Ultental (Südtirol/Italien).
**Verwendung** Das Gestein bildet das Muttergestein von Olivin; Olivin braucht man überwiegend zur Herstellung von feuerfesten Stoffen.

Granat-Peridotit (ca. × 1). Norwegen.

Mikrophoto eines Dünnschliffs des obigen Gesteins (ca. × 20; gekreuzte Nicols).

## 297 KIMBERLIT

**Art** Magmatisches Intrusivgestein, Ganggestein
**Chemismus** Ultrabasisch
**Gemengteile** *Hauptgemengteile:* Serpentin-Olivin, Phlogopit, Pyrop; *Nebengemengteile:* Pyroxen, Chromit, Ilmenit, Melilith, Diamant, Graphit, Calcit, Monticellit.
**Merkmale** Das Gestein besitzt eine schwarze, blaue, grünliche, im ungewandelten Zustand gelbe Färbung; körnige, porphyrische, fast konstant kataklastische Struktur (Intrusivbreccie); breccienartige Textur mit sehr unterschiedlicher Körnung, reich an Xenolithen.
**Entstehung und Vorkommen** Füllung von Schloten (Pipes), die sich bis in eine Tiefe von 100–200 km erstrecken können. Durch eine explosionsartige Förderung wurden Drücke und Temperaturen ermöglicht, die Graphit in Diamant umwandelten. Daneben kommt das Gestein in Gängen und auf Klüften vor.
**Fundorte** Besonders in Südafrika sind Kimberlite häufig; sie sind sehr berühmt (Kimberley, Roberts Victor, Taba Putsoa usw.). Außerdem gibt es Kimberlite in Jakutien (UdSSR) und in Arizona (USA). Verwandte Gesteine kommen in Schweden, Kanada, Kongo und z. B. in Sierra Leone vor.
**Verwendung** Kimberlit bildet das wichtigste Muttergestein für Diamanten. Daneben findet man klare Pyropkristalle (Kaprubin); in der Schmuckindustrie geschätzt.

---

## 298 GRIQUAIT

**Art** Magmatisches Intrusivgestein
**Chemismus** Ultrabasisch
**Gemengteile** *Hauptgemengteile:* monokliner Pyroxen (Omphacit, chromführender Diopsid), Granat (Pyrop); *Nebengemengteile:* Cyanit, Diamant, Graphit, Orthopyroxen, Korund.
**Merkmale** Farbe rot bis grün; körnige und idiomorphe bis hypidiomorphe, häufig kataklastische Struktur; massige Textur mit gelegentlicher Zonierung.
**Entstehung und Vorkommen** Griquait kommt in Form von kleinen Knollen in Kimberlit vor. Die Größe der Knollen beträgt maximal 50 cm. In Ausnahmefällen findet man ihn auch in Granat-Peridotit-Linsen.
**Fundorte** Griquait kommt immer zusammen mit Kimberlit in Südafrika, Jakutien (UdSSR), Arizona (USA) und in einigen Breccien in Australien und Neuseeland vor. Linsen aus Griquait hat man auch in der CSSR (Böhmen und Mähren) und in Österreich entdeckt.
**Verwendung** In Ausnahmefällen findet man in Griquait Diamanten. Das Gestein kann als Leitgestein bezeichnet werden.

Kimberlit (ca. × 1). Südafrika.

Griquait (ca. × 1,5). Südafrika.

# 299 ALKALI-RHYOLITH

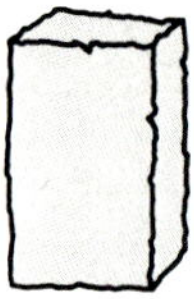

**Art** Magmatisches Effusivgestein

**Chemismus** Sauer

**Gemengteile** *Hauptgemengteile:* Quarz, Feldspat (Sanidin, Anorthoklas, Albit), natriumhaltiger, monokliner Pyroxen (Ägirinaugit), natriumhaltiger Amphibol (Riebeckit, Arfvedsonit); *Nebengemengteile:* Olivin, Gesteinsglas, Enigmatit.

**Merkmale** Die Farbskala reicht von hell (bläulich, grünlich, rötlich) bis dunkel (grün oder schwarz); porphyrische Struktur mit Einsprenglingen der wichtigsten Bestandteile in einer Grundmasse. Diese Grundmasse wird z. B. bei der Varietät *Pantellerit* von Anorthoklas, Ägirinaugit und Enigmatit (in der Varietät *Cossyrit*) geprägt; sie ist überwiegend glasig und enthält sehr wenig Quarz; die Varietät *Comendit* enthält als Charakteristika Sanidin und Na-Amphibole; sie ist sehr feinkörnig und mikropegmatitisch und enthält nur selten siliciumreiches Glas.

**Entstehung und Vorkommen** Das Gestein ist sehr selten und kommt nur in wenigen Ergüssen vor, die eine starke Na-Alkali-Differentiation erfuhren. Sie bilden sich wohl in anatektischem Magma oder durch Herbeitransport von Gemengeteilen eines Magmas mit niedriger Schmelztemperatur infolge eines Gasflusses.

**Fundorte** Klassischer Fundort für Pantellerit ist die Insel Pantelleria (Trapani/Italien); das Gestein tritt aber auch in Dancalia (Äthiopien), in Somalia und in der Riftzone Zentralafrikas (Uganda und Tansania) auf. Ihm entspricht der *Grorudit* aus Colorado (USA) und Norwegen, der aus Phenocrysten von mikroklinem Perthit und Ägirin in einer Grundmasse derselben mineralogischen Zusammensetzung mit Quarz besteht. Comendit findet man außer in Comende (Insel San Pietro und S. Antioco, Sardinien) auch in Dancalia, im zentralafrikanischen Rift Valley und in Korsika (Frankreich). Ihm ähnlich ist *Paisanit* aus Paisano Pass (Texas, USA), der Syenit durchdringt; dabei handelt es sich um ein Gestein mit porphyrischer Textur mit Einsprenglingen aus Kalifeldspat und Quarz sowie kleinen Amphibolknollen in feinkörniger Grundmasse, die ebenfalls aus Quarz und Kalifeldspat besteht.

**Verwendung** Das Gestein hat weder industrielle noch kommerzielle Bedeutung.

Pantellerit (ca. × 1). Pantelleria, Italien.

Comendit (ca. × 1). Insel San Pietro (Cagliari), Italien.

# 300 RHYOLITH Liparit

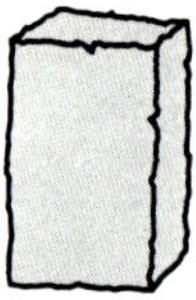

**Art** Magmatisches Effusivgestein

**Chemismus** Sauer

**Gemengteile** *Hauptgemengteile:* Quarz und Kalifeldspat (Sanidin); *Nebengemengteile:* Gesteinsglas, Biotit, Albit, Magnetit; *Übergemengteile:* Tridymit, Cristobalit, Amphibol, Pyroxen (Diopsid).

**Merkmale** Farbe hell; glasige Varietäten können auch vollkommen schwarz sein oder andere dunkle Farben aufweisen (Obsidian); die Struktur ist im allgemeinen porphyrisch mit idiomorphen, aber verwitterten Einsprenglingen; die Grundmasse kann ganz glasig (holohyalin), aber auch gleichartig kristallisiert oder granophyrisch etc. sein; die Textur ist sehr unterschiedlich; sie kann blasig (Bims) bis flüssig, perlithisch, sphärolithisch (schalig) und massig sein. Obsidiane zeigen einen charakteristischen muscheligen Bruch an den Rändern und sind teilweise durchsichtig.

**Entstehung und Vorkommen** Das Gestein bildet sich durch rasche Abkühlung eines granitischen Magmas, das sehr zäh ist; daher findet man es vor allem in Domen, Schloten, auf Gängen und seltener in eigentlichen Lavaergüssen. Lavaergüsse, die mit Wasser in Berührung kommen, zerbrechen leicht und zeigen eine kugelige Oberfläche mit winzigen, perligen Massen (Perlit).

**Fundorte** Rhyolith kommt in großen Mengen in Ungarn, in Rumänien, Ostafrika (dort vor allem in Dancalia/Äthiopien), in Kalifornien und Oregon (USA) und in Japan vor. Ein seltener Obsidian, der als Schmuckstein verwendet wird und der den Namen Schneeflockenobsidian trägt, stammt aus Utah (USA). Er enthält tafelige, weiße Sanidinkristalle, die in Büscheln angeordnet sind und reizvoll gegen die schwarze Grundmasse abstechen. In Italien findet man das Gestein besonders auf Lipari (Synonym ›Liparit‹), und in den Maremmen (Toskana, Campiglia Marittima). Der Dünnschliff (siehe Mikrophoto) läßt große, helle Kristalle aus idiomorphem Sanidin und kleinere, aber dafür klarere Quarzkristalle in einer feinkörnigen Grundmasse derselben Zusammensetzung mit wenigen farbigen Biotitblättchen erkennen. Obsidian führt der Rhyolith von Monte Arci in Sardinien.

**Verwendung** Erhitzter Perlit kann als ausgezeichnetes Material zur Schall- und Wärmedämmung im Bauwesen verwendet werden; Bimsstein wird zur chemischen Reinigung, zur Filtrierung, als weiches Schleifmittel sowie zur Herstellung von Leichtbausteinen verwendet; Obsidian wird zur Herstellung von Steinwolle gebraucht.

Rhyolith (ca. × 1). Euganeen (Padua), Italien.

Mikrophoto eines Dünnschliffs des obigen Gesteins (ca. × 20; gekreuzte Nicols).

# 301 QUARZPORPHYR

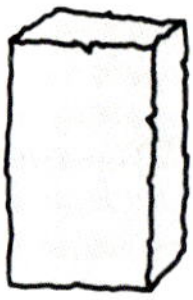

**Art** Magmatisches Effusivgestein
**Chemismus** Sauer
**Gemengteile** *Hauptgemengteile:* Quarz, Alkalifeldspat (Sanidin, Orthoklas, Albit), Biotit; *Nebengemengteile:* Hornblende, Plagioklas (Oligoklas-Andesin), Magnetit, Apatit, Zirkon, Molybdänit, außerdem Chlorit, Serizit, Calcit.
**Merkmale** Hellgrau, rosa, violett, mattrot; porphyrische Struktur mit mächtigen Einsprenglingen aus Quarz, die splittrig und zerbrochen sind, und aus Feldspat (letztere sind ebenfalls zerbrochen, aber abgerundet) in einer kieseligen mikrokristallinen Grundmasse, die z. T. auf eine Entglasung der dazwischenliegenden Gesteinsgläser zurückzuführen ist; massige Textur, die gelegentlich eine flammenartige Zonierung zeigt und reich an Hohlräumen (Miarolen) ist mit schönen, kleinen Quarz-, Feldspat-, Topas- und Fluorit- oder auch anderen Kristallen. Die Oberfläche ist sehr rauh. Dies gilt vor allem für die Varietäten, die zur Gänze entglast sind und aus diesem Grunde eine vollkommen mikrokristalline Grundmasse besitzen (*Felsit*).
**Entstehung und Vorkommen** Quarzporphyr wird als die prävulkanische Form des Rhyolith betrachtet, die sich bei großen Ergüssen und Explosionen gebildet hat und dann umgewandelt wurde. In Wirklichkeit handelt es sich dabei z. T. um Tuffe und Ignimbrite, die sich mit der Zeit wieder verfestigt haben, durch Rekristallisation; auch vulkanische Gase können allmählich zur Bildung geführt haben.
**Fundorte** Ausgedehnte Porphyrvorkommen gibt es in der Schweiz in der Umgebung von Lugano, in Kanada und in den USA, wo das Gestein z. T. umgewandelt ist und die Bezeichnung Dalmazianit trägt. Vorkommen in Deutschland gibt es in Westfalen, im Harz, Thüringen und Sachsen. In Italien findet man Quarzporphyr vor allem im Avisiotal, im Etschtal und im Eisacktal (Bozener Porphyrplatte, Bozener Porphyr). Der Bozener Porphyr ist ein vulkanischer Erguß, in dem sich Porphyr mit Tuffbänken abwechseln, die dieselbe Zusammensetzung und dieselbe Entstehungsgeschichte aufweisen, daher sind beide einander im Aussehen sehr ähnlich, sie besitzen eine Mächtigkeit von 400 bis 1500 m und nehmen eine Fläche von 3000 km$^2$ ein. Im Bozener Porphyr (siehe Mikrophoto) erkennt man große, gebuchtete und zerbrochene Quarzkristalle, vereinzelt idiomorphen Feldspat, der allerdings starke Umwandlung zeigt, kleine Biotitblättchen in lebhaften Interferenzfarben, in einer feinkörnigen Grundmasse. Das Gestein kommt auch in Form von bedeutenden Ergüssen in den triassischen Gesteinen in der Toskana und auf der Insel Elba (Italien) vor.
**Verwendung** Quarzporphyr wird als Bau- und Zierstein verwendet; er eignet sich auch besonders gut für den Straßenunterbau und als Pflasterstein, als Mühlstein und Schotter. Mit ihm zusammen kommen in Europa Uran-Lagerstätten (Novazza, Bergamo; Lurisia, Cuneo/Italien) und Molybdän (Trient) vor; in Amerika trifft man ihn zusammen mit Pyrit-Lagerstätten, die häufig Kupfer enthalten (›porphyry copper ores‹) und wirtschaftlich sehr bedeutend sind.

Quarzporphyr (ca. × 1). Bozen, Italien.

Mikrophoto eines Dünnschliffs des obigen Gesteins (ca. × 15; gekreuzte Nicols).

## 302 DAZIT

**Art** Magmatisches Effusivgestein
**Chemismus** Intermediär
**Gemengteile** *Hauptgemengteile:* Plagioklas (mit Zonarbau, und einer Zusammensetzung aus Labradorit und Oligoklas), Quarz, Biotit, braune Hornblende; *Nebengemengteile:* Sanidin, Pyroxen (rhombisch und monoklin), Gesteinsglas.
**Merkmale** Mittelgrau; porphyrische Struktur mit Einsprenglingen in einer aphanitischen, holokristallinen, gleichkörnigen Masse, die, wenn auch Gesteinsglas vorhanden ist, hyalopilitisch sein kann. Massige bis deutliche Fließtextur.
**Entstehung und Vorkommen** Lavadecken, Apophysen, Gänge und Dome von eher bescheidenen Ausmaßen, häufig an Stellen mit erhöhter Temperatur innerhalb oder am Rande von Gesteinstafeln.
**Fundorte** Das Gestein kommt besonders häufig in Siebenbürgen (Rumänien, Ungarn und Jugoslawien haben an dieser Landschaft Anteil) vor, wo auch der Name Dazit (Dacia) herstammt. Außerdem findet man Dazit in den Anden, auf den karibischen Inseln, am Puy de Dôme (Frankreich) und in Nordwestsardinien (Italien).
**Verwendung** Das Gestein besitzt keinen wirtschaftlichen Wert.

---

## 303 LATIT

**Art** Magmatisches Effusivgestein
**Chemismus** Intermediär
**Gemengteile** *Hauptgemengteile:* Sanidin, Plagioklas (mit Zonarbau und einer Zusammensetzung von Labradorit bis Andesin), Augit, Hornblende (braun); *Nebengemengteile:* Anorthoklas, Olivin, Feldspatoid.
**Merkmal** Grau, manchmal mit rosa, grünen oder braunen Farbtönen; porphyrische Struktur mit überwiegend glasiger und untergeordnet feinkörniger bis filziger Grundmasse. Massige Textur mit Übergängen zu Fließtextur.
**Entstehung und Vorkommen** Ergüsse, Gänge und kleine Apophysen in tektonisch stabiler Umgebung; bildet sich wohl aus anatektischem Magma bei hoher Temperatur in begrenzten Zonen.
**Fundorte** Das Gestein ist nicht sehr häufig. Man findet Latit am Puy de Dôme (Frankreich), im Siebengebirge, auf den Inseln im Atlantischen Ozean (Kanarische Inseln und Azoren), in den USA, (Elkhorn Mountains/Montana, Sierra Nevada/Kalifornien) und in Italien (Tolfa/Latium).
**Verwendung** Latit besitzt keinerlei kommerziellen Wert.

Dazit (ca. × 1). Siebenbürgen, Rumänien.

Latit (ca. × 1). Roccamonfina (Caserta), Italien.

# 304 TRACHYT

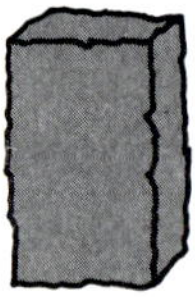

**Art** Magmatisches Effusivgestein

**Chemismus** Intermediär

**Gemengteile** *Hauptgemengteile:* Sanidin, Plagioklas (Andesin-Labradorit), Biotit; *Nebengemengteile:* Amphibol, Pyroxen, Magnetit, Apatit, Melanit, Zirkon, Titanit, Gesteinsglas.

**Merkmale** Weiß, hellgrau, gelblich, grünlich oder rötlich; deutliche porphyrische Struktur mit Einsprenglingen aus Biotit und Sanidin in einer Grundmasse aus kleinen längs angeordneten Reihen aus Sanidin und Albit, die parallel der Fließbewegung um die Einsprenglinge zu erkennen sind; massige Textur mit Übergang zu Fließtextur; Handstücke haben eine rauhe Oberfläche, die dem Gestein den Namen verlieh.

**Entstehung und Vorkommen** Ergüsse, Gänge und Apophysen geringerer Ausdehnung; kommt häufig in enger Verbindung mit Alkalibasalten aus Gebieten, in denen keine Orogenese stattfand, vor. Aus ihnen entwickelt sich das Gestein durch Rekristallisation. Trachyt tritt auch auf Vulkaninseln mitten im Ozean immer zusammen mit basaltischem, alkalischem Magma auf und in Gebieten, wo es zu einer starken Anreicherung an Kalium gekommen ist.

**Fundorte** Trachyt ist das Effusivgestein, das Syenit entspricht. Ebenso wie bei Syenit unterscheidet man einfachen oder Alkalikalktrachyt und Alkalitrachyt. Alkalikalktrachyt gibt es in Ungarn, Neuseeland, auf Inseln im Pazifischen Ozean (Tahiti) und im Atlantik (St. Helena, Ascension). In Italien tritt er besonders in den Euganeen und auf Sardinien (Torralba) auf. Der hier gefundene Trachyt (siehe Mikrophoto) besitzt große Kristalle aus Kalifeldspat mit glasigem Rand in einer Grundmasse, die aus Sanidin, gelbem Biotit und undurchsichtigen Mineralien besteht. Alkali(Kalium-)arten sind auf der italienischen Apenninenhalbinsel weit verbreitet; man findet sie zusammen mit Latit und Basanit und sie werden als *Toskanit* (Monte Amiata – Lago di Bracciano), *Vulsinit* (Bolsenasee) und *Ciminit* (Lago di Vico) bezeichnet. Auch noch weitere, differenziertere Varietäten sind von der Insel Ischia, von Ponza und aus Montiferru (Sardinien) bekannt. Manche dieser Varietäten sind deutlich untersättigt, sie enthalten Feldspatoide (Sodalith, Nosean, Hauyn) und besonders Leucit (*Orvietit* und *Vicoit*). Alkalitrachyt gibt es auch am Puy de Dôme (Frankreich), in Schottland und im Siebengebirge, in der Eifel, im Odenwald und im Westerwald.

**Verwendung** Trachyt ist ein ausgezeichneter Baustein, der in Platten und Pflastern verwendet wird, er ist allerdings nur schwer zu polieren. Man benutzt ihn auch im Baugewerbe für Außenfassaden.

Trachyt (ca. × 1). Euganeen (Padua), Italien.

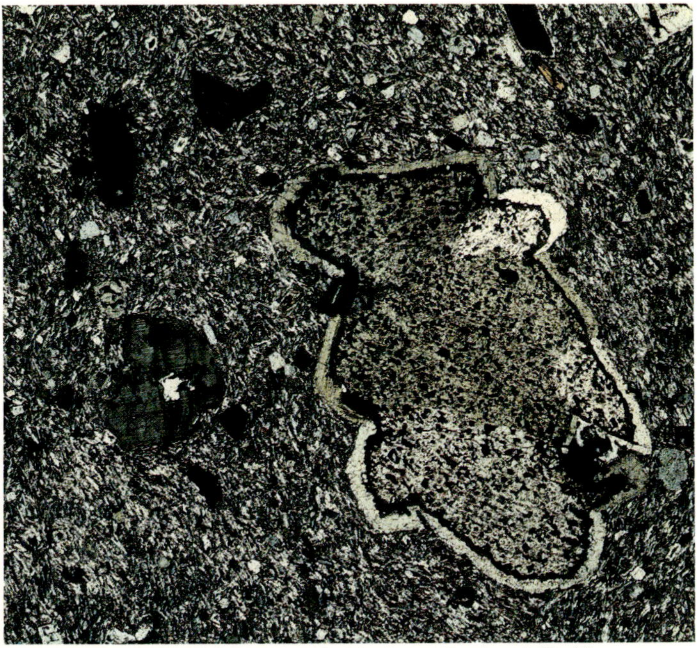
Mikrophoto eines Dünnschliffs des obigen Gesteins (ca. × 15; gekreuzte Nicols).

# 305 ANDESIT

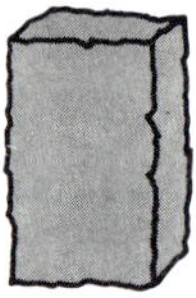

**Art** Magmatisches Effusivgestein
**Chemismus** Intermediär
**Gemengteile** *Hauptgemengteile:* Plagioklas (Labradorit-Andesin; im Unterschied zu Basalt muß der Molekulargehalt an Anorthit unter 50% sein), Biotit; *Nebengemengteile:* Quarz, Hornblende, Pyroxen, Gesteinsglas; *Übergemengteile:* Olivin, Orthoklas, Anorthoklas, Eisenoxide.
**Merkmale** Braunschwarz oder grün, vor allem bei vorwiegend glasiger Grundmasse; deutlich porphyrische Struktur, aus der Plagioklas und Biotit in der glasigen Masse hervorstechen; auch sehr feinkörnig mit hypidiomorphem Plagioklas. Massige Textur; manchmal wechseln Farbe und Körnung sprunghaft; Fremdeinschlüsse kommen häufig vor.
**Entstehung und Vorkommen** Lavaergüsse und Dome, die man überwiegend in tektonischen Unruhezonen zusammen mit Basalt findet. Eine wahre »Andesitreihe« aus Tausenden von Vulkanen umsäumt den gesamten Pazifischen Ozean; sie entspricht den Unterströmungen der hauptsächlich basaltischen Tiefseetafel unter den einzelnen Festlandstafeln. Andesit bildet sich durch einen Schmelzvorgang in großer Tiefe; das Magma tritt dann rasch durch Förderschlote zutage. Andesit bildet sich aus dem ursprünglich basaltischen Muttermagma, das wohl mit sialischem Material vom Festland in Kontakt gekommen ist. Dabei kommt es zu einer Veränderung in der chemischen Zusammensetzung, die durch den hohen Wasserdruck verursacht wird. Auch in den Kettengebirgen der Alpen und des Himalayas ist das Gestein häufig.
**Fundorte** Die größten Vorkommen gibt es in den südamerikanischen Anden und in Mittelamerika (Mexiko, Guatemala, Costa Rica, Martinique); außerdem kommt vulkanischer Andesit in Japan, in Indonesien und in Malaysia vor. In bedeutenden Mengen tritt er auch im Elbrus (Iran) und Taurus (Türkei) auf, die sich in der Ägäis und in Siebenbürgen fortsetzen (Rumänien). In Italien kommt glimmer- und amphibolhaltiger Andesit in einer bestimmter Lava der Euganeen und der Insel Lipari vor; Pyroxen enthält der Andesit, der auf den Äolischen Inseln, am Ätna und in Nord- und Mittelsardinien (Alghero-Monte Arci) vorkommt. Der Dünnschliff (siehe Mikrophoto) zeigt deutlich idiomorphe Kristalle mit Zwillingsbildungen von Plagioklas, Biotitblättchen, manchmal mit Ausscheidungen von rohem Hämatit an den Rändern, tiefgründig verwittertem Amphibol in einer teilweise glasigen Grundmasse mit winzigen Plagioklasen, der die Andeutung einer Fließtextur zeigt. Eine stark von vulkanischen Gasen beeinträchtigte Varietät ist *Propylit;* er ist grün, da er viel Chlorit anstelle von Hornblende und Biotit enthält. Man findet diese Varietät in Siebenbürgen (Rumänien), in Kanada und in den USA zusammen mit Kupfer-Lagerstätten.
**Verwendung** An Vorkommen von vulkanischem Andesit sind die sog. ›porphyry copper ores‹ gebunden. Die Andesitvorkommen im Pazifik sind wichtig zum geologischen Verständnis unserer Erde. Andesit wird zum Teil als Baumaterial verwendet.

Andesit (ca. × 1). Euganeen (Padua), Italien.

Mikrophoto eines Dünnsschliffs des obigen Gesteins (ca. × 15; gekreuzte Nicols).

# 306 BASALT

**Art** Magmatisches Effusivgestein
**Chemismus** Basisch
**Gemengteile** *Hauptgemengteile:* Plagioklas (Labradorit-Bytownit; der mittlere Anorthitgehalt beträgt über 50%), Pyroxen (oft titanführender Augit, Pigeonit, Hypersthen); *Nebengemengteile:* Magnetit, Hämatit, Ilmenit, Apatit und Quarz; *Übergemengteile:* Gesteinsglas, Olivin, Amphibol, Biotit.

**Merkmale** Sehr dunkelfarben bis schwarz; die Farbe kann nach braun wechseln und in durch Oxidation umgewandelten Ergüssen auch rot sein; holokristalline bis hypokristalline und z. T. ganz glasige Struktur; meist feine Körnung mit wenigen Einsprenglingen aus Plagioklas, Pyroxen und Olivin. Die Grundmasse ist intersertal bis subophitisch. Die Textur kann massiv sein (mit großen mehrseitigen Säulen, die beim Erkalten entstehen), sie kann schlackig, blasig, strickartig sein und viele Hohlräume aufweisen, die oft von Zeolith und Carbonaten wieder angefüllt wurden. Auch kissenförmige Texturen (siehe Photo) sind bekannt; es sind rundliche Formen mit einem zentralen massigen Kern, subophitischer Struktur und einer mandelartigen Rinde; die kleinen Hohlräume sind mit sekundären Mineralien ausgefüllt. Kommt Basalt in Berührung mit Süßwasser oder Meerwasser geringer Tiefe, so kühlt er sich plötzlich ab. Es entstehen vollkommen glasige Gesteine mit vielen Brüchen, die wieder miteinander verkittet werden. Man nennt sie Hyaloklastit (siehe Photo S. 491); sie bestehen fast nur aus braunen Splittern von Palagonit. Dies ist ein Glas mit basischer Zusammensetzung, aus dem sich durch Umwandlung feine Aggregate entwickeln, die überwiegend aus Chlorit bestehen. Die Färbung wird dabei grün. Viele Basalte enthalten Bruchstücke anderer Gesteine (enallogene Einschlüsse), die z. T. während des Aufsteigens des Magma von den Schlotwänden losgerissen wurden. Zum Teil handelt es sich dabei aber auch um Reste von basischen Intrusivgesteinen (Lherzolith), aus denen der Basalt durch Differentiation beim Schmelzvorgang entstanden ist.

**Entstehung und Vorkommen** Basalt ist das häufigste Effusivgestein. Er tritt in sehr ausgedehnten Vorkommen an der Erdoberfläche auf (Trapps), die aus sehr tiefen Spalten stammen. Man findet Basalt auch in Decken, auf Gängen, Linsen und an Vulkankegeln zusammen mit vulkanischer Schlacke. Von großer Bedeutung und sehr ausgedehnt sind die untermeerischen Ergüsse, die fast immer Kissenstruktur (Pillows) zeigen, und aus linienhaften Spalten, die bis zum Erdmantel reichen, stammen. Tholeiitbasalte haben eine andere chemische Zusammensetzung; sie enthalten keinen Olivin, aber Quarz und weisen einen hohen Eisen- und Titangehalt auf. Chemisch verschieden sind auch die Alkalibasalte mit oft hohem Olivingehalt, wenig Eisen und Titan, aber angereichert mit Natrium. Tholeiit(-basalt) ist weiter verbreitet und bildet die Basalte mit Kissenstruktur sowie in den meisten Fällen auch die Trapps. Man betrachtet ihn als das eigentliche Muttermagma, das sich fast vollständig aus der basischen Substanz unseres Erdmantels gebildet hat und nur einen

Olivin-Basalt (ca. × 1). Ätna, Italien.

Mikrophoto eines Dünnschliffs des obigen Gesteins (ca. × 15; gekreuzte Nicols).

verarmten, ultrabasischen Rest (Lherzolith) zurückgelassen hat. Die Tholeiite der Tiefseeböden gleichen in ihrer Zusammensetzung sehr stark den chondritischen Meteoriten unseres Sonnensystems. Dies gilt besonders für die Tholeiite, die in der Nachbarschaft von Spalten (mittelozeanischer Rükken) vorkommen; solche Spalten entstehen durch die manchmal in unterschiedlichen Richtungen erfolgenden Verschiebungen von Kontinentalschollen. Alkali-Basalte oder Alkali-Olivin-Basalte entstehen durch Aufschmelzung eines nur kleinen Teils des Mantels. Alkali-Basalte bilden sich bei mittlerer Tiefe, daher bei höherer Temperatur und Druck als Tholeiit. Sie entstehen dort, wo eine größere Wärmezufuhr stattfindet und treten meist innerhalb der Tafeln oder dort, wo sie aufeinanderstoßen, auf. Da die Bedingungen beim Umschmelzen verschieden sein können, gibt es auch unterschiedliche Zusammensetzungen. Es gibt daher auch viele Varietäten, die untersättigt sein können. Daher gibt es so viele Bezeichnungen für Basalte, die sich geringfügig voneinander unterscheiden. Dazu gehören der *Ozeanit,* ein Alkali-Basalt mit viel Olivin, der mit der Zeit in Pikrit übergeht. Ozeanit ist charakteristisch für ozeanische Inseln, wie z. B. Hawai. Es gibt *Ankaramit,* der reich an Augit ist und der wohl wie Ozeanit entstanden ist. Mugearit enthält Einsprenglinge aus Oligoklas oder Andesin, d. h. einen Plagioklas, der viel saurer ist als bei den eigentlichen Basalten der Fall ist. *Trachybasalt* zeigt Einsprenglinge aus Sanidin. Erwähnenswert ist *Spilit* mit basaltischem Chemismus, der aber Albit, Chlorit und Calcit enthält. Hierbei handelt es sich um Laven und basaltische Tuffe, die sich bei Berührung mit Meerwasser umgewandelt haben.

**Fundorte** Die größten Basaltdecken auf der Erdoberfläche befinden sich in Indien (Dekkan), USA (Columbia River, Oberer See), in Schottland, Island, Grönland und Argentinien. Fundorte in Deutschland sind Sachsen, die Oberpfalz, der Vogelsberg, die Rhön und das Rheinland. Besonders große Vorkommen in Italien gibt es auf Sardinien. Kissenlava findet sich auf den Meeresböden, besonders innerhalb des mittelatlantischen Rückens und im Bereich von alten, aufgetauchten Meeresböden (z. B. Ostligurien/Italien). Vulkane, wie z. B. die Hekla (Island), der Demawend (Iran), Mull (Schottland) und der Ätna (Italien) sind basaltisch und mehr oder weniger nach Andesit oder alkalischem Magma differenziert. Ein Dünnschliff von Lava, die vom Ätna stammt (siehe Mikrophoto S. 489), zeigt idiomorphe Einsprenglinge aus Pyroxen in lebhaften Farben, polysynthetisch verzwillingtem Plagioklas und Olivin in Form von violetten Körnern in einer intersertalen Grundmasse aus Plagioklaskristallen in Glas. Viele ozeanische Inseln haben Vorkommen von Alkali-Basalten (Kanarische Inseln, St. Helena, Kerguelen und z. T. auch Hawai). Aus Tholeiit besteht der Basalt von Skaergaard (Grönland), der viele charakteristische Erscheinungen der Differentiation aufweist, die zu einer Anreicherung von Eisen und Titan führen.

**Verwendung** Als Straßenpflaster und als Steinsplitt beim Straßen- und Eisenbahnbau. Dies geschieht vor allem dort, wo das Gestein auch vorkommt; dort wird es auch zu Bauzwecken verwendet. Außerdem braucht man Basalt zur Herstellung von Stein- und Glaswolle.

Pillow-Basalt (ca. × 1). Monti Iblei (Catania), Italien.

Hyaloklastit (ca. × 1). Palagonia (Catania), Italien.

# 307 PHONOLITH Klingstein

**Art** Magmatisches Effusivgestein
**Chemismus** Intermediär (untersättigt)
**Gemengteile** *Hauptgemengteile:* Kalifeldspat (Sanidin), Nephelin, monokliner Pyroxen (Ägirin) oder Na-Amphibol (Riebeckit oder Arfvedsonit); *Nebengemengteile:* Anorthoklas, Albit, titanführender Augit, Enigmatit, Apatit, Titanit, Titanomagnetit, Leucit, Hauyn, Sodalith, Analcim, Zeolith, Melanit, Cancrinit.
**Merkmale** Hellgrau, grünlich, braun oder rosa mit starkem Fettglanz; die Struktur ist holokristallin bis vollkommen glasig, filzig mit Übergängen zu Fließtextur um die Sanidin- und Nephelineinsprenglinge, wovon letzterer nicht sehr häufig ist; massige oder aber auch Fließtextur; das Gestein zeigt einen charakteristischen muschligen Bruch.
**Entstehung und Vorkommen** Phonolith kommt häufig zusammen mit Trachyt vor, aus dem sich Phonolith durch Differentiation gebildet hat; gangartige Differenzierungen findet man häufig in den oberen Teilen von nicht sehr tief gelegenen vulkanisch-tektonischen Zonen mit Nephelin-Syeniten (*Tinguaite*).
**Fundorte** Phonolith ist das Effusivgestein, das dem Foid-Syenit entspricht; Übergänge zu Trachyt sind häufig. Man findet das Gestein weitverbreitet zusammen mit Alkali-Basalten auf Inseln im Meer (Kerguelen, Azoren, Marchesainseln) in vulkanisch-tektonischen Gebieten zusammen mit Nephelin-Syenit (Colorado und Dakota/USA; Lovozero/UdSSR; Predazzo/Italien). In Deutschland findet man Phonolith in der Eifel, im Hegau, Kaiserstuhl, Vogelsberg, in der Rhön und in Thüringen. Er tritt auch in Böhmen (CSSR) und in Brasilien auf. In Italien gehören dazu der Phonolith vom Lago di Vico und der Albaner Berge, von Roccamonfina (Caserta), der weiße Bims vom Vesuv, der 79 n. Chr. Pompeji begrub. Der Phonolith vom Vulture (Potenza/Italien) enthält Hauyn. Der Dünnschliff (siehe Mikrophoto) zeigt große Sanidineinsprenglinge mit Zonierung, kleine Prismen aus Pyroxen in lebhaften Interferenzfarben und Hauyn, der isotrop ist und schwarz erscheint; er ist an seinem quadratischen und achteckigen Umriß gut aus der Grundmasse heraus zu erkennen. Die Grundmasse zeigt eine deutliche Fließrichtung. Die Varietät *Leucitophyr* hat einen hohen Gehalt an Leucit und an Melanit, enthält aber wenig Sanidin. Leucitophyr gibt es im niederrheinischen Vulkangebiet, am Kaiserstuhl und am Vulture (Italien). *Hauynophyr* kommt ebenfalls am Vulture (Italien) vor; er enthält sehr viel Hauyn.
**Verwendung** Das Gestein wird teilweise als Baustein verwendet; man versucht heute, den Phonolith wegen seines hohen Kaliumgehalts als mineralischen Dünger zu verwenden.

Phonolith (ca. × 1). Böhmen, CSSR.

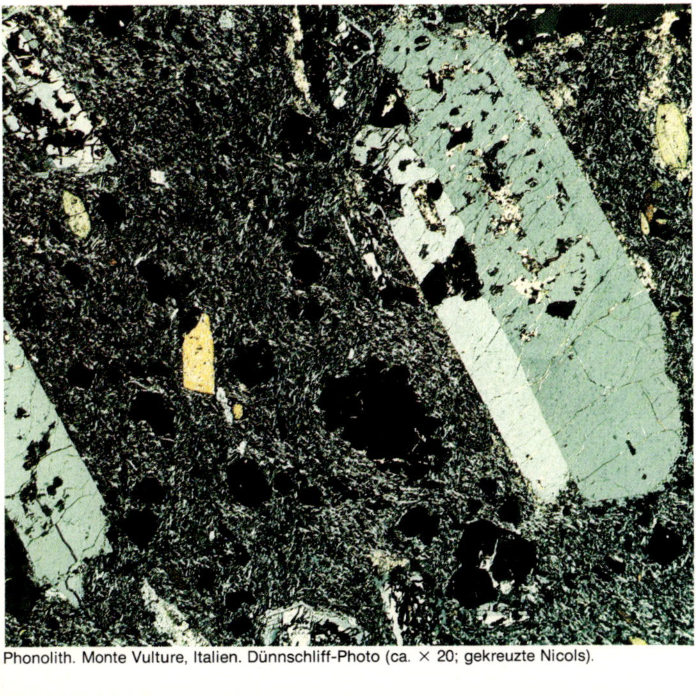
Phonolith. Monte Vulture, Italien. Dünnschliff-Photo (ca. × 20; gekreuzte Nicols).

## 308 TEPHRIT

**Art** Magmatisches Effusivgestein
**Chemismus** Basisch (untersättigt)
**Gemengteile** *Hauptgemengteile:* Plagioklas (Labradorit-Bytownit), monokliner Pyroxen (Augit, Ägirin), Feldspatvertreter (Nephelin oder Leucit); *Nebengemengteile:* Hornblende, Biotit, Sodalith, Analcim, Magnetit, Gesteinsglas.
**Merkmale** Dunkelgrau, porphyrische Struktur mit einer überwiegend kristallinen intersertalen Grundmasse; blasige oder mit Hohlräumen versehene Textur; die Hohlräume sind manchmal mit Zeolithen ausgefüllt.
**Entstehung und Vorkommen** Ergüsse und Gänge in Gebieten mit geringer Orogenese; zum großen Teil durch Assimilation von karbonatischem Gestein durch alkali-basaltisches Magma entstanden.
**Fundorte** Leucitische Tephrite findet man in Italien in der Lava am Vesuv, in Roccamonfina (Caserta) und am Lago di Bracciano, di Vico und am Bolsenasee (*Braccianit, Orvietit* und *Vicoit*). Die am Vulture vorkommenden Tephrite enthalten Hauyn. In Deutschland gibt es Tephrit (Kaiserstuhl/Oberrotweil, Katharinenquelle/Endingen, Eifel – mit Leucit, Rhön – mit Nephelin). Erwähnenswert sind ferner die Vorkommen in Uganda (mit Leucit) und auf Inseln im Atlantik.
**Verwendung** Wird gelegentlich als Baustein benutzt.

---

## 309 BASANIT

**Art** Magmatisches Effusivgestein
**Chemismus** Basisch (untersättigt)
**Gemengteile** *Hauptgemengteile:* Plagioklas (Labradorit-Bytownit), monokliner Pyroxen (Augit, Ägirin), Feldspatvertreter (Nephelin oder Leucit), Olivin; *Nebengemengteile:* Hornblende, Biotit, Sodalith, Analcim, Magnetit, Gesteinsglas.
**Merkmale** Dunkelgrau; porphyrische Struktur mit überwiegend kristalliner, intersertaler Grundmasse; blasige oder mit Hohlräumen versehene Textur; die Hohlräume sind oft mit Zeolithen angefüllt.
**Entstehung und Vorkommen** Ströme und Gänge, in denen das Gestein zusammen mit Alkali-Basalten vorkommt. Man findet es vor allem in Unruhezonen, z. B. dort, wo sich zwei Kontinentalschollen voneinander lösen. Basanit geht in Tephrit über.
**Fundorte** Nephelinhaltigen Basanit gibt es in den Laven der Eifel (Laacher See) und auf den Inseln im Atlantik (Kanarische Inseln, Azoren, Madeira, Assuncion und St. Helena). Außerdem tritt er in der Sahara (Tassili), Viterba/Italien, in Uganda und in Form von Gängen in Montana (USA) auf.
**Verwendung** Wird dort, wo er vorkommt in beschränktem Umfang als Baustein verwendet.

Leucit-Tephrit (ca. × 1). Latium, Italien.

Leucit-Basanit (ca. × 1). Viterbo, Italien.

## 310 NEPHELINIT

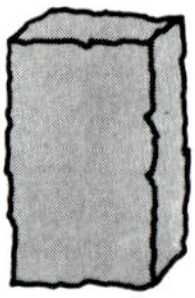

**Art** Magmatisches Effusivgestein
**Chemismus** Basisch (untersättigt)
**Gemengteile** *Hauptgemengteile:* Nephelin; *Nebengemengteile:* Olivin, Augit, Titanit, Perowskit, Melilith, Nosean, Sodalith, Hauyn, Plagioklas; *Übergemengteile:* Leucit, Zeolithe.
**Merkmale** Hellgrau, manchmal rosa oder grünlich; porphyrische Struktur mit überwiegend holokristalliner, oft filziger Grundmasse; massive bis poröse Textur.

**Entstehung und Vorkommen** Ströme und Gänge von kleineren Ausmaßen, in denen Nephelinit zusammen mit Alkali-Basalten in Gebieten hoher Wärmezufuhr vorkommt.
**Fundorte** Besonders typisch sind die Vorkommen in Mitteldeutschland (Odenwald), in der CSSR und in Frankreich (Auvergne). Der Nephelinit des Rift Valleys in Zentralafrika (Ruwenzori, Meru, Oldoino Lengai) und vom Vulture (Italien) enthält Leucit und besitzt zudem einen so hohen Gehalt an Hauyn, daß er in Hauynophyr übergeht. Olivin-Nephelinite sind äußerst selten (Herchenberg/Vordereifel).
**Verwendung** Wird an Ort und Stelle als Baustein benutzt.

---

## 311 LEUCITIT

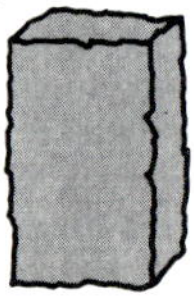

**Art** Magmatisches Effusivgestein
**Chemismus** Basisch (untersättigt)
**Gemengteile** *Hauptgemengteile:* Leucit; *Nebengemengteile:* Augit, der häufig Titan enthält, Olivin, Hauyn, Melilith, Melanit, Hornblende, titanhaltiger Biotit; *Übergemengteile:* Nephelin, Gläser.
**Merkmale** Weißlich oder hellgrau; porphyrische Struktur mit körniger, holokristalliner Grundmasse; Varietäten, die Gesteinsgläser enthalten, sind dichter und dunkelgrau; massige bis poröse Textur mit Hohlräumen, die mit Zeolith angefüllt sind.

**Entstehung und Vorkommen** Begrenzte Ergüsse in Gebieten mit hoher Wärmezufuhr, verbunden mit einem Magma, das Nebengestein assimiliert hat.
**Fundorte** Leucitit ist sehr häufig an den Vulkanen Latiums (Albano, Bolsena, Bracciano, Roccamonfina, Monti Ernici/Italien). Der hier auftretende Leucitit zeigt viele Varietäten und geht oft in Leucitit-Basalt über. Das Gestein kommt auch am Vesuv (*Vesuvit*) und auf der Insel Java oder im zentralafrikanischen Rift Valley vor. In Deutschland tritt es am Kaiserstuhl auf.
**Verwendung** Leucitit wird dort, wo er vorkommt als Baustein und zum Straßenbau (Pflaster) gebraucht.

Nephelinit (ca. × 1). Böhmen, CSSR.

Leucitit (ca. × 1). Acquatosa (Rom), Italien.

## 312 MELILITHIT

**Art** Magmatisches Effusivgestein
**Chemismus** Ultrabasisch
**Gemengteile** *Hauptgemengteile:* Melilith, Ägirinaugit, Olivin; *Nebengemengteile:* Perowskit, Chromit, Pikotit, Melanit, Phlogopit, Apatit, Titanit; gelegentlich: Leucit.
**Merkmale** Grau oder hellbraun; porphyrische Struktur mit körniger, holokristalliner Grundmasse; Textur massig bis fein porös, häufig mit Fremdeinschlüssen.
**Entstehung und Vorkommen** Entspricht als Effusivgestein einigen Kimberlitvarietäten; er entsteht durch starke Durchsetzung mit karbonatischen Gesteinen.
**Fundorte** Das Gestein tritt in Schweden zusammen mit Kimberliten und Karbonatiten auf. Außerdem findet man es auf Madagaskar, in Ostkanada und Südafrika (Lesotho). In Italien gibt es bei Orvieto die Varietät *Venanzit* und bei Rieti die Varietät *Coppaelit,* die zusammen mit Basalt und Tephrit auftreten.
**Verwendung** Melilithit ist vergesellschaftet mit Seltenen Erden, Niob- und Tantal-Erzen, daher für Prospektion bedeutsam.

---

## 313 KARBONATIT

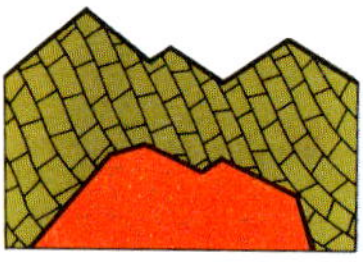

**Art** Magmatisches Intrusiv- und Effusivgestein
**Chemismus** Ultrabasisch
**Gemengteile** *Hauptgemengteile:* Calcit oder Dolomit; *Nebengemengteile:* Carbonate, die Mangan, Calcium, Eisen, Nephelin, Phlogopit, Olivin, Apatit, Monazit, Baryt, Pyrochlor, Fluorit, Perowskit, Titan, Niob enthalten.
**Merkmale** Hellgrau oder gelb; hypidiomorphe Struktur, im allgemeinen ohne Einsprenglinge; massige Textur, die an der Oberfläche durch Lösung des Wassers hervorgerufene Hohlräume zeigt.
**Entstehung und Vorkommen** Karbonatit ist an Nephelin-Syenitintrusionen gebunden. Bildet sich in großer Tiefe. Man findet ihn in Gängen und Linsen, die gehäuft und als kreisförmige, radiale oder konzentrische Intrusionen auftreten. Bildet selten Effusionen (Oldoyno Lengai/Ruanda).
**Fundorte** Bekannt ist der Karbonatit von Älno (Schweden), von Telemark (Norwegen), der Halbinsel Kola (UdSSR), aus Oka (Kanada) und vom Zentralafrikanischen Rift Valley. Kleinere Vorkommen gibt es in den USA und in Frankreich.
**Verwendung** Karbonatit ist zur Gewinnung von verschiedenen seltenen Mineralien wichtig.

Melilithit (ca. × 1). Latium, Italien.

Karbonatit (ca. × 0,5). Oka, Kanada.

## 314 OBSIDIAN

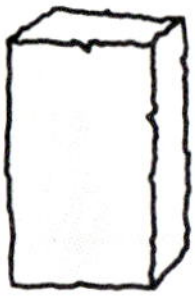

**Art** Magmatisches Effusivgestein
**Chemismus** Unterschiedlich (überwiegend sauer)
**Gemengteile** *Hauptgemengteil:* Gesteinsglas; *Nebengemengteile:* Eisenoxid und verschiedene Mineralien.
**Merkmale** Glänzend schwarz mit deutlich muschligem Bruch. Glasige Struktur mit wenigen Mikroeinsprenglingen und konzentrisch angeordneten, vielen staubförmigen, undurchsichtigen Verunreinigungen; massige Textur mit kaum erkennbaren konzentrischen Rissen (perlitische Klüftung).
**Entstehung und Vorkommen** Obsidian entsteht bei raschem Erkalten von flüssigem Magma, welches gasarm ist. Man findet ihn als Kruste von Basaltlava, als Auswurflinge, die bei vulkanischen Explosionen ins Freie geschleudert wurden; er kann haarförmig sein oder die äußere Schicht von Domen bilden.
**Fundorte** Obsidian ist in allen rezenten Lavaergüssen häufig, vor allem, wenn es sich um saures Magma handelt (Japan, Java); kommt aber auch in fossilen Ergüssen mit intermediärem Chemismus (Ungarn; Idaho und Utah/USA) und basaltischem Chemismus (Hawai) vor. In Italien gibt es Obsidian auf Lipari und am Ätna.
**Verwendung** In prähistorischer Zeit wurde Obsidian zu Werkzeugen und Skulpturen verarbeitet. Heute stellt man daraus vor allem Steinwolle her.

---

## 315 BIMSSTEIN

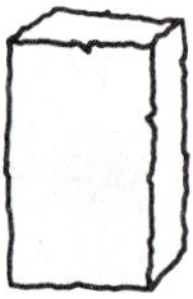

**Art** Magmatisches Effusivgestein
**Chemismus** Unterschiedlich (überwiegend sauer)
**Gemengteile** *Hauptgemengteile:* Gesteinsglas; *Nebengemengteile:* Kristalle verschiedener Silikate, Zeolith, Calcit.
**Merkmale** Hellgrau, gelb, rosa; blasige Textur mit zahlreichen Hohlräumen, die zum Teil abgeschlossen, zum Teil wie Rinnen aussehen. Bimsstein ist daher sehr leicht und schwimmt auf dem Wasser; im allgemeinen schlackige Textur mit Hohlräumen, die häufig in Fließrichtung angeordnet sind. Füllungen mit Zeolith, Calcit sind häufig.
**Entstehung und Vorkommen** Bimsstein wird in der gasreichen Anfangsphase einer Vulkanexplosion heftig in die Höhe geschleudert. Man findet das Gestein häufig bei sauren Vulkanen und in der Außenkruste von Decken.
**Fundorte** Bimsstein gibt es in großen Mengen auf den Liparischen Inseln, Santorin (Ägäis) und an vielen Vulkanen der Sundainseln (Indonesien) und Japans. Der Vesuv hat zu verschiedenen Zeiten Bims und Lapilli gefördert; besonders war dies bei der Eruption im Jahre 79 n. Chr. der Fall, die zum Untergang von Pompeji geführt hat.
**Verwendung** Bimsstein ist Schleifmittel für weiche Materialien und wird daneben zu wärmeisolierenden Schaumglasziegeln verarbeitet.

Obsidian (ca. × 1). Äolische Inseln, Italien.

Bimsstein (ca. × 1). Äolische Inseln, Italien.

## 316 GRANITPORPHYR

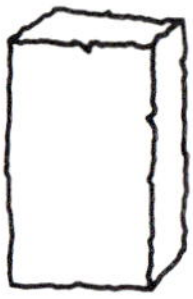

**Art** Magmatisches Ganggestein
**Chemismus** Sauer
**Gemengteile** *Hauptgemengteile:* Kalifeldspat (Orthoklas, Mikroklin), Quarz; *Nebengemengteile:* Biotit, Plagioklas (Albit-Oligoklas), Muskovit, Amphibol, Apatit, Zirkon, Xenotim, Kassiterit, Molybdänit.
**Merkmale** Hell, grau, rosa, oft rot; porphyrische Struktur mit Quarz und idiomorphen Feldspäten, die häufig verwittert sind, in einer feinkörnigen Grundmasse; die Textur kann auch massiv bis zoniert sein mit Anpassung an die Fließrichtung; Hohlräume (Miarolen) treten oft in Erscheinung.
**Entstehung und Vorkommen** Gänge und Apophysen in Granit und in Nachbargesteinen; Randzonen von granitischen Plutonen mit geringer Tiefe.
**Fundorte** Granitporphyr gibt es fast in allen Granitplutonen. Er tritt auf Elba, Sardinien, in Montorfano (Novara) in Italien, am Außenrand des Kanadischen Schilds und im Erzgebirge auf.
**Verwendung** Als Baustein; Granitporphyr kann seltene Schwefelmineralien (z. B. Molybdänit) enthalten.

## 317 GRANOPHYR

**Art** Magmatisches Ganggestein
**Chemismus** Sauer
**Gemengteile** *Hauptgemengteile:* Kalifeldspat (Orthoklas, Mikroklin), Quarz; *Nebengemengteile:* Plagioklas (Albit-Oligoklas), Biotit, Amphibol, Na-Pyroxen, Muskovit, Apatit, Zirkon, Molybdänit, Topas, Fluorit.
**Merkmale** Hell, oft rötlich; porphyrische Struktur mit Quarz und Feldspat in einer Grundmasse mit mittlerer Körnung; oft zeigt die Textur eine Zonierung; das Gestein ist reich an Hohlräumen, deren Seiten mit schön kristallisierten Mineralien ausgestattet sind (Miarolen).
**Entstehung und Vorkommen** Gänge, Apophysen, Schollen, die von den nicht zu tief liegenden Granitplutonen ausgehen.
**Fundorte** Granophyr gibt es in fast allen Plutonen; er kommt zusammen mit Granitporphyr vor.
**Verwendung** Baustein, wird auch zum Straßenbau (Pflastersteine) oder als Zierstein in Gärten und Parkanlagen verwendet. Gelegentlich enthält das Gestein seltene Mineralien.

Granitporphyr (ca. × 1). Erzgebirge.

Granophyr (ca. × 1). Cuasso al Monte (Varese), Italien.

# 318 DIORITPORPHYRIT

**Art** Magmatisches Ganggestein
**Chemismus** Intermediär
**Gemengteile** *Hauptgemengteile:* Plagioklas (Andesin-Labradorit), Hornblende, Biotit, Quarz; *Nebengemengteile:* monokliner Pyroxen, Epidot, Magnetit, Apatit, Titanit, Rutil, Zirkon, Monazit, Pyrit, Orthoklas; außerdem uralitischer Amphibol, Hämatit.

**Merkmale** Grau oder grün, manchmal auch rötlich oder bläulich; deutlich porphyrische Struktur mit tafeligen Einsprenglingen aus zoniertem Plagioklas und Hornblende oder Biotit in einer holokristallinen, manchmal auch hypokristallinen, feinkörnigen teilweise intersertalen Grundmasse, die eine Fließrichtung andeuten kann; Textur massiv oder parallel zu den Salbändern zoniert, oft mit Xenolithen, die meist aus Quarz bestehen. Hohlräume an der Oberfläche sind manchmal mit Ocker ausgefüllt. In großen Gängen gibt es gelegentlich Blöcke aus Kalk, die aus dem Nebengestein losgerissen wurden und in denen man typische kontaktmetamorphe Mineralien findet.

**Entstehung und Vorkommen** Das Gestein tritt in unterschiedlich großen Gängen zwischen plutonischen Gesteinen oder an deren Rändern, z. T. aber auch in großer Entfernung von ihnen auf. Oft findet man Dioritporphyr zwischen dioritischem und tonalitischem Magma; gelegentlich besteht er aber auch aus andesitischem Magma, das sich an einer Nahtstelle der Erde gebildet hat und als Gang zutage getreten ist.

**Fundorte** Dioritporphyr kommt besonders häufig in den großen Granit-Granodioritplutonen vor, gelegentlich auch in Gruppen von Gängen. In Italien gibt es Dioritporphyr u. a. im Adamello und in den Rätischen Alpen. Im oberen Veltlin (besonders im Val Grosina) treten dunkelgraue Porphyrite mit großen, weißen Plagioklaskristallen auf, die – wie man unter dem Mikroskop erkennt – idiomorph, verzwillingt und zoniert sind (siehe Mikrophoto). Sie enthalten prismatischen Amphibol in lebhaften Interferenzfarben in feinkörniger Grundmasse, die überwiegend aus Plagioklas besteht. *Ortlerit* und *Suldenit* sind melanokrate Varietäten, die in Lamprophyr übergehen; man findet sie insbesondere im Ulten- und im Suldental (Südtirol/Italien). Sie enthalten hauptsächlich Amphibol. Der rote Porphyrit aus Ägypten, der in vielen antiken Monumenten Ägyptens und Roms verwendet wurde, enthält Hämatit, durch welchen das Gestein seine karminrote Farbe erhält.

**Verwendung** Das Gestein ist sehr widerstandsfähig und wird daher in Blöcken und Platten als Straßenpflaster und für Fassaden gebraucht.

Dioritporphyrit (ca. × 1). Veltlin (Sondrio), Italien.

Mikrophoto eines Dünnschliffs des obigen Gesteins (ca. × 15; gekreuzte Nicols).

# 319 DIABAS

**Art** Magmatisches Ganggestein
**Chemismus** Basisch
**Gemengteile** *Hauptgemengteile:* Plagioklas (Labradorit-Bytownit), monokliner Pyroxen; *Nebengemengteile:* rhombischer Pyroxen, Olivin, braune Hornblende, Ilmenit, Magnetit, Apatit, Calcit, Pyrrhotin, Chalkopyrit, gelegentlich Gesteinsgläser und Serpentin, außerdem: Chlorit, Calcit.
**Merkmale** Dunkel, grün bis schwärzlich, auf den verwitterten Oberflächen braun; Struktur häufig porphyrisch mit ophitischer oder subophitischer Grundmasse, in welcher sperrig angeordneter Plagioklas mit xenomorphem Pyroxen verkittet ist; massige Textur mit manchmal säulenartigen Rissen und muscheligem Bruch. Typisch für das Gestein ist die Umwandlung von Pyroxen in Chlorit, wodurch das Gestein eine grüne Färbung annimmt. Die deutliche Zonierung ist auf die Ablagerungsart zurückzuführen.
**Entstehung und Vorkommen** Gänge und Linsengänge, die Hunderte von Kilometern erreichen können. Die einzelnen Gänge können eine ganz unterschiedliche Mächtigkeit aufweisen. Manche Diabase bilden das Füllmaterial der Förderschlote von Trapp-Basalten. Massige Diabase mit ophitischer Struktur, aber eher feiner Körnung bilden die untere Schicht von besonders mächtigen Basaltdecken, die langsam kristallisierten.
**Fundorte** In allen alten Festlandsmassen findet man große Gangsysteme verschiedenen Alters. Die größten Vorkommen gibt es in der Karroo (Südafrika), in Tasmanien (Australien) und Nipissing (Kanada). Wichtig, wenn auch nicht so mächtig, sind die Vorkommen von triassischem Diabas in New Jersey (USA), zu denen Palisade Sill gehört, wo viele Diabase unterschiedlicher Zusammensetzung und Textur vorkommen, die je nach dem Ort ihrer Entstehung verschieden sind. Dies ist auf unterschiedliche Differentiationen beim Erkalten und einer Ablagerung nach ihrem Gewicht zurückzuführen (Gravitative Differentiation). Bedeutend sind auch die Diabasvorkommen von Schottland, Deutschland (Rheinisches Schiefergebirge, Harz, Fichtelgebirge) und von Pennsylvania (Dillsburg/USA) mit viel Eisen und Titan (Ferrodiabase). In Italien findet man Diabas besonders im Val Camonica (Edolo, Brescia). Der Dünnschliff (siehe Mikrophoto) zeigt deutlich die ophitische Struktur und eine Umkehr der Kristallisationsfolge: zwischen den idiomorphen, einander kreuzenden, verzwillingten Plagioklaskristallen lagert stark verwitterter Pyroxen (in Amphibol und Chlorit). Nicht verwitterte Pyroxenkristalle sind selten, und sie zeigen im allgemeinen auch keine lebhaften Interferenzfarben. Basaltlava, die aus untermeerischen Effusionen stammt und Kissentextur zeigt, wird oft fälschlicherweise als Diabas bezeichnet. Hier ersetzt Chlorit, Hämatit und Albit den Plagioklas und Pyroxen.
**Verwendung** Diabas kommt oft zusammen mit bedeutenden Kupfer-Erzen vor. An Ort und Stelle wird er als Baustein verwendet; teilweise auch Architekturstein.

Diabas (ca. × 1). Edolo (Brescia), Italien.

Mikrophoto eines Dünnschliffs des obigen Gesteins (ca. × 20; gekreuzte Nicols).

## 320 PEGMATIT

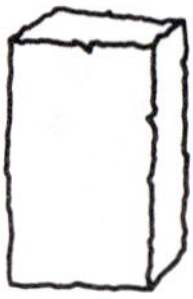

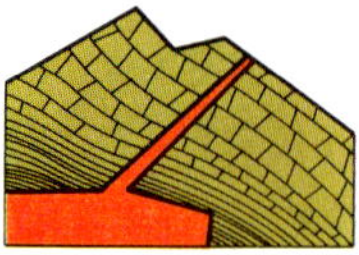

**Art** Magmatisches Ganggestein
**Chemismus** Sauer
**Gemengteile** *Hauptgemengteile:* Quarz, Kalifeldspat (Orthoklas, Mikroklin, Albit), Glimmer (Muskovit, Biotit, Lepidolith); *Nebengemengteile:* Turmalin, Beryll, Topas, Zirkon, Apatit, seltene Mineralien (z. B. Kassiterit und Kolumbit).
**Merkmale** Das Gestein hat eine sehr helle Färbung, die sich jedoch mit der Zusammensetzung ändert; die Struktur zeigt große, fast idiomorphe Kristalle; die Textur weist eine Zonierung mit vielen Hohlräumen und Drusen auf.
**Entstehung und Vorkommen** Pegmatite kommen als Endkristallisate in großen Gängen von Granit- und Syenitplutonen vor, die reich an Gasen und manchmal untersättigt sind.
**Fundorte** Berühmt sind die Pegmatite von Minas Gerais (Brasilien), Cornwall (Großbritannien), Kalifornien (USA), der Halbinsel Kola und des Urals (UdSSR) sowie Madagaskars, denn sie sind besonders reich an seltenen Mineralien. Die bekanntesten Vorkommen Italiens gibt es auf Elba. In Deutschland ist hier besonders der Pegmatit von Hagendorf (Oberpfalz) zu erwähnen.
**Verwendung** In den Pegmatiten findet man verschiedene, wichtige Mineralien, wie z. B. Orthoklas, Muskovit, Beryll.

---

## 321 APLIT

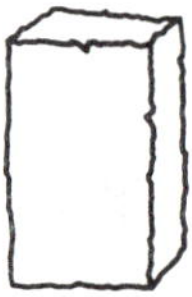

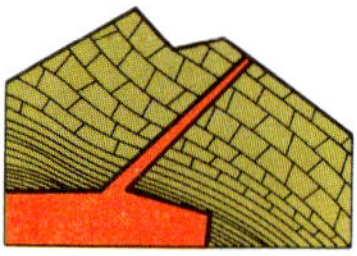

**Art** Magmatisches Ganggestein
**Chemismus** Sauer
**Gemengteile** *Hauptgemengteile:* Quarz, Alkalifeldspat (Orthoklas, Mikroklin, Albit), Glimmer (Muskovit, Biotit); *Nebengemengteile:* Turmalin und einige andere Mineralien.
**Merkmale** Weiß oder weißgrau; mosaikartige Struktur mit feiner bis feinster Körnung; Textur massig oder mit Zonierung.
**Entstehung und Vorkommen** Aplit findet man als Füllmaterial von Klüften in Intrusivgestein und Gängen. Die Zonierung ist auf zeitlich verschiedene, aufeinander folgende Füllungsvorgänge zurückzuführen.
**Fundorte** Aplite gibt es in allen Intrusivgesteinen; man findet sie besonders gegen die Außenränder zu oder nahe dort, wo zwei Massen unterschiedlicher Zusammensetzung aufeinander treffen. Durch die Bewegungen dieser Massen zerbrechen die Aplite oft, werden gerundet und wieder verkittet.
**Verwendung** Das Gestein hat keinen kommerziellen oder industriellen Wert.

Turmalinhaltiger Pegmatit (ca. × 0,5). Piona (Como), Italien.

Aplit (ca. × 1). Val Masino (Sondrio), Italien.

# 322 LAMPROPHYR

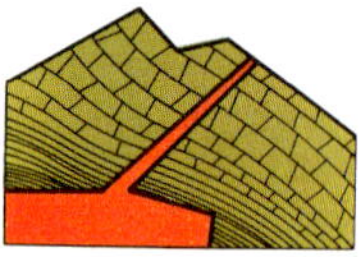

**Art** Magmatisches Ganggestein
**Chemismus** Basisch
**Gemengteile** *Hauptgemengteile:* Feldspat (Orthoklas, Plagioklas mit Labradorit), Biotit; *Nebengemengteile* und *Übergemengteile:* Augit, Olivin, Hornblende, Calcit, Titanit, Barkevikit, Magnetit, Siderit.
**Merkmale** Dunkelgrau, mehr oder weniger rötlich und bräunlich, gelegentlich auch glänzend schwarz; porphyrische oder körnige Struktur mit großen Einsprenglingen, die im allgemeinen aus Biotit bestehen und in den meisten Fällen päckchenartig oder in Reihen angeordnet sind. Sie liegen in einer feineren Grundmasse, die überwiegend aus Feldspat besteht.
**Entstehung und Vorkommen** Das Gestein kommt in Gängen und kleinen Ablagerungen oft zusammen mit Granit-Syenit-Massen vor; es entsteht sowohl durch frühzeitige Differentiation, als auch, was häufiger der Fall ist, langsam in den Randzonen des eigentlichen Intrusionskörpers.
**Fundorte** Man gliedert die Lamprophyre in *Diorit-Lamprophyre,* (enthalten Hornblende und Plagioklas) und in *Syenit-Lamprophyre* (mit hauptsächlich Biotit und Orthoklas). Zu jeder Gruppe gehören zahlreiche Varietäten, die sich nach dem hauptsächlich in ihnen auftretenden Mineral voneinander unterscheiden. Bei den Diorit-Lamprophyren spricht man deshalb von den Varietäten *Spessartit, Odinit, Malchit* und *Kersantit;* bei den Syenit-Lamprophyren gibt es die Varietäten *Durbachit, Vogesit, Cascadit* und *Minette.* Auch untersättigte Lamprophyre sind bekannt, so z. B. *Alnöit,* der in seiner Grundmasse Melilith enthält, *Monchiquit* mit Analcim und die Na-Varietät *Camptonit,* in dem Barkevikit enthalten ist. In allen herzynischen Plutonen sind Diorit-Lamprophyre häufig. Man findet sie in Europa z. B. in der Bretagne, in den Vogesen (Frankreich), im Spessart, Odenwald, Schwarzwald und Bayerischen Wald. Fundorte in Italien sind das Veltlin (Sondrio) und der Monte Amiata (Grosseto). Syenit-Lamprophyr gibt es in Frankreich, Deutschland, Norwegen, Finnland, Arizona und Kalifornien (USA). Alnöit findet man vor allem in Schweden, Monchiquit in Portugal.

Seite 512:
Erosionsschluchten,
Grand Canyon/USA.

Kersantit (ca. × 1). Kersanton, Frankreich.

Minette (ca. × 1). Vogesen, Frankreich.

# Sedimentgesteine

Erklärung der Symbole

## Entstehung

Flußschotter

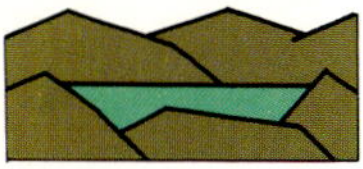

Gesteinsablagerungen in Binnenseen, entstanden durch mechanische, chemische oder organogene Verwitterung

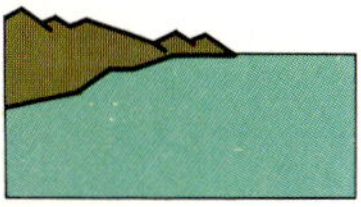

Gesteinsablagerungen im Meer, entstanden durch mechanische, chemische oder organogene Verwitterung

Gesteinsablagerungen in Strandseen, entstanden hauptsächlich durch chemische oder organogene Verwitterung

Gesteinsablagerungen, entstanden durch chemische Verwitterung (u. a. Karsterscheinungen)

Gesteinsablagerungen, entstanden durch glaziale und fluvioglaziale Erscheinungen

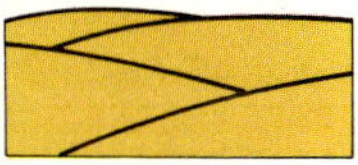

Gesteinsablagerungen in Wüsten, hauptsächlich durch äolische Erscheinungen

Pyroklastische Gesteine

## Körnung der Gesteine

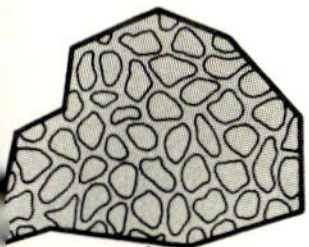

grob

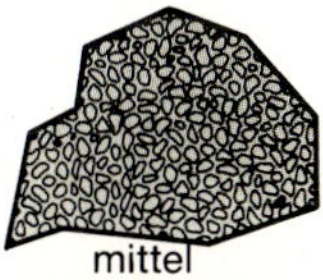

mittel

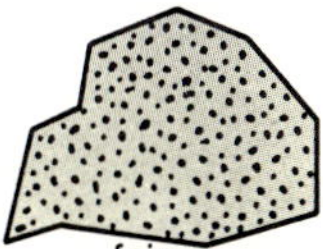

fein

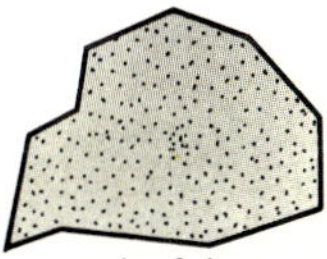

sehr fein

# 323 KONGLOMERAT Nagelfluh

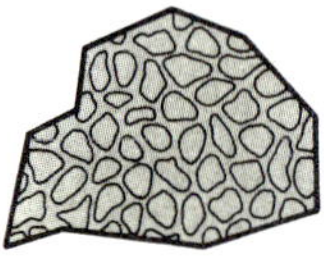

**Art** Klastisches Sedimentgestein
**Klasse** Verkittete Schotter
**Merkmale** Färbung verschieden und uneinheitlich verteilt; die Struktur zeigt gerundete Schotter und kleinere oder größere Blöcke in einer feineren Matrix; Textur sehr unregelmäßig; Schichtung manchmal angedeutet. Fossilien sind selten.
**Gemengteile** Die Schotter können von ganz verschiedenen Gesteinen abstammen, aber auch nur aus einem einzigen Gestein bestehen (monogenes Konglomerat). Sind mehrere Gesteinsarten beteiligt, so spricht man von einem polygenen Konglomerat. Bindemittel, kalkig, tonig oder kieselig.
**Entstehung und Vorkommen** Entsteht durch Verkittung von Schottermaterial, das in seichtem aber heftig bewegtem Wasser abgelagert wurde. Konglomerate weisen oft auf einen früher einmal höheren Stand des Meeresspiegels hin. Auch als Flußablagerungen mit grobem Schotter.
**Fundorte** In Deutschland in den Alpen, im Alpenvorland und in den Mittelgebirgen. Auch in den südlichen Voralpen kommen Konglomerate vor; sie enthalten weißen Quarz und roten Quarzporphyr und haben sich im Wüstenklima gebildet.
**Verwendung** Im Baugewerbe.

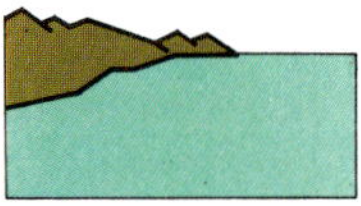

---

# 324 PUDDINGSTEIN

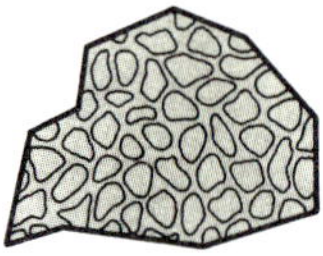

**Art** Klastisches Sedimentgestein
**Klasse** Verkittete Schotter
**Merkmale** Die Farbe kann verschieden sein; die Skala reicht von weiß bis dunkelgrau; die Struktur zeigt mehr oder weniger gerundete Schotter; die Textur zeigt keine Schichtung. Eine Ausnahme bilden mächtige Vorkommen.
**Gemengteile** Die Schotter können aus verschiedenen Gesteinen stammen; Bindemittel ist im allgemeinen kalkig.
**Entstehung und Vorkommen** Puddingstein entsteht durch Verkittung von ungeordnetem Schottermaterial; das Material kann glazial und fluvioglazial sein. Ursprünglich Name nur in England verwendet, heute gleichbedeutend allgemein mit Konglomerat.
**Fundorte** Das Gestein tritt im südlichen (Montorfano, Brescia/Italien) und im nördlichen Voralpengebiet auf. Bei Como/Italien findet man den sogenannten *Gonfolit,* der Tonalitschotter enthält. Im Olonatal, Lambrotal, Addatal und Ogliotal tritt der *Ceppo* auf.
**Verwendung** Wird als Baustein verwendet.

Konglomerat (ca. × 1). Valcamonica (Brescia), Italien.

Puddingstein (ca. × 0,5). Montorfano (Brescia), Italien.

## 325 BRECCIE

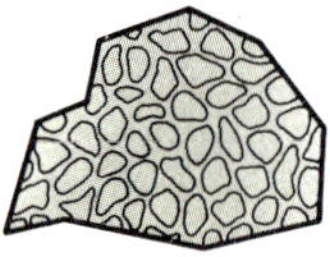

**Art** Klastisches Sedimentgestein
**Klasse** Verkitteter Schutt
**Merkmale** Das Gestein kann unterschiedlich gefärbt sein; die Struktur ist durch eckige Gesteinstrümmer in einem fein- oder feinstkörnigen Muttergestein gekennzeichnet; die Textur ist im Muttergestein recht gut zu erkennen. Fossilien sind selten.
**Gemengteile** Die Gesteinstrümmer können von ganz verschiedenen Gesteinen stammen; oft jedoch bestehen sie aus ein und demselben Gestein (monogene Breccie); Muttergestein und Bindemittel sind meist tonig, kieselig oder kalkig.

**Entstehung und Vorkommen** Breccie entsteht bei der Verfestigung von Bergrutsch- oder Hangrutschmaterial, von Gehängeschutt. Manche Breccien entstehen während der Faltung von Gesteinsmassen durch Zerbrechen von Material (Reibungsbreccie).
**Fundorte** Breccien kommen nur in kleinen Gebieten vor. Monogene Breccien gibt es in den Kalkformationen, z. B. in Seravezza (Apuanische Alpen), in Garessio (Savona) und in Sestri Levante, Paitone und Nuvolento bei Brescia in Italien. Auch in den Alpen und Pyrenäen treten Breccien auf.
**Verwendung** Breccie wird unter vielen Namen im Baugewerbe zum Hausbau und als Zierstein verwendet.

---

## 326 BRECCIE

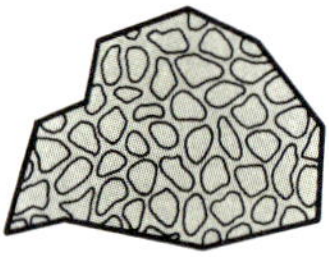

**Art** Klastisches Sedimentgestein
**Klasse** Verkitteter Schutt
**Merkmale** Mehr oder weniger dunkelgrün, rot oder violett; die Struktur ist durch unterschiedlich große, kantige Trümmer gekennzeichnet. Sie sind durch ein weißes Bindemittel verschiedener Natur miteinander verkittet; die Textur zeigt keine Schichtung. Fossilien fehlen.
**Gemengteile** Die Trümmer bestehen aus Serpentin und Gabbro. Häufig ist das Gestein rot, weil sich Hämatit bildet. Als Bindemittel kommen Calcit, Dolomit, Magnesit und seltener Quarz in Betracht.

**Entstehung und Vorkommen** Das Gestein entsteht durch Verkittung von Hangschuttmaterial oder Reibungsbreccien infolge von tektonischen Bewegungen in Gebieten mit ultrabasischem Gestein.
**Fundorte** Das Gestein tritt in den Alpen und im Apennin häufig auf. Als grünes und rotes Gestein ist es im Handel.
**Verwendung** Breccie wird im Baugewerbe sehr geschätzt; man verwendet sie als Zierstein in Platten und als Bodenbelag.

Breccie: polierte Platte (ca. × 0,5). Camaiore (Lucca), Italien.

Breccie (ca. × 1). Levanto (La Spezia), Italien.

# 327 SANDSTEIN

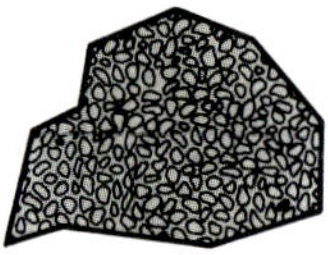

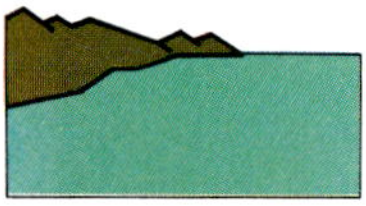

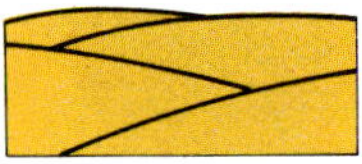

**Art** Klastisches Sedimentgestein
**Klasse** Verkittete Sandkörner
**Merkmale** Die Farbe kann verschieden sein: weiß bis gelb, grau, grün, rot und braun; die Struktur ist klastisch und zeigt eine feine bis grobe Körnung; das Bindemittel ist sehr fein, meist weist Sandstein eine gute Schichtung auf mit einer Sortierung der Körner, die in ihrer Größe von unten nach oben innerhalb der Schicht abnehmen. Fließ- und Wellenbewegungen sind oft zu erkennen (Rippelmarken). Fossilien gelegentlich.
**Gemengteile** Die Körner bestehen aus Gesteinsbrocken oder einzelnen Mineralien, vor allem aus Quarz, Feldspat, Glimmer und Calcit. Schwere Mineralien sind gerundet (Zirkon, Apatit, Olivin, Monazit, Magnetit, Pyrit). Das Bindemittel ist kieselig (Quarz, Opal, Chalcedon), calcitisch, dolomitisch oder tonig. Pyrit, Gips und Glaukonit haben sich manchmal während der Diagenese gebildet.
**Entstehung und Vorkommen** Sandstein entsteht durch Ablagerung von klastischem Material, das durch Wind oder Wasser von Flüssen und Meeren herbeitransportiert wurde. Das Transportmittel ist oft an der Form und der Oberfläche der Körner zu erkennen. Bei Meeresablagerungen findet man in den unteren Bereichen häufig Konglomerate, die nach oben in Ton oder Kalk übergehen.
**Fundorte** Die Handelsbezeichnung Orthoquarzit, z. B. von Fontainebleau (Frankreich), besteht aus sehr reinem Sand, der mit Quarz verkittet ist und Chalcedon enthält. Itacolumit, den man in Brasilien und Indien findet, ist ein Sandstein, der in feinen Platten leicht biegsam ist. Molassesandstein besitzt als Bindemittel Kalk; man findet ihn vor allem in den nördlichen Voralpen (Schweiz, Bayern); in den südlichen Voralpen (Piemont, Lombardei) enthält er reichlich Ton und Calcit. Der Dünnschliff eines Handstücks (siehe Mikrophoto) aus dem Val Camonica (Italien) zeigt deutlich zahlreiche graue Quarz-Gemengteile mit Glimmer in lebhaften Interferenzfarben und ein kalkig-toniges, sehr feinkörniges Bindemittel, das unter den gekreuzten Nicols fast isotrop erscheint. Sandsteine mit Bindemittel, das aus Kalk, Glimmer, Ton oder manchmal auch aus Glaukonit bestehen kann, gibt es in Belgien und im nördlichen Apennin (Italien). In der Lombardei (Brianza, Varesotto, Val Camonica/Italien) tritt besonders grobkörniger Sandstein auf. Fundorte in Deutschland sind neben vielen anderen das Allgäu, der Nordschwarzwald, das Maingebiet, die Umgebung von Nürnberg, die Eifel und das Wesergebiet (Elb-, Main- und Wesersandstein). Sehr verbreitet ist Sandstein in Schottland, Skandinavien und Nordafrika.
**Verwendung** Sandstein wird im Baugewerbe, als Architekturstein und als Material für Bildhauerei verwendet. Er verwittert aber leicht. Früher stellte man aus ihm auch Mühlräder und Schleifsteine her.

Sandstein (ca. × 1). Brianza (Como), Italien.

Dünnschliff-Photo eines Sandsteins. Val Camonica bei Brescia (ca. × 20; gekreuzte Nicols).

# 328 ARKOSE

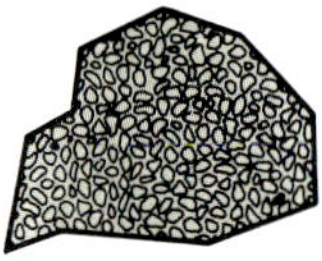

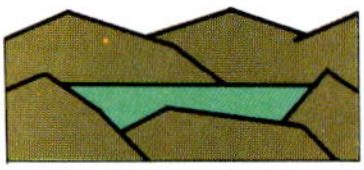

**Art** Klastisches Sedimentgestein
**Klasse** Verkittete Sandkörner
**Merkmale** Grau, rosa oder rötlich; klastische Struktur mit grober Körnung, die wenig sortiert ist und kantige Körner aufweist; die Textur zeigt eine undeutliche Schichtung und manchmal schwache Spuren einer Fließrichtung. Fossilien sind keine enthalten.
**Gemengteile** Die Körner bestehen in erster Linie aus Feldspat, etwas Quarz, Biotit, Muskovit und anderen Mineralien aus Magmatischen Gesteinen. Das Bindemittel kann kieselig, aber auch calcitisch oder tonig sein.
**Entstehung und Vorkommen** Arkose bildet sich durch Verwitterung von Granitgestein und Gneis, das nur eine kurze Strecke transportiert wird und in fließendem Wasser, Binnengewässern oder in seichtem Meerwasser abgelagert wird.
**Fundorte** Große Ablagerungen von Arkose gibt es in den alten Meeresablagerungen entlang der herzynischen Gebirge (Vogesen/Frankreich; Schwarzwald; Wales/Großbritannien; Böhmen/CSSR). In Italien tritt Arkose in den Voralpen und Alpen auf.
**Verwendung** Arkose wird ebenso wie Sandstein als Baustein verwendet.

---

# 329 GRAUWACKE

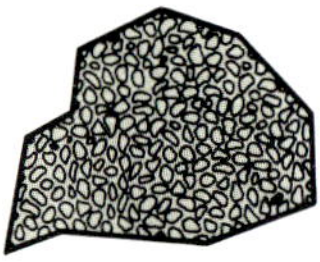

**Art** Klastisches Sedimentgestein
**Klasse** Verkittete Sandkörner
**Merkmale** Das Gestein ist sehr dunkel, grau bis braun und manchmal grün; die klastische Struktur zeigt eine geringe Sortierung mit sehr kantigen Körnern in einem schlickigen oder tonigen Bindemittel; das Gestein tritt oft in mächtigen Schichten auf. Häufig kommen Gleittexturen, Fältelungen einzelner Schichten und Schleppfalten vor. Fossilien sind selten und in Bruchstücken enthalten.
**Gemengteile** Besteht zu fast gleichen Mengen aus Quarz, Feldspat und Gesteinstrümmern (magmatische, basische Gesteine etc.); Matrix und Bindemittel sind tonig oder chloritisch mit Eisenoxiden und mit Eisenhydroxiden.
**Entstehung und Vorkommen** Das Gestein entsteht in tiefen Gewässern durch untermeerische Strömungen, durch die Schwebstoffe auf den Kontinentalabhang gelangen und dort abrutschen. Diese lagern sich in Schichten ab.
**Fundorte** Sehr häufig findet man das Gestein im Rheintal, in den paläozischen Schichten in Wales und England, wo das Gestein Grit genannt wird, und in Nordamerika (Tuscarora Sandstone). In Italien tritt die Grauwacke im nördlichen Apennin auf.
**Verwendung** Grauwacke wird als Baustein verwendet.

Arkose (ca. × 1). Vogesen, Frankreich.

Grauwacke (ca. × 1). Rheintal, Deutschland.

## 330 TONSCHIEFER

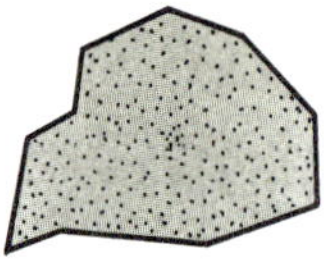

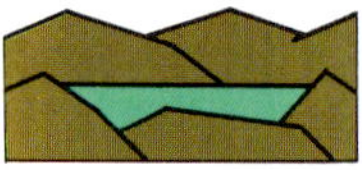

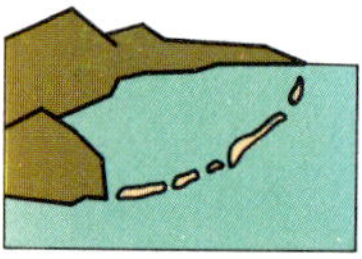

**Art** Klastisches Sedimentgestein/Metamorphes Gestein
**Klasse** Verkittete Pelite
**Merkmale** Hell- bis dunkelgrau, manchmal auch schwarz (Kohlesubstanzen), rot oder grün. Klastische Struktur mit feinster Körnung (Körner nur im Mikroskop erkennbar). Eine Schichtung fehlt häufig; in Form von dünnen Platten ist Tonschiefer spaltbar. In der Textur erkennt man Anzeichen von Austrocknungen, Regentropfen, Spuren von Fossilien und Konkretionen.
**Gemengteile** Mischung von Tonmineralien (Caolinit, Montmorillonit usw.) mit Quarz, Feldspat, Carbonaten und Glimmer. Häufig findet man Reste von Kohlen, Eisenoxide (Limonit, Hämatit), Gipsknollen und Pyritkristalle.
**Entstehung und Vorkommen** Entsteht durch Ablagerung in Binnengewässern, Strandseen oder im Meer aus Material, das von weit hertransportiert wurde. Warven sind glaziale Tone mit einer periodischen Wiederkehr feiner Schichten.
**Fundorte** Aus dem Perm stammt der Mansfelder Kupferschiefer, der viele wichtige Metalle enthält. Im Apennin und den südlichen Voralpen (Italien) sind Tonschiefer in einigen sedimentären Formationen sehr häufig.
**Verwendung** Plattenmaterial für Hausverkleidungen, für Fliesen und als Schrifttafeln.

---

## 331 MERGEL

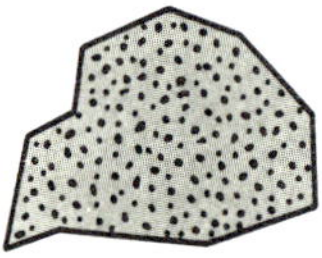

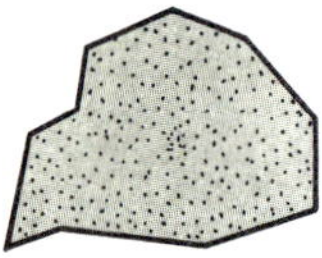

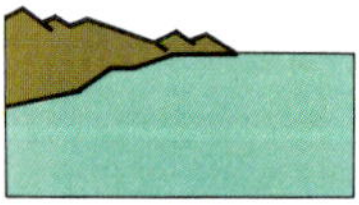

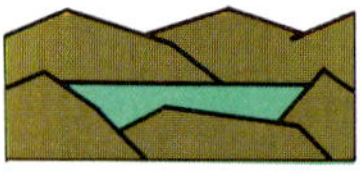

**Art** Klastisches oder gemischtes Sedimentgestein
**Klasse** Verkittete Pelite
**Merkmal** Hell- bis dunkelgrau, bräunlich oder grünlich; klastische Struktur mit feinster oder feiner Körnung; nur wenige Körner sind mit dem bloßen Auge zu erkennen. Mittlere bis feine Schichtung; Mergel besitzt im allgemeinen eine gute Spaltbarkeit. Sedimentäre Texturen, Fossilien und Konkretionen sind häufig.
**Gemengteile** Mischung von Calcit (seltener Dolomit) und Tonmineralien, mit Spuren von Quarz, Glimmer und kohligen Resten. Oft gibt es Knollen aus Gips, Calcit und Pyrit.
**Entstehung und Vorkommen** Mergel bildet sich im Meer oder in Binnengewässern durch Ablagerung von klastischem Material, das einen weiten Transportweg hinter sich hat und sich mit Produkten chemischer Ausfällung oder organogenen Überresten (Calcit) vermischt hat.
**Fundorte** Mergel gibt es in Deutschland z. B. auf der Schwäbischen Alb. Die Geschiebemergel Norddeutschlands sind mit Moränenmaterial durchsetzte Mergel. Tertiäre Mergel treten in England und permische in Nordamerika auf; ebenfalls im Tertiär entstanden die Mergel Piemonts, der südlichen Voralpen und des mittleren Apennins.
**Verwendung** Wichtiger Rohstoff für Zementindustrie.

Tonschiefer (ca. × 1). Sassuolo (Modena), Italien.

Mergel mit Algen (ca. × 1). Induno Olona (Varese), Italien.

## 332 TRAVERTIN Kalksinter

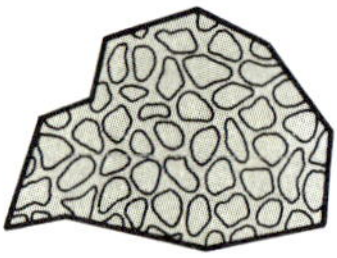

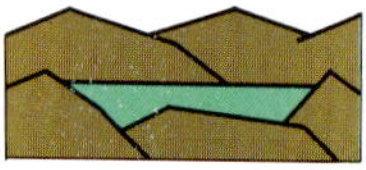

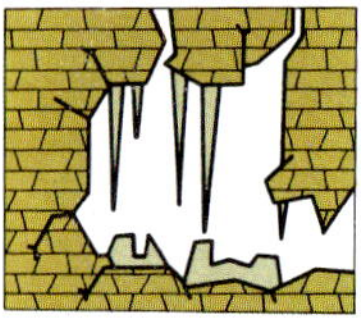

**Art** Chemisches Sedimentgestein
**Klasse** Carbonatisches Gestein
**Merkmale** Hell, gelb oder rosa; faserige Struktur mit Konkretionen, mit Löchern durchsetzt; eine Schichtung ist oft vorhanden, durch Verunreinigungen kommt es auch zur Ausbildung von kleinen, dünnen Bändern.
**Gemengteile** Travertin besteht aus Calcit oder Aragonit mit Beimengungen von Limonit; Fossilien sind häufig, ebenso Abdrücke besonders von Pflanzen.
**Entstehung und Vorkommen** Bildet sich durch Verdunstung von Quellwasser, das reich an Calcium-Carbonat ist, an Flüssen in der Nähe von Wasserfällen oder in Höhlen. Ähnlichkeit haben die sehr porenreichen Kalktuffe.
**Fundorte** In Deutschland findet man besonders schönen Travertin bei Cannstatt (Württemberg), der eine deutliche, braune Zeichnung hat. Große, quartäre und rezente Ablagerungen gibt es in der Toskana, Latium und in Umbrien. Weitere Fundorte gibt es in Ungarn, Jugoslawien und in der Türkei.
**Verwendung** Travertin wird im Baugewerbe für Wandverkleidungen und Fußböden geschätzt.

---

## 333 GIPS Gipsstein

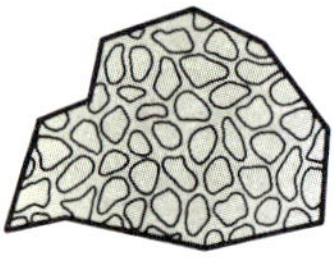

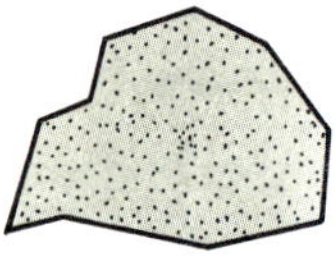

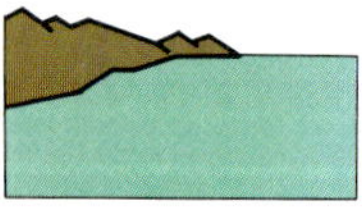

**Art** Chemisches Sedimentgestein
**Klasse** Salzhaltige Evaporite
**Merkmale** Weiß, grau, rot, grün oder braun; massige Textur mit feiner bis grober Körnung, auch erdig und leicht zerbrechlich; Schichtung besonders bei Varietäten mit nicht allzu grober Körnung, mit vielen Falten und Verkrümmungen.
**Gemengteile** Besteht hauptsächlich aus Gipsmineralien; daneben kommt Anhydrit, Steinsalz, Calcit, Dolomit, Ton und Limonit vor.
**Entstehung und Vorkommen** Gips entsteht durch Verdunstung und Eindampfung von abgeschnittenen Meeresbekken in ariden Klimazonen. Eine dichte Gipsart ist der Alabaster, der ein wächsernes Aussehen hat.
**Fundorte** Gipsstein findet man in Deutschland im Harz, in Thüringen und in Bayern, in Italien vor allem entlang dem Apenninenbogen von der Emilia bis Sizilien, auch in den Alpen und Voralpen (Kärnten, Salzburg/Österreich). Die schönsten Alabasterarten gibt es in Pakistan und im Iran.
**Verwendung** Alabaster wird in glänzenden, manchmal durchscheinenden Platten zur Herstellung von Ziergegenständen gebraucht. Gips wird für Stuckmarmor und als Füllmaterial in der Papier- und Gummiindustrie verwendet.

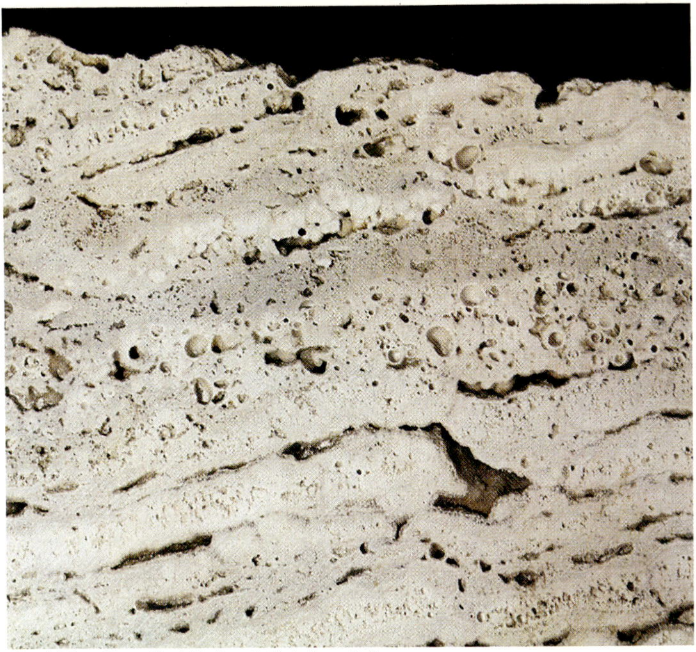
Geschliffene Travertinplatte (ca. × 1). Latium, Italien.

Gips (ca. × 1). Casteggio (Pavia), Italien.

## 334 ANHYDRIT

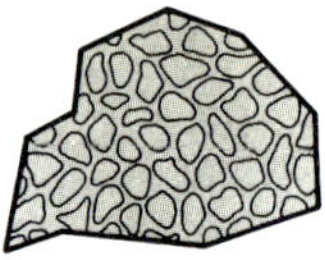

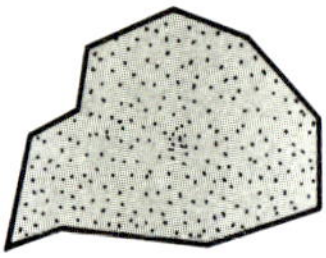

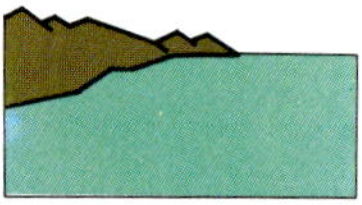

**Art** Chemisches Sedimentgestein
**Klasse** Salzhaltige Evaporite
**Merkmale** Grau bis bläulich; mittlere bis feine Körnung; eine Schichtung ist meist nicht gut zu erkennen, manchmal zeigen sich aber kleine Schichten mit dichten Falten oder runden Knollen.
**Gemengteile** Das Gestein besteht vor allem aus dem Mineral Anhydrit mit Gips, Calcit und Aragonit.
**Entstehung und Vorkommen** Anhydrit bildet sich durch Entwässerung während der Diagenese aus Gips. Es tritt auf in linsenartigen Ablagerungen zusammen mit Gips, Kalkstein und verschiedenen Meersalzen.
**Fundorte** Große Ablagerungen von Anhydrit gibt es im Zechstein (Norddeutschland), kleinere in Bayern. In den USA kommt das Gestein in Pennsylvania, Texas und Louisiana vor. Fundorte in Italien sind Volpino (Bergamo) und der Colle di Tenda (Cuneo). Bedeutende Mengen von Anhydrit lagern auch am Simplontunnel (Novara).
**Verwendung** Polierte Platten werden zur Innenverkleidung verwendet; Anhydrit braucht man vor allem in der Papierindustrie als Füllmaterial.

---

## 335 PISOLITHKALK Erbsenstein

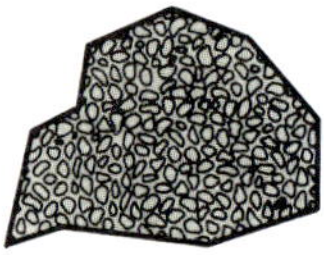

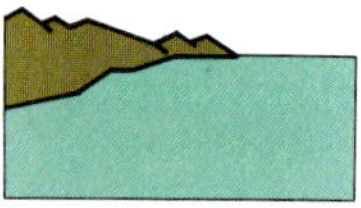

**Art** Chemisches Sedimentgestein
**Klasse** Carbonatisches Gestein
**Merkmale** Weiß, gelblich oder braun; die Struktur zeigt typische, dicht gedrängte Kugeln von maximal 2 mm Durchmesser; manchmal sind sie etwas abgeplattet und haben einen konzentrischen Aufbau; wenig Bindemittel. Das Gestein kommt häufig in Lagen geringer oder mittlerer Mächtigkeit vor und enthält gelegentlich Fossilien.
**Gemengteile** Hauptbestandteil ist Kalk mit Dolomit, Siderit, Hämatit oder Chalcedon als Nebengemengteile.
**Entstehung und Vorkommen** Pisolithe und Oolithe (mit kleineren Kugeln von immer konzentrischer oder faserig-strahliger Struktur) bilden sich durch Ausfällung von Calcit oder Aragonit um einen Kern aus Quarz oder Carbonaten in bewegtem, warmem Wasser. Während des Wachstums wirbelnde Drehbewegung des Wassers.
**Fundorte** Bildung geschieht heute noch (Bahamas, australisches Barriereriff). In der Nähe von warmen Quellen (›Sprudelstein‹, Karlsbad/CSSR). Pisolithkalke, die früher entstanden, treten in Schottland, Pennsylvania (USA) und in Deutschland (Freiburg) auf. Im östlichen Mittelmeergebiet und am Großen Salzsee (USA) rezente oolithische Funde.
**Verwendung** Keine wirtschaftliche Bedeutung.

Anhydrit (Volpinit) (ca. × 1). Costa Volpino (Bergamo), Italien.

Pisolithkalk (ca. × 1,5). Deutschland.

# 336 HORNSTEIN

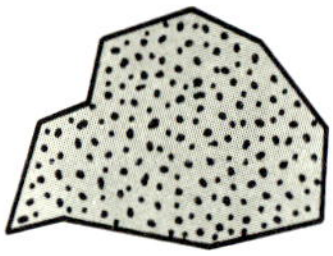

**Art** Chemisches Sedimentgestein/Mineralisches Aggregat
**Klasse** Silikatgemenge
**Merkmale** Die Farbe kann ganz verschieden sein: weiß, grau, rot, braun, schwarz; dichte oder kleinstfaserige Struktur mit splittrigem oder muscheligem Bruch; das Gestein zeigt eine feine Schichtung und häufig verschiedene Farbzonen mit engen Falten.

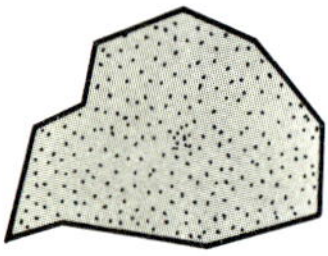

**Gemengteile** Das Gestein besteht in der Hauptsache aus Chalcedon und Quarz mit Hämatit, Pyrolusit, Ton und manchmal Calcit.
**Entstehung und Vorkommen** Hornstein entsteht durch direkte Ausfällung von Silicium aus Wasser, das mit vulkanischen Lösungen angereichert ist. Es bildet sich in großer Tiefe des Meeres. Hornstein kann auch durch Diagenese entstehen.
**Fundorte** Hornstein kommt in bedeutenden Mengen auf der Insel San Pietro (Cagliari/Italien) zusammen mit Manganablagerungen vor; weitere Fundorte in Italien sind die Toskana, Ligurien und Sizilien. Die helle Varietät *Novaculit* gibt es in Arkansas (USA), *Porcellanit* in England und in Michigan (USA). Er enthält vulkanisches Material.

**Verwendung** Hornstein wird gelegentlich als Zierstein benutzt.

# 337 MANGANKNOLLEN

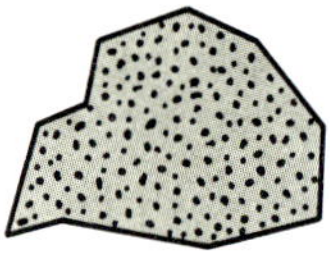

**Art** Chemisches Sedimentgestein/Mineralisches Aggregat
**Klasse** Silikatisches, metallhaltiges Gemenge
**Merkmale** Das Gestein ist braun oder schwarz; die Knollen sind rundlich, linsenförmig oder kommen als Konkretionen mit Zonierung in anderen Gesteinen vor; die Körnung ist fein bis sehr fein und zeigt oft Wachstumskerne mit konzentrischen Zonen.

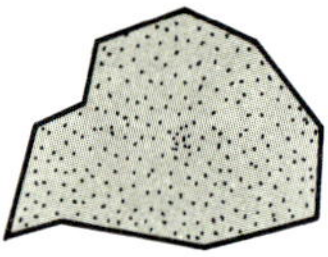

**Gemengteile** Das Gestein besteht aus Eisen- und Manganoxiden und -hydroxiden, die z. T. amorph sind (Pyrolusit, Manganit und Psilomelan); es enthält kleine Mengen von Ton, Quarz, Calcit und anderen Mineralien.
**Entstehung und Vorkommen** Ablagerungen auf dem Meeresgrund, vor allem in der Nachbarschaft untermeerischer Vulkane. Das Gestein bildet sich wohl durch Ausfällungen aus vulkanischen Lösungen um Schalen von Fossilien, Gesteinskörnern oder Lavakernen.
**Fundorte** Das Gestein kommt besonders auf dem Grunde des pazifischen, indischen und südlichen atlantischen Ozeans vor. Man findet es aber auch in den mesozoischen Kalken auf Sizilien (Italien).

**Verwendung** Könnte vor allem zur Gewinnung von Metallen (Mangan, Kobalt, Nickel, Zink) dienen. Das Gestein ist nur schwer vom Grunde des Ozeans zu bergen.

Hornstein (ca. × 1). Sardinien, Italien.

Manganknolle (ca. × 1,5). Pazifischer Ozean.

# 338 FOSSILKALKE

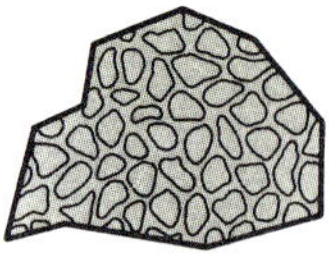

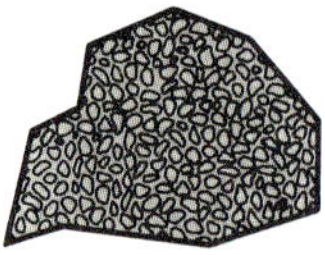

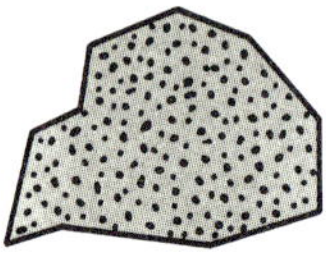

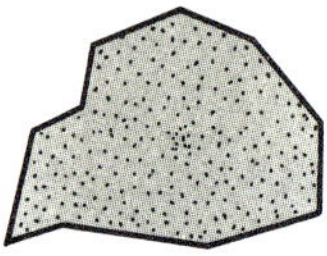

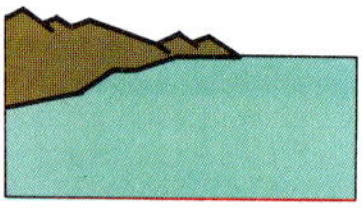

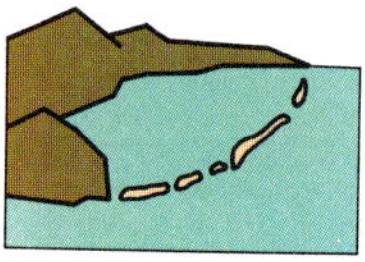

**Art** Organogenes Sedimentgestein
**Klasse** Kalkgestein
**Merkmale** Weiß, gelb, hellbraun, rosa, rot, manchmal auch dunkelbraun. Bei hohem Bitumengehalt fast schwarz. Bitumen bildet sich durch Zersetzung und Umwandlung der Organismen, die im Gestein enthalten sind. Die Struktur kann dicht bis porzellanartig mit feiner bis sehr grober Körnung sein. Menge und Verteilung der Fossilien sind für die Struktur ausschlaggebend. Auch in der Textur sind große Unterschiede möglich; im allgemeinen ist jedoch eine deutliche Schichtung erkennbar. Die Mächtigkeit der einzelnen Schichten schwankt allerdings zwischen einigen Millimetern und mehreren Metern. Die zahlreichen Hohlräume sind durch Auflösung von organischen Teilen entstanden; sie stellen im allgemeinen negative Abdrücke dar oder sind mit Calcit- oder Dolomitkristallen besetzt. In Riffkalken kann man in Blöcken Abdrücke der Korallentierchen erkennen, auch wenn sich das ganze Riff nicht mehr am Ort seiner Entstehung befindet, d. h. wenn es infolge von tektonischen Bewegungen nach der Diagenese gefaltet oder gekippt wurde. Im Gestein kommen quer verlaufende Gänge aus Calcit vor, die sich durch Diagenese gebildet haben, und mineralisierte, metasomatische Verdrängungsgänge, die gleichfalls durch Diagenese entstanden sind (wie Galenit, Sphalerit usw.). Fossilkalk braust in kalter Salzsäure auf.
**Gemengteile** Das Gestein besteht hauptsächlich aus Calcit; daneben ist Dolomit und Aragonit enthalten, ebenso kleine Mengen von Chalcedon, Quarz und Silikaten, vor allem Tonmineralien. Sie sind zum Teil anorganischen, zum Teil aber auch organischen Ursprungs. Gelegentlich weist der Fossilkalk einen großen Gehalt an Bitumen und Schwefelverbindungen (Pyrit, Markasit), an kristallinen oder amorphen Eisen- und Manganhydroxiden auf.
**Entstehung und Vorkommen** Fossilkalke bilden sich in der Hauptsache durch Anhäufung von Überresten von kalkigen Meerestieren; man betrachtet sie deshalb als autochthon. Man unterscheidet sie nach dem Ort ihrer Entstehung und gliedert sie in *Biohermalkalke* oder Riffkalke, in *Biostromalkalke* oder Lumachel und *Pelagische Kalke*. Riffkalke haben sich durch Wachstum nach oben entwickelt und bestehen aus Organismen, die beständig an Ort und Stelle gelebt haben. Das Riff wird von anderen Gesteinen umgeben. Riffkalke können aus Algen, Korallen, Seelilien und Schalen von Armkiemern (Brachiopoden) usw. bestehen. Im allgemeinen ist das Gestein sehr porös; während der Diagenese kommt es leicht zu chemischen Reaktionen, wobei aus dem Meerwasser Magnesium aufgenommen wird (Dolomitisierung von Aragonit oder in geringerem Maße von Calcit). Das Gestein ist daher auch reich an Drusen und Hohlräumen, deren Wände mit kleinen Kristallen ausgestattet oder mit Ton ausgefüllt sind. Häufig kommt es auch zur Bildung von Stylolithen. In Rissen setzen sich vor allem Ton und Eisenoxid ab. Sie bildeten gewundene und feinzackige Linien, die den Nähten der Schädelknochen gleichen. Fossile Überreste sind selten; zum Teil sind sie während der Diagenese verschwunden und

Lumachel (ca. × 1). Sizilien.

Cerithienkalk (ca. × 1,5). Châtillon, Frankreich.

so nur noch an besonders geschützten Stellen in reicher Zahl erhalten. Lumachelkalke sind durch Anhäufung von Organismen in flachen und ausgedehnten Schichten oder auch in Form von Polstern mit unvollkommener Schichtung zu finden; sie sind etwas porös und werden oft von tonigen Schichten oder Calcitgängen unterbrochen. Sie werden in erster Linie von Muschelschalen, von Organismen, die am Boden leben und dort abgelagert wurden (Brachiopoden, Gasteropoden und andere Tiere, aus denen das Benthos besteht) gebildet. Sie sind innerhalb größerer Zeiträume, in denen sonst keine Sedimentation stattfand, entstanden. Die Entstehung kann auch nur geringe Zeit in Anspruch genommen haben, wenn eine plötzliche Veränderung der Umweltbedingungen zum raschen Tod der Tiere geführt hat (Thanatozönose). Das Gestein ist meist dolomitisiert und kann reichlich Bitumen enthalten. Die Pelagischen Kalke bilden sich durch die Akkumulation von Überresten schwimmender, meist mikroskopisch kleiner Tierchen (Plankton) im Meer, wo die Sedimentation von Schottermaterial sehr gering ist. Sie zeigen im allgemeinen eine feine Körnung und enthalten insbesondere kleinste Fossilien. Häufig werden sie von Siliciumschichten (Hornstein) unterbrochen oder sie enthalten Kieselknollen. Oft findet man in ihnen dank ihrer feinen Körnung Fossilien, die bis in die kleinsten anatomischen Einzelheiten erhalten sind.

**Fundorte** Lumachelkalke sind reich an zerbrochenen Schalen von Fossilien und enthalten nur wenig calcitisches, mehr oder weniger bituminöses Bindemittel. Typische Lumachelkalke gibt es an den Stränden der Bahamas und Floridas (USA) oder in Sizilien. Sie sind heute noch in Bildung begriffen. Ältere Lumachelkalke werden manchmal als Ziersteine benutzt, so z. B. in Kärnten (Österreich), England (Purbeckmarmor), in Branzi (Bergamo) und im Trentino oder in der Gegend von Asiago in Italien. In den Seealpen und in Kalabrien kommt der etwas mergelige *Cerithienkalk* vor, der sich in Küstennähe in brackigem Wasser gebildet hat. Zu den biostromalen Kalken rechnet man auch die *Stromatolithen* des Präkambriums und des Paläozoikums, die vor allem im Kanadischen, Afrikanischen und Australischen Schild auftreten; sie treten in parallelen Streifen von Algen auf. Zu den Riffkalken gehört der Korallenkalk, der fast ganz aus Korallenstöcken besteht. Solche Korallenriffe gibt es in den Nördlichen (Ruchenköpfe bis Roß- und Buchstein/Bayern) und Südlichen Voralpen (Lombardei/Italien) sowie in den Formationen der oberen und mittleren Trias in den Dolomiten (vor allem am Schlern und an der Marmolada). Riffe mit Steinkorallen paläozoischen Ursprungs gibt es in Texas und in Louisiana (USA) zusammen mit Erdöl-Lagerstätten; die Korallenriffe Arabiens und Persiens sind z. T. dolomitisiert und bilden das Speichergestein für die größten Erdöl/Erdgas-Lagerstätten der Erde; sie stammen aus dem Jura und der Kreide. In allen tropischen Meeren bilden sich noch heute Korallenriffe; besonders ist dies im australischen Barriereriff der Fall (Pazifischer Ozean). Ein großer Teil der Riffkalke besteht allerdings aus Algen, so z. B. die tertiären Riffe, die vor allem von Lithothamnium und Halimeda gebildet wurden (Bahamas, Yucatan, Karibik). Bedeutend sind auch die Rudistenkalke, die in Südengland auftreten. Pelagische Kalke

Korallenkalk (ca. × 1,5). Dolomiten, Italien.

Ammoniten (ca. × 1). Großbritannien.

zeigen im allgemeinen eine feine Schichtung und sind häufig gelb und rot gefärbt. In ihnen findet man gelegentlich große Fossilien, die in einem feinkörnigen Muttergestein konserviert wurden. Dies gilt für Ammoniten wie wir sie auf der Schwäbischen und Fränkischen Alb finden, oder bei Verona (›roter Ammonit‹) und Arzo (Tessin/Schweiz) sowie in den Bergamasker Alpen und der Gegend von Brescia. Manchmal enthalten Pelagische Kalke auch winzige Fossilien, wie die ›craie‹ aus dem Becken von Meudon (Frankreich), die weiß und mehlig sind und aus Coccolithen und Foraminiferen bestehen; dasselbe gilt für den Fusulinakalk aus Südengland und den Nummulitenkalk aus dem Niltal, der zum Bau der Pyramiden gedient hat, aber auch in Deutschland auftritt (z. B. Oberbayern). In Italien kommen Foraminiferenkalke (Orbitolina, Nummuliten, Globigerinen) vor allem in den Schichten des Eozän im Veneto vor, in einer gelbrosa Varietät unter dem Namen ›marmi del Chiampo‹. Im Dünnschliff (siehe Mikrophoto) sind zahlreiche linsenartige Bildungen mit Nummuliten und Orbitoiden zu erkennen; daneben sieht man die spiraligen Globigerinen sowie die großen Schalen der Lamellibrachiaten in einer feinen Grundmasse aus Abtragungsmaterial. Ähnlich sind auch die eozänen Kalke Apuliens und Siziliens (Italien).

**Verwendung** Als Bausteine, auch zum Unterbau von Straßen und Eisenbahnen. Manche Varietäten kommen in Form von polierten Platten als Ziersteine mit spezifischen Namen in den Handel; sie zeigen oft eine typische Färbung, Zonierung oder Äderung und werden nach der Gegend benannt, aus der sie stammen (z. B. Solnhofner Platten).

Teilweise pyritisierter Ammonit in Kalk (ca. × 1). Großbritannien.

Polierte Platte aus Nummulitenkalk (ca. × 1,5). Veneto, Italien.

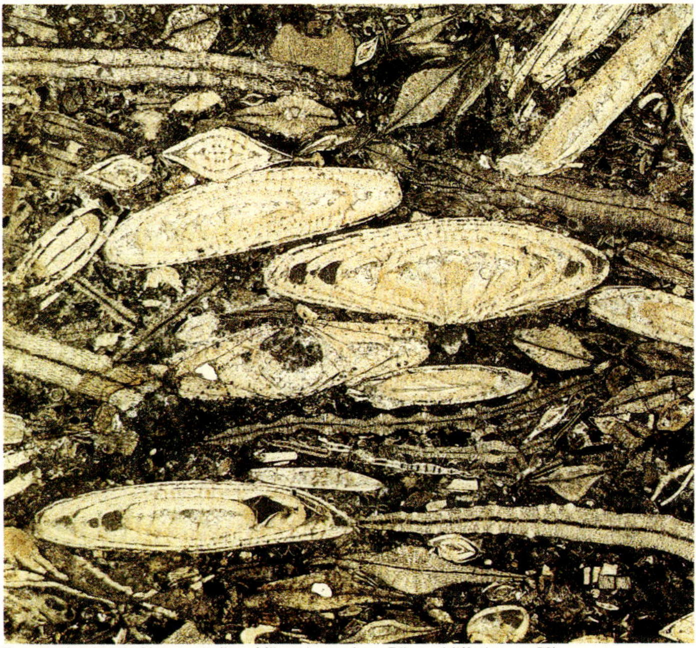

Foraminiferenkalk. Veneto, Italien. Mikrophoto eines Dünnschliffs (ca. × 20).

# 339 KALKSTEIN

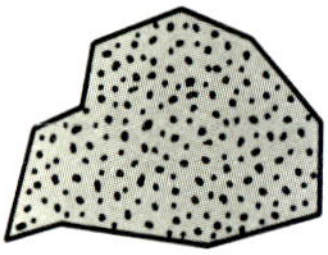

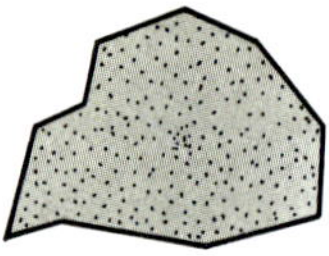

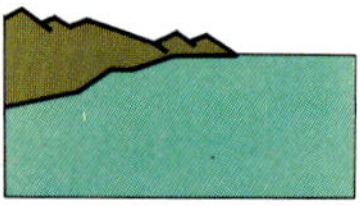

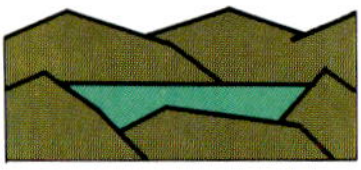

**Art** Organogenes Sedimentgestein
**Klasse** Kalkgestein
**Merkmale** Die Farbe kann weiß, gelblich, rosa, rot oder, wenn limonitischer Ocker oder Hämatit enthalten ist, rot oder bei Vorhandensein von bituminösen Stoffen grau oder schwarz sein. Die Körnung ist fein und die Struktur dicht mit Übergang zu breccienartiger Struktur (intraformationale Breccie); sie kann auch stylolithisch sein, d. h. Auflösungsformen zeigen, die gebuchtete oder sägezahnähnliche Nähte zeigen. Die Schichtung ist im allgemeinen nicht sehr deutlich zu erkennen; die Schichten zeigen eine mittlere Mächtigkeit mit verschiedenen Fossilien an der Oberfläche. Manchmal hat das Gestein muscheligen Bruch. In verdünnter, kalter Salzsäure braust es stark auf.
**Gemengteile** Es enthält hauptsächlich Calcit, dazu manchmal Dolomit und Hämatit, Limonit, Kohle und auf den Stylolithnähten oder Schichtoberflächen Spuren von Ton. Manche Kalksteine haben kieselige, chemische Ablagerungen mit linsenartigem, nierigem Aussehen in verschiedener Färbung (*Kiesel*).
**Entstehung und Vorkommen** Kalk entsteht zum größten Teil biohermal oder biostromal. Während der Diagenese wird das Gestein dicht und werden die Überreste kleiner Fossilien beseitigt, während große zum Teil konserviert werden. Allerding sind manchmal nur Abdrücke erhalten, die gelegentlich mit Calcitkristallen ausgefüllt sind. Pelagische Kalke sind seltener, häufig $SiO_2$-reich und bestehen aus Schalen von winzigem Plankton. Oft erkennt man die Spuren einer Diagenese: es kommt zur Verdrängung von ursprünglich aragonitischen Teilen der Organismen durch Dolomit, die durch zirkulierendes Meerwasser hervorgerufen wird; außerdem bilden sich Stylolithen. Dabei entstehen ebene oder feingezackte, stufenartige, meist parallel zu den Schichtoberflächen verlaufende, rosarote oder bräunliche Linien. Andere Fossilien können durch Quarz oder durch Chalcedon und sogar durch Pyrit verdrängt werden. Bekanntes Beispiel sind die pyritisierten Ammoniten vom Monte Dómaro bei Brescia (Italien). Kalkgestein zeigt starke Karsterscheinungen: Karren, Dolinen, Karstklüfte und Poljen. Die Oberfläche ist häufig mit einem Belag aus rotem Limonit oder gelbrotem Bauxit als Lösungsrückstände bedeckt.
**Fundorte** Besonders berühmt ist der sog. Lithographieschiefer von Solnhofen in Bayern. Der Solnhofener Plattenkalk besitzt eine überaus feine Körnung und ist im Flachmeer entstanden. Er ist gelblich und eng geschichtet und enthält bis in die Einzelheiten erhaltene Fossilienreste, wobei auch die Weichteile zu erkennen sind. Plattenkalke dieser Art gibt es auch im schwäbischen Nusplingen und in den lombardischen Voralpen. Der in der Lombardei auftretende Kalkstein ist sehr weiß und zeigt muscheligen Bruch; gelegentlich erkennt man Linsen und Knollen aus schwarzen, weißen, grauen oder roten Kieseln. Wertvoller als der im Veneto (›biancone‹) auftretende Kalkstein ist der als Baustein verwendete Kalkstein der Umgebung von Brescia (Italien), der mächtige Bänke bildet und als weiß-rosa Bottino-Marmor im Handel ist. Manchmal tritt er als Breccie von deutlich

Dichter Kalk (ca. × 1). Varese, Italien.

Polierter roter Kalkstein ›rosso Holla‹ (ca. × 1). Varese, Italien.

roter Färbung auf. Ebenso gibt es bedeutende Vorkommen von Kalkstein mit besonders schön ausgeprägten Karsterscheinungen in der Gegend von Grappa und im Karstgebirge (Italien und Jugoslawien). Bei Verona gibt es einen roten Kalkstein, der ganz besonders reich an Fossilien ist und als Zierstein Verwendung findet. Seine gelbe Varietät und andere Varietäten, die z. T. breccienartig ausgebildet sind, treten in der Gegend von Vicenza auf; in ihnen erkennt man immer Reste von spiraligen Ammoniten. Kalkstein zeigt häufig eine ganz bestimmte Zeichnung, die in der unterschiedlichen Färbung deutlich wird. Man nennt diese farnartigen Verzierungen *Dendriten* (Solnhofen, Latium, Segesta und Trapani/ Italien). Bei fein verteiltem Bitumen im Gestein kann Kalkstein auch eine schwarze Färbung haben (Friaul, Varenna, Como, Albino, Gazzaniza und Bergamo/Italien). Schwarzer Kalkstein kann auch auf einem hohen Gehalt von Graphit beruhen (Belgien). Größte Ausbreitung in Europa mit mächtigen Lagen haben Kalksteine am Nord- und Südsaum der Alpen, in den Nördlichen und Südlichen Kalkalpen.

**Verwendung** Die Wissenschaft versteht unter der Bezeichnung Marmor ein metamorphisiertes Kalkgestein, das sich rekristallisierte; die Bedingungen für die Rekrisallisation müssen dabei anders gewesen sein als bei der Ablagerung. Im Handel versteht man dagegen unter Marmor alle Kalksteine, die zu polierten Platten verarbeitet werden können. Kalkstein wird sowohl in polierten Platten, als auch in unbehauenen Blöcken gebraucht. Seltener verwendet man ihn heute als Steinsplitt, den man eher aus anderen Gesteinen gewinnt. In der Schmuckwarenindustrie werden gelegentlich dendritische Varietäten verwendet.

Polierte Kalkplatte ›Sienagelb‹ (ca. × 1). Colle Val d'Elsa (Siena), Italien.

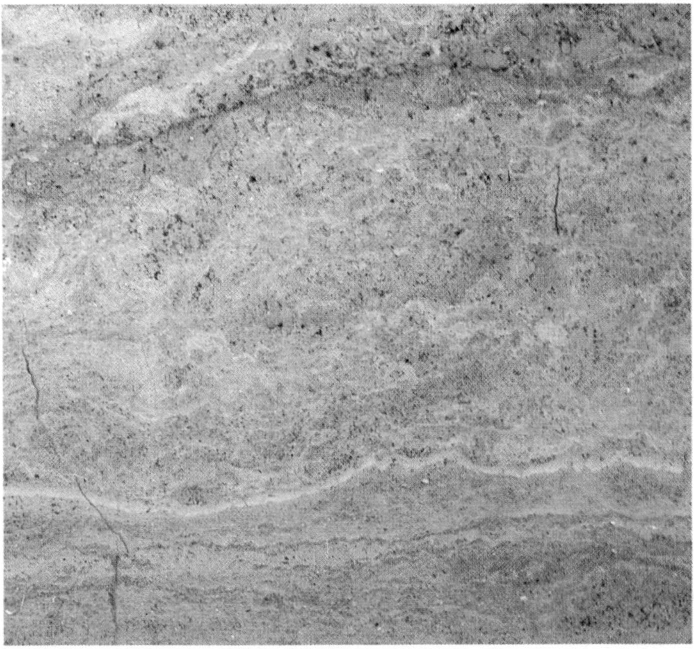
Polierte Kalksteinplatte (ca. × 1). Trani (Bari), Italien.

## 340 DOLOMIT Dolomitstein

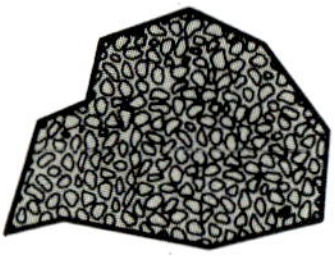

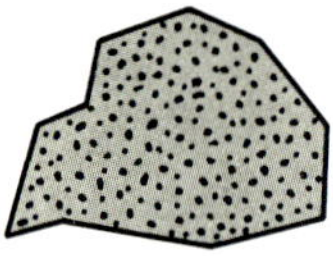

**Art** Organogenes Sedimentgestein
**Klasse** Kalkgestein (dolomitisch)
**Merkmale** Hell, grau, gelblich oder rosa; das Gestein riecht beim Zerschlagen unangenehm; feine Körnung und Übergänge zu einer Struktur mit Hohlräumen; keine oder nur unregelmäßige Schichtung. Fossilien sind kaum enthalten. Braust in verdünnter, kalter Salzsäure nicht auf.
**Gemengteile** Dolomit und Calcit mit Spuren von Ton, Quarz, Pyrit, Markasit und Bitumen.
**Entstehung und Vorkommen** Primäre Dolomite sind selten; sie bilden sich durch direkte Ausfällung aus Meerwasser; Dolomitstein entsteht in den meisten Fällen durch metasomatische Verdrängung während der Diagenese von Aragonit (der vor allem in Schalen von Fossilien vorhanden ist) durch Magnesium, das in Meerwasser und salzigen Binnenseen gelöst enthalten ist.
**Fundorte** Klassische Fundorte sind die Korallen- oder Algenriffe der östlichen Voralpen (Dolomiten); aber auch in den übrigen Alpen (Esino, Como/Italien). Auf der ganzen Welt tritt er in präkambrischen Schichten auf. Fundorte in Deutschland sind die Nördlichen Kalkalpen, der Fränkische und Schwäbische Jura, die Eifel und Thüringen.
**Verwendung** Speichergestein für Erdöl (Algerien, Iran). Auch als Baustein, seltener als Steinsplitt verwendet.

---

## 341 RAUHWACKE Rauchwacke

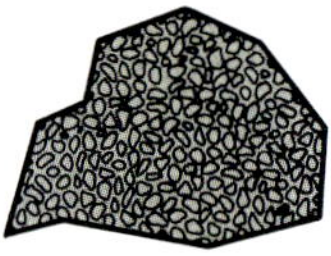

**Art** Chemisch-organogenes Sedimentgestein
**Klasse** Kalkgestein (mit Evaporiten)
**Merkmale** Hell, ockergelb oder rötlich; unter Schlageinwirkung entströmt manchmal ein unangenehmer Geruch; sehr grobe Körnung und deutliche Struktur mit Hohlräumen, porös und sehr durchlässig; die Schichtung ist undeutlich, Fossilien sind selten.
**Gemengteile** Das Gestein enthält Dolomit und Calcit mit Resten von Anhydrit und Gips, die einst Knollen gebildet haben und heute ausgelöst sind; als Nebengemengteile treten Quarz, Glimmer, Bitumen und Ton auf.
**Entstehung und Vorkommen** Das Gestein hat sich aus einer chemisch-organischen Mischung aus Dolomit und Gips gebildet. Es erfolgte später eine Auflösung und Herauslösung von Gips und Anhydrit. Rauhwacken kommen begrenzt innerhalb von Korallenriffen vor und zwar dort, wo nur eine beschränkte Wasserzirkulation möglich ist.
**Fundorte** Man findet Rauhwacken im Zechstein Norddeutschlands, in England, in den Bergamasker Voralpen und bei Brescia in der unteren Trias (Italien) sowie zusammen mit Gips in den italienischen und französischen Westalpen.
**Verwendung** Keine wirtschaftliche Bedeutung.

Dolomit (ca. × 1). Arona (Novara), Italien.

Rauchwacke (ca. × 1). Piemont, Italien.

## 342 DIATOMEENERDE Kieselerde, Kieselgur, Diatomit

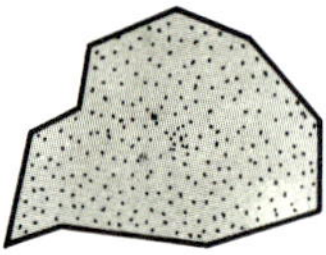

**Art** Organogenes Sedimentgestein
**Klasse** Kieseliges Gestein
**Merkmale** Weiß, gelblich, grau; das Gestein ist locker und mehlig, sehr porös, leicht und zeigt eine sehr feine Körnung; es bildet Bänke und Horizonte, die mit Ton durchsetzt sind.
**Entstehung und Vorkommen** Ablagerungen von einzelnen Organismen aus Binnengewässern oder Meeren, und in Gewässern, die mit ursprünglich vulkanischem Silicium angereichert sind.

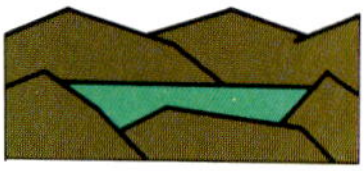

**Fundort** Bedeutende Vorkommen von Kieselgur gibt es in der Lüneburger Heide, bei Berlin, am Vogelsberg und im Gebiet des Laacher Sees. Auch in den USA (Kalifornien) und in Brasilien oder Dänemark ist das Gestein weit verbreitet. In Italien findet man es am Monte Amiata. Hauptsächlich aus Radiolarien bestehen die Vorkommen in Sizilien und in der Romagna. Spongolite sind kieselige Gesteine sedimentären Ursprungs, die durch Akkumulation von dunkelgrauen, dichten Schwämmen entstanden sind.

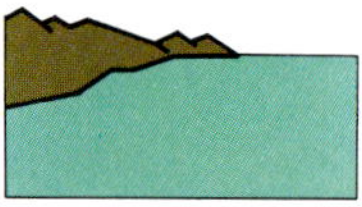

**Verwendung** Diatomeenerde wird zum Reinigen und Entfärben von Flüssigkeiten, als Poliermittel für weiche Metalle und mit Nitroglycerin vermischt zur Herstellung von Dynamit gebraucht.

## 343 KIESELSCHIEFER und RADIOLARIT

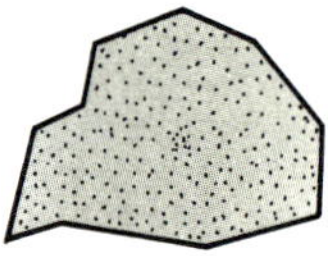

**Art** Organogenes Sedimentgestein
**Klasse** Kieselgestein
**Merkmale** Kieselschiefer besitzen eine weiße, graue, rote oder schwarze Farbe, manchmal Zonierung; die Struktur ist fein und dicht mit muscheligem oder schuppigem, glänzendem Bruch; bilden nieren- und linsenförmige dünne Schichten in dichtem Kalkstein. Radiolariten treten in feinen Schichten auf; sind hart, sehr dicht, rot, schwarz oder grün.
**Gemengteile** Chalcedon, Quarz, Opal mit Radiolarien, Schwämme und Diatomeen; daneben gibt es Spuren von Calcit, Hämatit, verschiedene Eisenoxide, bituminöse Substanzen oder Kohle und gelegentlich auch Gips.

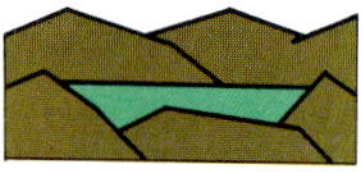

**Entstehung und Vorkommen** Kieselschiefer und Radiolarite bilden sich durch Diagenese von organogenem Kieselgestein, das vor allem Radiolarien enthält, die im Meer oder in Binnengewässern abgelagert wurden.
**Fundorte** Kieselschiefer findet man u. a. in den Voralpen und eine Varietät, die sich ursprünglich in Binnengewässern gebildet hat, im Pariser Becken. Knollenförmige Kieselschiefer heißen Feuerstein, schwarze Radiolarite, die reich an Graphit und z. T. rekristallisiert sind, nennt man Lydite. Sie werden von Goldschmieden zum Prüfen von Gold benutzt.

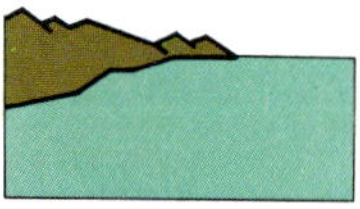

**Verwendung** Radiolarite als Schleifsteine.

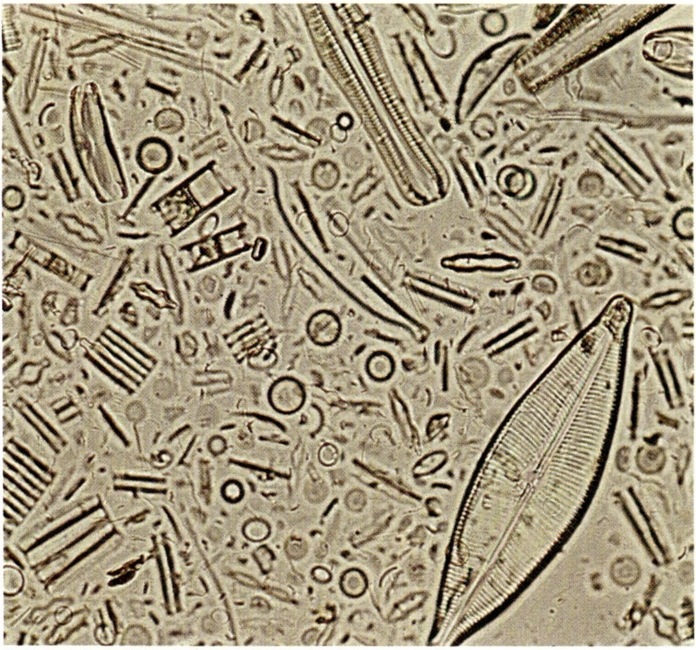
Diatomeenerde: Mikrophoto (ca. × 200). Monte Amiata, Italien.

Kieselschiefer in Kalkstein (ca. × 1). Gavarno (Bergamo), Italien.

## 344 PHOSPHORIT

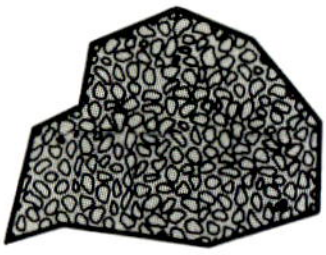

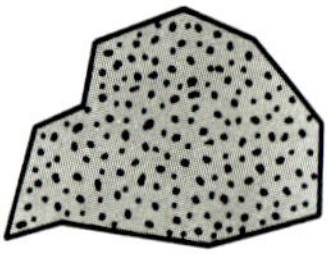

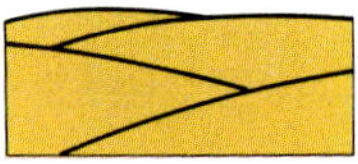

**Art** Organogenes Sedimentgestein
**Klasse** Phosphatgestein
**Merkmale** Gelblich, rötlich, braun; poröse Struktur mit Hohlräumen, oft oolithisch und manchmal mit kohligem Bindemittel und kieseligem Kern; Phosphorit bildet Körner, Taschen und Knollen in tonigem, sandigem, kalkigem und glaukonitischem Gestein; das Gestein bildet allerdings seltener Schichthorizonte von mehreren Metern Mächtigkeit.
**Gemengteile** Apatit, mit manchmal faserigen und halbamorphen Varietäten, Calcit, Ton, Limonit, Bitumen, Schalen von Foraminiferen und verschiedenen Fossilien; als Nebengemengteile sind Phosphate, Arsenate und Molybdate in manchmal lebhaften Farben vorhanden.
**Entstehung und Vorkommen** Entsteht auf dem Festland und im Meer durch Ablagerung von Koprolith (Guano) oder aus Knochenüberresten von Fischen und Wirbeltieren. Eine Ausfällung von Phosphorsalzen direkt aus dem Meerwasser (Phosphatknollen am Meeresgrund) ist seltener.
**Fundorte** Große, geschichtete Ablagerungen in Marokko, Algerien, Tunis, westlicher Sahara, in den Rocky Mountains und in Tennessee (USA). Die Phosphorite in Kalifornien (USA), Frankreich und China sind umgewandelt worden.
**Verwendung** Das Gestein ist sehr wichtig zur Herstellung von Phosphatdünger.

---

## 345 SUMPFERZ

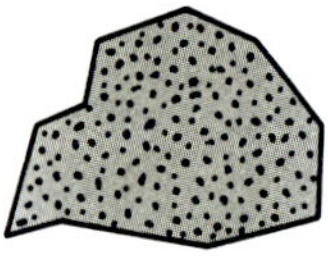

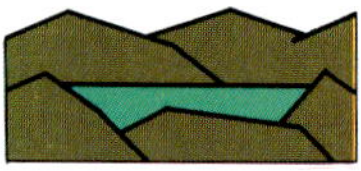

**Art** Organogenes Sedimentgestein
**Klasse** Eisenhaltiges Gestein
**Merkmale** Rötlich, schwärzliche und gelblich; dicht mit feiner Körnung oder oolithischer, poröser Struktur, in der die Kügelchen mit Ton oder Limonit verkittet sind. Tierische und pflanzliche Fossilien sind häufig.
**Gemengteile** Limonit, Siderit, Chamosit (eisenhaltiger Chlorit), Goethit und Hämatit sind die Hauptgemengteile. Dazu kommen noch Phosphate, Calcit, Montmorillonit, Illit.
**Entstehung und Vorkommen** Sumpferz entsteht als Ablagerung aus Binnengewässern, Strandseen oder Meeren mit geringer Strömung. Bei der Bildung sind Bakterien beteiligt.
**Fundorte** Neueren Datums sind die Ablagerungen in Nordeuropa (vor allem in Dänemark). Bedeutend und wichtig für die Industrie sind die mesozoischen Sumpferze in Lothringen und Luxemburg, die sogenannten *Minette-Erze*. In den präkambrischen Schilden kommen *Jaspilit*, Quarzit und Hämatitquarzite, die sich in sedimentären Ablagerungen gebildet haben und dem Sumpferz ähnlich sind, vor.
**Verwendung** Sumpferz ist wichtig für die Gewinnung von Eisen.

Phosphorit (ca. × 1). Algerien.

Sumpferz (ca. × 1). Lothringen, Frankreich.

# 346 TORF

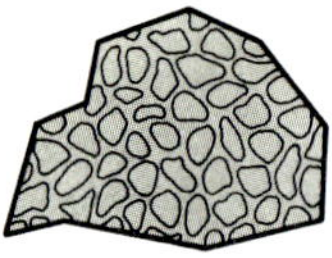

**Art** Organogenes Sedimentgestein
**Klasse** Kohlegesteine
**Merkmale** Hell, bräunlich und sehr unterschiedlich ausgebildet; in der filzigen Struktur lassen sich noch gut die einzelnen Pflanzenteile erkennen; Torf bildet geschichtete Ablagerungen; dazwischen liegen Ton- und Sandschichten. Er kommt in tief gelegenen, binnenländischen und eng begrenzten Gebieten vor.

**Gemengteile** Pflanzenüberreste, bei denen die Umwandlung noch nicht weit fortgeschritten ist (50–60% Kohlegehalt) und Verwitterungsmaterial (Quarz, Calcit), Schalen von Tieren und diagenetische Mineralien, zu denen z. B. fester Kohlenwasserstoff gehört (Bernstein).
**Entstehung und Vorkommen** Torf bildet sich in Sümpfen, stehenden Gewässern, Moränenseen und Ausschürfungsbecken der eiszeitlichen Gletscher.
**Fundorte** Torf findet man überall in den während der Eiszeit von Gletschern bedeckten Gebieten, so z. B. im Norddeutschen Tiefland und im Alpenvorland (Moore, Moose oder Filze), in Nordschottland, Irland, Dänemark, Polen, UdSSR, Kanada und USA.

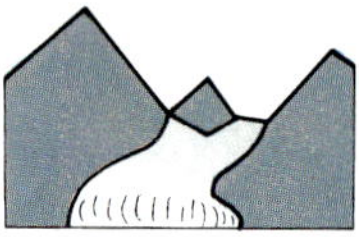

**Verwendung** Torf gilt als Brennstoff mit geringem Heizwert. Als Torfmull (zerfaserter Torf) dient er zur Bodenverbesserung in Gärten.

---

# 347 ANTHRAZIT

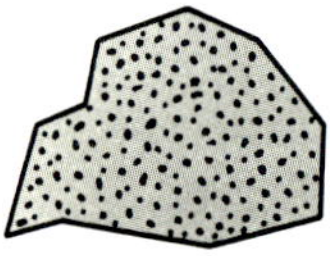

**Art** Organogenes Sedimentgestein
**Klasse** Kohlegesteine
**Merkmale** Dunkelbraun oder schwarz; glänzend, hart, schuppig und dicht. Anthrazit ist manchmal netzartig, wenn undurchsichtige und feinschuppige Teile von glasigen oder hornartigen Adern durchzogen werden.
**Gemengteile** Besitzt einen Kohlenstoffgehalt von 93–96% und nur wenige flüchtige Substanzen (Kohlenwasserstoff 0–6,5%); enthält Pyrit und Quarz in kleinen Mengen.

**Entstehung und Vorkommen** Anthrazit bildet sich aus Pflanzenresten (über Torf, Braunkohle und Steinkohle) in großen, länglichen Becken (Lagunen oder Strandseen) in Gebieten, die sich langsam absenken und so in Bereiche hoher Drücke und Temperatur gelangen. Anthrazit kommt oft in Wechsellagerung mit Sandstein und Tonschiefern vor.
**Fundorte** Anthrazitkohle tritt nur in paläozoischem Gestein auf. Man findet sie besonders in Nordamerika (Appalachen, Pennsylvania), in Frankreich, Belgien, Deutschland (Ruhrgebiet) und Südwales (Großbritannien). Permische Anthrazitkohle gibt es in China und in Sibirien (UdSSR).

**Verwendung** Anthrazitkohle hat einen hohen Heizwert (7000–8000 Kalorien per kg); man verwendet sie in der Eisen- und in der Farbindustrie, für Hochöfen und Dauerbrenner.

Torf (ca. × 1). Leffe (Bergamo), Italien.

Anthrazit (ca. × 1). Wales, Großbritannien.

## 348 VULKANISCHE BOMBE

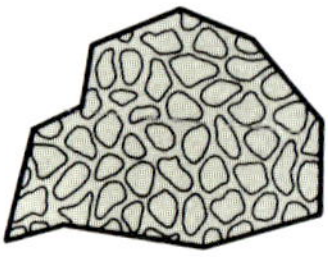

**Art** Pyroklastisches Gestein
**Chemismus** Intermediär oder basisch
**Gemengteile** *Hauptgemengteil:* Gesteinsglas; *Nebengemengteile:* Plagioklas (Labradorit-Anorthit), Klinopyroxen, Olivin, Magnetit, Ilmenit.
**Merkmale** Dunkel, bräunlich, grünlich oder schwarz; körnige bis hyaloklastische Struktur; massige Textur, die außen obsidiangleich ist, im Innern aber Hohlräume zeigt. Durch die Drehbewegungen während des Flugs weist eine vulkanische Bombe manchmal ein spindelförmiges Aussehen auf; bei plötzlichem Gasaustritt entstehen zahlreiche Risse an der Oberfläche des Gesteins.
**Entstehung und Vorkommen** Während der Anfangsphase einer Vulkaneruption werden große Lavabrocken herausgeschleudert. Verfestigen sie sich wieder, so bilden sie zusammenhängende Gesteine: vulkanische Breccien und Tuffbreccien.
**Fundorte** Spindelförmige Bomben sind in Vulkanen mit dünnflüssiger Lava häufig (Ätna, Vesuv, Mauna Kea/Hawai). Bei saurer und daher zähflüssiger Lava findet man eher Bomben mit rissiger Oberfläche (Vulcano und Stromboli/Italien; Mont Pelée/Martinique).
**Verwendung** Vulkanische Bomben sind nur für die Wissenschaft interessant.

---

## 349 IGNIMBRIT Schmelztuff

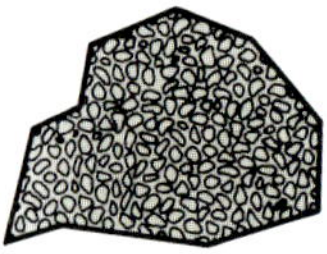

**Art** Pyroklastisches Gestein
**Chemismus** Sauer
**Gemengteile** Besteht aus Kristallen von Quarz, Alkali-Feldspat (Sanidin, Albit), Biotit und manchmal Feldspatvertretern in einer überwiegend glasigen, aber z. T. entglasten Grundmasse. Enthält oft sedimentäre Gesteinsbrocken.
**Merkmale** Hell, grau oder bräunlich, manchmal auch infolge von Oxidation rötlich oder violett; körnige und klastische Struktur, stark verkittet; massige Textur mit säuligen Rissen und vielen pneumatolytischen Drusen, in denen z. T. aneinandergereihte Blasen oder glasige Splitter eine Fließrichtung erkennen lassen.
**Entstehung und Vorkommen** Das Gestein bildet sich durch Ablagerung von glutflüssigen Tuffen, die sich die Abhänge eines Vulkans hinunterwälzten. Sie sind auf eine vulkanische Explosion zurückzuführen, bei der sich eine Glutwolke gebildet hat, die sich durch die Plastizität des Gesteinsglases und durch Restgase an Ort und Stelle verfestigt hat.
**Fundorte** In Neuseeland, Japan, Kamtschatka (UdSSR), Armenien (UdSSR), in der Karibik, in Italien die Tuffe der Vulkane in Latium, in den quarzführenden Porphyren von Varesotto, Val Trompia und im Etschtal.
**Verwendung** Wird lokal als Baustein verwendet.

Vulkanische Bombe mit Rissen (ca. × 1). Vulcano (Äolische Inseln), Italien.

Rhyolithischer Ignimbrit (ca. × 1). Val Trompia (Brescia), Italien.

## 350 PORPHYRTUFF

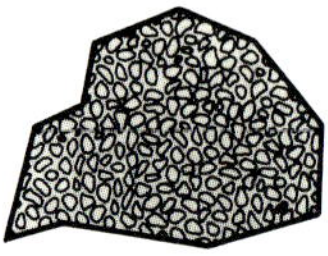

**Art** Pyroklastisches Gestein
**Chemismus** Sauer oder intermediär
**Gemengteile** Das Gestein enthält neben einzelnen Augit-, Plagioklas- und Olivinkristallen Lavabrocken, die oft blasenreich sind (Lapilli), vulkanische Aschen und sedimentäres Material, das die Verkittung begünstigt (Zeolith, Calcit) oder Gesteinsglas.
**Merkmale** Hellgrau, rosa, grünlich, gelblich oder braun; die Struktur ist deutlich klastisch mit vulkanischem Gestein (Lapilli), manchmal auch mit Sedimenten, die von den Schlotwänden losgerissen wurden und dann an der Erdoberfläche wieder verfestigt wurden, wobei sie sich mit Aschen mischten. Als Bindemittel kommen Zeolith (autigen) oder Ton und Calcit in Frage.
**Entstehung und Vorkommen** Tritt eingebettet in Lavaschichten auf, die aus Vulkanen stammen, bei denen Explosionen und Effusionen vorkommen. Große Schichtbänke auch weit entfernt vom Zentrum der vulkanischen Tätigkeit.
**Fundorte** Große Vorkommen im Porphyr von Varesotto, Lugano, im Etschtal und Mittelitalien; auch in Griechenland, Türkei, Indonesien, Japan und im mittleren Andenbogen. Ein Fundort in Deutschland ist das Lennegebiet.
**Verwendung** Porphyrtuff wird gelegentlich als Baustein und zur Herstellung von Spezialzement gebraucht.

---

## 351 PEPERINTUFF

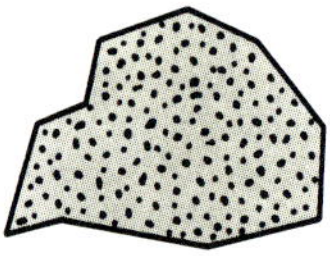

**Art** Pyroklastisches Gestein
**Chemismus** Intermediär
**Gemengteile** Das Gestein besteht vor allem aus schwarzen Augit- und Biotitkristallen mit wenigen Feldspäten und viel Leucit, Lapilli verschiedener Zusammensetzung und Kalkschotter. Das Bindemittel ist autigen (Zeolith).
**Merkmale** Grau oder braun, schwarz gesprenkelt; die klastische Struktur zeigt eine gute Verkittung und mittlere bis grobe Körnung. Perperintuff enthält oft Auswürflinge mit gut kristallisierten Mineralien oder lose Kristalle.
**Entstehung und Vorkommen** Bildet große Decken, die bei Explosionen von trachytischem oder von tephritisch-leucitischem Vulkanismus entstehen.
**Fundorte** Das Gestein ist vor allem in Italien weit verbreitet; man findet es in Mittelitalien, in den Albaner Bergen oder auf den Phlegräischen Feldern, fein gekörnt und dunkelgrau, oder gelb und stark zeolithisiert.
**Verwendung** Peperintuff gilt als leichter, fester und gut zu bearbeitender Baustein.

Seite 552:
Durch hohen Druck stark geschiefertes Gestein

Porphyrtuff (ca. × 1). Arona (Novara), Italien.

Peperintuff (ca. × 1). Latium, Italien.

# Metamorphe Gesteine

Erklärung der Symbole

## Gesteinsgefüge

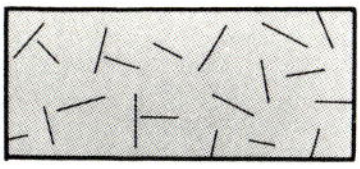

dicht, massig

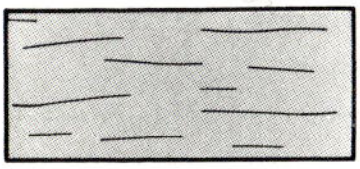

leicht geschiefert

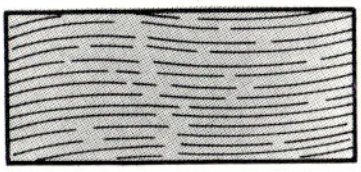

stark geschiefert

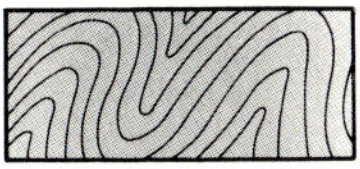

gefaltet

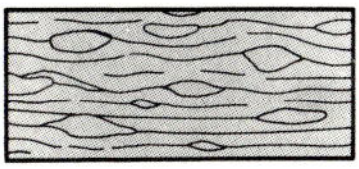

geschiefert mit augenartigem Gefüge

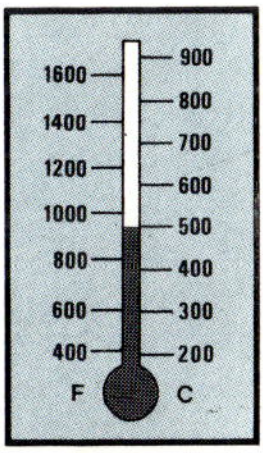


**Rekristallisationstemperatur**

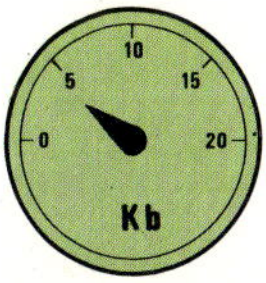


**Rekristallisationsdruck**

# 352 QUARZIT

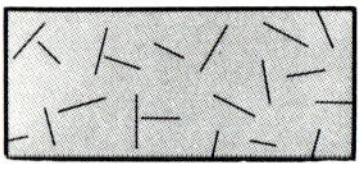

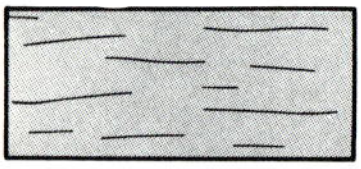

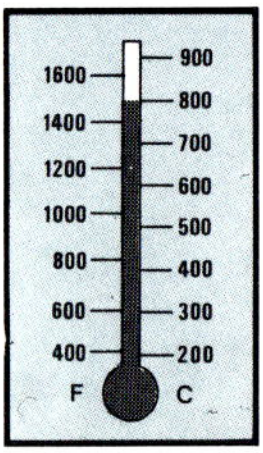

**Art** Regionales metamorphes Gestein
**Chemismus** Sauer
**Gemengteile** *Hauptgemengteile:* Quarz; *Nebengemengteile:* Glimmer (Muskovit, Biotit, Fuchsit), Feldspat (Orthoklas, Mikroklin, Plagioklas) und schwere Mineralien als Restite (Apatit, Zirkon, Pyrit, Magnetit, Ilmenit usw.); *Übergemengteile:* Granat, Graphit, Calcit, Schwefelverbindungen usw.
**Merkmale** Sehr hell, wenn das Gestein ganz aus Quarz besteht; sind andere Mineralien vorhanden, so ist die Farbe verschieden grau mit Flecken, oder schwarz, wenn zwar viele, aber winzige Biotit-, Graphit- oder Magnetitteilchen enthalten sind; die Struktur ist granoblastisch bis mosaikartig, meist mit feiner Körnung; sie kann aber auch etwas gröber sein. Je nach Glimmergehalt ist die Textur massig, blättrig oder schiefrig; schließlich bilden sich Sandsteinschiefer oder Quarzschiefer.
**Metamorphose** Quarzit kommt in allen metamorphen Zonen vor bis zur Fazies der Granulite, denn Quarz erweist sich in allen Graden der Metamorphose als stabil. Die übrigen Gemengteile können sich ändern; sie hängen vom Druck und von den Temperaturen in der Umgebung ab.
**Entstehung und Vorkommen** Quarzit bildet sich aus sedimentärem Sandstein, der mehr oder weniger rein sein kann (Orthoquarzit, Grauwacke, Arkose), aus quarzreichen Tonen, aus Hornstein und aus Kieseln; auch aus Apliten und Pegmatiten entsteht Quarzit.
**Fundorte** Quarzit ist in allen metamorphen Serien weit verbreitet. In Deutschland tritt Quarzit z. B. in Hessen und im Rheinischen Schiefergebirge auf. Bedeutende Vorkommen von Quarzit mit Eisenerzen (Hämatit, Magnetit) ist der in den USA auftretende *Itabirit,* der auch in Brasilien zu finden ist. *Gondit* ist ein Quarzit, der Mangan-Erze enthält und in Indien (Dekkan), Guinea und Venezuela vorkommt. Auch in Italien ist Quarzit häufig; grüner oder gelber Quarzit, der in dünne Platten spaltbar ist, gibt es in Barge (Cuneo), grünen am Splügen (Sondrio) und in Vogogna (Novara); er enthält winzige Teilchen von Chlorit. Für Dammbauten verwendet man den grauen Quarzit vom Val Belviso (Sondrio) und vom Schnallstal (Südtirol). Im Dünnschliff (siehe Mikrophoto) zeigen sich graue, spitze Quarzteilchen und blättrige isoorientierte helle Glimmer in lebhaften Interferenzfarben.
**Verwendung** Quarzit wird zur Herstellung von Baumaterial, in Pflastern und Verkleidungen, in rohem Zustand oder poliert verwendet. Auch in der Glas- und Keramikindustrie oder zur Herstellung saurer, feuerfester Steine benutzt man Quarzit.

Quarzit (ca. × 1). Barge (Cuneo), Italien.

Quarzit. Sondrio, Italien. Mikrophoto eines Dünnschliffs (ca. × 20; gekreuzte Nicols).

# 353 PHYLLIT

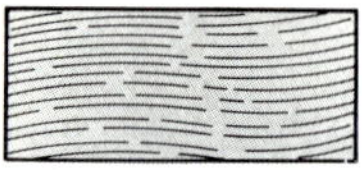

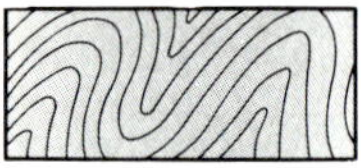

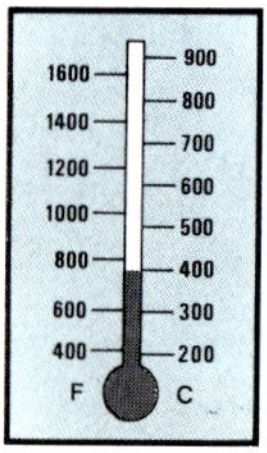

**Art** Regionales, metamorphes Gestein
**Chemismus** Sauer
**Gemengteile** *Hauptgemengteile:* Quarz, Serizitglimmer, Chlorit; *Nebengemengteile:* Albit, Apatit, Turmalin, Pyrit, Hämatit, Ilmenit, Graphit; *Übergemengteile:* Spessartin (manganhaltiger Granat), Chloritoid, Stilpnomelan, Carbonate (Calcit, Ankerit), Epidot, Pyrophyllit.
**Merkmale** Hell, silbergrau, bleigrau oder grünlich mit seidigem Glanz; Struktur granoblastisch (quarzhaltiger Phyllit) bis deutlich lepidoblastisch mit Übergängen zu porphyroblastischer Struktur (Albitphyllit, Granatphyllit). Sehr feinkörnig; die einzelnen Glimmerblättchen sind mit dem bloßen Auge nicht zu erkennen. Die Schieferung ist sehr deutlich; oft wechseln granoblastische und lepidoblastische, leicht gewellte Bänder miteinander ab.
**Metamorphose** Das Gestein bildet sich bei einer Metamorphose niedrigen Grades bei Druck und Temperaturbedingungen, die der Grünschieferfazies entsprechen. Viele Phyllite sind durch Diaphtorese (rückschreitende Metamorphose) aus Gestein, das sich bei einer Metamorphose höheren Grades bildet, entstanden; auch Überreste von Mineralien hoher Temperatur und mittleren bis hohen Drucks sind enthalten.
**Entstehung und Vorkommen** Bildet sich aus sedimentärem, tonigem oder tonig-sandigem Gestein und enthält teilweise Überreste von Organismen, vor allem von Pflanzen, die sich in Graphit verwandeln. Phyllite können sich aus vielen Gesteinsarten bilden, besonders aber aus Glimmerschiefer und Gneis infolge von rückschreitender Metamorphose.
**Fundorte** Das Gestein ist in den Ostalpen sehr häufig (Brixen, Südtirol/Italien), weniger häufig im mittleren Alpenbogen (Ambria) anzutreffen. Phyllit kommt in allen Überschiebungsdecken vor, insbesondere in der Mitte der Alpen (Bormio/Italien, Tauernfenster/Österreich) er tritt auch in kristallinen Massiven, wie z. B. am Aspromonte, auf (Italien). Phyllit und Mischgesteine zwischen Phyllit und Glimmerschiefer gibt es auf Sardinien und in den Apuanischen Alpen. Manchmal verwendet man für das Gestein schon die Bezeichnung Glimmerschiefer; es tritt in der CSSR, in Österreich (Landeck), in Belgien (Ardennen), in England (Devon), in Schottland und im allgemeinen in allen paläozoischen Schichten auf, die während der herzynischen Gebirgsbildung einer Metamorphose unterworfen waren. Fundorte in Deutschland sind das Rheinische Schiefergebirge, das Fichtelgebirge, der Bayerische Wald, Taunus.
Der Dünnschliff (siehe Mikrophoto) läßt gewellte Muskovitbündel (Sericit) mit lebhaften Interferenzfarben und einige Granate mit bläulicher, chloritischer Verfärbung erkennen, die sich in Wechsellagerung mit feinkörnigem, grauem Quarz befinden.
**Verwendung** In den Alpen wird das Gestein gelegentlich für Dachplatten verwendet.

Quarz-Phyllit (ca. × 1). Sondrio, Italien.

Phyllit. Sondrio, Italien. Mikrophoto eines Dünnschliffs (ca. × 20; gekreuzte Nicols).

# 354 GLIMMERSCHIEFER

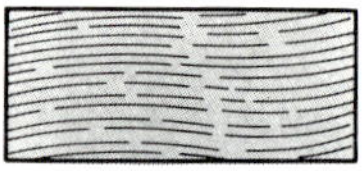

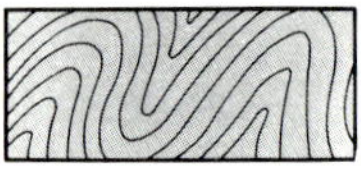

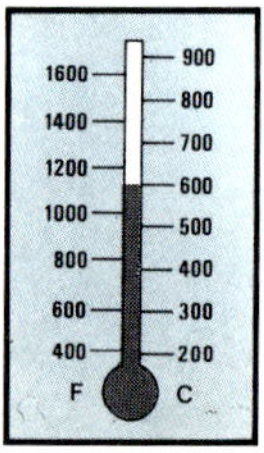

**Art** Regionalmetamorphes Gestein
**Chemismus** Sauer
**Gemengteile** *Hauptgemengteile:* Quarz, Glimmer (Biotit, Muskowit, Fengit, Paragonit); *Nebengemengteile:* Chlorit, Apatit, Turmalin, Zirkon, Pyrit, Ilmenit, Graphit, Magnetit; *Übergemengteile:* Andalusit Cordierit, Cyanit, Sillimanit, Granat (Almandin), Staurolith, Epidot, Calcit, Plagioklas, Glaukophan.
**Merkmale** Die Farbe ist je nach Art des Glimmers verschieden: bei Muskovitgehalt ist sie silbern oder grau, bei Biotitgehalt kastanienbraun oder schwarz; die Struktur ist granoblastisch und lepidoblastisch; häufig mit abwechselnder Lagerung. Es gibt Übergänge zu porphyroblastischer (Granat, Cyanit, Staurolith, Andalusit) und poikiloblastischer (Plagioklas, Cordierit, Staurolith) Struktur; auch die Körnung kann verschieden sein; es gibt feinstkörnige und sehr grobkörnige Glimmerschiefer. In jedem Fall kann man den Glimmer gut mit bloßem Auge erkennen, im Gegensatz zum Phyllit, bei dem die einzelnen Glimmerblättchen nur unter dem Mikroskop zu sehen sind. Die Schieferung ist deutlich zu erkennen; sie verläuft in einer Ebene oder leicht gewellt und zeigt häufig gut entwickelte Linien. Glimmerschiefer unterscheidet sich von Gneis durch die geringere Härte und dem geringeren Anteil an Feldspäten.
**Metamorphose** Das Gestein bildet sich bei einer Metamorphose mittleren bis hohen Grades (Fazies der Grünschiefer, Amphibolite und Glaukophanschiefer). Bei regionalmetamorphen Glimmerschiefern erkennt man eine Unterteilung in charakteristische Zonen, die jeweils einem bestimmten Druck bzw. einer bestimmten Temperatur bei der Entstehung entsprechen. Ebenso sind die Leitmineralien, die für einen bestimmten Grad der Metamorphose typisch sind, und auch einige nicht charakteristische Mineralien enthalten. Im schottischen Hochland gibt es die Schichtenfolge Chlorit-Biotit-Granat-Staurolith-Cyanit-Sillimanit, und die Gesteinsarten gehen von den Phyllitschiefern in die Glimmerschiefer über. Dabei wird die Körnung immer gröber. In der Umgebung von Abakuma (Japan) ist die Schichtfolge dagegen Biotit-Andalusit-Cordierit-Sillimanit-Orthoklas. Bei der ersten Schichtenfolge zeigt sich bei gleichbleibendem, mittleren bis hohen Druck eine Zunahme der Temperatur, bei der zweiten ein gleichbleibender niedriger Druck mit stetig wachsender Temperatur.
**Entstehung und Vorkommen** Glimmerschiefer bilden sich aus tonigen und sandig-tonigen Gesteinen, die auch etwas Kalk enthalten können. Sie treten häufig zusammen mit Gneis auf, wenn das ursprüngliche Gestein aus einer Umwandlung von Ton und Arkose bestand.
**Fundorte** Glimmerschiefer treten sehr häufig in den Zentralalpen auf (Zillertal, Engadin), ferner bei Tirschenreuth (Fichtelgebirge), im Bayerischen Wald, in den Tauern (Gasteiner-, Fusch-, Pfitschtal) und im Erzgebirge. In Italien kommen sie im südlichen Apennin (Kalabrien, Peloritanische Berge) und in Sardinien vor. Die häufigste Varietät ist der granathaltige Glimmerschiefer, der Granatkristalle von 1 mm

Granatführender Glimmerschiefer (ca. × 1). Passeiertal (Südtirol), Italien.

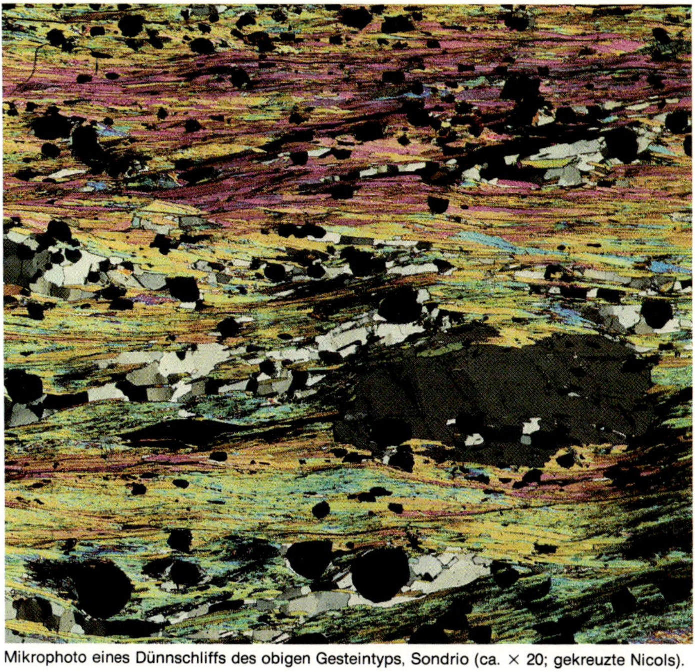

Mikrophoto eines Dünnschliffs des obigen Gesteintyps, Sondrio (ca. × 20; gekreuzte Nicols).

bis 5 cm Größe enthalten kann; manchmal findet man in ihm auch Staurolith und Cyanit (Val Formazza, Valle Anzasca, Comersee, unteres Veltlin und Val Malenco bei Sondrio). Der Dünnschliff auf dem Mikrophoto (S. 559) läßt zwischen Muskovitbündeln in lebhaften Interferenzfarben tönnchenartige Granatkörper, die poikiloblastisch sind, grauen Albit und helle Quarzlinsen erkennen. Sillimanithaltigen Glimmerschiefer, der gelegentlich auch Cordierit enthält, gibt es im unteren Meratal (Sondrio) und in Piona (Como). Glimmerschiefer mit Amphibol sind durch Metamorphose von Gesteinen entstanden, die Dolomit enthalten; in Italien findet man sie im Val Tremola (St. Gotthard); turmalinhaltige Glimmerschiefer gibt es in den Ostalpen (am Greiner/Tirol). Typisch sind die paragonitischen Glimmerschiefer mit Cyanit und Staurolith, die am Pizzo Forno (Kanton Tessin/Schweiz) auftreten. Andere Arten haben eine pelitische Zusammensetzung mit einem bestimmten Hauptgemengteil; dies gilt z. B. für Chloritoidschiefer, die typisch für eisenhaltiges Gestein sind, für Ottrelithschiefer, der manganhaltig ist, und für Graphitschiefer, der aus einem Gestein besteht, das ursprünglich Pflanzenreste enthielt, die umgewandelt wurden. Glimmerschiefer kommen besonders auch in alten, kristallinen Festlandsmassen in Kanada (Grenville Belt), Schweden, Norwegen, Australien und Neuseeland (Otago-Schiefer) vor. Man findet sie aber auch oft zusammen mit Glaukophanschiefern, so z. B. in Kalifornien (USA), Chile und Japan.
**Verwendung** Im Baugewerbe als Dachplatten.

## 355 CHLORITSCHIEFER

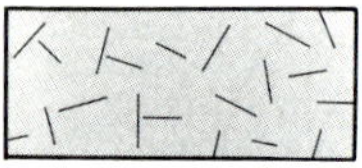

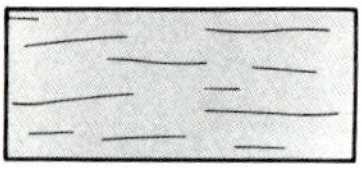

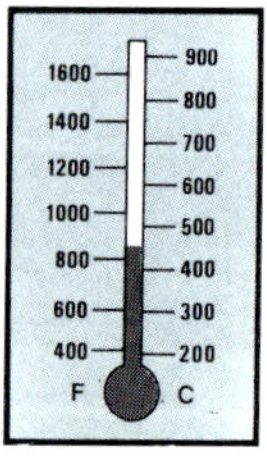

**Art** Regionalmetamorphes Gestein
**Chemismus** Basisch
**Gemengteile** *Hauptgemengteile:* Chlorit; *Nebengemengteile:* Pyrit, Calcit, Magnetit, Titanit; *Übergemengteile:* Albit, Epidot, Aktinolith, Glaukophan, Quarz, Muskovit, Magnesit, Talk, Chloritoid.
**Merkmale** Hell- bis dunkelgrün; lepidoblastische bis filzige Struktur mit Übergängen zu poikiloblastischer oder nematoblastischer Struktur; Textur massig oder schiefrig, häufig mit Resten von Mineralien.
**Metamorphose** Bildet sich bei Metamorphose niedrigen Grades (Grünschiefer- und Glaukophanschieferfazies).
**Entstehung und Vorkommen** Entstehen aus Lava, Tuffen, basischen Gängen; daher unterschiedliche Textur und oft Überreste einer älteren Struktur. Manchmal bilden sie sich auch aus mit Tuff vermischten Mergeln.
**Fundorte** Besonders häufig in den Westalpen. Eine dichte Varietät gibt es im Val Malenco oder im Engadin. Die Chloritschiefer von Montescheno im Val d'Ossola (Italien) bestehen zum großen Teil aus Serpentin und Talk.
**Verwendung** In unbehauenen Platten zum Dachdecken verwendet. Die dichte Varietät wurde früher zu Kochtöpfen, heute zu kunstgewerblichen Gegenständen verarbeitet.

Zweiglimmerschiefer (ca. × 1). Val dei Ratti (Sondrio), Italien.

Chloritschiefer (ca. × 1). Österreich.

# 356 GNEIS

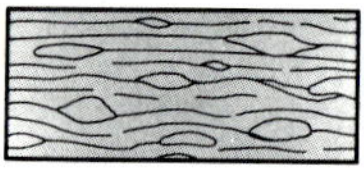

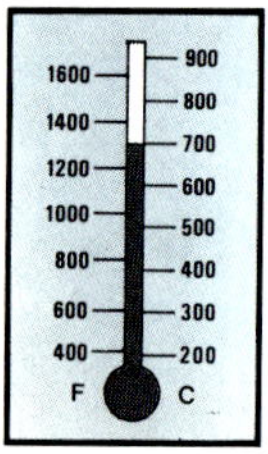

**Art** Regionalmetamorphes Gestein
**Chemismus** Sauer-intermediär
**Gemengteile** *Hauptgemengteile:* Feldspat (Mikroklin, perthitischer Mikroklin, Albit oder Plagioklas verschiedener Zusammensetzung), Glimmer (Muskovit, Phengit, Biotit); *Nebengemengteile:* Epidot, Apatit, Turmalin, Orthit, Magnetit, Ilmenit, Zirkon, Monazit, Titanit, Pyrit, Pyrrhotin; *Übergemengteile:* Quarz, Chlorit, Cyanit, Sillimanit, Andalusit, Cordierit, Granat (Almandin), Hornblende, Augit.
**Merkmale** Gesteinsarten, die sich aus Granit gebildet haben (Orthogneis) oder aus sandigem Feldspatgestein, das besonders rein ist (Arkose), sind meist hell; Gesteinsarten, die pelitisch sind, sind dunkler, d. h. sie sind aus nicht reinem Sandstein entstanden (Tonsandstein, Grauwacke usw.). Die Struktur ist überwiegend granoblastisch mit mittlerer bis grober Körnung und Übergängen zu porphyroblastischer und poikiloblastischer Struktur (Augengneis), oder nematoblastischer Struktur (Flasergneis), die Schieferung ist nur unvollkommen entwickelt; eine gute Schieferung zeigen nur Arten, die reich an Glimmer sind und eine sehr feine Körnung haben. Die Unterscheidung des Gneis vom Glimmerschiefer liegt in einem erhöhten Gehalt an Feldspat sowie vor allem in der Art des Bruches. Gneis bricht viel schwerer und in größere Würfel oder Platten; Glimmerschiefer dagegen bricht aufgrund seiner Schiefrigkeit leicht und in feine Blättchen.
**Metamorphose** Gneis bildet sich durch Metamorphose mittleren (Fazies der Amphibolite) bis hohen Grades (bis zur Anatexis); es gibt aber auch Gneise niederen Grades (Albitgneis).
**Entstehung und Vorkommen** Die meisten Gneise, die auf Sedimentgesteine zurückgehen (Paragneise), bilden sich bei zunehmender Metamorphose aus Schiefern, wobei eine Dishydratation von Muskovit stattfindet, der in Feldspat (Aluminiumsilikat) umgewandelt wird. Gneise waren tonige Gesteine, die stark umgewandelt wurden. Der Grad der Umwandlung führt bis zur teilweisen Aufschmelzung (Anatexis). Sie sind also Gesteine, die sich bei hochgradiger Metamorphose bilden. Andere Gneise wiederum entstehen aus Granit, Granodiorit und Tonalit (Orthogneis) und weisen manchmal deutliche Überreste der alten Textur auf. Sie können auch bei einer Metamorphose mittleren oder sogar niedrigen Grades entstanden sein, denn man erkennt häufig in ihnen die Struktur der ursprünglichen Zusammensetzung.
**Fundorte** Überall in den Alpen findet man granitoiden Orthogneis, als Metamorphoseprodukt von Plutoniten, herzynischen Migmatiten und älteren Gesteinen. Augengneise treten im Val Antigorio, am Monte Leone, am Gran Paradiso, Monte Rosa, Mont Blanc (Italien) und in den Tauern (Österreich) auf; manchmal enthalten sie neben Biotit Hornblende. Auch im Veltlin (Italien) und in anderen Teilen der Zentralalpen findet man Augengneise. Der Dünnschliff (siehe Mikrophoto) zeigt Phenoblasten von perthitischem Mikroklin, sowie Muskovit in lebhaften Interferenzfarben, die aus einer feineren Masse aus Quarz, Plagioklas und Muskovit hervortreten. Gneis, der viel Turmalin enthält, findet man in Beura

Augengneis (ca. × 1). Sondrio, Italien.

Mikrophoto eines Dünnschliffs des obigen Gesteins (ca. × 20; gekreuzte Nicols).

(Val d'Ossola/Italien). Weitere Fundorte sind Luserna San Giovanni bei Turin und die Alpe Suretta (Val del Liro/Italien). Heller Augengneis tritt in den Südalpen, vor allem in den Bergamasker Alpen auf. Sedimentären Ursprungs ist Paragneis von Sesia-Lanzo (Piemont), der granat- und sillimanithaltige Paragneis im Gebiet der oberitalienischen Seen und der konglomeratartige Gneis von Lebendum im Val Formazza (Novara) und im Aostatal. Flasergneis findet man im Val d'Ossola sowie im süditalienischen Silagebirge. Migmatischen und amphibolhaltigen Gneis gibt es am Aspromonte und in den Peloritanischen Bergen. Der Gneis von Morbegno (Sondrio) ist poikiloplastisch, knollenartig und enthält reichlich Albit und manchmal Zweiglimmer. Alle diese Fundorte sind in Italien. Riesige Gneisvorkommen gibt es vor allem in den präkambrischen Landmassen in Skandinavien, Kanada, Brasilien und Australien, in denen der Gneis häufig in Migmatite und anatektische Granite übergeht. In den Vogesen und im Schwarzwald bilden biotitische Gneise mit hohem Granat- und Cordieritgehalt (Kinzigit) den untersten Teil einer pelitischen Serie, die auf der einen Seite in Migmatite, auf der anderen in typische Granulite übergeht. Weitere Fundorte von Gneis sind im Fichtelgebirge, im Bayerischen Wald und im Böhmerwald. Granitischer Gneis tritt in Schottland, Japan (Ryoke-Abakuma), in den Adirondacks (USA) und in den Schweizer Alpen (Simplongebiet und Tessin) auf. Es gibt auch eine besondere Art von Augengneis mit rundlichen Feldspatkristallen, die bei der Metamorphose einer langsamen Erhitzung ausgesetzt waren. Das widerstandsfähigere Material blieb abgerundet zurück (Restit); das Muttergestein zwischen den Augen unterlag einer Rekristallisation und besitzt eine sehr feine Körnung. Ein typisches Vorkommen ist der »ollo de sapo« in Spanien und Portugal. Solche blastomylonitischen Gneise trifft man gelegentlich auch in den Zentral- und Südalpen an.

**Verwendung** Manche Gneisarten werden in unbehauenen oder polierten Platten im Baugewerbe verwendet. Gneis wird heute weniger als Plastermaterial gebraucht als früher.

Gneis (ca. × 1). Val Masino (Sondrio), Italien.

Gneis (ca. × 0,5). Val d'Ossola (Novara), Italien.

# 357 PRASINIT

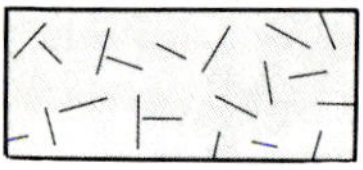

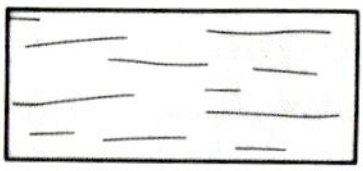

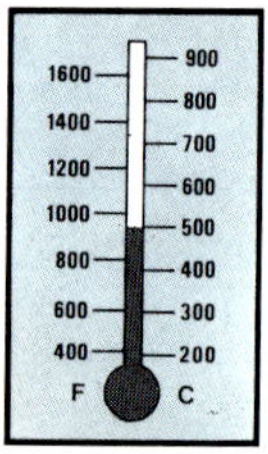

**Art** Regionalmetamorphes Gestein

**Chemismus** Basisch

**Gemengteile** *Hauptgemengteile:* Chlorit, Aktinolith, Albit, Epidot; *Nebengemengteile:* Calcit, Quarz, Titanit, Rutil, Muskovit, Phengit, Magnetit, Ilmenit; *Übergemengteile:* Glaukophan, Granat, Hornblende, Lawsonit, Ankerit.

**Merkmale** Hellgrün bis gelblich oder bläulich; die Struktur ist verschieden, in der Hauptsache kommt nematoblastische und lepidoblastische Textur mit Albit in kleinen poikiloblastischen Augen vor; die Körnung ist meist sehr fein; Textur massig oder zoniert, mit Bändern, in denen ein bestimmtes Gemengteil besonders häufig ist; nie geschiefert. Mineralogische und strukturelle Reste (Gabbro oder Diabas) sind häufig vorhanden.

**Metamorphose** Prasinit kommt in den basischen Serien von Metamorphosen niedrigen und mittleren Grades (Facies der Grün- und Glaukophanschiefer) vor.

**Entstehung und Vorkommen** Prasinit entsteht durch retrograde Metamorphose in der Fazies der Grün- und Glaukophanschiefer oder durch eine prograde Metamorphose in Verbindung mit Hydratation aus basaltischer Lava, Diabas, Gabbro und Eklogit. Das Gestein entsteht seltener auch aus Tuff oder eisenhaltigen Mergeln. Die in den Alpen vorkommenden Prasinite sind zum größten Teil polymetamorphe Gesteine. Sie bildeten sich aus basischem Gestein, das sich bei geringer Temperatur zunächst in Glaukophanschiefer und erst danach bei nachlassendem Druck mit oder ohne Zunahme der Temperatur in Prasinit umwandelte.

**Fundorte** Prasinit kommt in den Ost- und Westalpen in der Formation der Kalkschiefer mit Grüngestein vor. In Italien findet man ihn im Val di Susa, Val Soana (Turin), Val Varaita (Cuneo) und im Veltlin, wo er mit Albit, der poikiloblastische Augen enthält, prismatischem Amphibol- und Epidotkristallen (in gelben und blauen Interferenzfarben), sowie blättrigem Muskovit und Chlorit vorkommt (siehe Dünnschliff im Mikrophoto). Prasinit gibt es außerdem im östlichen Korsika, im Val de Bagnes (Wallis/Schweiz), im Zillertal (Österreich), auf den Inseln Giglio und Gorgona (Tyrrhenisches Meer) und am Monte Argentario sowie im nördlichen Apennin (Italien). Die Bezeichnung Prasinit wird nur im Alpenraum verwendet. Außerhalb Europas gibt es Chlorit-Amphibol-Epidot-Albit-Schiefer in Kalifornien, Japan, auf den Philippinen und in Venezuela.

**Verwendung** Prasinit kommt manchmal zusammen mit Kupfer-Lagerstätten vor.

Prasinit (ca. × 1). Val Varaita (Cuneo), Italien.

Prasinit. Val Malenco, Italien. Mikrophoto eines Dünnschliffs (ca. × 15; gekreuzte Nicols).

# 358 TALKSCHIEFER

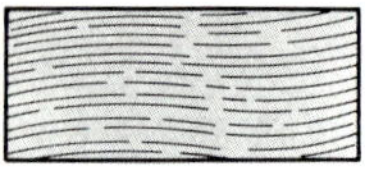

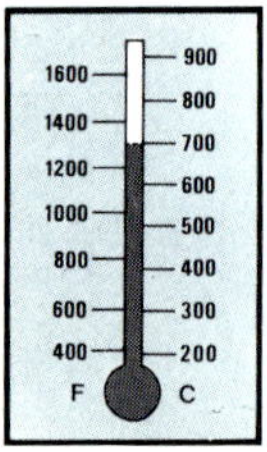

**Art** Regionalmetamorphes Gestein
**Chemismus** Ultrabasisch
**Gemengteile** *Hauptgemengteile:* Talk; *Nebengemengteile:* Magnetit, Magnesit, Calcit, Dolomit, Chlorit; *Übergemengteile:* Brucit, Serpentin (Antigorit), Tremolith.
**Merkmale** Weißgrau, manchmal grün gesprenkelt; fühlt sich fettig an; Struktur lepidoblastisch mit granoblastischen Knollen und Zonen, und feiner Körnung; deutliche Schieferung mit Überresten von Olivin, Pyroxen und Carbonaten. *Steatit* ist eine filzige, massige Varietät.
**Metamorphose** Das Gestein bildet sich durch Regionalmetamorphose niedrigen Grades; es kann auch durch Thermo- und Kontaktmetamorphose bei niedrigem Druck aus dolomitischem Gestein entstehen.
**Entstehung und Vorkommen** Bildet sich durch Umwandlung von ultrabasischen magmatischen Gesteinen bei mittlerer bis niedriger Temperatur und bei Vorhandensein von Wasser, oder durch Silifizierung bei hoher Temperatur und ebenfalls Wasser aus Magnesit- und Dolomitgestein.
**Fundorte** Kommt in den Zentralalpen und in den Westalpen vor. Große Vorkommen auch in den USA, in der UdSSR, in den Pyrenäen, in Australien, Korea und Indien. Fundort in Deutschland ist Erbendorf (Bayerischer Wald).
**Verwendung** Zur industriellen Gewinnung von Talk.

---

# 359 SERPENTIN

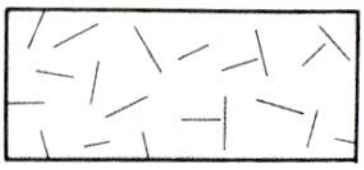

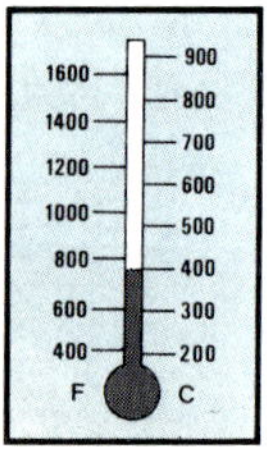

**Art** Regionalmetamorphes Gestein
**Chemismus** Ultrabasisch
**Gemengteile** *Hauptgemengteile:* Serpentin (Chrysotil, Asbest); *Nebengemengteile:* Olivin, Diopsid, Pyrop, Magnetit, Magnesit, Talk; *Übergemengteile:* Brucit, Tremolith, Dolomit, Chlorit.
**Merkmale** Hellgrün oder gelbgrün; zellige, filzige Textur mit charakteristischer Äderung; massige Textur mit blastomylonitischen Peridotitresten.
**Metamorphose** Niedriggradig. Sie ist an die Zeolith- und Grünschieferfazies gebunden.
**Entstehung und Vorkommen** Serpentin bildet sich durch Umwandlung aus Peridotit, wobei die ursprüngliche (auch die mikroskopische) Struktur erhalten bleibt.
**Fundorte** In Italien im Apennin, in Deutschland im Bayerischen Wald (Erbendorf), in der Münchberger Gneismasse (Wurlitz), im Schwarzwald (Todtmoos, Schuttertal).
**Verwendung** Als polierte Platten im Baugewerbe.
**Synonyme** Um das Apennin-Gestein, in dem Serpentin faserig als Chrysotil vorkommt, vom alpinen, meist geschieferten (mit blättrigem Serpentin = Antigorit) zu unterscheiden, verwendet man für das erstere den Namen Serpentin, für letzteres die Bezeichnung Serpentinit.

Talkschiefer (ca. × 1). Val Malenco, Italien.

Serpentin (ca. × 1). Toskana, Italien.

# 360 SERPENTINIT Serpentinfels

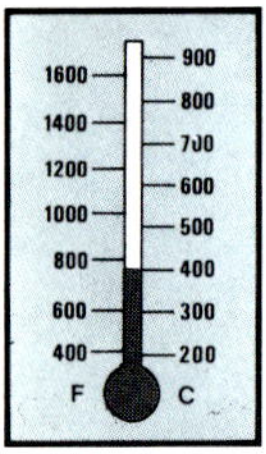

**Art** Regionalmetamorphes Gestein
**Chemismus** Ultrabasisch
**Gemengteile** *Hauptgemengteile:* Serpentin (Antigorit und Lizardit), Magnetit; *Nebengemengteile:* Serpentin in Adern (Chrysotil), häufig asbestartig, Talk, Garnierit, Brucit, Chlorit; *Übergemengteile:* Magnesit, Dolomit, Calcit, Tremolith, Granat (Demantoid, Hessonit); verschiedene Reste (Olivin, Pyroxen).
**Merkmale** Dunkelgrün bis schwarz; blättrige oder filzige Textur häufig mit Zonierung, manchmal zellenartig durch Reste vor allem von Pyroxen; massige Textur mit Rodingitadern und -gängen und Anreicherungen von Eisen-, Kupfer- und Nickelmineralien.
**Metamorphose** Metamorphose niedrigen Grades (Fazies der Grün- und Glaukophanschiefer und z. T. der Zeolithe); die Rekristallisation erfolgt manchmal nur teilweise, wobei Olivinit in die Fazies der Amphibolite übergeht.
**Entstehung und Vorkommen** Serpentinit bildet sich durch Metamorphose in wasserreicher Umgebung aus Peridotit, Pyroxen und Lherzolith, gelegentlich auch aus Amphibolit und Gabbro. Während der Umwandlung setzen sich Calcium (unter Bildung von Rodingitbändern) sowie Eisen ab. Es bilden sich Magnetitkristalle.
**Fundorte** Serpentinit ist überall in den Alpen weit verbreitet; besonders häufig ist die antigorithaltige Varietät, in der man oft auch Reste von bastitischem Diallag findet (Seealpen, Monviso, Val di Lanzo und Valle Antrona in Piemont/Italien; Zermatt/Schweiz; Val Malenco/Italien, Ötztal/Österreich); in manchen Gebieten enthält das Gestein in der Hauptsache Lizardit (Montgenèvre, Piemont; Totalpe/Österreich; Ligurischer Apennin/Italien). Oft ist Chrysotil in Form von Asbestadern oder als Serpentin enthalten. In Deutschland findet man das Gestein vor allem in Sachsen. Außerhalb der Alpen kommt er sonst in Kalifornien, Oregon und Maine (USA), in der Provinz Quebec (Kanada), auf Kuba, in Schottland, in Norwegen, in Jugoslawien und in den Gebirgsketten, die sich vom Himalaya bis nach Neukaledonien ziehen, vor. Der Dünnschliff (siehe Mikrophoto) zeigt bläulichen Serpentin mit winzigen undurchsichtigen Magnetitkristallen und kleine Knollen und Rekristallisate von Olivin und Pyroxen in lebhaften Interferenzfarben.
**Verwendung** Serpentinit findet man in wichtigen Kupfer- (Ahrntal und Etschtal, Südtirol), Eisen- (Aostatal), Nickel- (Kanada, Neukaledonien) und Asbest-Lagerstätten (Kanada; Baldissero, Turin; Val Malenco, Sondrio) und in Talk. In feinen Platten wird er zum Dachdecken und als Fassadenverkleidung benutzt. Polierte Platten gelten als wirkungsvolle Ziersteine, die allerdings an der Luft rasch verwittern.

Serpentinit (ca. × 1). Val Malenco, Italien.

Mikrophoto eines Dünnschliffs des obigen Gesteins (ca. × 20; gekreuzte Nicols).

## 361 GLAUKOPHANSCHIEFER
### Glaukophanit

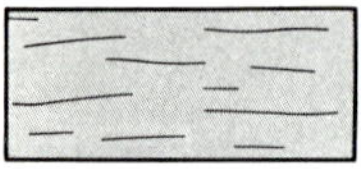
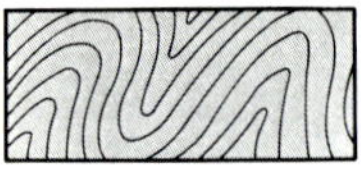

**Art** Regionalmetamorphes Gestein
**Chemismus** Basisch
**Gemengteile** *Hauptgemengteile:* Glaukophan, Lawsonit; *Nebengemengteile:* Calcit, Magnetit, Chlorit, Albit, Quarz; *Übergemengteile:* Jadeit, Phengit, Aktinolith, Ferrocarpholit, Ankerit, Granat, Chloritoid, Cyanit, Talk.
**Merkmale** Grün mit bläulicher oder mit violetter Tönung. Nematoblastische oder lepidoblastische Struktur; die Textur zeigt eine Schieferung und häufig strukturelle Reste.
**Metamorphose** Das Gestein ist bei Metamorphose mit niedrigen Temperaturen (Fazies der Glaukophanschiefer) und hohem Druck entstanden.

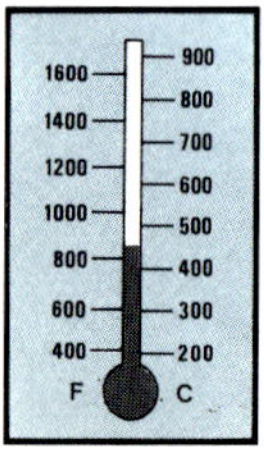


**Entstehung und Vorkommen** Es bildet sich aus basaltischer Lava, Hyaloklastiten und Tuffen, die stärker oder schwächer mit Ton, Diabas und Gabbro vermischt sind, bei einer Metamorphose hohen Drucks.
**Fundorte** Es tritt in den Westalpen als Produkt der beginnenden Metamorphose auf (Cottische Alpen, Aostatal/Italien); in Italien kommt es außerdem am Monte Argentario, auf der Insel Giglio (Toskana) und in Kalabrien vor. Weitere Fundorte sind in Kalifornien (USA), in Japan (Sanbagawa und Sangun), in Neukaledonien, in Norwegen (Spitzbergen) und in England (Alderney).

**Verwendung** Tritt in Kupfer- und Nickel-Lagerstätten auf, daher wichtig für Erzprospektion.

---

## 362 EPIDOTAMPHIBOLIT

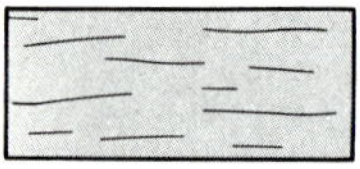

**Art** Regionalmetamorphes Gestein
**Chemismus** Basisch
**Gemengteile** *Hauptgemengteile:* Amphibol (Aktinolith), Plagioklas (Albit-Oligoklas), Epidot (Klinozoisit, Pistazit); *Nebengemengteile:* Titanit, Apatit, Magnetit, Ilmenit, Biotit, Quarz; *Übergemengteile:* Calcit, Dolomit, Chlorit.

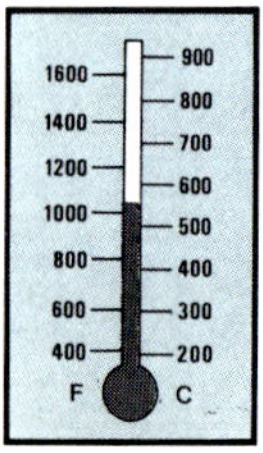


**Merkmale** Hellgrün mit gelbgrünen Streifen, nematoblastische Struktur mit Übergängen zu diablastischer Struktur; die Textur zeigt verschiedenfarbige Streifen, die sich durch eine verschiedene Körnung, Richtung und mineralogische Zusammensetzung voneinander unterscheiden.
**Metamorphose** Niedrig (Fazies der Grünschiefer).
**Entstehung und Vorkommen** Das Gestein entsteht aus Lava, Tuff, basischen Gängen und manchmal auch aus eisenhaltigen Mergeln, die durch eine Regionalmetamorphose rekristallisiert wurden. Es bildet sich auch durch Diaphtorese aus Glaukophanschiefern.
**Fundorte** Das Gestein ist in den Westalpen und in der Mitte des Alpenbogens häufig, aber auch in der restlichen Welt sehr verbreitet.

**Verwendung** Das Gestein hat keine kommerzielle Bedeutung.

Glaukophanschiefer (ca. × 1). Norwegen.

Epidotamphibolit (ca. × 1). Val Malenco, Italien.

# 363 AMPHIBOLIT

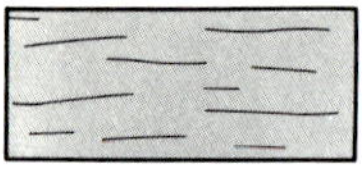

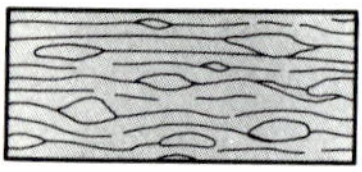

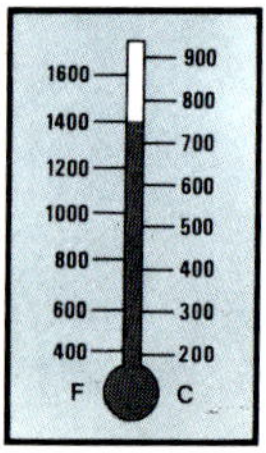

**Art** Regionalmetamorphes Gestein
**Chemismus** Basisch
**Gemengteile** *Hauptgemengteile:* Amphibol (Hornblende, Antophyllit, Cummingtonit), Plagioklas (Andesin-Bytownit); *Nebengemengteile:* Ilmenit, Magnetit, Titanit, Epidot, Quarz; *Übergemengteile:* Diopsid, Granat (Almandin-Pyrop), Biotit, Muskovit.
**Merkmale** Hell- bis dunkelgrün, häufig weiß und gelb gesprenkelt; diablastische oder nematoblastische Struktur mit Übergängen zu porphyroblastischer (Granat) oder lepidoblastischer (Biotit), manchmal auch poikiloblastischer (Plagioklas) Struktur; Textur massig oder gebändert, wobei die frühere Textur der Magmatischen Gesteine manchmal erhalten blieb (Metagabbro, Metakissenlava). Bei Zunahme des Plagioklasgehalts erfolgt zunächst ein Übergang in *Leukoamphibolit* und dann in *Gneisamphibolit.*
**Metamorphose** Mittelgradig (Fazies der Amphibolite).
**Entstehung und Vorkommen** Amphibolite bilden sich durch Regionalmetamorphose aus basaltischer Lava, Tuffen sowie aus Gabbros und basischen Lamprophyren *(Orthoamphibolit).* Das Gestein kann sich auch aus mergeligen oder mit Tuffmaterial vermischten Sedimenten bilden *(Paraamphibolit).* Leukoamphibolit und Gneisamphibolit können durch Metamorphose von intermediären Plutoniten (Tonalit, Diorit), oder durch metamorphe Umwandlung von Tuffgestein entstehen. Im Granitgestein gibt es zahlreiche Einschlüsse mit amphibolitischer Zusammensetzung (Melanolit).
**Fundorte** Ausgedehnte Vorkommen von Amphibolit gibt es in den mittleren und östlichen Alpen, so z. B. im oberen Veltlin und in den Bergamasker Alpen (Italien); sie zeigen eine typische, diablastische Struktur mit polysynthetisch verzwillingtem Plagioklas, kurzen Prismen aus Amphibol in lebhaften Interferenzfarben und grauem Quarz (siehe Mikrophoto). Das Gestein enthält auch gelegentlich Granat oder Diopsid. Es gibt auch Amphibolite, die sich bei einer Metamorphose anderen Grades gebildet haben, so z. B. im gesamten Tessin (Schweiz), im Val Malenco (Sondrio/Italien) und in der Silvretta (Graubünden/Schweiz und Österreich). Amphibolite treten außerdem in Kalabrien, in den Peloritanischen Bergen und auf Sardinien auf (Italien). Man findet sie aber auch in den herzynischen und präherzynischen Gebirgssockeln Deutschlands (Schwarzwald, Odenwald, Bayerischer Wald), Frankreichs, Englands und im Baltischen Schild (Norwegen), in der Brasilianischen Landmasse (Sao Paulo) und im Kanadischen Schild (Kanada, USA). Sie enthalten oft große Granatkristalle. Strukturelle Überreste, die auf die Entstehung aus Gabbro hinweisen, gibt es im Ötztal (Österreich) und an vielen anderen Stellen unserer Erde.
**Verwendung** Amphibolite kommen insbesondere zusammen mit Kupfer-Lagerstätten vor. Selten wird das Gestein als Zierstein verwendet. Ein Beispiel dafür ist der Amphibolit vom Brenner und Reschenpaß.

Amphibolit (ca. × 1). Val Malenco, Italien.

Mikrophoto eines Dünnschliffs des obigen Gesteins (ca. × 15; gekreuzte Nicols).

# 364 EMBRECHIT

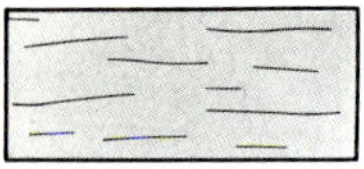

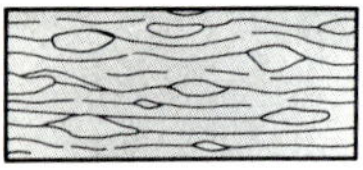

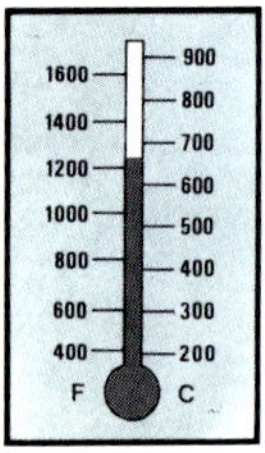

**Art** Ultrametamorphes Gestein (Migmatit)
**Chemismus** Sauer oder intermediär
**Gemengteile** *Hauptgemengteile:* Quarz, Kalifeldspat (Mikroklin, Perthit), Plagioklas (Oligoklas), Biotit; *Nebengemengteile:* Zirkon, Apatit, Magnetit; *Übergemengteile:* Muskovit, Cordierit, Sillimanit, Granat.
**Merkmale** Hell, weiß oder grau; Gneis- oder Augentextur mit deutlicher Trennung der gefalteten Paläosome und der Neosome, mit Flecken oder Bändern; häufig abgesetzte Residuale.
**Metamorphose** Mittel- bis hochgradig (Fazies der Amphibolite).
**Entstehung und Vorkommen** Das Gestein bildet sich zu Beginn der Aufschmelzung der sialischen Gemengteile pelitischer oder granitischer Gesteine in regionalmetamorpher Umgebung, die mit Wasser gesättigt ist.
**Fundorte** Kommt besonders in alten Festlandsmassen (Kanada, Finnland) und in präpaläozoischen Gebirgssockeln (Französisches Zentralmassiv, Böhmische Masse/Bayerischer Wald) vor. Fundorte in Italien sind der Monte Argentera (Cuneo), das Val Masino, das Meratal und das Val Codera in der Lombardei, sowie das Silagebirge (Kalabrien).
**Verwendung** Embrechit wird gelegentlich als Baustein gebraucht, seltener in Form von polierten Platten als Zierstein.

# 365 ANATEXIT

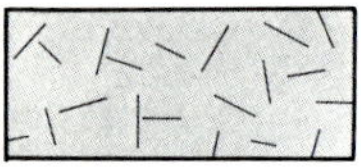

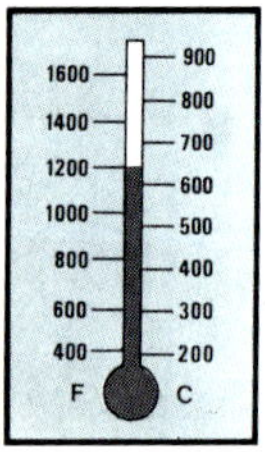

**Art** Ultrametamorphes Gestein (Migmatit)
**Chemismus** Sauer oder intermediär
**Gemengteile** *Hauptgemengteile:* Quarz, Kalifeldspat (Mikroklin, Pertit), Plagioklas (Oligoklas-Andesin), Biotit; *Nebengemengteile:* Zirkon, Apatit, Magnetit; *Übergemengteile:* Granat, Cordierit, Sillimanit, Amphibol.
**Merkmale** Hell- bis dunkelgrau; granoblastische bis lepidoblastische Struktur mit dunklen Einschlüssen (Paläosome), die von hellen Einschlüssen stark durchsetzt sind (Neosome). Überreste (Restite) und Einschlüsse vor allem von Biotit und Amphibol sind enthalten.
**Metamorphose** Hochgradig (Fazies der Amphibolite und höher).
**Entstehung und Vorkommen** Das Gestein bildet sich bei fortgeschrittener Anatexis in regionalmetamorpher Umgebung, aus mit Wasser gesättigtem, sedimentärem oder magmatischem Gestein.
**Fundorte** In den präkambrischen Festlandsmassen und den präpaläozoischen Gebirgssockeln auf der ganzen Erde; in Italien im Argenteramassiv (Cuneo), Val Masino; in Deutschland in allen hoch metamorphisierten Gebieten (Bayerischer Wald, Schwarzwald, Harz u. a.).
**Verwendung** Teilweise als Baustein, seltener als Zierstein.

Embrechit (ca. × 1). Sondrio, Italien.

Anatexit (ca. × 0,5). Val Codera (Sondrio), Italien.

## 366 NEBULIT

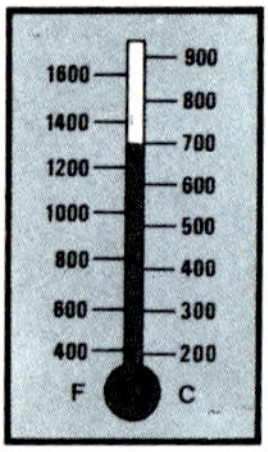

**Art** Ultrametamorphes Gestein (Migmatit)
**Chemismus** Sauer oder intermediär
**Gemengteile** *Hauptgemengteile:* Quarz, Kalifeldspat (Mikroklin, Orthoklas, Perthit), Plagioklas (Albit-Andesin), Biotit; *Nebengemengteile:* Apatit, Zirkon, Magnetit; *Übergemengteile:* Sillimanit, Cordierit, Granat, Amphibol.
**Merkmale** Hell- bis dunkelgrau; granoblastische Struktur mit Übergängen zu lepidoblastischer Struktur. Teilweise mischt sich das Neosom ganz mit dem Paläosom. Man kann nur gelegentlich eine deutliche Zonierung erkennen.
**Metamorphose** Hochgradig (Fazies der Amphibolite und höher).
**Entstehung und Vorkommen** Das Gestein bildet sich bei fortgeschrittener Anatexis aus pelitischem Gestein.
**Fundorte** Nebulit tritt besonders in den präkambrischen Festlandsmassen und in präpaläozoischen Gebirgssockeln auf;einerseits geht Nebulit in die mit ihm vorkommenden Anatexite, auf der anderen Seite in granitisches Gestein über. Fundorte in Deutschland sind der Bayerische Wald, Schwarzwald, Harz. In Italien kommt Nebulit im Val Masino, Meratal, Val Codera (Lombardei) und am Monte Argentero (Cuneo) vor.
**Verwendung** Wird als Baustein und in polierten Platten als Zierstein verwendet.

---

## 367 AGMATIT

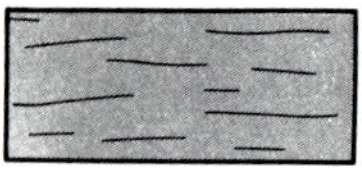

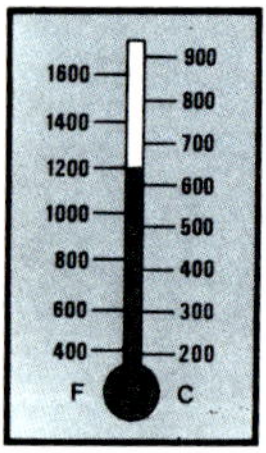

**Art** Ultrametamorphes Gestein (Migmatit)
**Chemismus** Unterschiedlich
**Gemengteile** *Hauptgemengteile:* Quarz, Alkali-Feldspat (Mikroklin, Albit) im Neosom; Paläosom kann aus metamorphem Gneis oder metamorphem Amphibolit mit entsprechenden Haupt-, Neben- und Übergemengteilen bestehen.
**Merkmale** Agmatit ist ein typischer, heterogener Migmatit; er besteht aus zwei deutlich zu unterscheidenden Teilen mit fast breccienartigem Aussehen; das Paläosom bildet das klastische Material und das Neosom das Bindemittel in sich schneidenden Adern. Das Gestein ist meist insgesamt dunkel, zeigt sehr helle Adern, aber auch sehr helle Partien.
**Metamorphose** Mittel- bis hochgradig (Fazies der Amphibolite).
**Entstehung und Vorkommen** Das Gestein bildet sich in der Anfangsphase der Entstehung der Migmatite am Rand von Plutonen oder in basischem Gestein, das eine niedrigere Schmelzfähigkeit besitzt. Es kann eine Fließrichtung zeigen.
**Fundorte** Tritt dort auf, wo anatektischer Granit mit metamorphem und migmatitischem Gestein in Berührung kommt: in präkambrischen Festlandsmassen (Finnland) und in paläozoischen Gebirgen (Schwarzwald).
**Verwendung** Wird lokal als Baustein benutzt.

Nebulit (ca. × 0,5). Novate Mezzola (Sondrio), Italien.

Agmatit. Val Malenco (Sondrio), Italien.

# 368 GRANULIT

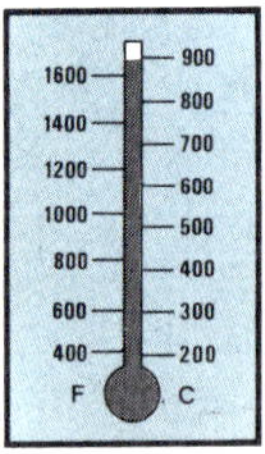

**Art** Regionalmetamorphes Gestein
**Chemismus** Sauer bis basisch
**Gemengteile** *Hauptgemengteile:* Orthoklas, Perthit, antiperthitischer Plagioklas, Quarz, Granat; *Nebengemengteile:* Rutil, Spinell, Magnetit, Korund; *Übergemengteile:* Orthopyroxen, Klinopyroxen, Cordierit, Cyanit oder Sillimanit, brauner Amphibol, Skapolith.
**Merkmale** Die Farbe hängt von den chemischen Bestandteilen und damit auch von der mineralogischen Zusammensetzung ab; sie kann heller oder dunkler sein; granoblastische Struktur, oft mit tafeligem Quarz. Massige Textur mit unterschiedlicher Körnung.
**Metamorphose** Hochgradig (Fazies der Granulite).
**Entstehung und Vorkommen** Granulit bildet sich durch Regionalmetamorphose bei hoher Temperatur und unterschiedlichem Druck im unteren Bereich der Erdkruste bei einem Mangel an Wasser.
**Fundorte** Vor allem in den präkambrischen Festlandsmassen (Norwegen, Italien, Brasilien, Kanada, USA, Lappland, Skandinavien); in Deutschland im Bayerischen Wald und Schwarzwald, in Italien im Valle Strona (Vercelli) und Val d'Ossola (Novara). Die zahlreichen in Indien vorkommenden Granulite nennt man Charnockit.
**Verwendung** Als Baumaterial, Varietäten als Zierstein.

---

# 369 EKLOGIT

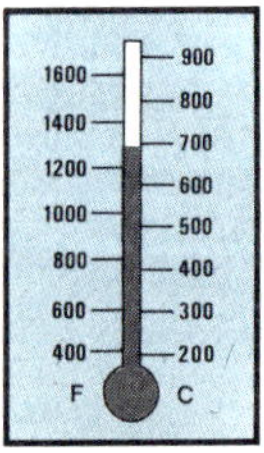

**Art** Regionalmetamorphes Gestein
**Chemismus** Basisch
**Gemengteile** *Hauptgemengteile:* Omphacit, Granat, Quarz; *Nebengemengteile:* Rutil, Pyrit; *Übergemengteile:* Hornblende (Pargasit), Cyanit, Phengit, Paragonit, Zoisit, Glaukophan, Dolomit, Korund.
**Merkmale** Grün bis rot, häufig verschiedenfarbig gesprenkelt; granoblastische, manchmal porphyroblastische Struktur; massige Textur mit feiner bis sehr grober Körnung; zeigt oft Zonierungen unterschiedlicher Zusammensetzung.
**Metamorphose** Niedrig- bis mittelgradig (Fazies der Glaukophan- und Amphibolitschiefer) bei hohem Druck.
**Entstehung und Vorkommen** Bildet sich aus Lava und aus basaltischen Tuffen oder aus metamorphisiertem Gabbro bei niedriger Temperatur (Ophiolitischer Eklogit) oder durch Regionalmetamorphose, bei der kein Wasser vorhanden ist (Gemeiner Eklogit).
**Fundorte** Ophiolitischer Eklogit tritt in Kompressionszonen zwischen einzelnen Decken auf (Westalpen, Kalifornien, Japan, Karibik). Gemeiner Eklogit kommt in kristallinen Sockeln vor (Österreich, Norwegen, Frankreich). Eklogit findet man im Erzgebirge, Fichtelgebirge und im Schwarzwald.
**Verwendung** Als Bruchschotter, für Denkmäler.

Granulit (Stronalit) (ca. × 1). Valle Strona (Novara), Italien.

Eklogit (ca. × 1). Weissenstein, Deutschland.

# 370 KALKSCHIEFER

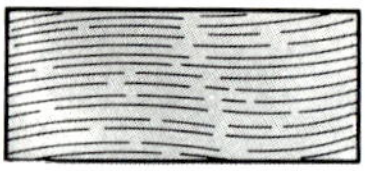

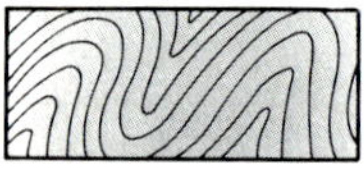

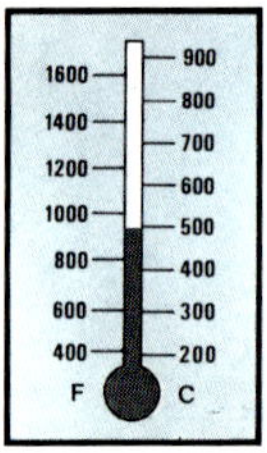

**Art** Regionalmetamorphes Gestein

**Chemismus** Kalkhaltig-pelitisch oder kalkhaltig-sandig

**Gemengteile** *Hauptgemengteile:* Calcit, Glimmer (Muskovit, Phengit, Paragonit), Chlorit, Quarz; *Nebengemengteile:* Epidot, Graphit, Ilmenit, Albit; *Übergemengteile:* Fuchsit, Biotit, Granat (Grossular, Andradit), Tremolith, Chloritoid, Glaukophan, Aktinolith, Vesuvian, Zoisit, Dolomit, Ankerit.

**Merkmale** Hellgrau bis graubraun, braun bis fast schwarz; granoblastische und lepidoblastische Struktur mit Übergängen zu diablastischer Struktur; schiefrige Textur, oft gefaltet und mit abwechselnd körnigen und blättrigen Schichten. Die Oberfläche ist sehr rauh und mit Hohlräumen übersät, die auf die selektive Verwitterung der in Linsen auftretenden Carbonate durch Regenwasser zurückzuführen ist.

**Metamorphose** Niedrig- oder mittelgradig (Fazies, der Glaukophan- und Grünschiefer, sowie Beginn der Fazies der Amphibolite).

**Entstehung und Vorkommen** Das Gestein entsteht durch Belastungsmetamorphose aus pelitisch-carbonatischem oder pelitisch-sandigem Gestein (Mergel, Ton, mergelige Tone, mergelige Tuffe), das anschließend bei hohem Druck einer Regionalmetamorphose mittlerer bis niedriger Temperatur ausgesetzt war. Derartige Verhältnisse herrschten in der Endphase der alpinen Gebirgsbildung.

**Fundorte** Die Formation der Kalkschiefer mit Grüngestein ist typisch für die Westalpen. Sie kommt aber auch, wenn auch weniger häufig, im mittleren Alpenbogen und in den Ostalpen, in Ligurien, Korsika und Kalabrien vor. Das Gestein zeigt zahlreiche Bänderungen und Zonierungen, die hauptsächlich aus Chlorit, Epidot und Quarz mit Begleitmineralien bestehen; es wird auch als Quarzschiefer bezeichnet (hierbei handelt es sich jedoch um einen Quarz, der stark geschiefert ist; siehe Prasinit). Die Dünnschliffaufnahme eines typischen Kalkschiefers (siehe Mikrophoto) zeigt verzwillingten Calcit, zahlreiche Glimmerblättchen in lebhaften Interferenzfarben, undurchsichtigen Graphit und vereinzelte Quarzkörner. Ein ähnliches Gestein tritt in der Sierra Nevada (Spanien) und in Kalifornien (USA) auf.

**Verwendung** Das Gestein hat keine wirtschaftliche Bedeutung.

Kalkschiefer (ca. × 1). Cogoleto (Genua), Italien.

Mikrophoto eines Dünnschliffs des obigen Gesteins (ca. × 15; gekreuzte Nicols).

# 371 MARMOR

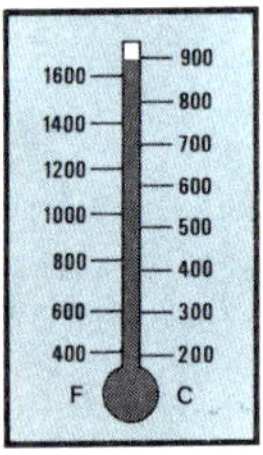

**Art** Regional- und kontaktmetamorphes Gestein
**Chemismus** Kalkig
**Gemengteile** *Hauptgemengteile:* Calcit; *Nebengemengteile:* manchmal keines, gelegentlich Graphit, Pyrit, Ilmenit; *Übergemengteile:* Dolomit, Quarz, Glimmer (Muskovit, Phlogopit, Fuchsit), Chlorit, Plagioklas, Epidot, Diopsid, Fassait, Tremolith, Wollastonit, Vesuvian, Forsterit, Talk, Brucit, Serpentin, Periklas.
**Merkmale** Weiß mit verschiedenfarbigen Flecken oder grünen, grauen, braunen und roten Maserungen; Struktur granoblastisch mit Übergängen zu diablastischer, nematoblastischer und bei silikatreichen Varietäten poikiloblastischer Struktur; massige Textur oder Textur mit Zonierung und feiner bis sehr grober Körnung.
**Metamorphose** Niedrig- bis hochgradig (Fazies der Zeolithe bis Fazies der Granulite).
**Entstehung und Vorkommen** Entsteht aus mehr oder weniger reinem Kalkgestein, das entweder durch Belastungsmetamorphose, Regionalmetamorphose oder durch Kontaktmetamorphose rekristallisiert wurde. Die einzelnen Arten sind oft nur schwer voneinander zu unterscheiden.
**Fundorte** Marmor ist überall dort, wo eine Metamorphose stattfand in großen Massen oder kleinen Vorkommen anzutreffen. Besonders berühmt ist der weiße Marmor von Carrara in den Apuanischen Alpen (Italien), von Valsesia (Vercelli) und von Griechenland (Parnass). *Deutsch-Rot-Marmor,* ein roter Marmor mit grüner und weißer Äderung, wird in Oberfranken (Bayern) gebrochen. Der feinkörnige Dolomitmarmor ist aus Dolomit entstanden und kommt im Fichtelgebirge, in Schlesien und in der Schweiz vor; leuchtend weiß ist der *Laaser Marmor* aus dem Vintschgau in Südtirol; *Edelfels Grau* ist eine hellgraue Sorte mit Äderung und Wolken, die an der Lahn gefunden wird. In Gaudernbach (Hessen) bricht man den *Grafenstein-Marmor,* der rötlichgrau, geflammt und gefleckt ist und weiße Einsprengungen zeigt. In Oberfranken (Bayern) findet man eine hell- bis dunkelgraue Art, die geädert und weiß gefleckt ist *(Wallenfels-Marmor).* Außerdem kommt Marmor auf der Schwäbischen Alb, in Hessen, Nordrhein-Westfalen und Bayern vor. In Italien findet man eine rosa Art in Candoglia (Novara). Marmor, der Muskowitblättchen und Quarzkörnchen enthält, tritt im Val Malenco (Sondrio) und in den Bergamasker Alpen auf. Cipollino-Marmor aus der Toskana, Latium und aus den Westalpen hat eine streifige Zeichnung und einen hohen Chlorit- oder Serpentingehalt. Marmor mit Calciumsilikaten in verschiedenen Farben gibt es in den Ostalpen und in Kalabrien; Dolomitmarmor am Campolongopaß im Tessin (Schweiz); brucithaltigen Marmor *(Predazzit)* in den Monti Monzoni (Trient).
**Verwendung** Gebrochen oder in Form von polierten Platten als Baustein sehr geschätzt; die im Handel verbreiteten Arten werden nach ihrem Herkunftsort oder nach ihrer besonderen Farbe oder Zeichnung benannt. Im Handel wird nicht nur metamorpher, sondern auch dichter und polierfähiger Kalkstein als Marmor bezeichnet. Material für Skulpturen.

Rosa Marmor (ca. × 1). Candoglia (Novara), Italien.

Marmor (Val Malenco, Italien); Mikrophoto eines Dünnschliffs (ca. × 20; 1 Polarisator).

# 372 MYLONIT

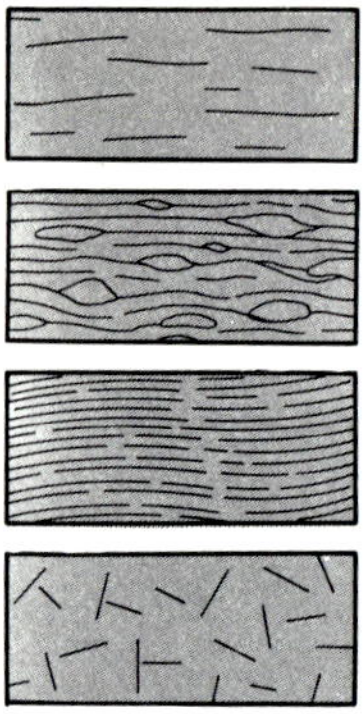

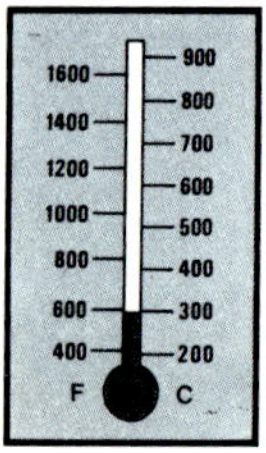

**Art** Kataklastisches, metamorphes Gestein

**Chemismus** Sauer bis ultrabasisch

**Gemengteile** Die Gesteine entsprechen jeweils der Art des Ausgangsgesteins; z. T. sind sie *klastisch,* d. h. sie bestehen aus größeren oder kleineren Bruchstücken der Gemengteile des Ausgangssteins; sie können auch *blastisch* sein, d. h. es können Mineralien enthalten sein, die während oder unmittelbar nach dem Mahlvorgang rekristallisiert wurden.

**Merkmale** Das Aussehen des Gesteins wird durch den Grad der Zermahlung des Ausgangsgesteins bestimmt. Das erste Stadium der Mylonitisierung (Kataklase) besteht in der Zertrümmerung des Gesteins in linsenartige, verbackene Formen mit feinkörnigen Zonen und mit einer Gleitrichtung. Im zweiten Stadium (kataklastischer Augengneis) bilden sich ausgedehnte, feinkörnige Zonen, die von Linsen, Augen und Knollen, welche in der Hauptsache aus Quarz und Feldspat bestehen, unterbrochen werden. Das Gestein besitzt meist eine Augenstruktur. Im dritten Stadium erfolgt eine Feinkörnung aller Gemengteile (Mylonit im eigentlichen Sinn); das Gestein wirkt homogen, schiefrig, und aufgrund von Eisen- und Graphitoxiden schwärzlich. Die Dünnschliffaufnahme (siehe Mikrophoto) läßt bei nur einem eingeschalteten Polarisator eine starke Schieferung mit kleinkörnigen, bündelartigen Rückständen und klastischen Kristallüberresten erkennen. Schließlich kann es zu einer richtigen Isotropisierung der Gemengteile kommen (Ultramylonit, Pseudotachylit); dabei bildet sich Gesteinsglas. Das Gestein wirkt nun massig, dicht und ist schwarz. Die Rekristallisation von neuen (meist idioblastischen Mineralen), führt zur Entstehung von körnigem Blastomylonit in hellgrauer, grüner oder rosaroter Farbe.

**Metamorphose** Die Metamorphose erfolgt bei sehr niedrigem Grad bei starkem Seitendruck; die Temperatur ist äußerst niedrig und nur sehr kurze Zeit wirksam (Ausnahme Pseudotachylit; hohe Reibungstemperatur).

**Entstehung und Vorkommen** Das Gestein bildet sich durch Gegeneinanderbewegungen in Störungen. Die Stärke der kataklastischen Metamorphose nimmt mit der Entfernung von der Störungszone ab.

**Fundorte** Große Vorkommen von Mylonit gibt es in den zu Decken umgebildeten Sockeln der alpinen Gebirgsbildung (z. B. der insubrischen Linie in den mittleren Alpen); Pseudotachylithe kommen in der Silvrettadecke (Graubünden/ Schweiz; Tirol und Vorarlberg/Österreich) vor. Blastomylonite sind weit verbreitet, wo alpine Decken miteinander in Berührung kommen (z. B. an der Dent Blanche und am Ortler) oder in der metamorphen Umgebung der Granulite (Spanien, Portugal).

**Verwendung** Das Gestein ist für die Wissenschaft von Interesse.

Mylonit (ca. × 0,5). Val Masino (Sondrio), Italien.

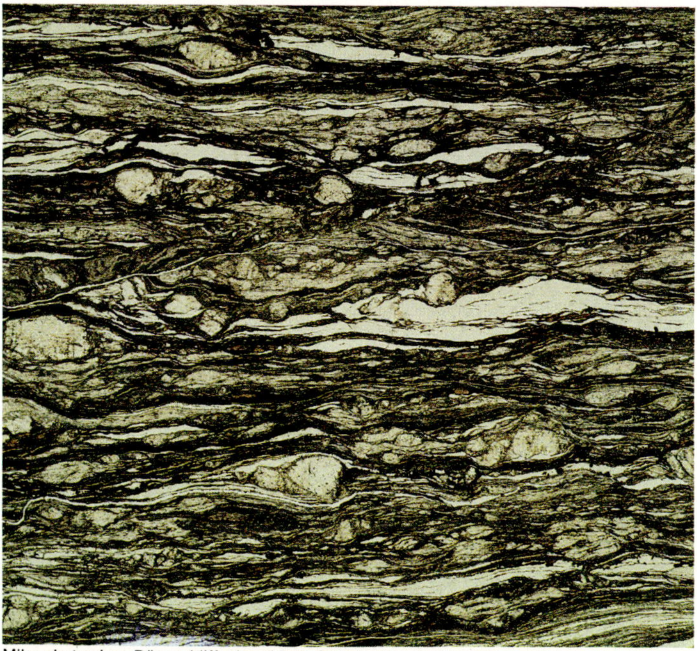
Mikrophoto eines Dünnschliffs des obigen Gesteins (ca. × 20; 1 Polarisator).

# 373 FLECKSCHIEFER

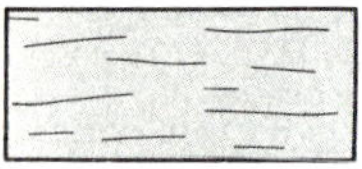

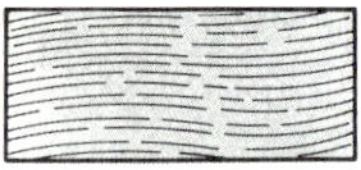

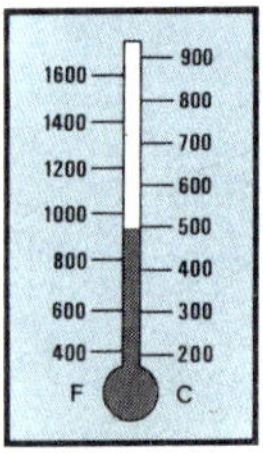

**Art** Kontaktmetamorphes Gestein
**Chemismus** Siliciumhaltig
**Gemengteile** *Hauptgemengteile* Glimmer (Muskovit, Biotit), Cordierit, Andalusit (Chiastolith); *Neben- und Übergemengteile:* dieselben wie beim Ausgangsgestein.
**Merkmale** Dunkelgrau und glänzend; lepidoblastische Struktur mit Übergängen zu poikiloblastischer Struktur; Textur schiefrig mit Glimmerknollen oder poikiloblastischem und länglichem Cordierit und Andalusit (Chiastolith).
**Metamorphose** Niedrigen bis mittleren Grades (oberer Bereich der Fazies von Hornfels, Subfazies von Hornblende).
**Entstehung und Vorkommen** Das Gestein bildet sich am Außenrand eines Kontakthofes, der besonders in Ton oder Schiefer entstanden ist.
**Fundorte** Besonders bekannt als Fundort ist der Granit von Barr-Andlau (Vogesen/Frankreich) oder das Gebiet um Orijarvi (Finnland); das Gestein tritt außerdem häufig in der Sierra Nevada (Kalifornien/USA), in den Alpen im Adamello und im Fassatal (Italien) auf. Außerdem kommt es am Monte Capanne auf Elba vor.
**Verwendung** Das Gestein hat keinen praktischen Nutzwert.

---

# 374 HORNFELS

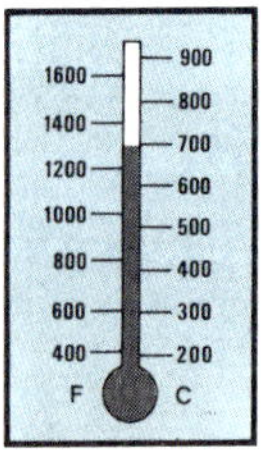

**Art** Kontaktmetamorphes Gestein
**Chemismus** Siliciumhaltig, manchmal auch carbonatisch.
**Gemengteile** *Hauptgemengteile:* Andalusit, Cordierit, Kalifeldspat (Orthoklas), Plagioklas; *Nebengemengteile:* Korund, Spinell; *Übergemengteile:* Granat, Epidot, Hornblende, Diopsid, Vesuvian, Fassait, Hypersthen, Cummingtonit, Antophyllit, Carbonate.
**Merkmale** Hell, rosa, braun, violett und grün getönt; granoblastische und poikiloblastische Struktur; Textur massig oder mit Schieferung und mimetischen Erscheinungen, die vor der Kontaktmetamorphose vorhanden waren.
**Metamorphose** Mittel- bis hochgradig (unterer Bereich der Fazies der Hornfelse und der Subfazies von Pyroxen).
**Entstehung und Vorkommen** Das Gestein bildet sich am Innenrand des Kontakthofes aus tonigem oder schiefrigem Gestein; es ist in manchen plutonischen Massen eingelagert.
**Fundorte** Es kommt in Barr-Andlau (Vogesen/Frankreich) und in der Gegend von Oslo (Norwegen), Comrie und Lochnagar (Schottland) vor; man findet es auch in der Lava am Laacher See. Fundorte in Italien sind das Adamello (NW), das obere Veltlin, Brixen und der Monte Capanne auf Elba.
**Verwendung** Keinen industriellen, kommerziellen Nutzen.

Fleckschiefer (ca. × 1). Vogesen, Frankreich.

Hornfels (ca. × 0,5). Sondalo (Sondrio), Italien.

# 375 KALKSILIKATFELS

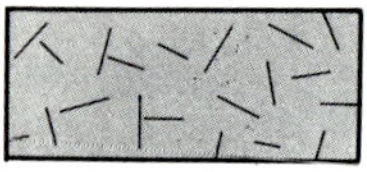

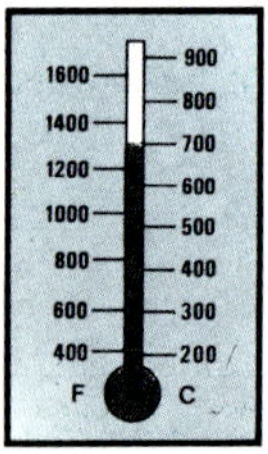

**Art** Kontaktmetamorphes Gestein
**Chemismus** Kalkig oder kalkig-dolomitisch
**Gemengteile** *Hauptgemengteile:* Calcit, Wollastonit, Granat (Grossular, Andradit), Plagioklas (Labradorit-Anorthit), Skapolith, Monticellit, Diopsid, Fassait; *Nebengemengteile:* Titanit, Ilmenit, Xantophyllit (Calciumglimmer), Humit, Graphit; *Übergemengteile:* Antrophyllit, Forsterit, Phlogopit, Periklas, Brucit, Fluorit, Quarz, Melilit, Celsian, Vesuvian, Zoisit.
**Merkmale** Hell und gelbbraun mit rosa, hellgrüner, weißer und dunkelroter Zonierung; granoblastische Struktur mit Übergängen zu poikiloblastischer und idioblastischer Struktur; manchmal ist sie auch mosaikartig; Textur massig oder zoniert; oft erkennt man eine Schichtung und andere Formen der Sedimentation; manchmal zeigt das Gestein eine enge Fältelung. Sie verdankt ihre Entstehung dem Calcit, der sich bei Druck und hoher Temperatur als plastisch erweist.
**Metamorphose** Mittel- bis hochgradig (Fazies der Hornfelse).
**Entstehung und Vorkommen** Das Gestein bildet sich infolge von Kontaktmetamorphose von kalkigem, kalkig-dolomitischem und mergeligem Gestein. Es kann im Kontakthof oder in Gesteinsbrocken (vulkanischen Auswürflingen) entstehen, die bei der Eruption durch das aufsteigende Material von den Seitenwänden des Förderschlots weggerissen wurden. Ihm gleichartige Gesteine, die im allgemeinen als Kalksilikatgesteine bezeichnet werden, findet man in hochgradigen und bei niederem Druck entstandenen metamorphen Serien.
**Fundorte** Besonders reich an Mineralien sind die Blöcke, die am Monte Somma, am Vesuv und an den Vulkanen Latiums (Italien), im Diabas von Scawt Hill (Irland), in der Lava auf Mull (Schottland) und auf Jan Meyen (Norwegen) vorkommen. Bei einigen dieser Gesteine hat man festgestellt, daß sie bei sehr hohen Temperaturen gebildet wurden (Sanidinitfazies). In ihnen haben sich sehr seltene Mineralien wie z. B. Larnit und Tilleyit gebildet. Im südlichen Adamello, bei Predazzo, in den Monti Monzoni (Trient) in Italien, in Crestmore (Kalifornien/USA) und Ben Bullen (Australien) gibt es große Kontakthöfe um granitisches Gestein. Oft bilden sich siliciumarme Calciummineralien, die äußerst selten sind, aber auch oft reiner Marmor, wenn das Ausgangsgestein aus Kalkstein oder Marmor besteht; ist das Ausgangsgestein dolomitisch, bilden sich periklas- oder brucithaltige Gesteine. In Böhmen (CSSR) wird das Gestein als Erlan bezeichnet; es ist dort weit verbreitet und enthält Calcit, Diopsid und Quarz. Erlan entsteht bei Regionalmetamorphose. Weitere Fundorte in Italien sind das Val d'Ossola (Candoglia und Crevola), Valsesia (Marmo), das untere Meratal (San Giorgio) und das Veltlin. Außerdem kommt das Gestein in der Schweiz im Kanton Tessin (Ascona, Brissago, Castione und Claro) vor.
**Verwendung** Kalksilikatfels wird im Bauwesen als wertvoller Marmor betrachtet, der nur in geringem Umfang vorkommt.

Kalksilikatfels (ca. × 0,5). Condaglio (Novara), Italien.

Kalksilikatfels (ca. × 0,5). Albonico (Como), Italien.

# 376 SKARN

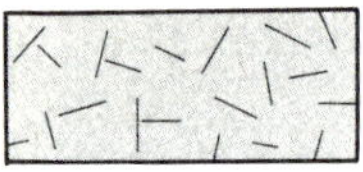

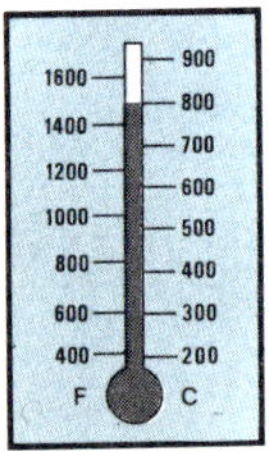

**Art** Kontaktmetamorphes und metasomatisches Gestein
**Chemismus** Kalk- und eisenhaltig oder kalk- und manganhaltig
**Gemengteile** *Hauptgemengteile:* Calcit, Pyroxen (Diopsid, Hedenbergit, Johannsenit, Hypersthen), Granat (Andradit, Almandin), Schwefel (Pyrit, Chalkopyrit, Sphalerit), Oxide (Magnesit); *Neben- und Übergemengteile:* Ilvait, Rhodonit, Bustamit.
**Merkmale** Dunkelbraun, schwarz, rötlich, violett; Struktur granoblastisch mit oft sehr grober Körnung; Textur massig oder zoniert; die Mineralien sind manchmal gebändert angeordnet, in Knollen, Linsen und strahligen Massen.
**Metamorphose** Hochgradig (Hornfelsfazies).
**Entstehung und Vorkommen** Entsteht durch Kontaktmetamorphose dort, wo Granite mit viel flüchtigen Elementen in der Gasphase auf unreinen Kalk treffen, wobei Eisen, Magnesium, Mangan und Silicium metasomatisch verdrängt werden und es zu einer Rekristallisation kommt.
**Fundorte** Tritt häufig in Schweden, USA, Mexiko, Japan, Peru und Bolivien auf. Fundorte in Italien sind Campiglia Marittima (Grosseto), Rio Marina (Elba), Traversella (Turin); auch im Adamello und bei Predazzo (Trient).
**Verwendung** Skarn ist oft das Muttergestein von Kupfer-, Eisen-, Mangan- und Molybdän-Lagerstätten.

# 377 RODINGIT

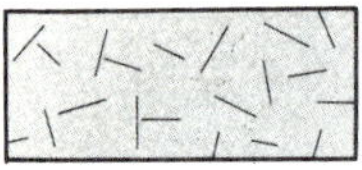

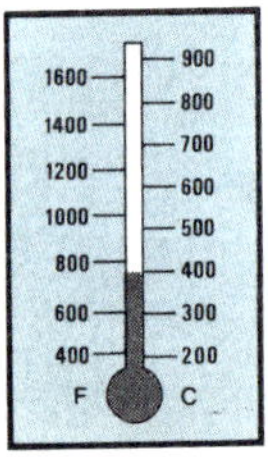

**Art** Metasomatisches, metamorphes Gestein
**Chemismus** Kalk- bis siliciumhaltig
**Gemengteile** *Hauptgemengteile:* Chlorit, Granat (Grossular, Andradit), Pyroxen (Diopsid, Fassait); *Nebengemengteile:* Titanit, Titanklinohumit; *Übergemengteile:* Amphibol, Vesuvian, Epidot.
**Merkmale** Hell, rosa, kastanienbraun, rötlich, grünlich; granoblastische oder diablastische Struktur mit oft grober Körnung; die Textur zeigt eine Zonierung in parallele Bündel, von denen jedes einzelne eine Anreicherung eines bestimmten Minerals aufweist. Geoden sind häufig.
**Metamorphose** Das Gestein bildete sich bei einer Metamorphose niedrigen Grades (Grünschieferfazies).
**Entstehung und Vorkommen** Rodingit entsteht aus einer Konzentration von stark kalkhaltigen Flüssigkeiten und anderen flüchtigen Elementen aus Peridotit, der serpentinisiert wurde, in einem Gang oder bei Berührung mit einem anderen Gestein.
**Fundorte** Er tritt in Neuseeland (Roding), Kalifornien und Oregon (USA), in den Westalpen (Val d'Orba, Val della Gava, Val d'Ala, Aostatal/Italien) mit schönem Vesuvian, Pyroxen und Granat auf. Im Val Chiavenna, Meratal und im Val Malenco (Sondrio/Italien) findet man ihn in serpentinisiertem Ultrabasit.
**Verwendung** Enthält manchmal schöne Mineralien.

Skarn (ca. × 1). Elba, Italien.

Rodingit (ca. × 0,5). Valle dell'Orba (Savona), Italien.

## Chemische Elemente

In der Tabelle sind die im Mineralreich nicht vorkommenden Transurane und ganz seltene Zufallsprodukte weggelassen.

| Element | Zeichen | Ordnungszahl | Element | Zeichen | Ordnungszahl |
|---|---|---|---|---|---|
| Actinium | Ac | 89 | Neon | Ne | 10 |
| Aluminium | Al | 13 | Nickel | Ni | 28 |
| Antimon | Sb | 51 | Niob | Nb | 41 |
| Argon | Ar | 18 | Osmium | Os | 76 |
| Arsen | As | 33 | Palladium | Pd | 46 |
| Barium | Ba | 56 | Phosphor | P | 15 |
| Beryllium | Be | 4 | Platin | Pt | 78 |
| Blei | Pb | 82 | Polonium | Po | 84 |
| Bor | B | 5 | Praseodym | Pr | 59 |
| Brom | Br | 35 | Protactinium | Pa | 91 |
| Cadmium | Cd | 48 | Quecksilber | Hg | 80 |
| Cäsium | Cs | 55 | Radium | Ra | 88 |
| Calcium | Ca | 20 | Radon | Rn | 86 |
| Cer | Ce | 58 | Rhenium | Re | 75 |
| Chlor | Cl | 17 | Rhodium | Rh | 45 |
| Chrom | Cr | 24 | Rubidium | Rb | 37 |
| Dysprosium | Dy | 66 | Ruthenium | Ru | 44 |
| Eisen | Fe | 26 | Samarium | Sm | 62 |
| Erbium | Er | 68 | Sauerstoff | O | 8 |
| Europium | Eu | 63 | Scandium | Sc | 21 |
| Fluor | F | 9 | Schwefel | S | 16 |
| Gadolinium | Gd | 64 | Selen | Se | 34 |
| Gallium | Ga | 31 | Silber | Ag | 47 |
| Germanium | Ge | 32 | Silicium | Si | 14 |
| Gold | Au | 79 | Stickstoff | N | 7 |
| Hafnium | Hf | 72 | Strontium | Sr | 38 |
| Helium | He | 2 | Tantal. | Ta | 73 |
| Holmium | Ho | 67 | Tellur | Te | 52 |
| Indium | In | 49 | Terbium | Tb | 65 |
| Iridium | Ir | 77 | Thallium | Tl | 81 |
| Iod | I | 53 | Thorium | Th | 90 |
| Kalium | K | 19 | Thulium | Tm | 69 |
| Kobalt | Co | 27 | Titan | Ti | 22 |
| Kohlenstoff | C | 6 | Uran | U | 92 |
| Krypton | Kr | 36 | Vanadin | V | 23 |
| Kupfer | Cu | 29 | Wasserstoff | H | 1 |
| Lanthan | La | 57 | Wismut | Bi | 83 |
| Lithium | Li | 3 | Wolfram | W | 74 |
| Lutetium | Lu | 71 | Xenon | Xe | 54 |
| Magnesium | Mg | 12 | Ytterbium | Yb | 70 |
| Mangan | Mn | 25 | Yttrium | Y | 39 |
| Molybdän | Mo | 42 | Zink | Zn | 30 |
| Natrium | Na | 11 | Zinn | Sn | 50 |
| Neodym | Nd | 60 | Zirkonium | Zr | 40 |

# Gliederung der Erdgeschichte

| *Zeitalter* | *vor Mio. Jahren* | *Formation* | *Abteilung* |
|---|---|---|---|
| | | Quartär | Holozän (Alluvium)<br>Pleistozän (Diluvium) |
| Erdneuzeit (Känozoikum oder Neozoikum) | 1 | | |
| | | Tertiär | Pliozän, Miozän } Jungtertiär<br>Oligozän, Eozän, Paleozän } Alttertiär |
| Erdmittelalter (Mesozoikum) | | Kreide | Oberkreide<br>Unterkreide |
| | 135 | | |
| | | Jura | Malm (Weißer Jura)<br>Dogger (Brauner Jura)<br>Lias (Schwarzer Jura) |
| | 180 | | |
| | | Trias | Keuper<br>Muschelkalk<br>Buntsandstein |
| | 225 | | |
| | | Perm (Dyas) | Zechstein<br>Rotliegendes |
| | 275 | | |
| | | Karbon | Oberkarbon<br>Unterkarbon |
| Erdaltertum (Paläozoikum) | 345 | | |
| | | Devon | Oberdevon<br>Mitteldevon<br>Unterdevon |
| | 400 | | |
| | | Silur | Obersilur<br>Mittelsilur<br>Untersilur |
| | 440 | | |
| | | Ordovizium | Oberordovizium<br>Mittelordovizium<br>Unterordovizium |
| | 500 | | |
| | | Kambrium | Oberkambrium<br>Mittelkambrium<br>Unterkambrium |
| | 580 | | |
| Präkambrium: Erdfrühzeit (Algonkium) | 1000 | | Jungalgonkium |
| Präkambrium: Erdurzeit (Archaikum) | 1800 | | Altalgonkium |
| | 3600 | | |

# Literatur


Barth, T. F. W., Correns, C. W., Eskola, P.: Die Entstehung der Gesteine. Berlin 1939, Nachdruck Springer, Berlin 1970

Bentz, A. und Martini, H.-J.: Lehrbuch der angewandten Geologie. Bd. II, 1, Enke-Verlag, Stuttgart 1968

Betechtin, A.: Lehrbuch der speziellen Mineralogie, VEB-Deutsch. Verlag für Grundstoffindustrie, Leipzig 7. Aufl. 1977

Brinkmann, R.: Abriß der Geologie, Enke-Verlag, Stuttgart 1966/67

Brinkmann, R.: Lehrbuch der allgemeinen Geologie, Enke-Verlag, Stuttgart 1964/70

Bruhns, W., Ramdohr, P.: Petrographie, Slg. Göschen, Bd. 173, de Gruyter Verlag, Berlin 1972

Cissarz, A.: Einführung in die allgemeine und systematische Lagerstättenlehre, Schweizerbart'sche Verlagsbuchhandlung, Stuttgart 1965

Correns, C. W.: Einführung in die Mineralogie, Kristallographie und Petrographie, Springer-Verlag, Berlin 1968

Eppler, W. F.: Praktische Gemmologie, Rühle-Diebener Verlag, Stuttgart 1973

Hartig, H.: Edle Steine schleifen, Verlag Frech, Stuttgart-Botnang 1974

Heide, F.: Kleine Meteoritenkunde, Springer Verlag, Berlin-Göttingen-Heidelberg, 2. Aufl. 1957

Henglein, M.: Lötrohrprobierkunde Slg. Göschen, Bd. 483, de Gruyter Verlag, Berlin 1949

Kleber, W.: Einführung in die Kristallographie, VEB-Verlag Technik, Berlin 13. Aufl. 1977

Kukuk, P.: Geologie, Mineralogie und Lagerstättenlehre, Springer Verlag, Berlin 1960

Lüschen, H.: Die Namen der Steine, das Mineralreich im Spiegel der Sprache, Ott-Verlag, Thun 1979

Mehling, G.: Naturstein-Lexikon, Callwey Verlag, München 2. Aufl. 1981

Murawski, H.: Geologisches Wörterbuch. Enke-Verlag, Stuttgart 1977

Pape, H.: Leitfaden zum Bestimmen von Erzen und mineralischen Rohstoffen. Enke-Verlag, Stuttgart 1977

Petrascheck, W. E.: Lagerstättenlehre, Schweizerbart'sche Verlagsbuchhandlung, Wien, 2. Aufl. 1961

Pfeiffer, L., Kurze, M., Mathé, G.: Einführung in die Petrologie, Enke-Verlag, Stuttgart 1981

Philipsborn, H. v.: Erzkunde, Enke-Verlag, Stuttgart 1964

Philipsborn, H. v.: Tafeln zum Bestimmen der Minerale nach äußeren Kennzeichen, Schweizerbart'sche Verlagsbuchhandlung, Stuttgart 2. Aufl. 1967

Ramdohr, P., Strunz, H.: Klockmans Lehrbuch der Mineralogie, Enke-Verlag, Stuttgart 16. Aufl. 1978

Roberts, W. L., Rapp, G. R., Weber, J.: Enzyclopedia of Minerals, van Nostrand, Reinhold Comp., New York 1974

Schloßmacher, K.: Edelsteine und Perlen, Schweizerbart'sche Verlagsbuchhandlung Stuttgart 1969

Schneiderhöhn, H.: Erzlagerstätten, G. Fischer-Verlag, Stuttgart, 4. Aufl. 1962

Schumann, H.: Einführung in die Gesteinswelt, Vandenhoeck, Göttingen 5. Aufl. 1975

Schumann, W.: Edelsteine und Schmucksteine, BLV Verlagsgesellschaft mbH, München 3. Aufl., 1981

Schumann, W.: Steine und Mineralien, BLV Verlagsgesellschaft mbH, München 5. Aufl., 1977

Strunz, H.: Mineralogische Tabellen, Akad. Verlagsges. Gest & Portig KG, Leipzig, 6. Aufl. 1977


**Zeitschriften**


»Der Aufschluß«, Hrsg.: Vereinigung der Freunde der Mineralogie und Geologie e. V., Heidelberg

»Der Mineraliensammler«, Mitteilungsblatt der vereinigten Mineraliensammler Österreichs, Linz

»Lapis«, Aktuelle Monatsschrift für Liebhaber und Sammler von Mineralien und Edelsteinen, Christian-Weise Verlag, München

»Mineralien-Magazin«, Franckh'sche Verlagsbuchhandlung, Stuttgart

»Schweizer Strahler«, Organ der Schweizerischen Vereinigung der Strahler und Mineraliensammler, Bern

# Ergänzende Fachbegriffe

**Äolisch** Vom Wind hervorgerufene Erscheinung, insbesondere Sandtransport und Ablagerung.
**Aggregat** Regellos verwachsene, gleich- oder verschiedenartige Mineralgebilde.
**Akzessorische Gemengteile** Die in einem Gestein untergeordnet vorhandenen Mineralien; auch Neben- oder Übergemengteile genannt.
**Allotriomorph** Bezeichnung für Mineralien, die infolge gegenseitiger Störung bei der Erstarrung der Gesteinsschmelze ihre typische Eigenform nicht entwickeln konnten.
**Alluvial** Bezeichnung für geologisch junge Ablagerungen, bes. der fließenden Gewässer.
**Amorph** Nichtkristalline Mineralstruktur.
**Amphibol** Sammelname für eine Gruppe meist dunkler, silikatischer Mineralien oder Synonym für Hornblende.
**Anchimetamorphose** Eine zwischen Diagenese und der eigentlichen Metamorphose liegende Stufe der Gesteinsumwandlung.
**Ångström** Meßeinheit mit Symbol Å, entspricht $10^{-10}$ m.
**Anisotropie** Eigenschaft von Körpern, deren physikalisches Verhalten richtungsabhängig ist; geht auf die Struktur des Kristallgitters zurück.
**Aphanitisch** Bezeichnung für feinste Korngrößen ($<$ 0,01 mm) bei Sedimentgesteinen.
**Augentextur** Größere, augenartig ausgebildete Kristalle liegen parallelgerichtet in einer sonst feinkörnigen Grundmasse.
**Auslaugungszone** Bereich einer Bodenschicht oder einer Erz-Lagerstätte, wo durch Wasser hervorgerufene chemische Vorgänge das Gestein insgesamt oder Teile davon herauslösen.
**Auswürfling** Gesteinsbrocken, der bei vulkanischen Eruption herausgeschleudert wird.
**Autigen** Bezeichnung für Mineralien, die bei der Gesteinsbildung entstehen.
**Autochthon** Bezeichnung für Gesteine, die sich noch am Ort der Entstehung befinden.

**Basement** Grundgebirge.
**Basische Gesteine** Magmatische Gesteine mit einem Kieselsäuregehalt unter 52%.
**Bastit** Pseudomorphose von Serpentin nach Enstatit.
**Begleitmineralien** Weniger gebräuchliche Bezeichnung für Nebengemengteile.
**Biohermal** Bezeichnung für flachlagernde Riffe.
**Biostromal** Bezeichnung für hoch aufgewachsene Riffe.
**Bitumen** Sammelbegriff für die aus Kohlenwasserstoffen bestehenden Substanzen (Erdgas, Erdöl, Ozokerit, Asphalt); gelegentlich auch nur Bezeichnung für die klebrigzähen Anteile des Erdöls.
**Blastisch** Bezeichnung für ein Gestein, bei dem sich während der Metamorphose einige Kristalle bevorzugt entwickeln konnten.
**Blastomylonit** Ein Mylonit mit neu auskristallisierten Mineralien.
**Boudinage** Gesteinsgefüge mit linsenartigen Bildungen; entstanden durch tektonische Zertrümmerung starrer Schichten zwischen sonst plastischen Lagen.

**Cabochon** Schmuckstein mit gewölbtgeschliffener Oberfläche.

**Decke** Zusammenhängende Gesteinsmasse großer Ausdehnung, die von ihrer ursprünglichen Unterlage losgelöst und über andere Gesteine geschoben wurde.
**Detritische Sedimente** Im Italienischen gleichbedeutend mit klastischen Sedimentgesteinen. Im Deutschen versteht man unter Detrit meist nur den Gesteinsschutt aus Organismenresten.
**Diablastisch** Bezeichnung für ein Gefüge der Metamorphen Gesteine, bei dem sich neugebildete Mineralien gegenseitig beliebig durchdringen.
**Diadoch** Bezeichnung für chemische Elemente, die sich im Kristallgitter vertreten können.
**Diagenese** Prozeß einer relativ geringfügigen Umwandlung von Sedimentgesteinen, insbesondere Verfestigung von Lockermaterial.
**Diamagnetische Mineralien** Mineralien, die von den Polen eines Magneten abgestoßen werden.
**Dichroismus** Eigenschaft vieler Mineralien, bei durchfallendem Licht in verschiedenen Richtungen zwei verschiedene Farben zu zeigen.
**Dicht** Bezeichnung für mikro- oder kryptokristalline Gesteinsstruktur.
**Dom** Kuppelartige Aufwölbung; typisch für Salz-Lagerstätten.
**Doma** Gebilde, dessen zwei Flächen wie bei einem Dach angeordnet sind.

**Einsprengling** Größerer, aus seiner Umgebung sich deutlich abhebender Einzelkristall.
**Eiserner Hut** Oxidationszone im Bereich einer Erz-Lagerstätte mit Anreicherung von Limonit.
**Entmischung** Zeitlich differenzierte Kristallisation bei der Abkühlung des Magmas.
**Epiplutonischer Körper** In geringer Tiefe (0,5–4 km) entstandener Pluton.
**Erdmantel** Schale der Erdkugel zwischen der Lithosphäre und dem Erdkern.
**Erdnaht** Synonym für Lineament.
**Erz-Lagerstätte** Natürliche Anreicherung von Erz-Mineralien oder Gesteinen, die eine wirtschaftliche Nutzung erlaubt.

**Fakoidalgefüge** Gesteinsgefüge mit linsenförmigen Mineralien oder Mineralaggregaten.
**Fazies** Gesamtheit der Merkmale, die ein Sedimentgestein bei seiner Bildung erhalten hat.
**Feldspat** Sammelname für eine Gruppe meist heller, silikatischer Mineralien.
**Felsit** Sammelname für dichte helle Metamorphe Gesteine, die überwiegend aus Quarz und Feldspat bestehen.
**Felsitisches Gefüge** Gesteinsgefüge mit mikro- bis kryptokristallinen Gemengteilen.
**Femisch** Bezeichnung für den Anteil von Eisenmagnesium-Mineralien bei den Magmatischen Gesteinen.
**Ferromagnetische Mineralien** Mineralien, die von den Polen eines Magneten kräftig angezogen werden.
**Festlandskern** Ältester Teil eines Kontinents.
**Fließgefüge** Weniger gebräuchliche Bezeichnung für Fluidalgefüge.
**Fluidalgefüge** Gesteinsgefüge, bei dem eine Einregelung von Mineralien, Hohlräumen usw. in Fließrichtung der Schmelze erfolgt ist.
**Fluvioglazial** Bezeichnung für Erscheinungen, die durch Schmelzwasser von Gletschern entstanden sind.
**Foid** Feldspatvertreter, z. B. Analcim, Leucit, Nephelin.
**Fraktionierung** Schrittweise Abscheidung von Mineralien oder chemischen Gemengteilen während der Erstarrung von Gesteinsschmelzen.
**Fumarole** Vulkanische Dampfquelle.

**Galmei** Sammelname für karbonatische und silikatische Zinkerze.
**Gang** Ausfüllung einer Felsspalte mit anderem Gestein, mit Mineralien oder mit Erz.
**Gediegen** Bezeichnung für Mineralien, die in elementarem Zustand vorkommen, wie Gold, Silber, Kupfer.
**Gefüge** Der äußerlich erkennbare Aufbau eines Gesteins.
**Gel** Kolloidale, formbeständige, nicht verfestigte Lösung.
**Geysir** Heiße Springquelle, die unregelmäßig oder in regelmäßigen Zeitabständen ihr Wasser auswirft.
**Glimmer** Sammelname für eine Gruppe meist blättriger, silikatischer Mineralien von auffälligem Glanz.
**Graduierte Schichtung** Eine Schichtung, bei der die jeweils überlagernden Körner immer kleiner werden.
**Granat** Sammelname für eine Gruppe verschiedenfarbiger, silikatischer Mineralien. Häufig als Edelstein verwendet.
**Granoklastisch** Bezeichnung für ein Gesteinsgefüge mit tektonisch zertrümmerten Mineralkörnern.
**Granophyrisch** Bezeichnung für das Gefüge von Gang-oder Effusivgesteinen, wenn Quarz und Feldspat schriftgranitisch miteinander verwachsen sind.
**Greisen** Durch spätmagmatische Vorgänge veränderter Granit im Bereich von Kassiterit-Lagerstätten.
**Gyroid** Neuere Bezeichnung für Pentagonikositetraeder.

**Hauptgemengteile** Die vorherrschenden, ein Gestein aufbauenden Mineralien.
**Hemimorphie** Bezeichnung bei einem Kristall, dessen Symmetrieachse eine verschiedene Flächenverteilung an den beiden Enden hat.
**Herzynische Gebirgsbildung** Eine Gebirgsbildung im Erdaltertum mit einer Streichrichtung, die der Längserstreckung des Harzes entspricht.
**Holoeder** Kristall mit dem höchsten Symmetriegrad seiner Klasse.
**Holokristallin** Bezeichnung für Gesteine, deren Gemengteile insgesamt auskristallisiert sind.
**Hyalopilitisch** Bezeichnung für ein Gesteinsgefüge mit leistenartigen Feldspateinsprenglingen in glasiger Grundmasse.

**Hybridisiertes Gestein** Gestein, das Teile eines anderen Gesteins oder eines Fremdmagmas beim Erstarren in seinem Magma eingeschlossen hat.
**Hydrothermal** Bezeichnung für Erze, bei deren Bildung aus dem Magma wässerige Lösungen mitwirkten.
**Hypokristallin** Bezeichnung für eine Gesteinsstruktur, bei der nicht die ganze Masse auskristallisiert ist.

**Idioblastisch** Bezeichnung für das Gefüge Metamorpher Gesteine, deren Mineralien die kristalline Eigengestalt entwickeln konnten.
**Idiomorph** Bezeichnung für Mineralien, die bei der Erstarrung der Gesteinsschmelze ihre typische Eigenform entwickeln konnten.
**Intermediäre Gesteine** Magmatische Gesteine mit einem Kieselsäuregehalt von 52–65%.
**Intersertalgefüge** Gesteinsstruktur, bei der groß entwickelte Kristalle von feinkörniger oder glasiger Grundmasse umgeben sind.
**Intrusion** Eindringen von aufsteigendem Magma in die Gesteine der Erdkruste.

**Kataklase** Zerbrechen und Verformen von Mineralien eines Gesteins durch tektonische Vorgänge.
**Kb** Kilobar
**Kilobar** Meßeinheit für den Druck.
**Kluft** Gar nicht oder nur wenig geöffnete Gesteinsfuge.
**Kobellskala** Eine von F. v. Kobell aufgestellte Schmelzbarkeitsskala der Mineralien; heute kaum noch in Gebrauch.
**Königswasser** Gemisch von Salpeter- und Salzsäure im Verhältnis 3:1.
**Kolloide** Gesamtheit kleinster Teilchen, die feinstverteilt in einer Flüssigkeit schweben.
**Kollomorphe Masse** Eine Masse mit kolloidalem feinstkörnigem Aussehen.
**Komagmatisch** Bezeichnung für Magmatische Gesteine, die aus einer Region stammen und einheitliche Merkmale haben.
**Konkretion** Kugeliger, knolliger Körper eines Mineralaggregats in Sedimentgesteinen; entsteht durch Ausscheidung zirkulierender Lösungen.
**Kontakthof** Wirkungsbereich der Kontaktmetamorphose.
**Kristalline Schiefer** Geschieferte Gruppe der Metamorphen Gesteine; gelegentlich auch Synonym für die ganze Gruppe der Metamorphen Gesteine.
**Kristallines Grundgebirge** Gesamtheit aller Magmatischen und Metamorphen Gesteine, die die tieferen Partien der Erdkruste bilden.
**Kryptokristallin** Bezeichnung für Gesteine, die aus mikroskopisch kleinen Kristallen zusammengesetzt sind.
**Kumulit** Magmatisches Gestein, das aus Mineralien besteht, die sich vor der Hauptkristallisation des Magmas gebildet haben.

**Lagerung** Bezeichnung für die Lage von Gesteinsschichten.
**Lakkolith** Große Intrusivgesteinsmasse, die von unten zwischen die Schichten der Erdkruste pilzförmig eingedrungen ist und die Oberfläche kuppelartig aufgewölbt hat.
**Leukokrat** Bezeichnung für Magmatische Gesteine, die wegen des hohen Anteils heller Gemengteile selbst hell erscheinen.
**Lineament** Nahtartige Linie und Fläche der Erdkruste, längs der sich Schollenbewegungen von Kontinentteilen vollziehen.
**Luxullianit** Turmalingranit aus Cornwall/England.

**Mächtigkeit** Dicke einer Gesteinsschicht.
**Magmatit** Synonym für Magmatisches Gestein.
**Mandel** Sekundäre Füllung von rundlichen bis ovalen Gashohlräumen mit mineralischen Stoffen in Effusivgesteinen.
**Mantel** Kurzbezeichnung für Erdmaterial.
**Massige Textur** Gesteinsgefüge mit durcheinandergemischten Mineralien ohne eine richtungsmäßige Einordnung der Gemengteile.
**Matrix** Feinkörnige Grundmasse eines Gesteins.
**Melanokrat** Bezeichnung für Magmatische Gesteine, die wegen des hohen Anteils dunkler Gemengteile selbst dunkel erscheinen.
**Metamorphit** Synonym für Metamorphes Gestein.
**Metastabil** Bezeichnung für einen Zustand der Kristallisation von Magmen, in dem sich das physikalische Gleichgewicht nicht voll eingestellt hat.
**Miarole** Kleiner Hohlraum in granitischem Gestein, oft mit idiomorphen Kristallen besetzt.

**Mikroimplikation** Vergesellschaftung von Kristallen mikroskopischer Größe.
**Mimesie** Pseudosymmetrie durch Zwillingsbildung.
**Muscheliger Bruch** Bruch mit gewölbter Fläche, ähnlich dem Abdruck einer Muschel.

**Nahtstelle** Synonym für Lineament.
**Nebengemengteile** Die nur mit geringen Mengen am Aufbau eines Gesteins beteiligten Mineralien; auch akzessorische Gemengteile genannt.
**Neosom** Jüngerer, magmatischer Anteil eines Migmatits.
**Nugget** Körniges bis klumpenartiges Edelmetall auf sekundärer Lagerstätte.

**Ocellargefüge** Gesteinsgefüge mit kreisförmig angeordneten Mineralgemengen.
**Ocker** Gelbes bis braunes Gemenge von Eisenverbindungen, Feldspat und kohlensaurem Kalk.
**Opaleszenz** Milchig bläuliches oder perlglanzartiges Aussehen mancher Opale, Quarze und Feldspäte.
**Ophiolit** Sammelname für basische Magmatische Gesteine, die submeerisch entstanden sind.
**Orbikulargefüge** Gefüge bei Magmatischen Gesteinen mit konzentrisch angeordneten Kugelbildungen aus verschiedenen Mineralien.
**Orogenese** Gebirgsbildung
**Orthogestein** Metamorphes Gestein, aus einem Magmatischen Gestein entstanden.
**Orthomagmatisches Stadium** Erste Entwicklungsphase des Magmas durch Abkühlung.
**Oxidation** Verbindung chemischer Elemente mit Sauerstoff.

**Paläosom** Ältester, metamorpher Anteil eines Migmatits.
**Panallotriomorph** Bezeichnung für ein Gesteinsgefüge, bei dem die Gesamtheit der Mineralien nicht die jeweils typische Eigengestalt entwickeln konnte.
**Paragestein** Metamorphes Gestein, das aus einem Sedimentgestein entstanden ist.
**Paramorphose** Strukturänderung von Mineralien ohne Veränderung der Gestalt.
**Pelagisches Sediment** In der Tiefsee entstandenes Sedimentgestein.
**Periglazial** Bezeichnung für Erscheinungen, die sich in der Umgebung von Gletschern abspielen.
**Perlitisches Gefüge** Gefüge bei Intrusivgesteinen mit Kügelchen aus Gesteinsglas.
**Phenoblastisches Mineral** Bei Metamorphose entstandenes, relativ großes Mineral in einer kleinkörnigen Umgebung.
**Pillowstruktur** Wulst- und kissenförmige Gesteinsstruktur, die bei untermeerischen Vulkanausbrüchen entsteht.
**Pilotaxitisches Gefüge** Gefüge bei Effusivgesteinen mit winzigen Kristallen in einer glasigen Grundmasse.
**Plagioklas** Sammelname für Kalinatronfeldspäte.
**Plumasit** Ganggestein, das nur aus Oligoklas und Korund besteht.
**Pluton** Großer, in der Tiefe der Erdkruste erstarrter magmatischer Gesteinskörper.
**Pneumatolytisch** Bezeichnung für Erze, bei deren Bildung aus dem Magma gasförmige Medien mitwirkten.
**Poikilitisch** Bezeichnung für ein Gesteinsgefüge, bei dem kleinere Kristalle von später entstandenen größeren Mineralien umschlossen sind.
**Poikiloblastisch** Bezeichnung für ein Gefüge von Metamorphen Gesteinen mit größeren Mineralien, die kleinere Kristalle eingeschlossen haben.
**Polymetamorph** Bezeichnung für Gesteine, die eine mehrfache Metamorphose erfahren haben.
**Polytypie** Strukturvariation eines Minerals.
**Prograde Metamorphose** Metamorphoseprozeß mit ansteigender Temperatur.
**Prospektion** Aufspüren von Bodenschätzen.
**Protrusion** Faltung einer mehr oder weniger verfestigten Lavamasse durch Druck.

**Reduktion** Entzug von Sauerstoff aus einer chemischen Verbindung.
**Rekristallisation** Neukristallisation in Gesteinen.
**Relikt** Mineral, das bei der Metamorphose trotz Veränderung des Stabilitätsbereiches erhalten bleibt.
**Restit** Die bei Teilanatexis nicht erfaßten Gesteinspartien.
**Rift** Grabenartige Einsenkung großen Ausmaßes; auch tektonischer Graben genannt.

**Salband** Grenzfläche zwischen einem Gang und einem Nebengestein.
**Salisch** Bezeichnung für den Anteil von kieselsäurereichen Aluminium-Mineralien bei den Magmatischen Gesteinen.

**Saure Gesteine** Magmatische Gesteine mit einem Kieselsäuregehalt über 65%.
**Schichtsilikate** Synonym für Blattsilikate.
**Schiefrig** Bezeichnung für ein Gesteinsgefüge von Metamorphen Gesteinen, bei dem Mineralien eine deutliche Parallelausrichtung aufweisen.
**Schild** Große alte Kontinentmasse.
**Schotter** Grobes, von fließendem Wasser gerundetes und abgelagertes Lockergestein.
**Schriftstruktur** Gesteinsgefüge bei Pegmatiten; durch Verwachsen von Quarz und Feldspat ergeben sich stengelartige Bildungen, die wie Zeichen der Keilschrift aussehen.
**Schutt** Lockergestein aus groben, eckigen Gesteinstrümmern.
**Segregation** Abscheidung von Mineralien aus einem Magma in Phasen vor der eigentlichen Kristallisation.
**Seife** Anreicherung von schweren und widerstandsfähigen nutzbaren Mineralien in Lockergesteinen.
**Sekundärmineral** Ein Mineral, das durch Umwandlung eines anderen Minerals entstanden ist.
**Sialisch** Bezeichnung für den Anteil von kieselsäurereichen Aluminium-Mineralien bei den Magmatischen Gesteinen.
**Sill** Schichtparalleler Lagergang.
**Soffione** Borsäurehaltige Wasserdampfquelle als postvulkanische Erscheinung.
**Solfatare** Schwefelhaltige Wasserdampfquelle als postvulkanische Erscheinung.
**Sphärolithisch** Bezeichnung für Gesteinsgefüge mit kugeligen oder radialstrahligen Bildungen.
**Stalagmit** Tropfstein, durch Auftropfen vom Boden hochwachsend.
**Stalaktit** Tropfstein, durch Abtropfen von einer Höhlendecke herunterwachsend.
**Stromatolith** Kalkgebilde mit schaligem Aufbau und niedriger Oberfläche.
**Stylolith** Zapfenähnliches, vertikal oder horizontal liegendes Gebilde in Kalkgestein.
**Subduktionszone** Gebiet, in dem eine Kontinentscholle absinkt und sich unter eine andere schiebt.
**Sublimation** Direkter Übergang vom festen zum gasförmigen Zustand und umgekehrt.
**Syntexis** Prozeß der Aufnahme (Assimilation) von Nebengestein durch ein Magma.

**Teufe** Bergmännischer Ausdruck für Tiefe.
**Tonmineralien** Gruppe aus schuppenartig aufgebauten, feinkörnigen Mineralien, die vorzugsweise in Tongesteinen zu finden sind.
**Transgression** Großflächige Überflutung des Festlandes durch das Meer infolge Landsenkung oder Hebung des Meeresspiegels.
**Trapp** Flächenhafte vulkanische Ergüsse, die mächtige Decken bilden.
**Triboluminieszenz** Lumineszenz, die durch mechanische Reibung entsteht.
**Trichroismus** Eigenschaft von Mineralien, bei durchfallendem Licht in verschiedenen Richtungen drei verschiedene Farben zu zeigen.

**Übermengteile** Die meist nur in geringen Spuren in einem Gestein vorhandenen Mineralien; auch akzessorische Gemengteile genannt.
**Ultrabasische Gesteine** Magmatische Gesteine mit einem Kieselsäuregehalt unter 45%.
**Ultrametamorphose** Stärkster metamorpher Prozeß, der in Anatexis übergeht.
**Varietät** Abart eines Minerals; unterscheidet sich in der Farbe, jedoch nicht im Kristallsystem.

**Verwerfung** Vertikale Verlagerung von Gesteinsschollen entlang einer Bruch- oder Verwerfungsfläche.
**Verwerfungslinie** Schnittstelle einer Verwerfungsfläche mit der Erdoberfläche.
**Vikariant** Synonym für diadoch.
**Vorland** Tektonischer Begriff für ein Gebiet, in dessen Richtung die Gebirgsfaltung erfolgte.

**Xenolith** Einschluß eines Fremdgesteins in einem Magmatischen Gestein.
**Xenomorph** Bezeichnung für Mineralien, die infolge gegenseitiger Störung bei der Erstarrung der Gesteinsschmelze ihre typische Eigenform nicht entwickeln konnten.

**Zementationszone** Eine oft mit edlen Metallen angereicherte Zone unterhalb des Eisernen Hutes von Erz-Lagerstätten.
**Zirkulationspolarisation** Drehung der Schwingungsebene des polarisierten Lichts beim Durchqueren eines Kristalls.

# Register

Die Zahlen sind Seitenzahlen.

## Bildnachweis

Alle Aufnahmen dieses Buches sind von Rodolfo Crespi, mit Ausnahme der im folgenden aufgeführten Abbildungen:
Seite 2: E. Genovesi; S. 6–7: Archiv Foto B/L. Ricciarini; S. 412–413: Tomaš Miček; S. 426: Attilio Montrasio; S. 431: Foto Pictor; Abbildungen zu Nr. 6, 116 und 225: C. Bevilacqua/L. Ricciarini; Abb. zu Nr. 11 (Ausschnitt): A. Cozzi. Die Farbaufnahmen, die sich auf magmatische und sedimentäre Gesteine beziehen stammen von Fulvio Roiter und Van Phillips.
Die Zeichnungen wurden von Vincenzo Saletti und Raffaello Segattini angefertigt. Die Mineralien- und Gesteinshandstücke stammen zum Teil aus der Sammlung des Mineralogischen Instituts der Universität Mailand.